ŒUVRES COMPLÈTES

DE

THOMAS JAN STIELTJES

PUBLIÉES PAR LES SOINS DE LA

SOCIÉTÉ MATHÉMATIQUE D'AMSTERDAM

TOME II

GRONINGEN
P. NOORDHOFF
1918

ŒUVRES COMPLÈTES

DE

THOMAS JAN STIELTJES.

ŒUVRES COMPLÈTES

DE

THOMAS JAN STIELTJES

PUBLIÉES PAR LES SOINS DE LA

SOCIÉTÉ MATHÉMATIQUE D'AMSTERDAM

TOME II

GRONINGEN
P. NOORDHOFF
1918

AVERTISSEMENT.

Nous donnons ci-après la seconde et dernière partie du recueil des *Oeuvres complètes de Stieltjes*. La publication du présent tome s'est trouvée, à notre grand regret, retardée par diverses difficultés exceptionnelles, nées des événements actuels. Certaines pièces contenues dans ce volume, nous paraissent appeler les observations suivantes.

Dans les papiers laissés par Stieltjes, nous avons trouvé trois mémoires N°s 82—84, dont l'intérêt nous a semblé suffisant pour justifier leur insertion dans ce recueil. Le premier de ces mémoires n'étant pas entièrement achevé, nous nous sommes permis de le compléter par l'adjonction du dernier paragraphe (9). Diverses Notes terminent le volume. Celles que nous appelons „Notes de l'auteur" ont été trouvées, écrites de sa propre main, en marge de certaines de ses mémoires imprimés, tandis que les Notes (C) sont celles que M. Cosserat a ajoutées à sa Notice sur les travaux scientifiques de T. J. Stieltjes.

Comme cet oeuvre touchait à son terme, nous avons eu à déplorer la perte de M. E. F. van de Sande Bakhuyzen qui formait avec nous la Commission chargée de la présente publication. La collaboration du défunt nous avait été d'autant plus précieux qu'il fut jadis l'ami intime de Stieltjes. Il était aussi le notre, et c'est à ce titre que nous avons pu appécier les hautes et rares qualités de notre collègue, et que nous tenons à rendre à sa mémoire l'hommage de nos profonds regrets.

W. Kapteyn.

J. C. Kluyver.

TABLE DES MATIÈRES.

XLVIII.

(Paris, C.-R. Acad. Sci., 102, 1886, 805.)

Sur le nombre des pôles à la surface d'un corps magnétique.

(Note, présentée par M. Hermite.)

La remarque, due à Gauss, que l'existence de deux pôles Nord à la surface de la Terre entraînerait nécessairement celle d'un pôle neutre, a été généralisée par M. Betti (Teorica delle forze Newtoniane). En considérant un corps magnétique limité par une seule surface fermée simplement connexe, il démontre que le nombre total des pôles est pair.

La méthode la plus simple pour traiter cette question a été donnée par M. Reech dans un article inséré dans le Cahier XXXVII du Journal de l'École Polytechnique. L'auteur y considère spécialement les maxima et minima de la fonction $\sqrt{x^2+y^2+z^2}$ à la surface d'un corps, mais le raisonnement est général et, en l'appliquant au cas d'un corps magnétique, le résultat de M. Reech consiste en ce que le nombre total des pôles neutres est surpassé de deux unités par le nombre total des autres pôles. Ce résultat comprend en particulier la proposition de M. Betti.

En modifiant légèrement le raisonnement de M. Reech, on peut aussi traiter par cette méthode le cas où la surface fermée qui limite le corps est $2k+1$ fois connexe. On trouve alors que généralement le nombre des pôles neutres diminué du nombre des autres pôles est égal à $2k-2$. Comme il y a toujours au moins un pôle boréal et un pôle austral, il s'ensuit que le nombre des pôles neutres est au moins égal à $2k$.

XLIX.

(Ann. Sci. Éc. norm., Paris, sér. 3, 3, 1886, 201—258.)

Recherches sur quelques séries semi-convergentes.

Thèse de doctorat.

Introduction.

Nous allons indiquer en quelques mots le but et les principaux résultats de ce travail qui est consacré à l'étude de quelques séries semi-convergentes, en considérant exclusivement les valeurs réelles et positives de la variable.

On rencontre souvent, en Mathématiques, des développements de la forme

$$\text{(A)} \quad \ldots\ldots \quad F(a) = m_0 + \frac{m_1}{a} + \frac{m_2}{a^2} + \frac{m_3}{a^3} + \ldots,$$

que l'on ne pourrait continuer indéfiniment s'il s'agissait d'un calcul numérique, la série étant divergente. Néanmoins un tel développement a un sens précis et l'on doit regarder la formule (A) comme une manière symbolique d'exprimer que, pour $a = \infty$,

$$\lim F(a) = m_0,$$
$$\lim a[F(a) - m_0] = m_1,$$
$$\lim a^2\left[F(a) - m_0 - \frac{m_1}{a}\right] = m_2,$$
$$\ldots\ldots\ldots\ldots\ldots\ldots$$

Ce sont les développements qui présentent ce caractère que nous avons en vue. Si l'on veut se servir de la formule (A) pour évaluer $F(a)$, on ne pourra le faire d'une manière sûre, qu'après une discussion du terme complémentaire qu'il faut ajouter à un nombre fini de termes. Mais cette discussion présente presque toujours de très grandes difficultés, si, du moins, on ne veut se contenter d'évaluations trop grossières qui auraient peu d'utilité, et c'est seulement dans quelques cas où les coefficients $m_0, m_1, m_2, \ldots$, suivent une loi simple qu'on a pu faire cette discussion.

Notamment on a trouvé, dans plusieurs cas où les coefficients sont alternativement positifs et négatifs, que la valeur exacte de $F(a)$ est comprise toujours entre la somme de n et de $n+1$ termes de la série, et l'on a introduit, précisément à l'occasion des séries qui présentent cette circonstance particulière, le nom de série semi-convergente. Mais, comme nous venons de l'indiquer, nous avons pris ce terme dans une acception plus générale, et nous avons étudié aussi quelques cas dans lesquels les coefficients $m_0, m_1, m_2, \ldots$ ont tous même signe.

Pour abréger, nous désignerons par série semi-convergente de première espèce, ou même simplement par série de première espèce, une série telle que (A), dans laquelle le signe des coefficients est alternativement positif et négatif, pour réserver le nom de série de seconde espèce au cas où les coefficients ont même signe.

Les cas de séries de seconde espèce qu'on a déjà traités semblent assez rares, et à la vérité nous n'en avons rencontré qu'un seul dû à M Schlömilch et sur lequel nous reviendrons. Mais les séries de seconde espèce donnent lieu à quelques remarques générales que nous allons développer, en envisageant pour plus de précision la série suivante, que l'on rencontre dans l'étude du logarithme intégral :

$$\begin{aligned} \mathrm{li}(e^a) &= e^a\left[\frac{1}{a} + \frac{1}{a^2} + \frac{1.2}{a^3} + \ldots + \frac{1.2\ldots(n-1)}{a^{n-1}} + \mathrm{R}_n\right] \\ &= e^a[\mathrm{T}_1 + \mathrm{T}_2 + \mathrm{T}_3 + \ldots + \mathrm{T}_n + \mathrm{R}_n]. \end{aligned}$$

Supposons a très grand : les termes diminuent d'abord pour croître ensuite au delà de toute limite. Soit T_n le plus petit terme, alors les termes $\mathrm{T}_{n-1}, \mathrm{T}_{n-2}, \ldots, \mathrm{T}_{n-k}$ diffèrent très peu de T_n et

$$\mathrm{R}_{n-k} = \mathrm{T}_{n-k+1} + \ldots + \mathrm{T}_n + \mathrm{R}_n.$$

On voit par là qu'au moins une des quantités R_{n-k}, R_n surpassera en valeur absolue $\frac{1}{2}k\,\mathrm{T}_{n-k+1}$ ou $\frac{1}{2}k\,\mathrm{T}_n$, et comme le nombre k peut avoir une valeur finie quelconque, il est évident qu'en cherchant dans le cas actuel une valeur approchée de R_n, il est impossible d'arriver à un résultat aussi simple que celui auquel on est arrivé pour beaucoup de séries de première espèce où le reste R_n est inférieur en valeur absolue à T_n. On voit en effet que, dans le cas actuel, R_n pourra surpasser en valeur absolue un nombre quelconque de fois T_n. Ainsi une expression approchée du reste, qui ne ferait pas connaître d'avance le signe de cette quantité, donnera toujours des limites trop étendues et qui ne permettent point de tirer tout le parti possible de la série.

Ces considérations indiquent déjà une autre manière d'envisager la question, et, dans le cas des séries de seconde espèce, nous considérons que le vrai problème à résoudre est la détermination du rang du reste R_n qui, pour la première fois, a changé de signe. Il est évident en effet que R_n varie toujours dans le même sens, en sorte que l'équation $R_n = 0$ admet une seule racine. Soit n le premier nombre entier supérieur à cette racine : alors il est clair qu'on obtient pour la valeur exacte cherchée deux limites dont la différence est T_n. Il serait donc à désirer que ce changement de signe de R_n eût lieu dans le voisinage du plus petit terme, et, dans tous les cas que nous avons étudiés, nous avons toujours vu se présenter cette circonstance favorable.

Lorsqu'on réussit à résoudre l'équation transcendante

$$R_n = 0,$$

dans laquelle on considère n comme une variable continue, avec une approximation telle, que l'erreur de la valeur obtenue N soit seulement une petite fraction, on peut aller plus loin et obtenir une valeur approchée dont l'erreur sera seulement une fraction assez faible de T_n. Soient en effet

$$N = n + \lambda, \qquad 0 \leqq \lambda < 1,$$

alors cette valeur approchée sera

$$T_1 + T_2 + \ldots + T_n + \lambda T_{n+1}.$$

Surtout lorsque n est grand, on peut compter d'obtenir, en procédant ainsi, une réduction notable de l'erreur. On s'en rend compte aisément en observant que la ligne dont l'équation serait $y = R_n$ doit présenter un point d'inflexion dans le voisinage de $n = N$, parce qu'on se trouve en même temps dans le voisinage du minimum de $T_n = R_{n-1} - R_n$.

La solution approchée de l'équation $R_n = 0$ se présente toujours sous la forme

$$(B) \quad . \; . \; . \; . \; . \; . \; . \quad n = \alpha a + \alpha_0 + \frac{\alpha_1}{a} + \frac{\alpha_2}{a^2} + \ldots;$$

mais souvent il est plus commode de considérer a comme inconnue, et de calculer d'abord les coefficients β, β_0, ... du développement

$$(C) \quad . \; . \; . \; . \; . \; . \; . \quad a = \beta n + \beta_0 + \frac{\beta_1}{n} + \frac{\beta_2}{n^2} + \ldots.$$

On en déduit ensuite facilement le développement (B). Ces séries (B) et (C) présentent le même caractère que la série (A); nous calculons quelques-uns des premiers coefficients: ces coefficients ne suivent aucune loi simple et leur calcul devient bientôt très pénible. Il paraît donc que nous avons réduit ainsi la discussion de la série (A) au problème beaucoup plus compliqué de discuter la série (B). Mais évidemment on ne demande qu'avec une approximation assez faible la racine de $R_n = 0$, et, comme l'exactitude de la formule (B) croît nécessairement lorsque n augmente, il suffit de se rendre compte par un calcul numérique de l'approximation de ces formules (B) et (C), en attribuant à a ou à n des valeurs beaucoup plus petites que celles pour lesquelles on se servira de la série semi-convergente donnée. L'approximation obtenue est toujours largement suffisante.

Comme nous l'avons dit, nous considérons la solution approchée de $R_n = 0$ comme le problème principal à résoudre dans le cas d'une série de seconde espèce. Nous obtenons cette solution en considérant en particulier le reste R_n d'un terme T_n dans le voisinage du plus petit terme, et en développant R_n lui-même en série semi-convergente suivant les puissances descendantes de n. Dans quelques cas où l'on aurait besoin d'une exactitude exceptionnelle, on pourrait se servir de ce développement pour calculer avec une grande exactitude la valeur de R_n.

Mais, dans la plupart des cas, on n'aura pas à continuer la série jusqu'au point où R_n change de signe, car on obtiendrait ainsi une approximation beaucoup trop grande. On peut souhaiter alors de savoir quelle est à peu près l'erreur en s'arrêtant à un terme quelconque.

Très souvent les termes que l'on calcule diminuent si rapidement, que l'on peut négliger le reste; au besoin on calculerait avec une opproximation plus grande qu'on n'en a besoin. Et dans le cas où l'on serait obligé de pousser le calcul si loin que les termes ne diminuent plus rapidement, alors la connaissance exacte du terme où il faut arrêter le développement permettra facilement d'évaluer approximativement les termes négligés.

Dans le cas des séries de première espèce, on a ordinairement cherché à déterminer le plus petit terme: mais on peut aussi envisager (comme on l'a déjà fait) la question d'une manière un peu différente et rétablir ainsi, jusqu'a un certain point, l'analogie avec les séries de seconde espèce.

Soit

$$T_1 - T_2 + \cdot \ \cdot \pm T_n \mp R_n$$

une telle série, $T_1, T_2, \ldots, T_n, R_n$ étant positifs Remarquons d'abord que la circonstance que R_n est positif entraîne déjà nécessairement que R_n est inférieur à T_n et T_{n+1}; car la relation

$$R_{n-1} + R_n = T_n$$

montre que R_{n-1} et R_n sont inférieurs à T_n.

Maintenant, au lieu de chercher le plus petit terme, on peut se proposer de trouver le minimum de R_n, en sorte qu'on est conduit à considérer l'équation transcendante

$$\frac{d\,R_n}{d\,n} = 0,$$

qu'on pourra remplacer aussi avec approximation par $R_{n-1} = R_n$.

La valeur de n qu'on en tire diffère très peu du rang du plus petit terme, circonstance qui permet d'expliquer la remarque suivante qu'on a faite dans quelques cas particuliers. Supposons que la racine de $\frac{d\,R_n}{d\,n} = 0$ tombe entre $n - 1$ et n. Alors on aura, d'une manière approchée, $R_{n-1} = R_n$, et l'erreur sera seulement une fraction faible de R_n. On en conclut qu'on a aussi à peu près $R_n = \frac{1}{2} T_n$, en sorte que l'erreur de l'expression

$$T_1 - T_2 + \ldots \pm T_{n-1} \mp \tfrac{1}{2} T_n$$

sera seulement une petite fraction de T_n, qui est d'autant plus faible que n est plus grand. Ajoutons qu'on peut aussi, dans le cas actuel, développer R_n en série semi-convergente, suivant les puissances descendantes de n; le premier terme de ce développement montre alors qu'on a

$$\lim R_n : T_n = \tfrac{1}{2}$$

pour $n = \infty$.

Voici maintenant les séries dont nous avons fait l'étude. Nous avons peu insisté sur les séries de première espèce. Le logarithme intégral nous a fourni le premier exemple d'une série de seconde espèce. Nous considérons ensuite les transcendantes $\int_0^\infty \frac{\sin au}{1+u^2}\,du$, $\int_0^\infty \frac{u \cos au}{1+u^2}\,du$, qui donnent aussi des séries de seconde espèce. On a choisi ces intégrales, parce que le résultat auquel on est conduit nous est utile encore dans la suite.

Nous arrivons maintenant à un exemple tiré de la théorie de la fonction Γ. Après avoir rappelé en quelques mots le résultat principal des nombreuses recherches auxquelles a donné lieu l'étude de la série qui sert à calculer $\log \Gamma(a)$, nous considérons une autre série, n'ayant rien à ajouter à un sujet qui est si bien exposé dans la première partie du travail de M. Bourguet sur les intégrales eulériennes. La considération de $\log \Gamma(ai)$ conduit à une série de seconde espèce, composée des mêmes termes que la série de Stirling dont nous faisons l'étude. Le résultat auquel nous arrivons permet de se faire une idée nette de la manière dont se comporte la fonction holomorphe $\frac{1}{\Gamma(z)}$, lorsque la variable z décrit l'axe des y.

Nous abordons ensuite l'étude des intégrales de l'équation différentielle

$$\frac{d^2 z}{da^2} + \frac{1}{a}\frac{dz}{da} + z = 0,$$

qui se présente dans plusieurs questions de physique mathématique

L'une des intégrales

$$J(a) = 1 - \frac{a^2}{2^2} + \frac{a^4}{2^2 \cdot 4^2} - \frac{a^6}{2^2 \cdot 4^2 \cdot 6^2} + \dots$$

est holomorphe dans tout le plan. Poisson a donné une série semi-convergente pour calculer $J(a)$ dans le cas où a est très grand. Cette série a été l'objet d'un travail de M. Lipschitz (Journal de Borchardt, t. 56), qui en a donné le premier une théorie rigoureuse. Nous reprenons l'analyse de M. Lipschitz : une modification légère nous permet de préciser encore le résultat auquel était arrivé le savant géomètre allemand. Nous obtenons en même temps une série semi-convergente analogue, qui permet de calculer une seconde intégrale de l'équation différentielle. Toutes ces séries sont de première espèce.

Nous considérons ensuite les deux intégrales de l'équation différentielle dans le cas où l'argument est de la forme ai. On est conduit ainsi à deux séries semi-convergentes données par Riemann, qui avait rencontré ces fonctions dans une question de physique mathématique (Zur Theorie der Nobili'schen Farbenringen, Oeuvres, p. 54, 1855).

L'une de ces séries est de première espèce, et sa discussion n'offre pas de grandes difficultés; mais la fonction $J(ai)$ donne cette série de seconde espèce

$$J(ai) = e^a \sqrt{\frac{1}{2\pi a}} \left[1 + \frac{1^2}{1 \cdot 8a} + \dots + \frac{1^2 \cdot 3^2 \dots (2n-3)^2}{1 \cdot 2 \dots (n-1)(8a)^{n-1}} + R_n\right].$$

Dans ce cas, la résolution approchée de l'équation $R_n = 0$ présente des difficultés que nous n'avons pu surmonter que par une analyse assez délicate.

Enfin nous étudions un cas intéressant, donné par M Schlömilch en 1861; il s'agit d'une série de seconde espèce qui peut servir au calcul de la fonction

$$P(a) = \sum_1^\infty \frac{1}{e^{\frac{n}{a}} - 1},$$

et nous obtenons encore dans ce cas la solution approchée de l'équation transcendante $R_n = 0$.

ÉTUDE DU LOGARITHME INTÉGRAL.

1. Le logarithme intégral fournit un exemple très simple d'une serie de seconde espèce que nous allons discuter avec soin.

Nous partons de la définition

$$\mathrm{li}\,(a) = \int_0^a \frac{du}{\log u};$$

mais, dans le cas $a > 1$ que nous avons en vue, cette définition a besoin d'être précisée de la manière suivante

$$\mathrm{li}\,(a) = \operatorname*{Lim}_{\varepsilon=0} \left(\int_0^{1-\varepsilon} \frac{du}{\log u} + \int_{1+\varepsilon}^{a} \frac{du}{\log u} \right).$$

En remplaçant l'argument a par e^a et en posant ensuite $u = e^{a(1-v)}$, il vient

$$(1) \quad . \quad . \quad . \quad . \quad \mathrm{li}\,(e^a) = e^a \left(\int_0^{1-\varepsilon} \frac{e^{-av}}{1-v}\, dv + \int_{1+\varepsilon}^{\infty} \frac{e^{-av}}{1-v}\, dv \right).$$

Nous désignons ici, comme toujours dans la suite, par ε une quantité positive et infiniment petite.

En employant maintenant l'identité

$$\frac{1}{1-v} = 1 + v + v^2 + \ldots + v^{n-1} + \frac{v^n}{1-v},$$

on a évidemment

$$\int_0^{1-\varepsilon} v^k e^{-av}\, dv + \int_{1+\varepsilon}^{\infty} v^k e^{-av}\, dv = \frac{1.2\ldots k}{a^{k+1}},$$

et il vient

$$(2) \quad . \quad . \quad \mathrm{li}\,(e^a) = e^a \left[\frac{1}{a} + \frac{1}{a^2} + \frac{1.2}{a^3} + \ldots + \frac{1.2\ldots(n-1)}{a^n} + \mathrm{R}_n \right],$$

$$\mathrm{R}_n = \int_0^{1-\varepsilon} \frac{v^n e^{-av}}{1-v}\, dv + \int_{1+\varepsilon}^{\infty} \frac{v^n e^{-av}}{1-v}\, dv.$$

Comme on voit, R_n est ce que Cauchy a appelé la valeur principale de $\int_0^\infty \frac{v^n e^{-av}}{1-v}\,dv$, et nous retrouverons dans la suite constamment cette forme du terme complémentaire des séries de seconde espèce. Cette forme même de R_n montre bien que R_n va toujours en diminuant lorsque n augmente.

Nous devons nous occuper maintenant de la résolution approchée de l'équation $R_n = 0$. Pour cela nous posons $a = n + \eta$,

$$(3) \quad . \quad . \quad R_n = \int_0^{1-\varepsilon} \frac{(v e^{-v})^n}{1-v} e^{-\eta v}\,dv + \int_{1+\varepsilon}^\infty \frac{(v e^{-v})^n}{1-v} e^{-\eta v}\,dv,$$

et nous développons maintenant R_n en série semi-convergente suivant les puissances descendantes de n. Comme on suppose que η a une valeur finie, la supposition $a = n + \eta$ indique évidemment que nous considérons le reste d'un terme T_n dans le voisinage du plus petit terme.

Nous aurons à appliquer maintenant les méthodes données par Laplace dans la Théorie analytique des probabilités pour l'évaluation d'intégrales qui renferment des fonctions élevées à une très haute puissance.

2. Comme il s'agit simplement d'un développement suivant les puissances descendantes de n, nous pouvons négliger des quantités qui, par rapport à celles que l'on conserve, décroissent plus rapidement qu'aucune puissance négative de n. C'est pour cette raison que nous pouvons considérer, au lieu de R_n, l'expression

$$\int_{1-h}^{1-\varepsilon} \frac{(v e^{-v})^n}{1-v} e^{-\eta v}\,dv + \int_{1+\varepsilon}^{1+k} \frac{(v e^{-v})^n}{1-v} e^{-\eta v}\,dv,$$

h et k étant des quantités positives finies, d'ailleurs arbitraires; car nous verrons bientôt que les parties négligées ainsi

$$\int_0^{1-h} \frac{(v e^{-v})^n}{1-v} e^{-\eta v}\,dv, \qquad \int_{1+k}^\infty \frac{(v e^{-v})^n}{1-v} e^{-\eta v}\,dv$$

ne jouent aucun rôle dans le développement que nous avons en vue.

Considérons maintenant l'intégrale

$$\int_{1-h}^{1-\varepsilon} \frac{(v\,e^{-v})^n}{1-v} e^{-\eta v}\, d\,v.$$

La fonction $v\,e^{-v}$ devient maximum pour $v=1$, et nous posons

$$v\,e^{-v} = e^{-1-x^2}, \qquad 1-v=t,$$
$$(1-t)\,e^t = e^{-x^2}.$$

Pour des valeurs suffisamment petites de x, on peut développer t suivant les puissances croissantes de x

$$t = a_1 x + a_2 x^2 + a_3 x^3 + \ldots,$$

et le premier terme est évidemment $\sqrt{2}\,x$ On pourrait exprimer $a_2, a_3, \ldots$ d'une manière indépendante à l'aide de la série de Lagrange; mais, comme il s'agit ici simplement de calculer quelques uns des premiers coefficients, une relation récurrente semble bien préférable.

On trouve $t\dfrac{dt}{dx} = 2\,x(1-t)$, et, différentiant n fois, puis posant $x=0$, $t=0$, il vient

$$n\,a_1\,a_n + (n-1)\,a_2\,a_{n-1} + (n-2)\,a_3\,a_{n-2} + \ldots + 1\,a_n\,a_1 = -2\,a_{n-1}$$
$$(n \geqq 2).$$

En partant de $a_1 = \sqrt{2}$, on en déduit $a_2, a_3, \ldots$ et

$$t = \quad 1-v = \sqrt{2}\,x - \tfrac{2}{3}x^2 + \tfrac{1}{18}\sqrt{2}\,x^3 + \tfrac{2}{135}x^4,$$
$$-d\,v = (\sqrt{2} - \tfrac{4}{3}x + \tfrac{1}{6}\sqrt{2}\,x^2 + \tfrac{8}{135}x^3)\,d\,x,$$
$$-\frac{d\,v}{1-v} = (1 - \tfrac{1}{3}\sqrt{2}\,x - \tfrac{1}{9}x^2 + \tfrac{1}{270}\sqrt{2}\,x^3 - \ldots)\,\frac{d\,x}{x}.$$

En observant encore que

$$e^{-\eta v} = e^{-\eta}e^{+\eta t} = e^{-\eta}\left[1 + \eta\sqrt{2}x + (\eta^2 - \tfrac{2}{3}\eta)x^2 + (\tfrac{1}{3}\eta^3 - \tfrac{2}{3}\eta^2 + \tfrac{1}{18}\eta)\sqrt{2}x^3 + \ldots\right]$$

il vient

$$(4) \quad \int_{1-h}^{1-\varepsilon} \frac{(v\,e^{-v})^n}{1-v} e^{-\eta v}\, d\,v = e^{-a}\int_{\varepsilon\sqrt{\frac{1}{2}}}^{L} e^{-n x^2}[1 + A_1 x + A_2 x^2 + A_3 x^3 + \ldots]\,\frac{d\,x}{x},$$

$A_1, A_2, A_3, \ldots,$ étant des polynômes en η. La limite supérieure L de l'intégrale au second membre dépend de la valeur de la quantité positive h. Nous choisissons maintenant h de manière que la série $1 + A_1 x + A_2 x^2 + \ldots$ reste convergente dans tout l'intervalle d'intégration. De cette manière, h a une valeur positive finie tout à fait indépendante de n. En y regardant de plus près, on voit même que h est une simple constante numérique, indépendante de η aussi; car le rayon de convergence de la série $e^{\eta t} = 1 + \eta \sqrt{2}\, x + \ldots$ ne dépend pas de η.

3. En traitant l'intégrale $\int_{1+\varepsilon}^{1+k} \frac{(v e^{-v})^n}{1-v} e^{-\eta v}\, dv$ d'une manière analogue, nous posons

$$v e^{-v} = e^{-1-x^2}, \qquad v - 1 = t,$$
$$(1+t)\, e^{-t} = e^{-x^2},$$

et nous obtenons d'abord

$$t = a_1 x - a_2 x^2 + a_3 x^3 - \ldots,$$

$a_1, a_2, a_3, \ldots$ ayant les mêmes valeurs que précédemment. En achevant le calcul comme tout à l'heure, il vient

$$(5) \quad \int_{1+\varepsilon}^{1+k} \frac{(v e^{-v})^n}{1-v} e^{-\eta v} = - e^{-a} \int_{\varepsilon\sqrt{\frac{1}{2}}}^{L} e^{-n x^2} [1 - A_1 x + A_2 x^2 - A_3 x^3 + \ldots] \frac{dx}{x},$$

$A_1, A_2, \ldots$ ayant la même signification que dans la formule (4). La quantité k peut être choisie de manière que dans le second membre la limite supérieure de l'intégration est de nouveau L.

En réunissant les deux intégrales (4) et (5), on voit se détruire les parties qui deviennent infinies pour $\varepsilon = 0$. Après cela, on peut prendre $\varepsilon = 0$, et il vient

$$(6) \quad \ldots \left\{ \begin{aligned} & \int_{1-h}^{1-\varepsilon} \frac{(v e^{-v})^n}{1-v} e^{-\eta v}\, dv + \int_{1+\varepsilon}^{1+k} \frac{(v e^{-v})^n}{1-v} e^{-\eta v}\, dv \\ & = 2 e^{-a} \int_0^L e^{-n x^2} [A_1 + A_3 x^2 + A_5 x^4 + \ldots]\, dx. \end{aligned} \right.$$

On sait que l'intégrale $\int_L^{\infty} e^{-n x^2} x^k\, dx$ converge vers zéro pour $n = \infty$

plus rapidement qu'aucune puissance négative de n. La valeur approchée du second membre est donc

$$2e^{-a}\int_0^\infty e^{-nx^2}A_1\,dx = A_1 e^{-a}\sqrt{\frac{\pi}{n}}$$

ou

$$\left(\eta - \frac{1}{3}\right)e^{-a}\sqrt{\frac{2\pi}{n}}.$$

Il est facile de voir maintenant que les parties que nous avons négligées,

$$\int_0^{1-h}\frac{(ve^{-v})^n}{1-v}e^{-\eta v}\,dv \quad \text{et} \quad \int_{1+k}^\infty \frac{(ve^{-v})^n}{1-v}e^{-\eta v}\,dv,$$

n'ont, en effet, aucune influence sur le développement de R_n suivant les puissances descendantes de n. En effet, dans la première intégrale, la plus grande valeur de ve^{-v} est égale à Θe^{-1}, Θ étant une fraction positive, inférieure à l'unité. On en conclut

$$\int_0^{1-h}\frac{(ve^{-v})^n}{1-v}e^{-\eta v}\,dv < \frac{\Theta^n}{h}e^{-n}\int_h^1 e^{-\eta(1-u)}\,du = \frac{\Theta^n}{h}e^{-a}\int_h^1 e^{+\eta u}du,$$

et la fraction Θ^n décroît plus rapidement qu'aucune puissance négative de n. Quant à la deuxième intégrale, en posant $v = 1+u$, on voit qu'elle est inférieure en valeur absolue à

$$\frac{e^{-a}}{k}\int_k^\infty (1+u)^n e^{-nu}e^{-\eta u}\,du.$$

Soit r la quantité positive supérieure à l'unité, qui satisfait à la relation

$$1+k = e^{\frac{k}{r}};$$

alors on a évidemment

$$1+u < e^{\frac{u}{r}} \quad \text{pour} \quad u > k$$

et, par conséquent,

$$\frac{e^{-a}}{k}\int_k^\infty (1+u)^n e^{-nn}e^{-\eta u}\,du < \frac{e^{-a}}{k}\int_k^\infty e^{-nu\left(1-\frac{1}{r}\right)-\eta u}\,du.$$

Le facteur qui multiplie e^{-a} décroît encore plus rapidement que toute puissance négative de n, et, ainsi, l'équation (6) fournit le développement cherché

$$R_n = e^{-a}\sqrt{\frac{\pi}{n}}\left(A_1 + \frac{1}{2}A_3\frac{1}{n} + \frac{1.3}{2.2}A_5\frac{1}{n^2} + \ldots\right)$$

ou

$$(7)\left\{\begin{aligned} R_n = e^{-a}\sqrt{\frac{2\pi}{n}}\Big[\eta - \frac{1}{3} &+ \left(\frac{1}{6}\eta^3 - \frac{1}{2}\eta^2 + \frac{1}{12}\eta + \frac{1}{540}\right)\frac{1}{n} \\ &+ \left(\frac{1}{40}\eta^5 - \frac{5}{24}\eta^4 + \frac{25}{72}\eta^3 - \frac{1}{24}\eta^2 + \frac{1}{288}\eta + \frac{25}{6048}\right)\frac{1}{n^2} + \ldots\Big]\end{aligned}\right.$$

On en conclut que la valeur de η, qui donne $R_n = 0$, est susceptible d'un développement

$$\eta = \beta_0 + \frac{\beta_1}{n} + \frac{\beta_2}{n^2} + \ldots,$$

dont on détermine les coefficients en substituant dans l'expression précédente et en égalant à zéro les coefficients des diverses puissances de $\frac{1}{n}$. Nous avons posé $a = n + \eta$, et la racine de l'équation $R_n = 0$ est donc égale à

$$(8) \quad \ldots\ldots\ldots \quad a = n + \beta_0 + \frac{\beta_1}{n} + \frac{\beta_2}{n^2} + \ldots,$$

$$\beta_0 = +\frac{1}{3},$$

$$\beta_1 = +\frac{8}{405},$$

$$\beta_2 = -\frac{184}{25515};$$

d'où l'on déduit encore

$$(9) \quad \ldots\ldots \quad n = a - \frac{1}{3} - \frac{8}{405\,a} + \frac{16}{25515\,a^2} - \ldots$$

4. Pour juger de l'approximation avec laquelle nous avons résolu ainsi l'équation $R_n = 0$, nous mettons en regard l'une de l'autre la valeur approchée donnée par la formule (8) pour $n = 1$, 2 avec la

valeur exacte de a, calculée à l'aide du développement

$$\mathrm{li}(e^a) = \mathfrak{C} + \log a + \frac{a}{1.1!} + \frac{a^2}{2.2!} + \frac{a^3}{3.3!} + \dots$$

n.	Valeur exacte.	Valeur approximative.	Erreur.
1	1,3472	1,3459	0,0013
2	2,34155	2,34141	0,00014

On voit que l'approximation obtenue est beaucoup plus grande que cela n'était nécessaire.

En nommant toujours N la valeur approchée de la racine de $R_n = 0$, nous résumons ainsi le résultat obtenu :

$$\mathrm{li}(e^a) = e^a \left[\frac{1}{a} + \frac{1}{a^2} + \dots + \frac{1.2\dots(n-1)}{a^n} + R_n\right],$$

$$N = a - \frac{1}{3} - \frac{8}{405\,a} + \frac{16}{25515\,a^2}.$$

Ordre d'approximation .... $e^{-a}\sqrt{\dfrac{2\pi}{a}}$.

Nous avons ajouté comme ordre d'approximation une valeur approchée du premier terme qui donnerait une valeur trop grande. C'est donc en même temps la limite de l'approximation que peut donner la série semi-convergente, dans le cas où l'on n'a pas recours au calcul approché de R_n. En multipliant par e^a, on voit qu'on obtient $\mathrm{li}(e^a)$ avec une erreur de l'ordre $\sqrt{\dfrac{2\pi}{a}}$.

Soit, par exemple,

$$e^a = 10000000000,$$
$$a = 23{,}025851\dots,$$
$$N = 22{,}692.$$

On doit donc prendre vingt-deux termes de la série et ajouter encore le terme suivant multiplié par $\lambda = 0{,}692$, d'après le procédé que nous avons indiqué dans l'Introduction. On trouve ainsi

$$\mathrm{li}(10000000000) = 455055614{,}2227 + 0{,}5246\,\lambda = 455055614{,}585.$$

En prenant

$$n = 23, \qquad \eta = 0{,}02585\dots,$$

on obtiendra une exactitude un peu plus grande en calculant R_{23} par la formule (7); nous obtenons ainsi la valeur exacte

$$\text{li}(10000000000) = 455055614{,}5866.$$

Remarquons que l'emploi de la série semi-convergente présente ici un avantage réel sur l'emploi de la série convergente

$$\mathfrak{C} + \log a + \frac{a}{1.1!} + \frac{a^2}{2.2!} + \frac{a^3}{3.3!} + \ldots;$$

car, en calculant vingt-trois termes de cette série, on est seulement arrivé au plus grand terme, et il faudrait pousser beaucoup plus loin le calcul pour obtenir l'approximation donnée par la série semi-convergente.

5. La méthode qui nous a permis de résoudre par approximation l'équation transcendante $R_n = 0$ nous sera encore très utile dans la suite; mais nous ne pouvons passer sous silence que dans le cas actuel on peut donner une autre forme très simple au terme complémentaire R_n. Cette nouvelle forme va nous donner aussi une autre méthode pour calculer les coefficients du développement

$$a = n + \beta_0 + \frac{\beta_1}{n} + \ldots$$

On a, en supposant $0 < b < a$,

$$\text{li}(e^a) = \text{li}(e^b) + \int_b^a \frac{e^u}{u}\, du,$$

et une intégration par parties donne

$$\text{li}(e^a) = e^a \left[\frac{1}{a} + \frac{1}{a^2} + \ldots + \frac{1.2\ldots(n-1)}{a^n} + R_n\right],$$

$$(10) \quad \ldots\ldots \quad R_n = 1.2.3\ldots n.e^{-a} \int_{a_n}^a \frac{e^u}{u^{n+1}}\, du,$$

a_n étant une constante qu'il faut encore déterminer. Mais il est évident que a_n n'est autre chose que la valeur de a qui annule R_n, et que nous savons calculer avec une grande approximation par la formule (8)

$$(11) \ldots\ldots \quad a_n = n + \frac{1}{3} + \frac{8}{405\,n} - \frac{184}{25515\,n^2} + \ldots$$

La relation

$$R_{n-1} = T_n + R_n$$

revient maintenant à

$$\int_{a_{n-1}}^{a} \frac{e^u}{u^n} du = \frac{e^a}{a^n} + n \int_{a_n}^{a} \frac{e^u}{u^{n+1}} du;$$

d'où, pour $a = a_n$,

$$\int_{a_{n-1}}^{a_n} \frac{e^u}{u^n} du = \frac{e^{a_n}}{a_n^n}.$$

En posant $u = n + v$, il vient, après une légère réduction,

$$(12) \quad \int_q^p \frac{e^v\, dv}{\left(1 + \frac{v}{n}\right)^n} = \frac{e^p}{\left(1 + \frac{p}{n}\right)^n},$$

en écrivant

$$(13) \quad \begin{cases} p = a_n \quad - n = \beta_0 \quad\quad + \dfrac{\beta_1}{n} + \dfrac{\beta_2}{n^2} + \dfrac{\beta_3}{n^3} + \ldots, \\ q = a_{n-1} - n = \beta_0 - 1 + \dfrac{\beta_1}{n} + \dfrac{\beta_1 + \beta_2}{n^2} + \dfrac{\beta_1 + 2\beta_2 + \beta_3}{n^3} + \ldots. \end{cases}$$

En développant maintenant les deux membres de (12) suivant les puissances descendantes de n, on obtient d'abord

$$\frac{e^v}{\left(1 + \frac{v}{n}\right)^n} = 1 + \frac{1}{2} v^2 \frac{1}{n} + \left(-\frac{1}{3} v^3 + \frac{1}{8} v^4\right) \frac{1}{n^2} + \left(\frac{1}{4} v^4 - \frac{1}{6} v^5 + \frac{1}{48} v^6\right) \frac{1}{n^3} + \ldots,$$

puis

$$p - q + \frac{1}{6}(p^3 - q^3)\frac{1}{n} + \ldots = 1 + \frac{1}{2} p^2 \frac{1}{n} + \ldots.$$

En substituant pour p et q leurs valeurs (13), on obtient d'abord, par identification du coefficient de $\frac{1}{n}$ dans les deux membres,

$$\tfrac{1}{6}[\beta_0^3 - (\beta_0 - 1)^3] = \tfrac{1}{2}\beta_0^2 \quad \text{ou} \quad \beta_0 = +\tfrac{1}{3}.$$

La comparaison des coefficients de $\frac{1}{n^2}, \frac{1}{n^3}, \ldots$ permet ensuite de calculer sans ambiguïté par des équations linéaires les coefficients β_1,

$\beta_2, \ldots$. Nous avons retrouvé de cette manière les valeurs déjà données de β_1 et β_2.

6. La considération de la fonction li (a), pour une valeur de l'argument inférieure à l'unité, conduit à une série de première espèce. On a

$$\operatorname{li}(e^{-a}) = -\int_a^\infty \frac{e^{-u}}{u}\,du = -e^{-a}\int_0^\infty \frac{e^{-av}\,dv}{1+v},$$

et l'on obtient, par une intégration par parties ou par le développement de $\dfrac{1}{1+v}$,

$$(14)\quad \operatorname{li}(e^{-a}) = -e^{-a}\left[\frac{1}{a} - \frac{1}{a^2} + \frac{1.2}{a^3} - \ldots \pm \frac{1.2\ldots(n-1)}{a^n} \mp \mathrm{R}_n\right],$$

$$\mathrm{R}_n = 1.2.3\ldots n\, e^a \int_a^\infty \frac{e^{-u}\,du}{u^{n+1}} = \int_0^\infty \frac{v^n e^{-av}\,dv}{1+v}.$$

Cette série ne donne lieu à aucune remarque particulière; en posant $a = n + \eta$, on peut développer R_n suivant les puissances descendantes de n, à l'aide des méthodes de Laplace que nous avons déjà appliquées dans le cas de li (e^a); on trouve

$$(15)\quad \left\{\begin{aligned}\mathrm{R}_n = e^{-a}\sqrt{\frac{2\pi}{n}}\Bigg[&\frac{1}{2} + \left(\frac{1}{4}\eta^2 - \frac{1}{4}\eta - \frac{1}{12}\right)\frac{1}{n}\\ &+ \left(\frac{1}{16}\eta^4 - \frac{7}{24}\eta^3 + \frac{1}{12}\eta^2 + \frac{1}{24}\eta + \frac{13}{576}\right)\frac{1}{n^2} + \ldots\Bigg].\end{aligned}\right.$$

Ce développement présente la plus grande analogie avec la formule (7); dans les deux cas, $e^{-a}\sqrt{\dfrac{2\pi}{n}}$ est la valeur asymptotique du terme T_n; mais ici R_n ne s'évanouit pas pour une valeur finie de η, et le premier terme $\frac{1}{2}$ de la série se retrouve généralement dans le cas d'une série de première espèce.

On déduirait sans peine de cette expression de R_n la solution approchée de $\dfrac{d\mathrm{R}_n}{dn} = 0$. Le résultat est

$$a = n + \frac{1}{6n} + \ldots \qquad \text{ou} \qquad n = a - \frac{1}{6a} - \ldots$$

ÉTUDE DES INTÉGRALES $\int_0^\infty \frac{\sin au}{1+u^2}du$, $\int_0^\infty \frac{u\cos au}{1+u^2}du$.

7. Considérons l'intégrale $\int \frac{e^{aui}}{1+u^2}du$. Au lieu d'intégrer le long de l'axe des X, de O vers A (Fig. 1), on pourra effectuer l'intégration en suivant le chemin OBCA, en ayant soin d'éviter le point i en le laissant

Fig. 1.

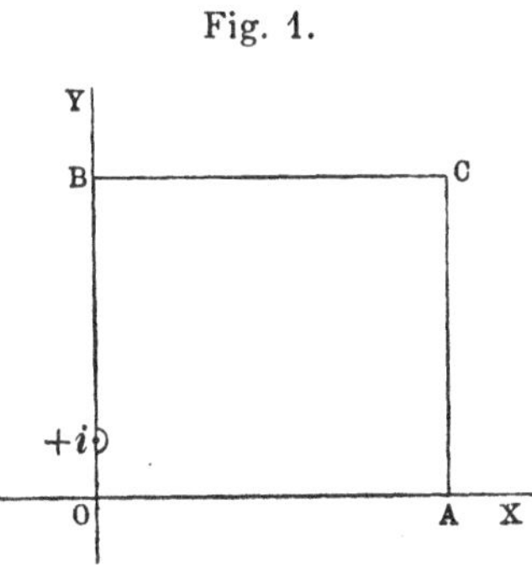

à gauche, ce qu'on pourra faire en décrivant autour de ce point un demi-cercle dont nous supposons le rayon ε infiniment petit. Cette partie de l'intégrale s'evalue à

$$\left(\frac{e^{aui}}{u+i}\right)_{u=i} \times \int \frac{du}{u-i} = \frac{e^{-a}}{2i} \times \pi i = \frac{\pi}{2}e^{-a}.$$

Les intégrales le long de BC et CA tendent évidemment vers zéro lorsque A et B s'éloignent indéfiniment, en sorte qu'on obtient

$$\int_0^\infty \frac{e^{aui}du}{1+u^2} = \frac{\pi}{2}e^{-a} + \int_0^{1-\varepsilon} \frac{ie^{-av}dv}{1-v^2} + \int_{1+\varepsilon}^\infty \frac{ie^{-av}dv}{1-v^2};$$

donc

$$(16) \quad . \quad . \quad \int_0^\infty \frac{\sin au\, du}{1+u^2} = \int_0^{1-\varepsilon} \frac{e^{-av}dv}{1-v^2} + \int_{1+\varepsilon}^\infty \frac{e^{-av}dv}{1-v^2}.$$

On trouve d'une manière semblable, ou en prenant la dérivée de (16) par rapport à a,

$$(17) \quad . \quad . \quad -\int_0^{\infty} \frac{u \cos a u \, du}{1+u^2} = \int_0^{1-\varepsilon} \frac{v e^{-av} dv}{1-v^2} + \int_{1+\varepsilon}^{\infty} \frac{v e^{-av} dv}{1-v^2}.$$

En employant dans le second membre de ces formules l'identité

$$\frac{1}{1-v^2} = 1 + v^2 + \ldots + v^{2n-2} + \frac{v^{2n}}{1-v^2},$$

il vient

$$(18) \quad . \quad \int_0^{\infty} \frac{\sin a u}{1+u^2} du = \frac{1}{a} + \frac{1.2}{a^3} + \ldots + \frac{1.2\ldots(2n-2)}{a^{2n-1}} + \mathrm{R}_n,$$

$$\mathrm{R}_n = \int_0^{1-\varepsilon} \frac{v^{2n} e^{-av}}{1-v^2} dv + \int_{1+\varepsilon}^{\infty} \frac{v^{2n} e^{-av}}{1-v^2} dv;$$

$$(19) \quad -\int_0^{\infty} \frac{u \cos a u}{1+u^2} du = \frac{1}{a^2} + \frac{1.2.3}{a^4} + \ldots + \frac{1.2\ldots(2n-1)}{a^{2n}} + \mathrm{R}_n,$$

$$\mathrm{R}_n = \int_0^{1-\varepsilon} \frac{v^{2n+1} e^{-av}}{1-v^2} dv + \int_{1+\varepsilon}^{\infty} \frac{v^{2n+1} e^{-av}}{1-v^2} dv.$$

Nous devons maintenant obtenir d'abord le développement du terme complémentaire suivant les puissances descendantes de n.

8. Pour embrasser en même temps les deux cas, nous posons

$$\mathrm{S}_m = \int_0^{1-\varepsilon} \frac{v^m e^{-av}}{1-v^2} dv + \int_{1+\varepsilon}^{\infty} \frac{v^m e^{-av}}{1-v^2} dv,$$

et $a = m + \eta$.

La méthode à suivre ne se distingue en rien de celle que nous avons déjà développée à l'occasion du logarithme intégral, et il suffira donc d'indiquer brièvement les calculs.

Dans la première intégrale

$$\int_0^{1-\varepsilon} \frac{(v e^{-v})^m}{1-v^2} e^{-\eta v} dv,$$

nous posons

$$v e^{-v} = e^{-1-x^2}, \qquad 1 - v = \sqrt{2}\, x + \ldots$$

et l'on obtient

$$\int_0^{1-\varepsilon} \frac{(v e^{-v})^m}{1-v^2} e^{-\eta v} dv = \tfrac{1}{2} e^{-a} \int_{\varepsilon\sqrt{\frac{1}{2}}} e^{-m x^2} (1 + A_1 x + A_2 x^2 + \ldots) \frac{dx}{x},$$

A_1, A_2, ... étant des polynômes en η.

Dans la seconde intégrale

$$\int_{1+\varepsilon}^{\infty} \frac{(v e^{-v})^m}{1-v^2} e^{-\eta v} dv,$$

nous posons

$$v e^{-v} = e^{-1-x^2}, \qquad v - 1 = \sqrt{2}\, x + \ldots$$

et l'on obtient

$$\int_{1+\varepsilon}^{\infty} \frac{(v e^{-v})^m}{1-v^2} e^{-\eta v} dv = -\frac{1}{2} e^{-a} \int_{\varepsilon\sqrt{\frac{1}{2}}} e^{-m x^2} (1 - A_1 x + A_2 x^2 - \ldots) \frac{dx}{x}.$$

Le développement de S_m se trouve maintenant à l'aide de

$$S_m = e^{-a} \int_0^{\infty} e^{-m x^2} (A_1 + A_3 x^2 + A_5 x^4 + \ldots)\, dx,$$

$$S_m = \frac{1}{2} e^{-a} \sqrt{\frac{\pi}{m}} \left((A_1 + \frac{1}{2} A_3 \frac{1}{m} + \frac{1.3}{2.2} A_5 \frac{1}{m^2} + \ldots \right)$$

ou bien

$$(20) \quad \begin{cases} S_m = e^{-a} \sqrt{\dfrac{\pi}{2m}} \left[\eta + \dfrac{1}{6} + \left(\dfrac{1}{6} \eta^3 - \dfrac{1}{4} \eta^2 - \dfrac{1}{6} \eta - \dfrac{11}{135} \right) \dfrac{1}{m} + \right. \\ \qquad \left. + \left(\dfrac{1}{40} \eta^5 - \dfrac{7}{48} \eta^4 + \dfrac{1}{18} \eta^3 + \dfrac{1}{24} \eta^2 + \dfrac{13}{288} \eta + \dfrac{323}{12096} \right) \dfrac{1}{m^2} \right]. \end{cases}$$

On en conclut $S_m = 0$ pour $\eta = \beta_0 + \dfrac{\beta_1}{m} + \dfrac{\beta_2}{m^2}$ ou

$$(21) \quad \ldots\ldots\; a = m - \frac{1}{6} + \frac{199}{3240\, m} - \frac{6409}{408240\, m^2}.$$

9. Dans le cas de l'intégrale

$$\int_0^{\infty} \frac{\sin a u}{1 + u^2} du,$$

la résolution approchée de $R_n = 0$ est donc donnée par les développements

$$(22) \quad \ldots\ldots \quad a = 2n - \frac{1}{6} + \frac{199}{6480\,n} - \frac{6409}{1632960\,n^2}.$$

$$(23) \quad \ldots\ldots\ldots \quad n = \frac{1}{2}a + \frac{1}{12} - \frac{199}{6480\,a} + \ldots.$$

Pour $n = 1$, on aurait, d'après (22), la racine de $\int_0^\infty \frac{\sin au}{1+u^2}du = \frac{1}{a}$ approximativement égale à 1,86012. Pour calculer la valeur exacte, nous observons qu'on déduit de la formule (16), en remplaçant $\frac{1}{1-v^2}$ par $\frac{1}{2}\frac{1}{1-v} + \frac{1}{2}\frac{1}{1+v}$,

$$\int_0^\infty \frac{\sin au}{1+u^2}du = \tfrac{1}{2}e^{-a}\,\mathrm{li}\,(e^a) - \tfrac{1}{2}e^a\,\mathrm{li}\,(e^{-a}),$$

en sorte que l'équation à résoudre par approximation est

$$\frac{1}{a} = \frac{1}{2}e^{-a}\left(\mathfrak{C} + \log a + \frac{a}{1} + \frac{a^2}{2.2!} + \frac{a^3}{3.3!} + \ldots\right)$$
$$-\frac{1}{2}e^a\left(\mathfrak{C} + \log a - \frac{a}{1} + \frac{a^2}{2.2!} - \frac{a^3}{3.3!} + \ldots\right).$$

On trouve $a = 1{,}85986$ et l'erreur de notre formule approchée dans ce cas extrême 0,00026.

10. En remplaçant, dans la formule (21), m par $2n+1$, on trouve que, dans le cas de l'intégrale

$$-\int_0^\infty \frac{u\cos au}{1+u^2}du,$$

la résolution approchée de $R_n = 0$ est donnée par les formules

$$(24) \quad \ldots \quad a = 2n + \frac{5}{6} + \frac{199}{3240(2n+1)} - \frac{6409}{408240(2n+1)^2},$$

$$(25) \quad \ldots\ldots\ldots \quad n = \frac{1}{2}a - \frac{5}{12} - \frac{199}{6480\,a} - \ldots.$$

Ces formules donnent une approximation largement suffisante; en prenant $n=0$ dans (24), on aurait 0,87905 comme valeur approchée de la racine de l'équation transcendante

$$\int_0^\infty \frac{u\cos au}{1+u^2}\,du = -\tfrac{1}{2}e^{-a}\,\mathrm{li}(e^a) - \tfrac{1}{2}e^{a}\,\mathrm{li}(e^{-a}) = 0.$$

La valeur exacte est 0,87964.

Développement en série semi-convergente de $\log\Gamma(ai)$.

11. Avant d'aborder le développement de $\log\Gamma(ai)$, nous croyons utile de résumer ici le résultat auquel on est arrivé par l'étude du développement de $\log\Gamma(a)$, en renvoyant d'ailleurs pour les démonstrations au travail de M. Bourguet.

Le premier travail rigoureux sur ce sujet, qui est dû à Cauchy, a son point de départ dans cette formule à laquelle Binet était déjà arrivé,

$$(26)\quad \log\Gamma(a) = (a-\tfrac{1}{2})\log a - a + \tfrac{1}{2}\log 2\pi + \int_0^\infty \left(\frac{1}{e^u-1} - \frac{1}{u} + \frac{1}{2}\right)\frac{e^{-au}}{u}\,du.$$

Pour obtenir le terme complémentaire sous forme finie, il est plus avantageux de partir de l'expression

$$(27)\quad \log\Gamma(a) = (a-\tfrac{1}{2})\log a - a + \tfrac{1}{2}\log 2\pi + \frac{1}{\pi}\int_0^\infty \frac{du}{1+u^2}\log\left(\frac{1}{1-e^{-2\pi a u}}\right),$$

et l'on trouve

$$(28)\quad \left\{\begin{aligned} &\frac{1}{\pi}\int_0^\infty \frac{du}{1+u^2}\log\left(\frac{1}{1-e^{-2\pi a u}}\right) \\ &= \frac{B_1}{1.2a} - \frac{B_2}{3.4a^3} + \ldots \pm \frac{B_n}{2n-1.2na^{2n-1}} \mp R_n, \\ &R_n = \frac{1}{\pi}\int_0^\infty \frac{u^{2n}}{1+u^2}\log\left(\frac{1}{1-e^{-2\pi a u}}\right)du. \end{aligned}\right.$$

M. Bourguet trouve que l'indice du plus petit terme est le premier nombre entier supérieur à $\pi a + \frac{1}{4} + \frac{1}{32\pi a}$, et il donne comme racine approchée de $R_n - R_{n-1} = 0$ l'expression

$$\pi a + \frac{3}{4} - \frac{3}{32\pi a}.$$

On conclut de ce qui précède que le reste du plus petit terme est, à fort peu près, égal à la moitié de ce terme. En posant $\pi a = n + \eta$, on peut développer R_n suivant les puissances descendantes de n. Comme nous aurons à exposer plus loin un calcul analogue dans le cas du terme complémentaire d'une série de seconde espèce, nous nous bornerons à donner ici le résultat suivant

$$(29)\quad \begin{cases} R_n = \dfrac{e^{-2\pi a}}{\sqrt{n\pi}}\Big[\dfrac{1}{2} + \Big(\dfrac{1}{2}\eta^2 - \dfrac{5}{48}\Big)\dfrac{1}{n} + \\ \qquad + \Big(\dfrac{1}{4}\eta^4 - \dfrac{1}{3}\eta^3 - \dfrac{17}{48}\eta^2 - \dfrac{1}{8}\eta + \dfrac{61}{2304}\Big)\dfrac{1}{n^2} + \ldots\Big]. \end{cases}$$

On peut en déduire encore sans difficulté la résolution approchée de l'équation $\dfrac{dR_n}{dn} = 0$; nous trouvons

$$\pi a = n - \frac{1}{4} + \frac{13}{96\,n} \qquad \text{ou} \qquad n = \pi a + \frac{1}{4} - \frac{13}{96\,\pi a}.$$

12. Nous allons nous occuper maintenant du développement de $\log \Gamma(ai)$. Observons d'abord que, d'après la définition de la fonction Γ adoptée par Gauss, on a

$$\Gamma(ai) = \operatorname{Lim} \frac{e^{ai\log n}}{ai(1+ai)\left(1+\dfrac{ai}{2}\right)\ldots\left(1+\dfrac{ai}{n}\right)} \qquad (n=\infty).$$

En se rappelant la loi de multiplication de deux nombres complexes, on en conclut qu'en posant

$$(30) \quad \ldots\ldots\ldots \quad \Gamma(ai) = R\,e^{\Theta i},$$

on aura

$$R = 1 : \sqrt{a^2(1+a^2)\left(1+\frac{a^2}{4}\right)\left(1+\frac{a^2}{9}\right)\ldots},$$

c'est-à-dire

$$(31) \quad \ldots\ldots\ldots \quad R = \sqrt{\frac{2\pi}{a\,(e^{\pi a} - e^{-\pi a})}}$$

et puis

$$(32) \quad \Theta = \operatorname{Lim}\left(a\log n \mp \frac{\pi}{2} - \operatorname{arc\,tang} a - \operatorname{arc\,tang}\frac{a}{2} - \ldots - \operatorname{arc\,tang}\frac{a}{n}\right)$$
$$(n = \infty).$$

Il faut prendre le signe supérieur ou inférieur selon que a est positif ou négatif, et les arcs doivent être pris entre les limites $\pm \frac{\pi}{2}$. Dans la suite nous supposerons toujours que a est positif.

Comme l'on a

$$\log \Gamma(ai) = \log \mathrm{R} + \Theta i,$$

on voit que nous aurons à nous occuper seulement du développement de la partie imaginaire Θ. On pourrait, dans cette recherche, partir de l'expression (32), mais il est beaucoup plus simple, comme nous le verrons, de se servir de la formule de Binet

$$\log \Gamma(a) = (a - \tfrac{1}{2}) \log a - a + \tfrac{1}{2} \log 2\pi + \int_0^\infty \left(\frac{1}{e^u - 1} - \frac{1}{u} + \frac{1}{2}\right) \frac{e^{-au}}{u} du.$$

13. En établissant cette formule, on a en vue ordinairement seulement les valeurs réelles de a. On voit cependant facilement que rien n'empêche d'attribuer à a une valeur imaginaire quelconque, à la condition toutefois que la partie réelle de a soit positive. Les logarithmes qui entrent dans la formule ont une détermination unique par la condition même que la variable ne doit jamais franchir l'axe des y.

Cependant, comme nous voulons changer a en ai, quantité dont la partie réelle est nulle, il est nécessaire de justifier cette opération.

Évidemment, cette application de la formule de Binet sera justifiée si nous faisons voir :

1° Que l'intégrale

$$\int_0^\infty \left(\frac{1}{e^u - 1} - \frac{1}{u} + \frac{1}{2}\right) \frac{e^{-aui}}{u} du$$

a un sens ;

2° Que cette intégrale est la limite vers laquelle tend

$$\int_0^\infty \left(\frac{1}{e^u - 1} - \frac{1}{u} + \frac{1}{2}\right) \frac{e^{-bu-aui}}{u} du$$

lorsque la quantité positive b décroît indéfiniment.

Le premier point est à peu près évident, car la fonction

$$\left(\frac{1}{e^u - 1} - \frac{1}{u} + \frac{1}{2}\right) \frac{1}{u} = \sum_1^\infty \frac{2}{u^2 + 4n^2\pi^2},$$

qui entre dans les intégrales

$$\int_0^\infty \left(\frac{1}{e^u - 1} - \frac{1}{u} + \frac{1}{2}\right) \frac{\cos a u}{u} \, du, \quad \int_0^\infty \left(\frac{1}{e^u - 1} - \frac{1}{u} + \frac{1}{2}\right) \frac{\sin a u}{u} \, du,$$

est positive et décroissante; elle devient infiniment petite pour $u = \infty$.

Le second point à établir revient à montrer que les intégrales

$$M = \int_0^\infty \frac{\varphi(u)}{u} (1 - e^{-bu}) \cos a u \, du,$$

$$N = \int_0^\infty \frac{\varphi(u)}{u} (1 - e^{-bu}) \sin a u \, du,$$

où nous avons posé

$$\varphi(u) = \frac{1}{e^u - 1} - \frac{1}{u} + \frac{1}{2},$$

convergent vers zéro en même temps que b.

Nous remarquons que les fonctions $\varphi(u)$ et $\frac{\varphi(u)}{u}$ sont toujours finies, et décomposons M en trois parties

$$M_1 = \int_0^1 \frac{\varphi(u)}{u} (1 - e^{-bu}) \cos a u \, du,$$

$$M_2 = \int_1^{\sqrt{\frac{1}{b}}} \frac{\varphi(u)}{u} (1 - e^{-bu}) \cos a u \, du,$$

$$M_3 = \int_{\sqrt{\frac{1}{b}}}^\infty \frac{\varphi(u)}{u} (1 - e^{-bu}) \cos a u \, du.$$

On a évidemment

$$|M_1| < (1 - e^{-b}) \int_0^1 \frac{\varphi(u)}{u} \, du,$$

donc

$$\lim M_1 = 0 \qquad \text{pour } b = 0.$$

Ensuite

$$|M_2| < \int_1^{\sqrt{\frac{1}{b}}} \frac{\varphi(u)}{u} (1 - e^{-bu}) \, du < (1 - e^{-\sqrt{b}}) \int_1^{\sqrt{\frac{1}{b}}} \frac{\varphi(u)}{u} \, du,$$

$$|M_2| < (1 - e^{-\sqrt{b}}) \, \varphi(\xi) \log \sqrt{\frac{1}{b}},$$

ξ désignant une valeur entre 1 et $\sqrt{\frac{1}{b}}$. On en conclut

$$\lim M_2 = 0.$$

Quant à M_3, en appliquant le second théorème de la moyenne,

$$\int_a^b f(x)\psi(x)\,dx = f(a)\int_a^\eta \psi(x)\,dx + f(b)\int_\eta^b \psi(x)\,dx,$$

où la fonction $f(x)$ doit varier toujours dans le même sens,

$$M_3 = (1 - e^{-\sqrt{b}})\int_{\sqrt{\frac{1}{b}}}^\eta \frac{\varphi(u)}{u}\cos au\,du + \int_\eta^\infty \frac{\varphi(u)}{u}\cos au\,du.$$

Mais l'intégrale $\int_0^\infty \frac{\varphi(u)}{u}\cos au\,du$ ayant un sens, les deux intégrales qui figurent au second membre convergent vers zéro et $\lim M_3 = 0$.

On conclut de tout ce qui précède $\lim M = 0$, et la même démonstration s'applique à l'intégrale N; donc aussi $\lim N = 0$.

D'après cela, il est permis de changer a en ai dans la formule de Binet, et nous obtenons ainsi

$$(33)\quad \log R = \tfrac{1}{2}\log 2\pi - \tfrac{1}{2}\log a - \tfrac{1}{2}\pi a + \int_0^\infty \frac{\varphi(u)}{u}\cos au\,du,$$

$$(34)\quad \Theta = a\log a - a - \frac{\pi}{4} - \int_0^\infty \frac{\varphi(u)}{u}\sin au\,du.$$

14. Nous avons à transformer d'abord les intégrales qui figurent dans les second membres. Soit

$$V = \int_0^\infty \frac{\varphi(u)}{u} e^{aui}\,du,$$

en substituant $\sum_1^\infty \frac{2u}{u^2 + 4n^2\pi^2}$ au lieu de $\varphi(u)$, nous trouvons

$$V = \sum_1^\infty \int_0^\infty \frac{2e^{aui}\,du}{u^2 + 4n^2\pi^2} = \sum_1^\infty \frac{1}{n\pi}\int_0^\infty \frac{e^{2\pi naui}}{1+u^2}\,du.$$

Nous avons vu déjà (n° 7) qu'il est permis de remplacer, dans l'intégrale

$$\int_0^\infty \frac{e^{2\pi n a u i}}{1+u^2}\,du,$$

l'intégration le long de l'axe des x, par une intégration le long de l'axe des y, en évitant par un petit demi-cercle de rayon ε le point i. On obtient ainsi

$$\frac{\pi}{2}e^{-2an\pi}+i\left(\int_0^{1-\varepsilon}\frac{e^{-2\pi n a v}\,dv}{1-v^2}+\int_{1+\varepsilon}^\infty \frac{e^{-2\pi n a v}\,dv}{1-v^2}\right)$$

et, par conséquent,

$$\begin{aligned}\mathrm{V}=&\frac{1}{2}\log\frac{1}{1-e^{-2\pi a}}\\&+i\left(\frac{1}{\pi}\int_0^{1-\varepsilon}\frac{dv}{1-v^2}\log\frac{1}{1-e^{-2\pi a v}}+\frac{1}{\pi}\int_{1+\varepsilon}^\infty\frac{dv}{1-v^2}\log\frac{1}{1-e^{-2\pi a v}}\right);\end{aligned}$$

donc

$$(35)\quad . \quad . \quad \int_0^\infty \frac{\varphi(u)}{u}\cos au\,du=\frac{1}{2}\log\frac{1}{1-e^{-2\pi a}},$$

$$(36)\quad . \quad . \quad \left\{\begin{aligned}\int_0^\infty \frac{\varphi(u)}{u}\sin au\,du=&\frac{1}{\pi}\int_0^{1-\varepsilon}\frac{dv}{1-v^2}\log\frac{1}{1-e^{-2\pi a v}}\\&+\frac{1}{\pi}\int_{1+\varepsilon}^\infty\frac{dv}{1-v^2}\log\frac{1}{1-e^{-2\pi a v}}.\end{aligned}\right.$$

En portant la valeur (35) dans la formule (33), on retombe sur la valeur finie de R déjà donnée [formule (31)].

15. En employant dans le second membre de la formule (36) l'identité

$$\frac{1}{1-v^2}=1+v^2+\ldots+v^{2n-2}+\frac{v^{2n}}{1-v^2},$$

on trouve, en ayant égard à la formule

$$(37)\quad . \quad . \quad \frac{1}{\pi}\int_0^\infty v^{2k-2}\log\frac{1}{1-e^{-2\pi a v}}\,dv=\frac{\mathrm{B}_k}{(2k-1)\,2ka^{2k-1}}$$

(qu'on obtient en développant en série le logarithme),

$$(38)\quad \int_0^\infty \frac{\varphi(u)}{u}\sin au\,du = \frac{B_1}{1.2.a} + \frac{B_2}{3.4.a^3} + \cdots + \frac{B_n}{(2n-1)2n a^{2n-1}} + R_n,$$

$$R_n = \frac{1}{\pi}\int_0^{1-\varepsilon} \frac{v^{2n}dv}{1-v^2}\log\frac{1}{1-e^{-2\pi av}} + \frac{1}{\pi}\int_{1+\varepsilon}^\infty \frac{v^{2n}dv}{1-v^2}\log\frac{1}{1-e^{-2\pi av}}.$$

C'est la série semi-convergente que nous avions en vue; le terme complémentaire se présente sous la forme de la valeur principale de

$$\frac{1}{\pi}\int_0^\infty \frac{v^{2n}dv}{1-v^2}\log\frac{1}{1-e^{-2\pi av}}.$$

Il est intéressant de rapprocher de cette formule la forme du terme complémentaire dans le cas de la série de Stirling [formule (28)].

La série étant de seconde espèce, il nous reste à déterminer approximativement la racine de l'équation $R_n = 0$. Pour cela, nous développons d'abord R_n suivant les puissances descendantes de n.

16. Le premier terme du développement de $\log\frac{1}{1-e^{-2\pi av}}$ étant $e^{-2\pi av}$, nous considérons d'abord au lieu de R_n

$$\pi S_n = \int_0^{1-\varepsilon} \frac{v^{2n}e^{-2\pi av}}{1-v^2}dv + \int_{1+\varepsilon}^\infty \frac{v^{2n}e^{-2\pi av}}{1-v^2}dv$$

ou, en posant $\pi a = n + \eta$,

$$\pi S_n = \int_0^{1-\varepsilon} \frac{(ve^{-v})^{2n}}{1-v^2}e^{-2\eta v}dv + \int_{1+\varepsilon}^\infty \frac{(ve^{-v})^{2n}}{1-v^2}e^{-2\eta v}dv.$$

Le développement de S_n n'est plus à trouver, nous pouvons l'écrire aussitôt d'après le résultat que nous avons obtenu dans le n° 8. En conservant seulement le terme principal, il vient

$$S_n = \left(\eta + \frac{1}{12}\right)e^{-2\pi a}\sqrt{\frac{1}{n\pi}}.$$

Nous avons à évaluer maintenant l'erreur qu'on commet en prenant S_n au lieu de R_n. Pour cela, nous développons en série le logarithme;

le $k+1^{\text{ième}}$ terme donne lieu à cette partie de R_n

$$\frac{1}{\pi(k+1)} \text{ v. p.} \int_0^\infty \frac{v^{2n}\, e^{-2\pi a(k+1)v}}{1-v^2}\, dv.$$

En développant

$$\frac{1}{1-v^2} = 1 + v^2 + \ldots + v^{2nk-2} + \frac{v^{2nk}}{1-v^2},$$

on trouve

$$\frac{1}{\pi(k+1)}\left[\frac{\Gamma(2n+1)}{A^{2n+1}} + \frac{\Gamma(2n+3)}{A^{2n+3}} + \ldots \right.$$
$$\left. + \frac{\Gamma(2nk+2n-1)}{A^{2nk+2n-1}} + \text{v. p.} \int_0^\infty \frac{v^{2n(k+1)}\, e^{-Av}}{1-v^2}\, dv\right],$$

en écrivant, pour abréger,

$$2\pi a(k+1) = A.$$

Les termes diminuent d'abord et l'intégrale est de l'ordre du dernier terme. C'est ce qui résulte, en effet, de la discussion que nous avons faite de la série semi-convergente pour $\int_0^\infty \frac{\sin a u}{1+u^2}\, du$ (n° 8). La quantité à évaluer est donc positive, mais n'atteindra pas nk fois le premier terme ou

$$\frac{nk}{\pi(k+1)} \frac{\Gamma(2n+1)}{A^{2n+1}}.$$

En remplaçant $\Gamma(2n+1)$ par sa valeur asymptotique

$$2\sqrt{n\pi}\left(\frac{2n}{e}\right)^{2n},$$

on trouve, à cause de $\pi a = n + \eta$,

$$\frac{nk}{\pi(k+1)^{2n+2}} \frac{\sqrt{n\pi}}{\pi a}\left[\frac{n}{e(n+\eta)}\right]^{2n}$$

ou, si nous remplaçons πa par n, $\left(\frac{n}{n+\eta}\right)^{2n}$ par $e^{-2\eta}$,

$$\frac{nk}{(k+1)^{2n+2}} e^{-2\pi a} \sqrt{\frac{1}{n\pi}} < \frac{n}{(k+1)^{2n+1}} e^{-2\pi a} \sqrt{\frac{1}{n\pi}}.$$

La somme des termes négligés ne surpasse donc pas

$$e^{-2\pi a}\sqrt{\frac{1}{n\pi}}\times n\left(\frac{1}{2^{2n+1}}+\frac{1}{3^{2n+1}}+\frac{1}{4^{2n+1}}+\ldots\right)$$

ou

$$\frac{n}{2^{2n+1}}\,\mathrm{T}\,.\,e^{-2\pi a}\sqrt{\frac{1}{n\pi}},$$

T étant une fonction qui converge vers 1 pour $n=\infty$.

On voit que le facteur qui multiplie $e^{-2\pi a}\sqrt{\frac{1}{n\pi}}$ décroît plus rapidement qu'aucune puissance négative de n; d'où l'on conclut que, pour développer R_n, suivant les puissances décroissantes de n, on doit s'en tenir à S_n, les parties négligées n'ayant aucune influence sur ce développement. A l'aide du n° 8, nous obtenons maintenant

$$(39)\quad \left\{\begin{aligned}\mathrm{R}_n = e^{-2\pi a}\sqrt{\frac{1}{n\pi}}\Big[&\left(\eta+\frac{1}{12}\right)+\left(\frac{1}{3}\eta^3-\frac{1}{4}\eta^2-\frac{1}{12}\eta-\frac{11}{540}\right)\frac{1}{n}+\\ &+\left(\frac{1}{10}\eta^5-\frac{7}{24}\eta^4+\frac{1}{18}\eta^3+\frac{1}{48}\eta^2+\frac{13}{1152}\eta+\frac{323}{96768}\right)\frac{1}{n^2}+\ldots\Big].\end{aligned}\right.$$

On en conclut la solution approchée de l'équation $\mathrm{R}_n=0$ par l'une ou l'autre des formules

$$(40)\quad \ldots\quad \pi a = n-\frac{1}{12}+\frac{199}{12960\,n}-\frac{6409}{3265920\,n^2}+\ldots,$$

$$(41)\quad \ldots\ldots\quad n=\pi a+\frac{1}{12}-\frac{199}{12960\,\pi a}+\ldots.$$

La série étant composée des mêmes termes que ceux de la série de Stirling, l'indice du plus petit terme sera encore, d'après M. Bourguet, le premier nombre entier supérieur à $\pi a+\frac{1}{4}+\frac{1}{32\,\pi a}\cdot$ On voit donc que le changement de signe de R_n s'opère dans le voisinage du plus petit terme, comme cela arrivait aussi dans les autres séries de seconde espèce que nous avons étudiées

17. Pour avoir une idée de l'approximation avec laquelle nous avons résolu l'équation $\mathrm{R}_n=0$, nous avons pris $n=3$ dans la formule (40),

ce qui fournit cette valeur approchée de a, qui est un peu inférieure à l'unité $a = 0{,}9300$. (En prenant $n = 1, 2$, on serait conduit évidemment à des valeurs de a beaucoup trop petites pour songer à appliquer la série semi-convergente.) Pour résoudre l'équation $R_3 = 0$ rigoureusement, il nous faut un moyen de calculer Θ avec exactitude. Pour cela, nous remarquons que la série bien connue

$$\log \Gamma(x) = -\log x - \mathfrak{C} x + \tfrac{1}{2} S_2 x^2 - \tfrac{1}{3} S_3 x^3 + \tfrac{1}{4} S_4 x^4 - \ldots$$

donne, en remplaçant x par ai,

$$\Theta = -\frac{\pi}{2} - \mathfrak{C} a + \tfrac{1}{3} S_3 a^3 - \tfrac{1}{5} S_5 a^5 + \tfrac{1}{7} S_7 a^7 \ldots.$$

Pour augmenter la convergence, nous écrirons

$$\Theta = -\frac{\pi}{2} - \operatorname{arc\,tang} a + (1 - \mathfrak{C}) a$$
$$+ \tfrac{1}{3}(S_3 - 1) a^3 - \tfrac{1}{5}(S_5 - 1) a^5 + \tfrac{1}{7}(S_7 - 1) a^7 - \ldots.$$

L'équation à résoudre étant

$$\Theta = a \log a - a - \frac{\pi}{4} - \frac{1}{12a} - \frac{1}{360a^3} - \frac{1}{1260a^5},$$

nous trouvons que la racine est comprise entre 0,9276 et 0,9277. L'approximation est très suffisante; même pour $a = 1$, la formule (41) donne la racine de $R_n = 0$ par rapport à n, avec une erreur inférieure à 0,01.

Nous résumons ici le résultat que nous avons obtenu :

$$(42)\quad \begin{cases} \Gamma(ai) = R\, e^{\Theta i}, \\ R = \sqrt{\dfrac{2\pi}{a(e^{\pi a} - e^{-\pi a})}}, \\ \Theta = a \log a - a - \dfrac{\pi}{4} - \dfrac{B_1}{1.2a} - \dfrac{B_2}{3.4a^3} - \ldots - \dfrac{B_n}{(2n-1)\,2n\,a^{2n-1}} - R_n. \\ N = \pi a + \dfrac{1}{12} - \dfrac{199}{12960\,\pi a}; \\ \text{Ordre d'approximation} \ldots\ldots \dfrac{e^{-2\pi a}}{\pi\sqrt{a}}. \end{cases}$$

Pour $a = 1$, $N = 3{,}22$; en appliquant le procédé indiqué dans l'introduction, il vient

$$\Theta = -1,872303 - 0,000595\,\lambda.$$

On obtient deux limites en prenant $\lambda = 0$, $\lambda = 1$; la valeur $\lambda = 0,22$ donne une valeur plus approchée

$$-1,872434.$$

La valeur exacte est

$$\Theta = -1,87243\,66472\,6243\ldots,$$
$$\Theta = -107^\circ.16'.57'',782.$$

18. Supposons que la variable z décrive la partie positive de l'axe imaginaire, alors nous pouvons indiquer comment se comporte la fonction holomorphe $\frac{1}{\Gamma(z)}$. En effet, ayant $\frac{1}{\Gamma(ai)} = \frac{1}{R}e^{-\Theta i}$, $\frac{1}{R}$ et $-\Theta$ sont les coordonnées polaires du point qui représente $\frac{1}{\Gamma(ai)}$, et nous voyons que ce point décrit une spirale, le rayon vecteur se mouvant dans le sens négatif et croissant rapidement. L'angle de la courbe et du rayon vecteur, dont la tangente est à peu près égale à $\frac{2}{\pi}\log a$, tend vers 90°. Nous avons dressé la petite Table suivante pour faire connaître la forme de la courbe dans le voisinage de l'origine:

a	$-\Theta$	$\frac{1}{R}$	a	$-\Theta$	$\frac{1}{R}$
	° ′			° ′	
0......	90. 0,0	0	2,0.....	82.34,3	13,056
0,2.....	96.26,1	0,207	2,2.....	73.51,1	18,747
0,4.....	101.52,1	0,453	2,4.....	64. 7,6	26,808
0,6.....	105.37,6	0,784	2,6.....	53.28,4	38,202
0,8.....	107.25,9	1,250	2,8.....	41.57,7	54,277
1,0.....	107.17,0	1,917	3,0.....	29.38,8	76,919
1,2.....	105.19,0	2,877	3,2.....	16.35,0	108,765
1,4.....	101.42,3	4,256	3,4.....	2.48,9	153,493
1,6.....	96.37,0	6,230	3,6.....	− 11.37,0	216,241
1,8.....	90.11,7	9,047	3,8.....	− 26.40,7	304,170
2,0.....	82.34,3	13,056	4,0.....	− 42.20,2	427,271

L'angle $-\Theta$ commence à croître de 90° jusqu'à un certain maximum, dont voici la détermination

$$a = 0,88382, \qquad -\Theta = 107^\circ.36'.1'', \qquad \frac{1}{R} = 1,5003.$$

Après avoir dépassé ce maximum, l'angle $-\Theta$ décroît constamment.

19. D'après ce qui précède, il est permis de changer a en ai dans la série de Stirling; en arrêtant la série à son plus petit terme, l'erreur est du même ordre que ce terme. L'examen des conditions sous lesquelles on peut se servir de cette série pour des valeurs imaginaires quelconques de la variable se présente naturellement, mais nous ne l'aborderons pas. Nous rappelons seulement que, dans le Tome 56 du Journal de Crelle, M. Lipschitz est arrivé au résultat suivant

$$\log \Gamma(z) = \tfrac{1}{2}\log 2\pi + (z-\tfrac{1}{2})\log z - z + \frac{B_1}{1.2.z} - \ldots \pm \frac{B_n}{(2n-1)2nz^{2n-1}} \mp R_n;$$

$$z = a+bi, \qquad R_n = \frac{B_{n+1}}{(2n+1)(2n+2)}\,\frac{\varepsilon+\varepsilon' i}{a^{2n+1}},$$

ε et ε' restant compris dans les limites ± 1. On suppose de plus que la partie réelle de z, a est positive.

Comme on le voit, cette limitation de R_n devient complètement illusoire lorsqu'on fait tendre a vers zéro; mais M. Lipschitz n'avait pas à s'occuper du cas $a=0$, et la limitation du reste auquel il s'est arrêté suffisait pleinement pour le but qu'il s'était proposé, qui était tout autre que celui de vouloir déterminer avec exactitude quels services cette série pourrait rendre pour l'évaluation de $\log \Gamma(z)$.

Étude des intégrales de l'équation différentielle

$$\frac{d^2 z}{da^2} + \frac{1}{a}\,\frac{dz}{da} + z = 0.$$

20. Nous rassemblons ici quelques-unes des formes principales sous lesquelles on est arrivé à présenter les intégrales de cette équation différentielle. On trouve d'abord cette intégrale, qui est holomorphe dans tout le plan,

$$(43) \quad \ldots\ldots \quad J(a) = 1 - \frac{a^2}{2^2} + \frac{a^4}{2^2.4^2} - \frac{a^6}{2^2.4^2.6^2} + \ldots$$

ou

$$(44) \quad \ldots\ldots\ldots \quad J(a) = \frac{1}{\pi}\int_{-1}^{+1} \frac{\cos au\,du}{\sqrt{1-u^2}}.$$

Une autre intégrale est de la forme

$$J(a) \log(a) + R(a),$$

$R(a)$ étant holomorphe dans tout le plan, et, intégrant l'équation différentielle par des séries, on trouve cette seconde intégrale

$$\left(1 - \frac{a^2}{2^2} + \frac{a^4}{2^2 . 4^2} - \dots\right) \log a + \frac{a^2}{2^2} - \frac{a^4}{2^2 . 4^2}(1 + \tfrac{1}{2}) + \frac{a^6}{2^2 . 4^2 . 6^2}(1 + \tfrac{1}{2} + \tfrac{1}{3}) - \dots$$

En désignant par $\psi(x)$ la dérivée de $\log \Gamma(x)$, l'intégrale générale est donc

$$(45) \quad \ldots \left\{ \begin{aligned} & A \sum_0^\infty (-1)^n \frac{a^{2n}}{2^2 . 4^2 \dots (2n)^2} \\ & + B \sum_0^\infty (-1)^n \frac{a^{2n}}{2^2 . 4^2 \dots (2n)^2} [\log a - \psi(n+1) + \psi(1)]; \end{aligned} \right.$$

mais la seconde intégrale dont nous nous occuperons est celle-ci

$$(46) \quad \ldots \ldots \ldots \quad K(a) = \frac{2}{\pi} \int_1^\infty \frac{\cos au}{\sqrt{u^2 - 1}} du.$$

Cette définition n'a un sens que lorsque a est réel. Pour opérer la continuation de cette fonction pour des valeurs imaginaires de l'argument, nous considérons, en supposant a réel et positif, l'intégrale $\int \frac{e^{aui}}{\sqrt{u^2 - 1}} du$. On peut remplacer le chemin d'intégration OABC (Fig. 2)

Fig. 2.

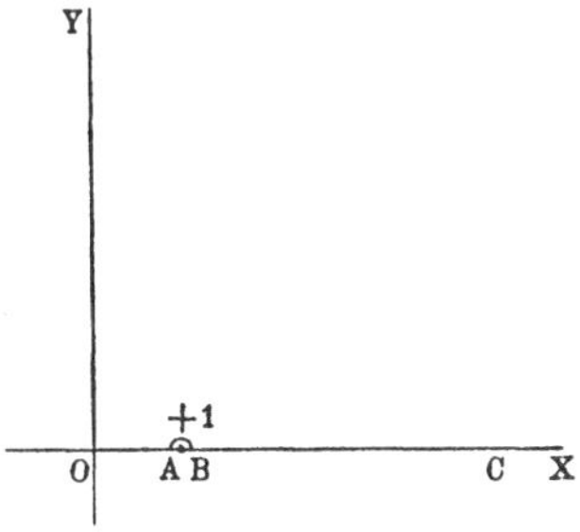

par une intégration suivant la partie positive de l'axe des y, transformation analogue à celle dont nous nous sommes servi dans le n° 7.

En supposant $\sqrt{u^2-1}=+i$ à l'origine, on obtient

$$\int_0^\infty \frac{e^{-av}}{\sqrt{1+v^2}}\,dv=\frac{1}{i}\int_0^1 \frac{e^{aui}}{\sqrt{1-u^2}}\,du+\int_1^\infty \frac{e^{aui}}{\sqrt{u^2-1}}\,du,$$

et la comparaison des parties réelles et imaginaires conduit à ces formules

$$(47) \quad \ldots \quad K(a)=\frac{2}{\pi}\int_0^\infty \frac{e^{-au}}{\sqrt{1+u^2}}\,du-\frac{2}{\pi}\int_0^1 \frac{\sin au}{\sqrt{1-u^2}}\,du,$$

$$(48) \quad \ldots\ldots\ldots \quad J(a)=\frac{2}{\pi}\int_1^\infty \frac{\sin au}{\sqrt{u^2-1}}\,du.$$

La relation (47) permet de continuer la fonction $K(a)$ dans toute la moitié du plan où la partie réelle de la variable est positive. On vérifie aussi directement que les intégrales

$$\int_0^\infty \frac{e^{-au}}{\sqrt{1+u^2}}\,du, \qquad \int_0^1 \frac{\sin au}{\sqrt{1-u^2}}\,du$$

satisfont l'une et l'autre à l'équation différentielle

$$\frac{d^2 z}{d a^2}+\frac{1}{a}\,\frac{d z}{d a}+z=\frac{1}{a}$$

et que, par conséquent, $K(a)$ est bien une intégrale de l'équation différentielle proposée.

En supposant toujours a réel et positif, nous tirons de l'équation (47)

$$(49) \quad \ldots \quad K(ai)=\frac{1}{\pi}\int_0^\infty \frac{e^{-aui}}{\sqrt{1+u^2}}\,du-\frac{2}{\pi}\int_0^1 \frac{\sin aui}{\sqrt{1-u^2}}\,du.$$

Pour simplifier, nous remarquons que l'on peut, dans l'intégrale $\int \frac{e^{aui}}{\sqrt{1+u^2}}du$, remplacer le chemin d'intégration OA par OBCD (Fig. 3). On obtient ainsi

$$\int_0^\infty \frac{e^{aui}}{\sqrt{1+u^2}}\,du=i\int_0^1 \frac{e^{-au}}{\sqrt{1-u^2}}\,du+\int_1^\infty \frac{e^{-au}}{\sqrt{u^2-1}}\,du.$$

En changeant i en $-i$ et substituant dans (49), il vient

$$K(ai) = -\frac{i}{\pi}\int_0^1 \frac{e^{au}+e^{-au}}{\sqrt{1-u^2}}\,du + \frac{2}{\pi}\int_1^\infty \frac{e^{-au}}{\sqrt{u^2-1}}\,du,$$

c'est-à-dire

$$(50) \quad \ldots\ldots \quad K(ai) = -i\,J(ai) + \frac{2}{\pi}\int_1^\infty \frac{e^{-au}}{\sqrt{u^2-1}}\,du.$$

Fig. 3.

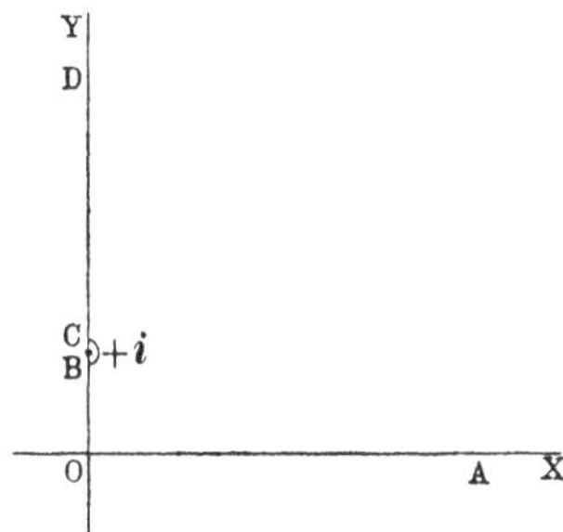

21. Nous nous arrêtons un instant à la détermination des valeurs qu'il faut attribuer dans l'expression de l'intégrale générale (45) à A et à B pour retrouver la fonction $K(a)$. Cette détermination de A et B a été donnée par M. H. Weber dans le Tome 75 du Journal de Borchardt. On peut l'effectuer aussi très simplement ainsi qu'il suit.

D'après la définition, on a

$$\frac{\pi}{2}K(a) = \int_a^\infty \frac{\cos v\,dv}{\sqrt{v^2-a^2}} = \int_a^1 \frac{\cos v\,dv}{\sqrt{v^2-a^2}} + \int_1^\infty \frac{\cos v\,dv}{\sqrt{v^2-a^2}}$$

et

$$\int_a^1 \frac{\cos v\,dv}{\sqrt{v^2-a^2}} = \int_a^1 \frac{dv}{\sqrt{v^2-a^2}} - \int_a^1 \frac{1-\cos v}{\sqrt{v^2-a^2}}\,dv =$$

$$= \log\left(\frac{1+\sqrt{1-a^2}}{a}\right) - \int_0^1 \frac{1-\cos v}{\sqrt{v^2-a^2}}\,dv,$$

$$\frac{\pi}{2}K(a) + \log a = \log(1+\sqrt{1-a^2}) - \int_a^1 \frac{1-\cos v}{\sqrt{v^2-a^2}}\,dv + \int_1^\infty \frac{\cos v\,dv}{\sqrt{v^2-a^2}};$$

donc

$$\operatorname{Lim}\left[\frac{\pi}{2}K(a) + \log a\right]_{a=0} = \log 2 - \int_0^1 \frac{1-\cos v}{v}\,dv + \int_1^\infty \frac{\cos v\,dv}{v};$$

Le second membre est égal à $\log 2 - \mathfrak{C}$, $\mathfrak{C}$ désignant toujours la constante eulérienne. En effet, $\int_0^\infty v^{p-1}\cos v\,dv = \Gamma(p)\cos\frac{p\pi}{2}$ ou

$$\int_0^1 v^{p-1}(1-\cos v)\,dv - \int_1^\infty v^{p-1}\cos v\,dv = \frac{1-\Gamma(p+1)\cos\frac{p\pi}{2}}{p}.$$

On en conclut pour $p=0$, à cause de $\Gamma(p+1) = 1 - \mathfrak{C}p + \ldots$,

$$\int_0^1 \frac{1-\cos v}{v}\,dv - \int_1^\infty \frac{\cos v}{v}\,dv = \mathfrak{C}.$$

La relation

$$(51) \quad \ldots\ldots \operatorname{Lim}\left[\frac{\pi}{2}\operatorname{K}(a) + \log a\right]_{a=0} = \log 2 - \mathfrak{C}$$

donne sur-le-champ la détermination des constantes A et B, et il vient, en se rappelant que $\psi(1) = -\mathfrak{C}$,

$$(52) \quad \ldots \frac{\pi}{2}\operatorname{K}(a) = \sum_0^\infty \frac{(-1)^n a^{2n}}{2^2 . 4^2 \ldots (2n)^2}\left[\log\frac{2}{a} + \psi(n+1)\right].$$

En changeant a en ai, il faut remplacer $\log a$ par $\log a + \frac{\pi}{2}i$, et la comparaison avec (50) conduit au développement

$$(53) \quad \ldots \int_1^\infty \frac{e^{-au}}{\sqrt{u^2-1}}\,du = \sum_0^\infty \frac{a^{2n}}{2^2 . 4^2 \ldots (2n)^2}\left[\log\frac{2}{a} + \psi(n+1)\right],$$

donné par Riemann, de l'une des intégrales de l'équation

$$\frac{d^2 z}{da^2} + \frac{1}{a}\frac{dz}{da} - z = 0,$$

dont $\operatorname{J}(ai)$ est une autre intégrale.

22. On peut changer en intégrales définies les séries (52), (53). En prenant la dérivée par rapport à b de la relation connue

$$2\int_0^1 u^{2a-1}(1-u^2)^{b-1}\,du = \frac{\Gamma(a)\Gamma(b)}{\Gamma(a+b)},$$

il vient, en posant ensuite $a = n + \frac{1}{2}$, $b = \frac{1}{2}$,

$$2\int_0^1 u^{2n} \frac{\log(1-u^2)}{\sqrt{1-u^2}}\,du = \frac{1.3\ldots(2n-1)}{2.4\ldots(2n)}\pi[\psi(\tfrac{1}{2}) - \psi(n+1)]$$

et

$$2\int_0^1 \frac{u^{2n}}{\sqrt{1-u^2}}\,du = \frac{1.3\ldots(2n-1)}{2.4\ldots(2n)}\pi;$$

donc

$$\frac{1.3\ldots(2n-1)}{2.4\ldots(2n)}\pi\left[\log\frac{2}{a} + \psi(n+1)\right] =$$

$$= 2\int_0^1 \frac{u^{2n}}{\sqrt{1-u^2}}\left[\psi(\tfrac{1}{2}) + \log\frac{2}{a} - \log(1-u^2)\right]du.$$

En substituant cette valeur de $\log\frac{2}{a} + \psi(n+1)$ dans les formules (52), (53), il vient, après une légère réduction, si l'on observe que $\psi(\frac{1}{2}) = -\mathfrak{C} - \log 4$,

$$(54) \quad \frac{\pi^2}{2}\mathrm{K}(a) = \int_{-1}^{+1} \frac{\cos au}{\sqrt{1-u^2}}[-\mathfrak{C} - \log 2a(1-u^2)]\,du,$$

$$(55) \quad \pi\int_1^\infty \frac{e^{-au}}{\sqrt{u^2-1}}\,du = \int_{-1}^{+1} \frac{e^{au}}{\sqrt{1-u^2}}[-\mathfrak{C} - \log 2a(1-u^2)]\,du.$$

23. Nous abordons maintenant le développement en série semi-con-

Fig. 4.

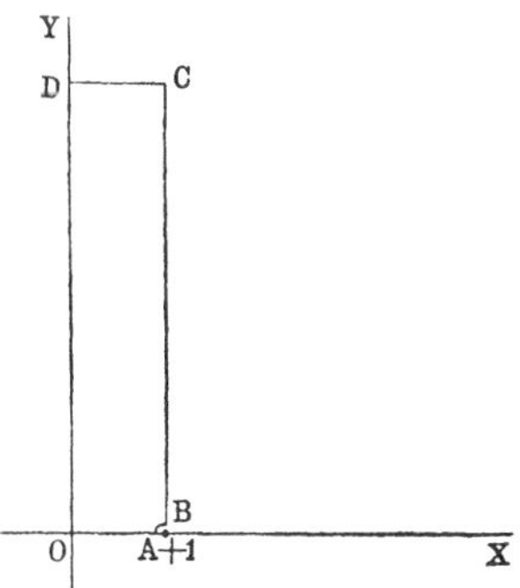

vergente de J (a) et de K (a). Considérons l'intégrale $\int_0^1 \frac{e^{aui}}{\sqrt{1-u^2}}\,du$ dont la partie réelle est $\frac{\pi}{2}$ J (a). En intégrant sur le contour fermé OABCDO

(Fig. 4), l'intégrale est nulle. Il est évident aussi que l'intégrale étendue sur CD converge vers zéro lorsque C et D s'éloignent indéfiniment. On voit donc que l'intégrale de O vers A est égale à la différence des intégrales sur OD et BC, en supposant que C et D s'éloignent indéfiniment. L'intégrale sur OD s'obtient en posant $u = iv$, celle sur BC en posant $u = 1 + iv$. En ayant soin de donner le signe convenable au radical $\sqrt{1-u^2}$ dans le point B, il vient

$$\int_0^1 \frac{e^{aui}}{\sqrt{1-u^2}}\,du = i\int_0^\infty \frac{e^{-av}}{\sqrt{1+v^2}}\,dv + e^{\left(a-\frac{\pi}{4}\right)i}\int_0^\infty \frac{v^{-\frac{1}{2}}e^{-av}}{\sqrt{2+iv}}\,dv$$

ou bien, en faisant attention à la formule (47),

$$(56) \quad \ldots\ldots \quad e^{\left(a-\frac{\pi}{4}\right)i}\int_0^\infty \frac{v^{-\frac{1}{2}}e^{-av}}{\sqrt{2+iv}}\,dv = \frac{\pi}{2}\,[\mathrm{J}(a) - i\,\mathrm{K}(a)].$$

On en conclut les expressions suivantes de $\mathrm{J}(a)$, $\mathrm{K}(a)$ où nous avons posé encore $av = u$

$$(57)\left\{\begin{aligned} \mathrm{J}(a) = {} & \frac{\cos\left(a-\frac{\pi}{4}\right)}{\pi\sqrt{2a}}\int_0^\infty e^{-u}u^{-\frac{1}{2}}\left(\frac{1}{\sqrt{1-\frac{iu}{2a}}}+\frac{1}{\sqrt{1+\frac{iu}{2a}}}\right)du \\ & - i\,\frac{\sin\left(a-\frac{\pi}{4}\right)}{\pi\sqrt{2a}}\int_0^\infty e^{-u}u^{-\frac{1}{2}}\left(\frac{1}{\sqrt{1-\frac{iu}{2a}}}-\frac{1}{\sqrt{1+\frac{iu}{2a}}}\right)du, \end{aligned}\right.$$

$$(58)\left\{\begin{aligned} \mathrm{K}(a) = {} & -\frac{\sin\left(a-\frac{\pi}{4}\right)}{\pi\sqrt{2a}}\int_0^\infty e^{-u}u^{-\frac{1}{2}}\left(\frac{1}{\sqrt{1-\frac{iu}{2a}}}+\frac{1}{\sqrt{1+\frac{iu}{2a}}}\right)du \\ & - i\,\frac{\cos\left(a-\frac{\pi}{4}\right)}{\pi\sqrt{2a}}\int_0^\infty e^{-u}u^{-\frac{1}{2}}\left(\frac{1}{\sqrt{1-\frac{iu}{2a}}}-\frac{1}{\sqrt{1+\frac{iu}{2a}}}\right)du. \end{aligned}\right.$$

M. Lipschitz développe maintenant les fonctions réelles

$$\frac{1}{\sqrt{1-\frac{iu}{2a}}}+\frac{1}{\sqrt{1+\frac{iu}{2a}}}, \qquad -i\left(\frac{1}{\sqrt{1-\frac{iu}{2a}}}-\frac{1}{\sqrt{1+\frac{iu}{2a}}}\right)$$

à l'aide de la formule

$$\mathfrak{F}(u)=\mathfrak{F}(0)+u\,\mathfrak{F}'(0)+\ldots+\frac{u^{n-1}}{1.2\ldots(n-1)}\mathfrak{F}^{(n-1)}(0)+\frac{u^n}{1.2\ldots n}\mathfrak{F}^{(n)}(\lambda u),$$

λ désignant une fraction positive. Il obtient ainsi

$$(59)\left\{\begin{aligned}&\int_0^\infty e^{-u}u^{-\frac{1}{2}}\left(\frac{1}{\sqrt{1-\frac{iu}{2a}}}+\frac{1}{\sqrt{1+\frac{iu}{2a}}}\right)du\\&=2\sqrt{\pi}\left[1-\frac{1^2.3^2}{1.2.(8a)^2}+\ldots\pm\frac{1^2.3^2\ldots(4n-5)^2}{1.2\ldots(2n-2)(8a)^{2n-2}}\mp R_n\right],\end{aligned}\right.$$

$$(60)\left\{\begin{aligned}&-i\int_0^\infty e^{-u}u^{-\frac{1}{2}}\left(\frac{1}{\sqrt{1-\frac{iu}{2a}}}-\frac{1}{\sqrt{1-\frac{iu}{2a}}}\right)du\\&=2\sqrt{\pi}\left[\frac{1^2}{1.8a}-\frac{1^2.3^2.5^2}{1.2.3.(8a)^3}+\ldots\pm\frac{1^2.3^2\ldots(4n-3)^2}{1.2\ldots(2n-1)(8a)^{2n-1}}\mp R'_n\right].\end{aligned}\right.$$

On voit qu'on obtient ainsi en même temps le développement de $J(a)$ et de $K(a)$. Quant au terme complémentaire R_n, la méthode adoptée par M. Lipschitz lui permet d'établir que la valeur absolue de R_n est inférieure à T_{n+1}. De même, R'_n est inférieur en valeur absolue à T'_{n+1}. On peut resserrer un peu ces limitations, et faire voir que R_n et R'_n sont positifs, ce qui entraîne déjà que R_n est inférieur à T_n et à T_{n+1}, R'_n à T'_n et à T'_{n+1}. En effet, on a

$$\frac{2}{\pi}\int_0^{\frac{\pi}{2}}\frac{dv}{1-\frac{iu}{2a}\sin^2 v}=\frac{1}{\sqrt{1-\frac{iu}{2a}}},\qquad \frac{2}{\pi}\int_0^{\frac{\pi}{2}}\frac{dv}{1+\frac{iu}{2a}\sin^2 v}=\frac{1}{\sqrt{1+\frac{iu}{2a}}};$$

d'où l'on conclut

$$(61)\qquad \int_0^\infty e^{-u}u^{-\frac{1}{2}}\left(\frac{1}{\sqrt{1-\frac{iu}{2a}}}+\frac{1}{\sqrt{1+\frac{iu}{2a}}}\right)du=\frac{4}{\pi}\int_0^{\frac{\pi}{2}}dv\int_0^\infty\frac{e^{-u}u^{-\frac{1}{2}}}{1+\frac{u^2}{4a^2}\sin^4 v}\,du,$$

$$(62)\quad -i\int_0^\infty e^{-u}u^{-\frac{1}{2}}\left(\frac{1}{\sqrt{1-\frac{iu}{2a}}}-\frac{1}{\sqrt{1+\frac{iu}{2a}}}\right)du=\frac{2}{\pi a}\int_0^{\frac{\pi}{2}}dv\int_0^\infty\frac{e^{-u}u^{\frac{1}{2}}\sin^2 v}{1+\frac{u^2}{4a^2}\sin^4 v}\,du.$$

En employant l'identité

$$\frac{1}{1+\frac{u^2}{4a^2}\sin^4 v} = 1 - \frac{u^2}{4a^2}\sin^4 v + \ldots \pm \left(\frac{u}{2a}\right)^{2n-2}\sin^{4n-4} v \mp \frac{\left(\frac{u}{2a}\right)^{2n}\sin^{4n} v}{1+\frac{u^2}{4a^2}\sin^4 v},$$

on retrouve les séries semi-convergentes déjà données, mais avec ces expressions des termes complémentaires

$$(63) \quad . \quad . \quad R_n = \frac{1}{2^{2n-1}a^{2n}\sqrt{\pi^3}}\int_0^{\frac{\pi}{2}} dv \int_0^{\infty} \frac{e^{-u}u^{2n-\frac{1}{2}}\sin^{4n} v}{1+\frac{u^2}{4a^2}\sin^4 v}\,du,$$

$$(64) \quad . \quad . \quad R'_n = \frac{1}{2^{2n}a^{2n+1}\sqrt{\pi^3}}\int_0^{\frac{\pi}{2}} dv \int_0^{\infty} \frac{e^{-u}u^{2n+\frac{1}{2}}\sin^{4n+2} v}{1+\frac{u^2}{4a^2}\sin^4 v}\,du.$$

24. Lorsque a est grand, l'indice du plus petit terme dans chacune des séries semi-convergentes (59), (60) est à peu près égal à a. En posant $a = n + \eta$, on peut développer R_n et R'_n suivant les puissances descendantes de n. Pour faciliter un peu les calculs nous remplaçons u par $2au$, $\cot^2 v$ par v, en sorte qu'il vient

$$R_n = \sqrt{\frac{2a}{\pi^3}}\int_0^{\infty}\int_0^{\infty}\left(\frac{u\,e^{-u}}{1+v}\right)^{2n}\frac{e^{-2\eta u}}{1+v+\frac{u^2}{1+v}}\,\frac{du\,dv}{\sqrt{uv}},$$

$$R'_n = \sqrt{\frac{2a}{3}}\int_0^{\infty}\int_0^{\infty}\left(\frac{u\,e^{-u}}{1+v}\right)^{2n}\frac{e^{-2\eta u}}{(1+v)^2+u^2}\sqrt{\frac{u}{v}}\,du\,dv.$$

Lorsque n est grand, ce sont seulement les parties dans le voisinage de $u=1$, $v=0$ qui ont une influence appréciable, et quand il s'agit d'un développement suivant les puissances descendantes de n, on peut borner l'intégration au voisinage de ce point $u=1$, $v=0$. Considérons R_n et partageons l'intégrale en deux parties. Dans la première, u variera de 0 à 1; dans la seconde, de 1 à ∞.

Dans la première partie, on posera

$$u e^{-u} = e^{-1-x^2}, \quad 1-u = \sqrt{2}\,x - \tfrac{2}{3}x^2 + \tfrac{1}{18}\sqrt{2}\,x^3 - \ldots, \quad 1+v = e^{y^2},$$

et l'on trouve un résultat de la forme

$$\sqrt{\frac{2a}{\pi^3}}\int\int e^{-2a} e^{-2n(x^2+y^2)} (\Sigma\, a_{r,s}\, x^r y^s)\, dx\, dy,$$

les coefficients $a_{r,s}$ étant des polynômes en η, et $a_{r,s}=0$ lorsque s est impair.

Dans la seconde partie, on posera

$$u e^{-u} = e^{-1-x^2}, \qquad u-1 = x\sqrt{2}+\ldots,$$
$$1+v = e^{y^2},$$

et l'on trouve cette seconde partie égale à

$$\sqrt{\frac{2a}{\pi^3}}\int\int e^{-2a} e^{-2n(x^2+y^2)} [\Sigma\,(-1)^r a_{r,s}\, x^r y^s]\, dx\, dy.$$

La réunion des deux parties conduit à l'expression

$$2e^{-2a}\sqrt{\frac{2a}{\pi^3}}\int\int e^{-2n(x^2+y^2)} [\Sigma\, a_{2r,2s}\, x^{2r} y^{2s}]\, dx\, dy,$$

et le développement de R_n, suivant les puissances descendantes de n, est

$$R_n = e^{-2a}\sqrt{\frac{a}{2\pi}}\left(\frac{a_{0,0}}{2n}+\frac{a_{0,2}+a_{2,0}}{8n^2}+\ldots\right).$$

En nous bornant aux deux premiers termes, nous avons obtenu

(65) . . . $$R_n = e^{-2a}\sqrt{\frac{a}{\pi n^2}}\left[\frac{1}{2}+\left(\frac{1}{2}\eta^2+\frac{1}{4}\eta+\frac{1}{12}\right)\frac{1}{n}\cdots\right],$$

et, par des calculs tout à fait semblables,

(66) . . . $$R'_n = e^{-2a}\sqrt{\frac{a}{\pi n^2}}\left[\frac{1}{2}+\left(\frac{1}{2}\eta^2-\frac{1}{4}\eta-\frac{1}{6}\right)\frac{1}{n}\cdots\right].$$

Dans les deux cas, le reste du plus petit terme est à peu près égal à la moitié de ce terme.

25. Considérons maintenant les fonctions J (ai), K (ai). La première conduit à une série semi-convergente de seconde espèce, dont nous

nous occuperons plus tard. Quant à $K(ai)$, à cause de

$$K(ai) = -iJ(ai) + \frac{2}{\pi}\int_1^{\infty} \frac{e^{-au}}{\sqrt{u^2-1}}\,du,$$

on voit que nous avons à nous occuper, en ce moment, seulement de la partie réelle

$$\mathfrak{R} = \frac{2}{\pi}\int_1^{\infty} \frac{e^{-au}}{\sqrt{u^2-1}}\,du.$$

En posant $u = 1 + \frac{v}{a}$, on trouve

$$\mathfrak{R} = \frac{1}{\pi}\, e^{-a}\sqrt{\frac{2}{a}}\int_0^{\infty} \frac{e^{-v}v^{-\frac{1}{2}}}{\sqrt{1+\frac{v}{2a}}}\,dv$$

ou bien

$$(67)\quad \mathfrak{R} = \frac{2}{\pi^2}\, e^{-a}\sqrt{\frac{2}{a}}\int_0^{\frac{\pi}{2}} du \int_0^{\infty} \frac{e^{-v}v^{-\frac{1}{2}}}{1+\frac{v}{2a}\sin^2 u}\,dv.$$

On en déduit, par le développement

$$\frac{1}{1+\frac{v}{2a}\sin^2 u} = 1 - \frac{v}{2a}\sin^2 u + \ldots \pm \left(\frac{v}{2a}\right)^{n-1}\sin^{2n-2} u \pm \frac{\left(\frac{v}{2a}\right)^n \sin^{2n} u}{1+\frac{v}{2a}\sin^2 u},$$

$$(68)\quad \mathfrak{R} = e^{-a}\sqrt{\frac{2}{\pi a}}\left[1 - \frac{1^2}{1.8a} + \frac{1^2.3^2}{1.2.(8a)^2} - \ldots \pm \frac{1^2.3^2\ldots(2n-3)^2}{1.2\ldots(n-1)(8a)^{n-1}} \mp R_n\right],$$

$$R_n = \frac{1}{2^{n-1}a^n\sqrt{\pi^3}}\int_0^{\frac{\pi}{2}} du \int_0^{\infty} \frac{e^{-v}v^{n-\frac{1}{2}}\sin^{2n} u}{1+\frac{v}{2a}\sin^2 u}\,dv.$$

Ce développement semi-convergent a été donné par Riemann. L'indice du plus petit terme est à peu près égal à $2a$, en posant $2a = n + \eta$, nous trouvons

$$R_n = e^{-2a}\sqrt{\frac{4a}{\pi n^2}}\left[\frac{1}{2} + \left(\frac{1}{4}\eta^2 + \frac{1}{24}\right)\frac{1}{n} + \ldots\right].$$

26. Nous devons nous occuper maintenant de la fonction

$$J(ai) = \frac{1}{\pi} \int_{-1}^{+1} \frac{e^{-av}}{\sqrt{1-v^2}} dv.$$

En posant $v = -1 + 2u$, il vient

$$(70) \quad J(ai) = \frac{e^a}{\pi} \int_0^1 \frac{e^{-2au}}{\sqrt{u(1-u)}} du,$$

Le développement de $\frac{1}{\sqrt{1-u}}$, suivant les puissances ascendantes de u, conduit sans aucune difficulté à cette série semi-convergente

$$J(ai) = e^a \sqrt{\frac{1}{2\pi a}} \left[1 + \frac{1^2}{1.8a} + \frac{1^2.3^2}{1.2.(8a)^2} + \ldots\right],$$

donnée par Riemann, mais on n'obtient point ainsi une expression simple du terme complémentaire.

Pour nous débarrasser du radical $\sqrt{1-u}$, nous observons que

$$\int_0^\infty \frac{v^{-\frac{1}{2}}}{v+1-u} dv = \frac{\pi}{\sqrt{1-u}},$$

en sorte qu'il vient

$$(71) \quad J(ai) = \frac{e^a}{\pi^2} \int_0^\infty v^{-\frac{1}{2}} dv \int_0^1 \frac{u^{-\frac{1}{2}} e^{-2au}}{1-u+v} du.$$

L'intégration dans le second membre s'étend sur la bande infinie VOAB (Fig. 5) de largeur OA = 1, et l'intégration, par rapport à u, ne s'étend que jusqu'à $u = 1$. Afin de franchir cette limite et de pouvoir étendre l'intégration sur une bande VOCD d'une largeur arbitraire OC = L, nous observons que

$$\int_0^{k^2-\varepsilon} \frac{v^{-\frac{1}{2}} dv}{v-k^2} + \int_{k^2+\varepsilon}^\infty \frac{v^{-\frac{1}{2}} dv}{v-k^2} = \frac{2}{k} \log\left(\frac{k+\sqrt{k^2+\varepsilon}}{k+\sqrt{k^2-\varepsilon}}\right),$$

donc

$$(72) \quad \text{v. p.} \int_0^\infty \frac{v^{-\frac{1}{2}}}{v-k^2} dv = 0.$$

Si donc nous excluons du champ d'intégration la bande infiniment étroite limitée par les deux droites parallèles

$$1-u+v=\pm\varepsilon,$$

nous pourrons étendre dans (71) l'intégration sur la bande de largeur L, VOCD; car, en intégrant d'abord par rapport à v, l'équa-

Fig. 5.

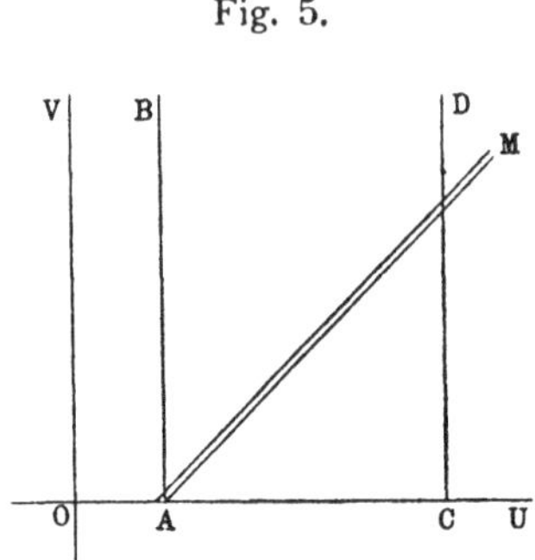

tion (72) montre que les parties qu'on ajoute ainsi se détruisent. En faisant croître L indéfiniment, nous écrivons sommairement

$$(73) \quad \ldots\ldots \quad \mathrm{J}(a\,i)=\frac{e^{a}}{\pi^{2}}\,\text{v. p.}\int_{0}^{\infty}\int_{0}^{\infty}\frac{e^{-2au}}{1-u+v}\,\frac{du\,dv}{\sqrt{uv}},$$

le sens précis qu'il faut attacher à cette formule résultant des explications qui précèdent.

27. En employant maintenant l'identité

$$\frac{1}{1-u+v}=\frac{1}{1+v}+\frac{u}{(1+v)^{2}}+\ldots+\frac{u^{n-1}}{(1+v)^{n}}+\frac{u^{n}}{(1+v)^{n}(1-u+v)},$$

on a évidemment

$$\text{v. p.}\int_{0}^{\infty}\int_{0}^{\infty}\frac{u^{k}e^{-2au}}{(1+v)^{k+1}}\,\frac{du\,dv}{\sqrt{uv}}=\int_{0}^{\infty}\frac{v^{-\frac{1}{2}}\,dv}{(1+v)^{k+1}}\int_{0}^{\infty}u^{k-\frac{1}{2}}e^{-2au}\,du$$

$$=\frac{\Gamma(\frac{1}{2})\,\Gamma(k+\frac{1}{2})}{\Gamma(k+1)}\,\frac{\Gamma(k+\frac{1}{2})}{(2a)^{k+\frac{1}{2}}},$$

et il vient

$$(74)\quad J(ai) = \varepsilon^a \sqrt{\frac{1}{2a\pi}}\left[1 + \frac{1^2}{1.8a} + \frac{1^2.3^2}{1.2.(8a)^2} + \ldots + \frac{1^2.3^2\ldots(2n-3)^2}{1.2\ldots(n-1)(8a)^{n-1}} + R_n\right],$$

$$(75)\quad \ldots\quad R_n = \sqrt{\frac{2a}{\pi^3}}\ \text{v. p.}\int_0^\infty\int_0^\infty \frac{u^n e^{-2au}}{(1+v)^n(1-u+v)}\frac{du\,dv}{\sqrt{uv}}.$$

C'est cette expression du terme complémentaire, sous forme d'intégrale double singulière, qui va nous permettre de résoudre avec approximation l'équation transcendante $R_n = 0$.

28. Nous posons $2a = n + \eta$ et nous développons R_n suivant les puissances descendantes de n. L'intégrale

$$\text{v. p.}\int_0^\infty\int_0^\infty \left(\frac{u\,\varepsilon^{-u}}{1+v}\right)^n \frac{e^{-\eta u}}{1-u+v}\frac{du\,dv}{\sqrt{uv}}$$

se décompose naturellement en deux parties P et Q, que nous allons considérer séparément.

Dans la première partie P, qui est positive, on a

$$1 - u + v \geqq \varepsilon,$$

dans la seconde partie négative Q,

$$1 - u + v \leqq -\varepsilon.$$

La fonction $\dfrac{u e^{-u}}{1+v}$ devient maximum pour $u = 1$, $v = 0$, et l'on ob

Fig. 6.

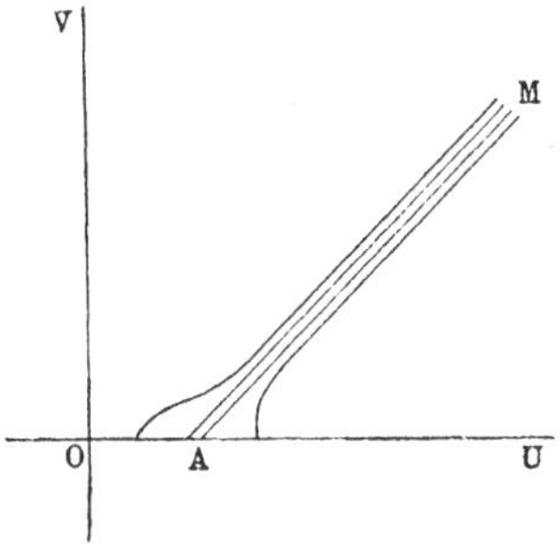

tient la partie principale de P en intégrant seulement sur cette partie du champ d'intégration qui forme le voisinage du point A. Toutefois à cause de la ligne de discontinuité AM, il faut y ajouter une bande le long de cette ligne AM. Il en est de même évidemment pour la partie Q, et il faudrait donc évaluer P et Q en étendant l'intégration sur l'aire indiquée dans la Fig. 6; mais, au lieu de cela, nous intégrons d'abord seulement sur une aire dont la forme est indiquée dans la Fig. 7.

Fig. 7.

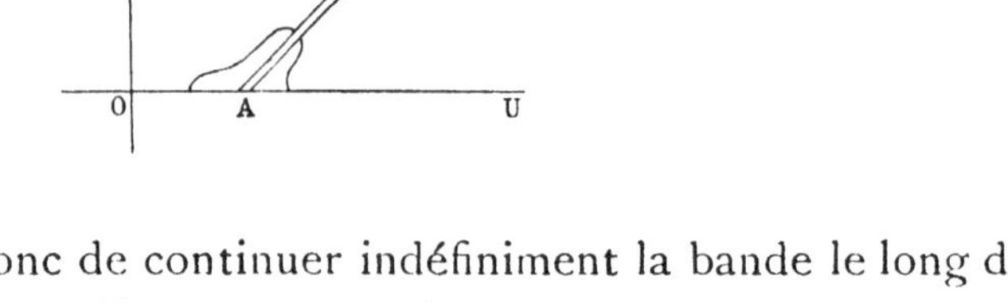

Nous négligeons donc de continuer indéfiniment la bande le long de la ligne de discontinuité. Nous verrons plus tard que ce procédé est légitime.

29. L'évaluation de l'intégrale P, étendue sur l'aire indiquée, s'obtient par un changement de variables.

Nous définissons d'abord une fonction $\varphi(x)$ pour des valeurs positives de x par les relations

$$te^{-t} = e^{-1-x^2}, \qquad 1 - t = \varphi(x),$$

en supposant que t varie de 0 à 1. La fonction $\varphi(x)$ est positive et constamment croissante, $\varphi(0) = 0$, $\varphi(\infty) = 1$. Pour des valeurs suffisamment petites de x, on peut développer $\varphi(x)$ suivant les puissances ascendentes des x; nous avons déjà trouvé (n^0 2)

$$\varphi(x) = \sqrt{2}\,x - \tfrac{2}{3}x^2 + \tfrac{1}{18}\sqrt{2}\,x^3 + \tfrac{2}{135}x^4 + \dots.$$

Nous introduisons maintenant, dans l'intégrale P, les nouvelles variables x, y, en posant

$$\frac{ue^{-u}}{1+v} = e^{-1-x^2-y^2}$$
$$1 - u + v = \varphi(x).$$

On voit d'abord que le long de AM (Fig. 7) x est constant et infiniment petit, tandis que y varie de 0 à ∞. Ensuite, d'après la définition de $\varphi(x)$, on voit que, pour $v=0$, on a aussi $y=0$, et, le long de OA, x varie de ∞ à 0. Nous avons donc seulement à nous occuper de cette partie de l'intégrale qui correspond à de petites valeurs de x et de y; mais, pour des valeurs suffisamment petites de x et de y, on peut développer u et v suivant les puissances croissantes de x et de y; ces développements ne contiennent évidemment que les puissances paires de y. En éliminant v, on a

$$u e^{-u}=[u+\varphi(x)]\, e^{-1-x^2-y^2}.$$

Le premier terme du développement de u étant 1, on a

$$u=1+\alpha x+\beta x^2+\gamma y^2+\delta x^3+\varepsilon x y^2+\ldots,$$

et l'on détermine sans difficulté les coefficients α, β, γ, ... par la méthode des coefficients indéterminés. Le développement de v se trouve ensuite à l'aide de la relation $v=u-1+\varphi(x)$. On obtient ainsi

$$u=1-\sqrt{2}\,x+\tfrac{2}{3}x^2+y^2-\tfrac{1}{18}\sqrt{2}\,x^3+\sqrt{2}\,x y^2-\ldots,$$
$$v=y^2\left[1+\sqrt{2}\,x+\tfrac{10}{3}x^2+\tfrac{97}{18}\sqrt{2}\,x^3-\sqrt{2}\,x y^2+\ldots\right].$$

Il importe surtout de remarquer que tous les termes de v sont divisibles par y^2, car nous avons observé déjà que v et y s'annulent en même temps. On conclut des développements précédents

$$\sqrt{u}=1-\tfrac{1}{2}\sqrt{2}\,x+\tfrac{1}{12}x^2+\tfrac{1}{2}y^2+\tfrac{1}{72}\sqrt{2}\,x^3+\tfrac{3}{4}\sqrt{2}\,x y^2+\ldots,$$
$$\sqrt{v}=y\left[1+\tfrac{1}{2}\sqrt{2}\,x+\tfrac{17}{12}x^2+\tfrac{143}{72}\sqrt{2}\,x^3-\tfrac{1}{2}\sqrt{2}\,x y^2+\ldots\right].$$

A cause de $u=v+1-\varphi(x)$, on a

$$\frac{du}{dx}=\frac{dv}{dx}-\frac{d\varphi}{dx},$$
$$\frac{du}{dy}=\frac{dv}{dy}$$

et

$$\frac{du}{dy}\frac{dv}{dx}-\frac{du}{dx}\frac{dv}{dy}=\frac{dv}{dy}\frac{d\varphi}{dx},$$

en sorte qu'il vient

$$\int\int\left(\frac{ue^{-u}}{1+v}\right)^n \frac{e^{-\eta u}}{1-u+v}\frac{du\,dv}{\sqrt{uv}} = 2e^{-2a}\int\int e^{-n(x^2+y^2)}\,\mathrm{T}\,dx\,dy,$$

$$\mathrm{T} = e^{\eta[\varphi(x)-v]}\frac{d}{dx}\log\varphi(x)\frac{d}{dy}(\sqrt{v})\frac{1}{\sqrt{u}}$$

et, par le développement de T,

$$(76)\quad \ldots \quad \begin{cases} \displaystyle\int\int\left(\frac{ue^{-u}}{1+v}\right)^n \frac{e^{-\eta u}}{1-u+v}\frac{du\,dv}{\sqrt{uv}} \\ \displaystyle = e^{-2a}\int\int e^{-n(x^2+y^2)}\frac{1}{x}[\Sigma a_{rs}x^r y^s]\,dx\,dy. \end{cases}$$

L'intégration s'étend de $x = \varepsilon\sqrt{\frac{1}{2}}$ et de $y = 0$ jusqu'à certaines valeurs positives de x et de y, que nous pouvons déterminer maintenant par la condition que la série $\Sigma a_{rs} x^r y^s$ soit absolument convergente. Il

Fig. 8.

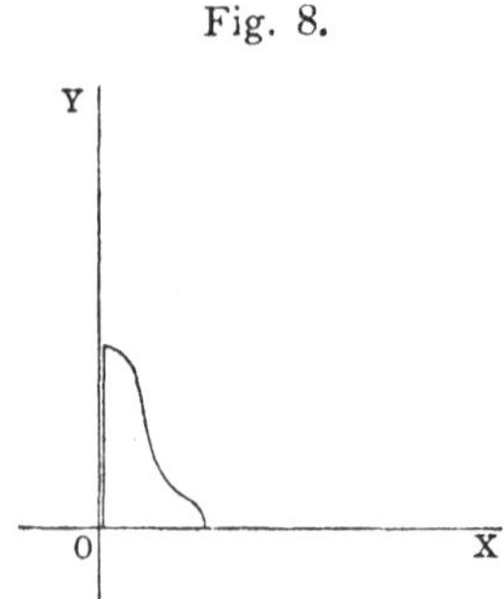

n'est pas même nécessaire d'étendre le champ d'intégration aussi loin que possible, et il reste un grand arbitraire dans cette détermination. La seule chose essentielle à remarquer, c'est que cette détermination ne dépend en aucune façon de n. Les coefficients a_{rs} sont des polynômes en η et $a_{rs} = 0$ lorsque s est impair (Fig. 8).

30. En traitant d'une manière analogue l'intégrale Q, nous définissons d'abord une fonction $\varphi_1(x)$ pour les valeurs positives de l'argu-

ment en posant

$$te^{-t} = e^{-1-x^2}, \qquad t - 1 = \varphi_1(x).$$

t variant de 1 à ∞. Puis nous posons

$$\frac{ue^{-u}}{1+v} = e^{-1-x^2-y^2},$$
$$1 - u + v = -\varphi_1(x).$$

Le long de AM (Fig. 7) x est positif infiniment petit, y varie de 0 à ∞. Le long de AU, $y = 0$ et x varie de 0 à ∞.

En achevant le calcul comme tout à l'heure, il vient

$$(77) \quad \ldots \quad \left\{ \begin{aligned} &\int\int \left(\frac{ue^{-u}}{1+v}\right)^n \frac{e^{-\eta u}}{1-u+v} \frac{du\,dv}{\sqrt{uv}} \\ &= -e^{-2a} \int\int e^{-n(x^2+y^2)} \frac{1}{x} [\Sigma(-1)^r a_{r,s} x^r y^s]\,dx\,dy. \end{aligned} \right.$$

L'intégration s'étend encore de $x = \varepsilon\sqrt{\frac{1}{2}}$, $y = 0$ jusqu'à certaines valeurs positives de x et de y. Nous pouvons maintenant, dans les formules (76) et (77), étendre l'intégration jusqu'aux mêmes limites supérieures de x et de y. En réunissant les intégrales, les parties qui deviennent infinies pour $\varepsilon = 0$ disparaissent, et il vient

$$\text{v. p.} \int\int \left(\frac{ue^{-u}}{1+v}\right)^n \frac{e^{-\eta u}}{1-u+v} \frac{du\,dv}{\sqrt{uv}}$$
$$= 2e^{-2a} \int\int e^{-n(x^2+y^2)} [\Sigma a_{2r+1,2s} x^{2r} y^{2s}]\,dx\,dy.$$

Dans le second membre, l'intégrale

$$\int\int e^{-n(x^2+y^2)} x^{2r} y^{2s}\,dx\,dy$$

ne diffère de

$$\int_0^\infty \int_0^\infty e^{-n(x^2+y^2)} x^{2r} y^{2s}\,dx\,dy$$

que par une quantité qui converge vers zéro plus rapidement qu'aucune puissance négative de n, et nous obtenons enfin le développement cherché

$$(78)\quad \text{v. p.}\int_0^\infty\int_0^\infty\left(\frac{u\,e^{-u}}{1+v}\right)^n \frac{e^{-\eta u}}{1-u+v}\,\frac{du\,dv}{\sqrt{uv}}=\frac{\pi}{2n}\,e^{-2a}\left(a_{1,0}+\frac{a_{3,0}+a_{1,2}}{2n}+\ldots\right).$$

Nous n'avons pas intégré, il est vrai, le long de toute la ligne de discontinuité; mais, comme le résultat auquel nous arrivons reste le même en changeant dans une certaine mesure les limites supérieures de x et de y, on voit par là même que les parties un peu éloignées de A de la ligne de discontinuité n'ajoutent à l'intégrale que des parties qu'on doit négliger tant qu'il ne s'agit que d'un développement suivant les puissances descendantes de n.

31. En exécutant les calculs que nous venons de décrire, nous avons trouvé

$$(79)\quad .\ .\ R_n=e^{-2a}\sqrt{\frac{4a}{\pi n^2}}\left[\eta+\tfrac{2}{3}+\left(\tfrac{1}{6}\eta^3-\tfrac{1}{2}\eta^2-\tfrac{1}{2}\eta-\tfrac{179}{540}\right)\frac{1}{n}+\ldots\right],$$

et de là nous concluons la résolution approchée de l'équation $R_n=0$ par l'une ou l'autre des formules

$$(80)\quad .\ .\ .\ .\ .\ .\ .\ .\quad 2a=\ n-\tfrac{2}{3}+\frac{437}{1620\,n},$$

$$(81)\quad .\ .\ .\ .\ .\ .\ .\ .\quad n\ =2a+\tfrac{2}{3}-\frac{437}{3240\,a}.$$

Pour avoir une idée de l'approximation obtenue, nous avons calculé la racine de l'équation

$$1+\frac{a^2}{2^2}+\frac{a^4}{2^2.4^2}+\ldots=\epsilon^a\sqrt{\frac{1}{2\pi a}}\left[1+\frac{1^2}{1.8a}+\ldots+\frac{1^2.3^2\ldots(2n-3)^2}{1.2\ldots(n-1)(8a)^{n-1}}\right]$$

pour $n=1, 2, 3, 4$.

Voici les résultats :

n.	Racine de $R_n=0$.	Valeur approximative d'après (80).	Erreur.
1	0,2579	0,3015	— 0,0436
2	0,7190	0,7341	— 0,0151
3	1,2038	1,2116	— 0,0078
4	1,6955	1,7004	— 0,0049

Pour de plus grandes valeurs de n, l'erreur diminue encore, et les formules (80), (81) suffisent pleinement à notre but.

Riemann, en donnant la série semi-convergente, écrivait

$$\mathrm{J}(ai) = \varepsilon^a \sqrt{\frac{1}{2\pi a}} \sum_{n < 2a+1} \frac{[1.3\ldots(2n-1)]^2}{1.2\ldots n\,(8a)^n},$$

et il ajoutait qu'on ne peut calculer ainsi $\mathrm{J}(ai)$ qu'en négligeant des parties de l'ordre ε^{-2a} vis-à-vis de l'unité. Le résultat auquel nous sommes arrivé confirme et précise ces indications.

Étude de la fonction $\mathrm{P}(a) = \sum_1^\infty \frac{1}{e^{\frac{n}{a}} - 1}$.

32. Nous allons étudier maintenant à notre point de vue le développement en série semi-convergente donné en 1861 par M. Schlömilch de la fonction

$$\mathrm{P}(a) = \sum_1^\infty \frac{1}{e^{\frac{n}{a}} - 1}$$

(Zeitschrift für Mathem. und Physik, t. VI).

En suivant d'abord l'analyse de M. Schlömilch, nous partirons de ces formules

$$(82) \quad \ldots\ldots \int_0^\infty \frac{\sin mu}{e^{2\pi u} - 1}\,du = \tfrac{1}{4} + \frac{1}{2(e^m - 1)} - \frac{1}{2m},$$

$$(83) \quad \ldots\ldots \int_0^\infty \frac{1 - \cos mu\,du}{e^{2\pi u} - 1}\,\frac{du}{u} = \tfrac{1}{4} m + \tfrac{1}{2}\log(1 - e^{-m}) - \tfrac{1}{2}\log m,$$

dont la première se trouve dans les Exercices de Calcul intégral de Legendre (t. II, p. 189). On peut l'obtenir sans difficulté à l'aide du développement

$$\frac{1}{e^{2\pi u} - 1} = \sum_1^\infty e^{-2\pi n u}.$$

La formule (83) se déduit de (82) par une intégration par rapport à m.

En remplaçant m par $\frac{1}{a}, \frac{2}{a}, \ldots, \frac{2n}{a}$, on déduit de (82)

$$\sum_1^{2n} \frac{1}{e^{\frac{r}{a}}-1} = a\left(1+\frac{1}{2}+\ldots+\frac{1}{2n}\right)-n$$
$$+\int_0^\infty \frac{du}{e^{2\pi u}-1}\, 2\left(\sin\frac{u}{a}+\sin\frac{2u}{a}+\ldots+\sin\frac{2nu}{a}\right)$$

et

$$2\left(\sin\frac{u}{a}+\ldots+\sin\frac{2nu}{a}\right)=\sin\frac{2nu}{a}+\left(1-\cos\frac{2nu}{a}\right)\cot\frac{u}{2a}.$$

En ajoutant à cette équation celle-ci, qui est une conséquence de (83),

$$0=-a\log 2n+n+a\log a+a\log\left(1-e^{-\frac{2n}{a}}\right)-2a\int_0^\infty \frac{1-\cos\frac{2nu}{a}}{e^{2\pi u}-1}\frac{du}{u},$$

on obtient

$$\sum_1^{2n} \frac{1}{e^{\frac{r}{a}}-1} = a\left(1+\frac{1}{2}+\ldots+\frac{1}{2n}-\log 2n\right)+a\log a+a\log\left(1-e^{-\frac{2n}{a}}\right)$$
$$+\int_0^\infty \frac{du}{e^{2\pi u}-1}\sin\frac{2nu}{a}-\int_0^\infty\left(\frac{2a}{u}-\cot\frac{u}{2a}\right)\frac{1-\cos\frac{2nu}{a}}{e^{2\pi u}-1}\,du.$$

En faisant croître indéfiniment n, l'intégrale

$$\int_0^\infty \frac{du}{e^{2\pi u}-1}\sin\frac{2nu}{a}$$

converge vers $\frac{1}{4}$, et l'on obtient

$$\text{(84)} \quad \ldots\ldots \quad P(a)=a(\log a+\mathfrak{C})+\tfrac{1}{4}-J_\infty,$$

$$J_n=\int_0^\infty\left(\frac{2a}{u}-\cot\frac{u}{2a}\right)\frac{1-\cos\frac{2nu}{a}}{e^{2\pi u}-1}\,du$$

ou

$$\text{(85)} \quad \ldots\ldots \quad J_n=a\int_0^\infty\left(\frac{2}{u}-\cot\frac{u}{2}\right)\frac{1-\cos 2nu}{e^{2\pi au}-1}\,du.$$

C'est en développant $\frac{2}{u} - \cot\frac{u}{2}$, suivant les puissances croissantes de u, que M. Schlömilch a d'abord obtenu cette série semi-convergente remarquable

$$(86) \quad . \ . \ J_\infty = \frac{B_1^2}{2.2!\,a} + \frac{B_2^2}{4.4!\,a^3} + \ldots + \frac{B_n^2}{2n.(2n)!\,a^{2n-1}} + R_n.$$

Mais il s'est glissé une erreur dans cette analyse, et le résultat obtenu par M. Schlömilch, que R_n ne surpasserait jamais en valeur absolue $\frac{\pi}{2} T_{n+1}$, est nécessairement inexacte d'après les remarques que nous avons développées dans l'Introduction.

Dans le Tome II de son Cours d'Analyse, M. Schlömilch est revenu sur cette série, en la rattachant cette fois à la formule sommatoire de Maclaurin, il arrive à ce résultat que la valeur absolue de R_n ne peut surpasser

$$\frac{B_n B_{n+1}}{1.2\ldots(2n)} \frac{1}{a^{2n}} \left(\frac{\pi^2}{6} + \frac{1}{4\pi^2 a^2}\right) = \frac{2n\, B_{n+1}}{B_n} \frac{1}{a} \left(\frac{\pi^2}{6} + \frac{1}{4\pi^2 a^2}\right) T_n.$$

33. Pour discuter cette série à notre point de vue, nous nous servirons de cette formule

$$(87) \quad . \ . \ . \ . \ . \ . \ . \ J_\infty = \text{v. p.} \int_0^\infty \frac{4av\,dv}{1-v^2} P\left(\frac{1}{4\pi^2 av}\right).$$

Nous devons indiquer d'abord comment on peut passer de la formule (85) à la formule (87).

A cause de

$$\frac{2}{u} - \cot\frac{u}{2} = \sum_1^\infty \frac{4u}{4\pi^2 r^2 - u^2},$$

on obtient d'abord

$$J_n = \sum \int_0^\infty \frac{4au\,du}{4\pi^2 r^2 - u^2} \frac{1 - \cos 2nu}{e^{2\pi au} - 1}$$

ou

$$(88) \quad . \ . \ . \ . \ . \ . \ J_n = \sum \int_0^\infty \frac{4av\,dv}{1-v^2} \frac{1 - \cos 4\pi nrv}{e^{4\pi^2 rav} - 1}.$$

Maintenant on a

$$\int_0^\infty \frac{4\,a\,v\,dv}{1-v^2}\,\frac{1-\cos 4\pi\,n\,r\,v}{e^{4\pi^2 r\,a\,v}-1} = \int_0^{1-\varepsilon} + \int_{1+\varepsilon}^\infty + \int_{1-\varepsilon}^{1+\varepsilon},$$

et, si nous posons pour abréger $4\pi r = b$, $4\pi^2 r a = c$,

$$\int_{1-\varepsilon}^{1+\varepsilon} \frac{4\,a\,v\,dv}{1-v^2}\,\frac{1-\cos n\,b\,v}{e^{c\,v}-1} =$$

$$= \int_0^\varepsilon 4\,a\,\frac{du}{u}(1-\cos n\,b\,u)\left[\frac{1-u}{2-u}\,\frac{1}{e^{c(1-u)}-1} - \frac{1+u}{2+u}\,\frac{1}{e^{c(1+u)}-1}\right].$$

La fonction $\frac{4a}{u}\left[\frac{1-u}{2-u}\,\frac{1}{e^{c(1-u)}-1} - \frac{1+u}{2+u}\,\frac{1}{e^{c(1+u)}-1}\right]$ est finie et continue dans le voisinage de $u=0$, et, en appelant M sa valeur pour une certaine valeur de u comprise entre 0 et ε, nous avons

$$\int_0^\infty \frac{4\,a\,v}{1-v^2}\,\frac{1-\cos 4\pi\,n\,r\,v}{e^{4\pi^2 r\,a\,v}-1}\,dv = \int_0^{1-\varepsilon} + \int_{1+\varepsilon}^\infty + \mathrm{M}\left(\varepsilon - \frac{\sin 4\pi\,n\,r\,\varepsilon}{4\pi\,n\,r}\right).$$

En faisant croître n indéfiniment, les intégrales

$$\int_0^{1-\varepsilon} \frac{4\,a\,v\,dv}{1-v^2}\,\frac{\cos 4\pi\,n\,r\,v}{e^{4\pi^2 r\,a\,v}-1} + \int_{1+\varepsilon}^\infty \frac{4\,a\,v\,dv}{1-v^2}\,\frac{\cos 4\pi\,n\,r\,v}{e^{4\pi^2 r\,a\,v}-1}$$

convergent vers zéro; donc

$$\lim_{n=\infty} \int_0^\infty \frac{4\,a\,v\,dv}{1-v^2}\,\frac{1-\cos 4\pi\,n\,r\,v}{e^{4\pi^2 r\,a\,v}-1}$$

$$= \int_0^{1-\varepsilon} \frac{4\,a\,v\,dv}{1-v^2}\,\frac{1}{e^{4\pi^2 r\,a\,v}-1} + \int_{1+\varepsilon}^\infty \frac{4\,a\,v\,dv}{1-v^2}\,\frac{1}{e^{4\pi^2 r\,a\,v}-1} + \mathrm{M}\,\varepsilon,$$

et, en faisant tendre vers zéro ε,

$$\lim_{n=\infty} \int_0^\infty \frac{4\,a\,v\,dv}{1-v^2}\,\frac{1-\cos 4\pi\,n\,r\,v}{e^{4\pi^2 r\,a\,v}-1}\,dv = \text{v. p.} \int_0^\infty \frac{4\,a\,v\,dv}{1-v^2}\,\frac{1}{e^{4\pi^2 r\,a\,v}-1}.$$

L'équation (88) conduit donc à cette expression de J_∞,

$$\mathrm{J}_\infty = \text{v. p.} \int_0^\infty \frac{4\,a\,v\,dv}{1-v^2}\left(\sum \frac{1}{e^{4\pi^2 r\,a\,v}-1}\right) = \text{v. p.} \int_0^\infty \frac{4\,a\,v\,dv}{1-v^2}\,\mathrm{P}\left(\frac{1}{4\,\pi^2\,a\,v}\right).$$

34. En faisant usage maintenant, dans la formule (87), de l'identité

$$\frac{1}{1-v^2} = 1 + v^2 + v^4 + \ldots + v^{2n-2} + \frac{v^{2n}}{1-v^2},$$

nous retrouvons la série semi-convergente (86) avec cette expression du terme complémentaire

$$(89) \quad . \quad . \quad . \quad . \qquad R_n = \text{v. p.} \int_0^\infty \frac{4\,a\,v^{2n+1}\,dv}{1-v^2}\, P\left(\frac{1}{4\,\pi^2\,a\,v}\right).$$

En effet, on trouve

$$(90) \quad . \quad . \quad . \quad . \qquad \int_0^\infty v^{2k-1}\, P\left(\frac{1}{4\,\pi^2\,a\,v}\right) dv = \frac{1}{4}\,\frac{B_k^2}{2\,k\,(2\,k)!}\,\frac{1}{a^{2k}},$$

en substituant pour la fonction P la série qui sert de définition et en faisant usage de la relation connue

$$(91) \quad . \quad . \quad . \quad . \quad . \quad . \quad . \quad . \qquad \int_0^\infty \frac{v^{2k-1}\,dv}{e^{2m\pi v}-1} = \frac{B_k}{4\,k}\,\frac{1}{m^{2k}}.$$

35. L'expression du terme complémentaire que nous venons d'obtenir donne facilement la résolution approchée de $R_n = 0$. On a

$$P\left(\frac{1}{4\,\pi^2\,a\,v}\right) = e^{-4\pi^2 a v} + 2\,e^{-8\pi^2 a v} + \ldots = \Sigma f(n)\, e^{-4n\pi^2 a v},$$

$f(n)$ désignant le nombre des diviseurs de n. Mais, quand il s'agit de développer la racine de $R_n = 0$, suivant les puissances descendantes de n, on ne doit retenir que le premier terme $e^{-4\pi^2 a v}$. Après les explications du n° 16, où se présentait un cas analogue à l'occasion du développement de $\log \Gamma(ai)$, il ne semble pas nécessaire d'insister plus longtemps sur ce point, car cela reviendrait à répéter à peu près ce que nous avons dit là. La résolution approchée de

$$\text{v. p.} \int_0^\infty \frac{v^{2n+1}\, e^{-4\pi^2 a v}\, dv}{1-v^2} = 0$$

se déduit aussitôt du résultat du n° 8, par un simple changement de lettres, et il vient

$$(92) \quad \ldots\ldots \quad 4\pi^2 a = 2n + \frac{5}{6} + \frac{199}{3240(2n+1)},$$

$$(93) \quad \ldots\ldots\ldots \quad n = 2\pi^2 a - \frac{5}{12} - \frac{199}{25920\pi^2 a},$$

et la valeur approchée de R_n, en posant $2\pi^2 a = n + \eta$,

$$(94) \quad \ldots\ldots \quad R_n = 8ae^{-4\pi^2 a}\sqrt{\frac{\pi}{4n+2}}\left(\eta - \frac{5}{12}\right).$$

On peut, du reste, négliger le petit terme $\frac{199}{25920\pi^2 a}$ dans (93), et prendre ainsi simplement $2\pi^2 a - \frac{5}{12}$ pour valeur approchée de la racine de $R_n = 0$.

36. Les expressions précédentes montrent l'extrême approximation que la série semi-convergente permet d'obtenir. L'ordre d'approximation est $e^{-4\pi^2 a}\sqrt{\frac{8a}{\pi}}$, et déjà, pour $a = 1$, l'erreur ne porterait que sur la dix-septième décimale. Aussi nous prenons pour exemple cette valeur beaucoup plus petite $a = \frac{1}{4}$. On trouve $N = 4,52$: il faut donc prendre quatre termes et ajouter encore le cinquième terme, multiplié par une fraction λ approximativement égale à 0,52. On obtient ainsi

$$P\left(\tfrac{1}{4}\right) = 0{,}0190210 - 0{,}0000415\,\lambda,$$

et, pour $\lambda = 0,52$,

$$P\left(\tfrac{1}{4}\right) = 0{,}0189994\,;$$

le valeur exacte est

$$0{,}0189992.$$

L'approximation avec laquelle nous avons résolu l'équation $R_n = 0$ ne laisse rien à désirer.

L.

(Acta Math., Stockholm, 9, 1886, 167—176.)

Note sur un développement de l'intégrale $\int_0^a e^{x^2}\,dx$.

Lorsque la fonction $f(x)$ devient infinie pour une valeur $x = c$ comprise entre a et b, cette circonstance peut ôter toute signification précise à l'intégrale

$$\int_a^b f(x)\,dx.$$

Comme on sait, Cauchy a introduit dans ce cas la considération de l'expression

$$\int_a^{c-\varepsilon} f(x)\,dx + \int_{c+\varepsilon}^b f(x)\,dx.$$

Il peut arriver que cette expression tend vers une limite déterminée lorsque la quantité positive ε tend vers zéro, cette limite est alors appelée par Cauchy la valeur principale de l'intégrale

$$\text{v. p.} \int_a^b f(x)\,dx = \lim_{\varepsilon = 0} \int_a^{c-\varepsilon} f(x)\,dx + \int_{c+\varepsilon}^b f(x)\,dx.$$

Cette extension de la conception d'une intégrale définie n'est pas généralement admise, on l'a souvent rejetée à cause de sa nature trop arbitraire ou artificielle.

Riemann, dans un mémoire célèbre (Werke, p. 226) s'exprimait de la manière suivante:

„Dans certaines recherches particulières, d'autres déterminations de Cauchy sur la conception d'une intégrale définie dans les cas où celle-ci n'existe pas d'après sa définition fondamentale, peuvent être utiles, mais elles ne sont pas généralement admises, leur nature trop arbitraire ne s'y prêtant guère d'ailleurs."

La valeur principale d'une intégrale étant une quantité nettement définie, il semble que l'admissibilité d'une telle idée doive dépendre surtout de l'utilité qu'elle peut avoir. Nous croyons que les développements suivants montrent clairement, par un exemple, que les „recherches particulières" où la conception de Cauchy est de la plus grande utilité (ou plutôt nécessaire, si nous ne nous trompons pas), ne manquent pas.

1. Nous considérons la fonction

$$\varphi(a) = \int_0^a e^{x^2}\,dx$$

et nous supposons la variable réelle et positive.

On trouve facilement ce développement

$$(1) \quad . \quad . \quad . \quad . \quad \varphi(a) = e^{a^2}\left[\frac{1}{2a} + \frac{1}{4a^3} + \frac{1.3}{8a^5} + \frac{1.3.5}{16a^7} + \ldots\right]$$
$$= T_1 + T_2 + T_3 + T_4 + \ldots.$$

La série est divergente, mais on peut regarder cette formule simplement comme une manière symbolique d'exprimer que pour $a = \infty$ on a

$$\lim a\,e^{-a^2}\varphi(a) = \frac{1}{2},$$

$$\lim a^3\left[e^{-a^2}\varphi(a) - \frac{1}{2a}\right] = \frac{1}{4},$$

etc.

Nous rencontrerons dans la suite encore d'autres développements divergents, on devra toujours les interprêter d'une manière analogue.

Nous nous proposons maintenant d'étudier ce développement et de montrer comment il peut servir à l'évaluation de $\varphi(a)$.

2. Une intégration par parties donne

$$\varphi(a) = \frac{e^{a^2}}{2a} + \frac{1}{2}\int_{a_1}^{a} x^{-2} e^{x^2}\, dx,$$

$$(2)\quad \varphi(a) = e^{a^2}\left[\frac{1}{2a} + \frac{1}{4a^3} + \dots + \frac{1.3\dots(2n-3)}{2^n a^{2n-1}}\right] + \frac{1.3\dots(2n-1)}{2^n}\int_{a_n}^{a} x^{-2n} e^{x^2} dx$$

$$= T_1 + T_2 + \dots + T_n + R_n,$$

a_1, a_2, ..., a_n étant certaines constantes positives parfaitement déterminées. En effet, les fonctions qui figurent aux deux membres de (2) ont même dérivée. Ces deux fonctions seront donc identiques lorsqu'on pourra déterminer a_n de manière qu'elles soient égales pour une valeur particulière de a. Or si l'on prend a positif mais assez petit pour que

$$\varphi(a) < e^{a^2}\left[\frac{1}{2a} + \frac{1}{4a^2} + \dots + \frac{1.3\dots(2n-3)}{2^n a^{2n-1}}\right],$$

il est clair que la formule (2) détermine une valeur unique de a_n qui sera supérieure à cette valeur particulière de a.

Ces constantes a_1, a_2, ..., a_n vont toujours en augmentant, c'est ce qu'on voit en posant $a = a_{n+1}$ dans la relation

$$\int_{a_n}^{a} x^{-2n} e^{x^2}\, dx = \frac{e^{a^2}}{2a^{2n+1}} + \frac{2n+1}{2}\int_{a_{n+1}}^{a} x^{-2n-2} e^{x^2}\, dx.$$

3. Il est clair que si les constantes a_1, a_2, ... étaient connues, rien ne s'opposerait plus à un usage légitime du développement (1). Car supposons que a tombe entre a_{n-1} et a_n, alors on aura évidemment

$$\varphi(a) > T_1 + T_2 + \dots + T_{n-1},$$
$$\varphi(a) < T_1 + T_2 + \dots + T_{n-1} + T_n,$$

et on aura renfermé $\varphi(a)$ entre deux limites dont la différence est T_n. Il résulte de ce que nous trouverons plus tard que T_n est précisément le plus petit terme de la série $T_1 + T_2 + \dots$ ou le terme qui précède ce plus petit terme et qui en diffère très peu.

La détermination des constantes a_1, a_2, ... est donc le problème principal qui doit nous occuper.

4. Il est évident d'abord que a_n est la racine positive de l'équation transcendante

$$(3) \quad \varphi(a) = e^{a^2}\left[\frac{1}{2a} + \frac{1}{4a^3} + \dots + \frac{1.3\dots(2n-3)}{2^n a^{2n-1}}\right]$$

mais il nous semble à peu près impossible de tirer de là des expressions qui pourraient nous être utiles.

On peut mettre cette équation sous une autre forme plus avantageuse. Remarquons pour cela qu'en développant les deux membres de (2) suivant les puissances croissantes de a, on ne rencontre point de terme sans a dans le premier membre. Il doit en être de même dans le second membre, ce qui montre que a_n est une racine de l'équation transcendante

$$\frac{1}{2n-1}a^{-2n+1} + \frac{1}{2n-3}a^{-2n+3} + \frac{1}{1.2}\cdot\frac{1}{2n-5}a^{-2n+5} + \dots = 0.$$

En multipliant par a^{2n-1} et en posant $a^2 = t$, a_n^2 sera donc une racine positive de

$$(4) \quad \sum_0^\infty \frac{t^m}{(2n-2m-1)\,\underline{|m}} = 0.$$

Cette équation admet évidemment une seule racine positive, on montre aussi facilement que le premier membre est négatif pour $t = n$, donc

$$a_n^2 < n.$$

Mais l'équation (4), pas plus que l'équation (3), ne semble nous pouvoir conduire à ce résultat que a_n^2 est susceptible d'un développement suivant les puissances descendantes de n

$$(5) \quad a_n^2 = n - \frac{1}{6} + \frac{8}{405}\frac{1}{n} + \frac{68}{25515}\frac{1}{n^2} - \frac{5582}{3444525}\frac{1}{n^3}\dots$$

Ce développement, quoique divergent, n'en permet pas moins de calculer les a_n avec une grande approximation comme on le voit par ces quelques valeurs :

n	a_n^2	d'après (5)	erreur
1	0,85402	0,85413	— 0,00011
2	1,84365	1,84367	— 0,00002
5	4,83737 67	4,83737 76	— 0,00000 09.

Déjà pour $n=3$ l'erreur n'atteint plus une unité du cinquième ordre, et on peut considérer que notre but sera atteint, dès que nous aurons établi le développement (5).

Mais cela nous a été impossible en partant des expressions analytiques que nous avons développées jusqu'ici, et nous avons dû suivre une autre voie. C'est précisément la valeur principale d'une certaine intégrale définie qui se présente ici, et il nous semble que, dans cette occasion, on pourrait difficilement atteindre le but d'une autre manière.

5. Supposons $a \geqq 0$ alors on a

$$(6) \quad \varphi(a)=\frac{1}{\sqrt{\pi}} \text{ v. p.} \int_0^\infty \frac{e^{a^2(1-x^2)}}{1-x^2}\, dx.$$

On établira cette formule en montrant d'abord que pour $a>0$ la dérivée de l'expression au second membre est e^{a^2}, et ensuite que cette expression devient infiniment petite en même temps que a. Pour abréger nous omettons cette démonstration.

Il est évident d'ailleurs que cette formule suppose bien $a \geqq 0$, car la fonction $\varphi(a)$ est impaire. Si l'on considère les valeurs imaginaires, on trouve que a doit être de la forme $r e^{i\varphi}$ avec $r>0$ et $-\frac{\pi}{4}<\varphi<+\frac{\pi}{4}$.

En employant maintenant l'identité

$$\frac{1}{1-x^2}=1+x^2+\ldots+x^{2n-2}+\frac{x^{2n}}{1-x^2}$$

on a évidemment

$$\frac{1}{\sqrt{\pi}} \text{ v. p.} \int_0^\infty x^{2k} e^{a^2(1-x^2)}\, dx=\frac{1.3\ldots(2k-1)}{2^{k+1} a^{2k+1}} e^{a^2}.$$

On retrouve ainsi le développement (1) mais avec cette nouvelle expression du terme complémentaire

$$(7) \quad R_n=\frac{1}{\sqrt{\pi}} \text{ v. } p. \int_0^\infty \frac{x^{2n}}{1-x^2} e^{a^2(1-x^2)}\, dx.$$

En partant de cette formule on peut, après avoir posé

$$(8) \quad a^2=n+\eta$$

développer R_n suivant les puissances descendantes de n, et l'on obtient

$$(9) \quad \ldots\ldots\ldots \quad R_n = \frac{1}{\sqrt{2n}}\left[P_0 + \frac{P_1}{n} + \frac{P_2}{n^2} + \ldots\right]$$

où P_0, P_1, P_2, ... sont des polynômes en η, P_k étant du degré $2k+1$

$$(10) \quad \ldots \begin{cases} P_0 = \eta + \frac{1}{6}, \\ P_1 = \frac{1}{6}\eta^3 - \frac{1}{4}\eta^2 - \frac{1}{24}\eta - \frac{41}{2160}, \\ P_2 = \frac{1}{40}\eta^5 - \frac{7}{48}\eta^4 + \frac{17}{144}\eta^3 + \frac{1}{96}\eta^2 + \frac{4}{1152}\eta - \frac{157}{48384}. \end{cases}$$

Ce développement est divergent mais nous avons dit déjà quel sens précis il faut y attacher.

Pour la manière d'obtenir ce développement, nous devons renvoyer à une thèse présentée à la Faculté des sciences de Paris, insérée dans les Annales scientifiques de l'École Normale (3ième Série, Tome 3, 1886, p. 201—258).

On conclut de ce développement que R_n s'évanouit pour une valeur finie de η, dont on trouve le développement suivant les puissances descendantes de n égal à

$$-\frac{1}{6} + \frac{8}{405}\frac{1}{n} + \frac{68}{25515}\frac{1}{n^2}\ldots$$

et comme nous avons posé $a^2 = n + \eta$, il en résulte

$$a_n^2 = n - \frac{1}{6} + \frac{8}{405}\frac{1}{n} + \ldots$$

C'est précisément le développement qu'il fallait obtenir.

6. En considérant, ainsi que nous l'avons fait, la quantité a_n^2 comme racine de l'équation transcendante

$$\text{v. p.}\int_0^\infty \frac{x^{2n}}{1-x^2} e^{a_n^2(1-x^2)}\,dx = 0$$

la restriction que n soit un nombre entier, devient inutile et l'on définit ainsi une fonction continue de n. Il est certain aussi que le développement obtenu donne une valeur fort approchée de cette fonction a_n^2 dès que n est un peu grand, sans être nécessairement entier.

Si l'on regarde, au contraire, la manière dont nous avons défini originairement la quantité a_n, on voit d'abord que l'équation (3) n'a un sens que lorsque n est entier. Il n'est pas possible d'étendre cette définition à d'autres valeurs. En regardant au contraire a_n^2 comme la racine positive de l'équation (4)

$$\sum_0^\infty \frac{t^m}{(2n-2m-1)\,\underline{|m}} = 0$$

on peut bien supposer n variable d'une manière continue, mais la fonction a_n^2 qu'on définit ainsi, devient discontinue lorsque la variable est égale à la moitié d'un nombre impair. Il nous semble que ces circonstances rendent à peu près impossible la déduction du développement (5) en partant directement des équations transcendantes (3) ou (4).

7. Supposons qu'on ait $a_{n-1} < a < a_n$ en sorte que

$$\varphi(a) > T_1 + T_2 + \ldots + T_{n-1},$$
$$\varphi(a) < T_1 + T_2 + \ldots + T_{n-1} + T_n.$$

Calculons la valeur approchée de

$$T_n = \frac{\Gamma(2n)}{(2n-1)(2a)^{2n-1}\,\Gamma(n)}\,e^{a^2}$$

en supposant a grand.

Il est visible que la quantité $\eta = a^2 - n$ reste toujours finie, elle peut à peine franchir les limites $\frac{1}{6}$ et $-\frac{7}{6}$. En désignant donc par ε, ε', ε'', ε''' des quantités qui s'évanouissent avec $\frac{1}{n}$, on a:

$$\Gamma(2n) = (2n)^{2n}\,e^{-2n}\sqrt{\frac{\pi}{n}}\,(1+\varepsilon)$$

$$\Gamma(n) = n^n\,e^{-n}\sqrt{\frac{2\pi}{n}}\,(1+\varepsilon')$$

$$a^{2n-1}\,n^{-n+\frac{1}{2}} = \left(1+\frac{\eta}{n}\right)^{n-\frac{1}{2}} = e^{\eta}\,(1+\varepsilon'')$$

et

$$T_n = \frac{\sqrt{2n}}{2n-1} \times \frac{1+\varepsilon}{(1+\varepsilon')(1+\varepsilon'')} = \frac{1+\varepsilon'''}{a\sqrt{2}}.$$

Ainsi le développement (1) permet de renfermer $\varphi(a)$ entre deux limites dont la différence est approximativement $\frac{0,707}{a}$.

Soit $a=4$, on voit que $a_{16} < a < a_{17}$ et nous trouvons

$$\varphi(4) > 1149\,400,605,$$
$$\varphi(4) < 1149\,400,782.$$

8. Nous ferons voir encore comment on peut pousser plus loin l'approximation et obtenir une valeur très approchée du terme commentaire R_n.

Reprenons la formule

$$R_n = \frac{1.3\ldots(2n-1)}{2^n}\int_{a_n}^{a} x^{-2n} e^{x^2}\,dx = \frac{1.3\ldots(2n-1)}{2^{n+1}}\int_{a_n^2}^{a^2} x^{-n-\frac{1}{2}} e^{x}\,dx$$

ou

$$R_n = \frac{1.3\ldots(2n-1)}{2^{n+1}\,n^{n+\frac{1}{2}}}\, e^n \int_{a_n^2-n}^{\eta} \frac{e^x}{\left(1+\frac{x}{n}\right)^{n+\frac{1}{2}}}\,dx.$$

En posant

$$(11) \quad \ldots\ldots\ldots \quad A_n = \int_{a_n^2-n}^{0} \frac{e^x}{\left(1+\frac{x}{n}\right)^{n+\frac{1}{2}}}\,dx$$

$$(12) \quad \ldots\ldots\ldots \quad B = \int_{0}^{\eta} \frac{e^x}{\left(1+\frac{x}{n}\right)^{n+\frac{1}{2}}}\,dx$$

nous aurons

$$(13) \quad \ldots\ldots\ldots \quad R_n = \frac{1.3\ldots(2n-1)}{2^{n+1}\,n^{n+\frac{1}{2}}}\, e^n\,[A_n + B].$$

Il est visible que A_n est une simple constante numérique qui dépend seulement de l'entier n, et qu'on peut développer de la manière suivante

$$(14) \quad \ldots\ldots\ldots \quad A_n = a_0 + \frac{a_1}{n} + \frac{a_2}{n^2} + \frac{a_3}{n^3} + \ldots$$

$$a_0 = +\frac{1}{6},$$
$$a_1 = -\frac{13}{1080},$$
$$a_2 = -\frac{353}{90720},$$
$$a_3 = +\frac{1423}{1088640}.$$

D'autre part, on voit aisément qu'on a

$$(15) \quad \ldots\ldots\ldots \quad B = Q_0 + \frac{Q_1}{n} + \frac{Q_2}{n^2} + \frac{Q_3}{n^3} + \ldots$$

Q_0, Q_1, Q_2, ... étant des polynômes en η qui s'évanouissent pour $\eta = 0$, Q_k du degré $2k+1$ étant divisible par η^{k+1}. Ces polynômes sont faciles à calculer, et on trouve

$$(16) \quad \ldots\ldots \quad \begin{cases} Q_0 = \eta, \\ Q_1 = \eta^2\left(\frac{1}{6}\eta - \frac{1}{4}\right), \\ Q_2 = \eta^3\left(\frac{1}{40}\eta^2 - \frac{7}{48}\eta + \frac{1}{8}\right), \\ Q_3 = \eta^4\left(\frac{1}{336}\eta^3 - \frac{11}{288}\eta^2 + \frac{29}{240}\eta - \frac{5}{64}\right), \\ \ldots\ldots\ldots\ldots\ldots\ldots\ldots\ldots \end{cases}$$

Ce développement de B est convergent sous la condition $|\eta| < n$ et comme on peut choisir n toujours de manière que $|\eta| \leqq \frac{1}{2}$ la convergence sera rapide et on peut évaluer facilement cette quantité avec toute approximation désirée.

Il est clair qu'en substituant les séries (14) et (15) dans la formule (13) on obtient un développement de R_n qu'on peut rapprocher de la formule (9). La seule différence est que le facteur $\frac{1}{\sqrt{2n}}$ se trouve remplacé par $\frac{1 . 3 \ldots (2n-1)}{2^{n+1} n^{n+\frac{1}{2}}} e^n$, or d'après la série de Stirling on a :

$$\frac{1}{\sqrt{2n}} = \frac{1.3\ldots(2n-1)}{2^{n+1}n^{n+\frac{1}{2}}}e^{n+\Theta},$$

$$\Theta = \left(\frac{2-1}{2}\right)\frac{B_1}{1.2n} - \left(\frac{2^3-1}{2^3}\right)\frac{B_2}{3.4n^3} + \left(\frac{2^5-1}{2^5}\right)\frac{B_3}{5.6n^5} - \ldots$$

en sorte qu'il est facile de passer de l'une des formules à l'autre.

Mais la forme (13) présente un grand avantage sur la forme (9), d'abord les polynômes Q sont plus simples et plus faciles à calculer que les polynômes P et ensuite nous savons maintenant que la divergence de la série $A_n + B$ provient uniquement de la partie A_n qui est indépendante de η.

9. Le moyen le plus simple qui permet de calculer A_n avec une approximation indéfinie, c'est de prendre $\eta = 0$ ou $a = \sqrt{n}$ dans les formules précédentes. Il vient

$$(17) \quad \ldots \quad \varphi(\sqrt{n}) = T_1 + T_2 + \ldots + T_n + A_n T_{n+1}.$$

Il faut calculer alors $\varphi(\sqrt{n})$ à l'aide de la série convergente

$$\varphi(a) = a + \frac{a^3}{1.3} + \frac{a^5}{1.2.5} + \ldots$$

Nous avons trouvé ainsi

n	A_n
1	0,15231 80276 5
2	0,15987 27953 6
3	0,16227 85380 7.

D'autre part les quatres premiers termes de la série divergente (14) donnent les valeurs approchées suivantes (on a ajouté les corrections nécessaires)

0,15204 6	+ 0,00027 2
0,15983 88	+ 0,00003 40
0,16227 04	+ 0,00000 81.

On peut juger par là de l'approximation que l'on obtient pour de plus grandes valeurs de n. Dans le calcul de $\varphi(4)$ on a besoin de la constante A_{16}, et on trouve à une unité près du 8ième ordre

$$\varphi(4) = 1149400{,}63458993.$$

LI.

(Paris, C.-R. Acad. Sci., 103, 1886, 1243—1246)

Sur les séries qui procèdent suivant les puissances d'une variable.

(Note, présentée par M. Hermite.)

Considérons une fonction

$$f(x) = \sum_0^\infty a_n x^n$$

dans l'intervalle $0 \leqq x \leqq 1$, la série étant convergente pour $x = 1$ On doit prendre, comme définition de $f'(1)$,

$$f'(1) = \lim \frac{f(1) - f(x)}{1 - x} \qquad (\lim x = 1).$$

Mais $f'(1)$ n'existe pas nécessairement, comme le montre l'exemple suivant. On a

$$\cos\left(\log \frac{1}{1-x}\right) = \sum_0^\infty b_n x^n,$$

$$\sin\left(\log \frac{1}{1-x}\right) = \sum_0^\infty c_n x^n.$$

Je dis que les coefficients b_n, c_n deviennent infiniment petits. En effet,

$$\left(\frac{1}{1-x}\right)^i = \sum_0^\infty (b_n + i\, c_n)\, x^n$$

donc

$$b_n + i c_n = \frac{i(i+1)\ldots(i+n-1)}{1.2\ldots n},$$

$$b_n^2 + c_n^2 = \frac{1}{n^2}\left(1+\frac{1}{1^2}\right)\left(1+\frac{1}{2^2}\right)\ldots\left[1+\frac{1}{(n-1)^2}\right].$$

On en conclut

$$|b_n| < \frac{1}{n}\sqrt{\frac{e^{\pi}-e^{-\pi}}{2\pi}}, \qquad |c_n| < \frac{1}{n}\sqrt{\frac{e^{\pi}-e^{-\pi}}{2\pi}},$$

$$\lim b_n = 0, \qquad \lim c_n = 0.$$

Posons maintenant

$$f(x) = \sum_0^{\infty} a_n x^n,$$

où $a_n = c_n - c_{n-1}$. Alors on trouve, pour $x = 1$,

$$f(1) = \lim(a_1 + a_2 + \ldots + a_n) = \lim c_n = 0$$

et évidemment, pour $0 \leqq x < 1$,

$$f(x) = (1-x)\sin\left(\log\frac{1}{1-x}\right).$$

Par conséquent

$$\frac{f(1)-f(x)}{1-x} = -\sin\left(\log\frac{1}{1-x}\right).$$

Le sinus oscillant entre -1 et $+1$, on voit que $f'(1)$ n'existe pas. L'exemple

$$f(x) = \sqrt{1-x} = 1 - \frac{1}{2}x - \frac{1}{2.4}x^2 - \frac{1.3}{2.4.6}x^3 - \ldots$$

est plus simple; mais, dans ce cas, $\frac{f(1)-f(x)}{1-x}$ croît au delà de toute limite en restant constamment négatif. Il conviendrait alors, peut-être, de dire que la dérivée existe et que $f'(1) = -\infty$.

Mais ici se pose maintenant une question délicate.

Supposons que $f'(1)$ existe et ait une valeur finie, peut-on en conclure que

$$\lim f'(x)_{x=1} = f'(1)?$$

Nous ne le savons pas. Nous n'avons pas rencontré un exemple qui eût montré que cela n'est pas vrai.

En posant

$$s_k = \sum_k^\infty a_n,$$

on a

$$\frac{f(1)-f(x)}{1-x} = \sum_1^\infty s_n x^{n-1},$$

$$f'(x) = \sum_1^\infty n(s_n - s_{n+1}) x^{n-1}.$$

Dans le cas où la série $\sum_1^\infty s_n$ est convergente, on a

$$\lim \frac{s_2 + 2s_3 + \ldots + n s_{n+1}}{n} = 0,$$

comme M. Kronecker vient de le démontrer [1]).

Or on trouve

$$\frac{f(1)-f(x)}{1-x} - f'(x) = (1-x)[s_2 + 2s_3 x + 3 s_4 x^2 + \ldots]$$

et l'on en conclut, d'après une proposition de M. Fröbenius [2]),

$$f'(1) - \lim f'(x)_{x=1} = 0.$$

Ainsi, lorsque la série $\sum_1^\infty s_n$ est convergente, la fonction $f(x)$ admet une dérivée qui est continue dans l'intervalle $0 \leqq x \leqq 1$. Mais il reste douteux, si cela reste vrai, sous la seule condition que $f'(1)$ existe.

---

1) Comptes rendus, t. CIII, p. 980.

2) Journal de Borchardt, t. 89, p. 262.

Remarquons que, réciproquement lorsque $f'(x)$ tend vers une limite A pour $x = 1$, on peut en conclure

$$\lim \frac{f(1) - f(x)}{1 - x} = f'(1) = A.$$

Mais cela résulte déjà de la continuité de $f(x)$ et de la supposition relative à $f'(x)$ et ne constitue donc pas une propriété nouvelle, spéciale aux fonctions qui sont représentées par une série $\sum_0^\infty a_n x^n$.

LII.

(Acta Math., Stockholm, 9, 1886, 385–400.)

Sur les racines de l'équation $X_n = 0$.

1. Nous aurons à invoquer dans la suite une proposition d'algèbre que nous allons établir tout d'abord.

Soit

$$X = \sum_1^m \sum_1^m a_{ik} x_i x_k$$

une forme quadratique positive des variables $x_1, x_2, \ldots, x_m$.

On sait que les coefficients a_{ii} sont positifs. Nous ajoutons maintenant la condition que les autres coefficients a_{ik} soient tous négatifs ou nuls.

Considérons les m équations linéaires

$$(1) \quad \ldots \quad \frac{1}{2} \frac{\partial X}{\partial x_i} = a_{i1} x_1 + a_{i2} x_2 + \ldots + a_{im} x_m = \xi_i.$$

$$(i = 1, 2, \ldots, m)$$

Nous supposons que les quantités ξ_i sont toutes positives ou nulles. Dans ces conditions on peut énoncer la proposition suivante: „Aucune des valeurs de $x_1, x_2, \ldots, x_m$ tirées des équations (1) ne peut être négative, et si les quantités ξ_i sont toutes positives alors $x_1, x_2, \ldots, x_m$ le sont aussi."

Dans la démonstration suivante nous ferons abstraction du cas trivial

$$\xi_1 = \xi_2 = \ldots = \xi_m = 0$$

dans lequel on a aussi

$$x_1 = x_2 = \ldots = x_m = 0.$$

On a

$$\sum_1^m \xi_i x_i = \sum_1^m \sum_1^m a_{ik} x_i x_k$$

et il est clair par là qu'au moins un des x_i doit être positif car le second membre est positif.

Mais supposons que

$$x_1, x_2, \ldots, x_n$$

soient négatifs ou nuls, et

$$x_{n+1}, x_{n+2}, \ldots, x_m$$

positifs.

Dans la relation

$$(2) \quad . \quad \sum_1^n \xi_i x_i = \sum_1^n \sum_1^n a_{ik} x_i x_k + \sum_{n+1}^m x_i (a_{1i} x_1 + a_{2i} x_2 + \ldots + a_{ni} x_n)$$

le premier membre est nul ou négatif. Au contraire dans le second membre la première partie

$$\sum_1^n \sum_1^n a_{ik} x_i x_k$$

est nulle ou positive, et il en est de même de la seconde partie

$$\sum_{n+1}^m x_i (a_{1i} x_1 + a_{2i} x_2 + \ldots + a_{ni} x_n).$$

Par conséquent les deux membres de la relation (2) sont nécessairement nuls tous les deux, ce qui exige:

$$x_1 = x_2 = \ldots = x_n = 0.$$

La première partie de notre proposition se trouve établie par là. Pour démontrer aussi la seconde partie nous observons qu'en supposant

$$x_1 = x_2 = \ldots = x_n = 0$$

$$x_{n+1}, x_{n+2}, \ldots, x_m$$

positifs les n premiers équations (1) montrent qu'on a

$$(3) \quad . \quad . \quad . \quad . \quad . \quad . \quad . \quad . \quad . \quad . \quad . \quad . \quad . \quad a_n = 0$$

dès que l'un (et seulement un) des indices i, k surpasse n. Et ensuite il est clair qu'on doit avoir

$$\xi_1 = \xi_2 = \ldots = \xi_n = 0.$$

Cette dernière conséquence démontre la seconde partie de notre proposition.

Les équations (3) font voir que dans le cas exceptionnel que nous considérons on a

$$X = \sum_1^n \sum_1^n a_{ik}\, x_i x_k + \sum_{n+1}^m \sum_{n+1}^m a_{ik}\, x_i x_k$$

en sorte que X se décompose directement dans la somme de deux formes quadratiques positives des variables $x_1, x_2, \ldots, x_n$ et $x_{n+1}, x_{n+2}, \ldots, x_m$. Le cas $x_1 = x_2 = \ldots = x_n = 0$ se présente alors dès qu'on prend $\xi_1 = \xi_2 = \ldots = \xi_n = 0$.

D'après ce qui précède il est clair que lorsque X ne se décompose pas directement dans la somme de deux ou d'un plus grand nombre de formes quadratiques d'un nombre de variables moindre que m, alors $x_1, x_2, \ldots, x_m$ sont tous positifs, même dans le cas que quelques-uns des ξ_i sont nuls.

Corollaire. Soit D le déterminant de X et désignons par D_{ik} les mineurs de D en sorte qu'on a

$$D\, x_i = \xi_1 D_{1i} + \xi_2 D_{2i} + \ldots + \xi_m D_{mi}$$

alors aucun des mineurs D_{ik} ne peut être négatif. Et si le cas exceptionnel examiné plus haut ne se présente pas, tous les D_{ik} sont positifs.

2. Supposons que sur l'axe des abscisses OX on ait dans les points A et B dont les abscisses sont -1 et $+1$ deux points matériels fixes, la masse du premier en A étant α, celle du second en B, β $(\alpha > 0, \beta > 0)$.

Imaginons encore n points matériels de masse égale à 1, qui peuvent glisser librement sur l'axe et placés entre A et B. Supposons enfin que deux points matériels se repoussent en raison directe de leurs masses et en raison inverse de leur distance. Dans ces conditions il y a une position unique d'équilibre pour les n points placés entre A et B, et si l'on désigne leurs abscisses dans la position d'équilibre par

(4) . . . . $x_1 > x_2 > x_3 > \ldots > x_n$

$x_1, x_2, \ldots, x_n$ sont les racines d'une équation

$$\varphi(x) = 0$$

$\varphi(x)$ étant un polynôme du degré n défini par l'équation différentielle

(5) . . $(1 - x^2)\, \varphi''(x) + 2\,[\alpha - \beta - (\alpha + \beta)\, x]\, \varphi'(x) + C\, \varphi(x) = 0.$

C est une constante dont la valeur est

$$n(n+2\alpha+2\beta-1)$$

comme on le trouve en cherchant le coefficient de x^n dans le premier membre de (5).

C'est là un cas particulier d'un théorème démontré dans ce journal, t 6, p. 321 et suiv. [1])

3. Les racines $x_1, x_2, \ldots, x_n$ dépendent de α et β et l'on peut les considérer comme fonctions des variables α et β qui doivent rester toujours positives.

Lorsque α et β varient d'une manière continue, x_i varie aussi d'une manière continue et comme deux racines ne deviennent jamais égales, leur ordre de grandeur fixé par les inégalités (4) ne sera jamais changé.

Nous allons démontrer les inégalités

$$(6) \quad \ldots\ldots\ldots\ldots \quad \frac{\partial x_i}{\partial \alpha} > 0,$$

$$(7) \quad \ldots\ldots\ldots\ldots \quad \frac{\partial x_i}{\partial \beta} < 0.$$

En effet, les quantités $x_1, \ldots, x_n$ dépendent de α et de β par les relations

$$\frac{\alpha}{x_i+1}+\frac{\beta}{x_i-1}+\frac{1}{x_i-x_1}+\ldots+\frac{1}{x_i-x_{i-1}}+\frac{1}{x_i-x_{i+1}}+\ldots$$
$$\ldots+\frac{1}{x_i-x_n}=0.$$
$$(i=1,\,2,\,\ldots,\,n)$$

En prenant les dérivées par rapport à α on obtient pour les $\frac{\partial x_i}{\partial \alpha}$ le système linéaire suivant:

$$(8) \quad \ldots\ldots \quad a_{i1}\frac{\partial x_1}{\partial \alpha}+a_{i2}\frac{\partial x_2}{\partial \alpha}+\ldots+a_{in}\frac{\partial x_n}{\partial \alpha}=\frac{1}{x_i+1}$$
$$(i=1,\,2,\,\ldots,\,n)$$

où

$$a_{ii}=\frac{\alpha}{(x_i+1)^2}+\frac{\beta}{(x_i-1)^2}+\frac{1}{(x_i-x_1)^2}+\ldots+\frac{1}{(x_i-x_{i-1})^2}+\frac{1}{(x_i-x_{i+1})^2}+\ldots$$
$$\ldots+\frac{1}{(x_i-x_n)^2}$$

$$a_{ik}=a_{ki}=-\frac{1}{(x_i-x_k)^2}.$$

[1]) I, p. 436.

Ce système rentre évidemment dans le type des équations (1) car la forme quadratique

$$\sum_1^n \sum_1^n a_{ik} X_i X_k = \sum_1^n \left(\frac{\alpha}{(x_i+1)^2} + \frac{\beta}{(x_i-1)^2} \right) X_i^2 + \sum \sum \frac{1}{(x_i - x_k)^2} (X_i - X_k)^2$$

est positive, et $x_i + 1$ est aussi positif.

Les valeurs de $\frac{\partial x_1}{\partial \alpha}, \frac{\partial x_2}{\partial \alpha}, \ldots, \frac{\partial x_n}{\partial \alpha}$ sont donc toutes positives.

On trouve de la même manière

$$a_{i1} \frac{\partial x_1}{\partial \beta} + a_{i2} \frac{\partial x_2}{\partial \beta} + \ldots + a_{in} \frac{\partial x_n}{\partial \beta} = \frac{1}{x_i - 1}.$$

$$(i = 1, 2, \ldots, n)$$

Ici les seconds membres sont tous négatifs, et il en est donc de même des valeurs des $\frac{\partial x_i}{\partial \beta}$.

4. Considérons le cas particulier $\alpha = \beta$, en sorte que x_i est fonction de la seule variable α. Il est clair d'abord qu'on aura

$$x_1 + x_n = x_2 + x_{n-1} = x_3 + x_{n-2} = \ldots = 0.$$

Ainsi en supposant $n = 2m$ ou $n = 2m + 1$ il suffira de considérer les racines positives

$$x_1, x_2, \ldots, x_m.$$

Nous allons démontrer qu'on a toujours

$$\text{(9)} \qquad \frac{d x_i}{d \alpha} < 0.$$

$$(i = 1, 2, \ldots, m)$$

En effet supposons d'abord $n = 2m$, on aura

$$\text{(10)} \begin{cases} \frac{\alpha}{x_i+1} + \frac{\alpha}{x_i-1} + \frac{1}{2x_i} + \frac{1}{x_i - x_1} + \ldots + \frac{1}{x_i - x_{i-1}} + \frac{1}{x_i - x_{i+1}} + \ldots \\ \ldots + \frac{1}{x_i - x_m} + \frac{1}{x_i + x_1} + \ldots + \frac{1}{x_i + x_{i-1}} + \frac{1}{x_i + x_{i+1}} + \ldots + \frac{1}{x_i + x_m} = 0 \end{cases}$$

$$(i = 1, 2, \ldots, m)$$

d'où l'on déduit

$$\text{(11)} \qquad a_{i1} \frac{d x_1}{d \alpha} + a_{i2} \frac{d x_2}{d \alpha} + \ldots + a_{im} \frac{d x_m}{d \alpha} = -\frac{2 x_i}{1 - x_i^2}$$

$$(i = 1, 2, \ldots, m)$$

en posant

$$a_{ii} = \frac{a}{(x_i+1)^2} + \frac{a}{(x_i-1)^2} + \frac{1}{2x_i^2} + P_i + Q_i$$

$$a_{ik} = a_{ki} = \frac{1}{(x_i+x_k)^2} - \frac{1}{(x_i-x_k)^2}$$

$$P_i = \frac{1}{(x_i-x_1)^2} + \dots + \frac{1}{(x_i-x_{i-1})^2} + \frac{1}{(x_i-x_{i+1})^2} + \dots + \frac{1}{(x_i-x_m)^2}$$

$$Q_i = \frac{1}{(x_i+x_1)^2} + \dots + \frac{1}{(x_i+x_{i-1})^2} + \frac{1}{(x_i+x_{i+1})^2} + \dots + \frac{1}{(x_i+x_m)^2}.$$

Le système (11) rentre encore dans le type des équations (1) car a_{ik} est négatif et la forme quadratique

$$\sum_1^m \sum_1^m a_{ik} X_i X_k = \sum_1^m \left(\frac{a}{(x_i+1)^2} + \frac{a}{(x_i-1)^2} + \frac{1}{2x_i^2} + 2Q_i\right) X_i^2$$
$$+ \sum\sum \left(\frac{1}{(x_i-x_k)^2} - \frac{1}{(x_i+x_k)^2}\right)(X_i - X_k)^2$$

est positive. Mais les seconds membres dans le système (11) sont tous négatifs et l'on a par conséquent

$$\frac{dx_i}{da} = 0.$$

Dans le cas $n = 2m+1$ on aura $x_{m+1} = 0$, et

$$(12)\left\{\begin{aligned} &\frac{a}{x_i+1} + \frac{a}{x_i-1} + \frac{3}{2x_i} + \frac{1}{x_i-x_1} + \dots + \frac{1}{x_i-x_{i-1}} + \frac{1}{x_i-x_{i+1}} + \dots + \frac{1}{x_i-x_m} \\ &\quad + \frac{1}{x_i+x_1} + \dots + \frac{1}{x_i+x_{i-1}} + \frac{1}{x_i+x_{i+1}} + \dots + \frac{1}{x_i+x_m} = 0. \end{aligned}\right.$$

$$(i = 1, 2, \dots, m)$$

La seule différence avec les relations (10) consiste, comme on le voit, dans le terme $\frac{3}{2x_i}$ qui est venu remplacer le terme $\frac{1}{2x_i}\cdot$ Ce terme

$$\frac{3}{2x_i} = \frac{1}{2x_i} + \frac{1}{x_i}$$

provient de l'action des deux points matériels dont les abscisses sont $-x_i$ et 0.

On trouve les équations linéaires suivantes pour les $\frac{dx_i}{d\alpha}$

$$a_{i1}\frac{dx_1}{d\alpha} + \ldots + a_{im}\frac{dx_m}{d\alpha} = -\frac{2x_i}{1-x_i^2}$$

$$a_{ii} = \frac{\alpha}{(x_i+1)^2} + \frac{\alpha}{(x_i-1)^2} + \frac{3}{2x_i^2} + P_i + Q_i$$

$$(i = 1, 2, \ldots m)$$

$$a_{ik} = a_{ki} = \frac{1}{(x_i+x_k)^2} - \frac{1}{(x_i-x_k)^2}$$

et l'on en conclut les inégalités (9) comme tout à l'heure.

5. Les démonstrations des propositions exprimées par les inégalités (6), (7), (9) que nous venons de développer, nous semble la plus simple si l'on n'a en vue que ces inégalités elles-mêmes. Mais nous avons retrouvé ces inégalités encore comme conséquences d'une proposition d'un caractère plus général, à l'occasion d'études sur la quadrature mécanique de Gauss.

6. Nous allons développer maintenant quelques conséquences qui découlent presque immédiatement de ces inégalités (6), (7) et (9).

Supposons d'abord

$$\alpha = \frac{1}{2}, \qquad \beta = \frac{1}{2}$$

l'équation (5) devient

$$(1-x^2)\,\varphi''(x) - 2x\,\varphi'(x) + n(n+1)\,\varphi(x) = 0$$

ainsi x_i est une racine de l'équation obtenue en égalant à zéro le polynôme X_n de Legendre.

Prenons ensuite

$$\alpha = \frac{3}{4}, \qquad \beta = \frac{1}{3}.$$

On a

$$(1-x^2)\,\varphi''(x) + (1-2x)\,\varphi'(x) + n(n+1)\,\varphi(x) = 0$$

ou si l'on pose

$$x = \cos\varphi,$$

$$\varphi(x)\cos\frac{1}{2}\varphi = y,$$

$$\frac{d^2y}{d\varphi^2} + \left(n+\frac{1}{2}\right)^2 y = 0,$$

donc

$$\varphi(x) = \frac{\cos\left(n + \frac{1}{2}\right)\varphi}{\cos\frac{1}{2}\varphi}$$

et par conséquent

$$x_i = \cos\frac{(2i-1)\pi}{2n+1}.$$

Dans le cas

$$a = \frac{1}{4}, \qquad b = \frac{3}{4}$$

on trouve de la même manière

$$x = \cos\varphi,$$

$$\varphi(x) = \frac{\sin\left(n + \frac{1}{2}\right)\varphi}{\sin\frac{1}{2}\varphi}$$

$$x_i = \cos\frac{2i\pi}{2n+1}.$$

Mais d'après les inégalités (6), (7) il est clair que la valeur de x_i qui correspond à $\alpha = \frac{1}{2}$, $\beta = \frac{1}{2}$ doit être plus petite que la valeur de x_i pour $\alpha = \frac{3}{4}$, $\beta = \frac{1}{4}$ et plus grande que la valeur de x_i pour $\alpha = \frac{1}{4}$, $\beta = \frac{3}{4}$.

Ainsi on a la limitation suivante pour la racine x_i de l'équation $X_n = 0$

$$\text{(A)} \quad \cos\frac{2i\pi}{2n+1} < x_i < \cos\frac{(2i-1)\pi}{2n+1}.$$

Cette proposition est due à M. Bruns qui l'a obtenue dans le tome 90 du Journal de Borchardt, p. 327.

7. Nous pouvons obtenir des limites plus étroites à l'aide de l'inégalité (9).

Prenons en effet

$$\alpha = \frac{1}{4}, \qquad \beta = \frac{1}{4}$$

on trouvera

$$x = \cos\varphi,$$
$$\varphi(x) = \cos n\varphi,$$
$$x_i = \cos\frac{(2i-1)\pi}{2n}$$

et en second lieu

$$\alpha = \frac{3}{4}, \qquad \beta = \frac{3}{4},$$

on trouve

$$x = \cos\varphi,$$
$$\varphi(x) = \frac{\sin(n+1)\varphi}{\sin\varphi},$$
$$x_i = \cos\frac{i\pi}{n+1}.$$

D'après les inégalités (9) on en conclut la limitation suivante d'une racine positive de l'équation $X_n = 0$:

(B) . . . . $\cos\frac{i\pi}{n+1} < x_i < \cos\frac{(2i-1)\pi}{2n}.$

Pour une racine négative on aurait évidemment

$$\cos\frac{i\pi}{n+1} > x_i > \cos\frac{(2i-1)\pi}{2n}.$$

Soit $n = 10$, on a d'après (A)

	limites	
x_1	0,98883 0,95557	0,03326
x_2	0,90097 0,82624	0,07473
x_3	0,73305 0,62349	0,10956
x_4	0,50000 0,36534	0,13466
x_5	0,22252 0,07473	0,14779

et d'après (B)

	limites	
x_1	0,98769 0,95949	0,02820
x_2	0,89101 0,84125	0,04976
x_3	0,70711 0,65486	0,05225
x_4	0,45399 0,41542	0,03857
x_5	0,15643 0,14231	0,01412.

8. La proposition d'algèbre démontrée dans le nº 1, ou plutôt le corollaire que nous en avons déduit, se trouve lié étroitement à une question qui se présente dans le problème de la distribution d'électricité sur un système de conducteurs.

Soient $A_1, A_2, \ldots, A_m$ les conducteurs, $e_1, e_2, \ldots, e_m$ leurs charges respectives et $V_1, V_2, \ldots, V_m$ les potentiels correspondants.

On a

$$(\alpha) \quad \ldots\ldots \quad V_i = p_{i1} e_1 + p_{i2} e_2 + \ldots + p_{im} e_m \qquad (i = 1, 2, \ldots, m)$$

et réciproquement

$$(\beta) \quad \ldots\ldots \quad e_i = q_{i1} V_1 + q_{i2} V_2 + \ldots + q_{im} V_m \qquad (i = 1, 2, \ldots, m)$$

(Maxwell, Traité d'électricité et de magnétisme, § 87.)

La forme quadratique

$$\Sigma \, \Sigma \, q_{ik} x_i x_k$$

est positive. Le coefficient positif q_{ii} est la capacité du conducteur A_i tandis que q_{ik} est un coefficient d'électricité induit et négatif.

Le système (β) rentre donc dans le type des équations (1), et d'après notre corollaire les coefficients du système (α) sont donc tous positifs, ce qui est bien connu et ce qu'on établit directement à l'aide de la théorie du potentiel.

Mais le système (β) n'a pas la même généralité que le système (1) car on a entre les coefficients q_{ik} les relations

$$q_{i1} + q_{i2} + \ldots + q_{im} \geqq 0$$
$$(i = 1, 2, \ldots, m)$$

tandis que dans le système (1) on n'a pas nécessairement les relations correspondantes entre les a_{ik}.

Mais aussi dans le système (α) les p_{ik} ne sont pas seulement positifs, la théorie du potentiel montre qu'on a en outre

$$p_{ii} \geqq p_{ik}.$$

D'après cela il est fort probable que si l'on assujettit dans le système

(1) . . . . $a_{i1} x_1 + a_{i2} x_2 + \ldots + a_{im} x_m = \xi_i$
$$(i = 1, 2, \ldots, m)$$

les coefficients a_{ik} à ces conditions additionnelles:

$$s_i = a_{i1} + a_{i2} + \ldots + a_{im} \geqq 0,$$

il en résultera pour les D_{ik} la conséquence

$$D_{ii} \geqq D_{ik}.$$

C'est ce que nous allons prouver en effet.

9. Supposons d'abord

$$s_i > 0$$
$$(i = 1, 2, \ldots, m)$$

alors on a

$$D_{ii} > D_{ik}.$$
$$(i \gtrless k)$$

Il suffira évidemment de faire voir que $D_{11} > D_{12}$. A cause de

$$D x_1 = \xi_1 D_{11} + \xi_2 D_{21} + \ldots + \xi_m D_{m1}$$

cela revient à montrer que pour

$$\xi_1 = +1, \qquad \xi_2 = -1, \qquad \xi_i = 0$$
$$(i > 2)$$

la valeur de x_1 tirée du système (1) est positive. Or on a

$$\sum_1^m \xi_i = 0 = \sum_1^m s_i x_i,$$

$$\sum_1^m x_i \xi_i = x_1 - x_2 = \sum_1^m \sum_1^m a_{ik} x_i x_k$$

d'où l'on conclut d'abord que les x_i ne peuvent pas être tous nuls ou négatifs, ou bien tous nuls ou positifs et ensuite

$$x_1 > x_2.$$

Donc si x_1 était nul ou négatif, x_2 serait négatif. Supposons donc que

$$x_1,\ x_2,\ \ldots,\ x_n, \qquad (m > n \geqq 2)$$

soient nuls ou négatifs, et

$$x_{n+1},\ x_{n+2},\ \ldots,\ x_m$$

positifs.

On devrait avoir

$$\sum_{n+1}^{m} \xi_i x_i = 0 = \sum_{1}^{n} x_i (a_{n+1,i} x_{n+1} + \ldots + a_{mi} x_m) + \sum_{n+1}^{m} \sum_{n+1}^{m} a_{ik} x_i x_k$$

ce qui est impossible car le second membre est positif. On a donc nécessairement $x_1 > 0$ ou

$$D_{11} > D_{12}.$$

C. Q. F. D.

Il est clair maintenant que dans le cas

$$s_i \geqq 0$$

on doit avoir nécessairement

$$D_{ii} \geqq D_{ik}$$

car un changement infiniment petit des a_{ik} suffit pour rentrer dans le cas $s_i > 0$.

10. Cherchons encore les conditions nécessaires et suffisantes pour qu'on ait

$$D_{11} = D_{12}.$$

D'après ce qui précède il est clair qu'au moins un des s_i doit être nul mais cela ne suffit pas.

En prenant comme tout-à-l'heure

$$\xi_1 = +1, \qquad \xi_2 = -1, \qquad \xi_i = 0$$
$$(i > 2)$$

la condition $D_{11} = D_{12}$ revient à $x_1 = 0$, et les inconnues $x_2, x_3, \ldots, x_m$ se trouvent déterminées par le système

$$(1') \quad \ldots\ldots \quad \begin{cases} a_{22}\, x_2 + a_{23}\, x_3 + \ldots + a_{2m}\, x_m = -1, \\ a_{32}\, x_2 + a_{33}\, x_3 + \ldots + a_{3m}\, x_m = \quad 0, \\ \ldots\ldots\ldots\ldots\ldots\ldots \\ a_{m2}\, x_2 + a_{m3} x_3 + \ldots + a_{mm}\, x_m = \quad 0. \end{cases}$$

Deux cas sont à distinguer.

I. La forme

$$\sum_2^m \sum_2^m a_{ik}\, x_i\, x_k$$

ne se décompose pas directement dans la somme de deux formes quadratiques d'un nombre de variables moindre que $m - 1$.

Alors $x_2, x_3, \ldots, x_m$ seront négatifs, d'après ce que nous avons vu dans le n° 1. Et comme on a

$$\sum_1^m \xi_i = 0 = s_2\, x_2 + s_3\, x_3 + \ldots + s_m\, x_m$$

on en conclut

$$(a) \quad \ldots\ldots \quad s_2 = 0, \qquad s_3 = 0, \quad \ldots, \quad s_m = 0.$$

Réciproquement, si ces relations (a) se trouvent vérifiées, il est clair que le système (1) donnera $x_1 = 0$ ou $D_{11} = D_{12}$ car on trouve

$$s_1\, x_1 = \sum_1^m \xi_i = 0$$

et s_1 n'est pas nul.

II. La forme

$$\sum_2^m \sum_2^m a_{ik}\, x_i\, x_k$$

se décompose directement dans la somme de deux ou de plusieurs formes quadratiques.

Alors les variables

$$x_2, \ x_3, \ \ldots, \ x_m$$

se décomposent en plusieurs groupes. Soit

$$x_2,\ x_3,\ \ldots,\ x_n$$

le groupe dans lequel se trouve x_2.

Le système (1′) se décompose en deux systèmes relatifs aux deux groupes de variables

$$x_2,\ x_3,\ \ldots,\ x_n,$$

$$x_{n+1},\ \ldots,\ x_m$$

et on voit qu'on aura:

$$x_2 < 0, \qquad x_3 < 0, \quad \ldots, \quad x_n < 0,$$
$$x_{n+1} = x_{n+2} = \ldots = x_m = 0.$$

La relation

$$0 = s_2 x_2 + \ldots + s_m x_m$$

permet donc de conclure:

$$\text{(b)} \quad \ldots\ldots \quad s_2 = 0, \qquad s_3 = 0, \quad \ldots, \quad s_n = 0.$$

Réciproquement, si les conditions (b) sont vérifiées et qu'en outre on a identiquement:

$$\sum_2^m \sum_2^m a_{ik} x_i x_k = \sum_2^n \sum_2^n a_{ik} x_i x_k + \sum_{n+1}^m \sum_{n+1}^m a_{ik} x_i x_k$$

alors le système des valeurs de $x_2, x_3, \ldots, x_m$ tirées des équations (1′), joint à la valeur $x_1 = 0$, satisfait au système (1) et l'on a par conséquent $D_{11} = D_{12}$. Pour le montrer il suffit évidemment de vérifier la première des équations (1), ou bien l'équation obtenue en prenant la somme des équations (1). Or cette dernière

$$s_1 x_1 + s_2 x_2 + \ldots + s_m x_m = 0$$

se trouve vérifiée évidemment.

Nous avons supposé ici $n < m$, pour $n = m$ on rentre dans le premier cas; et l'on a le résultat suivant.

Les conditions nécessaires et suffisantes pour que

$$D_{11} = D_{12}$$

consistent dans ce que, pour une valeur spéciale de n

$$2 \leqq n \leqq m$$

on ait

(I) . . . . $s_2 = 0, \qquad s_3 = 0, \quad \ldots, \quad s_n = 0$

et

$$\text{(II)} \quad \ldots\ldots \quad \begin{cases} a_{2,n+1} = a_{2,n+2} = \ldots = a_{2,m} = 0, \\ a_{3,n+1} = a_{3,n+2} = \ldots = a_{3,m} = 0, \\ \ldots\ldots\ldots\ldots\ldots \\ a_{n,n+1} = a_{n,n+2} = \ldots = a_{n,m} = 0. \end{cases}$$

Dans le cas $n = m$ les conditions (II) disparaissent.

11. Supposons les conditions (I) et (II) remplies, il n'est pas permis de conclure que les valeurs de $x_2, \ldots, x_n$ sont négatives, car la forme

$$\sum_2^n \sum_2^n a_{ik} x_i x_k$$

pourrait encore être décomposable. Mais si cela eut lieu, il est clair que les conditions (I) et (II) seraient encore satisfaites pour une valeur plus petite du nombre n.

Si donc nous supposons que n soit le plus petit nombre pour lequel les conditions (I) et (II) sont satisfaites, on aura

$$x_2 < 0, \qquad x_3 < 0, \quad \ldots, \quad x_n < 0,$$

$$x_{n+1} = x_{n+2} = \ldots = x_m = 0$$

et à cause de

$$D x_i = D_{1i} - D_{2i}$$

nous pouvons donc ajouter:

la condition $D_{11} = D_{12}$ entraîne nécessairement les relations

$$D_{1i} < D_{2i}$$

pour $i = 2, 3, \ldots, n$,

$$D_{1i} = D_{2i}$$

pour $i > n$.

Note.

Après avoir terminé la rédaction de cet article, je viens de prendre connaissance d'une note Sur les racines de certaines équations par M. A. Markoff, (Mathematische Annalen, T. 27, p. 177). L'auteur y déduit d'abord la limitation des racines de l'équation $X_n = 0$ déjà obtenue par M. Bruns, et ensuite il obtient aussi et pour la première fois, la limitation plus étroite (B).

La démonstration que j'ai donnée est différente de celle de M. Markoff, mais une seconde démonstration à laquelle j'ai fait allusion seulement dans le n^0. 5, ne diffère pas au fond de celle de cet auteur.

LIII.

(Bull. Sci. math., Paris, sér. 2, 11, 1887, 46—51).

Exemple d'une fonction qui n'existe qu'à l'intérieur d'un cercle.

La notion d'une fonction d'une variable imaginaire pour laquelle le domaine de la variable est nécessairement restreint par la nature même de la fonction est d'une si grande importance qu'il ne semble pas inutile de donner un exemple d'une telle fonction, même dans un Cours où il serait impossible d'exposer les recherches de MM. Weierstrass, Mittag-Leffler, Poincaré sur ce sujet.

Peut-être trouvera-t-on l'exemple suivant assez simple pour remplir ce but.

1. Soit a une quantité dont le module est égal à l'unité On a

$$\frac{z}{a-z}=\frac{z}{a}+\frac{z^2}{a^2}+\frac{z^3}{a^3}+\cdots\cdot\cdot$$

La série est convergente sous la condition mod $z=\varrho<1$, et le cercle de convergence est un cercle C décrit de l'origine comme centre avec un rayon égal à l'unité.

En remplaçant chaque terme de la série par son module, on voit que

$$\operatorname{mod}\frac{z}{a-z}\leqq\frac{\varrho}{1-\varrho}.$$

Prenons maintenant une suite infinie de quantités

$$a_1, a_2, a_3, \ldots, a_n, \ldots$$

dont le module est égal à l'unité, et posons

$$(1)\quad \ldots\ldots\ldots \cdot f(z)=\sum_1^\infty \frac{1}{n^3}\left(\frac{z}{a_n-z}\right).$$

En supposant mod $z = \varrho < 1$, la série est évidemment convergente et l'on a

$$\operatorname{mod} f(z) < \frac{\varrho}{1-\varrho} \sum_1^\infty \frac{1}{n^3}.$$

Développons $\frac{z}{a_n - z}$ suivant les puissances croissantes de z, il vient

$$\begin{aligned} f(z) = & \quad \frac{z}{a_1} + \frac{z^2}{a_1^2} + \frac{z^3}{a_1^3} + \ldots \\ & + \frac{1}{2^3}\left(\frac{z}{a_2} + \frac{z^2}{a_2^2} + \frac{z^3}{a_2^3} + \ldots\right) \\ & + \frac{1}{3^3}\left(\frac{z}{a_3} + \frac{z^2}{a_3^2} + \frac{z^3}{a_3^3} + \ldots\right) \\ & + \ldots\ldots\ldots\ldots\ldots \end{aligned}$$

La série double restant convergente quand on remplace chaque terme par son module, on peut prendre les termes dans un ordre quelconque. En particulier, il est permis d'ordonner suivant les puissances de z; la fonction $f(z)$ peut se mettre sous la forme

$$(2) \quad \ldots\ldots\ldots\ldots \quad f(z) = \sum_1^\infty c_n z^n,$$

et le rayon de convergence de cette série est égal à l'unité. Il est clair aussi que le module d'un coefficient quelconque c_k ne peut surpasser la constante $\sum \frac{1}{n^3} = 1{,}202\ldots.$

2. Nous allons étudier maintenant la manière dont varie la valeur de $f(z)$ lorsque z s'approche d'une certaine manière de la circonférence du cercle de convergence C.

Mais il faut d'abord préciser les valeurs des constantes

$$a_1, a_2, \ldots, a_n, \ldots$$

Si l'on représente ces quantités dans le plan par des points

$$P_1, P_2, \ldots, P_n, \ldots$$

ces points se trouvent sur la circonférence du cercle C.

Nous prenons a_1, a_2 de manière que P_1 et P_2 se trouvent aux extrémités d'un diamètre du cercle.

Nous choisissons ensuite a_3, a_4 de manière que la circonférence se trouve divisée en quatre parties égales par les points P_1, P_2, P_3, P_4.

En continuant ainsi, on choisira a_5, a_6, a_7, a_8, de manière que les points P_1, P_2, ..., P_8 sont les sommets d'un polygone régulier de huit côtés inscrit dans le cercle.

Généralement pour $k = 2^{n-1}$, on devra prendre

$$a_{k+1},\ a_{k+2},\ \ldots,\ a_{2k},$$

de manière que la circonférence C se trouve divisée en $2k$ parties égales par les points P_1, P_2, ..., P_{2k}.

Ayant défini de cette manière la suite infinie

$$a_1,\ a_2,\ a_3,\ \ldots,\ a_n,\ \ldots,$$

il est clair qu'on trouvera toujours un nombre infini de points P_k sur un arc quelconque de la circonférence, si petit qu'on voudra le choisir.

Il importe de trouver une limite inférieure de

$$\text{mod}\,(a_r - a_s)$$
$$(r > s)$$

Le nombre a_r doit se trouver dans une des suites

$$a_{k+1},\ a_{k+2},\ \ldots,\ a_{2k},$$
$$(k = 2^{n-1}),$$

et il est évident qu'on peut prendre alors pour cette limite inférieure le côté du polygone régulier de $2k$ cotés inscrit dans le cercle,

$$\text{mod}\,(a_r - a_s) \geqq 2 \sin \frac{\pi}{2k}$$

et, par conséquent,

$$\text{mod}\,(a_r - a_s) > 2 \sin \frac{\pi}{2r}.$$

Pour simplifier, nous remarquons que l'on a

$$2 \sin x > x,$$

tant que x ne surpasse pas $\frac{\pi}{2}$; donc

$$\text{(3)} \quad \ldots\ldots\ldots \quad \text{mod}\,(a_r - a_s) > \frac{\pi}{2r}$$
$$(r > s).$$

3. Envisageons maintenant un nombre a_k quelconque et posons

$$z = a_k u,$$

u étant réelle et positive. Le point P qui représente z se trouve alors sur le rayon OP_k. En faisant tendre u vers l'unité, en croissant continuellement, le point P s'approchera indéfiniment du point P_k de la circonférence C.

On a, d'après (1),

$$f(z) = \sum_1^\infty \frac{1}{n^3}\left(\frac{a_k u}{a_n - a_k u}\right)$$

ou bien

$$(4) \quad \ldots\ldots \quad f(a_k u) - \frac{1}{k^3}\left(\frac{u}{1-u}\right) = F_1(u) + F_2(u),$$

en posant

$$F_1(u) = \sum_1^{k-1} \frac{1}{n^3}\left(\frac{a_k u}{a_n - a_k u}\right),$$

$$F_2(u) = \sum_{k+1}^{\infty} \frac{1}{n^3}\left(\frac{a_k u}{a_n - a_k u}\right).$$

Dans l'intervalle $0 \leqq u \leqq 1$, la fonction $F_1(u)$ est évidemment finie et continue; nous allons voir qu'il en est de même de $F_2(u)$. Remarquons pour cela d'abord que

$$\mathrm{mod}\left(\frac{a_k u}{a_n - a_k u}\right) \leqq \frac{1}{\mathrm{mod}\,(a_n - a_k)}.$$

Pour le mettre en évidence, joignons par des droites le point P_n qui représente a_n avec O, P et P_k et posons $\widehat{P_k O P_n} = \varphi$.

A cause de $u \leqq 1$, on a

$$4u^2 \sin^2 \tfrac{1}{2}\varphi \leqq (1+u)^2 \sin^2 \tfrac{1}{2}\varphi + (1-u)^2 \cos^2 \tfrac{1}{2}\varphi = 1 - 2u\cos\varphi + u^2;$$

donc

$$\frac{u}{\sqrt{1 - 2u\cos\varphi + u^2}} \leqq \frac{1}{2\sin\frac{1}{2}\varphi}.$$

Mais cela revient à la limitation indiquée, car

$$\begin{aligned} \mathrm{mod}\, a_k u &= OP = u, \\ \mathrm{mod}\,(a_n - a_k u) &= PP_n = \sqrt{1 - 2u\cos\varphi + u^2}, \\ \mathrm{mod}\,(a_n - a_k) &= P_n P_k = 2\sin\tfrac{1}{2}\varphi. \end{aligned}$$

Dans la série $F_2(u)$, l'indice n est plus grand que k, et, à l'aide de (3), on trouve, par conséquent,

$$\mathrm{mod}\,\frac{1}{n^3}\left(\frac{a_k u}{a_n - a_k u}\right) < \frac{2}{\pi n^2},$$

et cela dans tout l'intervalle $0 \leqq u \leqq 1$. La série $\sum \frac{2}{\pi n^2}$ étant convergente, on en conclut, d'après un théorème de M. Weierstrass (voir Tannery, Théorie des fonctions d'une variable, p. 135), que la série

$$\sum_{k+1}^{\infty} \frac{1}{n^3}\left(\frac{a_k u}{a_n - a_k u}\right)$$

est absolument et uniformément convergente dans l'intervalle $0 \leqq u \leqq 1$.

La fonction $F_2(u)$ est donc finie et continue dans le même intervalle, et lorsque u tend vers l'unité, $F_1(u)$ et $F_2(u)$ tendent vers les valeurs finies $F_1(1)$ et $F_2(1)$. En posant $F_1(1) + F_2(1) = A$, l'équation (4) nous montre donc que

$$\lim \left[f(a_k u) - \frac{1}{k^3}\left(\frac{u}{1-u}\right)\right]_{u=1} = A.$$

On voit par là que, lorsque la variable z s'approche indéfiniment de la valeur a_k en conservant constamment le même argument que a_k, alors la partie réelle de

$$f(z) = \sum_1^{\infty} c_n z^n$$

est positive et croît au delà de toute limite. Au contraire, la partie purement imaginaire de $f(z)$ tend vers une limite fixe.

4. Soit maintenant (z_0, P_0) un point quelconque à l'intérieur de C; on a

$$f(z) = f(z_0) + f'(z_0)(z - z_0) + \frac{f''(z_0)}{1.2}(z - z_0)^2 + \ldots,$$

et le domaine de convergence est un cercle C_0 décrit de P_0 comme centre avec un rayon au moins égal à $1 - \text{mod}\, z_0$.

Mais il est impossible maintenant que ce rayon soit plus grand que $1 - \text{mod}\, z_0$, de manière que l'intérieur de C_0 tomberait en partie en dehors du cercle C.

En effet, dans cette supposition une partie de la circonférence de C se trouverait à l'intérieur de C_0. Prenons un point (a_k, P_k) sur cette partie de la circonférence C (il y en a une infinité). La valeur de $f(z)$ devrait être finie pour $z = a_k$ et, lorsque le point z s'approche de P suivant le rayon vecteur, la valeur de $f(z)$ devrait tendre vers cette valeur finie de $f(a_k)$.

Mais nous savons que cela n'a pas lieu, la valeur de $f(z)$ ne tend pas vers une limite finie, parce que sa partie réelle croît au delà de toute limite.

En considérant la fonction $f(z)$, le cercle C forme donc bien la limite naturelle pour le domaine de la variable z. Il est impossible de continuer cette fonction en dehors de ce cercle.

LIV.

(Nouv. ann. math., Paris, sér. 3, 6, 1887, 210—215.)

Note sur la multiplication de deux séries.

Supposons qu'on ait deux séries convergentes

$$s = u_1 + u_2 + u_3 + \ldots,$$
$$t = v_1 + v_2 + v_3 + \ldots.$$

Lorsque ces deux séries sont absolument convergentes, on sait que la série $\Sigma u_\alpha v_\beta$ formée par les produits deux à deux de leurs termes, écrits dans un ordre quelconque, sera absolument convergente et égale à st (Jordan, Cours d'Analyse, t. I, p. 110).

Dans la suite, nous supposons que la série

$$t = v_1 + v_2 + v_3 + \ldots$$

est absolument convergente; mais quant à la série

$$s = u_1 + u_2 + u_3 + \ldots,$$

nous ne supposerons rien de plus que sa convergence.

Dans ces conditions, la série $\Sigma u_\alpha v_\beta$ n'est plus nécessairement absolument convergente, et par conséquent il faudra préciser l'ordre dans lequel on effectue la sommation.

Écrivons pour cela les termes $u_\alpha v_\beta$ dans le Tableau suivant

$$\begin{array}{lllll}
u_1 v_1, & u_2 v_1, & u_3 v_1, & u_4 v_1, & \ldots, \\
u_1 v_2, & u_2 v_2, & u_3 v_2, & u_4 v_2, & \ldots, \\
u_1 v_3, & u_2 v_3, & u_3 v_3, & u_4 v_3, & \ldots, \\
u_1 v_4, & u_2 v_4, & u_3 v_4, & u_4 v_4, & \ldots, \\
\ldots, & \ldots, & \ldots, & \ldots, & \ldots,
\end{array}$$

ou, plus simplement, en indiquant les termes $u_\alpha v_\beta$ par des points

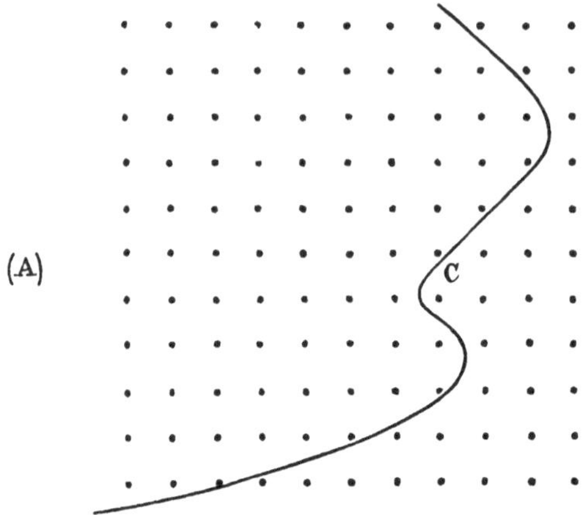

Traçons maintenant dans ce Tableau (A) une courbe C qui est coupée en un point seulement par une droite horizontale, et prenons la somme de tous les termes $u_\alpha v_\beta$ qui se trouvent du même côté de cette courbe que $u_1 v_1$.

Si maintenant la courbe C se déforme d'une manière quelconque en s'éloignant indéfiniment, mais à la condition d'avoir toujours une seule intersection avec une droite horizontale, nous aurons fixé par là l'ordre dans lequel on doit prendre les termes de la série $\Sigma u_\alpha v_\beta$. Nous allons faire voir qu'on a alors

$$\Sigma u_\alpha v_\beta = st.$$

Soit L la limite supérieure des modules des sommes

$$\begin{array}{l} u_1, \\ u_1 + u_2, \\ u_1 + u_2 + u_3, \\ u_1 + u_2 + u_3 + u_4, \\ \ldots\ldots\ldots\ldots, \end{array}$$

et ε_n la limite supérieure des modules des sommes

$$\begin{array}{l} u_{n+1}, \\ u_{n+1} + u_{n+2}, \\ u_{n+1} + u_{n+2} + u_{n+3}, \\ u_{n+1} + u_{n+2} + u_{n+3} + u_{n+4}, \\ \ldots\ldots\ldots\ldots\ldots\ldots \end{array}$$

Alors L est finie et ε_n converge vers zéro en même temps que $\frac{1}{n}$, parce que la série $s = u_1 + u_2 + u_3 + \ldots$ est convergente.

Soit enfin η_n la limite supérieure des sommes

$$\begin{aligned}
&\operatorname{mod} v_{n+1},\\
&\operatorname{mod} v_{n+1} + \operatorname{mod} v_{n+2},\\
&\operatorname{mod} v_{n+1} + \operatorname{mod} v_{n+2} + \operatorname{mod} v_{n+3},\\
&\ldots\ldots\ldots\ldots\ldots\ldots\ldots
\end{aligned}$$

Comme nous admettons que la série

$$T = \operatorname{mod} v_1 + \operatorname{mod} v_2 + \operatorname{mod} v_3 + \ldots$$

est convergente, η_n converge encore vers zéro en même temps que $\frac{1}{n}$.

Posons maintenant

$$\begin{aligned}
s_n &= u_1 + u_2 + \ldots + u_n,\\
t_n &= v_1 + v_2 + \ldots + v_n,
\end{aligned}$$

et prenons dans la série $\Sigma u_\alpha v_\beta$ un nombre de termes assez grand pour y retrouver tous ceux du produit $s_n t_n$.

La courbe C enveloppera alors le carré

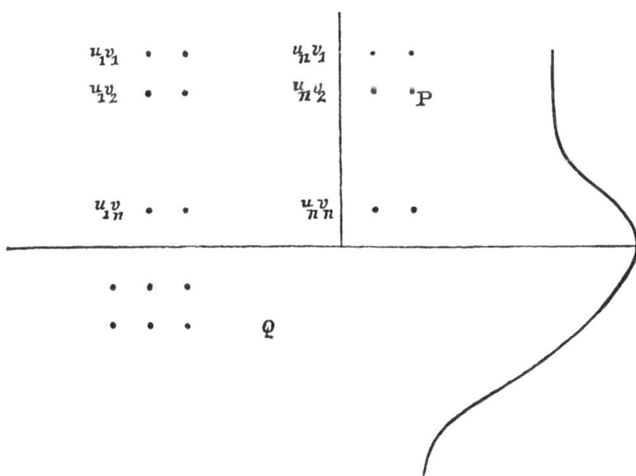

et, si nous prolongeons le côté horizontal inférieur jusqu'à l'intersection avec C, nous aurons

$$(\Sigma u_\alpha v_\beta)_C = s_n t_n + P + Q.$$

$$\begin{aligned} P = & \quad v_1 (u_{n+1} + u_{n+2} + \ldots) \\ & + v_2 (u_{n+1} + u_{n+2} + \ldots) \\ & + \ldots\ldots\ldots\ldots\ldots \\ & + v_n (u_{n+1} + u_{n+2} + \ldots), \end{aligned}$$

$$\begin{aligned} Q = & \quad v_{n+1} (u_1 + u_2 + u_3 + \ldots) \\ & + v_{n+2} (u_1 + u_2 + u_3 + \ldots) \\ & + v_{n+3} (u_1 + u_2 + u_3 + \ldots) \\ & + \ldots\ldots\ldots\ldots\ldots\ldots \end{aligned}$$

D'après ce qui précède, on a évidemment

$$\begin{aligned} & \operatorname{mod} P < \varepsilon_n (\operatorname{mod} v_1 + \operatorname{mod} v_2 + \ldots + \operatorname{mod.} v_n) < T \varepsilon_n, \\ & \operatorname{mod} Q < L \eta_n, \end{aligned}$$

d'où l'on conclut, pour $n = \infty$,

$$\lim P = 0, \qquad \lim Q = 0,$$

et, par conséquent,

$$\Sigma u_\alpha v_\beta = \lim s_n t_n = st.$$

C. Q. F. D.

Applications.

I. Prenons les deux séries

$$(1) \quad \ldots\ldots \quad f(z) = a_0 + a_1 z + a_2 z^2 + a_3 z^3 + \ldots,$$

$$(g) \quad \ldots\ldots \quad g(z) = b_0 + b_1 z + b_2 z^2 + b_3 z^3 + \ldots.$$

En ordonnant le produit suivant les puissances de z

$$(3) \quad \ldots\ldots \quad f(z) g(z) = c_0 + c_1 z + c_2 z^2 + c_3 z^3 + \ldots,$$

les courbes C sont des droites inclinées de 45°.

Si les séries (1), (2) sont convergentes pour $z = R$ et que la convergence soit absolue pour l'une de ces deux séries, alors, d'après le théorème démontré, la série (3) sera également convergente pour $z = R$ et égale à

$$f(R)\, g(R).$$

II. Prenons les séries

$$F(s) = f(1) + \frac{f(2)}{2^s} + \frac{f(3)}{3^s} + \frac{f(4)}{4^s} + \ldots,$$

$$G(s) = g(1) + \frac{g(2)}{2^s} + \frac{g(3)}{3^s} + \frac{g(4)}{4^s} + \ldots.$$

En multipliant, on peut mettre le produit sous la forme

$$F(s)\,G(s) = h(1) + \frac{h(2)}{2^s} + \frac{h(3)}{3^s} + \frac{h(4)}{4^s} + \ldots,$$

en posant

$$h(n) = \Sigma f(d)\, g\left(\frac{n}{d}\right),$$

d parcourant tous les diviseurs de n. Les courbes C sont évidemment des hyperboles équilatères.

D'après notre proposition, lorsque la convergence de l'une des séries $F(s)$, $G(s)$ est absolue, alors la série

$$h(1) + \frac{h(2)}{2^s} + \frac{h(3)}{3^s} + \ldots$$

sera convergente et égale à $F(s)\,G(s)$.

Nous énoncerons encore la proposition suivante :

Supposons que les séries $F(s)$, $G(s)$ soient convergentes pour $s = \alpha$, elles seront encore convergentes pour $s > \alpha$. Si maintenant la convergence n'est pas absolue, on pourra cependant déterminer deux nombres positifs β, γ, tels que la série $F(s)$ soit absolument convergente pour $s = \alpha + \beta$, et la série $G(s)$ absolument convergente pour $s = \alpha + \gamma$.

Alors la série

$$h(1) + \frac{h(2)}{2^s} + \frac{h(3)}{3^s} + \ldots$$

est convergente et égale à $F(s)\,G(s)$ pour les valeurs de $s \geqq \alpha + \dfrac{\beta\gamma}{\beta + \gamma}$. Cette série est aussi convergente et égale à $F(s)\,G(s)$ pour $s \geqq \alpha + \frac{1}{2}$.

Lorsque β ou γ est égal à zéro, on retombe sur la proposition démontrée plus haut.

LV.

(Acta Math., Stockholm, 10, 1887, 299—302.)

Table des valeurs des sommes $S_k = \sum_1^\infty n^{-k}$.

Dans le Traité des fonctions elliptiques et des intégrales Eulériennes (tome II, pag. 432), Legendre a donné avec 16 décimales les valeurs de $S_2, \ldots, S_{35}$.

Cette table de Legendre ne contient pas de graves erreurs, mais la comparaison avec nos résultats montre que dans 6 cas les valeurs de Legendre ont besoin d'une correction d'une unité de la dernière (seizième) décimale; ce sont les suivants:

$$\begin{array}{lcccccc} & S_5, & S_7, & S_{10}, & S_{11}, & S_{16}, & S_{35}, \\ \text{corrections} & -1, & +1, & +1, & +1, & +1, & +1. \end{array}$$

Ces nombres S_k figurent dans le développement

$$\log \Gamma(1+x) = -Cx + \sum_2^\infty \frac{(-1)^k}{k} S_k x^k,$$

et la table de Legendre a ainsi servi de base au calcul des coefficients du développement de la fonction entière $[\Gamma(x)]^{-1}$ entrepris par M. Bourguet. (Acta Mathematica t. 2, p. 271 et suiv).

La disposition de la table suivante n'exige aucune explication, mais nous devons indiquer l'approximation des valeurs inscrites dans le tableau.

On a donné le résultat brut d'un calcul fait avec 32 décimales. Chaque nombre est la somme d'un certain nombre (trente au plus) de nombres calculés à une demi-unité de la 32ème décimale près. Par conséquent l'erreur d'une des valeurs données sera toujours inférieure à

0,0000000000 0000000000 0000000000 15.

Mais il va sans dire que l'erreur sera presque toujours notablement inférieure à cette limite, d'abord par suite d'une compensation d'erreurs et ensuite aussi parce qu'à partir de $k = 22$ on a obtenu S_k par l'addition de moins de 30 nombres partiels.

Les relations

$$\sum_1^\infty (S_{2k} - 1) = \frac{3}{4}, \qquad \sum_1^\infty (S_{2k+1} - 1) = \frac{1}{4}$$

permettent de contrôler l'ensemble des calculs. La première vérification donne une erreur de 5 unités, la seconde une erreur de 3 unités de la 32ème décimale.

k		S_k		
2	1,6449340668	4822643647	2415166646	03
3	1,2020569031	5959428539	9738161511	46
4	1,0823232337	1113819151	6003696541	18
5	1,0369277551	4336992633	1365486457	03
6	1,0173430619	8444913971	4517929790	93
7	1,0083492773	8192282683	9797549849	82
8	1,0040773561	9794433937	8685238508	65
9	1,0020083928	2608221441	7852769232	40
10	1,0009945751	2781808533	7145958900	34
11	1,0004941886	0411946455	8702282526	46
12	1,0002460865	5330804829	8637998047	72
13	1,0001227133	4757848914	6751836526	37
14	1,0000612481	3505870482	9258545105	14
15	1,0000305882	3630702049	3551728510	66
16	1,0000152822	5940865187	1732571487	66
17	1,0000076371	9763789976	2273600293	54
18	1,0000038172	9326499983	9856461644	61
19	1,0000019082	1271655393	8925656957	80
20	1,0000009539	6203387279	6113152038	70

k	S_k			
21	1,0000004769	3298678780	6463116719	62
22	1,0000002384	5050272773	2990003648	18
23	1,0000001192	1992596531	1073067788	73
24	1,0000000596	0818905125	9479612440	20
25	1,0000000298	0350351465	2280186063	69
26	1,0000000149	0155482836	5041234658	50
27	1,0000000074	5071178983	5429491981	01
28	1,0000000037	2533402478	8457054819	20
29	1,0000000018	6265972351	3049006403	90
30	1,0000000009	3132743241	9668182871	76
31	1,0000000004	6566290650	3378407298	92
32	1,0000000002	3283118336	7650549200	16
33	1,0000000001	1641550172	7005197759	30
34	1,0000000000	5820772087	9027008892	44
35	1,0000000000	2910385044	4970996869	29
36	1,0000000000	1455192189	1041984235	93
37	1,0000000000	0727595983	5057481014	52
38	1,0000000000	0363797954	7378651190	24
39	1,0000000000	0181898965	0307065947	59
40	1,0000000000	0090949478	4026388928	25
41	1,0000000000	0045474737	8304215402	68
42	1,0000000000	0022737368	4582465251	53
43	1,0000000000	0011368684	0768022784	94
44	1,0000000000	0005684341	9876275856	09
45	1,0000000000	0002842170	9768893018	55
46	1,0000000000	0001421085	4828031606	78
47	1,0000000000	0000710542	7395210852	72
48	1,0000000000	0000355271	3691337113	67
49	1,0000000000	0000177635	6843579120	33
50	1,0000000000	0000088817	8421093081	59

k	S_k			
51	1,0000000000	0000044408	9210314381	34
52	1,0000000000	0000022204	4605079804	20
53	1,0000000000	0000011102	2302514106	61
54	1,0000000000	0000005551	1151248454	81
55	1,0000000000	0000002775	5575621361	24
56	1,0000000000	0000001387	7787809725	24
57	1,0000000000	0000000693	8893904544	16
58	1,0000000000	0000000346	9446952165	92
59	1,0000000000	0000000173	4723476047	58
60	1,0000000000	0000000086	7361738011	99
61	1,0000000000	0000000043	3680869002	06
62	1,0000000000	0000000021	6840434499	72
63	1,0000000000	0000000010	8420217249	42
64	1,0000000000	0000000005	4210108624	57
65	1,0000000000	0000000002	7105054312	24
66	1,0000000000	0000000001	3552527156	10
67	1,0000000000	0000000000	6776263578	04
68	1,0000000000	0000000000	3388131789	02
69	1,0000000000	0000000000	1694065894	51
70	1,0000000000	0000000000	0847032947	25

Nous avons mis à profit nos résultats pour calculer la constante Eulérienne d'après la formule

$$C = 1 + \log 2 - \log 3 - \sum_{1}^{\infty} \frac{S_{2k+1} - 1}{(2k+1)\,4^k},$$

et nous avons obtenu la valeur suivante qui est exacte avec 33 décimales :

$$C = 0{,}5772156649 \quad 0153286060 \quad 6512090082 \quad 402.$$

LVI.

(Paris, C.-R. ass. franç. avanc. Sci., sess. 16, 1, 1887, 168.)

Sur les maxima et minima d'une fonction étendue sur une surface fermée.

Pour une surface fermée simplement connexe, le nombre des maxima et minima surpasse de 2 unités le nombre des cols (points où il y a maximum par rapport à deux angles dièdres opposés, minimum par rapport aux angles dièdres supplémentaires). C'est un résultat qui découle facilement d'un article de M. Reech (Journal de l'École polytechnique, Cah. 37).

En généralisant, pour une surface fermée quelconque, $2k+1$ fois connexe, on trouve $2-2k$ pour la différence entre le nombre des maxima et minima et le nombre des cols.

LVII.

(Nouv. ann. math., Paris, sér. 3, 7, 1888, 26—31.)

Sur une généralisation de la formule des accroissements finis.

1. M. H. A. Schwarz a donné, dans les Annali di Matematica de Brioschi (série II, t. X) le théorème suivant:

Soient $f_1(t), f_2(t), \ldots, f_n(t)$ des fonctions réelles d'une même variable réelle t. On suppose que ces fonctions, de même que leurs dérivées jusqu'à l'ordre $n-1$ inclusivement, sont finies et continues.

Dans ces conditions, si $t_1, t_2, \ldots, t_n$ sont n valeurs différentes appartenant à l'intervalle a, b, le quotient

$$\begin{vmatrix} f_1(t_1) & f_2(t_1) & \ldots & f_n(t_1) \\ f_1(t_2) & f_2(t_2) & \ldots & f_n(t_2) \\ \ldots & \ldots & \ldots & \ldots \\ f_1(t_n) & f_2(t_n) & \ldots & f_n(t_n) \end{vmatrix} : \begin{vmatrix} 1 & t_1 & t_1^2 & \ldots & t_1^{n-1} \\ 1 & t_2 & t_2^2 & \ldots & t_2^{n-1} \\ . & . & . & \ldots & . \\ 1 & t_n & t_n^2 & \ldots & t_n^{n-1} \end{vmatrix}$$

n'est pas plus grand que $\dfrac{M}{1!\,2!\,3!\ldots(n-1)!}$ et pas plus petit que $\dfrac{m}{1!\,2!\,3!\ldots(n-1)!}$, M désignant la plus grande, m la plus petite des valeurs du déterminant

$$\begin{vmatrix} f_1(t') & f_2(t') & \ldots f_n(t') \\ f_1'(t'') & f_2'(t'') & \ldots f_n'(t'') \\ \ldots & \ldots & \ldots\ \ldots \\ f_1^{(n-1)}(t^{(n)}) & f_2^{(n-1)}(t^{(n)}) & \ldots f_n^{(n-1)}(t^{(n)}) \end{vmatrix},$$

sous les conditions

$$a \leqq t' \leqq b, \quad t' \leqq t'' \leqq b, \quad t'' \leqq t''' \leqq b, \quad \ldots \quad t^{(n-1)} \leqq t^{(n)} \leqq b.$$

Comme le remarque M. Schwarz, ce théorème permet d'établir, d'une manière rigoureuse, certaines propositions fondamentales dans la théorie des courbes planes ou gauches. Soit, par exemple, M un point d'une courbe gauche, et prenons sur cette courbe trois points infiniment voisins de M. Le plan osculateur en M est la position limite du plan qui passe par les trois derniers points. A l'aide du théorème de M. Schwarz, on reconnaît aussi clairement les conditions dans lesquelles cette proposition est exacte.

2. La démonstration que M. Schwarz a donnée de son théorème est extrêmement simple. La circonstance qu'elle exige des intégrations nous a conduit à chercher si l'on ne pourrait pas arriver au but d'une manière plus élémentaire.

Nous avons reconnu alors que le quotient considéré est égal à

$$\frac{1}{1!\,2!\,3!\ldots(n-1)!}\begin{vmatrix} f_1(t') & f_2(t') & \ldots f_n(t') \\ f_1'(t'') & f_2'(t'') & \ldots f_n'(t'') \\ \ldots & \ldots & \ldots\quad\ldots \\ f_1^{(n-1)}(t^{(n)}) & f_2^{(n-1)}(t^{(n)}) & \ldots f_n^{(n-1)}(t^{(n)}) \end{vmatrix},$$

où

$$\begin{aligned} t' &= t_1, \\ t'' &= (t_1,\ t_2), \\ t''' &= (t_1,\ t_2,\ t_3), \\ &\ldots\ldots\ldots\ldots\ldots\ldots \\ t^{(n)} &= (t_1,\ t_2,\ \ldots,\ t_n), \end{aligned}$$

$(t_1, t_2, \ldots, t_k)$ désignant un nombre compris entre le plus petit et le plus grand des nombres $t_1, t_2, \ldots, t_k$.

3. La démonstration de ce théorème s'appuie principalement sur le lemme suivant.

Si une fonction $f(t)$ s'annule pour n valeurs différentes de la variable

$$f(t_1) = 0, \qquad f(t_2) = 0, \qquad \ldots, \qquad f(t_n) = 0,$$

alors on a

$$f^{(n-1)}(\xi) = 0,$$

où

$$\xi = (t_1,\ t_2,\ \ldots,\ t_n).$$

Il faut supposer que la fonction $f(t)$ admet des dérivées $f'(t), f''(t), \ldots,$ $f^{(n-2)}(t)$ qui sont finies et continues et que $f^{(n-2)}(t)$ admet encore une dérivée finie $f^{(n-1)}(t)$, mais on n'a pas à supposer que $f^{(n-1)}(t)$ soit continue.

En effet, soit, par exemple, $n=3$ et

$$t_1 < t_2 < t_3.$$

Ayant

$$f(t_1)=0, \qquad f(t_2)=0, \qquad f(t_3)=0,$$

on en conclut d'abord

$$f'(t')=0, \qquad f'(t'')=0,$$

t' étant compris entre t_1 et t_2 (en excluant les limites), et t'' entre t_2 et t_3. Ayant donc

$$t' < t'',$$

on voit ensuite que la fonction $f''(t)$ doit s'annuler pour une valeur de la variable comprise entre t' et t'', valeur qui sera comprise aussi entre t_1 et t_3.

4. En s'appuyant sur ce lemme, la démonstration du théorème énoncé est très facile. Nous supposerons $n=4$, et posons

$$(1) \quad \ldots \quad \begin{vmatrix} f(x) & g(x) & h(x) & k(x) \\ f(y) & g(y) & h(y) & k(y) \\ f(z) & g(z) & h(z) & k(z) \\ f(t) & g(t) & h(t) & k(t) \end{vmatrix} : \begin{vmatrix} 1 & x & x^2 & x^3 \\ 1 & y & y^2 & y^3 \\ 1 & z & z^2 & z^3 \\ 1 & t & t^2 & t^3 \end{vmatrix} = \mathrm{A}.$$

Considérons la fonction

$$\mathrm{F}(u) = \begin{vmatrix} f(x) & g(x) & h(x) & k(x) \\ f(y) & g(y) & h(y) & k(y) \\ f(z) & g(z) & h(z) & k(z) \\ f(u) & g(u) & h(u) & k(u) \end{vmatrix} - \begin{vmatrix} 1 & x & x^2 & x^3 \\ 1 & y & y^2 & y^3 \\ 1 & z & z^2 & z^3 \\ 1 & u & u^2 & u^3 \end{vmatrix} \mathrm{A}.$$

Il est clair qu'on a identiquement

$$\mathrm{F}(x)=0, \qquad \mathrm{F}(y)=0, \qquad \mathrm{F}(z)=0,$$

et encore, à cause de la valeur A,

$$\mathrm{F}(t)=0.$$

On en conclut

$$F'''(\zeta) = 0,$$

où

$$\zeta = (x, y, z, t),$$

ce qui revient à

$$(2) \quad . \quad . \quad \begin{vmatrix} f(x) & g(x) & h(x) & k(x) \\ f(y) & g(y) & h(y) & k(y) \\ f(z) & g(z) & h(z) & k(z) \\ f'''(\zeta) & g'''(\zeta) & h'''(\zeta) & k'''(\zeta) \end{vmatrix} - 1.2.3 \begin{vmatrix} 1 & x & x^2 \\ 1 & y & y^2 \\ 1 & z & z^2 \end{vmatrix} A = 0.$$

Soit maintenant

$$\mathfrak{G}(u) = \begin{vmatrix} f(x) & g(x) & h(x) & k(x) \\ f(y) & g(y) & h(y) & k(y) \\ f(u) & g(u) & h(u) & k(u) \\ f'''(\zeta) & g'''(\zeta) & h'''(\zeta) & k'''(\zeta) \end{vmatrix} - 1.2.3 \begin{vmatrix} 1 & x & x^2 \\ 1 & y & y^2 \\ 1 & u & u^2 \end{vmatrix} A.$$

Il est donc clair qu'on a

$$\mathfrak{G}(x) = 0, \qquad \mathfrak{G}(y) = 0, \qquad \mathfrak{G}(z) = 0;$$

donc

$$\mathfrak{G}''(\eta) = 0,$$

où

$$\eta = (x, y, z).$$

On a, par conséquent,

$$(3) \quad . \quad . \quad \begin{vmatrix} f(x) & g(x) & h(x) & k(x) \\ f(y) & g(y) & h(y) & k(y) \\ f''(\eta) & g''(\eta) & h''(\eta) & k''(\eta) \\ f'''(\zeta) & g'''(\zeta) & h'''(\zeta) & k'''(\zeta) \end{vmatrix} - 1.2.1.2.3 \begin{vmatrix} 1 & x \\ 1 & y \end{vmatrix} A = 0.$$

Considérons enfin la fonction

$$\mathfrak{H}(u) = \begin{vmatrix} f(x) & g(x) & h(x) & k(x) \\ f(u) & g(u) & h(u) & k(u) \\ f''(\eta) & g''(\eta) & h''(\eta) & k''(\eta) \\ f'''(\zeta) & g'''(\zeta) & h'''(\zeta) & k'''\zeta)) \end{vmatrix} - 1.2.1.2.3 \begin{vmatrix} 1 & x \\ 1 & u \end{vmatrix} A.$$

Il est clair qu'on a

$$\mathfrak{H}(x) = 0, \qquad \mathfrak{H}(y) = 0.$$

donc

$$\mathfrak{H}'(\xi) = 0,$$

où

$$\xi = (x, y).$$

Or cela revient à

$$(4) \quad . \quad . \quad \begin{vmatrix} f(x) & g(x) & h(x) & k(x) \\ f'(\xi) & g'(\xi) & h'(\xi) & k'(\xi) \\ f''(\eta) & g''(\eta) & h''(\eta) & k''(\eta) \\ f'''(\zeta) & g'''(\zeta) & h'''(\zeta) & k'''(\zeta) \end{vmatrix} - 1.1.2.1.2.3\,\mathrm{A} = 0,$$

ce qui est l'expression du théorème annoncé.

On remarquera que cette démonstration suppose seulement que les dérivées secondes

$$f''(t), \quad g''(t), \quad h''(t), \quad k''(t)$$

admettent des dérivées

$$f'''(t), \quad g'''(t), \quad h'''(t), \quad k'''(t);$$

mais il n'est pas nécessaire de supposer que ces dernières fonctions soient continues.

Mais, si l'on ajoute cette dernière condition [la continuité de $f'''(t)$, $g'''(t)$, $h'''(t)$, $k'''(t)$], on conclut directement que, si x, y, z, t tendent vers une même limite a, on a

$$\lim \mathrm{A} = \frac{1}{1.1.2.1.2.3} \begin{vmatrix} f(a) & g(a) & h(a) & k(a) \\ f'(a) & g'(a) & h'(a) & k'(a) \\ f''(a) & g''(a) & h''(a) & k''(a) \\ f'''(a) & g'''(a) & h'''(a) & k'''(a) \end{vmatrix}.$$

LVIII.

(Paris, Bull. Soc. math., 16, 1888, 100—113.)

Sur une généralisation de la formule des accroissements finis.

1. Soient $f(u)$, $g(u)$, $h(u)$, $k(u)$ quatre fonctions réelles de la variable réelle u. On suppose que ces fonctions sont finies et continues, ainsi que leurs dérivées du premier et du second ordre, et enfin que

$$f''(u), \quad g''(u), \quad h''(u), \quad k''(u),$$

admettent encore des dérivées

$$f'''(u), \quad g'''(u), \quad h'''(u), \quad k'''(u)$$

mais qui ne sont plus nécessairement des fonctions continues.

Si maintenant x, y, z, t sont quatre nombres inégaux, nous allons considérer le rapport des deux déterminants

$$D = \begin{vmatrix} f(x) & g(x) & h(x) & k(x) \\ f(y) & g(y) & h(y) & k(y) \\ f(z) & g(z) & h(z) & k(z) \\ f(t) & g(t) & h(t) & k(t) \end{vmatrix},$$

$$\Delta = \begin{vmatrix} 1 & x & x^2 & x^3 \\ 1 & y & y^2 & y^3 \\ 1 & z & z^2 & z^3 \\ 1 & t & t^2 & t^3 \end{vmatrix}$$

Nous désignerons ce rapport par A,

$$A = \frac{D}{\Delta}.$$

Il est clair que A est une fonction symétrique de x, y, z, t, et nous pouvons supposer

$$x < y < z < t.$$

On a ainsi

$$\begin{vmatrix} f(x) & g(x) & h(x) & k(x) \\ f(y) & g(y) & h(y) & k(y) \\ f(z) & g(z) & h(z) & k(z) \\ f(t) & g(t) & h(t) & k(t) \end{vmatrix} - A \begin{vmatrix} 1 & x & x^2 & x^3 \\ 1 & y & y^2 & y^3 \\ 1 & z & z^2 & z^3 \\ 1 & t & t^2 & t^3 \end{vmatrix} = 0.$$

Remplaçons, dans le premier membre, t par une variable u, on obtiendra une fonction de u qui s'annule pour $u = z$ et pour $u = t$, et dont la dérivée s'annule par conséquent pour une valeur $u = \zeta_1 = (z, t)$, en désignant par (z, t) un nombre compris entre z et t (en excluant les limites).

On a donc

$$\begin{vmatrix} f(x) & g(x) & h(x) & k(x) \\ f(y) & g(y) & h(y) & k(y) \\ f(z) & g(z) & h(z) & k(z) \\ f'(\zeta_1) & g'(\zeta_1) & h'(\zeta_1) & k'(\zeta_1) \end{vmatrix} - A \begin{vmatrix} 1 & x & x^2 & x^3 \\ 1 & y & y^2 & y^3 \\ 1 & z & z^2 & z^3 \\ 0 & 1 & 2\zeta_1 & 3\zeta_1^2 \end{vmatrix} = 0.$$

Remplaçons, dans le premier membre, z par une variable u: on obtiendra une fonction de u qui s'annule pour $u = y$ et pour $u = z$ et dont la dérivée s'annule pour $u = \eta_1 = (y, z)$:

$$\begin{vmatrix} f(x) & g(x) & h(x) & k(x) \\ f(y) & g(y) & h(y) & k(y) \\ f'(\eta_1) & g'(\eta_1) & h'(\eta_1) & k'(\eta_1) \\ f'(\zeta_1) & g'(\zeta_1) & h'(\zeta_1) & k'(\zeta_1) \end{vmatrix} - A \begin{vmatrix} 1 & x & x^2 & x^3 \\ 1 & y & y^2 & y^3 \\ 0 & 1 & 2\eta_1 & 3\eta_1^2 \\ 0 & 1 & 2\zeta_1 & 3\zeta_1^2 \end{vmatrix} = 0.$$

En continuant ainsi, il vient

$$\begin{vmatrix} f(x) & g(x) & h(x) & k(x) \\ f'(\xi) & g'(\xi) & h'(\xi) & k'(\xi) \\ f'(\eta_1) & g'(\eta_1) & h'(\eta_1) & k'(\eta_1) \\ f'(\zeta_1) & g'(\zeta_1) & h'(\zeta_1) & k'(\zeta_1) \end{vmatrix} - A \begin{vmatrix} 1 & x & x^2 & x^3 \\ 0 & 1 & 2\xi & 3\xi^2 \\ 0 & 1 & 2\eta_1 & 3\eta_1^2 \\ 0 & 1 & 2\zeta_1 & 3\zeta_1^2 \end{vmatrix} = 0.$$

$$\xi = (x, y), \qquad \eta_1 = (y, z), \qquad \zeta_1 = (z, t).$$
$$x < \xi < \eta_1 < \zeta_1 < t.$$

Remplaçons maintenant ζ_1 par une variable u, on aura dans le premier membre une fonction de u qui s'annule pour $u = \eta_1$, $u = \zeta_1$ et l'on en conclut

$$\begin{vmatrix} f(x) & g(x) & h(x) & k(x) \\ f'(\xi) & g'(\xi) & h'(\xi) & k'(\xi) \\ f'(\eta_1) & g'(\eta_1) & h'(\eta_1) & k'(\eta_1) \\ f''(\zeta_2) & g''(\zeta_2) & h''(\zeta_2) & k''(\zeta_2) \end{vmatrix} - A \begin{vmatrix} 1 & x & x^2 & x^3 \\ 0 & 1 & 2\xi & 3\xi^2 \\ 0 & 1 & 2\eta_1 & 3\eta_1^2 \\ 0 & 0 & 2 & 6\zeta_2 \end{vmatrix} = 0.$$

$$\zeta_2 = (\eta_1, \zeta_1),$$
$$x < \xi < \eta_1 < \zeta_2 < t.$$

En remplaçant encore η_1 par une variable u, on trouvera, par le même raisonnement,

$$\begin{vmatrix} f(x) & g(x) & h(x) & k(x) \\ f'(\xi) & g'(\xi) & h'(\xi) & k'(\xi) \\ f''(\eta) & g''(\eta) & h''(\eta) & k''(\eta) \\ f''(\zeta_2) & g''(\zeta_2) & h''(\zeta_2) & k''(\zeta_2) \end{vmatrix} - A \begin{vmatrix} 1 & x & x^2 & x^3 \\ 0 & 1 & 2\xi & 3\xi^2 \\ 0 & 0 & 2 & 6\eta \\ 0 & 0 & 2 & 6\zeta_2 \end{vmatrix} = 0.$$

$$\eta = (\xi, \eta_1),$$
$$x < \xi < \eta < \zeta_2 < t.$$

Et, si nous remplaçons enfin ζ_2 par une variable u, on trouvera

$$\begin{vmatrix} f(x) & g(x) & h(x) & k(x) \\ f'(\xi) & g'(\xi) & h'(\xi) & k'(\xi) \\ f''(\eta) & g''(\eta) & h''(\eta) & k''(\eta) \\ f'''(\zeta) & g'''(\zeta) & h'''(\zeta) & k'''(\zeta) \end{vmatrix} - A \begin{vmatrix} 1 & x & x^2 & x^3 \\ 0 & 1 & 2\xi & 3\xi^2 \\ 0 & 0 & 2 & 6\eta \\ 0 & 0 & 0 & 6 \end{vmatrix} = 0.$$

$$\zeta = (\eta, \zeta_2),$$
$$x < \xi < \eta < \zeta < t,$$

c'est-à-dire

$$(1) \quad \ldots \quad A = \frac{1}{1!\,2!\,3!} \begin{vmatrix} f(x) & g(x) & h(x) & k(x) \\ f'(\xi) & g'(\xi) & h'(\xi) & k'(\xi) \\ f''(\eta) & g''(\eta) & h''(\eta) & k''(\eta) \\ f'''(\zeta) & g'''(\zeta) & h'''(\zeta) & k'''(\zeta) \end{vmatrix}.$$

Ayant $\xi = (x, y)$, $\eta_1 = (y, z)$ et $\eta = (\xi, \eta_1)$, on en conclut $\eta = (x, z)$ et l'on trouvera de même $\zeta = (x, t)$.

Le résultat que nous avons obtenu peut s'énoncer ainsi :

Le rapport A n'est pas plus grand que $\frac{M}{1!\,2!\,3!}$ et pas plus petit que

$\frac{m}{1!\,2!\,3!}$, en désignant par M la plus grande, par m la plus petite des valeurs du déterminant,

$$\begin{vmatrix} f(u) & g(u) & h(u) & k(u) \\ f'(u') & g'(u') & h'(u') & k'(u') \\ f''(u'') & g''(u'') & h''(u'') & k''(u'') \\ f'''(u''') & g'''(u''') & h'''(u''') & k'''(u''') \end{vmatrix}$$

sous les conditions

$$\begin{aligned} u &= x, \\ u \leqq u' &\leqq y, \\ u' \leqq u'' &\leqq z, \\ u'' \leqq u''' &\leqq t. \end{aligned}$$

C'est là un théorème qui se rapproche beaucoup d'un autre théorème donné par M. H. A. Schwarz (Annali di Matematica de Brioschi, séri II, t. X). La limitation que nous venons d'obtenir est un peu plus resserrée que celle donnée par M. Schwarz.

2. Notre démonstration suppose seulement que les fonctions

$$f''(u),\ g''(u),\ h''(u),\ k''(u),$$

admettent des dérivées

$$f'''(u),\ g'''(u),\ h'''(u),\ k'''(u).$$

Mais supposons maintenant en outre que ces dernières fonctions soient continues, et faisons tendre dans la formule (1) x, y, z et t vers une même limite a; il viendra

$$(2)\quad \ldots \quad \lim A = \frac{1}{1!\,2!\,3!}\begin{vmatrix} f(a) & g(a) & h(a) & k(a) \\ f'(a) & g'(a) & h'(a) & k'(a) \\ f''(a) & g''(a) & h''(a) & k''(a) \\ f'''(a) & g'''(a) & h'''(a) & k'''(a) \end{vmatrix}$$

Considérons le cas où les nombres x, y, z, t tendent de telle façon vers la limite a, que a n'est jamais en dehors de l'intervalle (x, t). Nous allons montrer que la formule (2) subsiste alors sous des conditions bien plus larges relatives aux fonctions $f(u)$, $g(u)$, $h(u)$, $k(u)$.

En effet, il suffit alors que ces fonctions soient finies ou continues ainsi que leurs dérivées du premier et du second ordre, et que les expressions

$$\frac{f''(a+h)-f''(a)}{h}, \quad \frac{g''(a+h)-g''(a)}{h},$$
$$\frac{h''(a+h)-h''(a)}{h}, \quad \frac{k''(a+h)-k''(a)}{h}$$

tendent pour $h=0$ vers des limites déterminées que nous désignerons encore par $f'''(a)$, $g'''(a)$, $h'''(a)$, $k'''(a)$.

On voit donc que dans la suite nous ne supposerons pas l'existence des dérivées $f'''(u)$, $g'''(u)$, $h'''(u)$, $k'''(u)$ pour des valeurs de la variable autres que a: la formule (1) devient donc inapplicable. Mais nous supposerons toujours

$$x \leqq a,$$
$$a \leqq t.$$

3. La démonstration de la proposition que nous venons d'énoncer se compose de deux parties.

D'abord on démontrera que la proposition est exacte dans certains cas particuliers; ensuite on ramènera le cas général à ces cas particuliers.

Posons

$$(3) \quad \ldots\ldots \quad \begin{vmatrix} f(x) & g(x) & h(x) & k(x) \\ f(y) & g(y) & h(y) & k(y) \\ f(z) & g(z) & h(z) & k(z) \\ f(t) & g(t) & h(t) & k(t) \end{vmatrix} - (t-z)\,\mathrm{B} = 0.$$

En remplaçant t par une variable u, on conclura

$$(4) \quad \ldots\ldots \quad \begin{vmatrix} f(x) & g(x) & h(x) & k(x) \\ f(y) & g(y) & h(y) & k(y) \\ f(z) & g(z) & h(z) & k(z) \\ f'(\zeta_1) & g'(\zeta_1) & h'(\zeta_1) & k'(\zeta_1) \end{vmatrix} - \mathrm{B} = 0.$$
$$\zeta_1 = (z, t).$$

Soit maintenant

$$(5) \quad \ldots\ldots\ldots\ldots \quad \mathrm{B} = (z-y)\,\mathrm{C}.$$

Après avoir substitué cette valeur de B dans l'équation (4), on trouvera

$$(6) \quad \begin{vmatrix} f(x) & g(x) & h(x) & k(x) \\ f(y) & g(y) & h(y) & k(y) \\ f'(\eta_1) & g'(\eta_1) & h'(\eta_1) & k'(\eta_1) \\ f'(\zeta_1) & g'(\zeta_1) & h'(\zeta_1) & k'(\zeta_1) \end{vmatrix} - C = 0.$$

$$\eta_1 = (y, z).$$

Posons

$$(7) \quad C = (y - x) D$$

et substituons dans l'équation (6): on conclura encore par le même raisonnement

$$(8) \quad \begin{vmatrix} f(x) & g(x) & h(x) & k(x) \\ f'(\xi) & g'(\xi) & h'(\xi) & k'(\xi) \\ f'(\eta_1) & g'(\eta_1) & h'(\eta_1) & k'(\eta_1) \\ f'(\zeta_1) & g'(\zeta_1) & h'(\zeta_1) & k'(\zeta_1) \end{vmatrix} - D = 0.$$

$$\xi = (x, y).$$

Soit encore

$$(9) \quad D = (\zeta_1 - \eta_1) E,$$

il viendra

$$(10) \quad \begin{vmatrix} f(x) & g(x) & h(x) & k(x) \\ f'(\xi) & g'(\xi) & h'(\xi) & k'(\xi) \\ f'(\eta_1) & g'(\eta_1) & h'(\eta_1) & k'(\eta_1) \\ f''(\zeta) & g''(\zeta) & h''(\zeta) & k''(\zeta) \end{vmatrix} - E = 0.$$

$$\zeta = (\eta_1, \zeta_1),$$

et si nous posons enfin

$$(11) \quad E = (\eta_1 - \xi) F,$$

on aura

$$(12) \quad \begin{vmatrix} f(x) & g(x) & h(x) & k(x) \\ f'(\xi) & g'(\xi) & h'(\xi) & k'(\xi) \\ f''(\eta) & g''(\eta) & h''(\eta) & k''(\eta) \\ f''(\zeta) & g''(\zeta) & h''(\zeta) & k''(\zeta) \end{vmatrix} - F = 0.$$

$$\eta = (\xi, \eta_1),$$

$$x < \xi < \eta < \zeta < t.$$

Les équations (3), (5), (7), (9), (11) montrent qu'on a

$$F = \frac{D}{(t-z)(z-y)(y-x)(\zeta_1-\eta_1)(\eta_1-\xi)},$$

et, comme on a

$$\begin{aligned}\Delta = (t-z)(t-y)&(t-x)\\ \times (z-y)&(z-x)\\ \times &(y-x).\end{aligned}$$

il vient

$$(13) \quad \ldots\ldots \quad A = \left(\frac{\zeta_1-\eta_1}{t-y}\right)\left(\frac{\eta_1-\xi}{z-x}\right)\frac{F}{t-x},$$

et, d'après l'équation (12), on a

$$(14) \quad \ldots\ldots \quad \frac{F}{t-x} = \begin{vmatrix} f(x) & g(x) & h(x) & k(x) \\ f'(\xi) & g'(\xi) & h'(\xi) & k'(x) \\ f''(\eta) & g''(\eta) & h''(\eta) & k''(\eta) \\ P & Q & R & S \end{vmatrix},$$

en posant

$$P = \frac{f''(\zeta)-f''(\eta)}{t-x}, \qquad Q = \frac{g''(\zeta)-g''(\eta)}{t-x}, \qquad \ldots.$$

Remarquons d'abord que, à cause de

$$\zeta_1 = (z, t), \qquad \eta_1 = (y, z), \qquad \xi = (x, y),$$

on aura évidemment

$$0 < \frac{\zeta_1-\eta_1}{t-y} < 1, \qquad 0 < \frac{\eta_1-\xi}{z-x} < 1.$$

Par conséquent, dans le cas où l'on aura

$$\lim \frac{F}{t-x} = 0,$$

la formule (13) permettra d'en conclure

$$\lim A = 0.$$

Examinons maintenant l'expression $\frac{F}{t-x}$ donnée par la formule (14)

La valeur de P peut s'écrire

$$P = \left(\frac{\zeta-a}{t-x}\right)\frac{f''(\zeta)-f''(a)}{\zeta-a} - \left(\frac{\eta-a}{t-x}\right)\frac{f''(\eta)-f''(a)}{\eta-a}$$

D'après notre supposition, a n'est pas à l'extérieur de l'intervalle (x, t), ζ et η sont à l'intérieur de cet intervalle. Par conséquent les valeurs absolues de $\frac{\zeta - a}{t - x}$ et $\frac{\eta - a}{t - x}$ sont inférieures à l'unité.

D'autre part, d'après notre hypothèse,

$$\frac{f''(\zeta) - f''(a)}{\zeta - a}, \qquad \frac{f''(\eta) - f''(a)}{\eta - a}$$

tendent vers une même limite $f'''(a)$.

Par conséquent, lorsque $f'''(a) = 0$, on aura certainement

$$\lim \mathrm{P} = 0,$$

et même, lorsque $f'''(a)$ n'est pas nulle, P restera toujours fini.

Les mêmes conclusions s'appliquent évidemment aux quantités Q, R, S, et, si l'on remarque que les autres éléments du déterminant (14) tendent vers des limites finies, on arrive à cette conclusion:

I. Dans le cas particulier où l'on a

$$f'''(a) = 0, \qquad g'''(a) = 0, \qquad h'''(a) = 0, \qquad k'''(a) = 0,$$

la proposition énoncée est certainement exacte, et l'on a dans ce cas

$$\lim \mathrm{A} = 0.$$

Supposons maintenant que l'on ait seulement

$$f'''(a) = 0, \qquad g'''(a) = 0, \qquad h'''(a) = 0,$$

mais $k'''(a) \gtrless 0$. Les quantités P, Q, R tendront vers zéro, S restera fini. Or le coefficient de S, dans le déterminant (14), est

$$\begin{vmatrix} f(x) & g(x) & h(x) \\ f'(\xi) & g'(\xi) & h'(\xi) \\ f''(\eta) & g''(\eta) & h''(\eta) \end{vmatrix},$$

et les fonctions $f(u)$, $g(u)$, $h(u)$ étant finies et continues, ainsi que leurs dérivées du premier et du second ordre, ce coefficient tendra vers zéro dans le cas où l'on a

$$\begin{vmatrix} f(a) & g(a) & h(a) \\ f'(a) & g'(a) & h'(a) \\ f''(a) & g''(a) & h''(a) \end{vmatrix} = 0.$$

On en conclut:

II. Dans le cas particulier où l'on a

$$f'''(a)=0, \qquad g'''(a)=0, \qquad h'''(a)=0$$

et

$$\begin{vmatrix} f(a) & g(a) & h(a) \\ f'(a) & g'(a) & h'(a) \\ f''(a) & g''(a) & h''(a) \end{vmatrix} = 0,$$

la proposition énoncée est exacte, et l'on a

$$\lim \mathrm{A} = 0.$$

Considérons enfin le cas

$$f(x)=1, \qquad g(x)=x, \qquad h(x)=x^2.$$

On a identiquement

$$\begin{vmatrix} 1 & x & x^2 & k(x) \\ 1 & y & y^2 & k(y) \\ 1 & z & z^2 & k(z) \\ 1 & t & t^2 & k(t) \end{vmatrix} = \frac{k'''(a)}{1.2.3}\Delta + \begin{vmatrix} 1 & x & x^2 & k(x) - \frac{k'''(a)}{1.2.3}x^3 \\ 1 & y & y^2 & k(y) - \frac{k'''(a)}{1.2.3}y^3 \\ 1 & z & z^2 & k(z) - \frac{k'''(a)}{1.2.3}z^3 \\ 1 & t & t^2 & k(t) - \frac{k'''(a)}{1.2.3}t^3 \end{vmatrix} =$$

$$= \frac{k'''(a)}{1.2.3}\Delta + \mathrm{M}.$$

Or on a, d'après (I),

$$\lim \frac{\mathrm{M}}{\Delta} = 0,$$

en sorte qu'on trouve dans le cas actuel

$$\lim \mathrm{A} = \frac{k'''(a)}{1.2.3}.$$

III. Dans le cas particulier

$$f(x)=1, \qquad g(x)=x, \qquad h(x)=x^2,$$

la proposition énoncée est exacte et l'on a

$$\lim \mathrm{A} = \frac{k'''(a)}{1.2.3}.$$

4. Il sera facile maintenant de traiter le cas général.

Pour abréger l'écriture, nous désignerons le déterminant D ainsi

$$| f(x),\ g(x),\ h(x),\ k(x) | .$$

Comme nous avons déjà traité le cas

$$f'''(a) = g'''(a) = h'''(a) = k'''(a) = 0,$$

nous pourrons supposer que l'un au moins de ces quatre nombres ne soit pas nul, soit

$$k'''(a) \gtrless 0.$$

Posons

$$f(x) - \frac{f'''(a)}{k'''(a)} k(x) = f_1(x),$$

$$g(x) - \frac{g'''(a)}{k'''(a)} k(x) = g_1(x),$$

$$h(x) - \frac{h'''(a)}{k'''(a)} k(x) = h_1(x);$$

on aura identiquement

$$D = | f_1(x),\ g_1(x),\ h_1(x),\ k(x) | ,$$

et il est clair qu'on a

$$f_1'''(a) = 0, \qquad g_1'''(a) = 0, \qquad h_1'''(a) = 0.$$

Par conséquent, dans le cas où le déterminant

$$D_1 = \begin{vmatrix} f_1(a) & g_1(a) & h_1(a) \\ f_1'(a) & g_1'(a) & h_1'(a) \\ f_1''(a) & g_1''(a) & h_1''(a) \end{vmatrix}$$

est nul, on a

$$\lim \frac{D}{\Delta} = \lim A = 0,$$

d'après le lemme II, ce qui est bien conforme avec la proposition générale.

Nous n'avons donc qu'à considérer le cas $D_1 \gtrless 0$. Or, dans ce cas, l'un au moins des mineurs de D_1, qui sont les coefficients des éléments de la dernière ligne horizontale, doit être différent de zéro. Supposons que ce soit

$$D_2 = \begin{vmatrix} f_1(a) & g_1(a) \\ f_1'(a) & g_1'(a) \end{vmatrix},$$

qui n'est pas égal à zéro.

Un au moins des éléments $f_1(a)$, $g_1(a)$ doit être différent de zéro; supposons que ce soit

$$D_3 = f_1(a)$$

qui n'est pas nul.

Calculons encore les constantes

$$p = \frac{D_1}{D_2}, \qquad q = \frac{D_2}{D_3}, \qquad r = D_3.$$

On a maintenant identiquement

$$\begin{aligned}
|f_1(x),\ g_1(x),\ h_1(x),\ k(x)| &= \frac{p}{1.2}\,|f_1(x), g_1(x), (x-a)^2, k(x)| \\
&\quad + |f_1(x), g_1(x), h_1(x) - \frac{p}{1,2}(x-a)^2, k(x)|, \\
|f_1(x), g_1(x), (x-a)^2, k(x)| &= \frac{q}{1}\,|f_1(x), (x-a), (x-a)^2, k(x)| \\
&\quad + |f_1(x), g_1(x) - \frac{q}{1}(x-a), (x-a)^2, k(x)|, \\
|f_1(x), x-a, (x-a)^2, k(x)| &= r\ |1, x-a, (x-a)^2, k(x)| \\
&\quad + |f_1(x) - r, x-a, (x-a)^2, k(x)|
\end{aligned}$$

et par des substitutions successives

$$\begin{aligned}
D = &\frac{p}{1.2}\,\frac{q}{1}\,r\ |1, x-a, (x-a)^2, k(x)| \\
&+ \frac{p}{1.2}\,\frac{q}{1}\,|f_1(x) - r, x-a, (x-a)^2, k(x)| \\
&+ \frac{p}{1.2}\,|f_1(x), g_1(x) - \frac{q}{1}(x-a), (x-a)^2, k(x)| \\
&+ |f_1(x), g_1(x), h_1(x) - \frac{p}{1.2}(x-a)^2, k(x)|.
\end{aligned}$$

En divisant par Δ et en passant à la limite, on trouve directement les limites des rapports des déterminants au second membre par les lemmes II et III. En effet, ayant

$$|1, x-a, (x-a)^2, k(x)| = |1, x, x^2, k(x)|,$$

il vient d'abord, d'après III,

$$\lim |1, x, x^2, k(x)| : \Delta = \frac{1}{1.2.3}\,k'''(a).$$

Les trois autres rapports sont nuls d'après le lemme II ; en effet on a

$$\begin{vmatrix} f_1(a) - r & 0 & 0 \\ f_1'(a) & 1 & 0 \\ f_1''(a) & 0 & 1.2 \end{vmatrix} = 2(D_3 - r) = 0,$$

$$\begin{vmatrix} f_1(a) & g_1(a) & 0 \\ f_1'(a) & g_1'(a) - q & 0 \\ f_1''(a) & g_1''(a) & 1.2 \end{vmatrix} = 2(D_2 - q D_3) = 0,$$

$$\begin{vmatrix} f_1(a) & g_1(a) & h_1(a) \\ f_1'(a) & g_1'(a) & h_1'(a) \\ f_1''(a) & g_1''(a) & h_1''(a) - p \end{vmatrix} = D_1 - p D_2 = 0.$$

Il vient donc

$$\lim \frac{D}{\Delta} = \frac{p\,q\,r}{1!\,2!\,3!} k'''(a) = \frac{k'''(a)}{1!\,2!\,3!} \begin{vmatrix} f_1(a) & g_1(a) & h_1(a) \\ f_1'(a) & g_1'(a) & h_1'(a) \\ f_1''(a) & g_1''(a) & h_1''(a) \end{vmatrix} =$$

$$= \frac{1}{1!\,2!\,3!} \begin{vmatrix} f_1(a) & g_1(a) & h_1(a) & k(a) \\ f_1'(a) & g_1'(a) & h_1'(a) & k'(a) \\ f_1''(a) & g_1''(a) & h_1''(a) & k''(a) \\ 0 & 0 & 0 & k'''(a) \end{vmatrix}$$

ou

$$\lim \frac{D}{\Delta} = \frac{1}{1!\,2!\,3!} \begin{vmatrix} f(a) & g(a) & h(a) & k(a) \\ f'(a) & g'(a) & h'(a) & k'(a) \\ f''(a) & g''(a) & h''(a) & k''(a) \\ f'''(a) & g'''(a) & h'''(a) & k'''(a) \end{vmatrix}.$$

Notre proposition est ainsi démontrée dans toute sa généralité.

Il est clair que la condition que a n'est jamais en dehors de l'intervalle (x, t) sera toujours satisfaite si l'on suppose que l'un des nombres x, y, z, t reste constamment égal à a ; les autres peuvent alors tendre vers a d'une manière quelconque.

Nous avons considéré des déterminants du quatrième degré, mais il est à peine nécessaire de dire qu'on peut énoncer un théorème analogue dans le cas d'un nombre quelconque n de fonctions $n \geqq 2$.

5. Pour montrer une application, considérons une courbe gauche

$$x = \varphi(t), \qquad y = \psi(t), \qquad z = \chi(t),$$

$\varphi(t)$, $\psi(t)$, $\chi(t)$ étant des fonctions réelles de la variable réelle t.

Soit M un point de la courbe, correspondant à $t = t_0$. Nous adopterons la définition suivante du plan osculateur en M : le plan osculateur en M est la position limite (s'il y en a une) d'un plan passant par M et par deux autres points de la courbe, qui sont infiniment voisins de M.

Les deux autres points correspondant à $t = t_1$ et $t = t_2$, l'équation du plan passant par les trois points est

$$\begin{vmatrix} 1 & \psi(t_0) & \chi(t_0) \\ 1 & \psi(t_1) & \chi(t_1) \\ 1 & \psi(t_2) & \chi(t_2) \end{vmatrix} [X - \varphi(t_0)] + \begin{vmatrix} 1 & \chi(t_0) & \varphi(t_0) \\ 1 & \chi(t_1) & \varphi(t_1) \\ 1 & \chi(t_2) & \varphi(t_2) \end{vmatrix} [Y - \psi(t_0)] +$$

$$+ \begin{vmatrix} 1 & \varphi(t_0) & \psi(t_0) \\ 1 & \varphi(t_1) & \psi(t_1) \\ 1 & \varphi(t_2) & \psi(t_2) \end{vmatrix} [Z - \chi(t_0)] = 0.$$

Supposons maintenant que les trois fonctions

$$\varphi, \quad \psi, \quad \chi$$

soient finies et continues, ainsi que leurs dérivées

$$\varphi', \quad \psi', \quad \chi',$$

et enfin que ces dernières fonctions admettent des dérivées, mais pour la valeur particulière $t = t_0$ seulement.

En divisant alors par

$$\begin{vmatrix} 1 & t_0 & t_0^2 \\ 1 & t_1 & t_1^2 \\ 1 & t_2 & t_2^2 \end{vmatrix}$$

et en faisant tendre t_1 et t_2 vers t_0, il viendra

$$\begin{vmatrix} \psi'(t_0) & \chi'(t_0) \\ \psi''(t_0) & \chi''(t_0) \end{vmatrix} [X - \varphi(t_0)] + \begin{vmatrix} \chi'(t_0) & \varphi'(t_0) \\ \chi''(t_0) & \varphi''(t_0) \end{vmatrix} [Y - \psi(t_0)] +$$

$$+ \begin{vmatrix} \varphi'(t_0) & \psi'(t_0) \\ \varphi''(t_0) & \varphi''(t_0) \end{vmatrix} [Z - \chi(t_0)] = 0.$$

Par conséquent, si cette équation représente un plan déterminé, c'est-à-dire si les coefficients de X, Y, Z ne s'évanouissent pas à la fois, ce plan sera d'après notre définition, le plan osculateur en M. Et l'on voit que l'existence de ce plan suppose seulement que

$$\frac{\varphi'(t_0+h)-\varphi'(t_0)}{h}, \quad \frac{\psi'(t_0+h)-\psi'(t_0)}{h}, \quad \frac{\chi'(t_0+h)-\chi'(t_0)}{h}$$

tendent vers des limites déterminées pour $h=0$.

C'est là un fait analogue à ce qui se présente dans la théorie des courbes planes, lorsqu'on définit la tangente en un point M comme limite d'une sécante passant par M, et par un second point de la courbe infiniment voisin de M. Alors, si l'équation de la courbe est

$$y=f(x),$$

l'existence d'une tangente en M (a, b) suppose seulement que

$$\frac{f(a+h)-f(a)}{h}$$

a une limite déterminée, mais la fonction $f(x)$ peut très bien ne pas admettre une dérivée pour d'autres valeurs de la variable.

Il est clair que la proposition que nous avons établie permet d'énoncer des propriétés analogues relatives à l'existence du cercle osculateur, de la sphère osculatrice, etc.

LIX.

(Nouv. ann. math., Paris, sér. 3, 7, 1888, 161—171.)

Note sur l'intégrale $\int_a^b f(x)\,G(x)\,dx$.

L'objet de cette Note est la démonstration de la proposition suivante:

Soit $f(x)$ une fonction non décroissante entre les limites $x = a$ et $x = b$ $(a < b)$. Alors il est toujours possible de déterminer n constantes $x_1, x_2, \ldots, x_n$

$$a < x_1 < x_2 < \ldots < x_{n-1} < x_n < b,$$

et $n+1$ constantes $a_1, a_2, \ldots, a_{n+1}$ qui sont comprises respectivement dans les $n+1$ intervalles formés par les $n+2$ quantités

$$f(a),\ f(x_1),\ f(x_2),\ \ldots,\ f(x_{n-1}),\ f(x_n),\ f(b),$$

de telle façon qu'on ait

$$\begin{aligned}\int_a^b f(x)\,G_{2n}(x)\,dx \\ = a_1\int_a^{x_1} G_{2n}(x)\,dx + a_2\int_{x_1}^{x_2} G_{2n}(x)\,dx \\ + a_3\int_{x_3}^{x_3} G_{2n}(x)\,dx + \ldots \\ + a_n\int_{x_{n-1}}^{x_n} G_{2n}(x)\,dx + a_{n+1}\int_{x_n}^{b} G_{2n}(x)\,dx.\end{aligned}$$

$G_{2n}(x)$ étant un polynôme quelconque en x du degré $2n$ au plus.

1. La détermination des constantes x_k, a_k est évidemment un problème déterminé car les conditions imposées fournissent $2n+1$ relations entre ces inconnues. Pour les écrire, nous pouvons prendre

$$G_{2n}(x) = (x-a)^k$$

en faisant

$$k = 0,\ 1,\ 2,\ \ldots,\ 2n.$$

Il vient ainsi

$$(1)\ \ldots \left\{\begin{aligned} &(k+1)\int_a^b (x-a)^k f(x)\,dx \\ &\quad = -(a_2-a_1)(x_1-a)^{k+1} \\ &\quad - (a_3-a_2)(x_2-a)^{k+1} \\ &\quad \ldots\ldots\ldots\ldots\ldots \\ &\quad - (a_{n+1}-a_n)(x_n-a)^{k+1} + a_{n+1}(b-a)^{k+1} \end{aligned}\right\} (k = 0, 1, 2, \ldots, 2n).$$

Remplaçons dans cette relation k par $k+1$ et retranchons les deux équations, après avoir multiplié la première par $b-a$; on aura

$$(2) \left\{\begin{aligned} &\int_a^b [(b-a)(k+1)-(k+2)(x-a)](x-a)^k f(x)\,dx \\ &\quad = -(a_2-a_1)(b-x_1)(x_1-a)^{k+1} \\ &\quad - (a_3-a_2)(b-x_2)(x_2-a)^{k+1} \\ &\quad \ldots\ldots\ldots\ldots\ldots\ldots\ldots \\ &\quad - (a_{n+1}-a_n)(b-x_n)(x_n-a)^{k+1} \end{aligned}\right\} (k = 0, 1, 2, \ldots, 2n-1).$$

Pour simplifier, nous posons

$$(3)\ \ldots\ldots\ (a_{k+1}-a_k)(b-x_k)(x_k-a) = \mathrm{A}_k \qquad (k = 1, 2, \ldots, n).$$

et nous remarquons que

$$\int [(b-a)(k+1)-(k+2)(x-a)](x-a)^k f(x)\,dx$$
$$= (b-x)(x-a)^{k+1} f(x) - \int (b-x)(x-a)^{k+1} f'(x)\,dx.$$

Les relations (2) peuvent donc s'écrire

$$\left.\begin{aligned} &\int_a^b (b-x)(x-a)^{k+1} f'(x)\,dx \\ &\quad = \mathrm{A}_1(x_1-a)^k + \mathrm{A}_2(x_2-a)^k + \ldots + \mathrm{A}_n(x_n-a)^k \end{aligned}\right\} (k=0, 1, 2, \ldots, 2n-1),$$

et il est clair par là qu'on aura

$$(4)\ \ldots\ldots \left\{\begin{aligned} &\int_a^b (b-x)(x-a) f'(x)\,\mathrm{G}_{2n-1}(x)\,dx \\ &\quad = \mathrm{A}_1 \mathrm{G}_{2n-1}(x_1) + \mathrm{A}_2 \mathrm{G}_{2n-1}(x_2) + \ldots + \mathrm{A}_n \mathrm{G}_{2n-1}(x_n), \end{aligned}\right.$$

$\mathrm{G}_{2n-1}(x)$ étant un polynôme quelconque en x du degré $2n-1$ au plus.

On reconnaît maintenant que la détermination de $x_1, x_2, \ldots, x_n, A_1, A_2, \ldots, A_n$ revient à la solution d'un problème bien connu. On sait que $x_1, x_2, \ldots, x_n$ sont les racines de l'équation

$$(5) \quad \ldots\ldots \quad P_n(x) = x^n + c_1 x^{n-1} + \ldots = 0,$$

$P_n(x)$ étant le dénominateur du degré n d'une des réduites de la fraction continue

$$(6) \quad \ldots\ldots \quad \left\{ \begin{aligned} &\int_a^b \frac{(b-z)(z-a)f'(z)}{x-z}\,dz \\ &= \cfrac{\lambda_0}{x - a_0 - \cfrac{\lambda_1}{x - a_1 - \cfrac{\lambda_2}{x - a_2 - \ldots}}} \end{aligned} \right.$$

Ces racines sont réelles, inégales et comprises dans l'intervalle (a, b), et nous pouvons supposer

$$a < x_1 < x_2 < \ldots < x_n < b.$$

On connaît aussi l'expression des constantes A_k qui sont positives. En posant

$$Q_n(x) = \int_a^b (b-z)(z-a)f'(z)\,\frac{P_n(x) - P_n(z)}{x-z}\,dz,$$

$\frac{Q_n(x)}{P_n(x)}$ est une des réduites de la fraction continue, et l'on a

$$A_k = \frac{Q_n(x_k)}{P'_n(x_k)} \qquad (k = 1, 2, 3, \ldots, n).$$

On peut encore se servir de la formule suivante qui n'exige pas la connaissance du numérateur $Q_n(x)$,

$$(7) \quad \ldots\ldots \quad A_k = \frac{\lambda_0 \lambda_1 \lambda_2 \ldots \lambda_{n-1}}{P_{n-1}(x_k)\,P'_n(x_k)} \qquad (k = 1, 2, \ldots, n).$$

Les constantes λ_k, a_k qui figurent dans la fraction continue et les polynômes $P_k(x)$ se calculent de proche en proche par les relations

$$(8) \quad \ldots\ldots \quad \left\{ \begin{aligned} &P_0 = 1, \\ &P_1 = x - x_0, \\ &P_2 = (x - a_1) P_1 - \lambda_1, \\ &\ldots\ldots\ldots\ldots \\ &P_{k+1} = (x - a_k) P_k - \lambda_k P_{k-1}; \end{aligned} \right.$$

$$(9) \quad \begin{cases} \lambda_0 = \int_a^b (b-z)(z-a) f'(z)\, dz \\ \lambda_k = \dfrac{\int_a^b (b-z)(z-a) f'(z) [P_k(z)]^2\, dz}{\int_a^b (b-z)(z-a) f'(z) [P_{k-1}(z)]^2\, dz} \end{cases} \quad (k = 1, 2, 3, \ldots).$$

$$(10) \quad a_k = \frac{\int_a^b (b-z)(z-a) f'(z)\, z\, [P_k(z)]^2\, dz}{\int_a^b (b-z)(z-a) f'(z) [P_k(z)]^2\, dz} \quad (k = 0, 1, 2, \ldots).$$

2. Il reste à trouver les inconnues $a_1, a_2, \ldots, a_{n+1}$.

On connaît d'abord, par les relations (3), les différences

$$(11) \quad a_{k+1} - a_k = \frac{A_k}{(b - x_k)(x_k - a)} \quad (k = 1, 2, \ldots, n).$$

Pour achever la détermination des a_k, il faut recourir à l'une des équations (1). En choisissant, pour plus de simplicité, la première ($k = 0$), on a

$$(12) \quad \int_a^b f(x)\, dx = (b-a)\, a_{n+1} - \frac{A_1}{b - x_1} - \frac{A_2}{b - x_2} - \cdots - \frac{A_n}{b - x_n}.$$

Cette équation fera connaître a_{n+1}, et l'on trouve ensuite tous les a_k à l'aide de (11).

Des combinaisons et réductions faciles fournissent, du reste, les formules suivantes :

$$(13) \quad \begin{cases} (b-a)[a_1 - f(a)] \\ = \int_a^b (b-x) f'(x)\, dx - \dfrac{A_1}{x_1 - a} - \dfrac{A_2}{x_2 - a} - \cdots - \dfrac{A_n}{x_n - a}, \end{cases}$$

$$(14) \quad \left. \begin{aligned} & (b-a)[a_{k+1} - f(x_k)] \\ & = -\int_a^{x_k} (x-a) f'(x)\, dx + \\ & + \frac{A_1}{b - x_1} + \frac{A_2}{b - x_2} + \cdots + \frac{A_k}{b - x_k} + \\ & + \int_{x_k}^b (b-x) f'(x)\, dx - \\ & - \frac{A_{k+1}}{a_{k+1} - a} - \frac{A_{k+2}}{a_{k+2} - a} - \cdots - \frac{A_n}{x_n - a} \end{aligned} \right\} (k = 1, 2, \ldots, n),$$

$$(15)\quad \left\{\begin{aligned}&(b-a)[f(b)-a_{n+1}]\\&=\int_a^b (x-a)f'(x)\,dx-\frac{A_1}{b-x_1}-\frac{A_2}{b-x_2}-\dots-\frac{A_n}{b-x_n},\end{aligned}\right.$$

$$(16)\quad \left\{\begin{aligned}&(b-a)[f(x_k)-a_k]\\&=\int_a^{x_k}(x-a)f'(x)\,dx-\\&-\frac{A_1}{b-x_1}-\frac{A_2}{b-x_2}-\dots-\frac{A_{k-1}}{b-x_{k-1}}-\\&-\int_{x_k}^b (b-x)f'(x)\,dx+\\&+\frac{A_k}{x_k-a}+\frac{A_{k+1}}{x_{k+1}-a}+\dots+\frac{A_n}{x_n-a}\end{aligned}\right\}\quad (k=1,2,\dots,n).$$

3. Le problème proposé est ainsi résolu complètement; il nous reste seulement à démontrer que les constantes a_1, a_2, ..., a_{n+1} sont comprises respectivement dans les intervalles formés par

$$f(a),\ f(x_1),\ f(x_2),\ \dots,\ f(x_n),\ f(b).$$

Remarquons d'abord qu'on a évidemment (11)

$$a_1 < a_2 < a_3 < \dots < a_n < a_{n+1}.$$

Ensuite nous observons que l'équation qui nous a servi de point de départ peut s'écrire

$$\int_a^b f(x)\,G_{2n}(x)\,dx=\int_a^b \varphi(x)\,G_{2n}(x)\,dx,$$

en désignant par $\varphi(x)$ une fonction discontinue, non décroissante, définie de la manière suivante :

$$(17)\ \dots\dots\quad \left\{\begin{array}{lcr}\varphi(x)=a_1 & \text{pour} & a<x<x_1,\\ \varphi(x)=a_2 & \text{»} & x_1<x<x_2,\\ \dots\dots & \text{»} & \dots\dots,\\ \varphi(x)=a_n & \text{»} & x_{n-1}<x<x_n,\\ \varphi(x)=a_{n+1} & \text{»} & x_n<x<b.\end{array}\right.$$

On a, par conséquent,

$$\int_a^b [f(x)-\varphi(x)]\,x^k\,dx=0 \qquad (k=0,1,2,\dots,2n).$$

On en conclut que la différence

$$f(x) - \varphi(x)$$

doit changer de signe au moins $2n + 1$ fois dans l'intervalle (a, b).

En effet, si l'on suppose que le nombre l des changements de signe soit inférieur à $2n + 1$, donc

$$l \leqq 2n,$$

et que ces changements de signe se produisent pour

$$x = X_1, \quad x = X_2, \quad \ldots, \quad x = X_l,$$

il est clair qu'en posant

$$G(x) = (x - X_1)(x - X_2)\ldots(x - X_l),$$

la fonction

$$[f(x) - \varphi(x)]\, G(x)$$

aurait un signe constant dans l'intervalle (a, b). Or, $G(x)$ étant un polynôme de degré $2n$ au plus, on doit avoir

$$\int_a^b [f(x) - \varphi(x)]\, G(x)\, dx = 0,$$

ce qui est impossible. La supposition $l \leqq 2n$ est donc inadmissible et

$$f(x) - \varphi(x)$$

doit changer de signe au moins $2n + 1$ fois dans l'intervalle (a, b). Or, si l'on construit les lignes

$$y = f(x),$$
$$y = \varphi(x),$$

et qu'on se rappelle que $f(x)$ est non décroissant, on voit immédiatement que l ne peut pas être supérieur à $2n + 1$; ensuite, il est clair qu'on a nécessairement

$$(18) \quad \ldots \quad \left\{ \begin{array}{l} f(a) < \varphi(a), \\ \varphi(x_k - \varepsilon) < f(x_k) < \varphi(x_k + \varepsilon) \qquad (k = 1, 2, \ldots, n), \\ \varphi(b) < f(b), \end{array} \right.$$

ε étant une quantité positive suffisamment petite. Or ces inégalités expriment précisément la propriété qu'il s'agissait de démontrer.

4. D'après ce qu'on vient de voir, les premiers membres des formules (13, (14), (15) et (16) sont positifs. On peut démontrer aussi directement

que les seconds membres sont positifs. C'est là une conséquence immédiate des inégalités

$$(19)\quad \left\{\begin{array}{ll} \left.\begin{array}{l}\displaystyle\int_a^{x_k}(x-a)f'(x)\,dx \\ \displaystyle\quad > \frac{A_1}{b-x_1}+\frac{A_2}{b-x_2}+\dots+\frac{A_{k-1}}{b-x_{k-1}}\end{array}\right\} & (k=1,2,\dots,n+1). \\ \left.\begin{array}{l}\displaystyle\int_a^{x_k}(x-a)f'(x)\,dx \\ \displaystyle\quad < \frac{A_1}{b-x_1}+\frac{A_2}{b-x_2}+\dots+\frac{A_k}{b-x_k}\end{array}\right\} & (k=1,2,\dots,n); \end{array}\right.$$

$$(20)\quad \left\{\begin{array}{ll} \left.\begin{array}{l}\displaystyle\int_{x_k}^{b}(b-x)f'(x)\,dx \\ \displaystyle\quad < \frac{A_k}{x_k-a}+\frac{A_{k+1}}{x_{k+1}-a}+\dots+\frac{A_n}{x_n-a}\end{array}\right\} & (k=1,2,\dots,n), \\ \left.\begin{array}{l}\displaystyle\int_{x_k}^{b}(b-x)f'(x)\,dx \\ \displaystyle\quad > \frac{A_{k+1}}{x_{k+1}-a}+\frac{A_{k+2}}{x_{k+2}-a}+\dots+\frac{A_n}{x_n-a}\end{array}\right\} & (k=0,1,2,\dots,n). \end{array}\right.$$

(On doit prendre $x_0=a$, $x_{n+1}=b$ dans ces formules).

On peut les établir de la manière suivante. Soit

$$(21)\quad \dots\dots\quad m(x)=\int_a^x(x-a)f'(x)\,dx,$$

$m(x)$ sera une fonction non décroissante et $m(a)=0$. Définissons ensuite une seconde fonction discontinue et non décroissante, ainsi qu'il suit

$$(22)\quad \left\{\begin{array}{lll} \mu(x)=0 & \text{lorsque} & a<x<x_1, \\ \mu(x)=\dfrac{A_1}{b-x_1} & \text{»} & x_1<x<x_2, \\ \mu(x)=\dfrac{A_1}{b-x_1}+\dfrac{A_2}{b-x_2} & \text{»} & x_2<x<x_3, \\ \dots\dots\dots & \text{»} & \dots\dots \\ \mu(x)=\dfrac{A_1}{b-x_1}+\dots+\dfrac{A_{n-1}}{b-x_{n-1}} & \text{»} & x_{n-1}<x<x_n, \\ \mu(x)=\dfrac{A_1}{b-x_1}+\dots+\dfrac{A_n}{b-x_n} & \text{»} & x_n<x<b. \end{array}\right.$$

Par une intégration par parties, on trouve

$$(23)\quad \begin{cases} \displaystyle\int_a^b (b-x)^k\, m(x)\, dx \\ \displaystyle\qquad = \frac{1}{k+1}\int_a^b (b-x)^k\,(x-a)\,f'(x)\,dx, \end{cases}$$

et, d'après la définition même de la fonction $\mu(x)$, on trouve

$$(24)\quad \begin{cases} \displaystyle\int_a^b (b-x)^k\,\mu(x)\,dx \\ \displaystyle\qquad = \frac{1}{k+1}[A_1(b-x_1)^k + A_2(b-x_2)^k + \ldots + A_n(b-x_n)^k]. \end{cases}$$

En faisant attention à la formule (4), on en conclut

$$\int_a^b [m(x)-\mu(x)](b-x)^k\,dx = 0 \qquad (k=0, 1, 2, \ldots, 2n-1);$$

d'où il suit que la différence

$$m(x)-\mu(x)$$

doit changer de signe au moins $2n$ fois dans l'intervalle (a, b). Mais, d'après la nature de la fonction $\mu(x)$, on voit facilement que le nombre des changements de signe doit être exactement égal à $2n$ et qu'on a, en outre,

$$\mu(x_k-\varepsilon) < m(x_k) < \mu(x_k+\varepsilon) \qquad (k=1, 2, \ldots, n),$$
$$\mu(b) < m(b).$$

Or ce sont là précisément les inégalités (19).

Pour démontrer les inégalités (20), nous posons

$$(25)\quad n(x) = \int_a^b (b-x)\,f'(x)\,dx$$

et

$$(26)\quad \begin{cases} \nu(x) = \dfrac{A_1}{x_1-a} + \dfrac{A_2}{x_2-a} + \ldots + \dfrac{A_n}{x_n-a} & \text{lorsque } a < x < x_1, \\ \nu(x) = \dfrac{A_2}{x_2-a} + \ldots + \dfrac{A_n}{x_n-a} & \quad\text{"}\quad x_1 < x < x_2, \\ \ldots\ldots\ldots\ldots\ldots\ldots & \quad\ldots\ldots\ldots, \\ \nu(x) = \dfrac{A_n}{x_n-a} & \quad\text{"}\quad x_{n-1} < x < x_n, \\ \nu(x) = 0 & \quad\text{"}\quad x_n < x < b. \end{cases}$$

Les deux fonctions sont non croissantes et

$$n(b) = \nu(b) = 0.$$

Ensuite on trouve facilement

$$(27) \quad \ldots \quad \begin{cases} \int_a^b (x-a)^k n(x)\,dx \\ = \dfrac{1}{k+1} \int_a^b (x-a)^{k+1} (b-x) f'(x)\,dx \end{cases}$$

et

$$(28) \quad \begin{cases} \int_a^b (x-a)^k \nu(x)\,dx \\ = \dfrac{1}{k+1} [A_1 (x_1 - a)^k + A_2 (x_2 - a)^k + \ldots + A_n (x_n - a)^k . \end{cases}$$

On voit par là qu'on a

$$\int_a^b [n(x) - \nu(x)] (x-a)^k\,dx = 0 \qquad (k = 0, 1, 2, \ldots, 2n-1);$$

d'où il suit que la différence

$$n(x) - \nu(x)$$

doit changer de signe au moins $2n$ fois dans l'intervalle (a, b). Mais, comme tout à l'heure, il est facile de voir que le nombre des changements de signe doit être exactement égal à $2n$, et qu'on a nécessairement

$$\nu(x_k + \varepsilon) < n(x_k) < \nu(x_k - \varepsilon) \qquad (k = 1, 2, \ldots, n ,$$
$$\nu(a) < n(a).$$

ce qui équivaut aux inégalités (20).

LX.

(Bul. Sci. math., Paris, sér. 2, 12, 1888, 222—227.)

Sur l'équation d'Euler.

1. L'intégration générale de l'équation

$$\frac{dx}{\sqrt{X}} \pm \frac{dy}{\sqrt{Y}} = 0,$$

$$X = a_0 x^4 + 4 a_1 x^3 + 6 a_2 x^2 + 4 a_3 x + a_4,$$
$$Y = a_0 y^4 + 4 a_1 y^3 + 6 a_2 y^2 + 4 a_3 y + a_4,$$

peut se mettre sous la forme élégante

$$(a) \quad \ldots \quad \begin{vmatrix} 0 & 1 & -\frac{x+y}{2} & xy \\ 1 & a_0 & a_1 & a_2 - 2m \\ -\frac{x+y}{2} & a_1 & a_2 + m & a_3 \\ xy & a_2 - 2m & a_3 & a_4 \end{vmatrix} = 0,$$

m étant la constante arbitraire.

Cette formule est nouvelle peut être, du moins nous n'avons pas réussi à la retrouver dans les nombreux travaux sur ce sujet.

Toutefois elle découle très facilement d'un Mémoire de Richelot (Journal de Crelle, t 44, p. 277), mais elle ne se trouve pas explicitement dans ce travail. L'analyse suivante diffère très peu de ce qu'on peut lire dans le Mémoire de Richelot.

2. Considérons une forme quadratique ternaire

$$\varphi = a X^2 + b Y^2 + c Z^2 + 2 d YZ + 2 e ZX + 2 f XY$$

et la forme adjointe

$$\varphi_1 = A X^2 + B Y^2 + C Z^2 + 2 D YZ + 2 E ZX + 2 F XY,$$

qui peut s'écrire aussi

$$\varphi_1 = - \begin{vmatrix} 0 & X & Y & Z \\ X & a & f & e \\ Y & f & b & d \\ Z & e & d & c \end{vmatrix}.$$

Nous suivons maintenant la méthode d'Euler : ainsi nous prenons pour point de départ une équation doublement quadratique et symétrique à deux variables x et y.

Pour cela, nous annulons la forme φ après y avoir effectué les substitutions

$$(1) \quad \ldots \quad X = 1, \qquad Y = -\frac{x+y}{2}, \qquad Z = xy.$$

Il vient ainsi

$$(2) \quad . \; a + \tfrac{1}{4} b (x+y)^2 + c x^2 y^2 - d x y (x+y) + 2 e x y - f (x+y) = 0,$$

ce qu'on peut écrire aussi

$$\begin{aligned} 0 &= X_0 + X_1 y + X_2 y^2 = Y_0 + Y_1 x + Y_2 x^2, \\ X_0 &= a - f x + \tfrac{1}{4} b x^2, \\ X_1 &= -f + (2e + \tfrac{1}{2} b) x - d x^2, \\ X_2 &= \tfrac{1}{4} b - d x + c x^2, \end{aligned}$$

Y_0, Y_1, Y_2 étant les mêmes fonctions de y.

On en tire l'équation différentielle

$$\frac{dx}{\sqrt{X_1^2 - 4 X_0 X_2}} \pm \frac{dy}{\sqrt{Y_1^2 - 4 Y_0 Y_2}} = 0,$$

et, si l'on effectue maintenant l'identification

$$X_1^2 - 4 X_0 X_2 = a_0 x^4 + 4 a_1 x^3 + 6 a_2 x^2 + 4 a_3 x + a_4,$$

on trouve

$$(3) \quad \ldots \ldots \quad \begin{cases} a_0 = d^2 - bc, \\ a_1 = cf - de, \\ 6 a_2 = 4 (e^2 - ac) + 2 (be - df), \\ a_3 = ad - ef, \\ a_4 = f^2 - ab. \end{cases}$$

Il s'agit maintenant d'exprimer a, b, c, d, e, f à l'aide de a_0, a_1, a_2, a_3, a_4 et d'une quantité indéterminée m qui sera la constante arbitraire.

Pour cela, nous remplaçons la troisième des relations (3) par celles-ci

$$e^2 - ac = a_2 + m,$$
$$be - df = a_2 - 2m.$$

On a donc maintenant les six équations

$$(4) \quad \ldots\ldots \quad \begin{cases} bc - d^2 = \mathrm{A} = -a_0, \\ ac - e^2 = \mathrm{B} = -a_2 - m, \\ ab - f^2 = \mathrm{C} = -a_4, \\ ef - ad = \mathrm{D} = -a_3, \\ df - be = \mathrm{E} = -a_2 + 2m, \\ de - cf = \mathrm{F} = -a_1. \end{cases}$$

Or la détermination de a, b, c, d, e, f par ces relations n'offre aucune difficulté: en effet, on sait que la forme adjointe de φ_1 est simplement égale à $\Delta\varphi$, Δ étant le déterminant de φ, donc

$$\Delta a = \mathrm{BC} - \mathrm{D}^2, \qquad \Delta b = \mathrm{AC} - \mathrm{E}^2, \qquad \Delta c = \mathrm{AC} - \mathrm{F}^2,$$
$$\Delta d = \mathrm{EF} - \mathrm{AD}, \qquad \Delta e = \mathrm{DF} - \mathrm{BE}, \qquad \Delta f = \mathrm{DE} - \mathrm{CF}.$$

On obtient maintenant l'intégrale générale cherchée en substituant ces valeurs de Δa, ... dans l'équation (2), qu'on multipliera d'abord par Δ.

Il est clair par là que la relation cherchée s'obtient simplement en annulant la forme adjointe de φ_1 et en effectuant les substitutions (1). Dans la relation ainsi obtenue

$$\begin{vmatrix} 0 & \mathrm{X} & \mathrm{Y} & \mathrm{Z} \\ \mathrm{X} & \mathrm{A} & \mathrm{F} & \mathrm{E} \\ \mathrm{Y} & \mathrm{F} & \mathrm{B} & \mathrm{D} \\ \mathrm{Z} & \mathrm{E} & \mathrm{D} & \mathrm{C} \end{vmatrix} = 0,$$

il suffit de restituer, au lieu de A, B, ..., leurs valeurs (4) pour obtenir le résultat annoncé (a).

3. Supposons que l'on détermine la constante m par l'équation cubique

$$\begin{vmatrix} a_0 & a_1 & a_2 - 2m \\ a_1 & a_2 + m & a_3 \\ a_2 - 2m & a_3 & a_4 \end{vmatrix} = -4m^3 + \mathrm{S}m + \mathrm{T} = 0,$$

où

$$S = a_0 a_4 - 4 a_1 a_3 + 3 a_2^2$$

et

$$T = \begin{vmatrix} a_0 & a_1 & a_2 \\ a_1 & a_2 & a_3 \\ a_2 & a_3 & a_4 \end{vmatrix}$$

sont les invariants de $X = a_0 x^4 + 4 a_1 x^3 + \ldots + a_4$.

Alors on sait, d'après une propriété connue des déterminants (ou des formes quadratiques), que le premier membre de (a) est un carré parfait. Ainsi la relation entre x et y se réduit dans ce cas à une équation de cette forme

$$p + q(x+y) + rxy \qquad \text{ou} \qquad y = -\frac{p + qx}{q + rx},$$

relation qui doit toujours satisfaire à l'équation différentielle.

On obtient ainsi, correspondant aux trois valeurs de m, trois substitutions linéaires qui transforment en elle-même la différentielle elliptique $\frac{dx}{\sqrt{X}}$. On voit que cette détermination n'exige pas la résolution de l'équation $X = 0$.

Pour $m = \infty$, l'équation (a) se réduit à $(x - y)^2 = 0$ et l'on obtient ainsi la quatrième substitution linéaire $x - y = 0$, qui transforme en elle-même la différentielle elliptique. Les trois autres peuvent s'écrire

$$\begin{vmatrix} 1 & a_0 & a_1 \\ -\frac{x+y}{2} & a_1 & a_2 + m \\ xy & a_2 - 2m & a_3 \end{vmatrix} = 0,$$

m étant une racine de l'équation cubique.

4. Considérons encore le premier membre de (a). En posant $x = y$ et changeant de signe, on trouve facilement

$$-\begin{vmatrix} 0 & 1 & -x & x^2 \\ 1 & a_0 & a_1 & a_2 - 2m \\ -x & a_1 & a_2 + m & a_3 \\ x^2 & a_2 - 2m & a_3 & a_4 \end{vmatrix} = H + mX,$$

$H = (a_0 a_2 - a_1^2) x^4 + \dots$ étant le hessien de X. [Voir aussi Darboux, Journal de Liouville, 2e série, t. XVIII, p. 220 [1]).]

Si l'on détermine encore m par l'équation cubique, $H + mX$ devient un carré parfait, et l'on a, par exemple,

$$\sqrt{H + mX} = \frac{1}{\sqrt{a_0 a_2 - a_1^2 + a_0 m}} \begin{vmatrix} 1 & a_0 & a_1 \\ -x & a_1 & a_2 + m \\ x^2 & a_2 - 2m & a_3 \end{vmatrix}.$$

Il est clair par ce qui précède qu'on peut énoncer cette proposition: Soit

$$\alpha x^2 + 2\beta x + \gamma$$

un polynôme du second degré, qui ne diffère que par un facteur constant de $\sqrt{H + mX}$.

Alors, en posant

$$\alpha x y + \beta (x + y) + \gamma = 0,$$

on aura une substitution linéaire qui transforme en elle-même la différentielle elliptique $\frac{dx}{\sqrt{X}}$.

5. D'après ce qui précède, le premier membre de (a) changé de signe devient égal à $H + mX$ en posant $x = y$. Or soient h et f les secondes polaires de H et de X respectivement, $h + mf$ sera une expression doublement quadratique et symétrique en x et y, et qui se réduit à $H + mX$ pour $x = y$.

Mais d'après une remarque due à M. Halphen et qu'on vérifie directement, deux expressions doublement quadratiques et symétriques en x et y, qui sont égales pour $x = y$, ne peuvent différer que par un terme $\lambda (x - y)^2$.

---

[1]) Nous profitons de cette occasion pour signaler les corrections suivantes: dans les valeurs de H et de K, formule (7) page 221, il faut remplacer partout Y par — Y, et page 223, ligne 7 en descendant, il faut faire le même changement. Ces corrections ont aussi une légère influence sur les art. V et VI du Mémoire de M. Darboux.

Dès lors, un calcul facile montre que l'on peut écrire la relation (a) sous cette forme

$$h + mf + (\tfrac{1}{12}\mathrm{S} - m^2)(x - y)^2 = 0.$$

Cette forme de l'intégrale de l'équation d'Euler est due à M. Cayley; Laguerre l'a retrouvée de son côté dans le Bulletin de la Société mathématique de France, t. I.

LXI.

(Paris, C.-R. Acad. Sci., 107, 1888, 617—618).

Sur l'équation d'Euler.

(Note, présentée par M. Darboux.)

On a représenté déjà de bien des manières l'intégrale générale de l'équation

$$\frac{dx}{\sqrt{a_0x^4+4a_1x^3+6a_2x^2+4a_3x+a_4}}=\pm\frac{dy}{\sqrt{a_0y^4+4a_1y^3+6a_2y^2+4a_3y+a_4}}.$$

L'une des formes les plus élégantes semble être celle-ci

$$\text{(A)} \quad \ldots \quad \begin{vmatrix} 0 & 1 & -\frac{x+y}{2} & xy \\ 1 & a_0 & a_1 & a_2-2C \\ -\frac{x+y}{2} & a_1 & a_2+C & a_3 \\ xy & a_2-2C & a_3 & a_4 \end{vmatrix} = 0,$$

C étant la constante arbitraire. Sous cette forme, on voit directement qu'en déterminant C par l'équation cubique

$$\begin{vmatrix} a_0 & a_1 & a_2-2C \\ a_1 & a_2+C & a_3 \\ a_2-2C & a_3 & a_4 \end{vmatrix} = 0,$$

c'est-à-dire

$$4C^3-SC-T=0,$$

le premier membre de (A) devient un carré, et la relation entre x et y devient de la forme

$$p+q(x+y)+rxy=0 \qquad \text{ou} \qquad y=-\frac{p+qx}{q+rx}.$$

On obtient ainsi les trois substitutions linéaires qui changent en elle-même la différentielle elliptique. Ces substitutions linéaires peuvent s'écrire, par exemple,

$$\begin{vmatrix} 1 & a_0 & a_1 \\ -\dfrac{x+y}{2} & a_1 & a_2 + \mathrm{C} \\ xy & a_2 - 2\,\mathrm{C} & a_3 \end{vmatrix} = 0.$$

Si l'on pose ici $x = y$, le premier membre devient un polynôme du second degré en x qui ne diffère que par un facteur constant de $\sqrt{\mathrm{H} + \mathrm{CX}}$,

$$\mathrm{H} = (a_0\,a_2 - a_1^2)\,x^4 + \ldots$$

étant le hessien de

$$\mathrm{X} = a_0\,x^4 + 4\,a_1\,x^3 + \ldots.$$

L'on voit que, réciproquement, si l'on connaît un polynôme

$$\alpha\,x^2 + 2\beta x + \gamma \quad \text{proportionnel à} \quad \sqrt{\mathrm{H} + \mathrm{CX}},$$

$\alpha\,xy + \beta\,(x + y) + \gamma = 0$ sera l'une des substitutions linéaires qui changent en elle-même la différentielle elliptique $\dfrac{dx}{\sqrt{\mathrm{X}}}$.

LXII.

(Paris, C.-R. Acad. Sci., 107, 1888, 651—653.)

Sur la réduction de la différentielle elliptique à la forme normale.

(Note, présentée par M. Darboux.)

1. On effectue ordinairement la réduction de la différentielle

$$\frac{dx}{\sqrt{X}}, \qquad X = a_0 x^4 + 4a_1 x^3 + 6a_2 x^2 + 4a_3 x + a_4,$$

à la forme normale

$$\frac{dy}{\sqrt{4y^3 - Sy - T}}$$

(où S et T sont les invariants de X), soit en établissant entre x et y une équation doublement quadratique, soit à l'aide d'une substitution linéaire $x = \frac{\alpha y + \beta}{\gamma y + \delta}$.

On peut présenter cette réduction sous la forme suivante:

L'intégrale générale de l'équation différentielle

$$(1) \quad \ldots \ldots \ldots \quad \frac{dx}{\sqrt{X}} = \pm \frac{dy}{\sqrt{4y^3 - Sy - T}}$$

est

$$(a) \quad \ldots \quad \begin{vmatrix} 0 & \frac{1}{2} & x & 0 & \frac{1}{2}y & -xy \\ \frac{1}{2} & 0 & 0 & 0 & -\frac{1}{2} & c \\ x & 0 & 0 & -2 & c & 0 \\ 0 & 0 & -2 & a_0 & a_1 & a_2 \\ \frac{1}{2}y & -\frac{1}{2} & c & a_1 & a_2 & a_3 \\ -xy & c & 0 & a_2 & a_3 & a_4 \end{vmatrix} = 0,$$

c étant la constante arbitraire.

On pourra donner à c une valeur quelconque; en prenant $c=0$ ou $c=\infty$, on obtient des formules assez simples.

Pour $y=\infty$, les deux valeurs de x fournies par la relation (a) se confondent en une seule $x=c$, ce qui fait connaître la signification de la constante arbitraire.

2. Mais cette formule (a) donne aussi les substitutions linéaires. En effet, si l'on détermine c par l'équation biquadratique

$$\begin{vmatrix} 0 & 0 & 0 & -\frac{1}{2} & c \\ 0 & 0 & -2 & c & 0 \\ 0 & -2 & a_0 & a_1 & a_2 \\ -\frac{1}{2} & c & a_1 & a_2 & a_3 \\ c & 0 & a_2 & a_3 & a_4 \end{vmatrix} = a_0 c^4 + 4a_1 c^3 + 6a_2 c^2 + 4a_3 c + a_4 = 0,$$

le premier membre de (a) est un carré parfait, et la relation entre x et y se réduit à

$$\begin{vmatrix} \frac{1}{2} & 0 & 0 & 0 & -\frac{1}{2} \\ x & 0 & 0 & -2 & c \\ 0 & 0 & -2 & a_0 & a_1 \\ \frac{1}{2}y & -\frac{1}{2} & c & a_1 & a_2 \\ -xy & c & 0 & a_2 & a_3 \end{vmatrix} = 0.$$

On obtient ainsi les quatre substitutions linéaires correspondant aux quatre valeurs de c.

3. D'après une remarque due à M. Cayley, on peut déduire l'intégrale générale de l'équation (1) de celle de l'équation d'Euler. On obtient ainsi

$$(b) \quad \ldots \quad \begin{vmatrix} 0 & 1 & -\frac{c+x}{2} & cx \\ 1 & a_0 & a_1 & a_2-2y \\ -\frac{c+x}{2} & a_1 & a_2+y & a_3 \\ cx & a_2-2y & a_3 & a_4 \end{vmatrix} = 0.$$

Des transformations faciles permettent de constater directement que les déterminants qui figurent dans les formules (a) et (b) sont égaux au signe près.

LXIII.

(Ann. Fac. Sci., Toulouse, 2, 1888, K. 1—26.)

Sur la transformation linéaire de la différentielle elliptique $\frac{dx}{\sqrt{\mathrm{X}}}$.

(PREMIÈRE PARTIE.)

CONSIDÉRATIONS PRÉLIMINAIRES.

1. En introduisant dans la différentielle elliptique

$$\frac{dx}{\sqrt{a_0 x^4 + 4a_1 x^3 + 6a_2 x^2 + 4a_3 x + a_4}}$$

une nouvelle variable y par la substitution linéaire

$$x = \frac{\alpha y + \beta}{\gamma y + \delta},$$

on obtient un résultat de cette forme

$$\frac{dx}{\sqrt{\mathrm{X}}} = \pm \frac{dy}{\sqrt{\mathrm{Y}}},$$

$$\mathrm{X} = a_0 x^4 + 4a_1 x^3 + 6a_2 x^2 + 4a_3 x + a_4,$$
$$\mathrm{Y} = b_0 y^4 + 4b_1 y^3 + 6b_2 y^2 + 4b_3 y + b_4.$$

Cette transformation a été déjà traitée maintes fois: cependant il nous a paru qu'on ne l'avait pas encore envisagée sous un certain point de vue qui ne semble pas sans intérêt.

Nous préférons écrire la relation entre x et y sous la forme

$$p + qx + ry + sxy = 0,$$

et il sera quelquefois plus commode d'écrire X et Y sous forme homogène

$$\mathrm{X} = a_0 x^4 + 4a_1 x^3 x' + 6a_2 x^2 x'^2 + 4a_3 x x'^3 + a_4 x'^4,$$
$$\mathrm{Y} = b_0 y^4 + 4b_1 y^3 y' + 6b_2 y^2 y'^2 + 4a_3 y y'^3 + b_4 y'^4.$$

et nous emploierons sans distinction ces formes non homogènes ou homogènes: il faudra toujours supposer dans ces dernières $x' = y' = 1$.

2. Voici deux remarques qui se présentent immédiatement. On constate d'abord que, si l'on considère les invariants de X

$$S = a_0 a_4 - 4 a_1 a_3 + 3 a_2^2,$$
$$T = a_0 a_2 a_4 + 2 a_1 a_2 a_3 - a_2^3 - a_0 a_3^2 - a_1^2 a_4,$$

et les invariants correspondants S′, T′ de Y, on a

$$S = S',$$
$$T = T'.$$

C'est là une conséquence immédiate de la propriété caractéristique des invariants. En effet, la valeur de Y se déduit de celle de X en remplaçant

$$x \quad \text{par} \quad \alpha y + \beta y',$$
$$y \quad \text{par} \quad \gamma y + \delta y',$$

et en divisant ensuite par $(\alpha\delta - \beta\gamma)^2$.

Ainsi l'on a

$$a_0 a_4 - 4 a_1 a_3 + 3 a_2^2 = b_0 b_4 - 4 b_1 b_3 + 3 b_2^2 = S,$$

$$\begin{vmatrix} a_0 & a_1 & a_2 \\ a_1 & a_2 & a_3 \\ a_2 & a_3 & a_4 \end{vmatrix} = \begin{vmatrix} b_0 & b_1 & b_2 \\ b_1 & b_2 & b_3 \\ b_2 & b_3 & b_4 \end{vmatrix} = T.$$

En second lieu, considérons les racines des équations $X = 0$, $Y = 0$. En les désignant par x_1, x_2, x_3, x_4 et y_1, y_2, y_3, y_4 respectivement, il est clair que

$$p + q x_i + r y_i + s x_i y_i = 0 \qquad (i = 1, 2, 3, 4),$$

et par conséquent le rapport anharmonique des racines de $X = 0$ est égal au rapport anharmonique des racines correspondantes de $Y = 0$.

Si nous désignons, pour abréger, un tel rapport

$$\frac{x_1 - x_3}{x_2 - x_3} : \frac{x_1 - x_4}{x_2 - x_4} \quad \text{par} \quad (1, 2, 3, 4),$$

on a

$$(1.2.3.4)=(2.1.4.3)=(3.4.1.2)=(4.3.2.1)=\lambda,$$

$$(1.2.4.3)=(2.1.3.4)=(3.4.2.1)=(4.3.1.2)=\frac{1}{\lambda},$$

$$(1.3.2.4)=(2.4.1.3)=(3.1.4.2)=(4.2.3.1)=1-\lambda,$$

$$(1.3.4.2)=(2.4.3.1)=(3.1.2.4)=(4.2.1.3)=\frac{1}{1-\lambda},$$

$$(1.4.2.3)=(2.3.1.4)=(3.2.4.1)=(4.1.3.2)=\frac{\lambda-1}{\lambda},$$

$$(1.4.3.2)=(2.3.4.1)=(3.2.1.4)=(4.1.2.3)=\frac{\lambda}{\lambda-1}.$$

Ces six valeurs du rapport anharmonique sont différentes en général; il n'y a exception que dans les cas suivants.

A. $\lambda=-1$ (ou $=2$, ou $=\frac{1}{2}$); alors

$$\lambda=\frac{1}{\lambda}=-1,$$

$$1-\lambda=\frac{\lambda-1}{\lambda}=2,$$

$$\frac{1}{1-\lambda}=\frac{\lambda}{\lambda-1}=\frac{1}{2}.$$

B. $\lambda=1+\varepsilon$ (ou $=1+\varepsilon^2$), ε étant une racine cubique imaginaire de l'unité

$$\lambda=\frac{1}{1-\lambda}=\frac{\lambda-1}{\lambda}=1+\varepsilon,$$

$$\frac{1}{\lambda}=1-\lambda=\frac{\lambda}{\lambda-1}=1+\varepsilon^2.$$

Il faudrait ajouter le cas $\lambda=0,\ 1,\ \infty$, mais ce cas ne peut se présenter que lorsque les racines de l'équation $X=0$ ne sont pas toutes distinctes et nous en ferons abstraction. Dans ces cas exceptionnels le rapport anharmonique peut même devenir tout à fait indéterminé, par exemple, lorsque $x_1=x_2=x_3$.

3. Nous posons maintenant la question suivante: étant donnés deux polynômes du quatrième degré X, Y, quelles sont les conditions né-

cessaires et suffisantes pour qu'il soit possible de satisfaire à l'équation différentielle

$$\frac{dx}{\sqrt{X}} = \pm \frac{dy}{\sqrt{Y}},$$

par une relation de la forme

$$p + qx + ry + sxy = 0.$$

La réponse est presque immédiate. D'après ce qui précède, il est nécessaire certainement que les invariants de X soient égaux aux invariants de Y, mais il est facile à voir que cette condition est aussi suffisante.

En effet, on peut remarquer d'abord que cette égalité des invariants entraîne aussi l'égalité des rapports anharmoniques des racines de $X = 0$ et des racines de $Y = 0$.

Ce fait bien connu, nous allons le déduire ici des formules qui donnent la résolution de l'équation $X = 0$, dont nous aurons besoin encore dans la suite.

On a d'abord à calculer les racines u', u'', u''' de l'équation cubique

$$(1) \quad \ldots\ldots \quad 4u^3 - Su - T = 0.$$

Ensuite on a à calculer les racines carrées

$$(2) \quad \ldots\ldots \quad \begin{cases} m' = \sqrt{a_1^2 - a_0 a_2 - a_0 u'}, \\ m'' = \sqrt{a_1^2 - a_0 a_2 - a_0 u''}, \\ m''' = \sqrt{a_1^2 - a_0 a_2 - a_0 u'''}; \end{cases}$$

mais, à cause de la relation

$$(3) \quad \ldots \quad m' m'' m''' = -\tfrac{1}{2}(2a_1^3 - 3a_0 a_1 a_2 + a_0^2 a_3),$$

on voit qu'on peut exprimer par exemple m''' rationnellement au moyen de m' et m''.

Les racines de $X = 0$ sont alors données par les formules

$$(4) \quad \ldots\ldots \quad \begin{cases} a_0 x_1 = -a_1 + m' + m'' + m''', \\ a_0 x_2 = -a_1 + m' - m'' - m''', \\ a_0 x_3 = -a_1 - m' + m'' - m''', \\ a_0 x_4 = -a_1 - m' - m'' + m'''. \end{cases}$$

Ces formules conduisent directement à cette conséquence que les rapports anharmoniques de x_1, x_2, x_3, x_4 s'expriment rationnellement par les racines u', u'', u'''. En effet, on trouve, par exemple

$$(1.2.3.4) = \lambda = \frac{m'^2 - m'''^2}{m'^2 - m''^2}$$

ou bien

$$(5) \quad \ldots \quad \begin{cases} \lambda = \dfrac{u' - u'''}{u' - u''}, & \dfrac{1}{\lambda} = \dfrac{u' - u''}{u' - u'''}, \\ 1 - \lambda = \dfrac{u'' - u'''}{u'' - u'}, & \dfrac{1}{1-\lambda} = \dfrac{u'' - u'}{u'' - u'''}, \\ \dfrac{\lambda - 1}{\lambda} = \dfrac{u''' - u''}{u''' - u'}, & \dfrac{\lambda}{\lambda - 1} = \dfrac{u''' - u'}{u''' - u''}. \end{cases}$$

Or, comme l'équation $Y = 0$ donne lieu à la même équation résolvante en u, on voit bien que l'égalité des invariants entraîne l'égalité des rapports anharmoniques.

Ce point étant établi, supposons

$$\frac{x_1 - x_3}{x_2 - x_3} : \frac{x_1 - x_4}{x_2 - x_4} = \frac{y_1 - y_3}{y_2 - y_3} : \frac{y_1 - y_4}{y_2 - y_4},$$

et supposons qu'on détermine les coefficients p, q, r, s dans la relation

$$(6) \quad \ldots\ldots\ldots \quad p + qx + ry + sxy = 0,$$

par la condition que, pour

$$\begin{array}{ll} x = x_1, & y = y_1, \\ x = x_2, & y = y_2, \\ x = x_3, & y = y_3, \end{array}$$

on aura aussi nécessairement, pour $x = x_4$, $y = y_4$.

La substitution (6) donnera alors nécessairement un résultat de cette forme

$$\frac{dx}{\sqrt{X}} = \pm \frac{dy}{\sqrt{cY}},$$

où c est une constante. Mais maintenant les invariants de cY doivent encore être égaux à ceux de X ou de Y, ce qui donne

$$(7) \quad \ldots\ldots\ldots\ldots \quad \begin{cases} c^2 S = S, \\ c^3 T = T; \end{cases}$$

d'où l'on conclut $c = +1$.

Nous venons de déterminer les coefficients p, q, r, s (ou plutôt leurs rapports) par la condition de la correspondance des valeurs suivantes de x et de y:

(I) . . . . $\begin{cases} x = x_1, \; x_2, \; x_3, \; x_4, \\ y = y_1, \; y_2, \; y_3, \; y_4, \end{cases}$

mais, à cause de

$$(1.2.3.4) = (2.1.4.3) = (3.4.1.2) = (4.3.2.1),$$

il est clair qu'on aurait pu établir les correspondances suivantes:

(II) . . . . $\begin{cases} x = x_1, \; x_2, \; x_3, \; x_4, \\ y = y_2, \; y_1, \; y_4, \; y_3; \end{cases}$

(III) . . . . $\begin{cases} x = x_1, \; x_2, \; x_3, \; x_4, \\ y = y_3, \; y_4, \; y_1, \; y_2; \end{cases}$

(IV) . . . . $\begin{cases} x = x_1, \; x_2, \; x_3, \; x_4, \\ y = y_4, \; y_3, \; y_2, \; y_1. \end{cases}$

Nous obtenons donc le résultat suivant:

Pour qu'il soit possible de satisfaire à l'équation différentielle

$$\frac{dx}{\sqrt{X}} = \pm \frac{dy}{\sqrt{Y}}$$

par une relation de la forme

$$p + qx + ry + sxy = 0,$$

il faut et il suffit que les invariants de X soient égaux aux invariants de Y; et, si cette condition est remplie, il existe toujours quatre relations de cette forme qui satisfont à l'équation différentielle.

On peut nommer ces relations des intégrales linéaires de l'équation différentielle, et notre but principal sera maintenant d'approfondir au point de vue algébrique la détermination de ces intégrales linéaires.

Il faut remarquer, en effet, que, d'après ce qui précède, on peut bien écrire directement ces intégrales linéaires, mais à condition d'avoir résolu d'abord les équations $X = 0$ et $Y = 0$. Les opérations non rationnelles nécessaires pour cela sont d'abord la détermination des trois racines u', u'', u''' de l'équation cubique en u, et ensuite on a à calculer encore quatre racines carrées.

Mais, comme on vient de reconnaître que le problème admet toujours quatre solutions, la solution doit dépendre d'une seule équation du quatrième degré, et ainsi il doit être possible d'obtenir rationnellement ces intégrales linéaires après avoir calculé les racines d'une équation cubique et deux racines carrées.

Ainsi, au point de vue algébrique, la méthode qui consiste à passer par les racines de $X=0$, $Y=0$ n'a pas toute la simplicité possible.

Mais, avant d'aborder le problème que nous venons de poser, il convient de compléter encore par quelques remarques ces considérations préliminaires.

4. Nous avons vu que les rapports anharmoniques des x_1, x_2, x_3, x_4 s'expriment rationnellement au moyen des racines u', u'', u'''. Or, dans les formules (4), les racines carrées doivent satisfaire à la relation (3) et par conséquent il est permis de changer à la fois le signe de deux de ces racines carrées. Il est clair qu'un tel changement de signes revient à une certaine permutation des racines x_1, x_2, x_3, x_4 et l'on conclut maintenant que ces permutations sont précisément celles qui laissent invariable le rapport anharmonique.

Il est facile de trouver directement l'équation du sixième degré qui détermine les rapports anharmoniques. Les coefficients de cette équation sont évidemment des fonctions symétriques de u', u'', u''' et s'expriment ainsi rationnellement par S et T.

Les équations (5) donnent facilement

$$\begin{aligned} 3u' &= (u'-u'')(1+\lambda), \\ 3u'' &= (u'-u'')(-2+\lambda), \\ 3u''' &= (u'-u'')(+1-2\lambda), \end{aligned}$$

et, en substituant ces expressions dans les relations

$$\begin{aligned} S &= -4(u'u''+u''u'''+u'''u'), \\ T &= \quad 4u'u''u''', \end{aligned}$$

il vient

$$\begin{aligned} 9S &= +4(u'-u'')^2 \times 3(1-\lambda+\lambda^2), \\ 27T &= \quad 4(u'-u'')^3(1+\lambda)(-2+\lambda)(1-2\lambda); \end{aligned}$$

donc

$$(8) \quad \ldots\ldots \quad \frac{S^3}{T^2} = 108\,\frac{(1-\lambda+\lambda^2)^3}{(1+\lambda)^2(2-\lambda)^2(1-2\lambda)^2}.$$

On vérifie directement que le second membre ne change pas en remplaçant λ par $\frac{1}{\lambda}$ ou par $1-\lambda$.

La résolution de cette équation du sixième degré, nous le savons, ne renferme pas de plus grandes difficultés que la résolution d'une équation cubique. En effet, ses racines s'expriment rationnellement au moyen de u', u'', u'''; mais, comme l'équation (8) ne renferme que le seul paramètre $\frac{S^3}{T^2}$ qui est un invariant absolu, il vaut mieux introduire aussi dans l'équation cubique ce seul paramètre.

Soit donc $Su = Tv$: il vient

$$4v^3 - \frac{S^3}{T^2}(v+1) = 0,$$

et, en désignant par v', v'', v''' les racines, on a

$$\lambda = \frac{v' - v'''}{v' - v''}, \qquad \ldots.$$

Lorsque l'équation $X = 0$ admet une racine double, les valeurs du rapport anharmonique sont

$$\infty, \quad \infty, \quad 1, \quad 1, \quad 0, \quad 0,$$

et ainsi l'équation (8) doit se réduire à

$$\lambda^2(\lambda - 1)^2 = 0.$$

On voit que cela exige que $S^3 - 27T^2 = 0$, et l'on sait en effet que le discriminant de X est égal à $256(S^3 - 27T^2)$. Comme conséquence, on peut écrire, au lieu de (8),

$$\frac{4(1-\lambda+\lambda^2)^3}{S^3} = \frac{(1+\lambda)^2(2-\lambda)^2(1-2\lambda)^2}{27T^2} = \frac{27\lambda^2(\lambda-1)^2}{S^3 - 27T^2}.$$

5. Considérons maintenant les cas particuliers que nous avons déjà énumérés dans le n°. 2.

A $\lambda = -1$ (ou $= 2$, ou $= \frac{1}{2}$):

Dans ce cas on a $\lambda = \frac{1}{\lambda}\cdot$ Il semble donc que, pour transformer au moyen d'une substitution linéaire $\frac{dx}{\sqrt{X}}$ en $\pm\frac{dy}{\sqrt{Y}}$, on puisse employer non seulement les correspondances (I), (II), (III), (IV) du n° 3, mais encore les suivantes :

(I') . . . . $\begin{cases} x = x_1, \; x_2, \; x_3, \; x_4, \\ y = y_1, \; y_2, \; y_4, \; y_3; \end{cases}$

(II') . . . . $\begin{cases} x = x_1, \; x_2, \; x_3, \; x_4, \\ y = y_2, \; y_1, \; y_3, \; y_4; \end{cases}$

(III') . . . . $\begin{cases} x = x_1, \; x_2, \; x_3, \; x_4, \\ y = y_3, \; y_4, \; y_2, \; y_1; \end{cases}$

(IV') . . . . $\begin{cases} x = x_1, \; x_2, \; x_3, \; x_4, \\ y = y_4, \; y_3, \; y_1, \; y_2. \end{cases}$

Faut-il en conclure que dans ce cas exceptionnel il existe huit substitutions linéaires qui transforment $\frac{dx}{\sqrt{X}}$ en $\pm \frac{dy}{\sqrt{Y}}$? Il n'en est rien En effet, l'équation (8) montre qu'on a dans le cas actuel $T = 0$. Mais alors les relations (7) se réduisent à

$$c^2 S = S,$$

et l'on peut en conclure seulement $c = \pm 1$.

Donc, dans le cas $T = 0$, il n'existe pas seulement quatre intégrales linéaires de l'équation différentielle

$$\frac{dx}{\sqrt{X}} = \pm \frac{dy}{\sqrt{Y}};$$

mais il y en a autant qui donnent

$$\frac{dx}{\sqrt{X}} = \pm \frac{dy}{\sqrt{-Y}}.$$

Les unes seront données par les correspondances (I), (II), (III), (IV) et les autres par les correspondances (I'), (II'), (III'), (IV').

Le second cas :

B. $\lambda = 1 + \varepsilon$ (ou $= 1 + \varepsilon^2$), donne lieu à des remarques analogues. L'équation (8) montre que $S = 0$, et les relations (7) se réduisent à

$$c^3 T = T;$$

d'où l'on peut conclure seulement $c = 1$, $c = \varepsilon$, $c = \varepsilon^2$.

Chacune des trois équations

$$\frac{dx}{\sqrt{X}} = \pm \frac{dy}{\sqrt{Y}},$$

$$\frac{dx}{\sqrt{X}} = \pm \frac{dy}{\sqrt{\varepsilon Y}},$$

$$\frac{dx}{\sqrt{X}} = \pm \frac{dy}{\sqrt{\varepsilon^2 Y}}$$

admettra quatre intégrales linéaires. Les unes sont déterminées par les correspondances (I), (II), (III), (IV) et les autres par celles-ci

$$\left\{\begin{array}{l} \begin{cases} x = x_1, \ x_2, \ x_3, \ x_4, \\ y = y_1, \ y_3, \ y_4, \ y_2; \end{cases} \\ \begin{cases} x = x_1, \ x_2, \ x_3, \ x_4, \\ y = y_2, \ y_4, \ y_3, \ y_1; \end{cases} \\ \begin{cases} x = x_1, \ x_2, \ x_3, \ x_4, \\ y = y_3, \ y_1, \ y_2, \ y_4; \end{cases} \\ \begin{cases} x = x_1, \ x_2, \ x_3, \ x_4, \\ y = y_4, \ y_2, \ y_1, \ y_3; \end{cases} \end{array}\right. \qquad \left|\begin{array}{l} \begin{cases} x = x_1, \ x_2, \ x_3, \ x_4, \\ y = y_1, \ y_4, \ y_2, \ y_3; \end{cases} \\ \begin{cases} x = x_1, \ x_2, \ x_3, \ x_4, \\ y = y_2, \ y_3, \ y_1, \ y_4; \end{cases} \\ \begin{cases} x = x_1, \ x_2, \ x_3, \ x_4, \\ y = y_3, \ y_2, \ y_4, \ y_1; \end{cases} \\ \begin{cases} x = x_1, \ x_2, \ x_3, \ x_4, \\ y = y_4, \ y_1, \ y_3, \ y_2. \end{cases} \end{array}\right.$$

6. Comme application des considérations précédentes, considérons la réduction à la forme normale

$$\frac{dx}{\sqrt{X}} = \pm \frac{M\,dy}{\sqrt{(1-y^2)(1-k^2y^2)}},$$

M étant une constante. Le rapport anharmonique de $+1$, -1, $+\frac{1}{k}$, $-\frac{1}{k}$ étant $\left(\frac{1-k}{1+k}\right)^2$, il faudra déterminer k par la relation

$$\left(\frac{1-k}{1+k}\right)^2 = \lambda.$$

On trouve ainsi deux valeurs réciproques de k; à chacune d'elles correspondent quatre substitutions linéaires, et, si l'on se souvient que λ a six valeurs, il semble qu'on obtient ainsi 48 substitutions linéaires qui réduisent à la forme normale la différentielle $\frac{dx}{\sqrt{X}}$. Mais il faut remarquer que le changement de λ en $\frac{1}{\lambda}$ correspond au changement de k en $-k$; par suite, le nombre des substitutions linéaires se réduit à vingt-quatre, et le nombre des valeurs de k^2 est six, qui sont réciproques deux à deux. Si $\pm k$ est l'une des valeurs du module, les autres sont égales à

$$\pm\frac{1}{k},\quad \pm\left(\frac{1+\sqrt{k}}{1-\sqrt{k}}\right)^2,\quad \pm\left(\frac{1-\sqrt{k}}{1+\sqrt{k}}\right)^2,\quad \pm\left(\frac{1+i\sqrt{k}}{1-i\sqrt{k}}\right)^2,\quad \pm\left(\frac{1-i\sqrt{k}}{1+i\sqrt{k}}\right)^2.$$

Une autre méthode, plus simple à beaucoup d'égards, consiste à poser d'abord

$$\frac{dx}{\sqrt{X}}=\frac{M\,dy}{\sqrt{y(1-y)(1-k_1^2 y)}}.$$

Les racines de $Y=0$ sont 1, $\frac{1}{k_1^2}$, 0, ∞. Leur rapport anharmonique est k_1^2 et l'on a ainsi

$$k_1^2=\lambda.$$

On voit qu'ici la signification de k_1^2 est beaucoup plus simple que dans le premier cas. On trouve encore six valeurs de k_1^2 et vingt-quatre substitutions linéaires. En posant $y=z^2$, on est ramené à la forme canonique ordinaire. Mais il faut remarquer que, si les coefficients de X sont réels et qu'on veuille avoir une valeur de k_1^2 qui soit réelle et comprise entre 0 et 1, cette seconde méthode n'est applicable que dans le cas où les racines de $X=0$ sont réelles. Mais il n'entre pas dans nos intentions de discuter ces substitutions en ayant égard aux limites entre lesquelles x et y sont variables; c'est une discussion qu'on trouve dans les Traités des fonctions elliptiques. Constatons seulement, en terminant ces considérations préliminaires, que les intégrales linéaires de

$$\frac{dx}{\sqrt{(1-x^2)(1-k^2x^2)}}=\pm\frac{dy}{\sqrt{(1-y^2)(1-k^2y^2)}}$$

sont

$$x-y=0,\qquad x+y=0,\qquad 1-kxy=0,\qquad 1+kxy=0.$$

DÉTERMINATION DES INTÉGRALES LINÉAIRES DE L'ÉQUATION $\frac{dx}{\sqrt{X}}=\pm\frac{dy}{\sqrt{Y}}$.

7. La méthode la plus directe pour résoudre le problème proposé consisterait à effectuer la substitution

$$p+qx+ry+sxy=0$$

ou

$$x = -\frac{p + r y}{q + s y}.$$

On trouve ainsi par identification

$$(ps - qr)^2 b_0 = r^4 a_0 - 4 r^3 s a_1 + 6 r^2 s^2 a_2 - 4 r s^3 a_3 + s^4 a_4,$$

$$(ps - qr)^2 b_1 = r_3 p a_0 - r^2 (3ps + qr) a_1 + 3 r s (ps + qr) a_2 - \\ - s^2 (ps + 3qr) a_3 + s^3 q a_4,$$

$$(ps - qr)^2 b_2 = r^2 p^2 a_0 - 2 r p (ps + qr) a_1 + (p^2 s^2 + q^2 s^2 + 4 pqrs) a_2 - \\ - 2 q s (ps + qr) a_3 + q^2 s^2 a_4,$$

$$(ps - qr)^2 b_3 = r p^3 a_0 - p^2 (ps + 3qr) a_1 + 3 pq (ps + qr) a_2 - \\ - q^2 (3ps + qr) a_3 + q^3 s a_4,$$

$$(ps - qr)^2 b_4 = p^4 a_0 - 4 p^3 q a_1 + 6 p^2 q^2 a_2 - 4 p q^3 a_3 + q^4 a_4.$$

Ces cinq relations, à cause de l'égalité des invariants de X et de Y, se réduisent à trois relations distinctes seulement, et le problème qui consiste à déterminer les rapports des quantités p, q, r, s est déterminé.

Mais c'est une voie bien différente qui nous conduira à la solution du problème.

8. Nous aurons à nous appuyer dans ce qui suit sur certains résultats de la théorie algébrique des formes biquadratiques, pour lesquels nous renvoyons le lecteur aux Mémoires classiques de M. Hermite: Sur la théorie des fonctions homogènes à deux indéterminés, dans le tome 52 du Journal de Crelle.

Désignons par H_x le hessien de X

$$H_x = \frac{1}{144} \begin{vmatrix} \dfrac{\partial^2 X}{\partial x^2} & \dfrac{\partial^2 X}{\partial x \, \partial x'} \\ \dfrac{\partial^2 X}{\partial x' \, \partial x} & \dfrac{\partial^2 X}{\partial x'^2} \end{vmatrix},$$

$$H_x = (a_0 a_2 - a_1^2) x^4 + 2 (a_0 a_3 - a_1 a_2) x^3 + \\ + (a_0 a_4 + 2 a_1 a_3 - 3 a_2^2) x^2 + 2 (a_1 a_4 - a_2 a_3) x + (a_2 a_4 - a_3^2),$$

et par J_x le covariant du sixième degré qui est le jacobien de X et de H_x

$$J_x = \frac{1}{8} \begin{vmatrix} \dfrac{\partial X}{\partial x} & \dfrac{\partial X}{\partial x'} \\ \dfrac{\partial H_x}{\partial x} & \dfrac{\partial H_x}{\partial x'} \end{vmatrix},$$

$$J_x = (a_0^2 a_3 - 3 a_0 a_1 a_2 + 2 a_1^3) x^6 + \ldots.$$

Les covariants sont liés par la relation

$$4\,H_x^3 - S\,H_x\,X^2 + T\,X^3 = -\,J_x^2,$$

d'où M. Hermite a tiré cette conséquence importante, qu'en posant

$$u = -\frac{H_x}{X}$$

il vient

$$\frac{2\,dx}{\sqrt{X}} = \frac{\pm\,du}{\sqrt{4\,u^3 - S\,u - T}}.$$

Désignons maintenant par H_y, J_y les covariants de Y; en posant

$$v = -\frac{H_y}{Y},$$

il viendra de la même manière

$$\frac{2\,dy}{\sqrt{Y}} = \frac{\pm\,dv}{\sqrt{4\,v^3 - S\,v - T}}.$$

Il est évident par là que la relation $u = v$, c'est-à-dire

$$X\,H_y - Y\,H_x = 0,$$

satisfait à l'équation différentielle

$$\frac{dx}{\sqrt{X}} = \pm\frac{dy}{\sqrt{Y}}.$$

Cherchons à approfondir maintenant la nature de cette intégrale particulière.

Pour cela, considérons d'abord le cas particulier

$$X = (1 - x^2)(1 - k^2 x^2),$$
$$Y = (1 - y^2)(1 - k^2 y^2).$$

On trouve par un calcul facile

$$\begin{aligned} X\,H_y - Y\,H_x &= \tfrac{1}{4}(1-k^2)^2 (x-y)(x+y)(1-kxy)(1+kxy) \\ &= \tfrac{1}{4}(1-k^2)^2 (xy' - yx')(xy' + yx')(x'y' - kxy)(x'y' + kxy). \end{aligned}$$

L'intégrale

$$X\,H_y - Y\,H_x = 0$$

a donc une nature toute particulière; on voit qu'elle se décompose ainsi

$$x - y = 0, \qquad x + y = 0, \qquad 1 - kxy = 0, \qquad 1 + kxy = 0,$$

et elle résume donc les quatre intégrales linéaires de l'équation différentielle.

9. Il est facile maintenant d'étendre ce théorème au cas général et de montrer que

$$\mathrm{X}\,\mathrm{H}_y - \mathrm{Y}\,\mathrm{H}_x$$

est égal au produit de quatre expressions linéaires de cette forme

$$p + qx + ry + sxy,$$

et alors il est clair que notre problème revient simplement à décomposer $\mathrm{X}\,\mathrm{H}_y - \mathrm{Y}\,\mathrm{H}_x$ en quatre facteurs.

En effet, c'est là une conséquence de ce fait que H, H_x, Y, H_y sont des covariants.

Nous savons que, par une substitution

$$\frac{x}{x'} = \frac{\alpha x_1 + \beta x_1'}{\gamma x_1 + \delta x_1'},$$

on peut réduire

$$\frac{dx}{\sqrt{\mathrm{X}}} \text{ à la forme canonique } \frac{dx_1}{\sqrt{\mathrm{C}(1 - x_1^2)(1 - k^2 x_1^2)}}.$$

Par une substitution analogue, on réduira

$$\frac{dy}{\sqrt{\mathrm{Y}}} \text{ à la forme canonique } \frac{dy_1}{\sqrt{\mathrm{C}'(1 - y_1^2)(1 - k^2 y_1^2)}}$$

et, à cause de l'égalité des invariants de X et Y, on peut faire en sorte qu'on ait la même valeur de k^2 dans les différentielles transformées, et alors on a aussi nécessairement $\mathrm{C} = \mathrm{C}'$. On est ramené ainsi au cas particulier que nous venons de considérer, et, si l'on écrit

$$\mathrm{C}(1 - x_1^2)(1 - k^2 x_1^2) = \mathrm{X}_1,$$
$$\mathrm{C}(1 - y_1^2)(1 - k^2 y_1^2) = \mathrm{Y}_1,$$

on a

$$\mathrm{X}_1\,\mathrm{H}_{y_1} - \mathrm{Y}_1\,\mathrm{H}_{x_1}$$
$$= \tfrac{1}{4}(1 - k^2)^2 \mathrm{C}^3 (x_1 y_1' - y_1 x_1')(x_1 y_1' + y_1 x_1')(x_1' y_1' - k x_1 y_1)(x_1' y_1' + k x_1 y_1).$$

Mais X_1 s'obtient en remplaçant dans X

$$x \quad \text{par} \quad \alpha x_1 + \beta x'_1,$$
$$x' \quad \text{par} \quad \gamma x_1 + \delta x'_1,$$

et en divisant ensuite par $(\alpha\delta - \beta\gamma)^2$. Ainsi l'on peut écrire

$$X = (\alpha\delta - \beta\gamma)^2 X_1,$$

et, en vertu de la propriété caractéristique des covariants, on trouve aussi

$$H_x = (\alpha\delta - \beta\gamma)^2 H_{x_1},$$

On aura de même

$$Y = (\alpha'\delta' - \beta'\gamma')^2 Y_1,$$
$$H_y = (\alpha'\delta' - \beta'\gamma')^2 H_{y_1}.$$

Par conséquent, pour avoir $X H_y - Y H_x$, il suffit de remplacer dans l'expression de $X_1 H_y - Y_1 H_x$, x_1, x'_1, y_1, y'_1 par leurs valeurs en x, x', y, y' tirées des relations

$$x = \alpha x_1 + \beta x'_1,$$
$$x' = \gamma x_1 + \delta x'_1;$$

$$y = \alpha' y_1 + \beta' y'_1,$$
$$y' = \gamma' y_1 + \delta' y'_1,$$

et de multiplier par $(\alpha\delta - \beta\gamma)^2 (\alpha'\delta' - \beta'\gamma')^2$. On aurait même pu supposer égaux à l'unité les déterminants des substitutions. Il est clair que l'expression ainsi obtenue se présente bien sous la forme d'un produit de quatre expressions, telles que

$$px'y' + qxy' + ryx' + sxy = p + qx + ry + sxy.$$

Ainsi nous pouvons énoncer la propriété suivante:

Lorsque deux formes biquadratiques X, Y ont leurs invariants égaux, alors l'expression

$$X H_y - Y H_x$$

est décomposable en un produit de quatre expressions de cette forme

$$p + qx + ry + sxy,$$

et, en annulant ces facteurs, on obtient précisément les quatre intégrales linéaires de l'équation différentielle

$$\frac{dx}{\sqrt{X}} = \pm \frac{dy}{\sqrt{Y}}.$$

10. Il faut donc étudier cette décomposition de

$$X H_y - Y H_x.$$

Rappelons d'abord les relations identiques

$$4 H_x^3 - S H_x X^2 + T X^3 = - J_x^2,$$
$$4 H_y^3 - S H_y Y^2 + T Y^3 = - J_y^2.$$

En désignant par u', u'', u''' les racines de l'équation

$$4u^3 - Su - T = 0,$$

on voit par là qu'on a

$$4 (H_x + u' X)(H_x + u'' X)(H_x + u''' X) = - J_x^2,$$
$$4 (H_y + u' Y)(H_y + u'' Y)(H_y + u''' Y) = - J_y^2.$$

Or, H_x et X n'ayant pas de facteur commun en général, les facteurs $H_x + u' X$, $H_y + u' Y$, ... sont nécessairement des carrés parfaits (Hermite, loc. cit., p. 15, 16). Posons donc

$$(9) \quad \begin{cases} H_x + u' X = \varphi_x'^2, \\ H_x + u'' X = \varphi_x''^2, \\ H_x + u''' X = \varphi_x'''^2; \end{cases}$$

$$(10) \quad \begin{cases} H_y + u' Y = \varphi_y'^2, \\ H_y + u'' Y = \varphi_y''^2, \\ H_y + u''' Y = \varphi_y'''^2, \end{cases}$$

φ_x', φ_x'', φ_x''' seront des polynômes du second degré.

Nous cherchons à résoudre l'équation $X H_y - Y H_x = 0$ par rapport à x en y regardant y comme connu. On a donc

$$\frac{X}{Y} = \frac{H_x}{H_y} = \frac{H_x + u' X}{H_y + u' Y} = \frac{H_x + u'' X}{H_y + u'' Y} = \frac{H_x + u''' X}{H_y + u''' Y} = M^2,$$

et, par conséquent,

$$(11) \quad \ldots\ldots \begin{cases} \varphi'_x = \mathrm{M}\,\varphi'_y, \\ \varphi''_x = \mathrm{M}\,\varphi''_y, \\ \varphi'''_x = \mathrm{M}\,\varphi'''_y. \end{cases}$$

Si nous ajoutons ces équations après les avoir multipliées respectivement par $(u''-u''')\,\varphi'_y$, $(u'''-u')\,\varphi''_y$, $(u'-u'')\,\varphi'''_y$, il vient, eu égard aux formules (10),

$$(u''-u''')\,\varphi'_x\,\varphi'_y + (u'''-u')\,\varphi''_x\,\varphi''_y + (u'-u'')\,\varphi'''_x\,\varphi'''_y = 0.$$

C'est là une équation du second degré qui doit admettre au moins une racine de $\mathrm{X}\,\mathrm{H}_y - \mathrm{Y}\,\mathrm{H}_x = 0$; mais on constate que cette équation du second degré a ses deux racines égales. En effet, la différentielle

$$(u''-u''')\,\varphi'_y\,d\varphi'_x + (u'''-u')\,\varphi''_y\,d\varphi''_x + (u'-u'')\varphi'''_y\,d\varphi'''_x$$

se trouve égale à

$$\frac{1}{\mathrm{M}}\left[(u''-u''')\,\varphi'_x\,d\varphi'_x + (u'''-u')\,\varphi''_x\,d\varphi''_x + (u'-u'')\,\varphi'''_x\,d\varphi'''_x\right]$$

ou à

$$\frac{1}{2\mathrm{M}}\left[(u''-u''')\,d(\mathrm{H}_x+u'\,\mathrm{X}) + (u'''-u')\,d(\mathrm{H}_x+u''\,\mathrm{X}) + (u'-u'')\,d(\mathrm{H}_x+u'''\mathrm{X})\right]$$

et s'annule par conséquent.

Nous obtenons donc ce résultat, qui donne la solution du problème proposé :

L'expression

$$(u''-u''')\,\varphi'_x\,\varphi'_y + (u'''-u')\,\varphi''_x\,\varphi''_y + (u'-u'')\,\varphi'''_x\,\varphi'''_y$$

est, sauf un facteur constant, le carré d'un des facteurs de $\mathrm{X}\,\mathrm{H}_y - \mathrm{Y}\,\mathrm{H}_x$.

Sous une forme légèrement modifiée, nous pouvons dire qu'on a d'abord à calculer les fonctions ψ', ψ'', ψ''' par les relations

$$\begin{aligned} \psi'^2 &= (\mathrm{H}_x + u'\ \mathrm{X})(\mathrm{H}_y + u'\ \mathrm{Y}), \\ \psi''^2 &= (\mathrm{H}_x + u''\ \mathrm{X})(\mathrm{H}_y + u''\ \mathrm{Y}), \\ \psi'''^2 &= (\mathrm{H}_x + u'''\,\mathrm{X})(\mathrm{H}_y + u'''\,\mathrm{Y}); \end{aligned}$$

ensuite on aura les carrés des facteurs linéaires de $\mathrm{X}\,\mathrm{H}_y - \mathrm{Y}\,\mathrm{H}_x$ (sauf des facteurs constants) sous la forme

$$(\mathrm{A}) \quad \ldots \quad \pm(u''-u''')\,\psi' \pm (u'''-u')\,\psi'' \pm (u'-u'')\,\psi'''.$$

Il est clair qu'on obtiendra bien ainsi les quatre facteurs de $XH_y - YH_x$; car, en changeant à la fois les signes de ψ', ψ'', ψ''', on obtient la même intégrale linéaire de l'équation différentielle

$$\frac{dx}{\sqrt{X}} = \pm \frac{dy}{\sqrt{Y}}.$$

Quelles sont maintenant les opérations irrationnelles qu'exige cette détermination des intégrales linéaires? D'abord on a à calculer les trois racines de l'équation cubique

$$4u^3 - Su - T = 0,$$

et ensuite on voit que la détermination de chacune des fonctions ψ', ψ'', ψ''' exige le calcul d'une racine carrée. Mais il est à noter qu'on peut multiplier l'expression (A) par un facteur constant quelconque. En multipliant donc par une des racines carrées à calculer, on voit que le calcul de deux racines carrées suffit pour obtenir, sous forme explicite, les intégrales linéaires. On peut remarquer que le coefficient de $x^4 y^4$, dans l'expression de ψ'^2, est

$$(a_0 a_2 - a_1^2 + a_0 u')(b_0 b_2 - b_1^2 + b_0 u'),$$

et ainsi les fonctions ψ', ψ'', ψ''' sont connues après avoir obtenu les racines carrées

$$\begin{aligned} r' &= \sqrt{(a_0 a_2 - a_1^2 + a_0 u')(b_0 b_2 - b_1^2 + b_0 u')}, \\ r'' &= \sqrt{(a_0 a_2 - a_1^2 + a_0 u'')(b_0 b_2 - b_1^2 + b_0 u'')}, \\ r''' &= \sqrt{(a_0 a_2 - a_1^2 + a_0 u''')(b_0 b_2 - b_1^2 + b_0 u''')}. \end{aligned}$$

Mais le produit de ces trois racines carrées est égal, au signe près, à

$$\tfrac{1}{4}(a_0^2 a_3 - 3a_0 a_1 a_2 + 2a_1^3)(b_0^2 b_3 - 3b_0 b_1 b_2 + 2b_1^3),$$

et ainsi r''' sera connu dès qu'on connaît r' et r''. Toutefois, il peut arriver que le terme avec $x^4 y^4$ manque dans ψ'^2, ψ''^2 ou ψ'''^2, mais, en tout cas, il est clair, par ce qui précède, que le calcul de deux racines carrées et la connaissance des racines u', u'', u''' permettent d'obtenir les intégrales linéaires cherchées. Cette solution jouit donc, au point de vue algébrique, de toute la simplicité compatible avec la nature du problème proposé.

EXAMEN D'UN CAS PARTICULIER. ÉQUATION D'EULER.

11. On peut donner une autre forme à la solution du problème et la faire dépendre directement d'une équation du quatrième degré. Mais, pour reconnaître l'intérêt qui s'attache à cette seconde forme, il est utile d'étudier d'abord le cas particulier où l'on a

$$a_i = b_i \qquad (i = 0, 1, 2, \ldots, 4),$$

en sorte qu'il s'agit de la détermination des intégrales linéaires de l'équation d'Euler

$$(12) \quad \frac{dx^2}{a_0x^4 + 4a_1x^3 + 6a_2x^2 + 4a_3x + a_4} = \frac{dy^2}{a_0y^4 + 4a_1y^3 + 6a_2y^2 + 4a_3y + a_4}.$$

Il est clair que, dans ce cas particulier, on obtient ψ', ψ'', ψ''' sans avoir à extraire aucune racine carrée, et la connaissance de u', u'', u''' suffit.

Prenons pour ψ', ψ'', ψ''' les valeurs

$$\begin{aligned}\psi' &= (a_0a_2 - a_1^2 + a_0u')\,x^2y^2 + \ldots,\\ \psi'' &= (a_0a_2 - a_1^2 + a_0u'')\,x^2y^2 + \ldots,\\ \psi''' &= (a_0a_2 - a_1^2 + a_0u''')\,x^2y^2 + \ldots.\end{aligned}$$

On peut d'abord mettre ces valeurs de ψ', ψ'', ψ''' sous une autre forme.

Il est clair que ψ', par exemple, est symétrique en x et y, et de plus, si l'on pose $y = x$, ψ' doit se réduire à $H_x + u'X$. Or, si deux polynômes doublement quadratiques et symétriques en x et y coïncident entre eux pour $x = y$, ils peuvent différer seulement par un terme $\lambda(x-y)^2$. Il suffit de les écrire explicitement pour reconnaître l'exactitude de cette proposition, qui est due à M. Halphen.

Mais la seconde polaire de $H_x + u'X$

$$\frac{1}{12}\left[y^2\frac{\partial^2(H_x + u'X)}{\partial x^2} + 2y\,\frac{\partial^2(H_x + u'X)}{\partial x\,\partial x'} + \frac{\partial^2(H_x + u'X)}{\partial x'^2}\right]$$

est d'abord symétrique en x et y et se réduit aussi à $H_x + u'X$ pour $x = y$. On a, par conséquent,

$$\psi' = \frac{1}{12}\left[y^2\frac{\partial^2(H_x + u'X)}{\partial x^2} + 2y\,\frac{\partial(H_x + u'X)}{\partial x\,\partial x'} + \frac{\partial^2(H_x + u'X)}{\partial x'^2}\right] + \lambda'(x-y)^2.$$

Il reste à déterminer λ'. Cette détermination pourrait se faire déjà ici en calculant directement le coefficient de xy dans ψ' : on trouverait ainsi

$$\lambda' = 2\,\frac{A_2 A_4 - A_3^2}{A_4},$$

où l'on a supposé

$$H_x + u' X = A_0 x^4 + 4 A_1 x^3 + 6 A_2 x^2 + 4 A_3 x + A_4.$$

Mais il existe une expression beaucoup plus simple pour λ' qui s'offrira d'elle-même dans la suite. Nous nous bornerons donc à observer que λ' doit être une fonction rationnelle de u', et peut dès lors se mettre sous la forme d'un polynôme du second degré en u'.

$$\lambda' = 2\alpha u'^2 + \beta u' + \gamma.$$

Posons, pour abréger,

$$12h = y^2 \frac{\partial^2 H_x}{\partial x^2} + 2y \frac{\partial^2 H_x}{\partial x\, \partial x'} + \frac{\partial^2 H_x}{\partial x'^2},$$

$$12f = y^2 \frac{\partial^2 X}{\partial x^2} + 2y \frac{\partial^2 X}{\partial x\, \partial x'} + \frac{\partial^2 X}{\partial x'^2},$$

en sorte que h et f sont les secondes polaires de H_x et de X, on aura, d'après ce qui précède,

$$\psi' = h + u' f + (2\alpha u'^2 + \beta u' + \gamma)(x - y)^2,$$
$$\psi'' = h + u'' f + (2\alpha u''^2 + \beta u'' + \gamma)(x - y)^2,$$
$$\psi''' = h + u''' f + (2\alpha u'''^2 + \beta u''' + \gamma)(x - y)^2.$$

Les carrés des facteurs de $X H_y - Y H_x$ sont, en général,

$$+(u'' - u''')\psi' + (u''' - u')\psi'' + (u' - u'')\psi''',$$
$$+(u'' - u''')\psi' - (u''' - u')\psi'' - (u' - u'')\psi''',$$
$$-(u'' - u''')\psi' + (u''' - u')\psi'' - (u' - u'')\psi''',$$
$$-(u'' - u''')\psi' - (u''' - u')\psi'' + (u' - u'')\psi'''.$$

La première expression se réduit évidemment à

$$2\alpha (u' - u'')(u' - u''')(u'' - u''')(x - y)^2,$$

et donne ainsi la substitution linéaire $x - y = 0$. Cette solution était évidente a priori.

La seconde expression devient égale à

$$-2\alpha (u' - u'')(u' - u''')(u'' - u''')(x - y)^2 + 2(u'' - u''')\psi'$$

ou bien, en divisant par $2(u''-u''')$,

$$\psi' - a(u'-u'')(u'-u''')(x-y)^2,$$

mais on a évidemment

$$(u'-u'')(u'-u''') = \frac{d}{du}(u^3 - \tfrac{1}{4}Su - \tfrac{1}{4}T)_{u=u'} = 3u'^2 - \tfrac{1}{4}S,$$

en sorte qu'on obtient

$$h + u'f + (-\alpha u'^2 + \beta u' + \gamma + \tfrac{1}{4}\alpha S)(x-y)^2.$$

Ici se présente maintenant le moyen de déterminer les valeurs de α, β, γ par cette condition que l'expression précédente doit être un carré parfait.

12. Considérons l'expression

$$\mathfrak{L} = h + u'f + C(x-y)^2,$$

où C est une constante quelconque. On peut écrire

$$\mathfrak{L} = Py^2 + 2Qy + R + C(x-y)^2,$$

$$P = \frac{1}{12}\,\frac{\partial^2(H_x + u'X)}{\partial x^2},$$

$$Q = \frac{1}{12}\,\frac{\partial^2(H_x + u'X)}{\partial x\,\partial x'},$$

$$R = \frac{1}{12}\,\frac{\partial^2(H_x + u'X)}{\partial x'^2},$$

et le discriminant Δ de $\mathfrak{L}$ est

$$(Q - Cx)^2 - (P + C)(R + Cx^2),$$

c'est-à-dire

$$\Delta = Q^2 - PR - (Px^2 + 2Qx + R)C.$$

Or il est clair que

$$Px^2 + 2Qx + R = H_x + u'X.$$

D'autre part, $PR - Q^2$ est le hessien de $H_x + u'X$ et l'on sait qu'en général le hessien de $aX + bH_x$ est égal à

$$(\tfrac{1}{6}abS + \tfrac{1}{4}b^2T)X + (a^2 - \tfrac{1}{12}b^2S)H_x$$

(voir Hermite, loc. cit., p. 33—35); donc

$$PR - Q^2 = (\tfrac{1}{6}Su' + \tfrac{1}{4}T)X + (u'^2 - \tfrac{1}{12}S)H_x.$$

Mais $H_x + u' X$ est un carré: donc le hessien ne s'en distingue que par un facteur constant et

$$P R - Q^2 = (u'^2 - \tfrac{1}{12} S)(H_x + u' X).$$

Il vient donc

$$\Delta = (\tfrac{1}{12} S - u'^2 - C)(H_x + u' X).$$

On voit par là que l'expression $\mathfrak{L}$ n'est un carré parfait que pour la seule valeur

$$C = \tfrac{1}{12} S - u'^2,$$

et l'on doit avoir

$$-\alpha u'^2 + \beta u' + \gamma + \tfrac{1}{4} \alpha S = -u'^2 + \tfrac{1}{12} S,$$

donc

$$\alpha = 1, \qquad \beta = 0, \qquad \gamma = -\tfrac{1}{6} S,$$
$$\lambda' = 2 u'^2 - \tfrac{1}{6} S.$$

13. Voici un moyen plus direct pour déterminer λ'. Écrivons λ' au lieu de C, en sorte que

$$\psi' = (P + \lambda') y^2 + 2 (Q - \lambda' x) y + R + \lambda' x^2,$$
$$\Delta = (\tfrac{1}{12} S - u'^2 - \lambda') \varphi'^2_x.$$

Mais nous savons que $\psi' = \varphi'_x \varphi'_y$: donc nécessairement

$$P + \lambda' = \alpha \varphi'_x, \qquad Q - \lambda' x = \beta \varphi'_x, \qquad R + \lambda' x^2 = \gamma \varphi'_x,$$

d'où

$$\varphi'_y = \alpha y^2 + 2 \beta y + \gamma,$$
$$\Delta = (\beta^2 - \alpha \gamma) \varphi'^2_x.$$

La comparaison des deux valeurs de Δ donne

$$\tfrac{1}{12} S - u'^2 - \lambda' = \beta^2 - \alpha \gamma;$$

mais on sait que

$$\beta^2 - \alpha \gamma = -(u' - u'')(u' - u''') = -3 u'^2 + \tfrac{1}{4} S \text{ [1]},$$

ce qui fournit de nouveau la valeur de λ'.

[1]) Cette valeur de l'invariant de φ'_x se trouve sous une forme légèrement différente dans le Mémoire de M. Hermite; voir p. 13, la valeur de Δ et, p. 15, la relation entre φ et ψ. (Voir Clebsch, Binäre Formen, p. 153.)

14. Voici donc le résultat final auquel nous arrivons:

Les intégrales linéaires de l'équation différentielle

$$\frac{dx^2}{a_0x^4+4a_1x^3+6a_2x^2+4a_3x+a_4}=\frac{dy^2}{a_0y^4+4a_1y^3+6a_2y^2+4a_3y+a_4}$$

sont d'abord $x-y=0$, et les trois autres s'obtiennent en posant

$$h+uf+(\tfrac{1}{12}S-u^2)(x-y)^2=0,$$

où il faut déterminer u par l'équation cubique

$$4u^3-Su-T=0.$$

Sauf un facteur constant, le premier membre est alors un carré exact, et la relation entre x et y se réduit donc à cette forme

$$p+q(x+y)+rxy=0.$$

On peut envisager ce résultat sous un autre point de vue. Quelle est, en effet, l'intégrale générale de l'équation différentielle (12). Cette intégrale a été obtenue déjà par Lagrange (Oeuvres, t. II, p. 18); mais M. Cayley l'a mise sous cette forme élégante [1])

$$(13) \quad \ldots\ldots h+Cf+(\tfrac{1}{12}S-C^2)(x-y)^2=0,$$

C étant la constante arbitraire.

Cette expression se déduit de celle que nous venons d'écrire en remplaçant u par C. En général, le premier membre n'est pas un carré parfait: ainsi à une valeur donnée de x répondent deux valeurs de y, l'intégrale n'est pas linéaire. Mais, si l'on pose $C=u', u'', u'''$, on trouve trois intégrales linéaires; la quatrième, $x-y=0$, répond à $C=\infty$.

15. En partant de cette intégrale générale, on aurait pu trouver notre détermination des intégrales linéaires d'une manière beaucoup plus simple. En effet, cette intégrale générale peut s'écrire

$$(14) \quad \ldots\ldots \left\{\begin{aligned} &y^2(\mathrm{a}x^2+2\mathrm{h}x+\mathrm{g}) \\ &+2y(\mathrm{h}x^2+2\mathrm{b}x+\mathrm{f}) \\ &+(\mathrm{g}x^2+2\mathrm{f}x+\mathrm{c})=0, \end{aligned}\right.$$

1) Voir aussi Laguerre, Bulletin de la Société mathématique de France, t. I, p. 35.

où

$$\begin{aligned}
\mathrm{a} &= a_0 a_2 - a_1^2 + \mathrm{C} a_0, \\
\mathrm{b} &= \tfrac{1}{6}(a_0 a_4 + 2 a_1 a_3 - 3 a_2^2) + \mathrm{C} a_2 - \tfrac{1}{2}(\tfrac{1}{12}\mathrm{S} - \mathrm{C}^2), \\
\mathrm{c} &= a_2 a_4 - a_3^2 + \mathrm{C} a_4, \\
\mathrm{f} &= \tfrac{1}{2}(a_1 a_4 - a_2 a_3) + \mathrm{C} a_3, \\
\mathrm{g} &= \tfrac{1}{6}(a_0 a_4 + 2 a_1 a_3 - 3 a_2^2) + \mathrm{C} a_2 + \tfrac{1}{12}\mathrm{S} - \mathrm{C}^2, \\
\mathrm{h} &= \tfrac{1}{2}(a_0 a_3 - a_1 a_2) + \mathrm{C} a_1.
\end{aligned}$$

C'est une relation doublement quadratique et symétrique en x et y, que l'on peut écrire sous les deux formes

$$0 = \mathrm{A}_x y^2 + 2\mathrm{B}_x y + \mathrm{C}_x = \mathrm{A}_y x^2 + 2\mathrm{B}_y x + \mathrm{C}_y.$$

Euler déjà a observé qu'on en tire

$$\frac{dx^2}{\mathrm{B}_x^2 - \mathrm{A}_x \mathrm{C}_x} = \frac{dy^2}{\mathrm{B}_y^2 - \mathrm{A}_y \mathrm{C}_y};$$

mais, comme notre relation est l'intégrale générale de $\dfrac{dx^2}{\mathrm{X}} = \dfrac{dy^2}{\mathrm{Y}}$, on doit avoir

$$\mathrm{B}_x^2 - \mathrm{A}_x \mathrm{C}_x = \Theta \mathrm{X}$$

et de même

$$\mathrm{B}_y^2 - \mathrm{A}_y \mathrm{C}_y = \Theta \mathrm{Y}.$$

C'est ce qu'on vérifie facilement, et la valeur de Θ est

$$\frac{\mathrm{h}^2 - \mathrm{a}\,\mathrm{g}}{a_0} = \Theta = \mathrm{C}^3 - \tfrac{1}{4}\mathrm{S}\,\mathrm{C} - \tfrac{1}{4}\mathrm{T}.$$

On a les relations identiques

$$\begin{aligned}
a_0\,\Theta &= \mathrm{h}^2 - \mathrm{a}\mathrm{g}, \\
4 a_1\,\Theta &= 4\mathrm{b}\mathrm{h} - 2\mathrm{a}\mathrm{f} - 2\mathrm{g}\mathrm{h}, \\
6 a_2\,\Theta &= 4\mathrm{b}^2 - 2\mathrm{h}\mathrm{f} - \mathrm{a}\mathrm{c} - \mathrm{g}^2, \\
4 a_3\,\Theta &= 4\mathrm{b}\mathrm{f} - 2\mathrm{c}\mathrm{h} - 2\mathrm{f}\mathrm{g}, \\
a_4\,\Theta &= \mathrm{f}^2 - \mathrm{c}\mathrm{g};
\end{aligned}$$

d'où l'on tire facilement cette conclusion que, pour $\Theta = 0$,

$$\mathrm{A}_x y^2 + 2\mathrm{B}_x y + \mathrm{C}_x$$

est un carré parfait, et l'intégrale générale se réduit alors à une intégrale linéaire qu'on peut écrire ainsi

$$\mathrm{f} + \mathrm{g}(x + y) + \mathrm{h}\,x y = 0.$$

16. On a retrouvé ainsi, d'une manière très simple, le résultat de tout à l'heure; mais, si cette méthode est simple, elle est, par contre, moins générale que notre première méthode; car on ne saurait l'appliquer dans le cas général, l'intégrale générale de

$$(15)\quad \frac{dx^2}{a_0x^4+4a_1x^3+6a_2x^2+4a_3x+a_4}=\frac{dy^2}{b_0y^4+4b_1y^3+6b_2y^2+4b_3y+b_4}$$

n'étant pas connue sous une forme analogue à (13). Cependant il y a un second cas qu'on peut traiter ici en s'appuyant sur une remarque de M. Cayley.

Désignons par $\mathfrak{M}$ le premier membre de la formule (13) et remarquons que $\mathfrak{M}$ est aussi quadratique en C. En considérant C comme variable aussi, on aura

$$\frac{\partial\mathfrak{M}}{\partial x}dx+\frac{\partial\mathfrak{M}}{\partial y}dy+\frac{\partial\mathfrak{M}}{\partial \mathrm{C}}d\mathrm{C}=0$$

et, d'après ce que nous avons vu,

$$\frac{\partial\mathfrak{M}}{\partial x}=\pm\sqrt{4\Theta\mathrm{Y}},$$

$$\frac{\partial\mathfrak{M}}{\partial y}=\pm\sqrt{4\Theta\mathrm{X}},$$

et, comme l'a remarqué M. Cayley,

$$\frac{\partial\mathfrak{M}}{\partial \mathrm{C}}=\pm\sqrt{\mathrm{XY}};$$

donc

$$\pm\frac{dx}{\sqrt{\mathrm{X}}}\pm\frac{dy}{\sqrt{\mathrm{Y}}}\pm\frac{d\mathrm{C}}{\sqrt{4\Theta}}=0.$$

En considérant donc C comme variable, y comme une constante arbitraire, la relation (13) ou (14) est l'intégrale générale de l'équation différentielle

$$\frac{dx}{\sqrt{\mathrm{X}}}=\pm\frac{d\mathrm{C}}{\sqrt{4\mathrm{C}^3-\mathrm{SC}-\mathrm{T}}},$$

et, pour avoir les intégrales linéaires de cette équation, il suffit de résoudre l'équation $\mathrm{Y}=0$ ou, ce qui est la même chose, l'équation

$X = 0$. Ce résultat était à prévoir, car la connaissance des racines de $X = 0$ entraîne celle de l'équation $4C^3 - SC - T = 0$. En déterminant y par l'équation $Y = 0$, $\mathfrak{M}$ deviendra un carré parfait.

17. Revenons maintenant au cas général, la détermination des intégrales de (15). D'après l'examen des cas particuliers que nous venons de faire, il est à prévoir qu'il doit exister une liaison intime entre cette détermination et l'intégration générale de cette équation; mais on ne connaît pas cette intégrale générale sous une forme analogue à (14) et il nous paraît assez difficile de l'obtenir sous cette forme.

Au contraire, la méthode inverse se présente ici.

Ayant obtenu la détermination des intégrales linéaires, si nous faisons dépendre cette solution directement d'une équation du quatrième degré, n'obtiendrons-nous pas en même temps l'intégrale générale sous une forme analogue à (14)?

C'est là une question qu'il nous reste à traiter.

Il faut le remarquer, on peut faire dépendre la détermination des intégrales linéaires d'une équation biquadratique, mais cela est possible d'une infinité de manières. Parmi les équations biquadratiques desquelles dépend ainsi la solution de notre problème existe-t-il une classe particulièrement simple.

Ce sont là les questions qui se présentent: les diverses équations biquadratiques sont liées par des transformations de Tschirnhausen.

LXIV.

(J. Math., Paris, sér. 4, 5, 1889, 55—65.)

Sur le développement de l'expression

$$\{R^2 - 2Rr[\cos u \cos u' \cos(x - x') + \sin u \sin u' \cos(y - y')] + r^2\}^{-1}.$$

1. La théorie du potentiel a été étendue à un nombre quelconque de variables par Green. Dans le cas de quatre variables il faut considérer l'expression

$$(1) \quad . \; . \; . \quad T = \frac{1}{(x_1 - y_1)^2 + x_2 - y_2)^2 + (x_3 - y_3)^2 + (x_4 - y_4)^2}$$

qui satisfait à l'équation différentielle

$$(2) \quad . \; . \; . \; . \; . \; . \; . \quad \frac{\partial^2 T}{\partial x_1^2} + \frac{\partial^2 T}{\partial x_2^2} + \frac{\partial^2 T}{\partial x_3^2} + \frac{\partial^2 T}{\partial x_4^2} = 0.$$

Posons

$$(3) \quad . \; . \; . \; . \quad \begin{cases} x_1 = r \cos u \cos x, & y_1 = R \cos u' \cos x', \\ x_2 = r \cos u \sin x, & y_2 = R \cos u' \sin x', \\ x_3 = r \sin u \cos y, & y_3 = R \sin u' \cos y', \\ x_4 = r \sin u \sin y, & y_4 = R \sin u' \sin y', \end{cases}$$

on aura

$$(4) \quad . \; . \; . \; . \; . \; . \; . \quad T = \frac{1}{R^2 - 2Rr \cos\varphi + r^2}.$$

où

$$(5) \quad . \; . \quad \cos\varphi = \cos u \cos u' \cos(x - x') + \sin u \sin u' \cos(y - y').$$

En développant T suivant les puissances croissantes de r, il vient

$$(6) \quad \ldots\ldots\ldots\ldots \quad T = \sum_0^{\infty} V_n \frac{r^n}{R^{n+2}}.$$

Ici $V_n = \dfrac{\sin(n+1)\varphi}{\sin\varphi}$ est un polynôme du degré n en $\cos\varphi$, dont on trouve l'expression en écrivant abord

$$T = \frac{1}{R^2 - r(2R\cos\varphi - r)} = \sum_0^{\infty} \frac{r^n(2R\cos\varphi - r)^n}{R^{2n+2}}$$

et en cherchant ensuite le coefficient de r^n,

$$(7) \quad \begin{cases} V_n = \dfrac{\sin(n+1)\varphi}{\sin\varphi} \\ \quad = (2\cos\varphi)^n - \dfrac{n-1}{1}(2\cos\varphi)^{n-2} + \dfrac{(n-2)(n-3)}{1.2}(2\cos\varphi)^{n-4} - \ldots \end{cases}$$

En introduisant ici au lieu de $\cos\varphi$ sa valeur (5), V_n deviendra un polynôme du degré n en $\cos(x - x')$ et $\cos(y - y')$ qu'on pourra développer suivant les cosinus des multiples de $x - x'$ et $y - y'$. C'est ce développement que nous nous proposons d'obtenir.

2. Cherchons d'abord la transformée de l'équation différentielle (2) après l'introduction des nouvelles variables r, u, x, y.

Les relations (3) donnent facilement

$$dx_1^2 + dx_2^2 + dx_3^2 + dx_4^2 = dr^2 + r^2 du^2 + r^2\cos^2 u\, dx^2 + r^2 \sin^2 u\, dy^2$$

et de là on conclut, d'après un théorème bien connu de Jacobi,

$$\frac{\partial}{\partial r}\left(r^3 \sin u \cos u \frac{\partial T}{\partial r}\right) + \frac{\partial}{\partial u}\left(r \sin u \cos u \frac{\partial T}{\partial u}\right) + $$
$$+ \frac{\partial}{\partial x}\left(r \operatorname{tang} u \frac{\partial T}{\partial x}\right) + \frac{\partial}{\partial y}\left(r \cot u \frac{\partial T}{\partial y}\right) = 0$$

ou bien

$$(8) \quad \ldots \quad \begin{cases} r^2 \dfrac{\partial^2 T}{\partial r^2} + 3r\dfrac{\partial T}{\partial r} + \dfrac{\partial^2 T}{\partial u^2} + \\ \quad + 2\cot 2u \dfrac{\partial T}{\partial u} + \dfrac{1}{\cos^2 u}\dfrac{\partial^2 T}{\partial x^2} + \dfrac{1}{\sin^2 u}\dfrac{\partial^2 T}{d y^2} = 0. \end{cases}$$

En introduisant maintenant au lieu de T le développement (6), on obtient pour V_n la relation

$$(9) \quad \ldots \quad \begin{cases} \dfrac{\partial^2 V_n}{\partial u^2} + 2\cot 2u \dfrac{\partial V_n}{\partial u} + \\ \quad + \dfrac{1}{\cos^2 u}\dfrac{\partial^2 V_n}{\partial x^2} + \dfrac{1}{\sin^2 u}\dfrac{\partial^2 V_n}{\partial y^2} + n(n+2)V_n = 0. \end{cases}$$

C'est cette équation différentielle linéaire qui permet d'obtenir facilement le développement cherché de V_n suivant les cosinus des multiples de $x - x'$ et de $y - y'$.

3. On reconnaît sans peine, par l'inspection des formules (5) et (7), que ce développement se compose d'une série de termes

$$C\cos i(x - x')\cos k(y - y'),$$

où i, k sont des entiers tels que $n - i - k$ est pair et non négatif. Ensuite on voit que le coefficient C est divisible par

$$(\cos u \cos u')^i (\sin u \sin u')^k$$

et que le quotient est un polynôme en $\sin^2 u$ et $\sin^2 u'$.

Nous posons

$$(10) \quad \ldots \quad V_n = \sum_i{}' \sum_k{}' 4 R^n_{i,k} \cos i(x - x')\cos k(y - y'),$$

avec cette convention que, lorsque l'un des indices i, k est égal à zéro, il faudra remplacer le coefficient 4 par 2, et, lorsque $i = k = 0$ (ce qui n'arrive que lorsque n est pair), il faudra remplacer 4 par 1.

En introduisant le développement (10) dans l'équation différentielle (9), on obtient pour $R^n_{i,k}$ l'équation différentielle

$$(11) \quad . \quad \frac{d^2 R^n_{i,k}}{du^2} + 2\cot 2u \frac{dR^n_{i,k}}{du} + \left[n(n+2) - \frac{i^2}{\cos^2 u} - \frac{k^2}{\sin^2 u}\right] R^n_{i,k} = 0.$$

En posant maintenant

$$R^n_{i,k} = \cos^i u \sin^k u \, S^n_{i,k},$$

$S^n_{i,k}$ sera un polynôme entier en

$$t = \sin^2 u$$

et l'équation (11) nous donne

$$(12) \quad . \quad t(1-t)\frac{d^2 S^n_{i,k}}{dt^2} + [\gamma - (\alpha+\beta+1)t]\frac{dS^n_{i,k}}{dt} - \alpha\beta S^n_{i,k} = 0,$$

$$(13) \quad \ldots\ldots\ldots \quad \begin{cases} \alpha = \dfrac{i+k-n}{2}, \\ \beta = \dfrac{i+k+n+2}{2}, \\ \gamma = k+1. \end{cases}$$

On en conclut

$$S^n_{i,k} = C\,\mathfrak{F}(\alpha, \beta, \gamma, \sin^2 u);$$

α en effet est un nombre entier négatif, en sorte que la série hypergéométrique se réduit à un polynôme.

D'après cela, on doit avoir

$$R^n_{i,k} = C\cos^i u \sin^k u\,\mathfrak{F}(\alpha, \beta, \gamma, \sin^2 u),$$

C étant indépendant de u. Mais il est clair que le coefficient $R^n_{i,k}$ est symétrique en u et u'; donc

$$(14) \quad \ldots\ldots \quad \begin{cases} R^u_{i,k} = c^n_{i,k}(\cos u \cos u')^i (\sin u \sin u')^k \\ \qquad \times\,\mathfrak{F}(\alpha, \beta, \gamma, \sin^2 u)\,\mathfrak{F}(\alpha, \beta, \gamma, \sin^2 u'), \end{cases}$$

$c^n_{i,k}$ étant un coefficient numérique qu'il reste à déterminer.

4. Pour cela, posons $u = u'$; on aura

$$\cos\varphi = (1-t)\cos(x-x') + t\cos(y-y'),$$
$$R^n_{i,k} = c^n_{i,k}(1-t)^i t^k \mathfrak{F}^2(\alpha, \beta, \gamma, t),$$

et, à cause de $i+k-2\alpha = n$, le coefficient de t^n dans $R^n_{i,k}$ est

$$(-1)^i c^n_{i,k}\left[\frac{\beta(\beta+1)\ldots(\beta-\alpha-1)}{\gamma(\gamma+1)\ldots(\gamma-\alpha-1)}\right]^2.$$

Mais, d'autre part, d'après la formule (7), le coefficient de t^n dans V_n est

$$2^n[\cos(y-y') - \cos(x-x')]^n.$$

En posant donc pour simplifier $x' = \pi$, $y' = 0$, on doit avoir

$$(15)\quad \begin{cases} 2^n(\cos x + \cos y)^n \\ = \sum_i{}' \sum_k{}' 4\, c_{i,k}^n \left[\dfrac{\beta(\beta+1)\ldots(\beta-a-1)}{\gamma(\gamma+1)\ldots(\gamma-a-1)}\right]^2 \cos ix \cos ky. \end{cases}$$

Mais le développement de

$$2^n(\cos x + \cos y)^n$$

se trouve directement sans difficulté, et le résultat est

$$(16)\quad \begin{cases} 2^n(\cos x + \cos y)^n \\ = \sum_i{}' \sum_k{}' 4 \dfrac{\Pi(n)\,\Pi(n)}{\Pi\left(\frac{n-i-k}{2}\right)\Pi\left(\frac{n+i+k}{2}\right)\Pi\left(\frac{n-i+k}{2}\right)\Pi\left(\frac{n+i-k}{2}\right)} \cos ix \cos ky. \end{cases}$$

La comparaison de ces formules (15) et (16) donne la valeur cherchée de $c_{i,k}^n$

$$(17)\quad \ldots \quad c_{i,k}^n = \frac{\Pi\left(\frac{n-i+k}{2}\right)\Pi\left(\frac{n+i+k}{2}\right)}{\Pi\left(\frac{n-i-k}{2}\right)\Pi\left(\frac{n+i-k}{2}\right)\Pi(k)\,\Pi(k)}.$$

5. Voici maintenant comment on obtient le développement (16). On a d'abord

$$2^n(\cos x + \cos y)^n = \sum_r (n)_r (2\cos x)^{n-r}(2\cos y)^r,$$

en posant

$$(n)_r = \frac{n(n-1)\ldots(n-r+1)}{1.2\ldots r} = \frac{\Pi(n)}{\Pi(r)\,\Pi(n-r)},$$

et comme on a, d'autre part,

$$(2\cos x)^n = \sum_r{}' 2\,(n)_{\frac{n-r}{2}} \cos r\varphi,$$

il vient

$$2^n(\cos x + \cos y)^n = \sum_r \sum_i{}' \sum_k{}' 4\,(n)_r\,(n-r)_{\frac{n-r-i}{2}}(r)_{\frac{r-k}{2}} \cos ix \cos ky,$$

et, en écrivant

$$2^n(\cos x + \cos y)^n = \sum_i{}' \sum_k{}' \, 4\, e^n_{i,k} \cos ix \cos ky,$$

on aura

$$e^n_{i,k} = \sum_r (n)_r\,(n-r)_{\frac{n-r-i}{2}}(r)_{\frac{r-k}{2}},$$

où

$$r = k,\quad k+2,\quad k+4,\quad \ldots,\quad n-i.$$

Soit $\frac{n-i-k}{2} = m$, $\frac{r-k}{2} = s$; l'expression précédente devient

$$e^n_{i,k} = \sum_0^m (n)_{k+2s}\,(n-k-2s)_{m-s}\,(k+2s)_s.$$

Mais on voit facilement que

$$\begin{aligned}(n)_{k+2s}\,(n-k-2s)_{m-s}\,(k+2s)_s &= (n)_m\,(m)_s\,(n-m)_{k+s}\\ &= (n)_m\,(m)_s\,(n-m)_{n-m-k-s},\end{aligned}$$

donc

$$e^n_{i,k} = (n)_m\,[(m)_0\,(n-m)_{n-m-k} + (m)_1\,(n-m)_{n-m-k-1} + \ldots]$$

ou

$$e^n_{i,k} = (n)_m\,(n)_{n-m-k},$$

ce qui fournit le développement (16).

On voit que $e^n_{i,k}$ est le produit de deux coefficients binomiaux, il en est de même de

$$c^n_{i,k} = (n-m)_k\,(n-m-i)_k.$$

6. Voici donc le résultat de cette analyse :

$$\{R^2 - 2Rr[\cos u \cos u' \cos(x - x') + \sin u \sin u' \cos(y - y')] + r^2\}^{-1}$$

$$= \sum_0^\infty V_n \frac{r^n}{R^{n+2}},$$

$$V_n = \sum_i{}' \sum_k{}' 4\, c_{i,k}^n (\cos u \cos u')^i (\sin u \sin u')^k$$

$$\times\, \mathfrak{F}(\alpha, \beta, \gamma, \sin^2 u)\, \mathfrak{F}(\alpha, \beta, \gamma, \sin^2 u') \cos i(x - x') \cos k(y - y'),$$

$$\alpha = \frac{i + k - n}{2},$$

$$\beta = \frac{i + k + n + 2}{2},$$

$$\gamma = k + 1,$$

$$c_{i,k}^n = \frac{\Pi\left(\frac{n - i + k}{2}\right) \Pi\left(\frac{n + i + k}{2}\right)}{\Pi\left(\frac{n - i - k}{2}\right) \Pi\left(\frac{n + i - k}{2}\right) \Pi(k)\, \Pi(k)}.$$

M. Tisserand a obtenu d'abord, dans le tome LXXXIX des Comptes rendus des séances de l'Académie des Sciences, ce résultat, qu'en posant dans l'expression $\frac{\sin(n+1)\varphi}{\sin\varphi}$,

$$\cos\varphi = \cos^2 u \cos x + \sin^2 u \cos y$$

et en développant suivant les cosinus des multiples de x et de y, le coefficient de $\cos ix \cos ky$ est égal à

$$4\, c_{i,k}^n \cos^{2i} u \sin^{2k} u\, \mathfrak{F}^2(\alpha, \beta, \gamma, \sin^2 u).$$

Mais la découverte de ce beau résultat a été extrêmement laborieuse, comme on peut le voir par l'analyse compliquée par laquelle M. Tisserand a démontré son résultat.

En réfléchissant sur cette belle formule, nous avons observé d'abord qu'en posant

$$\cos\varphi = \cos u \cos u' \cos x + \sin u \sin u' \cos y,$$

les coefficients devenaient des produits de fonctions analogues en u et u', et nous avons trouvé ensuite dans l'extension de la théorie du potentiel au cas de quatre variables l'origine vraie de cette formule.

Nous observons qu'un point essentiel de notre analyse consiste dans ce changement de variables

$$x_1 = r\cos u\cos x,$$
$$x_2 = r\cos u\sin x,$$
$$x_3 = r\sin u\cos y,$$
$$x_4 = r\sin u\sin y.$$

Green, Jacobi et d'autres géomètres, qui se sont occupés de cette extension de la théorie du potentiel, ont introduit d'une autre manière des variables analogues aux coordonnées polaires, en posant

$$x_1 = r\cos\theta_1,$$
$$x_2 = r\sin\theta_1\cos\theta_2,$$
$$x_3 = r\sin\theta_1\sin\theta_2\cos\theta_3,$$
$$x_4 = r\sin\theta_1\sin\theta_2\sin\theta_3.$$

7. Il est clair que notre analyse est parfaitement analogue à celle de Laplace concernant la fonction

$$X_n(\cos\theta\cos\theta' + \sin\theta\sin\theta'\cos\varphi).$$

Il serait facile de poursuivre cette analogie et d'arriver, par exemple, au développement

$$(18) \quad \mathfrak{F}(u, x, y) = \sum_0^\infty Z^{(n)},$$

où

$$(19) \quad Z^{(n)} = \frac{n+1}{2\pi^2}\int_0^{\frac{\pi}{2}}\sin u_1\cos u_1\,du_1\int_0^{2\pi}\int_0^{2\pi}\mathfrak{F}(u_1, x_1, y_1)\frac{\sin(n+1)\varphi}{\sin\varphi}dx_1\,dy_1,$$

$$\cos\varphi = \cos u\cos u_1\cos(x - x_1) + \sin u\sin u_1\cos(y - y_1),$$

$\mathfrak{F}(u, x, y)$ étant une fonction arbitraire continue, donnée pour les valeurs

$$0 < u < \frac{\pi}{2},$$
$$0 < x < 2\pi,$$
$$0 < y < 2\pi,$$

et telle que

$$\mathfrak{F}(0, x, y) \text{ est indépendant de } y,$$

$$\mathfrak{F}\left(\frac{\pi}{2}, x, y\right) \text{ est indépendant de } x,$$

$$\mathfrak{F}(u, 0, y) = \mathfrak{F}(u, 2\pi, y),$$

$$\mathfrak{F}(u, x, 0) = \mathfrak{F}(u, x, 2\pi).$$

Mais, au lieu d'insister sur ce sujet, nous croyons être plus utile en appelant l'attention sur quelques autres formules.

8. Soit

$$V_n = \cos n\varphi, \qquad \cos\varphi = x,$$

V_n est un polynôme du degré n en x, et

$$(20) \quad \ldots\ldots (1 - x^2)\frac{d^2 V_n}{dx^2} - x\frac{dV_n}{dx} + n^2 V_n = 0.$$

En posant

$$x = \cos^2 u + \sin^2 u \cos\psi,$$

on trouve

$$\frac{\partial V_n}{\partial u} = 2\sin u\cos u(\cos\psi - 1)\frac{dV_n}{dx},$$

$$\frac{\partial V_n}{\partial \psi} = -\sin^2 u\sin\psi\frac{dV_n}{dx},$$

$$\frac{\partial^2 V_n}{\partial u^2} = 4\sin^2 u\cos^2 u(\cos\psi - 1)^2\frac{d^2 V_n}{dx^2} + 2\cos 2u(\cos\psi - 1)\frac{dV_n}{dx},$$

$$\frac{\partial^2 V_n}{\partial \psi^2} = \sin^4 u\sin^2\psi\frac{d^2 V_n}{dx^2} - \sin^2 u\cos\psi\frac{dV_n}{dx}.$$

En substituant ces valeurs dans l'expression

$$\alpha\frac{\partial^2 V_n}{\partial u^2} + \beta\frac{\partial^2 V_n}{\partial \psi^2}$$

et en déterminant α et β par la condition que le coefficient de $\frac{d^2 V_n}{dx^2}$ soit égal à $1 - x^2$, on obtient

$$\frac{1}{4}\frac{\partial^2 V_n}{\partial u^2} + \frac{1}{\sin^2 u}\frac{\partial^2 V_n}{\partial \psi^2}$$

$$= (1 - x^2)\frac{d^2 V_n}{dx^2} - \frac{1}{2}(\cos 2u + \cos\psi - \cos 2u\cos\psi)\frac{dV}{dx}$$

et ensuite

$$\frac{1}{4}\frac{\partial^2 V_n}{\partial u^2} + \frac{1}{\sin^2 u}\frac{\partial^2 V_n}{\partial \psi^2} + \frac{1}{4\sin u\cos u}\frac{\partial V_n}{\partial u} = (1-x^2)\frac{d^2 V_n}{dx^2} - x\frac{dV_n}{dx};$$

donc, d'après (20),

$$(21) \quad \frac{1}{4}\frac{\partial^2 V_n}{\partial u^2} + \frac{1}{\sin^2 u}\frac{\partial^2 V_n}{\partial \psi^2} + \frac{1}{2\sin 2u}\frac{\partial V_n}{\partial u} + n^2 V_n = 0$$

Mais il est clair qu'on peut développer V_n suivant les cosinus des multiples de ψ en posant

$$(22) \quad V_n = \sum_i{}' \, 2 R_i^n \cos i\psi, \qquad i = 0, 1, 2, \ldots, n.$$

On trouve, en portant ce développement dans l'équation (21),

$$\frac{1}{4}\frac{d^2 R_i^n}{du^2} + \frac{1}{2\sin 2u}\frac{dR_i^n}{du} + \left(n^2 - \frac{i^2}{\sin^2 u}\right) R_i^n = 0$$

ou, en posant $R_i^n = (\sin u)^{2i} S_i^n$, $\sin^2 u = t$,

$$(23) \quad t(1-t)\frac{d^2 S_i^n}{dt^2} + (2i+1)(1-t)\frac{dS_i^n}{dt} + (n^2 - i^2) S_i^n = 0;$$

d'où l'on conclut

$$S_i^n = C\,\mathfrak{F}(i-n,\ i+n,\ 2i+1,\ t)$$

et

$$R_i^n = C(\sin u)^{2i}\,\mathfrak{F}(i-n,\ i+n,\ 2i+1,\ \sin^2 u).$$

La détermination de la constante numérique C s'effectue encore sans difficulté en comparant les coefficients de t^n dans la formule (22). On obtient ainsi le résultat

$$(24) \quad \left\{ \begin{aligned} &\cos\varphi = \cos^2 u + \sin^2 u \cos\psi, \\ &\cos n\varphi = n \sum_i{}' \, 2\frac{\Pi(n+i-1)}{\Pi(n-i)\,\Pi(2i)} \sin^{2i} u \\ &\qquad \times \mathfrak{F}(i-n,\ i+n,\ 2i+1,\ \sin^2 u)\cos i\psi. \end{aligned} \right.$$

9. On doit à Hansen un résultat analogue qu'il sera bon de rappeler ici

$$(25)\quad \begin{cases} X_n(\cos^2 u \cos x + \sin^2 u \cos y) \\ \quad = \sum_i{}' \sum_k{}' 4\, c_{i,k}^n \cos^{2i} u \sin^{2k} u \\ \quad \times \mathfrak{F}(i+k-n,\ i+k+n+1,\ 2k+1,\ \sin^2 u) \cos ix \cos ky. \end{cases}$$

L'analyse de Hansen est très compliquée, mais M. Tisserand a fait voir (Comptes rendus, t. XCVII, p. 815) qu'on peut obtenir cette formule d'une manière analogue à celle qui vient de nous donner le résultat (24).

Mais, quoiqu'on parvienne ainsi d'une manière élégante à établir ces formules (24), (25), il nous semble pourtant que la véritable origine analytique de ces formules et des expressions

$$\cos^2 u + \sin^2 u \cos\psi,$$
$$\cos^2 u \cos x + \sin^2 u \cos y$$

reste à trouver. Est-il possible d'arriver à ces résultats par une théorie analogue à celle du potentiel? C'est là une question que nous avons cru utile de poser au moins.

LXV.

(Paris, C.-R. Acad. Sci., 108, 1889, 605—607.)

Sur les dérivées de séc x.

(Note, présentée par M. Hermite.)

1. Soient $f = \text{séc}\, x$, $z = \text{tang}^2 x$: on obtient facilement

$$\begin{aligned} f' &= \text{séc}\, x\, \text{tang}\, x, \\ f'' &= \text{séc}\, x\, [1 + 2z], \\ f''' &= \text{séc}\, x\, \text{tang}\, x\, [5 + 6z], \\ &\ldots\ldots\ldots\ldots \end{aligned}$$

Il existe, entre les coefficients des polynômes en z que l'on obtient ainsi, des relations remarquables dont nous allons indiquer la nature.

Considérons les dérivées d'ordre pair et écrivons

$$\begin{aligned} f &= \text{séc}\, x [a_0], \\ f'' &= \text{séc}\, x\, [a_1 + b_1 z], \\ f^{(4)} &= \text{séc}\, x\, [a_2 + b_2 z + c_2 z^2], \\ &\ldots\ldots\ldots\ldots, \end{aligned}$$

en sorte que

$$\text{séc}\, x = \sum_0^\infty \frac{a_n x^n}{1\,.\,2\,.\,3\,\ldots(2n)}.$$

La forme quadratique à une infinité de variables

$$\sum_0^\infty \sum_0^\infty a_{i+k} X_i X_k$$

est égale à

$$\begin{aligned}(a_0 X_0 + a_1 X_1 + a_2 X_2 + \ldots)^2 \\ + (b_1 X_1 + b_2 X_2 + \ldots)^2 \\ + (c_2 X_2 + \ldots)^2 \\ + \ldots.\end{aligned}$$

La considération des dérivées d'ordre impair donne lieu à une proposition semblable.

2. On rencontre des relations semblables en considérant les dérivées de tang x, et des fonctions elliptiques sin am x, cos am x, Δ am x.

Nous ferons connaître prochainement la démonstration de ces propriétés, qui sont liées intimement à certains développements en fraction continue dont voici un exemple :

Soit

$$\cos \operatorname{am} x = \sum_0^\infty \frac{(-1)^n c_n x^{2n}}{1.2.3\ldots(2n)};$$

on aura

$$\int_0^\infty e^{-xz} \cos \operatorname{am} z \, dz = \frac{c_0}{x} - \frac{c_1}{x^3} + \frac{c_2}{x^5} - \ldots$$

$$= \cfrac{1}{x + \cfrac{1^2}{x + \cfrac{2^2 k^2}{x + \cfrac{3^2}{x + \cfrac{4^2 k^2}{x + \ldots + \cfrac{(2n-1)^2}{x + \cfrac{(2n)^2 k^2}{x +}}}}}}}$$

La série est divergente, mais la fraction continue est convergente et représente l'intégrale.

LXVI.

(Paris, C.-R. Acad. Sci., 108, 1889, 1297—1298.)

Sur un développement en fraction continue.

(Note, présentée par M. Hermite.)

Considérons le développement bien connu en fraction continue de l'intégrale

$$I = \int_a^b \frac{f(z)}{x - z} dz,$$

où $f(z)$ ne change pas de signe, et posons

$$I = \frac{P_n}{Q_n} + R_n,$$

$\frac{P_n}{Q_n}$ étant la $n^{\text{ième}}$ réduite.

Alors R_n est le minimum de la forme quadratique

$$\varphi(x_1, x_2, \ldots, x_n) = \int_a^b \frac{f(z)}{x - z} [1 + x_1(x - z) + x_2(x - z)^2 + \ldots + x_n(x - z)^n]^2 dz.$$

La vérification de ce théorème n'offre pas de difficulté.

On peut déduire de là facilement

$$\lim R_n = 0, \qquad n = \infty,$$

tant que l'intervalle (a, b) est fini.

Mais, dans le cas $b = \infty$, on n'a plus nécessairement $\lim R_n = 0$. Cependant nous avons reconnu que cela a lieu encore dans un grand nombre de cas, notamment lorsque $f(z)$ est de la forme

$$z^{p-1}e^{-qz} \quad \text{ou} \quad z^{p-1}e^{-q\sqrt{z}}.$$

Il est clair aussi que, lorsqu'on a $\lim R_n = 0$ pour une forme particulière de $f(z)$, cela aura lieu encore en remplaçant $f(z)$ par $F(z)$, où

$$F(z) < A f(z),$$

A étant un nombre fixe.

Enfin ces considérations s'appliquent encore si, au lieu de l'intégrale I, on considère une somme

$$\frac{a_1}{x-b_1} + \frac{a_2}{x-b_2} + \frac{a_3}{x-b_3} + \ldots,$$

composée d'un nombre fini ou infini de termes.

LXVII.

(Ann. Fac. Sci., Toulouse, 3, 1889, H. 1—17)

Sur la réduction en fraction continue d'une série procédant suivant les puissances descendantes d'une variable.

1. Soit

$$(1) \quad . \quad . \quad . \quad . \quad S = \frac{a_0}{x} - \frac{a_1}{x^2} + \frac{a_2}{x^3} - \ldots + (-1)^n \frac{a_n}{x^{n+1}} + \ldots$$

une série procédant suivant les puissances descendantes de x. Il est clair qu'on pourra, en général, la transformer en fraction continue de la manière suivante:

$$(2) \quad . \quad . \quad . \quad . \quad F = \cfrac{c_0}{x + \cfrac{c_1}{1 + \cfrac{c_2}{x + \cfrac{c_3}{1 + \ldots + \cfrac{c_{2n-1}}{1 + \cfrac{c_{2n}}{x + \ldots}}}}}}$$

En désignant alors par

$$\frac{P_1}{Q_1} = \frac{c_0}{x}, \qquad \frac{P_2}{Q_2} = \frac{c_0}{x + c_1}, \qquad \ldots$$

les réduites de cette fraction continue, le développement de $\frac{P_n}{Q_n}$ suivant les puissances descendantes de x donnera une série dont les n premiers termes coïncident avec ceux de S.

La fraction continue F peut se transformer encore en F'

$$(3) \quad \ldots\ldots \quad F' = \cfrac{c_0}{x + c_1 - \cfrac{c_1 c_2}{x + c_2 + c_3 - \cfrac{c_3 c_4}{x + c_4 + c_5 - \ldots}}},$$

et, en désignant par $\frac{P'_1}{Q'_1} = \frac{c_0}{x + c_1}, \ldots, \frac{P'_n}{Q'_n}, \ldots$ les réduites de cette seconde fraction continue, on a identiquement

$$\frac{P'_n}{Q'_n} = \frac{P_{2n}}{Q_{2n}}.$$

2. Il est clair que les coefficients $c_0, c_1, \ldots, c_n, \ldots$ sont des fonctions rationnelles de $a_0, a_1, \ldots, a_n, \ldots$; c_n du reste, ne dépend que de $a_0, a_1, \ldots, a_n$.

Posons

$$(4) \quad \ldots\ldots \quad A_0 = 1, \qquad A_n = \begin{vmatrix} a_0 & a_1 & \ldots & a_{n-1} \\ a_1 & a_2 & \ldots & a_n \\ \ldots & \ldots & \ldots & \ldots \\ a_{n-1} & a_n & \ldots & a_{2n-2} \end{vmatrix},$$

$$(5) \quad \ldots\ldots \quad B_0 = 1, \qquad B_n = \begin{vmatrix} a_1 & a_2 & \ldots & a_n \\ a_2 & a_3 & \ldots & a_{n+1} \\ \ldots & \ldots & \ldots & \ldots \\ a_n & a_{n+1} & \ldots & a_{2n-1} \end{vmatrix},$$

on aura

$$(6) \quad \ldots\ldots\ldots\ldots \quad \begin{cases} c_0 = a_0, \\ c_{2n-1} = \dfrac{A_{n-1} B_n}{A_n B_{n-1}}, \\ c_{2n} = \dfrac{A_{n+1} B_{n-1}}{A_n B_n}. \end{cases}$$

La démonstration de ces formules ne présente aucune difficulté, et nous ne nous y arrêterons pas, renvoyant le lecteur qui désire plus de détails sur ce sujet aux Mémoires suivants :

Frobenius und Stickelberger, Ueber die Addition und Multiplication der elliptischen Functionen. (Journal de Borchardt, t. 88.)

Frobenius, Ueber Relationen zwischen den Näherungsbrüchen von Potenzreihen. (Journal de Borchardt, t. 90.)

3. Mais le problème de la transformation de la série en fraction continue est susceptible d'une autre solution que nous allons développer.

Envisageons d'abord le problème inverse, c'est-à-dire cherchons à exprimer réciproquement les a_n au moyen des c_n. Nous proposons, pour ce problème, la solution suivante :

Calculons d'abord une série de quantités $\alpha_{i,k}$, $\beta_{i,k}$ d'après les formules suivantes

$$(7) \quad \left\{\begin{array}{lll} \alpha_{0,0} = 1, & & \\ \alpha_{i,k} = 0 & \text{lorsque} & i > k, \\ \beta_{i,k} = 0 & \text{lorsque} & i > k; \end{array}\right.$$

$$(7') \quad \left\{\begin{array}{l} \beta_{0,k} = \alpha_{0,k} + c_2\,\alpha_{1,k}, \\ \beta_{1,k} = \alpha_{1,k} + c_4\,\alpha_{2,k}, \\ \beta_{2,k} = \alpha_{2,k} + c_6\,\alpha_{3,k}, \\ \dots\dots\dots\dots, \\ \beta_{i,k} = \alpha_{i,k} + c_{2i+2}\,\alpha_{i+1,k}, \\ \dots\dots\dots\dots; \end{array}\right.$$

$$(7'') \quad \left\{\begin{array}{l} \alpha_{0,k+1} = c_1\,\beta_{0,k}, \\ \alpha_{1,k+1} = c_3\,\beta_{1,k} + \beta_{0,k}, \\ \alpha_{2,k+1} = c_5\,\beta_{2,k} + \beta_{1,k}, \\ \dots\dots\dots\dots, \\ \alpha_{i,k+1} = c_{2i+1}\,\beta_{i,k} + \beta_{i-1,k}, \\ \dots\dots\dots\dots \end{array}\right.$$

Si l'on dispose ces quantités dans le Tableau suivant :

$\alpha_{0,0}$	$\beta_{0,0}$	$\alpha_{0,1}$	$\beta_{0,1}$	$\alpha_{0,2}$	$\beta_{0,2}$	$\alpha_{0,3}$	$\beta_{0,3}$
		$\alpha_{1,1}$	$\beta_{1,1}$	$\alpha_{1,2}$	$\beta_{1,2}$	$\alpha_{1,3}$	$\beta_{1,3}$
				$\alpha_{2,2}$	$\beta_{2,2}$	$\alpha_{2,3}$	$\beta_{2,3}$
						$\alpha_{3,3}$	$\beta_{3,3}$

on voit que chaque colonne verticale se déduit de celle qui la précède, et, en effectuant le calcul, on a

1	1	c_1	$c_1 + c_2$	$c_1^2 + c_1 c_2$	$c_1^2 + c_2^2 + 2\,c_1 c_2 + c_2 c_3$	...
		1	1	$c_1 + c_2 + c_3$	$c_1 + c_2 + c_3 + c_4$	...
				1	1	...
						...

Ceci posé, les quantités a_n, ... s'expriment au moyen des $\alpha_{i,k}$, $\beta_{i,k}$, ainsi qu'il est indiqué par le théorème suivant :

I. La forme quadratique à une infinité de variables

$$\sum_0^\infty \sum_0^\infty a_{i+k} X_i X_k$$

est égale à

$$\begin{aligned}&c_0 [\alpha_{0,0} X_0 + \alpha_{0,1} X_1 + \alpha_{0,2} X_2 + \alpha_{0,3} X_3 + \ldots]^2\\ &\quad + c_0 c_1 c_2 [\alpha_{1,1} X_1 + \alpha_{1,2} X_2 + \alpha_{1,3} X_3 + \ldots]^2\\ &\quad\quad + c_0 c_1 c_2 c_3 c_4 [\alpha_{2,2} X_2 + \alpha_{2,3} X_3 + \ldots]^2\\ &\quad\quad\quad + c_0 c_1 c_2 c_3 c_4 c_5 c_6 [\alpha_{3,3} X_3 + \ldots]^2\\ &\quad\quad\quad + \ldots\ldots\ldots\ldots\end{aligned}$$

de même la forme quadratique

$$\sum_0^\infty \sum_0^\infty a_{i+k+1} X_i X_k$$

est égale à

$$\begin{aligned}&c_0 c_1 [\beta_{0,0} X_0 + \beta_{0,1} X_1 + \beta_{0,2} X_2 + \beta_{0,3} X_3 + \ldots]^2\\ &\quad + c_0 c_1 c_2 c_3 [\beta_{1,1} X_1 + \beta_{1,2} X_2 + \beta_{1,3} X_3 + \ldots]^2\\ &\quad\quad + c_0 c_1 c_2 c_3 c_4 c_5 [\beta_{2,2} X_2 + \beta_{2,3} X_3 + \ldots]^2\\ &\quad\quad\quad + c_0 c_1 c_2 c_3 c_4 c_5 c_6 c_7 [\beta_{3,3} X_3 + \ldots]^2\\ &\quad\quad\quad + \ldots\ldots\ldots\ldots\end{aligned}$$

4. Pour démontrer ce théorème, soient

$$\begin{aligned}A = {}&c_0 [\alpha_{0,0} X_0 + \alpha_{0,1} X_1 + \ldots]^2\\ &+ c_0 c_1 c_2 [\alpha_{1,1} X_1 + \ldots]^2\\ &+ \ldots\ldots\ldots\\ B = {}&c_0 c_1 [\beta_{0,0} X_0 + \beta_{0,1} X_1 + \ldots]^2\\ &+ c_0 c_1 c_2 c_3 [\beta_{1,1} X_1 + \ldots]^2\\ &+ \ldots\ldots\ldots\end{aligned}$$

Ce sont là des formes quadratiques qu'on pourra mettre sous les formes suivantes

$$A = \sum_0^\infty \sum_0^\infty A_{i,k} X_i X_k,$$

$$B = \sum_0^\infty \sum_0^\infty B_{i,k} X_i X_k.$$

Nous remarquons d'abord que

$$A_{i+1,k} = B_{i,k}.$$

En effet, la valeur de $A_{i+1,k}$ est

$$c_0\,a_{0,i+1}\,a_{0,k} + c_0\,c_1\,c_2\,a_{1,i+1}\,a_{1,k} + c_0\,c_1\,c_2\,c_3\,c_4\,a_{2,i+1}\,a_{2,k} + \ldots,$$

c'est-à-dire, d'après les relations (7″),

$$(8)\quad c_0\,a_{0,k}\,c_1\,\beta_{0,i} + c_0\,c_1\,c_2\,a_{1,k}[\beta_{0,i} + c_3\beta_{1,i}] + c_0\,c_1\,c_2\,c_3\,c_4\,a_{2,k}[\beta_{1,i} + c_5\beta_{2,i}] + \ldots,$$

tandis que la valeur de $B_{i,k}$ est

$$c_0\,c_1\,\beta_{0,i}\,\beta_{0,k} + c_0\,c_1\,c_2\,c_3\,\beta_{1,i}\,\beta_{1,k} + c_0\,c_1\,c_2\,c_3\,c_4\,c_5\,\beta_{2,i}\,\beta_{2,k} + \ldots,$$

c'est-à dire, d'après les relations (7′),

$$(9)\quad c_0\,c_1\,\beta_{0,i}[a_{0,k} + c_2\,a_{1,k}] \\ + c_0\,c_1\,c_2\,c_3\,\beta_{1,i}[a_{1,k} + c_4\,a_{2,k}] + c_0\,c_1\,c_2\,c_3\,c_4\,c_5\,\beta_{2,i}[a_{2,k} + c_6\,a_{3,k}] + \ldots.$$

L'identité des expressions (8) et (9) est évidente.

Il est clair qu'on aura de la même façon

$$A_{i,k+1} = B_{i,k},$$

donc

$$A_{i+1,k} = A_{i,k+1};$$

d'où l'on conclut que généralement

$$A_{i,k} = A_{r,s}$$

sous la condition $i + k = r + s$.

On voit par là qu'il existe une série de quantités

$$a_0,\quad a_1,\quad a_2,\quad a_3,\quad \ldots,$$

telles que l'on a identiquement

$$A = \sum_0^\infty \sum_0^\infty a_{i+k}\,X_i\,X_k,$$

$$B = \sum_0^\infty \sum_0^\infty a_{i+k+1}\,X_i\,X_k.$$

De plus, si l'on remarque que, d'après notre algorithme, on a

$$\alpha_{i,i} = \beta_{i,i} = 1,$$

on conclut directement les valeurs des déterminants

$$\begin{vmatrix} a_0 & a_1 & \dots & a_{n-1} \\ a_1 & a_2 & \dots & a_n \\ \dots & \dots & \dots & \dots \\ a_{n-1} & a_n & \dots & a_{2n-2} \end{vmatrix} = c_0 \times c_0 c_1 c_2 \times c_0 c_1 c_2 c_3 c_4 \times \dots \times c_0 c_1 c_2 \dots c_{2n-2},$$

$$\begin{vmatrix} a_1 & a_2 & \dots & a_n \\ a_2 & a_3 & \dots & a_{n+1} \\ \dots & \dots & \dots & \dots \\ a_n & a_{n+1} & \dots & a_{2n-1} \end{vmatrix} = c_0 c_1 \times c_0 c_1 c_2 c_3 \times \dots \times c_0 c_1 c_2 \dots c_{2n-1},$$

et les formules que nous avons rappelées dans le n° 2 montrent alors que, en réduisant en fraction continue la série

$$\frac{a_0}{x} - \frac{a_1}{x^2} + \frac{a_2}{x^3} - \dots,$$

on obtient la fraction continue

$$\cfrac{c_0}{x + \cfrac{c_1}{1 + \cfrac{c_2}{x + \dots}}}$$

Le théorème énoncé est ainsi démontré.

5. On voit, par ce qui précède, que l'on pourra écrire immédiatement la fraction continue F, dès que l'on aura obtenu les décompositions en carrés des formes quadratiques

$$\sum_0^\infty \sum_0^\infty a_{i+k} X_i X_k, \qquad \sum_0^\infty \sum_0^\infty a_{i+k+1} X_i X_k.$$

Nous ajoutons que, en connaissant seulement la décomposition en carrés de

$$\sum_0^\infty \sum_0^\infty a_{i+k} X_i X_k,$$

on pourra écrire immédiatement la fraction continue F'. En effet, dans cette fraction continue figurent seulement les quantités

$$c_0, \quad c_1 c_2, \quad c_3 c_4, \quad c_5 c_6, \quad \ldots$$

et

$$c_1, \quad c_2 + c_3, \quad c_4 + c_5, \quad \ldots.$$

Les premières sont connues immédiatement. Quant aux autres, il suffit d'observer que

$$a_{n,n+1} = c_1 + c_2 + \ldots + c_{2n+1},$$

pour en conclure

$$c_1 = a_{0,1}, \qquad c_2 + c_3 = a_{1,2} - a_{0,1}, \qquad c_4 + c_5 = a_{2,3} - a_{1,2}, \qquad \ldots.$$

Sous une forme légèrement modifiée, nous pouvons dire:

II. Si l'on a identiquement

$$\begin{aligned}\sum_0^\infty \sum_0^\infty a_{i+k} \, X_i X_k = \varepsilon_0 [X_0 + \alpha_1 \, X_1 + \alpha_2 \, X_2 + \ldots]^2 \\ + \varepsilon_1 [X_1 + \beta_2 \, X_2 + \ldots]^2 \\ + \varepsilon_2 [X_2 + \gamma_3 X_3 + \ldots]^2 \\ + \ldots\ldots\ldots,\end{aligned}$$

on a en même temps

$$\frac{a_0}{x} - \frac{a_1}{x^2} + \frac{a_2}{x^3} - \frac{a_3}{x^4} + \ldots = \cfrac{\varepsilon_0}{x + \alpha_1 - \cfrac{\varepsilon_1 : \varepsilon_0}{x + \beta_2 - \alpha_1 - \cfrac{\varepsilon_2 : \varepsilon_1}{x + \gamma_3 - \beta_2 - \ldots}}}$$

6. Nous allons donner maintenant quelques applications de ces théorèmes. Considérons pour cela le développement

$$(\text{séc}\, x)^k = a_0 + \frac{a_1}{1.2} x^2 + \frac{a_3}{1.2.3.4} x^4 + \ldots.$$

On trouve facilement

$$a_0 = 1, \quad a_1 = k, \quad a_2 = 2k + 3k^2, \quad a_3 = 16k + 30k^2 + 15k^3, \quad \ldots.$$

Généralement a_n est un polynôme du degré n en k; mais la loi de ces polynômes est très compliquée. Nous allons voir que la réduction en fraction continue de

$$\frac{a_0}{x} - \frac{a_1}{x^2} + \frac{a_2}{x^3} - \dots$$

conduit à des expressions très simples pour les c_n.

Soit

$$f(x) = (\text{séc}\, x)^k;$$

en calculant les dérivées successives f', f'', ..., on obtient

$$\begin{aligned} f' &= k\,(\text{séc}\, x)^k \,\text{tang}\, x, \\ f'' &= (\text{séc}\, x)^k [k + (k + k^2)\,\text{tang}^2 x], \\ &\dots\dots\dots \end{aligned}$$

Posons, pour abréger,

$$\text{tang}^2 x = z;$$

on voit facilement que l'on aura généralement

$$\begin{aligned} f^{(2m)} &= (\text{séc}\, x)^k \varphi_m, \\ f^{(2m+1)} &= (\text{séc}\, x)^k \,\text{tang}\, x\, \psi_m, \end{aligned}$$

φ_m et ψ_m étant des polynômes du degré m en z.

En prenant les dérivées, on trouve les relations

$$\begin{aligned} \psi_m &= 2(1+z)\varphi'_m + k\varphi_m, \\ \varphi_{m+1} &= 2z(1+z)\psi'_m + [1 + (1+k)z]\psi_m. \end{aligned}$$

Nous désignons ici par φ'_m, ψ'_m les dérivées de φ_m et de ψ_m par rapport à z. Ces relations permettent de calculer de proche en proche les polynômes φ et ψ, et si nous posons maintenant

$$\begin{aligned} \varphi_m &= \alpha_{m,0} + k(k+1)\alpha_{m,1} z + k(k+1)(k+2)(k+3)\alpha_{m,2} z^2 + \dots, \\ \psi_m &= k\beta_{m,0} + k(k+1)(k+2)\beta_{m,1} z + k(k+1)(k+2)(k+3)(k+4)\beta_{m,2} z^2 + \dots, \end{aligned}$$

il en résulte les relations suivantes

$$\begin{aligned} \beta_{m,0} &= \alpha_{m,0} + 2(k+1)\alpha_{m,1}, \\ \beta_{m,1} &= \alpha_{m,1} + 4(k+3)\alpha_{m,2}, \\ \beta_{m,2} &= \alpha_{m,2} + 6(k+5)\alpha_{m,3}, \\ &\dots\dots\dots, \\ \beta_{m,i} &= \alpha_{m,i} + (2i+2)(k+2i+1)\alpha_{m,i+1}; \end{aligned}$$

et

$$\begin{aligned} a_{m+1,0} &= k\,\beta_{m,0}, \\ a_{m+1,1} &= \beta_{m,0} + 3(k+2)\,\beta_{m,1}, \\ a_{m+1,2} &= \beta_{m,1} + 5(k+4)\,\beta_{m,2}, \\ &\dots\dots\dots\dots\dots\dots, \\ a_{m+1,i} &= \beta_{m,i-1} + (2i+1)(k+2i)\,\beta_{m,i}. \end{aligned}$$

En comparant ces relations avec l'algorithme que nous avons exposé dans le n° 3, on reconnaît que les quantités $a_{i,k}$, $\beta_{i,k}$ sont exactement celles qu'on aurait obtenues là en partant des valeurs

$$c_1 = 1\,.\,k, \quad c_2 = 2(k+1), \quad c_3 = 3(k+2), \quad \dots, \quad c_n = n(k+n-1),$$

et l'on en conclut, sans la moindre difficulté,

$$\frac{a_0}{x} - \frac{a_1}{x^2} + \frac{a_2}{x^3} - \dots = \cfrac{1}{x + \cfrac{1\,.\,k}{1 + \cfrac{2(k+1)}{x + \cfrac{3(k+2)}{1 + \dots}}}}$$

En remarquant que

$$\left(\frac{2}{e^z + e^{-z}}\right)^k = a_0 - \frac{a_1}{1\,.\,2} z^2 + \frac{a_2}{1\,.\,2\,.\,3\,.\,4} z^4 - \dots$$

et que, par conséquent, l'intégrale

$$\int_0^\infty \left(\frac{2}{e^z + e^{-z}}\right)^k e^{-xz}\,dz$$

donne ce développement (divergent)

$$\frac{a_0}{x} - \frac{a_1}{x^3} + \frac{a_2}{x^5} - \frac{a_3}{x^7} + \dots,$$

on obtient enfin ce résultat

$$(10) \quad \dots \quad \int_0^\infty \left(\frac{2}{e^z + e^{-z}}\right)^k e^{-xz}\,dz = \cfrac{1}{x + \cfrac{1\,.\,k}{x + \cfrac{2(k+1)}{x + \cfrac{3(k+2)}{x + \dots}}}}$$

Nous nous bornerons ici à considérer la transformation de la série en fraction continue au point de vue purement formel. Dans une autre occasion, nous ferons voir que la fraction continue que nous venons d'obtenir est convergente et représente effectivement l'intégrale si l'on suppose $x > 0$, $k > 0$.

Notons, en passant, le cas particulier $k = -n$, n étant un nombre entier positif. La formule (10) se réduit alors à cette identité algébrique

$$\frac{(n)_0}{x+n} + \frac{(n)_1}{x+n-2} + \frac{(n)_2}{x+n-4} + \ldots + \frac{(n)_n}{x-n} = \cfrac{2}{x - \cfrac{1 \cdot n}{x - \cfrac{2(n-1)}{x - \ldots - \cfrac{n \cdot 1}{x}}}}.$$

7. Nous allons donner maintenant une application du théorème II. Considérons pour cela la fonction

$$f = \sin \operatorname{am} x,$$

le module étant k comme d'ordinaire. En calculant les dérivées successives, on voit qu'on a

$$(11) \quad \ldots \quad \begin{cases} f = \sin \operatorname{am} x\,[a_0], \\ f'' = \sin \operatorname{am} x\,[a_1 + b_1 z], \\ f^{(4)} = \sin \operatorname{am} x\,[a_2 + b_2 z + c_2 z^2], \\ f^{(6)} = \sin \operatorname{am} x\,[a_3 + b_3 z + c_3 z^2 + d_3 z^3], \\ \ldots\ldots\ldots\ldots\ldots\ldots, \end{cases}$$

où nous avons posé, pour abréger, $z = k \sin^2 \operatorname{am} x$.

Il est clair ensuite que

$$\sin \operatorname{am} x = \sum_0^\infty \frac{a_n x^{2n+1}}{1 \cdot 2 \cdot 3 \ldots (2n+1)},$$

et, d'après la série de Taylor, on a

$$\tfrac{1}{2}[\sin \operatorname{am}(x+y) + \sin \operatorname{am}(x-y)] = f + f'' \frac{y^2}{1 \cdot 2} + f^{(4)} \frac{y^4}{1 \cdot 2 \cdot 3 \cdot 4} + \ldots,$$

c'est-à-dire, d'après les formules (11),

$$(12) \quad \ldots \quad \tfrac{1}{2}[\sin \operatorname{am}(x+y) + \sin \operatorname{am}(x-y)]$$
$$= \sin \operatorname{am} x \left[a_0 + a_1 \frac{y^2}{1 \cdot 2} + a_2 \frac{y^4}{1 \cdot 2 \cdot 3 \cdot 4} + \ldots\right]$$
$$+ z \sin \operatorname{am} x \left[b_1 \frac{y^2}{1 \cdot 2} + b_2 \frac{y^4}{1 \cdot 2 \cdot 3 \cdot 4} + \ldots\right]$$
$$+ z^2 \sin \operatorname{am} x \left[c_2 \frac{y^4}{1 \cdot 2 \cdot 3 \cdot 4} + \ldots\right]$$
$$+ \ldots\ldots\ldots\ldots$$

D'autre part, on a, d'après les formules d'addition,

$$\tfrac{1}{2}[\sin\operatorname{am}(x+y)+\sin\operatorname{am}(x-y)]$$
$$=\frac{\sin\operatorname{am}x\cos\operatorname{am}y\,\Delta\operatorname{am}y}{1-k^2\sin^2\operatorname{am}x\sin^2\operatorname{am}y}$$
$$=\sin\operatorname{am}x\cos\operatorname{am}y\,\Delta\operatorname{am}y\,\{1+kz\sin^2\operatorname{am}y+k^2z^2\sin^4\operatorname{am}y+\ldots\}.$$

La composition avec (12) fait voir que

$$\begin{aligned}
\cos\operatorname{am}y\,\Delta\operatorname{am}y &= a_0+a_1\frac{y^2}{1.2}+a_2\frac{y^4}{1.2.3.4}+\ldots,\\
k\sin^2\operatorname{am}y\cos\operatorname{am}y\,\Delta\operatorname{am}y &= \phantom{a_0+{}} b_1\frac{y^2}{1.2}+b_2\frac{y^4}{1.2.3.4}+\ldots,\\
k^2\sin^4\operatorname{am}y\cos\operatorname{am}y\,\Delta\operatorname{am}y &= \phantom{a_0+a_1\frac{y^2}{1.2}+{}} c_2\frac{y^4}{1.2.3.4}+\ldots,\\
&\ldots\ldots\ldots\ldots\ldots\ldots;
\end{aligned}$$

d'où l'on conclut, par intégration,

$$(13)\quad \left\{\begin{aligned}
\sin\operatorname{am}y &= a_0y+a_1\frac{y^3}{1.2.3}+a_2\frac{y^5}{1.2.3.4.5}+\ldots,\\
\frac{k}{3}\sin^3\operatorname{am}y &= \phantom{a_0y+{}} b_1\frac{y^3}{1.2.3}+b_2\frac{y^5}{1.2.3.4.5}+\ldots,\\
\frac{k^2}{5}\sin^5\operatorname{am}y &= \phantom{a_0y+a_1\frac{y^3}{1.2.3}+{}} c_2\frac{y^5}{1.2.3.4.5}+\ldots,\\
&\ldots\ldots\ldots\ldots\ldots\ldots
\end{aligned}\right.$$

Si l'on se rappelle que $z=k\sin^2\operatorname{am}x$, on voit que le second membre de la formule (12) peut s'écrire

$$\begin{aligned}
&\left[a_0x+a_1\frac{x^3}{1.2.3}+a_2\frac{x^5}{1.2.3.4.5}+\ldots\right]\times\left[a_0y+a_1\frac{y^3}{1.2.3}+a_2\frac{y^5}{1.2.3.4.5}+\ldots\right]\\
&+3\left[b_1\frac{x^3}{1.2.3}+b_2\frac{x^5}{1.2.3.4.5}+\ldots\right]\times\left[b_1\frac{y^3}{1.2.3}+b_2\frac{y^5}{1.2.3.4.5}+\ldots\right]\\
&+5\left[c_2\frac{x^5}{1.2.3.4.5}+\ldots\right]\times\left[c_2\frac{y^5}{1.2.3.4.5}+\ldots\right]\\
&+\ldots\ldots\ldots,
\end{aligned}$$

tandis que le premier membre est

$$=\frac{1}{2}\sum_0^\infty\frac{a_n}{1.2\ldots(2n+1)}[(x+y)^{2n+1}+(x-y)^{2n+1}].$$

La comparaison de ces deux expressions donne cette relation remarquable

$$a_{i+k} = a_i a_k + 3 b_i b_k + 5 c_i c_k + \ldots$$

ou, ce qui revient au même,

$$\begin{aligned}\sum_0^\infty \sum_0^\infty a_{i+k} X_i X_k = & [a_0 X_0 + a_1 X_1 + a_2 X_2 + \ldots]^2 \\ & + 3[b_1 X_1 + b_2 X_2 + \ldots]^2 \\ & + 5[c_2 X_2 + \ldots]^2 \\ & + \ldots\ldots\ldots\end{aligned}$$

Ayant ainsi obtenu la décomposition en carrés de $\sum_0^\infty \sum_0^\infty a_{i+k} X_i X_k$, on peut écrire immédiatement la réduction en fraction continue de la série $\frac{a_0}{x} - \frac{a_1}{x^2} + \ldots$. Il suffit pour cela de calculer a_0, a_1; b_1, b_2; c_2, c_3, ..., ce qui n'a aucune difficulté, à l'aide des formules (13).

En modifiant légèrement le résultat ainsi obtenu, nous trouvons que, si l'on écrit

$$\sin \operatorname{am} x = a_0 x - a_1 \frac{x^3}{1.2.3} + a_2 \frac{x^5}{1.2.3.4.5} - \ldots,$$

la série (divergente)

$$\frac{a_0}{x^2} - \frac{a_1}{x^4} + \frac{a_2}{x^6} - \frac{a_3}{x^8} + \ldots,$$

qui provient de l'intégrale

$$\int_0^\infty e^{-xz} \sin \operatorname{am} z \, dz,$$

donne la fraction continue (convergente)

$$(14) \quad \ldots \quad \cfrac{1}{x^2 + l - \cfrac{1.2^2.3k^2}{x^2 + 3^2 l - \cfrac{3.4^2.5k^2}{x^2 + 5^2 l - \cfrac{5.6^2.7k^2}{x^2 + 7^2 l - \ldots}}}},$$

en posant, pour abréger, $1 + k^2 = l$.

8. La considération des dérivées successives de

$$\cos \operatorname{am} x, \quad \Delta \operatorname{am} x$$

conduit à des résultats analogues, mais qui offrent encore une application du théorème I.

Soit $f(x) = \cos\text{am}\, x$: en introduisant encore la quantité $z = k\sin^2\text{am}\, x$, les dérivées d'ordre pair se présentent sous la forme suivante

$$(15) \quad \ldots \quad \begin{cases} f \;\; = \cos\text{am}\, x\,[a_0], \\ f'' \; = \cos\text{am}\, x\,[a_1 + b_1 z], \\ f^{(4)} = \cos\text{am}\, x\,[a_2 + b_2 z + c_2 z^2], \\ f^{(6)} = \cos\text{am}\, x\,[a_3 + b_3 z + c_3 z^2 + d_3 z^3], \\ \ldots\ldots\ldots\ldots\ldots\ldots, \end{cases}$$

et il est clair que

$$\cos\text{am}\, x = \sum_0^\infty \frac{a_n x^{2n}}{1.2.3\ldots(2n)}.$$

Le théorème de Taylor donne ensuite

$$\tfrac{1}{2}[\cos\text{am}(x+y) + \cos\text{am}(x-y)] = f + f''\frac{y^2}{1.2} + f^{(4)}\frac{y^4}{1.2.3.4} + \cdots,$$

ou bien, en introduisant les valeurs (15),

$$(16) \quad \ldots \quad \tfrac{1}{2}[\cos\text{am}(x+y) + \cos\text{am}(x-y)]$$

$$\begin{aligned} &= \cos\text{am}\, x\left[a_0 + a_1\frac{y^2}{1.2} + a_2\frac{y^4}{1.2.3.4} + \ldots\right] \\ &\quad + z\cos\text{am}\, x\left[b_1\frac{y^2}{1.2} + b_2\frac{y^4}{1.2.3.4} + \ldots\right] \\ &\quad + z^2\cos\text{am}\, x\left[c_2\frac{y^4}{1.2.3.4} + \ldots\right] \\ &\quad + \ldots\ldots\ldots\ldots \end{aligned}$$

D'autre part, les formules d'addition donnent

$$\begin{aligned} &\tfrac{1}{2}[\cos\text{am}(x+y) + \cos\text{am}(x-y)] \\ &= \frac{\cos\text{am}\, x\cos\text{am}\, y}{1 - k^2\sin^2\text{am}\, x\sin^2\text{am}\, y} \\ &= \cos\text{am}\, x\cos\text{am}\, y\,[1 + kz\sin^2\text{am}\, y + k^2z^2\sin^4\text{am}\, y + \ldots]. \end{aligned}$$

La comparaison avec (16) montre que

$$(17) \quad \left\{ \begin{aligned} \cos \operatorname{am} y &= a_0 + a_1 \frac{y^2}{1.2} + a_2 \frac{y^4}{1.2.3.4} + \dots, \\ k \sin^2 \operatorname{am} y \cos \operatorname{am} y &= \qquad b_1 \frac{y^2}{1.2} + b_2 \frac{y^4}{1.2.3.4} + \dots, \\ k^2 \sin^4 \operatorname{am} y \cos \operatorname{am} y &= \qquad\qquad c_2 \frac{y^4}{1.2.3.4} + \dots, \\ &\dots\dots\dots \end{aligned} \right.$$

On voit par là que le second membre de la formule (16) peut s'écrire

$$\begin{aligned} &\left[a_0 + a_1 \frac{x^2}{1.2} + a_2 \frac{x^4}{1.2.3.4} + \dots\right] \times \left[a_0 + a_1 \frac{y^2}{1.2} + a_2 \frac{y^4}{1.2.3.4} + \dots\right] \\ &\quad + \left[b_1 \frac{x^2}{1.2} + b_2 \frac{x^4}{1.2.3.4} + \dots\right] \times \left[b_1 \frac{y^2}{1.2} + b_2 \frac{y^4}{1.2.3.4} + \dots\right] \\ &\quad\quad + \left[c_2 \frac{x^4}{1.2.3.4} + \dots\right] \times \left[c_2 \frac{y^4}{1.2.3.4} + \dots\right] \\ &\quad\quad\quad + \dots\dots\dots, \end{aligned}$$

et le premier membre est égal à

$$\frac{1}{2} \sum_0^\infty \frac{a_n}{1.2\dots(2n)} [(x+y)^{2n} + (x-y)^{2n}].$$

La comparaison de ces deux expressions conduit à la relation

$$a_{i+k} = a_i a_k + b_i b_k + c_i c_k + \dots,$$

ou, ce qui revient au même,

$$(18) \quad \sum_0^\infty \sum_0^\infty a_{i+k} X_i X_k = \begin{aligned}[t] &[a_0 X_0 + a_1 X_1 + a_2 X_2 + \dots]^2 \\ &+ [b_1 X_1 + b_2 X_2 + \dots]^2 \\ &+ [c_2 X_2 + \dots]^2 \\ &+ \dots\dots \end{aligned}$$

9. La considération des dérivées d'ordre impair de $f = \cos \operatorname{am} x$ va nous donner une formule analogue. On trouve que ces dérivées se présentent sous la forme suivante

$$(19) \quad \left\{ \begin{aligned} f' &= \sin \operatorname{am} x \, \Delta \operatorname{am} x [a_1], \\ f''' &= \sin \operatorname{am} x \, \Delta \operatorname{am} x [a_2 + b_2 z], \\ f^{(5)} &= \sin \operatorname{am} x \, \Delta \operatorname{am} x [a_3 + b_3 z + c_3 z^2], \\ &\dots\dots\dots \end{aligned} \right.$$

Il est à remarquer que a_1, a_2, a_3, ... ont ici les mêmes valeurs que dans les formules (15), mais il n'en est pas de même des b_i, c_i, ... Cette remarque est à peu près évidente, car si l'on prend encore $a_0 = 1$, on tire des formules (19) le développement

$$\cos \operatorname{am} x = \sum_0^\infty \frac{a_n x^{2n}}{1.2\ldots(2n)}.$$

La formule de Taylor donne

$$\tfrac{1}{2}[\cos \operatorname{am}(x+y) - \cos \operatorname{am}(x-y)] = f' \frac{y}{1} + f''' \frac{y^3}{1.2.3} + f^{(5)} \frac{y^5}{1.2.3.4.5} + \ldots,$$

et, si l'on introduit les valeurs (19),

$$\begin{aligned}
(20)\quad & \tfrac{1}{2}[\cos \operatorname{am}(x+y) - \cos \operatorname{am}(x-y)] \\
&= \sin \operatorname{am} x\, \Delta \operatorname{am} x \left[a_1 \frac{y}{1} + a_2 \frac{y^3}{1.2.3} + a_3 \frac{y^5}{1.2.3.4.5} + \ldots\right] \\
&\quad + z \sin \operatorname{am} x\, \Delta \operatorname{am} x \left[b_2 \frac{y^3}{1.2.3} + b_3 \frac{y^5}{1.2.3.4.5} + \ldots\right] \\
&\quad + z^2 \sin \operatorname{am} x\, \Delta \operatorname{am} x \left[c_3 \frac{y^5}{1.2.3.4.5} + \ldots\right] \\
&\quad + \ldots\ldots\ldots\ldots;
\end{aligned}$$

or on a

$$\begin{aligned}
& \tfrac{1}{2}[\cos \operatorname{am}(x+y) - \cos \operatorname{am}(x-y)] \\
&= -\frac{\sin \operatorname{am} x\, \Delta \operatorname{am} x \sin \operatorname{am} y\, \Delta \operatorname{am} y}{1 - k^2 \sin^2 \operatorname{am} x \sin^2 \operatorname{am} y} \\
&= -\sin \operatorname{am} x\, \Delta \operatorname{am} x \sin \operatorname{am} y\, \Delta \operatorname{am} y\, [1 + kz \sin^2 \operatorname{am} y + k^2 z^2 \sin^4 \operatorname{am} y + \ldots]
\end{aligned}$$

donc, par comparaison avec (20),

$$(21)\quad \left\{\begin{aligned}
-\ \sin \operatorname{am} y\, \Delta \operatorname{am} y &= a_1 \frac{y}{1} + a_2 \frac{y^3}{1.2.3} + a_3 \frac{y^5}{1.2.3.4.5} + \ldots, \\
-k \sin^3 \operatorname{am} y\, \Delta \operatorname{am} y &= \phantom{a_1 \frac{y}{1} +}\ b_2 \frac{y^3}{1.2.3} + b_3 \frac{y^5}{1.2.3.4.5} + \ldots, \\
-k^2 \sin^5 \operatorname{am} y\, \Delta \operatorname{am} y &= \phantom{a_1 \frac{y}{1} + b_2 \frac{y^3}{1.2.3} +}\ c_3 \frac{y^5}{1.2.3.4.5} + \ldots, \\
&\ldots\ldots\ldots\ldots\ldots\ldots
\end{aligned}\right.$$

Le second membre de la formule (20) s'écrit donc

$$\begin{aligned}
&-\left[a_1\frac{x}{1}+a_2\frac{x^3}{1.2.3}+a_3\frac{x^5}{1.2.3.4.5}+\ldots\right]\times\left[a_1\frac{y}{1}+a_2\frac{y^3}{1.2.3}+a_3\frac{y^5}{1.2.3.4.5}+\ldots\right]\\
&\quad-\left[b_2\frac{x^3}{1.2.3}+b_3\frac{x^5}{1.2.3.4.5}+\ldots\right]\times\left[b_2\frac{y^3}{1.2.3}+b^3\frac{y^5}{1.2.3.4.5}+\ldots\right]\\
&\qquad-\left[c_3\frac{x^5}{1.2.3.4.5}+\ldots\right]\times\left[c_3\frac{y^5}{1.2.3.4.5}+\ldots\right]\\
&\qquad\quad+\ldots\ldots\ldots,
\end{aligned}$$

tandis que le premier membre est

$$\frac{1}{2}\sum_0^\infty \frac{a_n}{1.2\ldots(2n)}[(x+y)^{2n}-(x-y)^{2n}].$$

On en conclut

$$-a_{i+k+1}=a_{i+1}a_{k+1}+b_{i+1}b_{k+1}+c_{i+1}c_{k+1}+\ldots$$

ou encore

$$\text{(22)}\qquad -\sum_0^\infty\sum_0^\infty a_{i+k+1}X_iX_k=\begin{aligned}[t]&[a_1X_0+a_2X_1+a_3X_2+\ldots]^2\\&+[b_2X_1+b_3X_2+\ldots]^2\\&+[c_3X_2+\ldots]^2\\&+\ldots\ldots\end{aligned}$$

Les décompositions en carrés données par les formules (18) et (22) permettent maintenant d'écrire immédiatement la fraction continue F, qui résulte de la série

$$\frac{a_0}{x}-\frac{a_1}{x^2}+\frac{a_2}{x^3}-\ldots$$

En changeant légèrement les notations, nous écrivons le résultat final ainsi : soit

$$\cos\operatorname{am}x=\beta_0-\beta_1\frac{x^2}{1.2}+\beta_2\frac{x^4}{1.2.3.4}-\ldots$$

alors la série (divergente)

$$\frac{\beta_0}{x}-\frac{\beta_1}{x^3}+\frac{\beta_2}{x^5}-\ldots,$$

qui provient de l'intégrale

$$\int_0^\infty e^{-xz}\cos\operatorname{am}z\,dz,$$

donne la fraction continue (convergente)

$$(23) \quad \ldots\ldots\quad \cfrac{1}{x+\cfrac{1^2}{x+\cfrac{2^2k^2}{x+\ldots+\cfrac{(2n-1)^2}{x+\cfrac{(2n)^2k^2}{x+\ldots}}}}}$$

Et une analyse toute semblable conduit encore à ce résultat que, si l'on écrit

$$\Delta \operatorname{am} x = \gamma_0 - \gamma_1 \frac{x^2}{1.2} + \gamma_2 \frac{x^4}{1.2.3.4} - \ldots,$$

la série (divergente)

$$\frac{\gamma_0}{x} - \frac{\gamma_1}{x^3} + \frac{\gamma_2}{x^5} - \ldots,$$

qui provient de l'intégrale

$$\int_0^\infty e^{-xz}\,\Delta \operatorname{am} z\, dz,$$

donne la fraction continue (convergente)

$$(24) \quad \ldots\ldots\quad \cfrac{1}{x+\cfrac{k^2}{x+\cfrac{2^2}{x+\ldots+\cfrac{(2n-1)^2k^2}{x+\cfrac{(2n)^2}{x+\ldots}}}}}$$

La démonstration que ces fractions continues convergentes représentent effectivement les intégrales dépend de considérations toutes différentes que nous nous réservons de développer dans un autre Mémoire.

LXVIII.

(Bul. Sci. math., Paris, sér. 2, 13, 1889, 170–172.)

Extrait d'une lettre adressée à M. Hermite.

Permettez-moi de vous présenter une remarque que m'a suggérée votre résultat

$$J = \int_0^\infty \int_0^\infty e^{-(ax^2+2bxy+cy^2)}\, dx\, dy = \frac{\arc\cos\left(\frac{b}{\sqrt{ac}}\right)}{2\sqrt{ac-b^2}}.$$

Elle consiste en ce que l'angle

$$\varphi = \arc\cos\left(\frac{b}{\sqrt{ac}}\right), \qquad \cos\varphi = \frac{b}{\sqrt{ac}},$$

qui y figure et qui est compris entre 0 et π, est précisément l'angle qu'on rencontre en représentant géométriquement la forme positive $ax^2 + 2bxy + cy^2$.

Cette remarque m'a conduit à une autre démonstration de votre résultat. Soient (Fig. 1) OU, OV deux axes coordonnées comprenant l'angle φ,

Fig. 1.

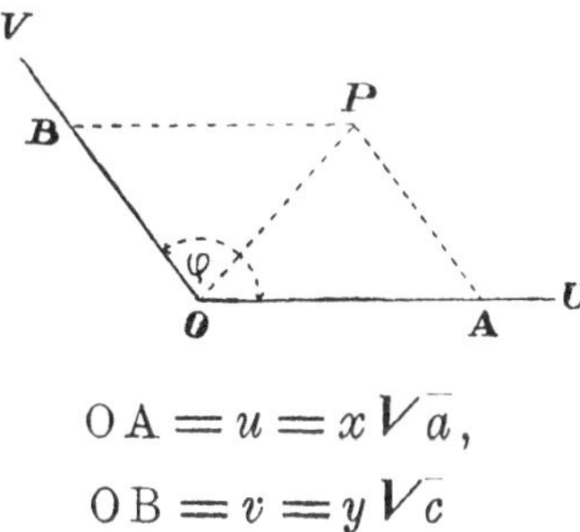

$$OA = u = x\sqrt{a},$$
$$OB = v = y\sqrt{c}$$

les coordonnées d'un point P; on aura

$$\mathrm{OP}^2 = a x^2 + 2 b x y + c y^2$$

et, par suite,

$$\mathrm{J}\sqrt{ac} = \int_0^\infty \int_0^\infty e^{-\mathrm{OP}^2} du\, dv.$$

En multipliant par $\sin\varphi$, $\sin\varphi\, du\, dv$ est l'élément de l'aire plane égale à $d\sigma$; donc

$$\mathrm{J}\sqrt{ac}\sin\varphi = \int\int e^{-\mathrm{OP}^2} d\sigma,$$

l'intégration s'étendant sur l'aire infinie correspondant aux valeurs positives de u et de v.

En introduisant des coordonnées polaires, on aura

$$d\sigma = r\, dr\, d\theta,$$

$$\mathrm{J}\sqrt{ac}\sin\varphi = \int_0^\varphi d\theta \int_0^\infty r e^{-r^2} dr = \tfrac{1}{2}\varphi,$$

$$\mathrm{J} = \frac{\varphi}{2\sqrt{ac}\sin\varphi}.$$

Cette méthode s'applique avec la même facilité au cas de trois variables

$$\mathrm{J} = \int_0^\infty \int_0^\infty \int_0^\infty e^{-\psi} dx\, dy\, dz,$$

$$\psi = a x^2 + b y^2 + c z^2 + 2 a_1 y z + 2 b_1 z x + 2 c_1 x y.$$

Déterminons d'abord trois angles α, β, γ compris entre 0 et π, par les relations

$$\cos\alpha = \frac{a_1}{\sqrt{bc}}, \qquad \cos\beta = \frac{b_1}{\sqrt{ca}}, \qquad \cos\gamma = \frac{c_1}{\sqrt{ab}}.$$

Il est alors possible de construire un trièdre OUVW (Fig. 2) tel, que

$$\widehat{\mathrm{VOW}} = \alpha,$$

$$\widehat{\mathrm{WOU}} = \beta,$$

$$\widehat{\mathrm{UOV}} = \gamma,$$

Fig. 2.

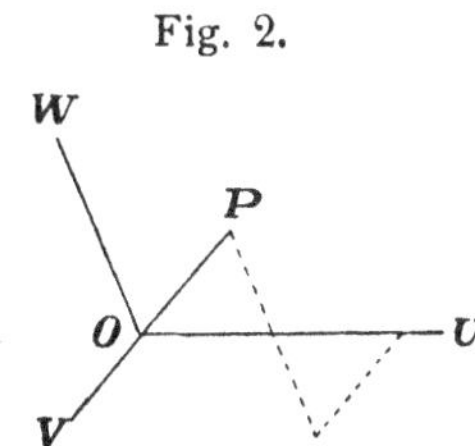

et si

$$u = x\sqrt{a}, \qquad v = y\sqrt{b}, \qquad w = z\sqrt{c}$$

sont les coordonnées d'un point P, on a

$$\mathrm{OP}^2 = \psi,$$

donc

$$\mathrm{J}\sqrt{abc} = \int_0^\infty \int_0^\infty \int_0^\infty e^{-\psi}\, du\, dv\, dw.$$

Mais l'élément de volume de l'espace est

$$d\sigma = k\, du\, dv\, dw,$$

k étant un facteur constant de valeur connue, donc

$$\mathrm{J}\, k\sqrt{abc} = \int\int\int e^{-\psi}\, d\sigma.$$

Fig. 3.

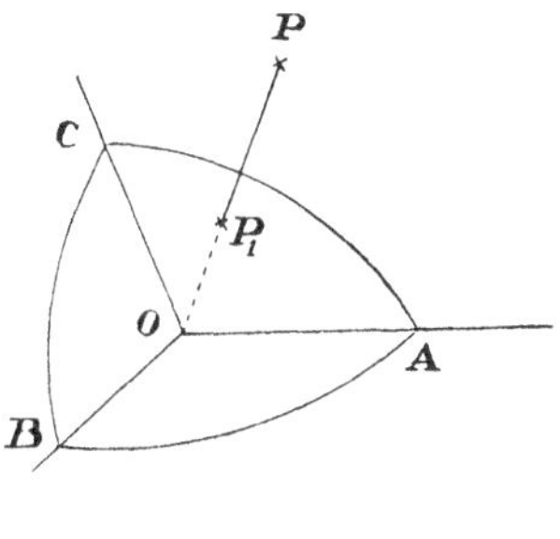

Introduisons d'autres variables et déterminons la position du point P par $\mathrm{OP} = r$ et par la position du point P_1 sur la sphère de rayon 1 dont O est le centre (Fig. 3).

Il n'est pas nécessaire de spécifier la nature des coordonnées à introduire pour déterminer la position de P_1; toujours on aura

$$d\sigma = r^2 d\varrho \times dr,$$

ϱ étant l'élément de l'aire de la surface de la sphère; donc

$$J k \sqrt{abc} = \int d\varrho \int_0^{\infty} e^{-r^2} r^2 dr = S \times \tfrac{1}{4} \sqrt{\pi},$$

$S = \int d\varrho$ étant l'aire du triangle sphérique ABC dont les côtés sont α, β, γ. En écrivant au lieu de k sa valeur, il vient

$$J = \frac{S \times \sqrt{\pi}}{4 \sqrt{D}}, \qquad D = \begin{vmatrix} a & c_1 & b_1 \\ c_1 & b & a_1 \\ b_1 & a_1 & c \end{vmatrix}.$$

LXIX.

(Nouv. ann. math., Paris, sér. 3, 8, 1889, 472—478.)

Sur un passage de la théorie analytique de la chaleur.

La méthode suivie par Fourier pour obtenir le développement

$$(A) \quad . \quad . \quad . \quad 1 = a\cos x + b\cos 3x + c\cos 5x + d\cos 7x + \ldots$$

est très belle, mais elle manque absolument de rigueur, et l'on peut même s'étonner, au premier abord, qu'un tel procédé puisse conduire à un résultat exact.

Fourier pose $x = 0$ dans l'équation (A) et dans celles qu'on en déduit par des différentiations successives. Il obtient ainsi les relations

$$\begin{aligned} 1 &= a + b + c + d + \ldots, \\ 0 &= a + 3^2 b + 5^2 c + 7^2 d + \ldots, \\ 0 &= a + 3^4 b + 5^4 c + 7^4 d + \ldots, \\ 0 &= a + 3^6 b + 5^6 c + 7^6 d + \ldots, \\ &\ldots\ldots\ldots\ldots\ldots\ldots; \end{aligned}$$

n de ces équations lui fournissent les n premiers coefficients en annulant tous ceux qui suivent, et, en prenant ensuite $n = \infty$, on constate que les valeurs obtenues pour a, b, c, d, ... tendent vers des limites déterminées.

C'est ainsi qu'il obtient le résultat cherché

$$\frac{\pi}{4} = \cos x - \frac{1}{3}\cos 3x + \frac{1}{5}\cos 5x - \frac{1}{7}\cos 7x + \ldots.$$

Nous nous proposons dé'tudier de plus près cette méthode.

1. Il est clair que la détermination des a, b, c, d, ... d'après Fourier revient à ceci:

Déterminer les coefficients $a_1, a_2, \ldots, a_n$ de manière que le développement de

$$\varphi_n(x) = a_1 \cos x + a_2 \cos 3x + \ldots + a_n \cos(2n-1)x$$

soit de cette forme

$$\varphi_n(x) = 1 + k_n x^{2n} + k_{n+1} x^{2n+2} + \ldots.$$

Pour obtenir $\varphi_n(x)$ et en même temps une expression simple de $1 - \varphi_n(x)$, nous remarquons que l'identité

$$(2i \sin x)^{2n-1} = (e^{ix} - e^{-ix})^{2n-1}$$

donne facilement, en développant le second membre,

$$(1)\quad \left\{ \begin{aligned} (\sin x)^{2n-1} = \mathrm{A}_n \Big[\sin x - \frac{n-1}{n+1} \sin 3x + \frac{(n-1)(n-2)}{(n+1)(n+2)} \sin 5x - \\ - \frac{(n-1)(n-2)(n-3)}{(n+1)(n+2)(n+3)} \sin 7x + \ldots \Big], \end{aligned} \right.$$

$$\mathrm{A}_n = \frac{3.5.7\ldots(2n-1)}{4.6.8\ldots(2n)}.$$

On en conclut

$$(2)\left\{ \begin{aligned} &\int_0^x (\sin x)^{2n-1}\,dx = \\ &= \mathrm{B}_n - \mathrm{A}_n \Big[\cos x - \frac{1}{3}\frac{n-1}{n+1} \cos 3x + \frac{1}{5}\frac{(n-1)(n-2)}{(n+1)(n+2)} \cos 5x - \ldots \Big], \end{aligned} \right.$$

$$\mathrm{B}_n = \int_0^{\frac{\pi}{2}} (\sin x)^{2n-1}\,dx = \frac{2.4.6\ldots(2n-2)}{3.5.7\ldots(2n-1)}.$$

Or il est clair que le développement de

$$\int_0^x (\sin x)^{2n-1}\,dx$$

commence par un terme en x^{2n}: donc on a nécessairement

$$(3)\quad \left\{ \begin{aligned} \varphi_n(x) = \frac{\mathrm{A}_n}{\mathrm{B}_n} \Big[\cos x - \frac{1}{3}\frac{n-1}{n+1} \cos 3x + \\ + \frac{1}{5}\frac{(n-1)(n-2)}{(n+1)(n+2)} \cos 5x - \ldots \Big], \end{aligned} \right.$$

$$(4)\quad 1 - \varphi_n(x) = \int_0^x (\sin x)^{2n-1}\,dx : \int_0^{\frac{\pi}{2}} (\sin x)^{2n-1}\,dx.$$

Fourier n'a pas donné explicitement l'expression de $\varphi_n(x)$, mais on peut la déduire facilement de ses formules et constater l'identité avec la formule (3). On a notamment

$$\frac{A_n}{B_n} = \frac{3^2 . 5^2 . 7^2 \ldots (2n-1)^2}{(3^2-1)(5^2-1)(7^2-1)\ldots[(2n-1)^2-1)]}$$

et il est facile de conclure, d'après la formule de Wallis,

$$(5) \quad \ldots \ldots \quad \lim \frac{A_n}{B_n} = \frac{4}{\pi}.$$

2. Supposons que x soit compris entre $\pm \frac{\pi}{2}$ (sans atteindre une de ces limites), la formule (4) permettra facilement de conclure

$$\lim [1 - \varphi_n(x)] = 0, \qquad n = \infty.$$

En effet, soit

$$C_n = \int_0^x (\sin x)^{2n-1} dx,$$

il est clair que

$$C_{n+1} < C_n \sin^2 x$$

et

$$B_{n+1} = \frac{2n}{2n+1} B_n,$$

donc

$$\frac{1 - \varphi_{n+1}(x)}{1 - \varphi_n(x)} = \frac{C_{n+1}}{B_{n+1}} : \frac{C_n}{B_n} < \left(1 + \frac{1}{2n}\right) \sin^2 x,$$

λ étant un nombre fixe compris entre $\sin^2 x$ et 1, le rapport

$$[1 - \varphi_{n+1}(x)] : [1 - \varphi_n(x)]$$

sera donc constamment inférieur à λ à partir d'une valeur suffisamment grande de n, d'où l'on conclut

$$(6) \quad \ldots \ldots \quad \lim [1 - \varphi_n(x)] = 0, \qquad n = \infty.$$

On verra de la même façon que

$$(7) \quad \ldots \ldots \quad \lim \frac{1}{A_n} \int_0^x (\sin x)^{2n-1} dx = 0.$$

Or on a

$$\frac{1}{A_n}\int_0^x (\sin x)^{2n-1}\,dx = \frac{B_n}{A_n} - \left(\cos x - \frac{1}{3}\frac{n-1}{n+1}\cos 3x + \ldots\right)$$

et

$$\lim \frac{B_n}{A_n} = \frac{\pi}{4}.$$

Donc, pour achever la démonstration de la formule

$$\frac{\pi}{4} = \cos x - \frac{1}{3}\cos 3x + \frac{1}{5}\cos 5x - \ldots$$

il suffira de faire voir qu'en posant

$$S = \cos x - \frac{1}{3}\cos 3x + \frac{1}{5}\cos 5x - \ldots,$$

$$S' = \cos x - \frac{1}{3}\frac{n-1}{n+1}\cos 3x + \frac{1}{5}\frac{(n-1)(n-2)}{(n+1)(n+2)}\cos 5x - \ldots,$$

on a

$$\lim (S - S') = 0, \qquad n = \infty.$$

3. Remarquons d'abord qu'en écrivant

$$S' = a_1 \cos x - a_3 \cos 3x + a_5 \cos 5x - \ldots,$$

les coefficients a_1, a_3, a_5, ... sont positifs et vont en diminuant.

Soit, m étant un entier impair,

$$R_m = \frac{1}{m}\cos mx - \frac{1}{m+2}\cos(m+2)x + \ldots \pm \frac{1}{m+2k}\cos(m+2k)x,$$

$$R'_m = a_m \cos mx - a_{m+2}\cos(m+2)x + \ldots \pm a_{m+2k}\cos(m+2k)x.$$

On aura

$$\begin{aligned} 2R'_m \cos x = {} & a_m \cos(m-1)x + (a_m - a_{m+2})\cos(m+1)x - \\ & -(a_{m+2} - a_{m+4})\cos(m+3)x \\ & + \ldots\ldots\ldots\ldots\ldots\ldots \\ & \mp (a_{m+2k-2} - a_{m+2k})\cos(m+2k-1)x \\ & \pm a_{m+2k}\cos(m+2k+1)x; \end{aligned}$$

d'où l'on conclut qu'en valeur absolue

$$\begin{aligned} |2R'_m \cos x| < {} & a_m + (a_m - a_{m+2}) + \\ & + (a_{m+2} - a_{m+4}) + \ldots + (a_{m+2k-2} - a_{m+2k}) + a_{m+2k}, \end{aligned}$$

(8) . . . . $|R'_m| < \frac{a_m}{\cos x} < \frac{1}{m \cos x}$

et de la même façon

(9) . . . . $|R_m| < \frac{1}{m \cos x}$.

Cette dernière relation montre que la série S est convergente.

4. Cela étant, soit ε un nombre positif donné aussi petit qu'on voudra. Il faut montrer qu'il est possible de trouver un entier N tel que, pour

$$n \geqq N,$$

on ait toujours

$$|S - S'| < \varepsilon.$$

Il est bien entendu qu'on suppose que x a une valeur fixe comprise entre $\pm \frac{\pi}{2}$.

Voici comment on peut trouver ce nombre N. Décomposons d'abord d'une manière quelconque ε en deux parties également positives:

$$\varepsilon = \varepsilon' + \varepsilon''$$

et prenons un nombre entier impair m tel que

$$m > \frac{2}{\varepsilon'' \cos x}.$$

En écrivant alors

$$S = \cos x - \frac{1}{3} \cos 3x + \ldots \pm \frac{1}{m-2} \cos (m-2) x \pm R_m,$$

$$S' = a_1 \cos x - a_3 \cos 3x + \ldots \pm a_{m-2} \cos (m-2) x \pm R'_m,$$

on aura, d'après les limitations (8) et (9),

$$|R_m| < \frac{1}{2} \varepsilon'',$$

$$|R'_m| < \frac{1}{2} \varepsilon''.$$

D'autre part, en faisant croître indéfiniment l'entier n, l'expression

$$a_1 \cos x - a_3 \cos 3x + \ldots \pm a_{m-2} \cos (m-2) x$$

tend vers

$$\cos x - \frac{1}{3}\cos 3x + \ldots \pm \frac{1}{m-2}\cos(m-2)x.$$

On peut donc déterminer un entier N tel que, pour

$$n \geqq \mathrm{N},$$

la différence de ces deux expressions soit inférieure à ε', et il est visible que, pour ces valeurs de n, on aura

$$|\mathrm{S} - \mathrm{S}'| < \varepsilon' + \varepsilon'' = \varepsilon.$$

La formule

$$\frac{\pi}{4} = \cos x - \frac{1}{3}\cos 3x + \frac{1}{5}\cos 5x - \ldots$$

est ainsi démontrée rigoureusement; il faut supposer x compris entre $\pm\frac{\pi}{2}$.

5. On peut obtenir d'une façon analogue le développement

$$\frac{1}{2}x = \frac{1}{2}\sin 2x - \frac{1}{4}\sin 4x + \frac{1}{6}\sin 6x - \ldots$$

On déterminera d'abord une expression

$$\Psi_n(x) = a_1 \sin 2x + a_2 \sin 4x + \ldots + a_n \sin 2nx,$$

par la condition que le développement de $\Psi_n(x)$ soit de cette forme

$$\Psi_n(x) = x + k_n x^{2n+1} + k_{n+1} x^{2n+3} + \ldots$$

On obtient immédiatement la valeur de $\Psi_n(x)$ en remarquant que

$$\Psi_n(x) - x$$

ne peut différer que par un facteur constant de

$$\int_0^x (\sin x)^{2n}\, dx,$$

et la suite du raisonnement est tout à fait semblable à ce que nous venons d'exposer en détail.

LXX.

(J. Math., Paris, sér. 4, 5, 1889, 425—444)

Sur le développement de log $\Gamma(a)$.

Le but principal de ce travail est de donner une nouvelle déduction de la formule (formule de Stirling)

$$\log \Gamma(a) = (a - \tfrac{1}{2}) \log a - a + \tfrac{1}{2} \log (2\pi) + \\ + \frac{B_1}{1 \cdot 2a} - \frac{B_2}{3 \cdot 4a^3} + \frac{B_3}{5 \cdot 6a^5} + \dots$$

et de faire ressortir que le second membre représente asymptotiquement la valeur de $\log \Gamma(a)$ (dans un sens que nous préciserons plus loin), même dans le cas où la valeur de a est imaginaire, la partie réelle de a étant négative.

Les intégrales définies que l'on a jusqu'ici introduites dans cette théorie présentent toutes cette particularité qu'elles ne sont valables qu'en supposant la partie réelle de a positive et ne conviennent donc pas à notre but.

1. Il n'entre pas dans nos intentions de reprendre toute la théorie de la fonction Γ; mais, pour mieux caractériser notre point de vue, il semble convenable de donner une déduction rapide de toutes les formules dont nous aurons besoin.

Nous adopterons comme définition cette formule

$$(1) \quad . \quad . \quad . \quad . \quad \Gamma(a) = \lim \frac{1 \cdot 2 \dots (n-1)}{a(a+1)(a+2)\dots(a+n-1)} n^a; \\ (n = \infty)$$

d'où l'on conclut immédiatement

$$\Gamma(a+1) = a\,\Gamma(a) \tag{2}$$

et

$$\Gamma(1) = 1, \qquad \Gamma(n) = 1\,.\,2\,.\,3\ldots(n-1).$$

Par conséquent, la formule (1) peut s'écrire

$$\Gamma(a) = \lim_{(n=\infty)} \frac{\Gamma(n)\,\Gamma(a)}{\Gamma(a+n)}\,n^a,$$

donc

$$\lim_{(n=\infty)} \frac{\Gamma(n+a)}{n^a\,\Gamma(n)} = 1. \tag{3}$$

Une autre propriété qui découle immédiatement de la définition adoptée est celle-ci

$$\Gamma(a)\,\Gamma(1-a) = \frac{\pi}{\sin(\pi a)}. \tag{4}$$

Des formules (2) et (4) on déduit encore

$$\Gamma(a)\,\Gamma(-a) = \frac{-\pi}{a\sin(\pi a)},$$

$$\Gamma(\tfrac{1}{2}+a)\,\Gamma(\tfrac{1}{2}-a) = \frac{\pi}{\cos(\pi a)}.$$

Remplaçons ici a par ui, u étant réel; on en conclura

$$\left\{\begin{aligned} \mathrm{mod}\,\Gamma(ui) &= \sqrt{\frac{2\pi}{u(e^{\pi u}-e^{-\pi u})}}, \\ \mathrm{mod}\,\Gamma(\tfrac{1}{2}+ui) &= \sqrt{\frac{2\pi}{e^{\pi u}+e^{-\pi u}}}. \end{aligned}\right. \tag{5}$$

2. Nous avons à considérer maintenant la fonction $\log \Gamma(a)$. C'est là une fonction qui n'est pas uniforme comme l'était $\Gamma(a)$. Mait il suffira de considérer une branche particulière de $\log \Gamma(a)$, et, pour la préciser, nous supposerons d'abord que $\log \Gamma(a)$ est réel lorsque a est

réel et positif. Ensuite nous limiterons la marche de la variable par la condition qu'elle ne traversera jamais la partie négative de l'axe des abscisses: nous avons ainsi une coupure de 0 à $-\infty$. De cette façon $\log \Gamma(a)$ a une valeur unique et bien déterminée dans tout le plan, à l'exception des points de la coupure.

Pour ces points particuliers, $\log \Gamma(a)$ a deux valeurs selon que l'on arrive à un tel point par un chemin tracé dans la motié supérieure ou inférieure du plan. L'axe des abscisses divise le plan en deux parties: nous désignons ici par moitié supérieure du plan cette partie où se trouve le point $+i$. La notation

$$\log \overset{+}{\Gamma}(a), \qquad \log \overset{-}{\Gamma}(a)$$

servira à distinguer les deux valeurs de $\log \Gamma(a)$ aux bords de la coupure. Il est clair que la fonction $\log \Gamma(a)$, telle que nous venons de la définir, prend des valeurs conjuguées pour deux valeurs de a qui sont conjuguées. Par conséquent, la différence

$$\log \overset{+}{\Gamma}(a) - \log \overset{-}{\Gamma}(a)$$

sera purement imaginaire. Il est facile d'obtenir cette différence. En supposant

$$a = -n + \xi,$$
$$(0 < \xi < 1)$$

n étant entier et positif, la définition de $\Gamma(a)$ permet de conclure immédiatement

$$(6) \quad \ldots\ldots \quad \log \overset{+}{\Gamma}(a) - \log \overset{-}{\Gamma}(a) = -2\pi i \times n.$$

3. Considérons de même la fonction $\log a$ en limitant la marche de la variable comme dans le cas de $\log \Gamma(a)$: on a

$$\log \overset{+}{a} - \log \overset{-}{a} = +2\pi i,$$

donc

$$(7) \quad \ldots \quad (a - \tfrac{1}{2}) \log \overset{+}{a} - (a - \tfrac{1}{2}) \log \overset{-}{a} = -2\pi i [n + \tfrac{1}{2} - \xi].$$

Posons

$$\log \Gamma(a) - (a - \tfrac{1}{2}) \log a = f(a),$$

on aura

$$(8) \quad \ldots\ldots \quad f(\overset{+}{a}) - f(\overset{-}{a}) = 2\pi i [\tfrac{1}{2} - \xi]$$

On voit que cette différence est indépendante de n et se reproduit ainsi périodiquement le long de la coupure.

Définissons maintenant une fonction d'une variable réelle x ainsi

$$(9) \quad \ldots\ldots \quad \begin{cases} P(x) = \tfrac{1}{2} - x, \\ P(x+1) = P(x), \\ (0 < x < 1) \end{cases}$$

et posons

$$(10) \quad \ldots\ldots \quad J(a) = \int_0^\infty \frac{P(x)}{x+a}\, dx.$$

Nous définissons ainsi une fonction qui existe dans tout le plan, mais qui admet comme coupure la partie négative de l'axe des abscisses.

La différence des valeurs de $J(a)$ aux deux bords de la coupure s'obtient immédiatement à l'aide de la formule de M. Hermite (Journal de Borchardt, t. 91, p. 65)

$$(11) \quad \ldots\ldots \quad J(\overset{+}{a}) - J(\overset{-}{a}) = 2\pi i [\tfrac{1}{2} - \xi].$$

L'inspection des formules (8) et (11) conduit à considérer la différence $f(a) - J(a)$; posons donc

$$(12) \quad \ldots\ldots \quad \varphi(a) = \log \Gamma(a) - (a - \tfrac{1}{2}) \log a - J(a);$$

on aura

$$\varphi(\overset{+}{a}) - \varphi(\overset{-}{a}) = 0,$$

c'est-à-dire que la fonction $\varphi(a)$ est uniforme dans le vrai sens du mot, sans limiter la marche de la variable. Il est facile à voir aussi que $\varphi(a)$ reste toujours finie et est, par conséquent, holomorphe dans tout le plan.

Mais il n'est pas nécessaire d'insister sur ce point, car nous allons voir qu'on obtient facilement l'expression explicite de cette fonction $\varphi(a)$.

4. Pour cela, il est nécessaire d'étudier d'abord la fonction $J(a)$. Si l'on écrit

$$J(a) = \int_0^1 \frac{P(x)}{x+a}\,dx + \int_1^2 \frac{P(x)}{x+a}\,dx + \int_2^3 \frac{P(x)}{x+a}\,dx + \ldots,$$

on a, d'après la définition de $P(x)$,

$$(13) \quad \ldots\ldots\ldots \quad J(a) = \sum_0^\infty \int_0^1 \frac{\frac{1}{2} - x}{x+a+n}\,dx,$$

c'est-à-dire

$$(14) \quad \ldots \quad J(a) = \sum_0^\infty \left[(a+n+\tfrac{1}{2}) \log\left(\frac{a+n+1}{a+n}\right) - 1\right],$$

et il est clair qu'on a

$$(15) \quad \ldots\ldots \quad J(a) - J(a+1) = (a+\tfrac{1}{2}) \log\left(\frac{a+1}{a}\right) - 1.$$

L'équation (14) peut donc s'écrire

$$J(a) = \sum_0^\infty [J(a+n) - J(a+n+1)],$$

donc

$$(16) \quad \ldots\ldots\ldots\ldots \quad \lim_{(n=\infty)} J(a+n) = 0.$$

5. Les formules (15) et (16) nous permettent de reconnaître sans difficulté la nature de la fonction $\varphi(a)$. En effet, nous calculons d'abord

$$\varphi(a+1) - \varphi(a) = \log a - (a+\tfrac{1}{2}) \log(a+1) + (a-\tfrac{1}{2}) \log a - J(a+1) + J(a),$$

c'est-à-dire, d'après (15),

$$\varphi(a+1) - \varphi(a) = -1.$$

Donc, si nous posons

$$\varphi(a) = -a + \psi(a),$$

c'est-à dire

(17) . . . . $\psi(a) = \log \Gamma(a) - (a - \frac{1}{2}) \log a + a - \mathrm{J}(a)$,

la fonction $\psi(a)$ admettra la période 1

$$\psi(a+1) = \psi(a).$$

Soit n un entier positif, on aura

$$\begin{aligned} &\psi(a+n) - \psi(n) = \\ &\quad = \log \Gamma(a+n) - \log \Gamma(n) - (a + n - \tfrac{1}{2}) \log (a+n) + \\ &\quad\quad + (n - \tfrac{1}{2}) \log n + a - \mathrm{J}(a+n) + \mathrm{J}(n). \end{aligned}$$

Faisons croître indéfiniment l'entier n, à cause de la périodicité de la fonction ψ, le premier membre ne varie pas et reste égal à

$$\psi(a) - \psi(0).$$

Pour avoir la limite du second membre, il suffit de remarquer que, d'après (3),

$$\lim [\log \Gamma(a+n) - \log \Gamma(n) - a \log n] = 0 \quad (n = \infty)$$

et, d'après (16),

$$\lim \mathrm{J}(a+n) = \lim \mathrm{J}(n) = 0, \quad (n = \infty)$$

On obtient ainsi

$$\psi(a) - \psi(0) = 0.$$

La fonction ψ se réduit donc à une constante que nous désignerons par C, et nous obtenons ainsi

(18) . . . . $\log \Gamma(a) = (a - \frac{1}{2}) \log a - a + \mathrm{C} + \mathrm{J}(a)$.

6. Il nous reste à obtenir la valeur de la constante C.

Remarquons d'abord que la valeur de C est évidemment réelle. Cela étant, remplaçons, dans la formule (18), a par ui, u étant réel et positif, et faisons croître indéfiniment u. C étant réel, on pourra négliger la partie purement imaginaire et l'on aura

$$C = \lim. \text{ partie réelle de } [\log \Gamma(ui) - (ui - \tfrac{1}{2}) \log(ui) - J(ui)].$$

Or nous verrons bientôt que

$$(19) \quad \lim J(ui) = 0,$$

et, d'autre part, on a

$$\text{p. r. } (ui - \tfrac{1}{2}) \log(ui) = \text{p. r. } (ui - \tfrac{1}{2}) \left(\log u + \frac{\pi}{2} i\right) = -\tfrac{1}{2} \log u - \frac{\pi u}{2}$$

et, d'après la formule (5),

$$\text{p. r. } \log \Gamma(ui) = \tfrac{1}{2} \log(2\pi) - \tfrac{1}{2} \log u - \tfrac{1}{2} \log(e^{\pi u} - e^{-\pi u});$$

donc

$$C = \lim \tfrac{1}{2} \log(2\pi) - \tfrac{1}{2} \log(1 - e^{-2\pi u}) = \tfrac{1}{2} \log(2\pi)$$

et, définitivement,

$$(20) \quad \log \Gamma(a) = (a - \tfrac{1}{2}) \log a - a + \tfrac{1}{2} \log(2\pi) + J(a).$$

C'est la formule que nous voulions obtenir et qui servira de point de départ à notre déduction du développement de $\log \Gamma(a)$. Elle ne se distingue de la formule qu'on emploie ordinairement dans ce but que par la forme sous laquelle s'est présentée la fonction $J(a)$.

En effet, la formule (10)

$$J(a) = \int_0^\infty \frac{P(x)}{x + a} dx$$

est valable dans tout le plan et admet seulement comme coupure la partie négative de l'axe des abscisses, tandis que les formules de Binet

$$(21) \quad J(a) = \int_0^\infty \left(\frac{1}{1 - e^{-x}} - \frac{1}{x} - \frac{1}{2}\right) \frac{e^{-ax}}{x} dx,$$

$$(22) \quad J(a) = \frac{1}{\pi} \int_0^\infty \frac{a\,dx}{a^2 + x^2} \log\left(\frac{1}{1 - e^{-2\pi x}}\right)$$

supposent essentiellement que la partie réelle de a soit positive.

Cette formule (10) est due à M. Bourguet qui l'a obtenue sous une forme légèrement différente dans un travail inédit, mais dont nous avons eu connaissance.

M. Bourguet obtient, en effet, une formule qui, après un changement de variable, peut s'écrire

$$J(a) = \sum_0^\infty \int_0^\infty \frac{dx}{x+a} \frac{\sin 2n\pi x}{nx},$$

et, comme on a, pour toute valeur réelle de x,

$$(23) \quad \ldots \ldots \quad P(x) = \sum_1^\infty \frac{\sin 2n\pi x}{n\pi},$$

la relation avec la formule (10) est évidente.

7. La formule (16) montre que $J(a)$ tend vers zéro lorsque a croît indéfiniment d'une certaine manière

Il est important de généraliser ce résultat. Pour cela, reprenons la formule (13)

$$J(a) = \sum_0^\infty \int_0^1 \frac{\frac{1}{2}-x}{a+n+x} dx,$$

et remarquons que

$$\int_0^1 \frac{\frac{1}{2}-x}{a+n+x} dx = \int_0^{\frac{1}{2}} \frac{\frac{1}{2}-x}{a+n+x} dx + \int_{\frac{1}{2}}^1 \frac{\frac{1}{2}-x}{a+n+x} dx =$$

$$= \int_0^{\frac{1}{2}} \frac{\frac{1}{2}-x}{a+n+x} dx - \int_0^{\frac{1}{2}} \frac{\frac{1}{2}-x}{a+n+1-x} dx;$$

donc

$$(24) \quad \ldots J(a) = \sum_0^\infty \int_0^{\frac{1}{2}} (\tfrac{1}{2}-x)\left(\frac{1}{a+n+x} - \frac{1}{a+n+1-x}\right) dx$$

ou

$$(25) \quad \ldots \ldots J(a) = \sum_0^\infty \int_0^{\frac{1}{2}} \frac{2(\frac{1}{2}-x)^2 dx}{(a+n+x)(a+n+1-x)}.$$

Supposons d'abord a réel et positif, $J(a)$ l'est aussi, et, à cause de

$$(a+n+x)(a+n+1-x)=(a+n)(a+n+1)+x(1-x),$$

on aura

$$J(a)<\sum_0^\infty \int_0^{\frac{1}{2}} \frac{2(\frac{1}{2}-x)^2\,dx}{(a+n)(a+n+1)}=\frac{1}{12}\sum_0^\infty \frac{1}{(a+n)(a+n+1)},$$

$$J(a)<\frac{1}{12a}.$$

Prenons maintenant, dans la formule (25),

$$a=\mathrm{R}e^{i\theta},$$

R étant positif, et l'argument θ compris entre les limites $\pm\pi$. Il viendra évidemment

$$\operatorname{mod} J(\mathrm{R}e^{i\theta})<\sum_0^\infty \int_0^{\frac{1}{2}} \frac{2(\frac{1}{2}-x)^2\,dx}{\operatorname{mod}(\mathrm{R}e^{i\theta}+n+x)(\mathrm{R}e^{i\theta}+n+1-x)}.$$

Nous remarquons ici que $n+x$ et $n+1-x$ sont réels et positifs. Or, b étant réel et positif, on a

$$\operatorname{mod}(\mathrm{R}e^{i\theta}+b)=\sqrt{(\mathrm{R}+b)^2\cos^2\tfrac{1}{2}\theta+(\mathrm{R}-b)^2\sin^2\tfrac{1}{2}\theta},$$

$$\operatorname{mod}(\mathrm{R}e^{i\theta}+b)>(\mathrm{R}+b)\cos\tfrac{1}{2}\theta,$$

donc

$$\operatorname{mod} J(\mathrm{R}e^{i\theta})<\frac{1}{\cos^2\frac{1}{2}\theta}\sum_0^\infty \int_0^{\frac{1}{2}} \frac{2(\frac{1}{2}-x)^2\,dx}{(\mathrm{R}+n+x)(\mathrm{R}+n+1-x)},$$

c'est-à-dire

$$\operatorname{mod} J(\mathrm{R}e^{i\theta})<\frac{1}{\cos^2\frac{1}{2}\theta}\,J(\mathrm{R})$$

et, à plus forte raison,

$$(26) \quad \ldots\ldots \quad \operatorname{mod} J(\mathrm{R}e^{i\theta})<\frac{1}{12\,\mathrm{R}\cos^2\frac{1}{2}\theta}.$$

On voit par là que, lorsque a croît indéfiniment, $J(a)$ tend, en général, vers zéro. Il ne pourrait y avoir exception que dans le cas où l'argument θ tendrait en même temps vers la limite $+\pi$ ou vers $-\pi$. La formule (19) que nous avons admise provisoirement est aussi une conséquence immédiate de la limitation que nous venons d'obtenir.

8. Considérons maintenant le développement de $J(a)$ suivant les puissances descendantes de a. Si dans la formule (10), nous remplaçons $P(x)$ par son développement en série trigonométrique (23), on aura

$$J(a)=\int_0^\infty \left(\sum_1^\infty \frac{\sin 2n\pi x}{n\pi}\right)\frac{dx}{x+a},$$

et, en intégrant par parties $2k-1$ ou $2k$ fois, on obtient

$$(27)\quad J(a)=\frac{B_1}{1.2a}-\frac{B_2}{3.4a^3}+\ldots+(-1)^{k-1}\frac{B_k}{(2k-1)(2k)a^{2k-1}}+J_k(a),$$

le terme complémentaire $J_k(a)$ se présentant sous l'une des deux formes suivantes:

$$(28)\quad \left\{\begin{aligned} J_k(a)&=(-1)^k.1.2\ldots(2k-1)\int_0^\infty\left[\sum_1^\infty\frac{\cos 2n\pi x}{2^{2k-1}(n\pi)^{2k}}\right]\frac{dx}{(x+a)^{2k}},\\ J_k(a)&=(-1)^k.1.2\ldots(2k)\int_0^\infty\left[\sum_1^\infty\frac{\sin 2n\pi x}{2^{2k}(n\pi)^{2k+1}}\right]\frac{dx}{(x+a)^{2k+1}}.\end{aligned}\right.$$

Les nombres de Bernoulli s'introduisent dans la formule (27), par suite de la relation

$$1.2\ldots(2k)\sum_1^\infty\frac{1}{n^{2k}}=2^{2k-1}\pi^{2k}B_k.$$

Posons

$$P_k(x)=(-1)^k.1.2\ldots(2k)\sum_1^\infty\frac{\sin 2n\pi x}{2^{2k}(n\pi)^{2k+1}},$$

on a évidemment

$$P_k(x+1)=P_k(x),$$

et la seconde des formules (28) peut s'écrire

$$(29) \quad . \quad . \quad . \quad . \quad . \quad . \quad . \quad . \quad J_k(a) = \int_0^{\infty} \frac{P_k(x)}{(x+a)^{2k+1}} dx$$

ou encore

$$(30) \quad . \quad . \quad . \quad . \quad J_k(a) = \int_0^1 P_k(x) \sum_0^{\infty} \frac{1}{(a+n+x)^{2k+1}} dx.$$

Si l'on remarque que

$$P_k(1-x) = -P_k(x),$$

on déduit facilement de (30) cette formule

$$(31) \quad J_k(a) = \int_0^{\frac{1}{2}} P_k(x) \sum_0^{\infty} \left[\frac{1}{(a+n+x)^{2k+1}} - \frac{1}{(a+n+1-x)^{2k+1}}\right] dx.$$

Ces diverses formules présentent la plus grande analogie avec les formules (10), (13), (24). Il faut remarquer, en effet, que dans l'intervalle $0 < x < 1$, $P_k(x)$ est un polynôme du degré $2k+1$ en x dont l'expression est bien connue.

Il est clair aussi que

$$J_k(a) - J_k(a+1) = \int_0^1 \frac{P_k(x)}{(a+x)^{2k+1}} dx;$$

la valeur explicite de cette différence se déduit des formules (27) et (15).

9. Nous allons chercher maintenant une limite supérieure pour le module de $J_k(Re^{i\theta})$. La première des formules (28) conduit facilement au but: il suffit de remarquer que

$$1.2\ldots(2k-1) \sum_1^{\infty} \frac{\cos 2n\pi x}{2^{2k-1}(n\pi)^{2k}} \leqq \frac{1.2\ldots(2k-1)}{2^{2k-1}\pi^{2k}} \sum_1^{\infty} \frac{1}{n^{2k}} = \frac{B_k}{2k}$$

et

$$\bmod(x+Re^{i\theta}) > (x+R)\cos\tfrac{1}{2}\theta$$

pour obtenir immédiatement

$$(32) \quad \ldots \quad \operatorname{mod} J_k(\mathrm{R}e^{i\theta}) < \frac{B_k}{(2k-1)\,2k\,\mathrm{R}^{2k-1}} (\text{séc}\, \tfrac{1}{2}\theta)^{2k}.$$

Pour obtenir une autre limitation, nous déduisons de la seconde des formules (28) par une intégration par parties

$$(33) \quad J_k(a) = (-1)^k . 1 . 2 \ldots (2k+1) \int_0^\infty \sum_1^\infty \frac{1-\cos 2n\pi x}{2^{2k+1}(n\pi)^{2k+2}} \frac{dx}{(x+a)^{2k+2}};$$

d'où l'on conclut

$$\operatorname{mod} J_k(\mathrm{R}e^{i\theta}) < \frac{1 . 2 \ldots (2k+1)}{(\cos \frac{1}{2}\theta)^{2k+2}} \int_0^\infty \sum_1^\infty \frac{1-\cos 2n\pi x}{2^{2k+1}(n\pi)^{2k+2}} \frac{dx}{(x+\mathrm{R})^{2k+2}},$$

c'est-à-dire

$$\operatorname{mod} J_k(\mathrm{R}e^{i\theta}) < \frac{1}{(\cos \frac{1}{2}\theta)^{2k+2}} \operatorname{mod} J_k(\mathrm{R}).$$

Mais, lorsque a est réel et positif $=\mathrm{R}$, la formule (33) montre que $J_k(\mathrm{R})$ a le signe de $(-1)^k$, et, à cause de

$$J_k(\mathrm{R}) - J_{k+1}(\mathrm{R}) = \frac{(-1)^k B_{k+1}}{(2k+1)(2k+2)} \frac{1}{\mathrm{R}^{2k+1}},$$

$J_k(\mathrm{R})$ et $J_{k+1}(\mathrm{R})$ ayant signe contraire, il est clair que

$$\operatorname{mod} J_k(\mathrm{R}) < \frac{B_{k+1}}{(2k+1)(2k+2)} \frac{1}{\mathrm{R}^{2k+1}},$$

donc

$$(34) \quad \ldots \quad \operatorname{mod} J_k(\mathrm{R}e^{i\theta}) < \frac{B_{k+1}}{(2k+1)(2k+2)} \frac{(\text{séc}\, \frac{1}{2}\theta)^{2k+2}}{\mathrm{R}^{2k+1}}.$$

Pour $k=0$, on retrouve la limitation (26).

On voit que, R croissant indéfiniment tandis que l'argument θ reste constant, on a

$$\lim \mathrm{R}^\alpha J_k(\mathrm{R}e^{i\theta}) = 0,$$

tant que le nombre fixe α est inférieur à $2k+1$.

10. Soit $f(z)$ une fonction uniforme dans cette partie du plan où la partie réelle de z est $\geqq 0$. Supposons de plus que $f(z)$ n'ait ni pôles ni points singuliers essentiels dans ce domaine. Alors on aura, la partie réelle de a étant positive,

$$(35) \quad \dots\dots\dots \quad f(a) = \frac{1}{2\pi i}\int_{(C)} \frac{f(z)}{a-z}\,dz,$$

l'intégrale étant prise sur un contour C se composant de la partie de l'axe imaginaire de $-Ri$ à $+Ri$ et du demi-cercle obtenu en faisant varier θ de $+\frac{\pi}{2}$ à $-\frac{\pi}{2}$ dans l'expression $z = Re^{i\theta}$. On doit supposer ici que le rayon R soit assez grand pour que le point a soit compris à l'intérieur de C. Le point $-a$ étant évidemment en dehors de C, on a

$$(36) \quad \dots\dots\dots \quad 0 = \frac{1}{2\pi i}\int_{(C)} \frac{f(z)}{a+z}\,dz$$

et, par suite,

$$(37) \quad \dots\dots\dots \quad f(a) = \frac{1}{\pi i}\int_{(C)} \frac{a f(z)}{a^2-z^2}\,dz,$$

Supposons qu'on ait

$$(38) \quad \dots \quad \lim \int \operatorname{mod} \frac{f(z)}{z^2}\,dz = \lim \frac{1}{R^2}\int \operatorname{mod} f(z)\,dz = 0, \qquad R = \infty;$$

l'intégrale étant prise sur le demi-cercle de rayon R, la formule (37) donnera, en faisant croître indéfiniment R,

$$f(a) = \frac{1}{\pi i}\int_{-i\infty}^{+i\infty} \frac{a f(z)}{a^2-z^2}\,dz = \frac{1}{\pi}\int_{-\infty}^{+\infty} \frac{a f(ui)}{a^2+u^2}\,du,$$

la variable u parcourant les valeurs réelles de $-\infty$ à $+\infty$.

Dans le cas où la fonction $f(z)$ prend des valeurs conjuguées pour des valeurs conjuguées de la variable, cette formule se simplifie encore, et, en posant

$$(39) \quad \dots\dots\dots \quad f(ui) = \mathfrak{A} + \mathfrak{B} i,$$

on aura

$$(40) \quad \ldots\ldots\ldots \quad f(a) = \frac{1}{\pi}\int_0^\infty \frac{a\,\mathfrak{A}}{a^2+u^2}\,du.$$

Les formules (35) et (36) donnent encore, par soustraction,

$$f(a) = \frac{1}{\pi i}\int_{(C)} \frac{z f(z)}{a^2 - z^2}\,dz,$$

d'où l'on déduira par un raisonnement semblable

$$(41) \quad \ldots\ldots\ldots \quad f(a) = -\frac{2}{\pi}\int_0^\infty \frac{u\,\mathfrak{B}}{a^2+u^2}\,du;$$

mais ici il faudra remplacer la condition (38) par celle-ci,

$$(42) \quad \ldots \quad \lim \int \operatorname{mod} \frac{f(z)}{z}\,dz = \lim \frac{1}{R}\int \operatorname{mod} f(z)\,dz = 0, \qquad R = \infty,$$

l'intégrale étant prise encore sur le demi-cercle de rayon R.

Les formules (40) et (41) montrent comment on peut calculer (sous certaines conditions) la valeur de

$$f(a) \quad \text{partie réelle de} \quad a > 0,$$

en connaissant seulement soit la partie réelle, soit la partie purement imaginaire de $f(ui)$. Elles présentent une certaine analogie avec la formule qui permet de calculer la valeur d'une fonction u de deux variables réelles satisfaisant à

$$\frac{\partial^2 u}{\partial x^2} + \frac{\partial^2 u}{d y^2} = 0$$

en tout point à l'intérieur d'un cercle, si l'on connaît la valeur de u sur le contour du cercle.

La fonction $f(z) = \log z$ satisfait à la condition (38): toutefois elle devient infinie pour $z = 0$; mais, l'intégrale qui figure dans la formule (40) conservant un sens, il est facile de voir que cette formule reste applicable dans ce cas. Il en sera de même de la fonction $J(z)$, qui satisfait évidemment à la condition (38) d'après la limitation (26), la circonstance que, pour $z=0$, $J(z)$ devient infini comme $\log z$ n'empêchant pas la formule (40) de rester applicable. A l'aide des formules (20) et (5), on trouve, dans ce cas,

$$\mathfrak{A} = \tfrac{1}{2} \log \left(\frac{1}{1 - e^{-2\pi u}} \right),$$

donc

$$J(a) = \frac{1}{\pi} \int_0^\infty \frac{a\,du}{a^2 + u^2} \log \left(\frac{1}{1 - e^{-2\pi u}} \right).$$

C'est la formule de Binet, que nous avons rappelée plus haut (22).

11. Pour montrer une autre application de la formule (40), nous considérons la fonction

$$\Gamma(z+b)\,\Gamma(z+1-b),$$

b étant une quantité réelle, et nous remarquons que le module de cette fonction pour $z = iu$ (u étant réel) s'exprime par les fonctions élémentaires. En effet, ce module est égal à

$$\sqrt{\Gamma(b+iu)\,\Gamma(b-iu)\,\Gamma(1-b+iu)\,\Gamma(1-b-iu)};$$

mais

$$\Gamma(b+iu)\,\Gamma(1-b-iu) = \frac{\pi}{\sin \pi(b+iu)},$$

$$\Gamma(b-iu)\,\Gamma(1-b+iu) = \frac{\pi}{\sin \pi(b-iu)},$$

d'où l'on conclut la valeur du module

$$\frac{2\pi}{\sqrt{e^{2\pi u} + e^{-2\pi u} - 2\cos 2b\pi}}.$$

Cela étant, on s'assure facilement que l'on peut prendre dans la formule (40)

$$f(z) = \tfrac{1}{2} \log \frac{\Gamma(z+b)\,\Gamma(z+1-b)}{\Gamma(z)\,\Gamma(z)} - \tfrac{1}{2} \log z,$$

mais il est clair qu'il faudra supposer

$$0 \leqq b \leqq 1$$

pour que la fonction $f(z)$ reste finie tant que la partie réelle de z est positive. En effet, en introduisant la fonction $J(z)$, on voit que $f(z)$ tend vers zéro lorsque z croît indéfiniment (la partie réelle de z restant toujours $\geqq 0$), en sorte que la condition (38) se trouve satisfaite. Un calcul facile donne d'ailleurs

$$\mathfrak{A} = -\tfrac{1}{4}\log\frac{e^{2\pi u}+e^{-2\pi u}-2\cos 2b\pi}{(e^{\pi u}-e^{-\pi u})^2},$$

donc

$$(43)\quad \left\{\begin{aligned} &\tfrac{1}{2}\log\frac{\Gamma(a+b)\,\Gamma(a+1-b)}{\Gamma(a)\,\Gamma(a)} = \\ &= \tfrac{1}{2}\log a - \frac{1}{2\pi}\int_0^\infty \frac{a\,du}{a^2+u^2}\log\left[\frac{e^{2\pi u}+e^{-2\pi u}-2\cos 2b\pi}{(e^{\pi u}-e^{-\pi u})^2}\right] \end{aligned}\right.$$

$$(0 \leqq b \leqq 1).$$

12. Il est clair que la fonction

$$\log\frac{e^{2\pi u}+e^{-2\pi u}-2\cos 2b\pi}{(e^{\pi u}-e^{-\pi u})^2}$$

reste toujours positive; en écrivant donc

$$\frac{a}{a^2+u^2} = \frac{1}{a} - \frac{u^2}{a^3} + \frac{u^4}{a^5} - \ldots + (-1)^{k-1}\frac{u^{2k-2}}{a^{2k-1}} + (-1)^k\frac{u^{2k}}{a^{2k-1}(a^2+u^2)}$$

et supposant a réel et positif, on obtiendra pour l'intégrale qui figure au second membre de (43) un développement suivant les puissances descendantes de a, qui jouira exactement des mêmes propriétés que la série de Stirling.

Nous écrivons ce développement ainsi

$$(44)\quad \left\{\begin{aligned} \tfrac{1}{2}\log\frac{\Gamma(a+b)\,\Gamma(a+1-b)}{\Gamma(a)\,\Gamma(a)} &= \tfrac{1}{2}\log a + \frac{\varphi_1(b)}{a} + \frac{\varphi_3(b)}{3a^3} + \ldots \\ &\quad + \frac{\varphi_{2k-1}(b)}{(2k-1)a^{2k-1}} + R_k, \end{aligned}\right.$$

en posant

$$(45) \quad \frac{\varphi_{2n+1}(b)}{2n+1} = \frac{(-1)^{n+1}}{2\pi} \int_0^\infty u^{2n} \log\left[\frac{e^{2\pi u} + e^{-2\pi u} - 2\cos 2b\pi}{(e^{\pi u} - e^{-\pi u})^2}\right] du.$$

La fonction $\varphi_{2n+1}(b)$ n'est autre chose que le polynôme de Bernoulli, qu'on peut définir, soit par le développement

$$\frac{e^{bx}-1}{e^x-1} = b + \varphi_1(b)x + \varphi_2(b)\frac{x^2}{1.2} + \ldots + \varphi_k(b)\frac{x^k}{1.2..k} + \ldots,$$

soit par la condition que, pour b entier et positif,

$$\varphi_k(b) = 1^k + 2^k + \ldots + (b-1)^k.$$

La formule (45) montre clairement que $\varphi_{2n+1}(b)$ a constamment le signe de $(-1)^{n+1}$ dans l'intervalle $(0, 1)$, et est croissante dans l'intervalle $(0, \frac{1}{2})$, tandis que

$$\varphi_{2n+1}(1-b) = \varphi_{2n+1}(b).$$

C'est à M. Hermite qu'est due l'idée de faire dépendre les propriétés des polynômes de Bernoulli de leurs expressions par des intégrales définies. La formule qu'il a obtenue dans le tome 79 du Journal de Borchardt

$$\varphi_{2n+1}(b) = (-1)^{n+1}\, 4\sin^2 b\pi \int_0^\infty \left(\frac{e^{\pi u} + e^{-\pi u}}{e^{\pi u} - e^{-\pi u}}\right) \frac{u^{2n+1}\,du}{e^{2\pi u} + e^{-2\pi u} - 2\cos 2b\pi}$$

se déduit de (45) par une intégration par parties.

Nous remarquons encore que la série infinie

$$\frac{\varphi_1(b)}{a} + \frac{\varphi_3(b)}{3a^3} + \frac{\varphi_5(b)}{5a^5} + \ldots$$

est divergente. C'est là une conséquence de ce fait, facile à démontrer, qu'en posant

$$c_n = \int_0^\infty u^n f(u)\,du,$$

$f(u)$ étant une fonction qui reste toujours positive, on a

$$\frac{c_2}{c_1} < \frac{c_3}{c_2} < \ldots < \frac{c_{n+1}}{c_n} < \ldots,$$

$$\lim \frac{c_{n+1}}{c_n} = +\infty.$$

13. Considérons maintenant la fonction

$$\frac{\Gamma(z+b)}{\Gamma(z+1-b)},$$

b étant une quantité réelle; nous remarquons que l'on obtient facilement (à un multiple de π près) l'argument de cette fonction dans le cas où $z = ui$. En effet, soit

$$\frac{\Gamma(b+iu)}{\Gamma(1-b+iu)} = re^{ai}, \qquad \frac{\Gamma(b-iu)}{\Gamma(1-b-iu)} = re^{-ai},$$

donc

$$\frac{\Gamma(b+iu)\,\Gamma(1-b-iu)}{\Gamma(b-iu)\,\Gamma(1-b+iu)} = e^{2ai},$$

c'est-à-dire

$$e^{2ai} = \frac{\sin\pi(b-iu)}{\sin\pi(b+iu)}.$$

On voit que a est égal à l'argument de

$$\sin\pi(b-iu) = \sin b\pi\left(\frac{e^{\pi u}+e^{-\pi u}}{2}\right) - i\cos b\pi\left(\frac{e^{\pi u}-e^{-\pi u}}{2}\right).$$

Supposons $0 < b < 1$, en sorte que $\sin b\pi$ est positif, on aura

$$a = k\pi - \text{arc tang}\left\{\frac{e^{\pi u}-e^{-\pi u}}{e^{\pi u}+e^{-\pi u}}\cot b\pi\right\},$$

l'arc tang étant pris entre $\pm\frac{\pi}{2}$; l'entier k est nul si l'on veut que a s'annule en même temps que u.

Cela étant, posons

$$f(z) = \tfrac{1}{2}\log\frac{\Gamma(z+b)}{\Gamma(z+1-b)} - (b-\tfrac{1}{2})\log z$$

dans la formule (41). On voit facilement que sur le demi-cercle de rayon R le module de $f(z)$ devient très petit et s'annule pour $R = \infty$: donc la condition (42) se trouve satisfaite. Un calcul facile donne ensuite

$$2\mathcal{B} = (\tfrac{1}{2} - b)\pi - \text{arc tang}\left(\frac{e^{\pi u} - e^{-\pi u}}{e^{\pi u} + e^{-\pi u}} \cot b\pi\right),$$

ou,

$$\mathcal{B} = \tfrac{1}{2}\,\text{arc tang}\left[\frac{e^{-2\pi u}\sin(2b\pi)}{1 - e^{-2\pi u}\cos(2b\pi)}\right],$$

si l'on remarque que

$$(\tfrac{1}{2} - b)\pi = \text{arc tang}(\cot b\pi),$$

et, par conséquent,

$$(46)\quad \left\{\begin{aligned} &\tfrac{1}{2}\log\frac{\Gamma(a+b)}{\Gamma(a+1-b)} = (b - \tfrac{1}{2})\log a - \\ &\qquad - \frac{1}{\pi}\int_0^\infty \frac{u\,du}{a^2+u^2}\,\text{arc tang}\left[\frac{e^{-2\pi u}\sin(2b\pi)}{1-e^{-2\pi u}\cos(2b\pi)}\right] \end{aligned}\right.$$

$$(0 \leqq b \leqq 1).$$

L'arc tang qui figure dans cette formule ayant un signe constant, qui est celui de $\sin(2b\pi)$, on voit que l'on peut déduire encore de cette formule un développement en série qui jouira des mêmes propriétés que la série de Stirling

$$(47)\quad \left\{\begin{aligned} &\tfrac{1}{2}\log\frac{\Gamma(a+b)}{\Gamma(a+1-b)} = (b - \tfrac{1}{2})\log a - \\ &\qquad - \frac{\varphi_2(b)}{2a^2} - \frac{\varphi_4(b)}{4a^4} - \ldots - \frac{\varphi_{2k}(b)}{2ka^{2k}} - R_k, \end{aligned}\right.$$

où

$$(48)\quad \frac{\varphi_{2n}(b)}{2n} = \frac{(-1)^{n-1}}{\pi}\int_0^\infty u^{2n-1}\,\text{arc tang}\left[\frac{e^{-2\pi u}\sin(2b\pi)}{1-e^{-2\pi u}\cos(2b\pi)}\right]du.$$

Ici $\varphi_{2n}(b)$ est le polynôme de Bernoulli, tel que nous l'avons défini précédemment. On voit que

$$\varphi_{2n}(1-b) = -\varphi_{2n}(b),$$

et que dans l'intervalle $(0, \tfrac{1}{2})$, $\varphi_{2n}(b)$ a le signe de $(-1)^{n-1}$.

14. On peut se convaincre facilement que les fonctions φ qui figurent dans les formules (44), (45), (47) et (48) sont les polynômes de Bernoulli. En effet, la somme de (44) et (47) donne

$$(49) \quad . \quad . \quad \log \frac{\Gamma(a+b)}{\Gamma(a)} = b \log a + \frac{\varphi_1(b)}{a} - \frac{\varphi_2(b)}{2a^2} + \frac{\varphi_3(b)}{3a^3} - \dots$$

Or supposons b entier et positif; on a

$$\log \frac{\Gamma(a+b)}{\Gamma(a)} = \log a(a+1)\dots(a+b-1) = b \log a + \sum_1^{b-1} \log\left(1 + \frac{n}{a}\right)$$

ou

$$\log \frac{\Gamma(a+b)}{\Gamma(a)} = b \log a + \sum_1^{b-1} \left\{ \frac{n}{a} - \frac{n^2}{2a^2} + \frac{n^3}{3a^3} - \dots \right\}$$

et l'on a précisément

$$\sum_1^{b-1} n^k = \varphi_k(b).$$

On voit aussi, par ce raisonnement, que, lorsque b est entier et positif, le développement (49) est convergent sous la condition

$$\operatorname{mod} a > b - 1.$$

De même, si b est entier et négatif, on verra que ce développement est convergent sous la condition

$$\operatorname{mod} a > -b.$$

Mais, pour toute autre valeur de b, la série (49) est toujours divergente.

LXXI.

(Paris, C.-R. Acad. Sci., 110, 1890, 267—270.)

Sur la fonction exponentielle.

(Extrait d'une Lettre adressée à M. Hermite.)

Après quelques tentatives, voici la démonstration à laquelle je me suis arrêté pour prouver l'impossibilité d'une relation de la forme

$$(1) \quad \ldots\ldots \quad N + e^a N_1 + e^b N_2 + \ldots + e^h N_n = 0,$$

$a, b, \ldots, h$ étant des nombres entiers, ainsi que les coefficients $N, N_1, N_2, \ldots, N_n$.

Soit

$$F(z) = z^\mu (z-a)^{\mu+k_1} (z-b)^{\mu+k_2} \ldots (z-h)^{\mu+k_n}$$

un polynôme de degré

$$M = (n+1)\mu + k_1 + k_2 + \ldots + k_n,$$

à coefficients entiers; μ est l'entier auquel on donnera plus tard une valeur suffisamment grande; $k_1, k_2, \ldots, k_n$ sont des entiers fixes: on a, du reste, $k_p = 0$ ou $= 1$. J'indiquerai plus loin leurs valeurs qui dépendent uniquement de $a, b, \ldots, h$; $N_1, \ldots, N_n$.

Je n'ai maintenant qu'à reproduire, avec de très légères modifications, vos formules

$$\mathfrak{F}(z) = \frac{F(z)}{x} + \frac{F'(z)}{x^2} + \ldots + \frac{F^M(z)}{x^{M+1}};$$

$$\int_0^a e^{-xz} F(z)\, dz = \mathfrak{F}(0) - e^{-ax} \mathfrak{F}(a),$$

$$\int_0^b e^{-xz} F(z)\, dz = \mathfrak{F}(0) - e^{-bx} \mathfrak{F}(b),$$

$$\ldots\ldots\ldots\ldots\ldots\ldots\ldots\ldots;$$

$$\mathfrak{F}(0) = \frac{F^{\mu}(0)}{x^{\mu+1}} + \ldots + \frac{F^{M}(0)}{x^{M+1}} = 1.2.3\ldots\mu\frac{\Pi(x)}{x^{M+1}},$$

$$\mathfrak{F}(a) = \frac{F^{\mu+k_1}(a)}{x^{\mu+k_1+1}} + \ldots + \frac{F^{M}(a)}{x^{M+1}} = 1.2.3\ldots\mu\frac{\Pi_1(x)}{x^{M+1}},$$

$$\ldots\ldots\ldots\ldots\ldots\ldots\ldots\ldots,$$

$\Pi(x)$, $\Pi_1(x)$, ... étant des polynômes à coefficients entiers. On en conclut

$$\int_0^a e^{-xz}F(z)\,dz = \frac{1.2\ldots\mu}{x^{M+1}}[\Pi(x) - e^{-ax}\Pi_1(x)],$$

$$\int_0^b e^{-xz}F(z)\,dz = \frac{1.2\ldots\mu}{x^{M+1}}[\Pi(x) - e^{-bx}\Pi_2(x)],$$

$$\ldots\ldots\ldots\ldots\ldots\ldots\ldots\ldots$$

et posant $x = 1$, $\Pi(1) = P$, $\Pi_1(1) = P_1$, ...,

$$(2)\quad\ldots\quad\begin{cases}\varepsilon_1 = \dfrac{e^a}{1.2\ldots\mu}\displaystyle\int_0^a e^{-z}F(z)\,dz = e^aP - P_1,\\ \varepsilon_2 = \dfrac{e^b}{1.2\ldots\mu}\displaystyle\int_0^b e^{-z}F(z)\,dz = e^bP - P_2,\\ \ldots\ldots\ldots\ldots\ldots\ldots,\\ \varepsilon_n = \dfrac{e^h}{1.2\ldots\mu}\displaystyle\int_0^h e^{-z}F(z)\,dz = e^hP - P_n.\end{cases}$$

Les quantités $\varepsilon_1, \varepsilon_2, \ldots, \varepsilon_n$ tendent vers zéro pour $\mu = \infty$, et, la relation (1) donnant

$$N_1\varepsilon_1 + N_2\varepsilon_2 + \ldots + N_n\varepsilon_n = -(NP + N_1P_1 + \ldots + N_nP_n) = \text{entier},$$

on doit avoir, dès que μ surpasse une certaine limite,

$$N_1\varepsilon_1 + N_2\varepsilon_2 + \ldots + N_n\varepsilon_n = 0;$$

c'est-à-dire, si l'on introduit les valeurs (2),

$$N_1e^a\int_0^a e^{-z}F(z)\,dz + N_2e^b\int_0^b e^{-z}F(z)\,dz + \ldots + N_ne^h\int_0^h e^{-z}F(z)\,dz = 0$$

ou bien

$$(3)\quad\ldots\ldots\ldots\quad\int_0^h \Phi(z)e^{-z}F(z)\,dz = 0,$$

la fonction $\Phi(z)$ étant déterminée ainsi

$$\begin{array}{llr}
\Phi(z) = N_1 e^a + N_2 e^b + N_3 e^c + \ldots + N_n e^h, & & 0 < z < a; \\
\Phi(z) = N_2 e^b + N_3 e^c + \ldots + N_n e^h, & & a < z < b; \\
\Phi(z) = N_3 e^c + \ldots + N_n e^h, & & b < z < c; \\
\ldots\ldots\ldots\ldots\ldots\ldots, & & \ldots\ldots; \\
\Phi(z) = N_n e^h, & & g < z < h.
\end{array}$$

Cette fonction $\Phi(z)$, constante par intervalles, n'est pas identiquement nulle, puisqu'elle ne l'est pas dans le premier et dans le dernier des intervalles. Du reste, elle ne s'annule même pas dans aucun des intervalles, puisqu'on peut supposer irréductible l'équation à laquelle satisfait le nombre e.

$\Phi(z)$ ne peut changer de signe que pour

$$z = a, \qquad z = b, \qquad \ldots, \qquad z = g.$$

Voici maintenant la détermination de $k_1, k_2, \ldots, k_n$.

Je prends

$$k_1 = \begin{Bmatrix} 1 \\ 0 \end{Bmatrix} \text{ selon que } \Phi(z) \begin{Bmatrix} \text{change} \\ \text{ne change pas} \end{Bmatrix} \text{ de signe pour } z = a,$$

$$k_2 = \begin{Bmatrix} 1 \\ 0 \end{Bmatrix} \text{ selon que } \Phi(z) \begin{Bmatrix} \text{change} \\ \text{ne change pas} \end{Bmatrix} \text{ de signe pour } z = b,$$

$$\ldots\ldots\ldots\ldots\ldots\ldots,$$

$$k_{n-1} = \begin{Bmatrix} 1 \\ 0 \end{Bmatrix} \text{ selon que } \Phi(z) \begin{Bmatrix} \text{change} \\ \text{ne change pas} \end{Bmatrix} \text{ de signe pour } z = g,$$

$$k_n = 0.$$

Je dis alors que l'équation (3) est impossible dès qu'on prend pour μ un nombre pair. En effet, il est clair que, dans l'intégrale

$$\int_0^h \Phi(z)\, e^{-z} [z(z-a)\ldots(z-h)]^\mu (z-a)^{k_1} (z-b)^{k_2} \ldots (z-g)^{k_{n-1}}\, dz,$$

la fonction sous le signe $\int$ a un signe constant dans tout l'intervalle $(0, h)$.

LXXII.

(Paris, C.-R. Acad. Sci., 110, 1890, 1026—1027).

Sur la valeur asymptotique des polynômes de Legendre.

(Note, présentée par M. Hermite.)

M. Darboux a donné, dans le Journal de Mathématiques pures et appliquées (3e série, t. IV, p. 39; 1878), une formule qui permet d'obtenir une expression approchée de $X_n(\cos\Theta)$, l'erreur commise étant de l'ordre d'une puissance aussi grande qu'on le voudra de $\frac{1}{n}$.

Nous avons obtenu le résultat suivant. Soient

$$0<\Theta<\pi, \qquad \alpha=\Theta-\frac{\pi}{2},$$

$$C=\frac{4}{\pi}\;\frac{2.4.6\ldots(2n)}{3.5.7\ldots(2n+1)};$$

alors on a

$$\begin{aligned}X_n(\cos\Theta)=C\Bigg[&\frac{\cos(n\Theta+\frac{1}{2}\alpha)}{\sqrt{2\sin\Theta}}+\frac{1.1}{2.(2n+3)}\;\frac{\cos(n\Theta+\frac{3}{2}\alpha)}{\sqrt{(2\sin\Theta)^3}}+\\&+\frac{1.3.1.3}{2.4.(2n+3)(2n+5)}\;\frac{\cos(n\Theta+\frac{5}{2}\alpha)}{\sqrt{(2\sin\Theta)^5}}+\\&+\frac{1.3.5.1.3.5}{2.4.6.(2n+3)(2n+5)(2n+7)}\;\frac{\cos(n\Theta+\frac{7}{2}\alpha)}{\sqrt{(2\sin\Theta)^7}}+\ldots\Bigg].\end{aligned}$$

La loi est évidente, et la série est convergente et représente $X_n(\cos\Theta)$ tant que l'on a $2\sin\Theta>1$, c'est-à-dire

$$\frac{\pi}{6}<\Theta<\frac{5\pi}{6}.$$

Mais, que la série soit convergente ou non, on peut toujours énoncer la proposition suivante :

En prenant les k premiers termes de la série, l'erreur commise est inférieure, en valeur absolue, au double du $k+1^{\text{ième}}$ terme dans lequel on aurait remplacé par l'unité le cosinus qui figure au numérateur.

Nous nous proposons d'en développer prochainement la démonstration dans les Annales de la Faculté des Sciences de Toulouse.

LXXIII.

(Ann. Fac. Sci., Toulouse, 4, 1890, G. 1 – 17.)

Sur les polynômes de Legendre.

L'expression remarquable, obtenue d'abord par Laplace pour représenter asymptotiquement les polynômes de Legendre, à été depuis l'objet de plusieurs recherches, et M. Darboux notamment a donné une formule qui permet d'obtenir une expression approchée, l'erreur commise étant de l'ordre d'une puissance aussi grande qu'on le voudra de $\frac{1}{n}$ (Journal de Mathématiques pures et appliquées, 3e série, t. IV; 1878).

Nous développons, dans le travail actuel, un résultat plus complet. En effet, nous trouvons qu'on peut exprimer le polynôme de Legendre par une série qui est convergente tant que la variable reste dans un certain intervalle. C'est seulement en dehors de cet intervalle que la série prend le caractère d'une simple expression asymptotique; mais, même dans ce cas, nous obtenons une expression très simple de l'erreur commise en s'arrêtant à un nombre fini de termes [1]).

1. En définissant $P^n(x)$ comme coefficient de z^{-n-1} dans le développement de

$$(z^2 - 2xz + 1)^{-\frac{1}{2}}$$

suivant les puissances descendantes de z, on obtient immédiatement l'expression par intégrale définie

$$(1) \quad \dots\dots\dots \quad P^n(x) = \frac{1}{2\pi i}\int \frac{z^n\,dz}{\sqrt{z^2 - 2xz + 1}},$$

[1]) Le résultat principal de ce travail a été énoncé dans une Note insérée aux Comptes rendus des séances de l'Académie des Sciences en mai 1890 (LXXII).

l'intégrale étant prise en sens direct sur un contour fermé C enveloppant les points

$$\xi \quad = x + \sqrt{x^2 - 1},$$
$$\xi^{-1} = x - \sqrt{x^2 - 1},$$

qui sont les points critiques du radical. Ce radical doit être pris avec un signe tel que, lorsque $|z|$ est très grand, on ait, à peu près,

$$\sqrt{z^2 - 2xz + 1} : z \qquad \text{égal à} \qquad +1.$$

Le contour fermé C peut être remplacé par le chemin $abcdefa$, les points a et d étant très voisins de l'origine. Pour préciser, nous supposons que ξ

Fig. 1.

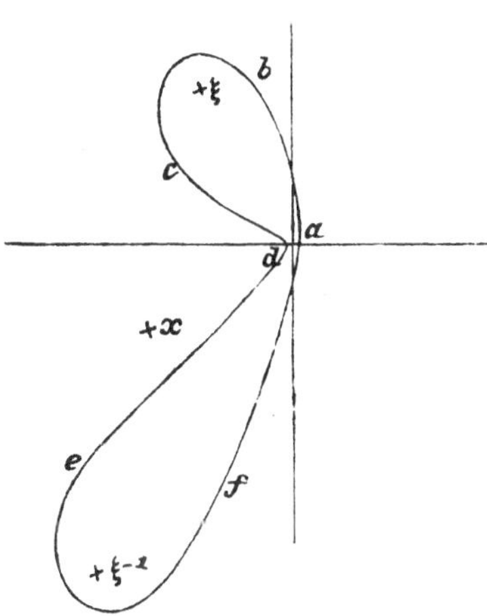

et ξ^{-1} ne sont pas réels, c'est-à-dire que $x^2 - 1$ n'est pas réel et positif. On désignera alors par ξ celui des points critiques qui est situé au-dessus de l'axe réel, en sorte que la partie réelle de

$$\frac{\xi}{i}$$

est positive.

On voit alors facilement que la valeur du radical en a doit être $+1$, et qu'en d elle est -1. On aura, par conséquent,

$$(2) \quad \ldots\ldots\ldots\ldots \quad P^n(x) = \frac{1}{2\pi i}(\mathfrak{A} - \mathfrak{B}),$$

$\mathfrak{A}$ étant la valeur de l'intégrale

$$\int \frac{z^n\,dz}{\sqrt{z^2-2xz+1}}$$

prise sur un lacet partant de l'origine et enveloppant le point ξ, $\mathfrak{B}$ la valeur de cette même intégrale sur un lacet partant de l'origine et enveloppant le point ξ^{-1}. Le sens dans lequel ces lacets sont parcourus est arbitraire; mais la valeur initiale du radical doit être toujours $+1$, et l'on a évidemment

$$(3)\quad . \quad \mathfrak{A} = 2\int_0^{\xi} \frac{z^n\,dz}{\sqrt{z^2-2xz+1}}, \qquad \mathfrak{B} = 2\int_0^{\xi^{-1}} \frac{z^n\,dz}{\sqrt{z^2-2xz+1}},$$

les chemins d'intégration étant rectilignes.

2. Pour préparer le développement en série que nous avons en vue, nous allons transformer ces intégrales $\mathfrak{A}$ et $\mathfrak{B}$. Posons, dans la première,

$$z = \xi(1-u),$$

en sorte que u prendra les valeurs réelles de 0 à 1,

En remarquant que

$$(z^2-2xz+1) = (1-\xi z)(1-\xi^{-1}z),$$

il viendra

$$(4)\quad . \quad . \quad \mathfrak{A} = 2\xi^{n+1}\sqrt{1-k}\int_0^1 \frac{(1-u)^n\,du}{\sqrt{u(1-ku)}}, \qquad k = \frac{\xi^2}{\xi^2-1}.$$

On pourra prendre ici $\sqrt{u}$ positif, pour $\sqrt{1-ku}$ la valeur qui se réduit à $+1$ pour $u=0$; mais alors il faudra adopter, pour $\sqrt{1-k}$, la valeur finale de $\sqrt{1-ku}$ pour $u=1$.

En procédant de la même façon pour la seconde intégrale, on aura l'expression suivante:

$$(5)\quad P^n(x) = \frac{1}{\pi i}\left[\xi^{n+1}\sqrt{1-k}\int_0^1 \frac{(1-u)^n\,du}{\sqrt{u(1-ku)}} - \xi^{-n-1}\sqrt{1-k_1}\int_0^1 \frac{(1-u)^n\,du}{\sqrt{u(1-k_1u)}}\right]$$

$$k = \frac{\xi^2}{\xi^2-1}, \qquad k_1 = \frac{\xi^{-2}}{\xi^{-2}-1}.$$

Supposons maintenant $x = \cos\Theta$, Θ étant un angle compris entre 0 et π, on aura

$$\xi = e^{i\Theta}, \qquad \xi^{-1} = e^{-i\Theta},$$
$$k = \frac{\xi}{\xi - \xi^{-1}} = \frac{\cos\Theta + i\sin\Theta}{2i\sin\Theta}$$

ou

$$k = \frac{e^{ia}}{2\sin\Theta},$$

et posant $a = \Theta - \frac{\pi}{2}$.

Il est clair par cette valeur de k que la partie réelle de $\sqrt{1-k}$ doit être positive, car la partie réelle de $\sqrt{1-ku}$ ne peut s'évanouir pour aucune valeur de u comprise entre 0 et 1. Il faudra donc adopter la valeur suivante de ce radical

$$\sqrt{1-k} = \sqrt{-\frac{k}{\xi^2}} = \frac{i\sqrt{k}}{\xi} = \frac{ie^{\frac{1}{2}ai}}{\xi\sqrt{2\sin\Theta}},$$

car la partie réelle de cette expression est

$$-\frac{\sin(\frac{1}{2}a - \Theta)}{\sqrt{2\sin\Theta}} = \frac{\sin\left(\frac{1}{2}\Theta + \frac{\pi}{4}\right)}{\sqrt{2\sin\Theta}} > 0.$$

On a donc

$$\xi^{n+1}\sqrt{1-k} = \frac{ie^{(n\Theta + \frac{1}{2}a)i}}{\sqrt{2\sin\Theta}}$$

et de même

$$\xi^{-n-1}\sqrt{1-k_1} = \frac{-ie^{-(n\Theta+\frac{1}{2}a)i}}{\sqrt{2\sin\Theta}},$$

k et k_1 étant des quantités imaginaires conjuguées, ainsi que ξ et ξ^{-1}.

La formule (5) prend donc cette forme

$$(6) \quad \mathrm{P}^n(\cos\Theta) = \frac{e^{(n\Theta+\frac{1}{2}a)i}}{\pi\sqrt{2\sin\Theta}}\int_0^1 \frac{(1-u)^n\,du}{\sqrt{u(1-ku)}} + \frac{e^{-(n\Theta+\frac{1}{2}a)i}}{\pi\sqrt{2\sin\Theta}}\int_0^1 \frac{(1-u)^n\,du}{\sqrt{u(1-k_1u)}}$$

ou, plus simplement,

$$(6') \quad \mathrm{P}^n(\cos\Theta) = \frac{2}{\pi\sqrt{2\sin\Theta}} \times \text{partie réelle de } e^{(n\Theta+\frac{1}{2}a)i}\int_0^1 \frac{(1-u)^n\,du}{\sqrt{u(1-ku)}}.$$

3. Le module de $k = \frac{e^{i\alpha}}{2\sin\Theta}$ étant $\frac{1}{2\sin\Theta}$, ce module sera inférieur à l'unité tant que l'on a

$$\frac{\pi}{6} < \Theta < \frac{5\pi}{6}.$$

Dans cette hypothèse, on pourra développer en série convergente le radical

$$\frac{1}{\sqrt{1-ku}} = 1 + \tfrac{1}{2}ku + \frac{1.3}{2.4}k^2u^2 + \ldots,$$

et l'on obtient ainsi

$$(7)\quad P^n(\cos\Theta) = C_n\left[\frac{\cos(n\Theta+\frac{1}{2}\alpha)}{\sqrt{2\sin\Theta}} + \frac{1^2}{2(2n+3)}\frac{\cos(n\Theta+\frac{3}{2}\alpha)}{\sqrt{(2\sin\Theta)^3}} + \right.$$
$$+ \frac{1^2.3^2}{2.4(2n+3)(2n+5)}\frac{\cos(n\Theta+\frac{5}{2}\alpha)}{\sqrt{(2\sin\Theta)^5}} +$$
$$\left. + \frac{1^2.3^2.5^2}{2.4.6(2n+3)(2n+5)(2n+7)}\frac{\cos(n\Theta+\frac{7}{2}\alpha)}{\sqrt{(2\sin\Theta)^7}} + \ldots\right],$$
$$C_n = \frac{4}{\pi}\,\frac{2.4.6\ldots(2n)}{3.5.7\ldots(2n+1)},$$

développement convergent même pour $\Theta = \frac{\pi}{6}$ ou $\Theta = \frac{5\pi}{6}$.

Mais on peut procéder autrement et obtenir le même développement, mais limité à un nombre fini de termes avec un terme complémentaire, et cela pour une valeur quelconque de Θ comprise entre 0 et π.

Il suffit, pour cela, de remplacer, dans la formule (6'),

$$\frac{1}{\sqrt{1-ku}} \quad \text{par} \quad \frac{1}{\pi}\int_0^{\pi}\frac{dv}{1-ku\sin^2 v}$$

et de faire usage ensuite, dans l'intégrale double obtenue, de l'identité

$$\frac{1}{1-ku\sin^2 v} = 1 + ku\sin^2 v + \ldots + (ku\sin^2 v)^{p-1} + \frac{(ku\sin^2 v)^p}{1-ku\sin^2 v}.$$

On retrouve ainsi le développement (7), mais limité à ses p premiers termes et avec le terme complémentaire

$$(8)\ R_p = \frac{2}{\pi\sqrt{2\sin\Theta}} \times \text{partie réelle de}\ \frac{e^{(n\Theta+\frac{1}{2}\alpha)i}}{\pi}\int_0^1\int_0^{\pi}\frac{(1-u)^n u^{p-\frac{1}{2}}k^p\sin^{2p}v}{1-ku\sin^2 v}\,du\,dv.$$

Le module de k étant $\frac{1}{2 \sin \Theta}$, on en conclut

$$\mathrm{R}_p < \frac{2}{\pi \sqrt{(2 \sin \Theta)^{2p+1}}} \times \left| \frac{1}{\pi} \int_0^1 \int_0^\pi \frac{(1-u)^n u^{p-\frac{1}{2}} \sin^{2p} v}{1 - ku \sin^2 v} du\, dv \right|,$$

et, en désignant par M le maximum du module de

$$\frac{1}{1 - ku \sin^2 v},$$

on aura, à plus forte raison,

$$\mathrm{R}_p < \frac{2\,\mathrm{M}}{\pi^2 \sqrt{(2 \sin \Theta)^{2p+1}}} \int_0^1 \int_0^\pi (1-u)^n u^{p-\frac{1}{2}} \sin^{2p} v\, du\, dv,$$

$$(9) \quad \mathrm{R}_p < \mathrm{M}\,\mathrm{C}_n \frac{1^2 . 3^2 . 5^2 \ldots (2p-1)^2}{2.4.6 \ldots (2p)(2n+3)(2n+5)\ldots(2n+2p+1)} \times \frac{1}{\sqrt{(2 \sin \Theta)^{2p+1}}}.$$

Ainsi, en prenant la somme des p premiers termes du développement (7), l'erreur commise est inférieure en valeur absolue, à M fois le terme suivant dans lequel on aurait remplacé d'abord par l'unité le cosinus qui y figure au numérateur.

Quant à la valeur de M, puisque $k = \frac{1}{2}(1 - i \cot \Theta)$, on a

$$|1 - ku \sin^2 v| = \sqrt{\cos^2 \Theta + \frac{1}{4 \sin^2 \Theta}(2 \sin^2 \Theta - u \sin^2 v)^2};$$

d'où l'on conclut

$$(10) \quad \ldots \quad \begin{cases} \mathrm{M} = \dfrac{1}{|\cos \Theta|} & \text{lorsque} \quad \sin^2 \Theta \leqq \frac{1}{2}, \\ \mathrm{M} = 2 \sin \Theta & \text{lorsque} \quad \sin^2 \Theta \geqq \frac{1}{2}. \end{cases}$$

Ainsi ce facteur numérique M ne varie qu'entre 1 et 2.

4. Le résultat que nous venons d'obtenir conduit à plusieurs conséquences qu'il est bon de noter. En premier lieu, le raisonnement donne, dans le cas le plus simple $p = 0$,

$$|\mathrm{P}^n(\cos \Theta)| < \frac{\mathrm{M}\,\mathrm{C}_n}{\sqrt{2 \sin \Theta}}.$$

Or on sait que

$$C_n = \frac{2}{\sqrt{n\pi}}(1+\varepsilon),$$

ε tendant vers zéro avec $\frac{1}{n}$.

Nous pouvons donc conclure que, lorsque Θ a une valeur fixe comprise entre 0 et π, on a toujours, pour $n = \infty$,

$$\lim P^n(\cos\Theta) = 0.$$

Et il est clair que cette relation subsiste encore, même lorsque Θ tendrait vers zéro avec $\frac{1}{n}$, si seulement $n\,\Theta$ croît au delà de toute limite. C'est là un résultat important obtenu d'abord d'une façon toute différente par M. Bruns dans le Tome 90 du Journal de Borchardt.

On sait, d'autre part, que

$$\lim P^n\left(\cos\frac{\Theta}{n}\right) = J(\Theta) = 1 - \frac{\Theta^2}{2^2} + \frac{\Theta^4}{2^2\cdot 4^2} - \frac{\Theta^6}{2^2\cdot 4^2\cdot 6^2} + \ldots.$$

En remplaçant Θ par $\frac{\Theta}{n}$ dans la formule (7) et posant $n = \infty$, on obtient donc

$$(11)\quad J(\Theta) = \sqrt{\frac{2}{\pi}}\left[\frac{\cos\left(\Theta - \frac{\pi}{4}\right)}{\sqrt{\Theta}} + \frac{1^2}{8}\,\frac{\cos\left(\Theta - \frac{3\pi}{4}\right)}{\sqrt{\Theta^3}} + \frac{1^2\cdot 3^2}{8\cdot 16}\,\frac{\cos\left(\Theta - \frac{5\pi}{4}\right)}{\sqrt{\Theta^5}} + \ldots\right];$$

c'est le résultat dû à Poisson (Journal de l'École Polytechnique, XIXe Cahier); mais nous pouvons ajouter maintenant qu'en prenant la somme des p premiers termes, l'erreur commise est inférieure en valeur absolue au terme suivant dans lequel on aurait remplacé par l'unité le cosinus qui y figure au numérateur. En effet, il est clair que le facteur numérique M est ici égal à l'unité.

5. En second lieu, nous pouvons maintenant séparer les racines de l'équation $P^n(\cos\Theta) = 0$. En effet, prenons $p = 1$ et remplaçons, pour simplifier, M par sa limite supérieure, on aura

$$(12)\quad \ldots\quad P^n(\cos\Theta) = \frac{C_n}{\sqrt{2\sin\Theta}}\left[\cos\left(n\,\Theta + \tfrac{1}{2}\alpha\right) + \frac{\lambda}{2(2n+3)\sin\Theta}\right].$$

$$-1 < \lambda < +1.$$

Posons

$$\Theta = \frac{k\pi}{2n+1};$$
$$(k = 1, 2, \ldots, 2n)$$

la valeur correspondante de $n\Theta + \frac{1}{2}a$ est $\frac{2k-1}{4}\pi$: donc

$$\cos(n\Theta + \tfrac{1}{2}a) = (-1)^{\frac{k^2-k}{2}}\sqrt{\frac{1}{2}}.$$

D'autre part, la plus petite valeur de $2(2n+3)\sin\Theta$ pour les valeurs de Θ que nous considérons est

$$2(2n+3)\sin\frac{\pi}{2n+1} > 2(2n+1)\sin\frac{\pi}{2n+1}.$$

Or l'expression $2(2n+1)\sin\frac{\pi}{2n+1}$ croît avec n, et, pour la plus petite valeur de n, $n=1$, elle est $= 3\sqrt{3} > \sqrt{2}$.

On voit donc que

$$P^n\left(\cos\frac{k\pi}{2n+1}\right)$$

a le signe de $(-1)^{\frac{k^2-k}{2}}$; d'où l'on conclut qu'en désignant par

$$x_1 > x_2 > x_3 > \ldots > x_n$$

les racines de $P^n(x) = 0$, on a

$$\cos\left[\frac{(2k-1)\pi}{2n+1}\right] > x_k > \cos\left(\frac{2k\pi}{2n+1}\right).$$

C'est une limitation obtenue par M. Bruns dans le Mémoire déjà cité; on pourrait trouver facilement des intervalles plus étroits pour ces racines, mais nous n'insisterons pas.

Si l'on s'en tenait au premier terme du développement de $P^n(\cos\Theta)$, on aurait $\cos\frac{(4k-1)\pi}{4n+2}$ comme valeur approchée de x_k. On obtient une approximation bien plus grande par l'expression

$$\left[1 - \frac{1}{2(2n+1)^2}\right]\cos\frac{(4k-1)\pi}{4n+2},$$

obtenue en tenant compte aussi du terme suivant :

$n = 9$.	Val. approchée.	Correction.	$n = 10$.	Val. approchée.	Correction.
x_1	0,968 058	+ 0,000 102	x_1	0,973 823	+ 0,000 084
x_2	0,836 007	+ 0,000 024	x_2	0,865 044	+ 0,000 019
x_3	0,613 362	+ 0,000 009	x_3	0,679 402	+ 0,000 008
x_4	0,324 250	+ 0,000 003	x_4	0,433 392	+ 0,000 003
			x_5	0,148 873	+ 0,000 001

6. En ayant égard à la formule (5), on reconnaît facilement que la formule (7) peut s'écrire ainsi

$$P^n(\cos\Theta) = \text{partie réelle de } \frac{C_n}{i}\xi^{n+1}\sqrt{1-k}\,\mathfrak{F}\left(\tfrac{1}{2}, \tfrac{1}{2}, n+\tfrac{3}{2}, k\right),$$

le symbole $\mathfrak{F}$ désignant la série hypergéométrique.

Or on a

$$\sqrt{1-k}\,\mathfrak{F}\left(\tfrac{1}{2}, \tfrac{1}{2}, n+\tfrac{3}{2}, k\right) = \mathfrak{F}\left(\tfrac{1}{2}, n+1, n+\tfrac{3}{2}, \frac{k}{k-1}\right);$$

donc

$$P^n(\cos\Theta) = \text{partie réelle de } \frac{C_n}{i}\xi^{n+1}\,\mathfrak{F}\left(\tfrac{1}{2}, n+1, n+\tfrac{3}{2}, \xi^2\right),$$

c'est-à-dire

$$(13) \quad . \quad . \quad P^n(\cos\Theta) = C_n\left[\sin(n+1)\Theta + \frac{1\,(n+1)}{1\,(2n+3)}\sin(n+3)\Theta + \right.$$
$$\left. + \frac{1\,.\,3\,(n+1)\,(n+2)}{1\,.\,2\,(2n+3)\,(2n+5)}\sin(n+5)\Theta + \ldots\right].$$

C'est là le développement de $P^n(\cos\Theta)$ en série de sinus par la formule de Fourier, obtenu par M. Heine (Traité des fonctions sphériques, t. I, p. 19, 89). La série cesse évidemment de représenter la fonction pour $\Theta = 0$ et $\Theta = \pi$, mais elle la représente pour toutes les valeurs de Θ entre ces limites.

Cette déduction de la formule (13) ne saurait être considérée comme entièrement satisfaisante sans de nouveaux éclaircissements, d'abord parce que la série (7) n'est pas convergente dans tout l'intervalle $(0, \pi)$ et ensuite parce qu'on a considéré la série hypergéométrique sur le contour même du cercle de convergence. Mais nous n'insistons pas, ayant voulu simplement indiquer ce rapprochement entre les deux formules.

7. Le polynôme $P^n(x)$ satisfait à l'équation différentielle linéaire

$$(14) \quad . \quad . \quad . \quad . \quad (1-x^2)\frac{d^2 y}{d x^2} - 2x\frac{dy}{dx} + n(n+1)y = 0,$$

dont une seconde solution est donnée par l'expression

$$Q^n(x) = P^n(x)\int \frac{dx}{(1-x^2)\,P^n(x)^2}.$$

En effectuant la décomposition en fractions simples, on a

$$\frac{1}{(1-x^2)\,P^n(x)^2} = \frac{1}{2(x+1)} - \frac{1}{2(x-1)} + \frac{A_1}{(x-x_1)^2} + \ldots + \frac{A_n}{(x-x_n)^2},$$

car les fractions simples de la forme $\frac{B_k}{x-x_k}$ doivent disparaître, l'équation différentielle n'admettant que les points singuliers ± 1.

Il vient, par conséquent,

$$(15) \quad . \quad . \quad . \quad . \quad . \quad Q^n(x) = \tfrac{1}{2}P^n(x)\log\left(\frac{x+1}{x-1}\right) - R^n(x),$$

$R^n(x)$ étant un polynôme du degré $n-1$.

Il est clair qu'on peut développer $Q^n(x)$ en série suivant les puissances descendantes de x, mais une telle série satisfaisant à l'équation différentielle (14) doit commencer par un terme en x^n ou en x^{-n-1}. On voit par là que $R^n(x)$ est la partie entière de

$$\tfrac{1}{2}P^n(x)\log\left(\frac{x+1}{x-1}\right) = P^n(x)\left(\frac{1}{x} + \frac{1}{3x^3} + \frac{1}{5x^5} + \ldots\right),$$

et que, dans ce produit, les termes en $x^{-1}, x^{-2}, \ldots, x^{-n}$ manquent.

La fonction $Q^n(x)$ n'est pas réelle dans l'intervalle $(-1, +1)$, et, comme nous voulons envisager particulièrement les intégrales de l'équation différentielle dans cet intervalle, nous sommes amené à considérer, au lieu de $Q^n(x)$, cette autre solution de (14)

$$(16) \quad . \quad . \quad . \quad . \quad . \quad S^n(x) = \tfrac{1}{2}P^n(x)\log\left(\frac{1+x}{1-x}\right) - R^n(x).$$

8. L'expression explicite du polynôme $R^n(x)$ est assez compliquée et difficile à obtenir. Dans le Tome 55 du Journal de Borchardt, M. Christoffel a obtenu cette formule

$$R^n(x) = \frac{2n-1}{1.n}P^{n-1}(x) + \frac{2n-5}{3(n-1)}P^{n-3}(x) + \frac{2n-9}{5(n-2)}P^{n-5}(x) + \ldots,$$

et M. Hermite a donné, il y a plusieurs années, dans son Cours à la Sorbonne, cette expression

$$R^n(x) = \sum_1^n \frac{1}{k} P^{k-1}(x) P^{n-k}(x),$$

qui peut se déduire aussi du Mémoire de M. Christoffel.

Mais c'est une autre formule qui va nous permettre d'obtenir la limite de $S^n\left(\cos\frac{\Theta}{n}\right)$ pour $n = \infty$. Rappelons, pour cela, la formule connue

$$P^n(x) = 1 + \frac{n(n+1)}{1^2}\left(\frac{x-1}{2}\right) + \frac{n(n-1)(n+1)(n+2)}{1^2 . 2^2}\left(\frac{x-1}{2}\right)^2 + \dots$$
$$= \mathfrak{F}\left(-n, n+1, 1, \frac{1-x}{2}\right),$$

que nous écrirons ainsi

$$(17) \quad . \quad . \quad P^n(x) = \alpha_0 + \alpha_1\left(\frac{x-1}{2}\right) + \alpha_2\left(\frac{x-1}{2}\right)^2 + \dots + \alpha_n\left(\frac{x-1}{2}\right)^n;$$

alors on a

$$(18) \quad . \quad R^n(x) = \beta_0 + \beta_1\left(\frac{x-1}{2}\right) + \beta_2\left(\frac{x-1}{2}\right)^2 + \dots + \beta_{n-1}\left(\frac{x-1}{2}\right)^{n-1},$$

$$\beta_0 = \left(1 + \frac{1}{2} + \frac{1}{3} + \dots + \frac{1}{n}\right)\alpha_0,$$

$$\beta_1 = \left(\frac{1}{2} + \frac{1}{3} + \dots + \frac{1}{n}\right)\alpha_1,$$

$$\beta_2 = \left(\frac{1}{3} + \dots + \frac{1}{n}\right)\alpha_2,$$

$$\beta_{n-1} = \frac{1}{n}\alpha_{n-1}.$$

On obtient cette formule à l'aide de l'équation différentielle à laquelle satisfait $R^n(x)$

$$(1-x^2)\frac{d^2 R^n(x)}{dx^2} - 2x\frac{dR^n(x)}{dx} + n(n+1)R^n(x) = 2\frac{dP^n(x)}{dx}.$$

Les formules (16), (17), (18) donnent maintenant

$$S^n\left(\cos\frac{\Theta}{n}\right) = -P^n\left(\cos\frac{\Theta}{n}\right)\log\left(n\,\mathrm{tang}\,\frac{\Theta}{2n}\right) - \left(1+\frac{1}{2}+\ldots+\frac{1}{n}-\log n\right)a_0 +$$
$$+\left(\frac{1}{2}+\ldots+\frac{1}{n}-\log n\right)a_1\sin^2\frac{\Theta}{2n} -$$
$$-\left(\frac{1}{3}+\ldots+\frac{1}{n}-\log n\right)a_2\sin^4\frac{\Theta}{2n} +$$
$$+\ldots\ldots\ldots\ldots\ldots\ldots;$$

d'où l'on conclut, pour $n = \infty$,

$$(19)\quad \lim S^n\left(\cos\frac{\Theta}{n}\right) = J(\Theta)\log\left(\frac{2}{\Theta}\right) - C + (C-1)\frac{\Theta^2}{2^2} -$$
$$-\left(C-1-\frac{1}{2}\right)\frac{\Theta^4}{2^2.4^2} + \left(C-1-\frac{1}{2}-\frac{1}{3}\right)\frac{\Theta^6}{2^2.4^2.6^2} - \ldots,$$

$C = 0{,}577.\ \ldots$ étant la constante eulérienne.

Nous désignerons cette fonction par $K(\Theta)$, c'est là une solution de l'équation différentielle de Fourier et de Bessel

$$\Theta\frac{d^2y}{d\Theta^2} + \frac{dy}{d\Theta} + \Theta y = 0,$$

dont l'intégrale générale est $y = C_1 J(\Theta) + C_2 K(\Theta)$.

9. Nous allons vérifier maintenant à l'aide de la formule (1) que $P^n(x)$ satisfait bien à l'équation différentielle (14). Soit

$$V = \int\frac{z^n\,dz}{\sqrt{z^2-2xz+1}},$$

le chemin d'intégration étant quelconque.

Par un calcul facile on obtient

$$(1-x^2)\frac{d^2V}{dx^2} - 2x\frac{dV}{dx} + n(n+1)V = \int\frac{d(L)}{dz}dz,$$
$$L = \frac{z^{n+1}[n-(2n+1)xz+(n+1)z^2]}{\sqrt{(1-2xz+z^2)^3}}.$$

On obtient donc une solution de (14) en prenant l'intégrale V sur un contour fermé enveloppant les points ξ et ξ^{-1}, de manière que le radical revienne à sa valeur initiale. C'est la solution $P^n(x)$ qu'on obtient ici; mais il est clair maintenant qu'on a encore une solution en prenant l'intégrale sur un lacet partant de l'origine et enveloppant l'un ou l'autre des points critiques. Par conséquent, les intégrales $\mathfrak{A}$ et $\mathfrak{B}$ considérées dans le n⁰ 1 satisfont séparément à l'équation différentielle, et l'on pourra les exprimer linéairement à l'aide de $P^n(x)$ et de $S^n(x)$. C'est ce que nous nous proposons de faire maintenant.

10. Considérons d'abord l'intégrale V prise en sens direct sur un cercle décrit autour de l'origine comme centre avec un rayon très grand, et posons

$$(20) \quad \sqrt{z^2 - 2xz + 1} = -z + u$$

ou

$$z = \frac{u^2 - 1}{2(u - x)}.$$

Pour $z = \xi$, on a $u = \xi$, et pour $z = \xi^{-1}$, $u = \xi^{-1}$, il est facile alors à voir qu'on peut écrire la relation entre z et u ainsi

$$(20') \quad \frac{z - \xi}{z - \xi^{-1}} = \left(\frac{u - \xi}{u - \xi^{-1}}\right)^2.$$

Il vient

$$\int \frac{z^n\, dz}{\sqrt{z^2 - 2xz + 1}} = \int \frac{(u^2 - 1)^n}{2^n (u - x)^{n+1}}\, du.$$

Quant au chemin d'intégration de l'intégrale transformée, puisque z est très grand, on a, d'après (20), à fort peu près,

$$u = 2z - x,$$

en sorte que u décrit autour du point $-x$ comme centre, et dans le sens direct, un cercle de rayon double de celui décrit par z.

Puisque la fonction intégrée n'a qu'un pôle $u = x$, on peut en conclure immédiatement la formule de Rodrigues

$$(21) \quad P^n(x) = \frac{1}{2^n . 1 . 2 . 3 \ldots n} \frac{d^n (x^2 - 1)^n}{dx^n}.$$

Par un changement continu, on peut transformer le cercle décrit par la variable z dans le contour *abcdefa* considéré dans le n⁰ 1. Quel sera le contour correspondant de la variable u? Il est clair qu'on pourra supposer qu'en se transformant le contour décrit par z ne présente jamais un point double. Il en sera de même alors pour le contour décrit par u. En effet, z est une fonction uniforme de u, et un contour fermé décrit par u correspond toujours à un contour fermé décrit par z.

Ainsi, si le chemin de u avait un point double, il en serait de même du chemin décrit par z contre notre hypothèse. Ensuite, en a, z est très petit ou nul, et le radical égal à $+1$, donc $u=+1$; de même on verra qu'en d u est égal à -1. Puisque z reste fini et ne passe point par les points ξ et ξ^{-1}, il s'ensuit que u reste toujours à une distance finie de x et des points ξ et ξ^{-1}.

On conclut de tout ce qui précède que le chemin de u, correspondant au contour $abcdefa$, est un contour fermé qui part de $+1$, passe par -1 et revient à $+1$ après avoir enveloppé en sens direct les points x, ξ et ξ^{-1}.

Mais il est clair que la seule chose essentielle à savoir, c'est que ce chemin enveloppe en sens direct le point x qui est le seul pôle, les points ξ et ξ^{-1} ne jouant aucun rôle dans l'intégrale relative à u.

Il est clair maintenant aussi que l'intégrale $\mathfrak{A}$ se présente sous cette forme nouvelle.

$$(22) \quad \ldots\ldots\ldots\ldots \quad \mathfrak{A}=\int \frac{(u^2-1)^n}{2^n(u-x)^{n+1}}\,du$$

de $u=+1$ à $u=-1$, mais tous les chemins de $+1$ à -1 ne conduisent pas à la même valeur de l'intégrale, et tout ce que nous avons dit jusqu'à présent ne suffit pas pour déterminer avec précision le chemin d'intégration qu'il faut adopter dans cette formule (22). En effet, nous n'avons point fait intervenir encore la circonstance que le point ξ est au-dessus de l'axe réel, ce qui permet de distinguer les intégrales $\mathfrak{A}$ et $\mathfrak{B}$.

Considérons la droite D dont tous les points sont également éloignés de ξ et de ξ^{-1}, droite qui passe évidemment par le point $x=\dfrac{\xi+\xi^{-1}}{2}$.

Il est clair par la relation (20′) que les points correspondants z et u sont toujours du même côté de D. Les trois points 0, ± 1 sont donc du même côté de D. Deux cas sont à distinguer maintenant:

1° Le point ξ se trouve du même côté de D que les points ± 1.

Dans ce cas, on peut évidemment supposer que le contour $abcd$ ne coupe pas la droite D. Il en sera donc de même du chemin correspondant de u allant de $+1$ à -1. Mais ce chemin peut être tracé maintenant arbitrairement, à la seule condition de ne pas traverser D; car, x étant sur D, on obtiendra toujours la même valeur de l'intégrale (22).

2° Le point ξ se trouve par rapport à D du côté opposé des points ± 1. Dans ce cas, le point ξ^{-1} se trouve du même côté que les points ± 1, et l'on conclut, maintenant comme tout à l'heure, que le chemin $defa$ de z correspond à un chemin quelconque de u allant de -1 à $+1$ et ne coupant pas la droite D. Cela étant, on peut tracer aussi sans ambiguïté le chemin de u qu'on doit adopter dans l'intégrale $\mathfrak{A}$, car on sait que le contour entier $abcdefa$ de z doit correspondre à un contour fermé passant par les points ± 1 et qui enveloppe en sens direct le point x.

11. Supposons maintenant

$$x = \cos\Theta, \qquad 0 < \Theta < \pi,$$
$$\xi = e^{i\Theta}, \qquad \xi^{-1} = e^{-i\Theta}.$$

La droite D se confond avec l'axe réel; le contour $abcd$ peut donc être tracé tout entier dans la moitié supérieure du plan; il en sera donc de même du chemin dans l'intégrale transformée

$$\mathfrak{A} = \int_{+1}^{-1} \frac{(u^2-1)^n}{2^n (u-x)^{n+1}}\, du.$$

Pour achever le calcul de cette intégrale, nous suivons la méthode donnée par M. Hermite dans son Cours de la Sorbonne (3e édition, p. 173). En intégrant par parties n fois, il vient, en faisant attention à la formule (21),

$$\mathfrak{A} = \int_{+1}^{-1} \frac{P^n(u)}{u-x}\, du$$

ou

$$\mathfrak{A} = P^n(x) \int_{+1}^{-1} \frac{du}{u-x} - \int_{+1}^{-1} \frac{P^n(x) - P^n(u)}{u-x}\, du.$$

Or, x étant réel et compris entre les limites ± 1, et le chemin d'intégration étant tracé dans la moitié supérieure du plan, on a

$$\int_{+1}^{-1} \frac{du}{u-x} = \log\left(\frac{1+x}{1-x}\right) + \pi i,$$

$$\mathfrak{A} = \mathrm{P}^n(x)\left[\log\left(\frac{1+x}{1-x}\right) + \pi i\right] - 2\,\mathrm{R}_n(x).$$

$\mathfrak{A}$, en effet, doit être de la forme $\alpha\,\mathrm{P}^n(x) + \beta\,\mathrm{S}^n(x)$; on a donc nécessairement

(23) . . . . . $$2\,\mathrm{R}_n(x) = \int_{-1}^{+1} \frac{\mathrm{P}^n(x) - \mathrm{P}^n(u)}{x-u}\,du,$$

(24) . . . . $$\mathfrak{A} = 2\,\mathrm{S}^n(x) + \pi i\,\mathrm{P}^n(x)$$

et de même

$$\mathfrak{B} = 2\,\mathrm{S}^n(x) - \pi i\,\mathrm{P}^n(x).$$

Il est aisé de vérifier la formule (23); car on constate facilement que, $\mathrm{P}^n(x)$ étant un polynôme quelconque en x, l'intégrale du second membre est toujours la partie entière de

$$\mathrm{P}^n(x)\log\left(\frac{x+1}{x-1}\right).$$

12. Nous pouvons obtenir maintenant un développement en série de $\mathrm{S}^n(\cos\Theta)$ entièrement analogue au développement de $\mathrm{P}^n(\cos\Theta)$.

En effet, les formules (4) et (24) donnent

$$\mathrm{S}^n(\cos\Theta) = \text{partie réelle de } \xi^{n+1}\sqrt{1-k}\int_0^1 \frac{(1-u)^n\,du}{\sqrt{u(1-ku)}},$$

c'est-à-dire

$$\mathrm{S}^n(\cos\Theta) = \text{partie réelle de } \frac{i\,e^{(n\Theta+\frac{1}{2}\alpha)i}}{\sqrt{2\sin\Theta}}\int_0^1 \frac{(1-u)^n\,du}{\sqrt{u(1-ku)}};$$

d'où l'on conclut

(25) $$\frac{2}{\pi}\mathrm{S}^n(\cos\Theta) = -\mathrm{C}_n\left[\frac{\sin(n\Theta+\frac{1}{2}\alpha)}{\sqrt{2\sin\Theta}} + \frac{1^2}{2(2n+3)}\frac{\sin(n\Theta+\frac{3}{2}\alpha)}{\sqrt{(2\sin\Theta)^3}} + \right.$$
$$+ \frac{1^2.3^2}{2.4(2n+3)(2n+5)}\frac{\sin(n\Theta+\frac{5}{2}\alpha)}{\sqrt{(2\sin\Theta)^5}} +$$
$$\left. + \frac{1^2.3^2.5^2}{2.4.6(2n+3)(2n+5)(2n+7)}\frac{\sin(n\Theta+\frac{7}{2}\alpha)}{\sqrt{(2\sin\Theta)^7}} + \ldots\right],$$

$$\mathrm{C}_n = \frac{4}{\pi}\,\frac{2.4.6\ldots(2n)}{3.5.7\ldots(2n+1)}.$$

Quant à la convergence de ce développement, et l'erreur commise en prenant seulement les p premiers termes, on arrive évidemment à des conclusions parfaitement analogues à celles obtenues précédemment.

En remplaçant Θ par $\frac{\Theta}{n}$ et passant à la limite pour $n = \infty$, on trouve

$$(26)\quad K(\Theta) = -\sqrt{\frac{\pi}{2}}\left[\frac{\sin\left(\Theta - \frac{\pi}{4}\right)}{\sqrt{\Theta}} + \frac{1^2}{8}\frac{\sin\left(\Theta - \frac{3\pi}{4}\right)}{\sqrt{\Theta^3}} + \frac{1^2 . 3^2}{8 . 16}\frac{\sin\left(\Theta - \frac{5\pi}{4}\right)}{\sqrt{\Theta^5}} + \dots\right].$$

On reconnaît encore facilement que

$$S^n\left(\cos\frac{k\pi}{2n+1}\right)$$

$$(k = 1, 2, \dots, 2n)$$

a le signe de $(-1)^{\frac{k^2+k}{2}}$; d'où l'on conclut que l'équation

$$S^n(x) = 0$$

admet $n+1$ racines comprises dans les intervalles

$$\left[\cos\left(\frac{2k\pi}{2n+1}\right), \cos\frac{(2k+1)\pi}{2n+1}\right].$$

$$(k = 0, 1, 2, \dots, n)$$

Entre deux racines consécutives de $S^n(x) = 0$ se trouve une racine de $P^n(x) = 0$, ce qui est bien conforme à un théorème connu dû à Sturm.

Enfin, de même que nous avons pu passer de la formule (7) au développement de Heine (13), on pourra déduire de la formule (25) cet autre développement obtenu aussi par Heine (Fonctions sphér., t. I, p. 130)

$$(2)\ .\ \frac{2}{\pi} S^n(\cos\Theta) = C_n\left[\cos(n+1)\Theta + \frac{1(n+1)}{1(2n+3)}\cos(n+3)\Theta + \right.$$

$$\left. + \frac{1.3(n+1)(n+2)}{1.2(2n+3)(2n+5)}\cos(n+5)\Theta + \dots\right],$$

$$(0 < \Theta < \pi).$$

LXXIV.

(Ann Fac. Sci., Toulouse, 4, 1890, J. 1—10.)

Sur les racines de la fonction sphérique de seconde espèce.

Nous nous proposons de développer ici quelques Remarques, qui nous ont été suggérées par l'étude du Mémoire de M. Hermite sur le sujet indiqué ci-dessus (Annales de la Faculté des Sciences de Toulouse, t. IV).

Soient donc, en adoptant les notations de M. Hermite, $X_n = F(x)$ le polynôme de Legendre du degré n, $R(x)$ la partie entière du produit

$$F(x)\left(\frac{1}{x}+\frac{1}{3x^3}+\frac{1}{5x^5}+\ldots\right),$$

ensuite

$$(1) \quad \ldots\ldots \quad Q^n(x)=\frac{1}{2}F(x)\log\left(\frac{x+1}{x-1}\right)-R(x)$$

la fonction sphérique de seconde espèce.

M. Hermite a étudié l'équation $Q^n(x)=0$, et pour cela il pose

$$\log\frac{x+1}{x-1}=z, \qquad x=\frac{e^z+1}{e^z-1},$$

$$f(z)=(e^z-1)^n\,Q^n\left(\frac{e^z+1}{e^z-1}\right).$$

Il obtient ensuite la distribution des racines de l'équation $f(z)=0$ sur le plan des z. Nous nous sommes demandé simplement ce que deviennent ces résultats si l'on revient à la variable originale x, afin de connaître ainsi la distribution des racines de l'équation $Q^n(x)=0$ sur le plan des x.

1. La fonction analytique $Q^n(x)$ est non uniforme et elle admet une infinité de déterminations. Ces déterminations proviennent de ce que, dans l'expression (1), le logarithme a une infinité de valeurs différant l'une de l'autre par des multiples quelconques de $2\pi i$; les déterminations de $Q^n(x)$ diffèrent donc par des multiples de $\pi i F(x)$. Pour une valeur quelconque de x, il y a en général une détermination du logarithme et une seule, telle que la partie purement imaginaire se trouve comprise entre $\pm \pi i$. Il n'y a exception que dans le cas où cette partie imaginaire serait exactement $= \pm \pi i$, ce qui n'a lieu que lorsque x est réel et compris dans l'intervalle $(-1, +1)$.

Si l'on pose

$$\log\left(\frac{x+1}{x-1}\right) = z = a + ib,$$

b a une signification géométrique très simple. Soient, sur le plan des x, P, A, B les points qui représentent les quantités x, $+1$, -1 respectivement; alors b est égal à l'angle $\widehat{APB}$, cet angle étant pris avec le signe $+$ lorsque P est au dessous de l'axe des abscisses, avec le signe $-$ lorsque P est au-dessus de cet axe. Pour avoir les autres déterminations de $Q^n(x)$, il faudrait ajouter à l'angle ainsi déterminé, et qui est compris entre $\pm \pi$, des multiples quelconques de 2π.

Mais appliquons une coupure le long de l'axe des abscisses de -1 à $+1$, et supposons que x ne soit pas sur la coupure. En adoptant alors pour le logarithme la valeur dont la partie purement imaginaire tombe entre $\pm \pi i$, on a une branche parfaitement déterminée de la fonction analytique que nous considérons, et c'est cette branche particulière que nous désignérons par $Q^n(x)$. C'est cette fonction $Q^n(x)$ qui, lorsque $\operatorname{mod} x > 1$, donne un développement convergent de la forme

$$(2) \quad \ldots\ldots \quad Q^n(x) = \frac{c_0}{x^{n+1}} + \frac{c_1}{x^{n+3}} + \frac{c_2}{x^{n+5}} + \cdots,$$

car on sait que, dans le produit

$$F(x)\left(\frac{1}{x} + \frac{1}{3x^3} + \frac{1}{5x^5} + \cdots\right),$$

les termes avec x^{-1}, x^{-2}, ..., x^{-n} manquent.

Il est clair, d'après ce qui précède, que l'on a

$$Q^n(x+\varepsilon i) - Q^n(x-\varepsilon i) = -\pi i \, F(x),$$

x étant sur la coupure et ε positif infiniment petit. Car pour $x+\varepsilon i$ la partie imaginaire du logarithme est $-\pi i$, pour $x-\varepsilon i$ elle est $+\pi i$.

Par conséquent, si l'on traverse la coupure en allant de la moitié inférieure du plan dans la moitié supérieure, la fonction analytique $Q^n(x)$ prendra une série continue de valeurs, mais on passe ainsi de la branche $Q^n(x)$ à la branche $Q^n(x) + \pi i \, F(x)$. Tant qu'on ne franchit pas de nouveau la coupure, on a là encore une fonction continue et uniforme, et qui répond à une détermination du logarithme dans laquelle la partie purement imaginaire est comprise entre $+\pi i$ et $+3\pi i$.

Si l'on revient à la variable

$$z = \log \frac{x+1}{x-1}$$

introduite par M. Hermite, on voit que, dans le plan des z, la bande comprise entre les deux droites $y = \pm \pi$ correspond à la branche $Q^n(x)$ telle que nous venons de la définir. La bande comprise entre $y = +\pi i$ et $y = +3\pi i$ correspond à la branche $Q^n(x) + \pi i \, F(x)$, ...

Lorsque x est réel, mais non sur la coupure, la partie imaginaire du logarithme est zéro ou plus généralement $= 2k\pi i$. Pour la branche $Q^n(x)$ elle est nulle, ce qui répond aussi sur le plan des z à l'axe des abscisses. Dès lors on voit facilement que, pour la fonction $Q^n(x)$, la moitié supérieure du plan des x correspond sur le plan des z à la bande comprise entre les deux droites

$$y = 0 \quad \text{et} \quad y = -\pi.$$

Au contraire, la bande entre $y = 0$ et $y = +\pi$ (sur le plan des z) correspond à la moitié inférieure du plan des x.

De même, pour la fonction $Q^n(x) + \pi i \, F(x)$, la moitié supérieure du plan correspond à la bande comprise entre les droites

$$y = \pi \quad \text{et} \quad y = 2\pi$$

sur le plan des z, et la moité inférieure du plan des x à la bande comprise entre

$$y = 2\pi \quad \text{et} \quad y = 3\pi, \quad \ldots.$$

Si l'on imagine dans le plan des x un cercle tel que le rapport des distances d'un de ses points aux points A et B soit constant, et qu'on parcoure ce cercle constamment dans le même sens, la partie réelle de

$$z = \log\left(\frac{x+1}{x-1}\right)$$

restera constante, mais sa partie purement imaginaire variera toujours dans le même sens entre $-\infty i$ et $+\infty i$.

2. On peut passer maintenant directement des résultats obtenus par M. Hermite, et qui se rapportent au plan des z, aux propositions équivalentes se rapportant au plan des x.

Considérons d'abord, sur le plan des z, la bande comprise entre les droites $y = \pm\pi$ et qui correspond à la branche $Q^n(x)$. La fonction

$$f(z) = (e^z - 1)^n\, Q^n\left(\frac{e^z+1}{e^z-1}\right)$$

admet exactement $2n+1$ zéros dans cette bande, mais il faut remarquer que toutes ces racines sont nulles. En effet, d'après la formule (2),

$$Q^n\left(\frac{e^z+1}{e^z-1}\right) = c_0\left(\frac{e^z-1}{e^z+1}\right)^{n+1} + \ldots$$

a déjà un zéro d'ordre de multiplicité $n+1$, $z=0$; donc $f(z)=0$ a la même racine avec l'ordre de multiplicité $2n+1$. Abstraction faite de cette racine multiple $z=0$, l'équation $f(z)=0$ n'admet donc aucune autre racine dans la bande que nous considérons; et, puisque $z=0$ correspond à $x=\infty$, il en résulte que l'équation

$$Q^n(x) = 0$$

n'admet aucune racine (finie).

La bande comprise entre les droites

$$y = \pi \qquad \text{et} \qquad y = 2\pi$$

sur le plan des z ne renferme aucune racine de $f(z)$, et dans la bande comprise entre

$$y = 2\pi \qquad \text{et} \qquad y = 3\pi$$

se trouvent n racines. On en conclut: l'équation

$$Q^n(x) + \pi i\, F(x) = 0$$

n'admet aucune racine dans la partie supérieure du plan, mais elle en a précisément n au dessous de l'axe des abscisses.

Généralement l'équation

$$Q^n(x) + k\pi i\, F(x) = 0,$$

où k est entier (non nul), a toujours exactement n racines qui se trouvent au-dessous de l'axe des abscisses lorsque k est positif, au-dessus lorsque k est négatif.

On remarquera que les zéros $\pm 2\pi i$, $\pm 4\pi i$, ... de la fonction

$$(e^z - 1)^n$$

n'introduisent point des zéros dans $f(z)$, mais contrebalancent seulement les pôles de $Q^n\left(\frac{e^z+1}{e^z-1}\right)$; car, tandis que $z = 0$ est un zéro de $Q^n\left(\frac{e^z+1}{e^z-1}\right)$, les valeurs $z = \pm 2\pi i$, $\pm 4\pi i$, ... sont des pôles pour cette fonction.

3. On peut retrouver ces résultats par la méthode suivante. Considérons la fonction $Q^n(x)$ dans l'espace annulaire compris entre les

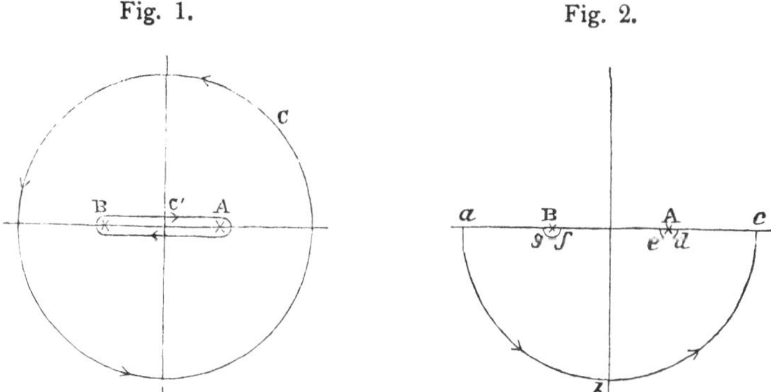

courbes C et C', C étant un cercle de rayon très grand, C' enveloppant étroitement la coupure (Fig. 1). Dans ce domaine $Q^n(x)$ est partout uniforme et régulier, c'est-à-dire développable par la série de Taylor, D'après un théorème de Cauchy, le nombre des racines de $Q^n(x) = 0$ dans ce domaine peut donc s'obtenir en divisant par 2π l'accroissement total de l'argument de $Q^n(x)$, lorsque x parcourt successivement les contours C et C' dans le sens indiqué (Fig. 1). Or, sur le cercle C on a

$$Q^n(x) = \frac{c_0}{x^{n+1}}(1 + \varepsilon)$$

le module de ε restant aussi petit qu'on voudra. La variation totale de l'argument de $1+\varepsilon$ est donc nulle sur le contour C et l'accroissement de l'argument de $Q^n(x)$ sur ce contour est

$$-2\pi \times (n+1).$$

Pour avoir la variation de l'argument sur C', nous réduirons ce contour à la double droite de $-1+\varepsilon$ à $+1-\varepsilon$, et de deux cercles infiniment petits entourant les points A et B et tels que le rapport des distances aux points A et B est constant pour un point sur chacun de ces cercles. Sur le cercle enveloppant le point A, la partie réelle de

$$\log \frac{x+1}{x-1}$$

est alors constante, positive très grande, tandis que la partie imaginaire est toujours comprise entre $\pm \pi i$. Ensuite, on a sensiblement sur ce cercle $F(x) = 1$ et $R(x)$ égale à une quantité réelle.

On voit donc que la partie réelle de $Q^n(x)$ est constamment positive très grande, tandis que la partie purement imaginaire est très petite par rapport à la partie réelle. La variation de l'argument de $Q^n(x)$ est donc insensible, et il en est de même pour le cercle enveloppant le point B. Puisqu'on sait d'avance que la variation totale de l'argument sur C' doit être un multiple exact de 2π, nous pouvons donc nous borner à calculer la variation de l'argument sur la droite double de $-1+\varepsilon$ à $+1-\varepsilon$, on doit prendre

$$\log\left(\frac{x+1}{x-1}\right) = \log\left(\frac{1+x}{1-x}\right) - \pi i,$$

et en allant de $+1-\varepsilon$ à $-1+\varepsilon$

$$\log\left(\frac{x+1}{x-1}\right) = \log\left(\frac{1+x}{1-x}\right) + \pi i.$$

Mais on voit facilement (parce que la fonction $Q^n(x)$ est soit paire, soit impaire) que la variation de l'argument est la même dans les deux cas. Il suffira donc de calculer la variation de l'argument de

$$\frac{1}{2} F(x)\left[\log\left(\frac{1+x}{1-x}\right) + \pi i\right] - R(x) = X + Yi,$$

x diminuant de $+1-\varepsilon$ à $-1+\varepsilon$ et de doubler le résultat. Or, on a

$$X = \frac{1}{2} F(x) \log\left(\frac{1+x}{1-x}\right) - R(x),$$

$$Y = \frac{1}{2} \pi F(x),$$

et l'on reconnaît facilement que l'équation $X=0$ admet $n+1$ racines

$$1 > y_1 > y_2 > y_3 > \ldots > y_{n+1} > -1.$$

Dans les intervalles de ces racines se trouvent les n racines de $Y=0$, $x_1, x_2, \ldots, x_n$,

$$y_1 > x_1 > y_2 > x_2 \ldots x_n > y_{n+1}.$$

Il importe de remarquer que l'équation $X=0$ ne saurait avoir d'autres racines réelles dans l'intervalle $(-1, +1)$, car, d'après un théorème de Sturm, on en conclurait pour l'équation $Y=0$ plus de n racines, ce qui est absurde. Or on reconnaît maintenant sans difficulté les variations de signes de X et Y lorsque x décroît de $1-\varepsilon$ à $-1+\varepsilon$, et qu'on peut déduire du Tableau suivant

x.	Signe de X.	Signe de Y.
$+1-\varepsilon$	$+$	$+$
y_1	0	$+$
x_1	$-$	0
y_2	0	$-$
x_2	$+$	0
y_3	0	$+$
..	.	..
x_n	$(-1)^n$	0
y_{n+1}	0	$(-1)^n$
$-1+\varepsilon$	$(-1)^{n+1}$	$(-1)^n$

Pour $x=+1-\varepsilon$, X est positif très grand, Y positif fini, l'argument positif très petit. Pour $x=y_1$ l'argument est $+\frac{\pi}{2}$; donc l'accroissement de l'argument est, pour l'intervalle $(+1-\varepsilon$ à $y_1)$,

$$+\frac{\pi}{2}.$$

Il est clair ensuite qu'on a pour les intervalles indiqués les accroissements de l'argument suivants

$$
\begin{array}{llll}
(y_1 & \text{à} & y_2), & +\pi, \\
(y_2 & \text{à} & y_3), & +\pi, \\
\dots & \dots & \dots & , \\
(y_n & \text{à} & y_{n+1}), & +\pi, \\
(y_{n+1} & \text{à} & -1+\varepsilon), & +\frac{\pi}{2}.
\end{array}
$$

En faisant la somme et doublant, la variation totale de l'argument sur le contour C', est

$$+2\pi\times(n+1),$$

et pour le contour C on avait un accroissement

$$-2\pi\times(n+1);$$

donc l'équation $Q^n(x)=0$ n'admet aucune racine.

4. La même méthode s'applique à l'équation

$$Q^n(x)+\pi i F(x)=0.$$

Dans ce cas on a sur le cercle C

$$Q^n(x)+\pi i F(x)=C x^n(1+\varepsilon);$$

donc la variation de l'argument sur C est

$$+2\pi\times n.$$

Mais il faudra prendre maintenant, en allant de $-1+\varepsilon$ à $+1-\varepsilon$,

$$X=\frac{1}{2}F(x)\log\left(\frac{1+x}{1-x}\right)-R(x),$$

$$Y=+\frac{1}{2}\pi F(x),$$

et en allant de $+1-\varepsilon$ à $-1+\varepsilon$

$$X=\frac{1}{2}F(x)\log\left(\frac{1+x}{1-x}\right)-R(x),$$

$$Y=+\frac{3}{2}\pi F(x).$$

La variation totale de l'argument sur C' devient nulle, les deux parties se détruisant; donc l'équation

$$Q^n(x) + \pi i F(x) = 0$$

admet n racines. D'après le théorème de M. Hermite, ces n racines se trouvent au-dessous de l'axe des abscisses; on peut retrouver ce résultat en évaluant la variation de l'argument sur le contour $abcdefga$ (Fig. 2). La variation est

$$\begin{array}{ll} \text{Sur } abc, & +\pi \times n, \\ \text{Sur } cd, & -\frac{\pi}{2}, \\ \text{Sur } ef, & +\pi \times (n+1), \\ \text{Sur } ga, & -\frac{\pi}{2}, \end{array}$$

en sorte qu'on trouve n racines à l'intérieur du contour. Les mêmes considérations s'appliquent évidemment aux autres branches de la fonction, et l'on pourrait même déterminer le nombre des racines de

$$Q^n(x) + k\pi i F(x) = 0$$

pour une valeur non entière ou même imaginaire de k.

5. La fonction $Q^n(x)$ peut s'exprimer par l'intégrale de M. Neumann

$$Q^n(x) = \frac{1}{2}\int_{-1}^{+1} \frac{F(u)\,du}{x-u},$$

et l'on peut conclure de là, très simplement, que l'équation $Q^n(x) = 0$ n'a point de racine. Supposons, en effet (x n'étant pas naturellement sur la coupure),

$$(3) \quad \ldots\ldots\ldots\ldots \int_{-1}^{+1} \frac{F(u)\,du}{x-u} = 0,$$

on aurait aussi

$$(4) \quad \ldots\ldots\ldots\ldots \int_{-1}^{+1} \frac{F(u)^2\,du}{x-u} = 0,$$

car

$$\int_{-1}^{+1} \frac{F(u)^2\,du}{x-u} = \int_{-1}^{+1} F(u)\,\frac{F(u)-F(x)}{x-u}\,du + F(x)\int_{-1}^{+1} \frac{F(u)\,du}{x-u}$$

et dans le second membre la première intégrale s'annule en vertu des propriétés de $F(u)$, la seconde en vertu de (3). Or, je dis que la relation (4) est impossible; soit, en effet,

$$x = a + bi,$$

on devrait avoir

$$\int_{-1}^{+1} \frac{F(u)^2}{(a-u)^2 + b^2}(a - u - bi)\,du = 0.$$

La partie purement imaginaire ne peut être nulle, à moins qu'on n'ait $b = 0$; mais x serait réel et, n'étant pas sur la coupure, $x - u$ ne changerait pas de signe, et la relation (4) est encore impossible.

LXXV.

(Nouv. ann. math., Paris, sér. 3, 9, 1890, 479—480)

Note sur l'intégrale $\int_0^\infty e^{-u^2}\,du$.

M. Méray a montré récemment (Bulletin des Sciences mathématiques, 1889) qu'on peut obtenir la valeur de cette intégrale à l'aide de la formule de Wallis. La déduction suivante se fonde sur la même idée, mais on la trouvera peut-être un peu plus simple.

Soit

$$I_n = \int_0^\infty u^n e^{-u^2}\,du;$$

une intégration par parties donne

$$I_n = \frac{n-1}{2} I_{n-2};$$

d'où l'on conclut,

$$I_{2k} = \frac{1.3.5\ldots(2k-1)}{2^k} I_0,$$

$$I_{2k+1} = \frac{1.2.3\ldots k}{2}.$$

L'expression

$$I_{n+1} + 2x I_n + x^2 I_{n-1} = \int_0^\infty u^{n-1}(u+x)^2 e^{-u^2}\,du$$

est évidemment positive pour toute valeur réelle de x, donc

$$I_n^2 < I_{n-1} I_{n+1}$$

ou, à cause de $I_{n+1} = \frac{n}{2} I_{n-1}$,

$$I_n^2 < \frac{n}{2} I_{n-1}^2.$$

On a, par conséquent,

$$I_{2k}^2 > \frac{2}{2k+1} I_{2k+1}^2, \qquad I_{2k}^2 < I_{2k-1} I_{2k+1},$$

c'est-à-dire

$$I_{2k}^2 > \frac{(1.2.3\ldots k)^2}{4k+2}, \qquad I_{2k}^2 < \frac{(1.2.3\ldots k)^2}{4k},$$

en sorte qu'on peut poser

$$I_{2k}^2 = \frac{(1.2.3\ldots k)^2}{4k+2}(1+\varepsilon), \qquad 0 < \varepsilon < \frac{1}{2k},$$

ou, en exprimant I_{2k} par I_0,

$$2 I_0^2 = \frac{[2.4.6\ldots(2k)]^2}{[1.3.5\ldots(2k-1)]^2(2k+1)}(1+\varepsilon).$$

En faisant croître indéfiniment l'entier k, il vient, d'après la formule de Wallis,

$$2 I_0^2 = \frac{\pi}{2}, \qquad I_0 = \frac{1}{2}\sqrt{\pi}.$$

LXXVI.

(Ann. Fac. Sci., Toulouse, 4, 1890, 1–103.)

Sur la théorie des nombres.

CHAPITRE I.

SUR LA DIVISIBILITÉ DES NOMBRES.

1. L'idée de nombre a son origine dans la considération de plusieurs objets distincts.

C'est une notion qui s'attache à cette considération, où l'on fait abstraction de la nature des objets, et qui est, d'après notre conviction intime, indépendante de l'ordre dans lequel on envisage successivement les objets donnés.

Ce dernier point est essentiel et constitue, à proprement dire, le seul axiome de toute la science des nombres. Peut-être même est-il possible de ramener cet axiome à quelque chose de plus simple encore.

Si l'on se rappelle, en effet, que l'on peut passer d'une permutation à une autre par une série de transpositions opérées sur deux éléments voisins, il semble qu'au fond il suffit d'adopter l'axiome dans le cas de deux objets.

Mais, sans insister sur cette question, nous nous bornerons à observer que les relations exprimées par les équations

$$a+b=b+a, \qquad a+b+c=a+(b+c), \qquad \ldots,$$
$$abc=bac=c(ab), \qquad \ldots,$$
$$a(b+c)=ab+ac, \qquad \ldots,$$

doivent être considérées comme des théorèmes qui découlent de l'axiome fondamental qui donne naissance à l'idée de nombre.

2. En comparant un nombre a avec les multiples $0, b, 2b, \ldots$ d'un second nombre b, deux cas peuvent se présenter. Ou bien a est égal à un multiple de b, alors a est divisible par b, b un diviseur de a, ou bien le nombre a tombe entre deux multiples consécutifs de b. Dans ce dernier cas, il existe un nombre m tel que $a = mb + c$, c étant positif, mais inférieur à b.

3. Étant donnés plusieurs nombres $a, b, c, \ldots, l$, on peut toujours trouver des nombres qui sont en même temps divisibles par a, par $b, \ldots$, par l. Parmi ces nombres qu'on appelle communs multiples de $a, b, c, \ldots, l$, il y en a un nécessairement qui est le plus petit et qui s'appelle le plus petit commun multiple des nombres $a, b, c, \ldots, l$.

Théorème I. — Le plus petit commun multiple m des nombres $a, b, c, \ldots, l$ divise exactement tout autre commun multiple M de ces nombres.

En effet, si M n'était pas un multiple de m, la division de M par m donnerait lieu à une relation

$$M = km + m',$$

où m' serait positif, mais inférieur à m. Or on reconnaît immédiatement que m' serait encore un commun multiple de $a, b, c, \ldots, l$, ce qui est absurde, puisqu'on suppose qu'il n'existe pas un tel commun multiple inférieur à m.

Il est clair qu'on peut énoncer ce théorème encore de cette manière:

Théorème I^a. — Si un nombre M admet pour diviseurs les nombres $a, b, c, \ldots, l$, le plus petit commun multiple de $a, b, c, \ldots, l$ sera encore un diviseur de M.

4. Le plus petit commun multiple des nombres

$$a > b > c > \ldots > l$$

est évidemment au moins égal à a, et il ne peut être égal à a que dans le cas où $b, c, \ldots, l$ sont des diviseurs de a.

5. Un nombre qui divise à la fois $a, b, c, \ldots, l$ s'appelle un commun diviseur de ces nombres. Parmi ces communs diviseurs, il y en a

nécessairement un, plus grand que les autres, et qui s'appelle le plus grand commun diviseur de $a, b, c, \ldots, l$.

Théorème II. — Le plus grand commun diviseur δ des nombres $a, b, c, \ldots, l$ est un multiple de tout autre commun diviseur δ' de ces nombres.

Soient, en effet, $\delta, \delta', \delta'', \ldots$ les communs diviseurs des nombres donnés. Puisque a est divisible par $\delta, \delta', \delta'', \ldots$, il est encore divisible par le plus petit commun multiple de $\delta, \delta', \delta'', \ldots$, et il en est de même pour $b, c, \ldots, l$. Par conséquent, le plus petit commun multiple de $\delta, \delta', \delta'', \ldots$ est encore un commun diviseur de $a, b, c, \ldots, l$. Ce plus petit commun multiple est donc nécessairement égal à δ, et $\delta', \delta'', \ldots$ sont les diviseurs de δ. L'ensemble des communs diviseurs de $a, b, c, \ldots, l$ est identique avec l'ensemble des diviseurs de δ.

6. Pour chercher le p. g. c. d. (p. p. c. m.) de $a, b, c, \ldots, l$, on peut diviser ces nombres en divers groupes, chercher le p. g. c. d. (p. p. c. m.) des nombres contenus dans ces groupes, ensuite le p. g. c. d. (p. p. c. m.) des nombres ainsi obtenus.

On pourra donc ramener le problème toujours au cas où il n'y a que deux nombres a et b, et, dans ce cas, l'algorithme d'Euclide conduit de la façon la plus simple à la connaissance du p. g. c. d. Par une suite de divisions, on obtient les relations

$$\begin{array}{lll}
a & = qb & + r, \\
b & = q'r & + r', \\
r & = q''r' & + r'', \\
\multicolumn{3}{l}{\dots\dots\dots\dots\dots,} \\
r^{(k-1)} & = q^{(k+1)}r^{(k)} & + r^{(k+1)}, \\
r^{(k)} & = q^{(k+2)}r^{(k+1)}, &
\end{array}$$

et $r^{(k+1)}$ est le p. g. c. d. de a et b.

Soit δ le p. g. c. d. de $a, b, c, \ldots, l$, alors les nombres $ma, mb, \ldots, ml$ sont tous divisibles par $m\delta$, leur p. g. c. d. est donc nécessairement divisible par $m\delta$, mais on reconnaît immédiatement que ce p. g. c. d. est exactement $m\delta$.

Pour abréger, nous emploierons quelquefois les symboles

$$(a,\ b,\ c,\ \ldots,\ l),$$
$$|a,\ b,\ c,\ \ldots,\ l|$$

pour désigner respectivement le p. g. c. d. et le p. p. c. m. de $a, b, \ldots, l$.

On a donc

$$(ma,\ mb,\ \ldots,\ ml) = m \times (a,\ b,\ \ldots,\ l)$$

et de même

$$|ma,\ mb,\ \ldots,\ ml| = m \times |a,\ b,\ \ldots,\ l|.$$

De là on peut conclure le lemme suivant qui est souvent utile.

Lemme. Soient d le p. g. c. d. (p. p. c. m) des α nombres

$$a,\ a',\ a'',\ \ldots,$$

e le p. g. c. d. (p. p. c. m.) des β nombres

$$b,\ b',\ b'',\ \ldots,$$

alors le p. g. c. d. (p. p. c. m.) des $\alpha\beta$ produits

$$ab,\ ab',\ ab'',\ \ldots,\qquad a'b,\ a'b',\ \ldots,\qquad a''b,\ a''b',\ \ldots$$

est de.

En effet, les p. g. c. d. (p. p. c. m.) des divers groupes

$$\begin{matrix} ab, & ab', & ab'', & \ldots, \\ a'b, & a'b', & a'b'', & \ldots, \\ a''b, & a''b', & a''b'', & \ldots, \\ \ldots, & \ldots, & \ldots, & \ldots \end{matrix}$$

sont respectivement $ae,\ a'e,\ a''e,\ \ldots,$ et le p. g. c. d. (p. p. c. m.) de ces derniers nombres est de.

7. La recherche du p. p. c. m. peut se ramener toujours à celle du p. g. c. d., et réciproquement.

Le p. p. c. m. de $a,\ b,\ c$ est de la forme

$$\frac{abc}{d} = a \times \frac{bc}{d} = b \times \frac{ca}{d} = c \times \frac{ab}{d}.$$

donc d doit être un commun diviseur de $bc,\ ca,\ ab$. Pour avoir le p. p. c. m., il faut évidemment prendre pour d le p. g. c. d. de bc, ca, ab.

Théorème III. — Le p. p. c. m. (p. g. c. d.) de $a, b, c, \ldots, l$ est égal au produit $abc\ldots l$ divisé par le p. g. c. d. (p. p. c. m.) des produits

$$bc\ldots l,\quad ac\ldots l,\quad \ldots,\quad abc\ldots k.$$

8. Dans le cas de deux nombres a et b, le produit du p. g. c. d. et du p. p. c. m. est ab. Cette relation n'a plus lieu dans le cas où l'on a n nombres. Cependant ou peut rétablir l'analogie, et il faut, pour cela, considérer, non seulement le p. g c. d. et le p. p. c. m., mais une suite de n nombres qui dérivent d'une façon particulière des nombres donnés.

Nous allons entrer dans quelques détails sur cette théorie, comprise dans des recherches plus générales de M. Smith dont nous aurons à parler plus loin.

Considérons n nombres

(A) . . . . $a,\ b,\ c,\ \ldots,\ l.$

Prenons deux nombres, par exemple a et b, de ce système et remplaçons-les par leur p. g. c. d. et leur p. p. c. m. On aura ainsi un second système (A_1)

$$a',\quad b',\quad c,\quad \ldots,\quad l.$$

En répétant la même opération sur (A_1) pour en déduire un système (A_2), puis un système (A_3), ..., on finira toujours par obtenir un système dans lequel deux nombres quelconques sont eux-mêmes leur p. g. c. d. et p. p. c. m., c'est-à-dire l'un de ces nombres divise l'autre. Si l'on ordonne les nombres de ce système définitif par ordre de grandeur croissante

$$e_1,\quad e_2,\quad e_3,\quad \ldots,\quad e_n,$$

e_k divise e_{k+1}, et nous dirons que ces nombres forment le système réduit, e_k est le $k^{\text{ième}}$ nombre réduit. En effet, on verra que ce système réduit est unique et indépendant de la manière dont on a dirigé les opérations.

9. Pour faciliter un peu le langage, nous dirons que deux nombres forment un couple réduit lorsque l'un de ces nombres divise l'autre. Il est clair que, si a et b sont un couple réduit, les groupes (A) et (A_1) sont identiques; on peut donc se dispenser de combiner les couples

réduits. Si tous les couples de (A) étaient réduits, ce groupe serait déjà le système réduit.

Nous allons faire voir qu'en combinant deux nombres qui ne forment pas un couple réduit, on augmente toujours le nombre total des couples réduits.

Considérons, pour cela, les divers couples réduits de (A). On peut distinguer les quatre catégories suivantes:

1° Les couples réduits f, g qui ne renferment ni a, ni b. Il est bien clair que ces couples réduits se retrouvent dans (A_1).

2° Les couples réduits a, f qui renferment le nombre a et qui sont tels que b, f n'est pas un couple réduit. Dans ce cas, au moins un des couples a', f et b', f sera réduit, et ils peuvent l'être tous les deux. En effet, si f divise a, il est clair qu'il divise aussi b', et, si f est multiple de a, il sera aussi multiple de a'. [On suppose $a' = (a, b)$, $b' = |a, b|$.]

3° Les couples réduits b, f qui renferment le nombre b et qui sont tels que a, f n'est pas un couple réduit. Il est clair que ce que nous venons de dire pour le second cas s'applique encore ici.

4° Les couples réduits a, f qui sont tels que b, f est en même temps un couple réduit. Dans ce cas, on reconnaît facilement que les couples a', f et b', f sont aussi réduits tous les deux. Il suffit d'examiner successivement les trois hypothèses possibles: f divise a et b; f est multiple de a et de b; f divise l'un des nombres a, b et est multiple de l'autre.

Nous avons ainsi énuméré déjà dans le système (A_1) au moins autant de couples réduits que dans (A). Mais le système (A_1) renferme encore le couple réduit a', b', par conséquent le nombre des couples réduits du système (A_1) surpasse au moins d'une unité le nombre des couples réduits de (A).

Par un nombre fini d'opérations, on arrivera donc nécessairement à un groupe de n nombres dont tous les couples sont des couples réduits, et qui est ainsi le système réduit. Il reste à faire voir que ce système réduit est unique.

10. On constate d'abord qu'en remplaçant a et b par a' et b', on ne change ni le p. g. c. d., ni le p. p. c. m. des nombres du système.

Envisageons maintenant les divers produits k à k des nombres (A), pour voir quelles modifications résultent, pour ces produits, par le remplacement de a et b par a' et b'.

Les divers produits k à k se composent:

1° Des produits qui ne renferment ni a, ni b;

2° Des produits qui renferment a et b;

3° Des produits qui renferment un seul des nombres a et b.

Il est clair que ce sont les derniers produits seulement qui sont affectés par le remplacement de a et b par a' et b'. Ces produits sont, d'ailleurs, en nombre pair et peuvent être écrits ainsi

$$\begin{array}{l} a\,\mathrm{P},\quad a\,\mathrm{P}',\quad a\,\mathrm{P}'',\quad a\,\mathrm{P}''',\quad \ldots,\\ b\,\mathrm{P},\quad b\,\mathrm{P}',\quad b\,\mathrm{P}'',\quad b\,\mathrm{P}''',\quad \ldots,\end{array}$$

P, P′, P″, ... étant les divers produits $k-1$ à $k-1$ des nombres $c, \ldots, l$.

En remplaçant maintenant a et b par a' et b', cela revient évidemment à remplacer chaque couple

$$(a\,\mathrm{P}, b\,\mathrm{P}),\quad (a\,\mathrm{P}', b\,\mathrm{P}'),\quad (a\,\mathrm{P}'', b\,\mathrm{P}''),\quad \ldots$$

par son p. g. c. d. et son p. p. c. m. Cette opération, nous l'avons déjà remarqué, n'influe ni sur le p. g. c. d., ni sur le p. p. c. m. des divers produits k à k.

Par conséquent, le p. g. c. d. D_k et le p. p. c. m. M_k des divers produits k à k des nombres (A) ne changent pas en passant aux nombres (A_1). D_k et M_k sont aussi le p. g. c. d. et le p. p. c. m. des produits k à k du système réduit

$$e_1,\quad e_2,\quad \ldots,\quad e_n,$$

c'est-à-dire

$$\mathrm{D}_k = e_1 e_2 \ldots e_k,\qquad \mathrm{M}_k = e_n e_{n-1} \ldots e_{n-k+1}.$$

De là on conclut les relations suivantes

$$\begin{array}{llll} e_1 = \mathrm{D}_1, & e_2 = \dfrac{\mathrm{D}_2}{\mathrm{D}_1}, \quad \ldots, & e_k = \dfrac{\mathrm{D}_k}{\mathrm{D}_{k-1}}, \quad \ldots, & e_n = \dfrac{\mathrm{D}_n}{\mathrm{D}_{n-1}},\\ e_n = \mathrm{M}_1, & e_{n-1} = \dfrac{\mathrm{M}_2}{\mathrm{M}_1}, \quad \ldots, & e_{n-k+1} = \dfrac{\mathrm{M}_k}{\mathrm{M}_{k-1}}, \quad \ldots, & e_1 = \dfrac{\mathrm{M}_n}{\mathrm{M}_{n-1}},\end{array}$$

qui mettent en évidence ce fait que le système réduit est unique et donnent l'expression des nombres réduits en fonction de $a, b, c, \ldots, l$. Les relations

$$e_1 = D_1 = M_n : M_{n-1}, \qquad e_n = M_1 = D_n : D_{n-1}$$

reproduisent le théorème III. Puisque e_k divise e_{k+1}, on voit que D_k^2 divise $D_{k+1}D_{k-1}$, M_k^2 est multiple de $M_{k+1}M_{k-1}$; on pourrait le démontrer directement en s'appuyant sur le lemme du n° 6. On voit que D_k ne peut être égal à D_{k-1}, à moins qu'on n'ait $D_1 = D_2 = \ldots = D_k = 1$.

11. Lemme. a' et b' étant le p. g. c. d. et le p. p. c. m. de a et b, le p. g. c. d. et le p. p. c. m. de

$$(m, a) \quad \text{et} \quad (m, b)$$

sont respectivement

$$(m, a') \quad \text{et} \quad (m, b').$$

De même, le p. g. c. d. et le p. p. c. m. de

$$|m, a| \quad \text{et} \quad |m, b|$$

sont respectivement

$$|m, a'| \quad \text{et} \quad |m, b'|.$$

Pour démontrer la première partie, on remarque d'abord que le p. g. c. d. de (m, a) et (m, b) est évidemment $(m, a, b) = (m, a')$. Cela étant, pour démontrer que (m, b') est le p. p. c. m. de (m, a) et (m, b), il suffira de faire voir que

$$(m, a) \times (m, b) = (m, a') \times (m, b').$$

Mais cela est évident; car, d'après le lemme du n° 6, on a

$$(m, a) \times (m, b) = (m^2, ma, mb, ab) = (m^2, ma', ab),$$
$$(m, a') \times (n, b') = (m^2, ma', mb', a'b') = (m^2, ma', a'b').$$

Pour la seconde partie, on remarque d'abord que le p. p. c. m. de $|m, a|$ et $|m, b|$ est évidemment $|m, a, b| = |m, b'|$; et ensuite il est clair que

$$|m, a| \times |m, b| = |m, a'| \times |m, b'|.$$

On conclut de ce lemme que les nombres réduits de

$$(m, a), \quad (m, b), \quad (m, c), \quad \ldots, \quad (m, l)$$

sont

$$(m, e_1), \quad (m, e_2), \quad (m, e_3), \quad \ldots, \quad (m, e_n).$$

De même, les nombres réduits de

$$|m, a|, \quad |m, b|, \quad |m, c|, \quad \ldots, \quad |m, l|$$

sont

$$|m, e_1|, \quad |m, e_2|, \quad |m, e_3|, \quad \ldots, \quad |m, e_n|.$$

12. Nous avons considéré, dans le n° 10, les divers produits k à k des nombres $a, b, c, \ldots, l$. Si, au lieu de cela, on avait considéré simplement les divers groupes k à k, non pour en former les produits, mais pour en prendre le p. g. c. d. ou le p. p. c. m., on serait arrivé aux résultats suivants:

e_1 est le p. g. c. d. de $|a|, |b|, |c|, \ldots, |l|$;
e_2 » $|a, b|, |a, c|, \ldots, |k, l|$;
e_3 » $|a, b, c|, |a, b, d|, \ldots$;
. . . . ;

puis aussi

e_n est le p. p. c. m. de $(a), (b), \ldots, (l)$;
e_{n-1} » $(a, b), (a, c), \ldots, (k, l)$;
e_{n-2} » $(a, b, c), (a, b, d), \ldots$;
. . . .

Cette recherche n'offre aucune difficulté en s'appuyant sur le lemme du n° 11.

13. On dit que deux nombres sont premiers entre eux (ou bien a est premier avec b) lorsque leur p. g. c. d. est égal à l'unité; leur p. p. c m. est alors égal à leur produit.

Lemme. — On a

$$(a, bc) = (a, c) \times (a, b).$$

En effet, il est clair que

$$(a, bc) = (a, bc, ac),$$

or

$$(bc, ac) = c \times (a, b).$$

Théorème IV. — Lorsque a et b sont premiers entre eux, tout commun diviseur de a et bc est aussi commun diviseur de a et c.

Il suffit évidemment de montrer que

$$(a, bc) = (a, c),$$

mais cela est évident d'après le lemme précédent, puisque $(a, b)=1$ par hypothèse.

On déduit de ce théorème les conséquences suivantes: 1° Si c est aussi premier avec a, bc est premier avec a. Il est facile de généraliser ce résultat ainsi. Les nombres

$$\begin{matrix} a, & a', & a'', & \ldots, \\ b, & b', & b'', & \ldots, \end{matrix}$$

étant tels que chaque nombre $a, a', \ldots$ est premier avec tous les nombres $b, b', \ldots,$ le produit $a a' a'' \ldots$ est premier avec $b b' b'' \ldots$, a^m est premier avec b^n. 2° Lorsque bc est divisible par a (a et b étant premiers entre eux), c est divisible par a.

14. On dit que plusieurs nombres $a, b, c, \ldots, l$ sont premiers entre eux lorsque deux quelconques d'entre eux le sont. On peut remplacer cette définition par la suivante qui lui est équivalente. Plusieurs nombres $a, b, c, \ldots, l$ sont premiers entre eux lorsque a est premier avec $bc \ldots l$, b avec $cd \ldots l, \ldots,$ enfin k avec l.

Le p. p. c. m. des nombres $a, b, c, \ldots, l$, qui sont premiers entre eux, est égal à leur produit, et cette propriété est caractéristique. En effet, ayant

$$|a, b, c, \ldots, l| = abc \ldots l,$$

il est impossible que deux de ces nombres aient un diviseur commun > 1. Car, si δ divise a et b,

$$\frac{ab}{\delta} \times cd \ldots l$$

est un commun multiple de $a, b, c, \ldots, l$.

Un nombre admettant les diviseurs $a, b, c, \ldots, l$ premiers entre eux, est divisible par leur produit $abc \ldots l$.

On peut dire encore: les nombres $a, b, c, \ldots, l$ sont premiers entre eux lorsque le $(n-1)^{\text{ième}}$ nombre réduit $e_{n-1}=1$. En effet, e_{n-1} est le p. p. c. m. des nombres

$$(a, b), \quad (a, c), \quad (b, c), \quad \ldots, \quad (k, l).$$

On a alors aussi

$$e_1 = e_2 = \ldots = e_{n-2} = e_{n-1} = 1,$$
$$e_n = abc \ldots l.$$

Pour que plusieurs nombres $a, b, c, \ldots, l$ soient premiers entre eux, il ne suffit pas que leur p. g. c. d. soit égal à l'unité, il faut que le p. g. c. d. D_{n-1} des produits

$$bc\ldots l, \quad ac\ldots l, \quad \ldots, \quad abc\ldots k$$

soit égal à l'unité. (Voir le théorème III et la fin du n° 10.)

Lemme. — Le p. g. c. d. des nombres m, a, b étant l'unité, on a

$$(m, ab) = (m, a) \times (m, b).$$

En effet, d'après le lemme du n° 6,

$$(m, a) \times (m, b) = (m^2, ma, mb, ab),$$

or

$$(m^2, ma, mb) = m \times (m, a, b) = m$$

d'après l'hypothèse.

Plus particulièrement, on aura

$$(m, ab) = (m, a) \times (m, b)$$

lorsque a et b sont premiers entre eux. Ce résultat peut se généraliser immédiatement ainsi.

Théorème V. — Les nombres $a, b, c, \ldots, l$ étant premiers entre eux, on a

$$(m, abc\ldots l) = (m, a) \times (m, b) \times (m, c) \times \ldots \times (m, l).$$

Remarque. — Ce résultat est compris aussi comme cas particulier dans les propositions obtenues dans le n° 11. En effet, le $n^{\text{ième}}$ nombre réduit de

$$(m, a), \quad (m, b), \quad (m, c), \quad \ldots, \quad (m, l),$$

c'est-à-dire leur p. p c. m. est égal à

$$(m, e_n) = (m, |a, b, c, \ldots, l|).$$

En supposant $a, b, c, \ldots, l$ premiers entre eux, on retrouve le théorème ci-dessus. On peut en tirer la conséquence que voici. Les nombres $a, b, c, \ldots, l$ étant premiers entre eux, un diviseur δ de leur produit peut être toujours mis d'une seule façon sous la forme

$$\delta = a' b' c' \ldots l',$$

où a' divise a, b' divise $b, \ldots, l'$ divise l. En effet, si cette décomposition en facteurs est possible, a' doit diviser a et δ, et par conséquent (a, δ).

Mais, d'après le théorème V, on a

$$\delta = (a, \delta) \times (b, \delta) \times \ldots \times (l, \delta);$$

d'où il est clair que la décomposition est possible, et d'une seule manière.

D'autre part, on obtient toujours un diviseur de $abc\ldots l$, en multipliant un diviseur quelconque a' de a par un diviseur b' de b, etc.

On peut donc conclure:

Théorème VI. — Les nombres a, b, c, ..., l étant premiers entre eux, on obtient tous les diviseurs de leur produit $abc\ldots l$, et chaque diviseur une seule fois, en multipliant chaque diviseur de a par chaque diviseur de b, ..., par chaque diviseur de l.

Corollaire. — En désignant par $f(m)$ le nombre des diviseurs de m (ou la somme de ces diviseurs, ou la somme de leurs $k^{\text{ièmes}}$ puissances), on a

$$f(abc\ldots l) = f(a) \times f(b) \times f(c) \times \ldots \times f(l)$$

lorsque a, b, c, ..., l sont premiers entre eux.

15. Tout nombre a (excepté l'unité) a au moins les deux diviseurs a et 1. Tout nombre qui n'admet pas d'autres diviseurs s'appelle nombre premier. Nous ne compterons pas l'unité parmi les nombres premiers: les plus petits nombres premiers sont

$$2,\quad 3,\quad 5,\quad 7,\quad 11,\quad 13,\quad 17,\quad 19,\quad 23,\quad 29,\quad \ldots.$$

Tout nombre qui n'est pas premier est dit composé. Un nombre composé a est toujours égal à un produit bc dont les facteurs sont > 1 tous les deux.

Soient p un nombre premier, a un nombre quelconque; si p ne divise pas a, a et p seront premiers entre eux.

Lorsqu'un nombre premier p divise le produit $abc\ldots l$, p doit diviser au moins un des facteurs a, b, c, ..., l; car, dans le cas contraire, p serait premier avec a, avec b, ..., avec l, par conséquent premier avec $abc\ldots l$ et ne pourrait diviser ce produit.

Théorème VII. — Tout nombre composé admet un diviseur premier.

En effet, il est clair que le plus petit diviseur, surpassant l'unité, d'un nombre composé, est nécessairement un nombre premier.

Théorème VIII. — Tout nombre composé est égal à un produit de facteurs premiers ou, comme on dit, il est décomposable en facteurs premiers. Cette décomposition ne peut se faire que d'une seule manière.

En effet, mettons le nombre composé a sous la forme d'un produit

$$bc\ldots l$$

de facteurs >1, de toutes les manières possibles. Le nombre de ces facteurs sera toujous inférieur à n, en supposant $2^n > a$. Parmi ces produits égaux à a, il y en aura donc un, au moins, dans lequel le nombre des facteurs est le plus grand. Soit

$$p_1 p_2 \ldots p_k$$

un tel produit, il est clair que tous les facteurs sont des nombres premiers; car, si par exemple p_1 était composé, on pourrait obtenir un produit égal à a et renfermant $k+1$ facteurs.

Remarque. — Il est clair qu'on obtient toujours par un nombre fini d'essais les divers produits égaux à a que nous considérons. Il suffit d'écrire les nombres

$$2,\ 3,\ 4,\ \ldots,\ a,$$

de prendre leurs divers produits un à un, deux à deux, ..., $n-1$ à $n-1$ (avec répétitions) et de ne conserver que ceux de ces produits qui sont égaux à a.

La première partie du théorème se trouve ainsi démontrée; quant à la seconde partie, supposons deux décompositions en facteurs premiers

$$a = p_1 p_2 p_3 \ldots = q_1 q_2 q_3 \ldots$$

Il est clair que q_1 doit diviser le produit $p_1 p_2 p_3 \ldots$, et, par conséquent, un des nombres $p_1, p_2, p_3, \ldots$: donc q_1 est égal à un de ces nombres, par conséquent $p_1 = q_1$.

On en conclut

$$p_2 p_3 \ldots = q_2 q_3 \ldots;$$

d'où

$$p_2 = q_2, \quad \ldots.$$

Le théorème étant ainsi complètement démontré, on voit qu'on peut mettre un nombre quelconque, et cela d'une seule manière, sous la forme

$$p^{\alpha} q^{\beta} r^{\gamma} \ldots,$$

$p, q, r, \ldots$ étant des nombres premiers distincts, $\alpha, \beta, \gamma, \ldots$ des nombres quelconques.

On peut déduire ce théorème aussi du théorème VII.

16. Pour que deux nombres soient divisibles l'un par l'autre, il faut et il suffit qu'en ayant décomposé les deux nombres en facteurs premiers le diviseur n'ait pas d'autres facteurs premiers que le dividende, et que ces facteurs ne figurent pas dans le diviseur avec de plus grands exposants que dans le dividende. Cela est évident d'après ce qui précède.

A l'aide de ce résultat, on peut reconnaître immédiatement la vérité de tous les théorèmes que nous avons obtenus sur le p. p. c. m., le p. g. c. d., en supposant tous les nombres décomposés en facteurs premiers. Nous n'insisterons pas sur ce sujet, cependant on doit remarquer que ce n'est là, à proprement parler, qu'une espèce de vérification; cela devient sensible surtout lorsqu'il s'agit de propositions plus compliquées, comme celles du n° 11 sur les nombres réduits. Mais nous devons expliquer encore comment on obtient immédiatement les nombres réduits de $a, b, c, \ldots, l$, lorsqu'on a décomposé ces nombres en facteurs premiers.

Supposons donc

$$\begin{aligned}
a &= p_1^{\alpha_1} p_2^{\alpha_2} \ldots p_k^{\alpha_k}, \\
b &= p_1^{\beta_1} p_2^{\beta_2} \ldots p_k^{\beta_k}, \\
c &= p_1^{\gamma_1} p_2^{\gamma_2} \ldots p_k^{\gamma_k}, \\
&\ldots\ldots\ldots\ldots, \\
l &= p_1^{\lambda_1} p_2^{\lambda_2} \ldots p_k^{\lambda_k}.
\end{aligned}$$

Pour plus de symétrie, nous avons introduit partout les mêmes nombres premiers $p_1, p_2, \ldots, p_k$, ce qui peut se faire en admettant pour les exposants aussi la valeur 0.

Considérons les exposants de p_i

$$\alpha_i, \quad \beta_i, \quad \gamma_i, \quad \ldots, \quad \lambda_i.$$

Supposons qu'en les écrivant par ordre de grandeur croissante on ait

$$a_i \leqq b_i \leqq c_i \leqq \ldots \leqq l_i.$$

Alors on aura

$$\begin{aligned} e_1 &= p_1^{a_1} p_2^{a_2} \ldots p_k^{a_k}, \\ e_2 &= p_1^{b_1} p_2^{b_2} \ldots p_k^{b_k}, \\ e_3 &= p_1^{c_1} p_2^{c_2} \ldots p_k^{c_k}, \\ &\ldots\ldots\ldots\ldots, \\ e_n &= p_1^{l_1} p_2^{l_2} \ldots p_k^{l_k}. \end{aligned}$$

C'est ce qu'on vérifie directement en remarquant, par exemple, que

$$e_1 e_2 \ldots e_k = \mathrm{D}_k$$

est bien, avec ces valeurs de $e_1, e_2, \ldots, e_n$, le p. g. c. d. des produits k à k des nombres $a, b, c, \ldots, l$. On vérifie encore sans peine les expressions des e_k que nous avons obtenues dans le n° 12.

Les diviseurs de p^α sont

$$1, \quad p, \quad p^2, \quad \ldots, \quad p^\alpha,$$

leur nombre est $\alpha + 1$, leur somme

$$\frac{p^{\alpha+1} - 1}{p - 1}.$$

Un nombre quelconque

$$p^\alpha q^\beta r^\gamma \ldots$$

admet donc

$$(\alpha + 1) \times (\beta + 1) \times (\gamma + 1) \ldots$$

diviseurs, et leur somme est

$$\frac{p^{\alpha+1} - 1}{p - 1} \times \frac{q^{\beta+1} - 1}{q - 1} \times \frac{r^{\gamma+1} - 1}{r - 1} \times \ldots.$$

17. Décomposer un nombre donné en facteurs premiers, c'est un problème dont la solution exige un grand nombre de tâtonnements. On a imaginé de nombreux artifices pour abréger le travail; mais, quoi qu'on fasse, cette décomposition est, en réalité, impraticable pour un nombre un peu grand. Aussi serait-il, par exemple, à peu près impossible d'obtenir de cette façon le p. g. c. d. de deux nombres

de douze à quinze chiffres; l'algorithme d'Euclide conduit sans trop de peine au but.

On voit par là que ce n'est pas seulement en se plaçant au point de vue théorique qu'on peut exiger de ne pas faire intervenir la décomposition en nombres premiers dans des questions où ces nombres premiers ne figurent pas expressément.

Il y a une infinité de nombres premiers. En effet, p étant un nombre premier, on peut toujours trouver un nombre premier plus grand que p. Soit, pour le montrer,

$$P = 2 \times 3 \times \ldots \times p$$

le produit de tous les nombres premiers qui ne surpassent pas p. Mettons le nombre P d'une façon quelconque sous la forme d'un produit de deux facteurs

$$P = AB,$$

alors il est clair que le nombre $N = A + B$ n'est divisible ni par 2, ni par 3, ..., ni par p. En décomposant donc N en facteurs premiers, on trouvera nécessairement des nombres premiers qui surpassent p.

Remarquons avec M. Cayley que, si l'on prend $A = P$, $B = 1$, les nombres $N+1, N+2, \ldots, N+p-1$ sont tous composés; d'où l'on voit que la différence de deux nombres premiers consécutifs peut surpasser un nombre donné.

18. Voici une proposition dont on a besoin quelquefois. Il est toujours possible de mettre le p. p. c. m. des nombres $a, b, c, \ldots, l$ sous la forme d'un produit

$$a'\, b'\, c' \ldots l',$$

dont les facteurs sont premiers entre eux et divisent respectivement $a, b, c, \ldots, l$. Adoptons les notations du n° 16, le p. p. c. m. est

$$p_1^{l_1} p_2^{l_2} \ldots p_k^{l_k}.$$

Écrivons les nombres $a, b, c, \ldots, l$ l'un au-dessous de l'autre. Écrivons ensuite le facteur $p_1^{l_1}$ à côté d'un des nombres $a, b, c, \ldots, l$ qu'il divise (un au moins de ces nombres est divisible par $p_1^{l_1}$). Faisons de même pour $p_2^{l_2} \ldots p_k^{l_k}$. Alors on prendra pour a' le produit des nombres qu'on aura écrits à côté de a ($a' = 1$ lorsque aucun nombre ne se trouverait à côté de a), de même pour $b', c', \ldots, l'$.

Il est clair qu'on obtiendra toujours au moins une solution ; elle est unique dans le cas où, parmi les nombres $a, b, \ldots, l$, il n'y en a qu'un seul divisible, soit par $p_1^{l_1}$, soit par $p_2^{l_2}$, etc. Dans le cas contraire, le problème admet toujours plusieurs solutions.

19. On peut toujours obtenir une solution, sans décomposer les nombres $a, b, c, \ldots, l$ en facteurs premiers et uniquement à l'aide de l'algorithme d'Euclide.

Mais, pour abréger, nous nous bornerons au cas de deux nombres a et b, d'où il est facile, du reste, de remonter au cas général. Soit $(a, b) \stackrel{1}{=} d$, et calculons

$$\left(\frac{a}{d}, d\right) = a', \qquad \left(\frac{b}{d}, d\right) = b';$$

a' et b' seront premiers entre eux, puisque $\frac{a}{d}$ et $\frac{b}{d}$ le sont ; d sera donc divisible par leur produit, soit

$$d = a' b' d'$$

et puis

$$\left(\frac{a}{d}, d'\right) = a'', \qquad \left(\frac{b}{d}, d'\right) = b'',$$

$$d' = a'' b'' d'',$$

$$\left(\frac{a}{d}, d''\right) = a''', \qquad \left(\frac{b}{d}, d''\right) = b''',$$

$$d'' = a''' b''' d''',$$

. . . .

En continuant ainsi, on finira toujours par arriver à un couple

$$a^{(k+1)} = 1, \qquad b^{(k+1)} = 1,$$

car

$$d = a' b' d' = a' a'' b' b'' d'' = a' a'' a''' b' b'' b''' d''' = \ldots$$

On aura alors

$$d = (a' a'' \ldots a^{(k)}) \times (b' b'' \ldots b^{(k)}) \times d^{(k)}$$

et, pour le p. p. c. m.,

$$m = \frac{ab}{d},$$

$$m = \left(\frac{a}{d} \times a' a'' \ldots a^{(k)}\right) \times \left(\frac{b}{d} \times b' b'' \ldots b^{(k)}\right) \times d^{(k)}.$$

Les nombres $\frac{a}{d}$ et $\frac{b}{d}$ sont premiers entre eux, et, $a', a'', \ldots a^{(k)}$ étant des diviseurs de $\frac{a}{d}$, $b', b'', \ldots b^{(k)}$ des diviseurs de $\frac{b}{d}$, il est clair que les deux facteurs

$$\frac{a}{d} \times a' a'' \ldots a^{(k)} \quad \text{et} \quad \frac{b}{d} \times b' b'' \ldots b^{(k)}$$

sont premiers entre eux. Ensuite $d^{(k)}$ est premier avec chacun de ces facteurs, car

$$\left(\frac{a}{d}, d^{(k)}\right) = a^{(k+1)} = 1, \qquad \left(\frac{b}{d}, d^{(k)}\right) = b^{(k+1)} = 1.$$

En prenant donc

$$\mathrm{A} = \frac{a}{d} \times a' a'' \ldots a^{(k)}$$

$$\mathrm{B} = \frac{b}{d} \times b' b'' \ldots b^{(k)} \times d^{(k)},$$

on aura $m = \mathrm{AB}$, A et B seront premiers entre eux, puis A divise a et B divise b. Plus généralement, si l'on a $d^{(k)} = pq$, p et q étant premiers entre eux, on pourra prendre

$$\mathrm{A} = \frac{a}{d} \times a' a'' \ldots a^{(k)} \times p,$$

$$\mathrm{B} = \frac{b}{d} \times b' b'' \ldots b^{(k)} \times q.$$

Si l'on suppose a et b décomposés en facteurs premiers, on verra facilement que

$$\frac{a}{d} \times a' a'' \ldots a^{(k)}$$

est le produit des puissances de nombres premiers qui figurent dans la décomposition de a avec des exposants plus grands que dans la décomposition de b, tandis que $d^{(k)}$ est le produit des puissances de nombres premiers qui figurent avec le même exposant dans les décompositions de a et de b. Lorsqu'on a $d^{(k)} > 1$, on obtient toujours deux solutions au moins, en prenant soit $p = 1$, $q = d^{(k)}$, soit $p = d^{(k)}$, $q = 1$. Mais, dans ce cas, il peut arriver que le problème admet encore d'autres solutions, et cela a lieu lorsque $d^{(k)}$ est divisible par plus d'un nombre premier. Mais, pour obtenir ces solutions, il faut absolument recourir à la décomposition de $d^{(k)}$ en facteurs premiers: l'algorithme d'Euclide seul ne peut pas les faire connaître.

20. En jetant maintenant un coup d'œil sur le chemin que nous avons parcouru, on reconnaîtra que la théorie de la divisibilité des nombres repose sur ce fait, qu'étant données deux nombres a et b, on peut toujours déterminer un nombre m, tel que

$$a = mb + c,$$

où

$$0 \leqq c < b.$$

Si l'on considère les nombres complexes $a + bi$ $(i = \sqrt{-1})$, on peut établir une relation analogue, et de là découle, pour ces nombres, une théorie de la divisibilité parfaitement analogue à celle des nombres ordinaires. Nous aurons à revenir plus tard sur cette question et d'autres de la même nature.

Les propositions les plus essentielles sur la divisibilité des nombres se trouvent déjà dans les Éléments d'Euclide; notamment on y trouve: l'algorithme pour la recherche du plus grand commun diviseur, la proposition qu'un produit ne peut être divisible par un nombre premier, à moins qu'un des facteurs ne le soit, la proposition qu'il y a un nombre infini de nombres premiers.

CHAPITRE II.

DES CONGRUENCES.

1. Si la différence des deux nombres a et b est divisible par un nombre M, a et b sont dits congrus par rapport à M; le diviseur M est appelé le module; a et b sont résidus l'un de l'autre suivant le module M. Pour exprimer cette relation, on écrit, d'apres la notation de Gauss,

$$a \equiv b \pmod{M};$$

cette formule est une congruence. Il y a avantage, dans cette théorie, à admettre, pour a et b, non seulement les valeurs entières positives, mais aussi les valeurs entières négatives.

Si r est le reste de la division de a par M, on a

$$a \equiv r \pmod{M};$$

le reste r est ordinairement un des nombres

$$0,\quad 1,\quad 2,\quad \ldots,\quad M-1,$$

mais on pourrait le prendre aussi entre $-\frac{M}{2}$ et $+\frac{M}{2}$; d'où il suit que tout nombre a un résidu qui ne surpasse pas en valeur absolue la moitié du module. C'est là le résidu minimum.

2. Nous allons indiquer ici les propriétés les plus élémentaires des congruences, il sera à peine nécessaire d'insister sur les démonstrations. Si l'on n'indique pas le module, il sera sous-entendu que ce module est toujours M.

Si l'on a

$$a \equiv b,\qquad a' \equiv b',\qquad a'' \equiv b'',\qquad \ldots,$$

on aura ainsi

$$a + a' + a'' + \ldots \equiv b + b' + b'' + \ldots,$$
$$ma \equiv mb.$$

De même, on aura

$$aa' \equiv ba' \equiv bb'$$

et plus généralement

$$aa'a''\ldots \equiv bb'b''\ldots,$$
$$a^m \equiv b^m.$$

Ainsi

$$f(x, y, z, \ldots) = \sum A_{m,n,p,\ldots} x^m y^n z^p \ldots$$

étant un polynôme à coefficients entiers, on aura

$$f(a, a', a'', \ldots) \equiv f(b, b', b'', \ldots).$$

3. Supposons qu'on ait

$$ma \equiv mb \quad (\text{mod } M),$$

ce qui signifie que $m(a-b)$ est divisible par M; soit

$$(m, M) = d,$$

$\frac{m}{d}(a-b)$ sera divisible par $\frac{M}{d}$, et, puisque $\frac{m}{d}$ et $\frac{M}{d}$ sont premiers entre eux, $a-b$ sera divisible par $\frac{M}{d}$: donc

$$a \equiv b \quad \left(\text{mod } \frac{M}{d}\right).$$

On peut donc diviser les deux membres d'une congruence par un nombre m, à condition de diviser en même temps le module par le p. g. c. d. de m et M. On aura à appliquer cette proposition le plus souvent dans les cas particuliers suivants : 1° m est premier avec M, alors $d = 1$; 2° m divise M, alors $d = m$.

Supposons encore qu'on ait

$$aa' \equiv bb' \quad (\text{mod } M),$$
$$a \equiv b \quad (\text{mod } M).$$

En multipliant la seconde congruence par a', il vient, en faisant attention à la première,

$$ba' \equiv bb' \quad (\text{mod } M),$$

donc

$$a' \equiv b' \quad \left(\text{mod } \frac{M}{d}\right),$$

où $d = (b, M) = (a, M)$, car il est clair que des nombres congrus ont même p. g. c. d. avec le module.

Si deux nombres sont congrus suivant le module M, ils seront congrus encore en prenant pour module un diviseur de M. Si deux nombres sont congrus suivant plusieurs modules A, B, C, ..., L, ils seront congrus encore en prenant pour module le p. p. c. m. de ces nombres

$$M = | A, B, C, \ldots, L |.$$

Le cas particulier le plus intéressant est celui où les modules A, B, C, ..., L sont premiers entre eux, alors $M = ABC \ldots L$.

4. On peut distribuer l'ensemble des nombres entiers en M classes, en considérant deux nombres comme appartenant à la même classe ou non, selon qu'ils sont congrus ou non suivant le module M. En prenant dans chaque classe un nombre, on obtient un groupe de M nombres, qu'on appelle un système complet de résidus. Un tel système jouit évidemment de la propriété qu'un nombre quelconque est congru à un et à un seul de ses nombres. Un nombre quelconque a pris dans une classe peut être considéré comme représentant la classe entière qui se compose des nombres $a + Mx$, $x = 0, \pm 1, \pm 2, \pm 3, \ldots$. On désigne ainsi souvent la classe par un quelconque des nombres qu'il renferme, et l'on peut ainsi remplacer un nombre par un nombre congru.

Tous les nombres d'une classe ont le même p. g. c. d. avec le module M, et ce p. g. c. d. peut être un diviseur quelconque d de M.

On peut, d'après cela, distribuer les classes en familles, en considérant diverses classes comme appartenant à une même famille, si elles ont le même p. g. c. d. avec le module M.

Combien de classes y a-t-il qui sont premières avec M? Il est clair qu'il y en a autant q'on trouve parmi les nombres

$$(A) \quad \ldots\ldots\ldots \quad 1, \; 2, \; 3, \; \ldots, \; M$$

des nombres qui sont premiers avec M. Nous désignerons ce nombre par $\varphi(M)$, en sorte que

$$\varphi(1) = 1, \quad \varphi(2) = 1, \quad \varphi(3) = 2, \quad \varphi(4) = 2, \quad \varphi(5) = 4, \quad \ldots.$$

Le nombre des classes qui ont avec M le p. g. c. d. d est évidemment le même que celui des nombres du groupe (A) qui ont d pour p. g. c. d. avec M. Il faudra donc les chercher parmi les nombres

$$d,\quad 2d,\quad 3d,\quad \ldots,\quad kd,\quad \ldots,\quad \frac{M}{d}d.$$

Or, pour que $(kd, M) = d$, il faut et il suffit que k soit premier avec $\frac{M}{d}$. Le nombre cherché indique donc combien, parmi les nombres

$$1,\quad 2,\quad 3,\quad \ldots,\quad \frac{M}{d},$$

il y en a qui sont premiers avec $\frac{M}{d}$, c'est-à-dire ce nombre est $\varphi\left(\frac{M}{d}\right)$.

Il y a ainsi $\varphi\left(\frac{M}{d}\right)$ classes qui ont d pour p. g. c. d. avec M, le nombre total des classes étant M, on a

$$\sum \varphi\left(\frac{M}{d}\right) = M,$$

d parcourant tous les diviseurs de M. Il est clair qu'on peut écrire cette relation plus simplement ainsi

$$\sum \varphi(d) = M.$$

Il est facile de déduire de là la valeur de $\varphi(M)$.

5. Supposons généralement que deux fonctions numériques f et F soient liées par la relation

(1) . . . . $F(M) = \sum f(d)$,

d parcourant tous les diviseurs de M. Nous allons exprimer réciproquement la fonction f au moyen de F.

Soit

$$M = p^\alpha q^\beta r^\gamma \ldots u^\lambda$$

la décomposition de M en facteurs premiers. On obtient l'ensemble des diviseurs d de M en développant le produit

$$M\left(1 + \frac{1}{p} + \frac{1}{p^2} + \ldots + \frac{1}{p^\alpha}\right)\left(1 + \frac{1}{q} + \ldots + \frac{1}{q^\beta}\right)\ldots\left(1 + \frac{1}{u} + \ldots + \frac{1}{u^\lambda}\right).$$

et nous pouvons écrire d'une manière symbolique

$$\mathrm{F}(\mathrm{M}) = f\left|\mathrm{M}\left(1+\frac{1}{p}+\ldots+\frac{1}{p^\alpha}\right)\left(1+\frac{1}{q}+\ldots+\frac{1}{q^\beta}\right)\ldots\left(1+\frac{1}{u}+\ldots+\frac{1}{u^\lambda}\right)\right|.$$

On doit développer le produit du second membre et remplacer ensuite chaque terme d par $f(d)$. En remplaçant M par $\mathrm{M}:p$ (donc α par $\alpha-1$), on aura

$$\mathrm{F}\left(\frac{\mathrm{M}}{p}\right) = f\left|\mathrm{M}\left(\frac{1}{p}+\ldots+\frac{1}{p^\alpha}\right)\left(1+\frac{1}{q}+\ldots+\frac{1}{q^\beta}\right)\ldots\left(1+\frac{1}{u}+\ldots+\frac{1}{u^\lambda}\right)\right|.$$

En retranchant, il vient, si l'on fait usage dans le premier membre de la même notation symbolique

$$\mathrm{F}\left|\mathrm{M}\left(1-\frac{1}{p}\right)\right| = f\left|\mathrm{M}\left(1+\frac{1}{q}+\ldots+\frac{1}{q^\beta}\right)\left(1+\frac{1}{r}+\ldots+\frac{1}{r^\gamma}\right)\ldots\left(1+\frac{1}{u}+\ldots+\frac{1}{u^\lambda}\right)\right|.$$

En remplaçant M par $\dfrac{\mathrm{M}}{q}$ et retranchant, il vient ensuite

$$\mathrm{F}\left|\mathrm{M}\left(1-\frac{1}{p}\right)\left(1-\frac{1}{q}\right)\right| = f\left|\mathrm{M}\left(1+\frac{1}{r}+\ldots+\frac{1}{r^\gamma}\right)\ldots\left(1+\frac{1}{u}+\ldots+\frac{1}{u^\lambda}\right)\right|.$$

En continuant ainsi, on obtient finalement

$$(2) \quad \ldots\ldots \mathrm{F}\left|\mathrm{M}\left(1-\frac{1}{p}\right)\left(1-\frac{1}{q}\right)\left(1-\frac{1}{r}\right)\ldots\left(1-\frac{1}{u}\right)\right| = f(\mathrm{M}):$$

c'est l'expression cherchée; on peut l'écrire plus explicitement

$$(2') \quad . \; f(\mathrm{M}) = \mathrm{F}(\mathrm{M}) - \sum \mathrm{F}\left(\frac{\mathrm{M}}{p}\right) + \sum \mathrm{F}\left(\frac{\mathrm{M}}{pq}\right) - \sum \mathrm{F}\left(\frac{\mathrm{M}}{pqr}\right) + \ldots$$

On rencontre souvent des fonctions numériques qui jouissent de la propriété

$$(3) \quad \ldots\ldots\ldots \quad f(ab) = f(a) \times f(b)$$

lorsque a et b sont premiers entre eux (voir Chap. I, n° 14). Il est clair qu'une telle fonction est parfaitement déterminée lorsqu'on connaît sa valeur pour les puissances des nombres premiers, mais ces valeurs-là peuvent être prises arbitrairement.

On voit facilement que, si la fonction f qui figure dans la relation (1) jouit de cette propriété (3), on aura aussi, a et b étant premiers entre eux,

$$(4) \quad \ldots\ldots\ldots \quad \mathrm{F}(ab) = \mathrm{F}(a) \times \mathrm{F}(b),$$

et l'on reconnaît maintenant par les formules (2) ou (2') que, réciproquement, si deux fonctions f et F sont liées par la relation (1), et si la fonction F satisfait à la relation (4), la fonction f satisfera à la relation analogue (3).

Le théorème, souvent utile, de ce numéro est dû à M. Dedekind (Journal de Crelle, t. 54, p. 21). On l'établit ordinairement par une simple vérification. En exprimant au second membre de (2') partout la fonction F par la fonction f, on constate qu'il ne reste que le terme $f(\mathrm{M})$: tous les autres termes se détruisent.

6. En revenant au cas particulier de la fonction $\varphi(\mathrm{M})$, $\mathrm{F}(\mathrm{M}) = \mathrm{M}$, on trouve

$$\varphi(\mathrm{M}) = \mathrm{M}\left(1 - \frac{1}{p}\right)\left(1 - \frac{1}{q}\right)\left(1 - \frac{1}{r}\right)\cdots\left(1 - \frac{1}{u}\right),$$

$$\varphi(\mathrm{M}) = p^{\alpha-1} q^{\beta-1} \cdots u^{\lambda-1} (p-1)(q-1)\cdots(u-1).$$

Ayant $\varphi(ab) = \varphi(a)\,\varphi(b)$ lorsque a et b sont premiers entre eux, on peut remarquer que, a étant impair, on a, à cause de $\varphi(2) = 1$,

$$\varphi(2a) = \varphi(a).$$

A l'exception de $\varphi(1) = \varphi(2) = 1$, $\varphi(a)$ est toujours pair.

7. Dans la théorie des nombres, on se propose, sur les congruences, des problèmes analogues à ceux qu'on traite en Algèbre sur les équations.

Ainsi on pose la question de trouver les nombres x qui satisfont à une congruence, telle que

$$f(x) \equiv 0 \pmod{\mathrm{M}},$$

où le premier membre est un polynôme à coefficients entiers en x.

Si l'on satisfait à cette congruence en faisant $x = x_0$, x_0 est une racine de la congruence. Il est clair que tout nombre congru à x_0 suivant le module M satisfera alors aussi à la congruence, mais on a l'habitude de ne pas considérer comme différentes ces solutions. Aussi, si l'on dit qu'une congruence admet k racines, cela veut dire k racines incongrues, ou encore, ce qui revient au même, l'ensemble des nombres qui satisfont à la congruence se répartit en k classes. Il est clair, d'après cela, qu'on obtient toutes les racines d'une congruence, en essayant successivement tous les nombres d'un système complet de résidus, par exemple les nombres

$$0, \quad 1, \quad 2, \quad \ldots, \quad M-1,$$

mais ce moyen devient impraticable dès que M est un peu grand.

Si tous les coefficients du polynôme $f(x)$ sont divisibles par M, la congruence est identique, un nombre quelconque y satisfait. La congruence est impossible évidemment lorsque tous les coefficients de $f(x)$ sont divisibles par M, à l'exception du terme indépendant de x.

Il est clair, du reste, qu'il est permis de remplacer un coefficient quelconque de $f(x)$ par un nombre congru suivant le module M.

8. Considérons la congruence du premier degré

$$ax+b\equiv 0 \qquad (\text{mod } M).$$

Supposons d'abord a premier avec M. Pour voir si la congruence admet des racines, mettons pour x successivement les valeurs

$$0, \quad 1, \quad 2, \quad \ldots, \quad M-1$$

ou, si l'on veut, M valeurs quelconques formant un système complet de résidus. Il est clair que les valeurs correspondantes de $ax+b$ sont incongrues, car la relation

$$ax+b\equiv ay+b$$

exige qu'on ait $ax\equiv ay$ ou encore $x\equiv y$, puisque a est premier avec M.

Les valeurs de $ax+b$ forment donc également un système complet de résidus, et, parmi ces valeurs, il y en a donc une qui est congrue avec 0. La congruence proposée admet donc une racine.

Supposons maintenant $(a, M)=d$. Dans ce cas, il est clair que b doit être divisible par d; dans le cas contraire, la congruence est impossible évidemment. Admettant donc que b soit divisible par d, la condition imposée à x revient à celle-ci

$$\frac{a}{d}x+\frac{b}{d}\equiv 0 \qquad \left[\text{mod}\left(\frac{M}{d}\right)\right].$$

Puisque $\frac{a}{d}$ et $\frac{M}{d}$ sont premiers entre eux, nous savons qu'il existe une seule racine par rapport au module $\frac{M}{d}$. Soit x_0 cette racine, l'ensemble des valeurs de x qui satisfont à la question est comprise dans l'expression

$$x_0 + \frac{M}{d} y, \quad y = 0, \quad \pm 1, \quad \pm 2, \quad \pm 3, \quad \ldots.$$

Mais il est clair que, suivant le module M, ces nombres se répartissent en d classes, car les d nombres

$$x_0, \quad x_0 + \frac{M}{d}, \quad x_0 + 2\frac{M}{d}, \quad x_0 + 3\frac{M}{d}, \quad \ldots, \quad x_0 + (d-1)\frac{M}{d}$$

sont incongrus suivant le module M, mais un nombre quelconque $x_0 + \frac{M}{d} y$ est congru, suivant le module M, avec un de ces d nombres.

Théorème I. — La congruence

$$ax + b \equiv 0 \pmod{M}$$

est possible seulement lorsque b est divisible par $d = (a, M)$. Si cette condition se trouve satisfaite, elle admet exactement d racines.

On voit que cet énoncé renferme aussi le résultat particulier qui a lieu pour $d = 1$.

9. Il nous reste à donner une méthode pour trouver effectivement, sans trop de peine, la racine de la congruence

$$ax + b \equiv 0 \pmod{M}.$$

Il est clair que nous pourrons nous borner au cas où a et M sont premiers entre eux, puisque le cas général se ramène immédiatement à ce cas particulier. Ensuite il suffira de considérer la congruence

$$ax \equiv 1 \pmod{M};$$

car, la racine de cette congruence étant obtenue, il suffira évidemment de la multiplier par $-b$ pour obtenir la racine de la congruence proposée. Le problème revient donc à satisfaire à l'équation indéterminée

$$ax - My = 1.$$

On développe en fraction continue le rapport $M : a$ ou, ce qui revient au même, on applique à a et M l'algorithme d'Euclide. On peut alors exprimer de proche en proche comme fonctions linéaires homogènes de a et M tous les restes obtenus et finalement le p. g. c. d. lui-même qui est 1. Comme ce mode de calcul est encore utile dans d'autres circonstances, nous allons l'expliquer avec détails.

Supposons qu'on ait une suite de nombres N, N_1, N_2, ... liés par les relations

$$(1) \quad \begin{cases} N = a_1 N_1 + N_2, \\ N_1 = a_2 N_2 + N_3, \\ N_2 = a_3 N_3 + N_4, \\ \dots\dots\dots\dots \\ N_{k-1} = a_k N_k + N_{k+1}, \end{cases}$$

alors on peut exprimer successivement N par N_1 et N_2, par N_2 et N_3, ...,

$$\begin{aligned} N &= a_1 N_1 + N_2, \\ N &= (a_1 a_2 + 1) N_2 + a_1 N_3, \\ N &= (a_1 a_2 a_3 + a_1 + a_3) N_3 + (a_1 a_2 + 1) N_4, \\ &\dots\dots\dots\dots\dots\dots \end{aligned}$$

Introduisons un symbole

$$[a_1, a_2, \dots, a_k],$$

déterminé par les relations

$$(2) \quad \begin{cases} [a_1] = a_1, \qquad [a_1 a_2] = a_1 a_2 + 1, \\ [a_1, a_2, \dots, a_k] = [a_1, a_2, \dots, a_{k-1}] a_k + [a_1, a_2, \dots, a_{k-2}], \end{cases}$$

alors on aura généralement

$$(3) \quad N = [a_1, a_2, \dots, a_k] N_k + [a_1, a_2, \dots, a_{k-1}] N_{k+1}.$$

Il est clair qu'on aura aussi

$$\begin{aligned} N_1 &= [a_2, a_3, \dots, a_k] N_k + [a_2, a_3, \dots, a_{k-1}] N_{k+1}, \\ N_2 &= [a_3, \dots, a_k] N_k + [a_3, \dots, a_{k-1}] N_{k+1}, \end{aligned}$$

et, si l'on substitue ces valeurs dans la première relation (1), on obtient une expression de N par N_k et N_{k+1} qui doit être identique avec (3). D'où l'on conclut

$$(4) \quad [a_1, a_2, \dots, a_k] = a_1 [a_2, a_3, \dots, a_k] + [a_3, \dots, a_k],$$

ce qui donne un nouveau moyen pour obtenir par récurrence la valeur du symbole. A l'aide de ces relations (2) et (4), on démontrera facilement cette formule

$$(5) \quad . \quad . \quad . \quad . \quad [a_1, a_2, \ldots, a_k] = [a_k, a_{k-1}, \ldots, a_2, a_1].$$

En joignant à l'équation (3) celle-ci

$$(6) \quad . \quad . \quad . \quad N_1 = [a_2, a_3, \ldots, a_k] N_k + [a_2, a_3, \ldots, a_{k-1}] N_{k+1},$$

on a deux équations; d'où l'on pourra tirer la valeur de N_k en fonction de N et N_1. Mais cette valeur s'obtient aussi directement, car on obtient de proche en proche

$$\begin{aligned} + N_2 &= N - a_1 N_1, \\ - N_3 &= a_2 N - [a_1, a_2] N_1, \\ + N_4 &= [a_2, a_3] N - [a_1, a_2, a_3] N_1, \\ &\ldots\ldots\ldots\ldots\ldots\ldots \end{aligned}$$

Généralement,

$$(7) \quad . \quad . \quad (-1)^k N_k = [a_2, a_3, \ldots, a_{k-1}] N - [a_1, a_2, \ldots, a_{k-1}] N_1.$$

En comparant cette valeur de N_k avec celle tirée de (3) et (6), on a

$$(8) \quad [a_1, a_2, \ldots, a_k] \times [a_2, a_3, \ldots, a_{k-1}] - [a_1, a_2, \ldots, a_{k-1}] \times [a_2. a_3, \ldots, a_k] = (-1)^k.$$

Ce sont là les formules dont nous aurons besoin; nous en donnons encore quelques autres qui sont quelquefois utiles. On a

$$\begin{aligned} N_k &= [a_{k+1}, a_{k+2}, \ldots, a_{k+l}] N_{k+l} + [a_{k+1}, \ldots, a_{k+l-1}] N_{k+l+1}, \\ N_{k+1} &= [a_{k+2}, \ldots, a_{k+l}] N_{k+l} \qquad + [a_{k+2}, \ldots, a_{k+l-1}] N_{k+l+1}. \end{aligned}$$

Substituant ces valeurs dans (3), on a l'expression de N par N_{k+l} et N_{k+l+1}, expression qu'on peut obtenir aussi en remplaçant k par $k+l$ dans la même formule. On trouve, par comparaison,

$$\begin{aligned} (9) \quad [a_1, a_2, \ldots, a_{k+l}] &= \\ &= [a_1, a_2, \ldots, a_k] \times [a_{k+1}, \ldots, a_{k+l}] + [a_1, a_2, \ldots, a_{k-1}] \times [a_{k+2}, \ldots, a_{k+l}]. \end{aligned}$$

Enfin nous ajouterons la relation suivante

$$\begin{aligned} (10) \quad & [a_1, a_2, \ldots, a_r; b_1, b_2, \ldots, b_s; c_1, c_2, \ldots, c_t] \times [b_1, b_2, \ldots, b_s] - \\ & \quad - [a_1, \ldots, a_r; b_1, \ldots, b_s] \times [b_1, \ldots, b_s; c_1, \ldots, c_t] = \\ & \quad = (-1)^s [a_1, a_2, \ldots, a_{r-1}] \times [c_2, c_3, \ldots, c_t] \end{aligned}$$

qui, pour $r = t = 1$, reproduit la formule (8) et, pour $s = 0$, la formule (9).

10. Pour appliquer ces relations à la solution de l'équation

$$a x - M y = 1,$$

on prendra $N = M$, $N_1 = a$. Comme ces nombres sont premiers entre eux, on finira par trouver $N_k = 1$, $N_{k+1} = 0$, de manière qu'on ait

$$M = [a_1, a_2, \ldots, a_k],$$
$$a = [a_2, \ldots, a_k],$$
$$(-1)^k = [a_2, a_3, \ldots, a_{k-1}] \times M - [a_1, a_2, \ldots, a_{k-1}] \times a.$$

On peut donc prendre

$$x = (-1)^{k-1} [a_1, a_2, \ldots, a_{k-1}],$$
$$y = (-1)^{k-1} [a_2, a_3, \ldots, a_{k-1}].$$

Si l'on fait le calcul de la manière ordinaire, le dernier quotient a_k est au moins égal à 2, et l'on peut le remplacer par les deux quotients $a_k - 1$ et 1, de manière que le nombre total des quotients est à volonté pair ou impair. Il est à peine besoin de dire que

$$\frac{M}{a} = \frac{[a_1, a_2, \ldots, a_k]}{[a_2, a_3, \ldots, a_k]} = a_1 + \cfrac{1}{a_2 + \cfrac{1}{a_3 + \cdots + \cfrac{1}{a_k}}}.$$

On voit sans peine que, x_0, y_0 étant une solution particulière de

$$a x - M y = 1,$$

la solution la plus générale sera renfermée dans les formules

$$\left.\begin{aligned} x &= x_0 + M t \\ y &= y_0 + a t \end{aligned}\right\} \qquad (t = 0, \pm 1, \pm 2, \ldots).$$

Il est clair aussi que l'équation indéterminée

$$a x + b y = c$$

sera impossible si c n'est pas divisible par $d = (a, b)$. Mais, si cette condition est satisfaite, il y a toujours une infinité de solutions. Soit x_0, y_0 une solution particulière, la solution la plus générale sera

$$\left.\begin{aligned} x &= x_0 + \frac{b}{d} t \\ y &= y_0 - \frac{a}{d} t \end{aligned}\right\} \qquad (t = 0, \pm 1, \pm 2, \ldots).$$

11. Nous allons considérer maintenant le problème suivant, qui se rencontre très souvent :

Trouver tous les nombres x qui satisfont au système suivant de n congruences

$$x \equiv \alpha \pmod{A}, \quad x \equiv \beta \pmod{B}, \quad x \equiv \gamma \pmod{C}, \quad \ldots, \quad x \equiv \lambda \pmod{L},$$

Soit M le p. p. c. m. des modules A, B, C, ..., L, il est clair que, si la valeur $x = x_0$ satisfait aux conditions, il en sera de même de toutes celles comprises dans la formule

$$x_0 + \mathrm{M}t \qquad (t = 0, \pm 1, \pm 2, \ldots).$$

Réciproquement, si l'on a deux solutions x_0 et x_1, la différence $x_0 - x_1$ doit être divisible par M, puisqu'elle est divisible par A, par B, ..., par L. Il résulte de là que, parmi les nombres

$$0, \quad 1, \quad 2, \quad \ldots, \quad \mathrm{M} - 1$$

formant un système complet de résidus pour le module M, il y en aura tout au plus un qui satisfait aux conditions, et nous pouvons dire :

Si le problème proposé admet des solutions, ces solutions seront toutes renfermées dans la formule

$$x \equiv a \qquad (\mathrm{mod\,M}),$$

où a est un nombre déterminé de la série 0, 1, ..., M — 1.

Mais, si aucun des nombres 0, 1, ..., M — 1 ne satisfait au problème, on sera assuré que le problème est impossible et n'admet aucune solution.

Supposons maintenant d'abord que A, B, C, ..., L soient premiers entre eux, alors M = ABC ... L. Si l'on divise maintenant chacun des nombres

$$0, \quad 1, \quad 2, \quad \ldots, \quad \mathrm{M} - 1$$

par A, par B, ..., par L, on obtiendra en tout M systèmes de résidus qui seront tous différents. Mais, d'autre part, on ne peut donner à α que A valeurs, à β B valeurs, etc., en sorte que le nombre total des systèmes de résidus possibles est M.

En divisant donc les nombres

$$0, \quad 1, \quad 2, \quad \ldots, \quad M-1$$

par A, B, C, ..., L, on obtiendra effectivement tous les systèmes possibles de résidus, et chaque système une seule fois.

Théorème II. — Les modules A, B, C, ..., L étant premiers entre eux, le système des congruences

$$x \equiv \alpha \pmod{A}, \qquad x \equiv \beta \pmod{B}, \qquad \ldots, \qquad x \equiv \lambda \pmod{L}$$

admet toujours des solutions, renfermées toutes dans la formule

$$x \equiv a \pmod{M},$$

où

$$M = A B C \ldots L.$$

12. Lorsque les modules A, B, C, ..., L ne sont pas premiers entre eux, M est plus petit que le produit A B C ... L.

Or il y a toujours A, B, C, ..., L systèmes de résidus possibles (si l'on prend $\alpha, \beta, \gamma, \ldots, \lambda$ arbitrairement). Mais le problème ne sera possible que si le système $\alpha, \beta, \gamma, \ldots, \lambda$ se trouve parmi les M systèmes de résidus qu'on obtient en divisant les nombres

$$0, \quad 1, \quad 2, \quad \ldots, \quad M-1$$

par A, B, C, ..., L. On voit donc que, dans ce cas, le problème ne sera pas possible toujours: il faudra, pour cela, que $\alpha, \beta, \ldots, \lambda$ satisfassent à certaines conditions que nous énoncerons plus bas. Mais toujours, lorsque le problème est possible, la solution est donnée par une formule

$$x \equiv a \qquad \pmod{M}.$$

13. Revenons au cas où A, B, C, ..., L sont premiers entre eux pour voir comment on obtiendra la solution $x \equiv a \pmod{M}$.

Puisqu'on doit avoir $x \equiv \alpha \pmod{A}$, on posera

$$x = \alpha + A y,$$

et il viendra

$$A y \equiv \beta - \alpha \qquad \pmod{B},$$
$$A y \equiv \gamma - \alpha \qquad \pmod{C}.$$

La première congruence donnera

$$y = y_0 + B z,$$

on substituera cette valeur dans les autres congruences, etc.

On remplacera cette méthode souvent avec avantage par la suivante indiquée par Gauss.

Déterminons d'abord les nombres auxiliaires $\alpha', \beta', \ldots \lambda'$ par les congruences

$$\begin{array}{lr} BCD\ldots L\alpha' \equiv 1 & (\bmod A), \\ ACD\ldots L\beta' \equiv 1 & (\bmod B), \\ ABD\ldots L\gamma' \equiv 1 & (\bmod C), \\ \ldots\ldots\ldots\ldots & \ldots\ldots, \\ AB\ldots K\lambda' \equiv 1 & (\bmod L). \end{array}$$

alors on aura

$$\begin{aligned} x \equiv\ & BCD\ldots L\alpha\alpha' \\ & + ACD\ldots L\beta\beta' \\ & + ABD\ldots L\gamma\gamma' \\ & \ldots\ldots\ldots\ldots \\ & + ABC\ldots K\lambda\lambda' \qquad (\bmod M = ABC\ldots L). \end{aligned}$$

On vérifie, en effet, immédiatement que cette valeur de x satisfait aux congruences proposées, et il est facile de s'apercevoir que cette méthode revient à résoudre la question successivement dans les cas particuliers où l'un des résidus $\alpha, \beta, \ldots, \lambda$ est 1 et où tous les autres sont 0. On compose ensuite la solution générale avec ces solutions particulières. Il est clair que cette méthode sera surtout avantageuse lorsqu'on aura à résoudre le même système pour diverses valeurs des résidus $\alpha, \beta, \ldots, \lambda$, les modules $A, B, \ldots, L$ restant les mêmes. Les mêmes nombres $\alpha', \beta', \ldots, \lambda'$ servent alors pour les diverses solutions.

14. Revenons maintenant au cas général où les modules $A, B, \ldots, L$ ne sont pas premiers entre eux. On peut d'abord poser comme tout à l'heure

$$x = \alpha + A y,$$

et la seconde congruence deviendra

$$A y \equiv \beta - \alpha \qquad (\bmod B).$$

Il faudra donc que $\beta - \alpha$ soit divisible par $(A, B) = d$. Si cette condition n'est pas satisfaite, le système n'admet aucune solution. Mais, si elle est satisfaite, on aura

$$y = y_0 + \frac{B}{d} t \qquad (t = 0, \pm 1, \pm 2, \ldots)$$

et, par conséquent,

$$x \equiv \alpha + A y_0 \qquad \left(\bmod \frac{AB}{d}\right),$$

et cette congruence remplace maintenant les deux premières $x \equiv \alpha \pmod{A}$, $x \equiv \beta \pmod{B}$ On remarquera que le module $\frac{AB}{d}$ est bien le p. p. c. m. de A et B.

On pourra combiner maintenant la congruence

$$x \equiv \alpha + A y_0 \qquad \left(\bmod \frac{AB}{d}\right)$$

avec la troisième

$$x \equiv \gamma \qquad (\bmod C),$$

et ainsi de suite. Il est clair qu'on arrivera de cette façon toujours, soit à s'assurer que le problème est impossible, soit à trouver la solution sous la forme

$$x \equiv a \qquad (\bmod M)$$

si elle existe.

Cette méthode, toutefois, a l'inconvénient de ne faire souvent connaître l'impossibilité du problème qu'après de longs calculs qui ont été inutiles alors On ne peut remédier à cet inconvénient qu'en donnant le moyen de reconnaître a priori la possibilité ou l'impossibilité du problème. C'est là l'objet du théorème suivant:

Théorème III. — Pour que le système des congruences

$$x \equiv \alpha \pmod{A}, \qquad x \equiv \beta \pmod{B}, \qquad \ldots, \qquad x \equiv \lambda \pmod{L}$$

admette des solutions, il faut et il suffit que les différences

$$\alpha - \beta, \quad \alpha - \gamma, \quad \beta - \gamma, \quad \ldots, \quad \varkappa - \lambda$$

soient divisibles respectivement par

$$(A, B), \quad (A, C), \quad (B, C), \quad \ldots, \quad (K, L).$$

Que ces conditions sont nécessaires, cela est clair d'après ce qui précède. Pour montrer qu'elles sont suffisantes, nous supposerons que la proposition est exacte dans le cas de $n-1$ congruences, et ferons voir qu'elle est alors exacte aussi dans le cas de n congruences. Puisqu'on sait que, dans le cas $n=2$, le théorème est vrai, il sera ainsi démontré généralement.

En effet, la proposition étant vraie pour $n-1$ congruences, on pourra remplacer les $n-1$ premières congruences par celle-ci

$$x \equiv t \pmod{M'}$$

et le système complet par

(1) . . . . $x \equiv t \pmod{M'}, \qquad x \equiv \lambda \pmod{L}.$

Ici $M' = |A, B, C, \ldots, K|$. Or, d'après notre hypothèse,

$$\lambda - \alpha, \quad \lambda - \beta, \quad \ldots, \quad \lambda - \chi$$

sont divisibles par

$$(L, A), \quad (L, B), \quad \ldots, \quad (L, K)$$

respectivement, et il est clair que

$$\alpha - t, \quad \beta - t, \quad \ldots, \quad \chi - t$$

sont divisibles par $A, B, C, \ldots, K$ respectivement, donc aussi par $(L, A), (L, B), \ldots, (L, K)$ respectivement. On voit par là que la différence

$$\lambda - t$$

est divisible par (L, A), par $(L, B), \ldots$, par (L, K) et, par conséquent, aussi par le p. p. c. m. de ces nombres qui est (L, M') (Chap. I, n° 11). Mais cette divisibilité de $\lambda - t$ par (L, M') est précisément la condition nécessaire et suffisante pour que les congruences (1) et par là aussi les congruences proposées admettent une solution.

On peut démontrer ce théorème aussi en faisant voir qu'il y a exactement M systèmes de résidus $\alpha, \beta, \ldots, \lambda$ qui satisfont aux conditions exigées.

15. On peut réduire le cas général au cas où $A, B, \ldots, L$ sont premiers entre eux. Pour cela, mettons le p. p. c. m. M des modules sous la forme

$$M = A'B'C' \ldots L',$$

où $A', B', C', \ldots, L'$ sont premiers entre eux et divisent respectivement $A, B, C, \ldots, L$ (Chap. I, nos 18, 19).

Il est clair que les solutions du problème proposé satisferont aussi aux congruences

$$x \equiv \alpha \pmod{A'}, \qquad x \equiv \beta \pmod{B'}, \qquad \ldots, \qquad x \equiv \lambda \pmod{L'},$$

mais ce dernier système admet, nous le savons, toujours des solutions renfermées dans la formule

$$x \equiv a \pmod{M}.$$

Si donc on s'est assuré préalablement que le problème proposé admet des solutions, ces solutions sont encore renfermées dans la formule précédente. Mais, si l'on ne savait pas si oui ou non le système proposé admet des solutions, cette valeur $x \equiv a \pmod{M}$ pourrait ne pas satisfaire aux conditions imposées, qui seraient alors incompatibles.

Considérons, par exemple, le système

$$\begin{aligned} x &\equiv 31 && (\mathrm{mod}\ \ 72 = 2^3.3^2),\\ x &\equiv 22 && (\mathrm{mod}\ 105 = 3.5.7),\\ x &\equiv 50 && (\mathrm{mod}\ \ 77 = 7.11),\\ x &\equiv 337 && (\mathrm{mod}\ 399 = 3.7.19). \end{aligned}$$

On a ici $M = 2^3 . 3^2 . 5 . 7 . 11 . 19 = 526680$ et $ABCD : M = 441$. Donc, si les résidus 31, 22, 50, 337 avaient été pris au hasard, il n'y aurait qu'une chance sur 441 que le problème soit possible. Il convient donc de s'assurer d'abord si le problème est possible ou non. Or, les nombres

$$9, \quad 19, \quad 306, \quad 28, \quad 315, \quad 287$$

étant divisibles respectivement par

$$3, \quad 1, \quad 3, \quad 7, \quad 21, \quad 7,$$

le problème est possible. La décomposition de M

$$M = 72 \times 35 \times 11 \times 19$$

permet maintenant de remplacer les congruences données par celles-ci

$$\begin{aligned} x &\equiv 31 && \pmod{72},\\ x &\equiv 22 && \pmod{35},\\ x &\equiv 50 \equiv 6 && \pmod{11},\\ x &\equiv 337 \equiv 14 && \pmod{19}. \end{aligned}$$

En appliquant maintenant la méthode de Gauss, les nombres auxi liaires α', β', γ', δ' se déterminent par les congruences

$$\begin{aligned}
35.11.19\,\alpha' &\equiv 43\,\alpha' \equiv 1 \pmod{72},\\
72.11.19\,\beta' &\equiv -\,2\,\beta' \equiv 1 \pmod{35},\\
72.35.19\,\gamma' &\equiv 8\,\gamma' \equiv 1 \pmod{11},\\
72.35.11\,\delta' &\equiv -\,\delta' \equiv 1 \pmod{19},
\end{aligned}$$

d'où

$$\alpha' = -5, \qquad \beta' = 17, \qquad \gamma' = 7, \qquad \delta' = -1,$$

et, finalement,

$$\begin{aligned}
x \equiv &- 5.35.11.19.31\\
&+ 17.72.11.19.22 \pmod{526\,680},\\
&+ 7.72.35.19.\ 6\\
&- 72.35.11.14
\end{aligned}$$

$$x \equiv 323\,527 \pmod{526\,680}.$$

16. Soient

$$a, \quad a', \quad a'', \quad \ldots$$

les $\varphi(a)$ nombres premiers avec a et ne surpassant pas a,

$$\beta, \quad \beta', \quad \beta'', \quad \ldots$$

les $\varphi(b)$ nombres premiers avec b et ne dépassant pas b,

$$\gamma, \quad \gamma', \quad \gamma'', \quad \ldots$$

les $\varphi(ab)$ nombres premiers avec ab et ne surpassant pas ab. Il est clair que tout nombre γ est aussi premier avec a et avec b, et sera par conséquent congru avec un des nombres α suivant le module a, et congru avec un des nombres β suivant le module b. Mais, si nous supposons maintenant a et b premiers entre eux, nous savons aussi qu'en prenant arbitrairement un des nombres α et un des nombres β, il y a toujours au-dessous de ab un nombre et un seul qui leur sera congru suivant les modules a et b, respectivement; et ce nombre, étant premier avec a et avec b, sera premier avec ab et figurera donc parmi les nombres γ. Ensuite deux nombres γ, γ' donnant toujours deux systèmes de résidus différents, on conclut

$$\varphi(ab) = \varphi(a)\,\varphi(b).$$

C'est la relation que nous avons déjà rencontrée (n° 6) et qui conduit immédiatement à la détermination de la fonction φ, car on voit facilement que

$$\varphi(p^\alpha) = p^\alpha - p^{\alpha-1}.$$

17. Considérons maintenant une congruence quelconque

$$(1) \qquad f(x) \equiv 0 \pmod{M},$$

et supposons

$$M = ABC\ldots L,$$

les facteurs $A, B, C, \ldots, L$ étant premiers entre eux.

Il est clair que chaque racine de la congruence (1) satisfera aussi aux congruences

$$(2) \qquad \left\{\begin{array}{ll} f(x) \equiv 0 & \pmod{A}, \\ f(x) \equiv 0 & \pmod{B}, \\ \ldots\ldots & , \\ f(x) \equiv 0 & \pmod{L}. \end{array}\right.$$

Donc, si une de ces dernières congruences n'admet pas de racines, il en est de même de la congruence (1).

Soient α une racine de $f(x) \equiv 0 \pmod{A}$, β une racine de $f(x) \equiv 0 \pmod{B}$, etc., enfin λ une racine de $f(x) \equiv 0 \pmod{L}$.

Alors on saura trouver toujours un nombre t, satisfaisant aux congruences

$$\begin{array}{ll} t \equiv \alpha & \pmod{A}, \\ t \equiv \beta & \pmod{B}, \\ \ldots\ldots & \\ t \equiv \lambda & \pmod{L}, \end{array}$$

et ce nombre t est parfaitement déterminé aux multiples de M près.

Mais il est clair qu'on aura

$$f(t) \equiv 0 \pmod{A}, \quad f(t) \equiv 0 \pmod{B}, \quad \ldots, \quad f(t) \equiv 0 \pmod{L},$$

donc aussi $f(t) \equiv 0 \pmod{M}$.

On conclut de là que le nombre des solutions de la congruence (1) est égal au produit des nombres des solutions des congruences (2).

On peut évidemment prendre pour $A, B, \ldots, L$ des puissances de nombres premiers.

18. On comprend bien, d'après ce qui précède, que dans la théorie des congruences de degré supérieur, on s'est surtout occupé des cas où le module est un nombre premier ou une puissance de nombre premier. On ne connaît presque aucun théorème général sur les congruences par rapport à un module composé.

Ici, où il s'agit seulement de donner les premiers éléments d'une théorie que nous devons développer plus tard, nous nous bornerons à considérer le cas d'un module premier. Lagrange a obtenu dans ce cas quelques propositions très simples, mais fondamentales.

Considérons donc la congruence

$$f(x) \equiv 0 \qquad (\text{mod}\, p),$$

p étant un nombre premier. Le degré n de cette congruence est le degré de la plus haute puissance de x qui figure dans $f(x)$, avec un coefficient non divisible par p. Du reste, il n'y aurait aucun inconvénient à supposer ce coefficient égal à 1, car, s'il est a, on pourra toujours multiplier la congruence par un nombre b tel que $ab \equiv 1$ (mod p) La congruence obtenue est évidemment équivalente à la congruence proposée.

Soit maintenant $x = \alpha$ une racine de la congruence. En divisant $f(x)$ par $x - \alpha$, on aura

$$f(x) = (x - \alpha) f_1(x) + f(\alpha),$$

$f_1(x)$ étant un polynôme du degré $n - 1$ à coefficients entiers.

La congruence donnée peut donc s'écrire

$$(x - \alpha) f_1(x) + f(\alpha) \equiv 0 \qquad (\text{mod}\, p),$$

ou bien, puisque par hypothèse $f(\alpha)$ est divisible par p,

$$(x - \alpha) f_1(x) \equiv 0 \qquad (\text{mod}\, p).$$

Si la congruence proposée admet encore d'autres racines $\beta, \gamma, \ldots,$ on doit avoir

$$(\beta - \alpha) f_1(\beta) \equiv 0,$$
$$(\gamma - \alpha) f_1(\gamma) \equiv 0,$$
$$\cdots\cdots\cdots\cdots;$$

donc $f_1(\beta) \equiv 0$, $f_1(\gamma) \equiv 0$, etc., puisque, par hypothèse, $\beta - \alpha$, $\gamma - \alpha$

ne sont pas divisibles par p. On voit donc que ces racines $\beta, \gamma, \ldots$ sont aussi racines de la congruence

$$f_1(x) \equiv 0$$

qui est du degré $n-1$.

La congruence du premier degré admet toujours une racine: on peut donc conclure qu'une congruence du second degré admet tout au plus 2 racines, une congruence du troisième degré tout au plus 3 racines; généralement on peut énoncer le

Théorème IV. — Une congruence de degré n par rapport à un module premier admet tout au plus n racines.

Et nous pouvons ajouter encore:

Théorème V. — Les racines de la congruence de degré n

$$f(x) \equiv 0 \qquad (\text{mod}\, p)$$

étant $\alpha, \beta, \gamma, \ldots, \lambda$, on a identiquement

$$f(x) \equiv (x-\alpha)(x-\beta)\ldots(x-\lambda) f_1(x) \qquad (\text{mod}\, p),$$

$f_1(x)$ étant un polynôme en x tel que la congruence

$$f_1(x) \equiv 0 \qquad (\text{mod}\, p)$$

n'admet aucune racine.

On en déduit encore facilement le

Théorème VI. — Si la congruence de degré n

$$f(x) \equiv 0 \qquad (\text{mod}\, p)$$

admet n racines et qu'on a

$$f(x) \equiv f_1(x) f_2(x) \qquad (\text{mod}\, p),$$

alors les congruences

$$f_1(x) \equiv 0, \qquad f_2(x) \equiv 0 \qquad (\text{mod}\, p)$$

des degrés n_1 et n_2, $(n_1 + n_2 = n)$ admettront respectivement n_1 et n_2 racines.

19. Pour donner, dès à présent, un exemple de la fécondité de ces principes, considérons avec Lagrange le polynôme

$$(1)\quad x(x+1)(x+2)\ldots(x+p-1) = x^p + A_1 x^{p-1} + A_2 x^{p-2} + \ldots + A_{p-1} x.$$

En changeant x en $x+1$, on aura aussi

$$(x+1)(x+2)\dots(x+p)=$$
$$=(x+1)^p+A_1(x+1)^{p-1}+A_2(x+1)^{p-2}+\dots+A_{p-1}(x+1).$$

Or, il est clair que ces deux polynômes sont congrus entre eux, suivant le module p, que nous supposerons premier, car leur différence est

$$p(x+1)(x+2)\dots(x+p-1).$$

En écrivant donc que les coefficients des mêmes puissances de x sont congrus (mod p), on a

$$A_1 \equiv \frac{p}{1}+A_1 \quad (\text{mod}\, p),$$
$$A_2 \equiv \frac{p(p-1)}{1.2}+\frac{p-1}{1}A_1+A_2,$$
$$A_3 \equiv \frac{p(p-1)(p-2)}{1.2.3}+\frac{(p-1)(p-2)}{1.2}A_1+\frac{p-2}{1}A_2+A_3,$$
$$\dots\dots\dots\dots\dots\dots\dots\dots\dots\dots,$$
$$A_{p-1} \equiv \frac{p(p-1)\dots 3.2}{1.2\dots(p-1)}+\frac{(p-1)\dots 2}{1.2\dots(p-2)}A_1+\dots+\frac{2}{1}A_{p-2}+A_{p-1},$$
$$0 \equiv 1+A_2+A_2+\dots+A_{p-2}+A_{p-1}.$$

On remarque ici que les coefficients du binôme $\frac{p}{1}, \frac{p(p-1)}{1.2}\dots$ $\frac{p(p-1)\dots 3.2}{1.2\dots(p-1)}$ sont tous des entiers divisibles par p : on peut les négliger. La seconde congruence montre alors que $A_1 \equiv 0 \bmod p$, ensuite la troisième que $A_2 \equiv 0 \bmod p$, etc., jusqu'à l'avant-dernière, qui montre que $A_{p-2} \equiv 0$. Donc

(2) . . . . $A_1 \equiv A_2 \equiv A_3 \equiv \dots \equiv A_{p-2} \equiv 0 \quad (\text{mod}\, p)$

et la dernière congruence donne ensuite

(3) . . . . $A_{p-1}+1 \equiv 0 \quad (\text{mod}\, p).$

Si l'on se rappelle la signification de A_{p-1}, on a le

Théorème de Wilson, p étant un nombre premier,

$$1.2.3\dots(p-1)+1$$

est toujours divisible par p.

Ensuite nous avons d'après (1), (2) et (3) la congruence identique

$$x(x+1)(x+2)\ldots(x+p-1) \equiv x^p - x \pmod{p}.$$

Mais, parmi les p nombres consécutifs x, $x+1$, ..., $x+p-1$, il y en a toujours un divisible par p; donc

$$x^p - x$$

est toujours divisible par p. En supposant $x = a$ non divisible par p, on a le

Théorème de Fermat, a étant un nombre entier non divisible par le nombre premier p,

$$a^{p-1} - 1$$

est toujours divisible par p.

Autrement, la congruence $x^{p-1} - 1 \equiv 0 \pmod{p}$ admet les $p-1$ racines $1, 2, 3, \ldots, p-1$.

Le théorème de Fermat est un des théorèmes les plus importants de la théorie des nombres; nous le retrouverons dans le Chapitre IV, où nous traiterons particulièrement des résidus des puissances et de la théorie des congruences binômes.

20. Les systèmes de plusieurs congruences du premier degré à plusieurs inconnues se présentent maintenant naturellement à notre attention, mais nous consacrerons à ce sujet important le Chapitre III tout entier. Ici nous nous bornerons à traiter une question élémentaire et dont on a souvent besoin. La théorie des équations indéterminées est liée évidemment très étroitement à la théorie des congruences; nous discuterons ici l'équation indéterminée

$$(1) \quad \ldots \quad a_1 x_1 + a_2 x_2 + a_3 x_3 + \ldots + a_{n+1} x_{n+1} = u,$$

$a_1, a_2, \ldots, a_{n+1}$ et u étant des nombres donnés, $x_1, x_2, \ldots, x_{n+1}$ étant des inconnues qui doivent avoir des valeurs entières Il est clair d'abord que u doit être divisible par le p. g. c. d.

$$d = (a_1, a_2, \ldots a_{n+1})$$

des coefficients $a_1, a_2, \ldots, a_{n+1}$.

Mais, pour que d ait une valeur déterminée, il faut supposer que les coefficients $a_1, a_2, \ldots, a_{n+1}$ ne soient pas tous nuls. Ce sera là la seule restriction à laquelle nous soumettons les données du problème. Maintenant, si u est divisible par d, le problème admet toujours des solutions. Cette proposition est vraie dans le cas $n=1$, et il est très facile, en partant de là, et à l'aide d'une induction, de montrer qu'elle est vraie généralement.

Mais nous suivrons une autre voie qui nous donnera en même temps toutes les solutions du problème. Mais ici une explication est nécessaire, si les valeurs

$$x_1=b_1, \quad x_2=b_2, \quad \ldots, \quad x_{n+1}=b_{n+1},$$

satisfont à la relation (1); de même que les valeurs

$$x_1=c_1, \quad x_2=c_2, \quad \ldots, \quad x_{n+1}=c_{n+1},$$

ces deux solutions seront considérées comme distinctes si les différences

$$b_k-c_k, \quad k=1, 2, \ldots, n+1$$

ne sont pas toutes nulles. Il importe de bien observer cette convention; ainsi, même dans le cas où $a_{n+1}=0$, les solutions

$$x_1=b_1, \quad x_2=b_2, \quad \ldots, \quad x_n=b_n, \quad x_{n+1}=b_{n+1}$$

et

$$x_1=b_1, \quad x_2=b_2, \quad \ldots, \quad x_n=b_n, \quad x_{n+1}=b_{n+1}+k$$

seront considérées comme distinctes, tant que k n'est pas nul.

Les coefficients $a_1, a_2, \ldots, a_{n+1}$ n'étant pas tous nuls, on supposera que a_1 n'est pas nul. On pourra déterminer alors deux nombres α et γ satisfaisant à la condition

$$a_1 \alpha + a_2 \gamma = (a_1, a_2),$$

et ces nombres seront premiers entre eux, en sorte qu'on pourra ensuite déterminer deux nombres β et δ par la condition

$$\alpha\delta-\beta\gamma=1.$$

On pourra prendre du reste $\beta=-a_2:(a_1, a_2)$, $\delta=+a_1:(a_1, a_2)$; c'est là une remarque dont nous profiterons tout à l'heure.

Posons

$$\left.\begin{aligned} x_1 &= \alpha x_1' + \beta x_2' \\ x_2 &= \gamma x_1' + \delta x_2' \end{aligned}\right\} \quad \text{d'où} \quad \left\{\begin{aligned} x_1' &= \delta x_1 - \beta x_2, \\ x_2' &= -\gamma x_1 + \alpha x_2, \end{aligned}\right.$$

l'équation (1) deviendra

(2) . . $(a_1 a_2) x'_1 + b_2 x'_2 + a_3 x_3 + a_4 x_4 + \ldots + a_{n+1} x_{n+1} = u.$

Il est clair que ces équations (1) et (2) sont équivalentes en ce sens, que si l'une des équations est impossible, l'autre le sera; et que, si l'on connaît une solution de l'une de ces équations, on en déduira une solution de l'autre. A deux solutions distinctes d'une de ces équations correspondent toujours deux solutions également distinctes de l'autre.

Remplaçons maintenant de la même manière les inconnues x'_1 et x_3 dans (2) par deux nouvelles inconnues x''_1 et x'_3, en posant

$$(a_1, a_2)\,\alpha_1 + a_3\,\gamma_1 = (a_1, a_2, a_3),$$
$$\alpha_1\,\delta_1 - \beta_1\,\gamma_1 = 1,$$
$$x'_1 = \alpha_1 x''_1 + \beta_1 x'_3, \qquad x''_1 = \delta_1 x'_1 - \beta_1 x_3,$$
$$x_3 = \gamma_1 x''_1 + \delta_1 x'_3, \qquad x'_3 = -\gamma_1 x'_1 + \alpha_1 x_3,$$

on obtiendra une transformée encore équivalente à (2) et à (1)

(3) . $(a_1, a_2, a_3)\, x''_1 + b_2 x'_2 + b_3 x'_3 + a_4 x_4 + \ldots + a_{n+1} x_{n+1} = u.$

On peut continuer ainsi, en opérant maintenant sur x''_1 et x_4, etc. Après n transformations, on aura la transformée équivalente que voici

(4) $(a_1, a_2, \ldots, a_{n+1})\, x_1^{(n)} + b_2 x'_2 + b_3 x'_3 + b_4 x'_4 + \ldots + b_{n+1} x'_{n+1} = u,$

et l'on obtient les expressions de $x_1, \ldots, x_{n+1}$ au moyen de substitutions successives sous la forme

$$(5)\quad \begin{cases} x_1 = A_1 x_1^{(n)} + \alpha_{1,2} x'_2 + \alpha_{1,3} x'_3 + \alpha_{1,4} x'_4 + \ldots + \alpha_{1,n+1} x_{n+1}, \\ x_2 = A_2 x_1^{(n)} + \alpha_{2,2} x'_2 + \alpha_{2,3} x'_3 + \alpha_{2,4} x'_4 + \ldots + \alpha_{2,n+1} x'_{n+1}, \\ x_3 = A_3 x_1^{(n)} \qquad\qquad + \alpha_{3,3} x'_3 + \alpha_{3,4} x'_4 + \ldots + \alpha_{3,n+1} x'_{n+1}, \\ x_4 = A_4 x_1^{(n)} \qquad\qquad\qquad\qquad + \alpha_{4,4} x'_4 + \ldots + \alpha_{4,n+1} x'_{n+1}, \\ \ldots\ldots\ldots\ldots\ldots\ldots\ldots\ldots\ldots\ldots, \\ x_{n+1} = A_{n+1} x_1^{(n)} \qquad\qquad\qquad\qquad\qquad + \alpha_{n+1,n+1} x'_{n+1}. \end{cases}$$

Ces formules donneront toutes les solutions du problème, si l'on prend pour $x_1^{(n)}, x'_2, x'_3, \ldots, x'_{n+1}$ toutes les solutions de (4). Mais on remarque que, si l'on prend pour β et δ les valeurs que nous avons indiquées plus haut, on a $b_2 = 0$. En appliquant donc toujours le même procédé, on aura aussi

$$b_3 = b_4 = \ldots = b_{n+1} = 0.$$

Mais alors les solutions de (4) sont en évidence; il faut évidemment que u soit divisible par d, et l'on obtient toutes les solutions de (4) en prenant $x_1^{(n)} = u : d$, et en donnant à

$$x'_2, \quad x'_3, \quad \ldots, \quad x'_{n+1}$$

toutes les valeurs de $-\infty$ à $+\infty$.

Théorème VII. — On obtient toutes les solutions de l'équation indéterminée (1), et chaque solution, une seule fois, en posant $x_1^{(n)} = u : d$ dans les formules (5) et en faisant parcourir à $x'_2, \ldots, x'_{n+1}$ toutes les valeurs entières de $-\infty$ à $+\infty$.

On voit sans difficulté qu'en procédant comme nous l'avons indiqué, les coefficients $a_{2,2}, a_{3,3}, a_{n+1,n+1}$ ont les valeurs suivantes:

$$\begin{aligned} a_{2,2} &= a_1 : (a_1, a_2), \\ a_{3,3} &= (a_1, a_2) : (a_1, a_2, a_3), \\ &\ldots\ldots\ldots\ldots, \\ a_{n+1,n+1} &= (a_1, a_2, \ldots, a_n) : (a_1, a_2, \ldots, a_{n+1}). \end{aligned}$$

21. Cette solution donne lieu à quelques remarques utiles. Il est clair qu'en ajoutant les équations (5) après les avoir multipliées par $a_1, a_2, \ldots, a_{n+1}$ les coefficients de $x'_2, x'_3, \ldots, x'_{n+1}$, s'annulent. On a ainsi des relations homogènes entre $a_1, a_2, \ldots, a_{n+1}$, qui déterminent les rapports de ces quantités. En supposant

$$D = \begin{vmatrix} X_1 & X_2 & X_3 & \ldots & X_{n+1} \\ a_{1,2} & a_{2,2} & 0 & \ldots & 0 \\ a_{1,3} & a_{2,3} & a_{3,3} & \ldots & 0 \\ \ldots & \ldots & \ldots & \ldots & \ldots \\ a_{1,n+1} & a_{2,n+1} & a_{3,n+1} & \ldots & a_{n+1,n+1} \end{vmatrix} = M_1 X_1 + M_2 X_2 + \ldots + M_{n+1} X_{n+1},$$

on aura

$$a_1 : a_2 : a_3 : \ldots : a_{n+1} = M_1 : M_2 : M_3 : \ldots : M_{n+1}.$$

Mais il est clair qu'on a

$$M_1 = a_{2,2} \times a_{3,3} \times \ldots \times a_{n+1,n+1} = a_1 : d;$$

donc, généralement,

$$M_k = a_k : d, \qquad k = 1, 2, \ldots, n+1.$$

En multipliant donc, par exemple, la dernière ligne horizontale du déterminant D par d, on obtient un déterminant dont les mineurs ont les valeurs $a_1, a_2, \ldots, a_{n+1}$. On voit par là que l'on peut toujours déterminer n lignes de $n+1$ nombres entiers telles qu'en ajoutant une $(n+1)^{\text{ième}}$ ligne et formant le déterminant, les coefficients multipliés dans ce déterminant par les différents termes de la $(n+1)^{\text{ième}}$ ligne, soient des nombres donnés.

C'est là une proposition donnée par M. Hermite (Journal de Crelle, t. 40, p. 264), qui en a fait une application très importante.

22. En cherchant l'expression de $x_1^{(n)}, x'_2, \ldots, x'_{n+1}$ comme fonctions linéaires de $x_1, x_2, \ldots, x_{n+1}$, on trouve d'abord, à cause de $b_2 = b_3 = \ldots = b_{n+1} = 0$.

$$\begin{aligned}
(a_1, a_2)\, x'_1 &= a_1 x_1 + a_2 x_2, \\
(a_1, a_2, a_3)\, x''_1 &= a_1 x_1 + a_2 x_2 + a_3 x_3, \\
&\ldots\ldots\ldots\ldots, \\
(a_1, a_2, \ldots, a_{n+1})\, x_1^{(n)} &= a_1 x_1 + a_2 x_2 + \ldots + a_{n+1} x_{n+1},
\end{aligned}$$

et ensuite on reconnaît que les expressions cherchées se présentent sous la forme

$$\begin{aligned}
x_1^{(n)} &= (a_1 x_1 + a_2 x_2 + \ldots + a_{n+1} x_{n+1}) : d, \\
x'_2 &= a_{2,1} x_1 + a_{2,2} x_2, \\
x'_3 &= a_{3,1} x_1 + a_{3,2} x_2 + a_{3,3} x_3, \\
&\ldots\ldots\ldots\ldots, \\
x'_{n+1} &= a_{n+1,1} x_1 + a_{n+1,2} x_2 + \ldots + a_{n+1,n+1} x_{n+1}.
\end{aligned}$$

Le déterminant des fonctions linéaires au second membre est évidemment $= 1$, comme cela a lieu pour les équations (5), car les déterminants des deux systèmes sont réciproques et en même temps des nombres entiers. Ces déterminants sont donc, tous les deux, soit $= +1$, soit $= -1$, mais il est facile de voir que c'est la première valeur qui a lieu.

On voit donc que, étant donnés les nombres entiers

$$a_1, \quad a_2, \quad \ldots, \quad a_{n+1},$$

on pourra trouver toujours n lignes de $n+1$ nombres entiers, telles qu'en les ajoutant à la ligne donnée, on obtient un déterminant égal au p. g. c. d. de $a_1, a_2, \ldots, a_{n+1}$.

C'est là un résultat dont on a souvent besoin. La question a été posée et résolue par M. Hermite (Journal de Mathématiques appliquées, t XIV, 1849). Nous verrons, dans le Chapitre III, qu'il est extrêmement facile de déduire d'une solution particulière de ce problème toutes les solutions possibles.

23. Il convient de considérer plus particulièrement le cas $u=0$.

$$a_1 x_1 + a_2 x_2 + a_3 x_3 + \ldots + a_{n+1} x_{n+1} = 0.$$

Si l'on a m solutions de cette équation

$$\begin{array}{cccccc} k_{1,1} & k_{1,2} & k_{1,3} & \ldots & k_{1,n+1} & (\mathrm{K}_1) \\ k_{2,1} & k_{2,2} & k_{2,3} & \ldots & k_{2,n+1} & (\mathrm{K}_2) \\ \ldots & \ldots & \ldots & \ldots & \ldots\ldots & \ldots \\ k_{m,1} & k_{m,2} & k_{m,3} & \ldots & k_{m,n+1} & (\mathrm{K}_m) \end{array}$$

nous dirons que ces solutions sont indépendantes, lorsque les déterminants de degré m dont les éléments sont puisés dans cette matrice (et que nous appellerons les déterminants de ces solutions) ne sont pas tous nuls. Il est clair qu'un système de solutions indépendantes se composera tout au plus de n solutions, car, les nombres $a_1, a_2, \ldots, a_{n+1}$ n'étant pas tous nuls, le déterminant de $n+1$ solutions est toujours nul. On peut représenter une solution par un simple symbole (K_1) qui représente ainsi $n+1$ nombres entiers, pris dans un ordre déterminé.

On peut déduire des solutions $(\mathrm{K}_1), (\mathrm{K}_2), \ldots, (\mathrm{K}_m)$ une nouvelle solution

$$(\mathrm{K}_1 t_1 + \mathrm{K}_2 t_2 + \ldots + \mathrm{K}_m t_m),$$

dont les éléments sont

$$k_{1,r} t_1 + k_{2,r} t_2 + k_{3,r} t_3 + \ldots + k_{m,r} t_m \qquad (r = 1, 2, \ldots, n+1).$$

Nous dirons qu'un système de solutions (K_1), (K_2), $\ldots$, (K_m) forme un système fondamental de solutions, dans le cas où l'on obtient toutes les solutions de l'équation proposée, et chaque solution, une seule fois, en donnant à $t_1, t_2, \ldots, t_m$ toutes les valeurs entières de $-\infty$ et $+\infty$ dans l'expression

$$(K_1 t_1 + K_2 t_2 + \ldots + K_m t_m).$$

L'existence de ces systèmes fondamentaux ne fait pas de doute; nous avons obtenu déjà (théorème VII) un système fondamental composé de n solutions.

Théorème VIII. — Un système fondamental de solutions se compose nécessairement de n solutions indépendantes.

D'abord, les solutions qui composent un système fondamental (K_1, $K_2, \ldots, K_m$) sont nécessairement indépendantes. En effet, dans le cas contraire, on sait qu'il existe une relation identique

$$(K_1 u_1 + K_2 u_2 + \ldots + K_m u_m) = 0,$$

les $u_1, u_2, \ldots, u_m$ n'étant pas tous nuls. On obtiendrait donc la solution

$$x_1 = x_2 = \ldots = x_{n+1} = 0,$$

non seulement en prenant

$$t_1 = t_2 = \ldots = t_m = 0,$$

mais encore en prenant

$$t_1 = u_1, \qquad t_2 = u_2, \qquad \ldots, \qquad t_m = u_m,$$

ce qui est contraire à la définition d'un système fondamental.

Et en second lieu, on a nécessairement $m = n$. En effet, la supposition de $m < n$ est inadmissible, car il en résulterait que $m + 1$ solutions quelconques ne pourraient jamais être indépendantes. Or, le système fondamental que nous avons obtenu se compose effectivement de n solutions indépendantes, dont les déterminants (d'après le n° 21) sont $a_k : d$ $(k = 1, 2, \ldots, n + 1)$.

24. On s'assure facilement que n solutions indépendantes quelconques $(K_1), (K_2), \ldots, (K_n)$ ne forment pas toujours un système fondamental de solutions Car si l'on cherche à représenter une solution quelconque par

$$(K_1 t_1 + K_2 t_2 + \ldots + K_n t_n),$$

on trouve bien toujours des valeurs déterminées pour $t_1, t_2, \ldots, t_n$, mais ces valeurs seront en général fractionnaires.

Théorème IX. — Un système de n solutions indépendantes, tel que le plus grand commun diviseur de ses déterminants

$$M_1, \quad M_2, \quad \ldots, \quad M_{n+1}$$

est $= 1$, forme un système fondamental de solutions.

En effet, si l'on cherche à représenter par

$$(K_1 t_1 + K_2 t_2 + \ldots + K_n t_n)$$

une solution quelconque $b_1, b_2, \ldots, b_{n+1}$, on obtient, pour déterminer $t_1, t_2, \ldots, t_n$, un système de $n + 1$ équations linéaires, mais ces équations sont compatibles à cause de la relation

$$a_1 b_1 + a_2 b_2 + \ldots + a_{n+1} b_{n+1} = 0.$$

On peut donc, pour déterminer les inconnues, faire abstraction d'une quelconque de ces équations, et l'on obtient ainsi $n + 1$ systèmes de n équations dont les déterminants sont $M_1, M_2, \ldots, M_{n+1}$ La valeur de t_k se présentera donc sous la forme

$$t_k = \frac{p_1}{M_1} = \frac{p_2}{M_2} = \ldots = \frac{p_{n+1}}{M_{n+1}},$$

$p_1, p_2, \ldots, p_{n+1}$ étant des nombres entiers. Mais, si la valeur fractionnaire irréductible de t_k est $\frac{r}{s}$, s divisera $M_1, M_2, \ldots, M_{n+1}$. On a donc $s = 1$, c'est-à-dire t_k a une valeur entière et les solutions indépendantes $(K_1, K_2, \ldots, K_n)$ forment un système fondamental, ce qu'il fallait démontrer. Il est clair que les déterminants de n solutions indépendantes sont proportionnels à $a_1, a_2, \ldots, a_{n+1}$ (voir n^0. 21).

Théorème X. — Les déterminants d'un système fondamental de solutions sont, abstraction faite des signes,

$$a_1 : d, \quad a_2 : d, \quad \ldots, \quad a_{n+1} : d.$$

Désignons par $(A_1), (A_2), \ldots, (A_n)$ le système fondamental particulier que nous avons obtenu et dont les déterminants sont $a_k : d$ ($k = 1, 2, \ldots, n + 1$). Alors $(K_1), (K_2), \ldots, (K_n)$ étant un autre système fondamental, on aura

$$\begin{aligned}
(\alpha_1 K_1 + \alpha_2 K_2 + \ldots + \alpha_n K_n) &= (A_1), \\
(\beta_1 K_1 + \beta_2 K_2 + \ldots + \beta_n K_n) &= (A_2), \\
\ldots\ldots\ldots\ldots\ldots\ldots\ldots\ldots\ldots\ldots&, \\
(\lambda_1 K_1 + \lambda_2 K_2 + \ldots + \lambda_n K_n) &= (A_n).
\end{aligned}$$

On voit par là qu'un déterminant quelconque $a_k : d$, du système fondamental (A_1), (A_2), ..., (A_n) est égal au déterminant correspondant du système fondamental (K_1), (K_2), (K_n) multiplié par

$$\Delta = \begin{vmatrix} \alpha_1 & \alpha_2 & \dots & \alpha_n \\ \beta_1 & \beta_2 & \dots & \beta_n \\ \dots & \dots & \dots & \dots \\ \lambda_1 & \lambda_2 & \dots & \lambda_n \end{vmatrix}.$$

On a donc nécessairement $\Delta = \pm 1$.

La liaison des divers systèmes fondamentaux est évidente. On voit que chaque système fondamental fournit une solution du problème que nous avons considéré dans le n⁰ 21.

25. La méthode la plus simple pour obtenir un système fondamental de solutions se fonde sur la remarque suivante.

Supposons que l'un des coefficients $a_1, a_2, \dots, a_{n+1}$ soit égal à

$$d = (a_1, a_2, \dots, a_{n+1}),$$

par exemple $a_{n+1} = d$. Alors il est clair que, pour avoir toutes les solutions de l'équation indeterminée

$$a_1 x_1 + a_2 x_2 + \dots + a_n x_n + a_{n+1} x_{n+1} = 0.$$

il suffit de donner à $x_1, x_2, \dots, x_n$ des valeurs entières quelconques et à x_{n+1} la valeur (entière aussi) qui en est une conséquence. On a donc, dans ce cas, immédiatement un système fondamental de solutions correspondant à la solution générale

$$x_1 = t_1, \quad x_2 = t_2, \quad \dots, \quad x_n = t_n, \quad x_{n+1} = -\frac{a_1 t_1 + a_2 t_2 + \dots + a_n t_n}{d}.$$

Si le cas particulier que nous avons considéré ne se présente pas, soit a_1 le coefficient non nul, dont la valeur absolue est la plus petite. En posant

$$a_2 = k_1 a_1 + b_2, \quad a_3 = k_2 a_1 + b_3 \quad \dots, \quad a_{n+1} = k_n a_1 + b_{n+1},$$
$$x_1' = x_1 + k_1 x_2 + k_2 x_3 + \dots + k_n x_{n+1},$$

on aura une équation transformée

$$a_1 x_1' + b_2 x_2 + b_3 x_3 + \dots + b_{n+1} x_{n+1} = 0.$$

Par un choix convenable de $k_1, k_2, \dots, k_n$ on peut faire en sorte que le plus petit coefficient de l'équation transformée soit moindre que a_1 ou même ne surpasse pas $\frac{1}{2}a_1$. En continuant ainsi, on tombe finalement sur une équation dont un des coefficients est d et dont on peut écrire immédiatement un système fondamental de solutions auquel correspondra un système fondamental de solutions de l'équation proposée. Cette méthode, qui s'applique également à l'équation

$$a_1 x_1 + a_2 x_2 + \ldots + a_{n+1} x_{n+1} = u,$$

se trouve dans un Mémoire posthume d'Euler. Jacobi l'a rappelée à l'attention des géomètres dans un Mémoire également posthume (Journal de Crelle, t. 69, p. 21).

26. Les nombres $a, b, c, \ldots, l$ étant premiers entre eux et

$$m = abc\ldots l,$$

nous savons que le plus grand commun diviseur des nombres $\frac{m}{a}, \frac{m}{b}, \ldots, \frac{m}{l}$ est $=1$. N étant un nombre quelconque, on pourra donc toujours satisfaire à l'équation

$$N = a_1\frac{m}{a} + b_1\frac{m}{b} + \ldots + l_1\frac{m}{l},$$

c'est-à-dire on aura

$$\frac{N}{abc\ldots l} = \frac{a_1}{a} + \frac{b_1}{b} + \ldots + \frac{l_1}{l}.$$

On verra facilement que la fraction $\frac{N}{abc\ldots l}$ peut se mettre d'une seule manière sous la forme

$$E + \frac{a_2}{a} + \frac{b_2}{b} + \ldots + \frac{l_2}{l},$$

E étant un entier positif ou négatif et

$$0 \leqq a_2 < a, \qquad 0 \leqq b_2 < b, \qquad 0 \leqq l_2 < l.$$

La solution de l'équation indéterminée $ax - My = 1$ a été donnée en Europe, pour la première fois, par Bachet de Méziriac (Problèmes plaisants et délectables, qui se font par les nombres. 2e édition; 1624. 5e édition, par Labosne; 1884). Les anciens géomètres hindous, Bhascara et Brahmagupta connaissaient aussi déjà la solution de ce problème.

Le problème du n° 11 se trouve traité complètement dans d'anciens

Livres d'Arithmétique chinois. On y trouve non seulement la méthode de Gauss (n^0 13), mais aussi la réduction du cas général au cas où les modules sont premiers entre eux (n^0 15). On peut voir sur cette question

Biernatzki, Journal de Crelle, t. 52.

J. Bertrand, Journal des Savants, 1869.

Matthiessen, Journal de Crelle, t. 91.

La fonction $\varphi(M)$ a été considérée pour la première fois par Euler. Les Mémoires d'Euler sur l'Arithmétique ont été réunis en deux volumes (Leonhardi Euleri Commentationes arithmeticæ collectæ. Petropoli, 1849). Nous citerons toujours cette édition; la fonction φ se rencontre dans le Mémoire Theoremata arithmetica novo methodo demonstrata, 1759 (tome I, p. 274). La démonstration d'Euler est reproduite dans le tome II de l'Algèbre de Serret. Le théorème $\Sigma\varphi(d) = M$ est dû à Gauss (Disquisitiones arithmeticæ, 1801, art. 39; tome I des Œuvres complètes).

Les théorèmes de Lagrange sur les congruences se trouvent dans le Mémoire: Nouvelle méthode pour résoudre les problèmes indéterminés en nombres entiers (Œuvres, t. II) et la démonstration des théorèmes de Fermat et de Wilson, Œuvres, t III, p. 425.

La considération d'un système fondamental de solutions d'une ou de plusieurs équations indéterminées est due à M H.-J. Stephen Smith (Philosophical Transactions of the Royal Society for the year 1861; vol. 151).

Nous indiquerons ici les principaux Ouvrages d'un caractère général sur la théorie des nombres:

Gauss, Disquisitiones arithmeticæ (Œuvres, t. 1). Il y a une traduction française par Poullet-Delisle.

Legendre, Théorie des nombres 3e édition.

Smith, Report on the theory of Numbers (British Association for the advancement of Science, 1859, 1860, 1861, 1862, 1863, 1865).

C'est un résumé extrêmement important sur toutes les parties de la théorie des nombres auquel nous aurons à emprunter beaucoup de choses.

Lejeune-Dirichlet, Vorlesungen über Zahlentheorie, herausgegeben von R. Dedekind. Dritte Auflage, 1879.

Serret, Traité d'Algèbre, 5e édition, t. II.

CHAPITRE III.

ÉQUATIONS LINÉAIRES INDÉTERMINÉES, SYSTÈMES DE CONGRUENCES LINÉAIRES.

1. Considérons le système des congruences

$$a_{i,1}x_1 + a_{i,2}x_2 + \ldots + a_{i,n}x_n \equiv u_i \qquad (\text{mod } M).$$

Soit $\Delta = |a_{ik}|$ le déterminant formé avec les coefficients des inconnues, puis α_{ik} le coefficient de a_{ik} dans Δ. On obtient immédiatement

$$\Delta x_i \equiv u_1 \alpha_{1,i} + u_2 \alpha_{2,i} + \ldots + u_n \alpha_{n,i} \qquad (\text{mod } M).$$

Supposons que Δ soit premier avec le module M, alors cette dernière relation détermine une valeur unique de x_i par rapport au module M; et ensuite il est facile de voir que les valeurs de $x_1, x_2, \ldots, x_n$ ainsi obtenues satisfont bien aux conditions proposées. En effet, on trouve

$$\Delta(a_{i,1}x_1 + a_{i,2}x_2 + \ldots + a_{i,n}x_n) \equiv \Delta u_i \qquad (\text{mod } M)$$

et, puisque Δ est premier avec M, on peut diviser par Δ.

Le système des congruences admet donc une solution unique dans le cas particulier que nous considérons. On peut ajouter que les valeurs de $x_1, x_2, \ldots, x_n$ satisfont encore à la relation

$$a_{n+1,1}x_1 + a_{n+1,2}x_2 + \ldots + a_{n+1,n}x_n \equiv u_{n+1} \qquad (\text{mod } M)$$

si l'on a

$$\begin{vmatrix} a_{1,1} & \ldots & a_{1,n} & u_1 \\ \ldots & \ldots & \ldots & \ldots \\ a_{n,1} & \ldots & a_{n,n} & u_n \\ a_{n+1,1} & \ldots & a_{n+1,n} & u_{n+1} \end{vmatrix} \equiv 0 \qquad (\text{mod } M).$$

En effet, il est facile de voir que cette dernière congruence peut s'écrire sous cette forme

$$\Delta(u_{n+1} - a_{n+1,1}x_1 - a_{n+1,2}x_2 - \ldots - a_{n+1,n}x_n) \equiv 0 \qquad (\text{mod } M).$$

2. Les résultats précédents sont ceux qui s'offrent immédiatement lorsqu'on poursuit l'analogie évidente qui existe entre la théorie des congruences et la théorie des équations. Mais si Δ n'est pas premier

avec M, une étude plus approfondie est nécessaire. Elle a été faite pour la première fois par M. H.-J.-S. Smith, et nous allons exposer sa théorie. Les considérations suivantes interviennent non seulement dans des questions de la théorie des nombres, mais elles sont encore utiles dans beaucoup de théories d'analyse pure; aussi plusieurs résultats isolés ont été obtenus antérieurement par d'autres géomètres.

Nous commencerons par étudier les équations linéaires indéterminées, mais il convient d'abord de fixer le sens de quelques expressions dont nous ferons usage.

En adoptant une expression introduite, croyons-nous, par M. Sylvester, nous appellerons matrice un Tableau de forme rectangulaire

$$\begin{matrix} a_{1,1} & a_{1,2} & \ldots & a_{1,m}, \\ a_{2,1} & a_{2,2} & \ldots & a_{2,m}, \\ \ldots & \ldots & \ldots & \ldots\ldots, \\ a_{n,1} & a_{n,2} & \ldots & a_{n,m} \end{matrix}$$

contenant mn quantités données, et nous dirons que cette matrice est du type $n \times m$. Si l'on a un système quelconque d'équations linéaires, les coefficients des inconnues constituent la matrice de ce système. Si les équations ne sont pas homogènes, on peut ajouter à cette matrice une dernière colonne formée par les termes connus. On obtient ainsi la matrice complétée du système. Les mêmes expressions s'emploieront dans le cas d'un système de congruences. Les éléments $a_{i,k}$ seront toujours des nombres entiers.

Les déterminants d'une matrice sont les déterminants de degré le plus élevé que l'on peut former avec les lignes ou les colonnes de la matrice; ainsi, dans le cas $m \geqq n$, ces déterminants renferment n^2 éléments et leur nombre est

$$\frac{m(m-1)\ldots(m-n+1)}{1.2\ldots n} = (m)_n.$$

Le plus grand diviseur d'une matrice est le plus grand commun diviseur des déterminants de cette matrice, en supposant que ces déterminants ne soient pas tous nuls. Dans le cas $m = n$, ce plus grand diviseur est le déterminant même du système des n^2 éléments.

Nous désignerons une matrice souvent par le symbole

$$\| A \|$$

et, dans le cas où elle est du type $n \times n$, $|A|$ sera le déterminant. Deux matrices

$$\|A\| \quad \text{et} \quad \|B\|$$

des types $m \times (m+n)$ et $n \times (m+n)$ sont de types complémentaires. Il est clair que ces matrices ont le même nombre de déterminants, et l'on peut faire correspondre à chaque déterminant de $\|A\|$ un déterminant de $\|B\|$ et réciproquement, de la manière suivante.

En écrivant la matrice $\|B\|$ en dessous de la matrice $\|A\|$ on obtient une matrice

$$\left\|\begin{matrix} A \\ B \end{matrix}\right\|$$

qui sera du type $(m+n) \times (m+n)$ et à un déterminant de $\|A\|$ on fera correspondre le déterminant de $\|B\|$ avec lequel il se trouve multiplié dans le déterminant des $(m+n)^2$ éléments

$$\left|\begin{matrix} A \\ B \end{matrix}\right|.$$

Souvent il n'y a pas d'intérêt à faire attention au signe d'un déterminant d'une matrice, mais dans le cas actuel il convient de faire en sorte que le produit des déterminants correspondants se retrouve avec son signe dans le déterminant des $(m+n)^2$ éléments.

3. Les déterminants d'une matrice ne sont pas indépendants; il existe en général un grand nombre de relations identiques entre eux. Nous allons nous rendre compte d'abord de la nature de ces relations et du nombre des déterminants qui sont indépendants. On pourra considérer dans ce numéro les éléments de la matrice comme des quantités arbitraires. Considérons la matrice

$$(1) \quad \ldots\ldots\ldots \quad \begin{cases} a_{1,1} & a_{1,2} & \ldots & a_{1,m+n}, \\ a_{2,1} & a_{2,2} & \ldots & a_{2,m+n}, \\ \ldots & \ldots & \ldots & \ldots\ldots, \\ a_{m,1} & a_{m,2} & \ldots & a_{m,m+n} \end{cases}$$

du type $m \times (m+n)$. Le nombre des déterminants est

$$\frac{(n+1)(n+2)\ldots(n+m)}{1.2.3\ldots m},$$

mais nous allons montrer qu'il y en a seulement $mn+1$ qui sont indépendants. Tous les déterminants peuvent s'exprimer à l'aide de $mn+1$ d'entre eux.

Soit

(2) . . . . $\Delta = |a_{i,k}|$ $(i, k = 1, 2, \ldots, m)$

le déterminant formé par les m premières colonnes de la matrice. Le déterminant obtenu en remplaçant dans Δ la $i^{\text{ième}}$ colonne par la $m+k^{\text{ième}}$ colonne de la matrice sera désigné par $\Delta_{i,m+k}$. On déduit ainsi de Δ mn nouveaux déterminants, i variant de 1 à m, k de 1 à n. On pourra les disposer dans le Tableau

(3) . . . . . . $$\begin{cases} \Delta_{1,m+1} & \Delta_{1,m+2} & \ldots & \Delta_{1,m+n}, \\ \Delta_{2,m+1} & \Delta_{2,m+2} & \ldots & \Delta_{2,m+n}, \\ \ldots\ldots & \ldots\ldots & \ldots & \ldots\ldots, \\ \Delta_{m,m+1} & \Delta_{m,m+2} & \ldots & \Delta_{m,m+n}. \end{cases}$$

Les $mn+1$ déterminants Δ, $\Delta_{i,m+k}$ sont indépendants; on peut trouver une matrice pour laquelle ces déterminants ont des valeurs données d'avance. Prenons d'abord arbitrairement les éléments $a_{i,k}$ de Δ, avec la seule restriction de vérifier la relation (2). On a ainsi les m premières colonnes de la matrice. On peut déterminer ensuite la $m+k^{\text{ième}}$ colonne par la condition que les déterminants $\Delta_{i,m+k}(i=1, 2, \ldots, m)$ prennent des valeurs données. En effet, on obtient ainsi m équations linéaires pour déterminer

$$a_{1,m+k}, \quad a_{2,m+k}, \quad \ldots, \quad a_{m,m+k}.$$

Le déterminant de ce système est Δ^{m-1}, mais, en le résolvant, on trouve simplement

(4) . $$a_{i,m+k} = (a_{i,1}\Delta_{1,m+k} + a_{i,2}\Delta_{2,m+k} + \ldots + a_{i,m}\Delta_{m,m+k}) : \Delta,$$
$$i = 1, 2, 3, \ldots, m,$$
$$k = 1, 2, 3, \ldots, n.$$

La vérification de ces valeurs est du reste immédiate, et l'indépendance des $mn+1$ déterminants Δ, $\Delta_{i,m+k}$ est manifeste.

Considérons maintenant un autre déterminant Δ' de la matrice. Il contiendra k colonnes appartenant aux n dernières colonnes de la matrice ($k \geqq 2$); soient

$$m+\lambda_1, \quad m+\lambda_2, \quad \ldots, \quad m+\lambda_k$$

les rangs de ces colonnes. Les autres $m-k$ colonnes de Δ' appartiendront aux m premières colonnes de la matrice, c'est-à-dire, ce sont des colonnes de Δ. Soient

$$\mu_1, \quad \mu_2, \quad \ldots, \quad \mu_k$$

les rangs des colonnes de Δ qui ne figurent pas dans Δ'. En remplaçant alors dans Δ' les éléments $a_{i,m+k}$ par leurs valeurs (4), on obtient, à l'aide des propriétés élémentaires des déterminants, la formule

$$(5) \quad \ldots \quad \Delta' = \pm \begin{vmatrix} \Delta_{\mu_1, m+\lambda_1} & \Delta_{\mu_1, m+\lambda_2} & \cdots & \Delta_{\mu_1, m+\lambda_k} \\ \Delta_{\mu_2, m+\lambda_1} & \Delta_{\mu_2, m+\lambda_2} & \cdots & \Delta_{\mu_2, m+\lambda_k} \\ \cdots\cdots & \cdots\cdots & \cdots & \cdots\cdots \\ \Delta_{\mu_k, m+\lambda_1} & \Delta_{\mu_k, m+\lambda_2} & \cdots & \Delta_{\mu_k, m+\lambda_k} \end{vmatrix} : \Delta^{k-1}.$$

Ainsi tous les déterminants de la matrice s'expriment rationnellement au moyen des $mn+1$ déterminants Δ, $\Delta_{i,m+k}$. On voit que Δ' est égal à un déterminant mineur du degré k, puisé dans la matrice (3), divisé par Δ^{k-1}. Le nombre des déterminants tels que Δ' est

$$(m)_2(n)_2 + (m)_3(n)_3 + (m)_4(n)_4 + \ldots$$
$$= (m+n)_m - (m)_0(n)_0 - (m)_1(n)_1 = (m+n)_m - (mn+1).$$

Équations linéaires indéterminées.

4. Considérons d'abord le système linéaire et homogène

$$(\mathrm{I}) \quad \ldots \quad \begin{cases} a_{i,1}x_1 + a_{i,2}x_2 + \ldots + a_{i,m+n}x_{m+n} = 0, \\ i = 1, 2, \ldots, m. \end{cases}$$

Nous supposerons que ces équations sont linéairement indépendantes, c'est-à-dire que tous les déterminants de la matrice de ce système ne sont pas nuls. Le plus grand diviseur de la matrice a alors une signification précise; soit d ce plus grand diviseur.

Le moyen que nous emploierons pour trouver toutes les solutions en nombres entiers consiste dans l'introduction de nouvelles inconnues.

Au lieu de $x_1, x_2, \ldots, x_{m+n}$, on peut introduire de nouvelles inconnues, en posant

$$x_i = c_{i,1}x'_1 + c_{i,2}x'_2 + \ldots + c_{i,m+n}x'_{m+n}.$$
$$i = 1, 2, \ldots, m+n.$$

Les $c_{i,k}$ seront des nombres entiers, et nous n'emploierons que des substitutions dont le déterminant $|c_{i,k}| = \pm 1$.

On peut alors exprimer réciproquement les x'_i par des fonctions linéaires à coefficients entiers des x_i et, comme nous ne considérons que les solutions en nombres entiers, le système transformé sera absolument équivalent au système donné, c'est-à-dire à deux solutions distinctes d'un des systèmes correspondront toujours deux solutions également distinctes de l'autre.

Parmi les déterminants de la matrice de (I) qui ne sont pas nuls, il y en aura au moins un dont la valeur absolue est le plus petit. Nous pouvons supposer, en adoptant la notation du n° 3, que Δ soit ce déterminant minimum. Supposons d'abord que tous les déterminants $\Delta_{i,m+k}$ soient divisibles par Δ. Alors il est clair que l'on obtient la solution la plus générale de (I) en donnant à $x_{m+1}, x_{m+2}, \ldots, x_{m+n}$ des valeurs entières absolument quelconques et en déterminant ensuite $x_1, x_2, \ldots, x_m$ par les formules

$$x_i = -(\Delta_{i,m+1}x_{m+1} + \Delta_{i,m+2}x_{m+2} + \ldots + \Delta_{i,m+n}x_{m+n}) : \Delta,$$
$$(i = 1, 2, \ldots, m).$$

On voit, du reste, par la formule (5) du n° 3, que, lorsque Δ divise tous les $\Delta_{i,m+k}$, il divisera tous les déterminants de la matrice, en sorte que l'on doit avoir $\Delta = \pm d$.

Mais supposons que Δ ne divise pas tous les $\Delta_{i,m+k}$ et, par exemple, ne divise pas $\Delta_{1,m+1}$. Alors, on peut toujours trouver un entier c tel que la valeur absolue de

$$\Delta_{1,m+1} - c\,\Delta$$

soit inférieure à celle de Δ. La substitution de déterminant $+1$

$$x_i = x'_i \quad (i = 1, 2, 3, \ldots, m, m+2, m+3, \ldots, m+n),$$
$$x_{m+1} = x'_{m+1} - c\,x'_1$$

transformera alors le système (I) dans un autre système dans lequel un des déterminants est $\Delta_{1,m+1} - c\,\Delta$. Le déterminant minimum du système transformé est donc plus petit (en valeur absolue) que Δ. Si ce déterminant minimum ne divise pas tous les autres déterminants, on pourra encore le diminuer par le même procédé. Il est clair que l'on finira par trouver un système transformé dans lequel le déterminant minimum divise tous les autres déterminants, et dont on peut écrire alors immédiatement la solution la plus générale. Cette solution renferme, comme nous l'avons vu, n indéterminées auxquelles on peut donner toutes les valeurs entières de $-\infty$ à $+\infty$.

Théorème I. — On obtient toutes les solutions du système (I), et chaque solution une seule fois, par les formules

$$\text{(II)} \quad \ldots\ldots \quad \begin{cases} x_i = \beta_{1,i}\, t_1 + \beta_{2,i}\, t_2 + \ldots + \beta_{n,i}\, t_n, \\ (i = 1, 2, \ldots, m+n), \end{cases}$$

en donnant à $t_1, t_2, \ldots, t_n$ toutes les valeurs entières de $-\infty$ à $+\infty$.

Il est clair qu'en substituant les expressions (II) dans le système (I), les coefficients de $t_1, t_2, \ldots, t_n$ doivent s'annuler.

On obtiendrait donc encore des solutions de (I) en donnant à $t_1, t_2, \ldots, t_n$ des valeurs fractionnaires. Mais il est clair que l'on ne peut jamais obtenir, de cette façon, une solution de (I) en nombres entiers, car toute solution entière correspond à un système unique de valeurs entières de $t_1, t_2, \ldots, t_n$.

Pour obtenir, dans un cas donné, la solution générale sous la forme (II), il sera plus pratique de procéder autrement. On cherchera, par exemple, par la méthode d'Euler (Chap. II, 25), la solution générale de

$$a_{1,1}\, x_1 + a_{1,2}\, x_2 + \ldots + a_{1,m+n}\, x_{m+n} = 0,$$

qui renfermera $m + n - 1$ indéterminées, puis on introduira ces valeurs dans la seconde équation

$$a_{2,1}\, x_1 + a_{2,2}\, x_2 + \ldots + a_{2,m+n}\, x_{m+n} = 0,$$

etc., jusqu'à ce que l'on ait épuisé les m relations données.

Si l'on transforme, comme nous l'avons fait, le système (I), il est clair que tout déterminant du système transformé est une fonction linéaire à coefficients entiers des déterminants de (I), et réciproquement. On voit par là que le plus grand diviseur des deux matrices est le même et, par conséquent, dans le procédé que nous avons employé plus haut, on trouvera finalement un système dont la matrice a un déterminant minimum égal à $\pm d$.

5. Considérons r solutions du système (I)

$$\begin{array}{cccc} a_{1,1}, & a_{1,2}, & \ldots, & a_{1,m+n}, \\ a_{2,1}, & a_{2,2}, & \ldots, & a_{2,m+n}, \\ \ldots, & \ldots, & \ldots, & \ldots\ldots, \\ a_{r,1}, & a_{r,2}, & \ldots, & a_{r,m+n}, \end{array}$$

que nous désignerons quelquefois aussi par de simples lettres A_1, A_2, ..., A_r. Ces solutions sont indépendantes si tous les déterminants de degrés r ne sont pas nuls. Il est clair que l'on peut trouver tout au plus n solutions indépendantes, car, puisque toutes les solutions sont comprises dans les formules (II) (n° 4) qui ne renferment que n indéterminées, $n+1$ solutions ne sont jamais indépendantes. En multipliant les solutions précédentes par $t_1, t_2, \ldots, t_r$ et en ajoutant, on obtient une nouvelle solution

$$A_1 t_1 + A_2 t_2 + \ldots + A_r t_r$$

dont les éléments sont

$$x_i = a_{1,i} t_1 + a_{2,i} t_2 + \ldots + a_{r,i} t_r.$$

Nous dirons que les solutions

$$A_1, \quad A_2, \quad \ldots, \quad A_r$$

forment un système fondamental de solutions, lorsque l'on obtient toutes les solutions possibles, et chaque solution une seule fois, en donnant à $t_1, t_2, \ldots, t_r$ les valeurs de $-\infty$ à $+\infty$. L'existence de ces systèmes fondamentaux de solutions ne fait pas de doute, car nous savons, par le théorème I, que

$$\beta_{i,1}, \quad \beta_{i,2}, \quad \ldots, \quad \beta_{i,m+n}$$
$$(i = 1, 2, \ldots, n)$$

est un tel système.

Théorème II. — Un système fondamental de solutions se compose de n solutions indépendantes.

Ce théorème est une généralisation du théorème VIII du Chapitre II; la démonstration est exactement la même.

La matrice formée par n solutions indépendantes, ou par un système fondamental de solutions, est du type $n \times (m+n)$, donc du type complémentaire de la matrice du système (I).

Considérons la matrice du système (I) et la matrice formée par n solutions indépendantes

$$\begin{array}{cccc} a_{1,1}, & a_{1,2}, & \ldots, & a_{1,m+n}, \\ \ldots, & \ldots, & \ldots, & \ldots\ldots, \\ a_{m,1}, & a_{m,2}, & \ldots, & a_{m,m+n}, \end{array}$$

$$\begin{array}{cccc} \alpha_{1,1}, & \alpha_{1,2}, & \ldots, & \alpha_{1,m+n}, \\ \ldots, & \ldots, & \ldots, & \ldots\ldots, \\ \alpha_{n,1}, & \alpha_{n,2}, & \ldots, & \alpha_{n,m+n}. \end{array}$$

Les relations qui existent entre ces nombres se réduisent à ceci : que la somme obtenue en multipliant les éléments d'une quelconque des m premières lignes par les éléments correspondants d'une des n dernières lignes est nulle.

On voit donc qu'il y a une réciprocité complète entre les deux matrices, et si l'on considère le système indéterminé

$$\alpha_{i,1}x_1 + \alpha_{i,2}x_2 + \ldots + \alpha_{i,m+n}x_{m+n} = 0$$
$$(i = 1, 2, \ldots, n),$$

les nombres

$$a_{i,1}, \quad a_{i,2}, \quad \ldots, \quad a_{i,m+n}$$
$$(i = 1, 2, \ldots, m),$$

en donneront m solutions indépendantes.

D'après ce que nous avons dit dans le n° 2, on peut faire correspondre à chaque déterminant de la matrice $\| a_{i,k} \|$ un déterminant de la matrice $\| \alpha_{i,k} \|$ d'un système de n solutions indépendantes.

Théorème III. — La matrice d'un système fondamental de solutions a l'unité pour plus grand diviseur.

Considérons, en effet, les formules

$$x_i = \beta_{1,i}t_1 + \beta_{2,i}t_2 + \ldots + \beta_{n,i}t_n,$$
$$[i = 1, 2, \ldots, (m+n)]$$

qui renferment la solution la plus générale. Il est clair d'abord que

$$(\beta_{1,1}\,\beta_{1,2}\ldots\beta_{1,m+n}) = 1,$$

car, si ces nombres étaient tous divisibles par $c > 1$, on trouverait une solution entière en posant $t_1 = \frac{1}{c}$, ce qui, on le voit facilement d'après ce que nous avons dit plus haut, est contraire à la nature d'un système fondamental de solutions.

Ensuite, je dis que les déterminants de la matrice

$$\begin{matrix} \beta_{1,1}, & \beta_{1,2}, & \ldots, & \beta_{1,m+n}, \\ \beta_{2,1}, & \beta_{2,2}, & \ldots, & \beta_{2,m+n} \end{matrix}$$

ont aussi 1 pour plus grand commun diviseur. Car si ces déterminants étaient tous divisibles par $c > 1$, c ne divisera pas tous les éléments de la première ligne, par exemple c ne divisera pas $\beta_{1,1}$; mais alors on trouverait encore une solution entière en posant

$$t_1 = -\frac{\beta_{2,1}}{c}, \qquad t_2 = +\frac{\beta_{1,1}}{c},$$

ce qui est impossible.

Ensuite, je dis que le plus grand commun diviseur de la matrice

$$\begin{matrix} \beta_{1,1}, & \beta_{1,2}, & \ldots, & \beta_{1,m+n}, \\ \beta_{2,1}, & \beta_{2,2}, & \ldots, & \beta_{2,m+n}, \\ \beta_{3,1}, & \beta_{3,2}, & \ldots, & \beta_{3,m+n} \end{matrix}$$

est encore $=1$. Car si ce plus grand diviseur était $c > 1$, c ne diviserait pas, par exemple, le déterminant

$$\begin{vmatrix} \beta_{1,1} & \beta_{1,2} \\ \beta_{2,1} & \beta_{2,2} \end{vmatrix},$$

et, en posant

$$t_1 = \begin{vmatrix} \beta_{2,1} & \beta_{2,2} \\ \beta_{3,1} & \beta_{3,2} \end{vmatrix} : c, \qquad t_2 = \begin{vmatrix} \beta_{3,1} & \beta_{3,2} \\ \beta_{1,1} & \beta_{1,2} \end{vmatrix} : c, \qquad t_3 = \begin{vmatrix} \beta_{1,1} & \beta_{1,2} \\ \beta_{2,1} & \beta_{2,2} \end{vmatrix} : c,$$

on trouverait encore une solution entière, ce qui est impossible.

Il est clair que l'on peut continuer ainsi, pour arriver au théorème énoncé.

6. En cherchant à exprimer une solution quelconque

$$a_1, \quad a_2, \quad \ldots, \quad a_{m+n}$$

par un système fondamental de solution $\beta_{i,k}$, on est amené à déterminer n inconnues $t_1, t_2, \ldots, t_n$ par $m+n$ équations

$$a_i = \beta_{1,i} t_1 + \beta_{2,i} t_2 + \ldots + \beta_{n,i} t_n$$
$$(i = 1, 2, \ldots, m+n).$$

On sait d'avance qu'il existe une solution unique et en nombres entiers; ce système linéaire doit donc présenter certaines circonstances particulières. Nous allons montrer qu'elles se réduisent à ceci : d'abord le plus grand diviseur de la matrice du système est $=1$, ensuite tout déterminant de la matrice complétée se compose de $n+1$ solutions.

Théorème IV. — Un système de $m+n$ équations entre n inconnues

$$a_i = \beta_{1,i} t_1 + \beta_{2,i} t_2 + \ldots + \beta_{n,i} t_n$$
$$(i = 1, 2, \ldots, m+n)$$

admet toujours une solution unique et en nombres entiers, lorsque le plus grand diviseur de la matrice du système est $=1$ et que tous les déterminants de la matrice complétée sont nuls.

Nous ajouterons un théorème analogue sur les congruences.

Théorème V. — Un système de $m+n$ congruences entre n inconnues

$$a_i \equiv \beta_{1,i} t_1 + \beta_{2,i} t_2 + \ldots + \beta_{n,i} t_n \qquad (\text{mod } M),$$
$$(i = 1, 2, \ldots, m+n)$$

admet toujours une solution unique, lorsque le plus grand diviseur de la matrice du système est premier avec M et que tous les déterminants de la matrice complétée sont $\equiv 0$ (mod M).

Il suffira de démontrer ce dernier théorème; nous pouvons écrire les congruences données ainsi

$$A_i \equiv a_i \qquad (\text{mod } M), \qquad (i = 1, 2, \ldots, m+n),$$

les A_i étant des fonctions linéaires en $t_1, t_2, \ldots, t_n$. Considérons le déterminant minimum Δ de la matrice de ce système. Si Δ divise tous les autres déterminants, il sera premier avec M d'après notre hypothèse. Les n congruences correspondantes admettront alors une solution unique et cette solution satisfera aussi à toutes les autres congruences (voir le n° 1).

Mais si

$$\Delta = |\beta_{i,k}| \qquad (i, k = 1, 2, \ldots, n)$$

ne divise pas tous les autres déterminants, il ne divisera pas, par exemple, le déterminant

$$\begin{vmatrix} \beta_{1,n+1} & \beta_{2,n+1} & \dots & \beta_{n,n+1} \\ \beta_{1,2} & \beta_{2,2} & \dots & \beta_{n,2} \\ \beta_{1,3} & \beta_{2,3} & \dots & \beta_{n,3} \\ \dots & \dots & \dots & \dots \\ \beta_{1,n} & \beta_{2,n} & \dots & \beta_{n,n} \end{vmatrix}.$$

Mais alors on pourra remplacer le système donné par le système équivalent

$$A_i \equiv a_i \qquad (i = 1, 2, \dots, n, n+2, n+3, \dots, n+m),$$
$$A_{n+1} - c\,A_1 \equiv a_{n+1} - c\,a_1,$$

et ce nouveau système aura, pour une valeur convenable de c, un déterminant minimum plus petit que Δ. On pourra ainsi diminuer le déterminant minimum jusqu'à ce qu'il soit devenu égal au plus grand diviseur de la matrice donnée. Il divisera alors tous les autres déterminants et l'on est ramené au cas que nous avons considéré d'abord.

Le théorème IV peut se démontrer d'une façon toute semblable, ou encore par le raisonnement que nous avons fait dans la démonstration du théorème IX (Chapitre II).

Nous indiquerons encore une autre démonstration du théorème V. Si l'on écrit

$$M = P \times Q \times R \times \dots,$$

où $P, Q, R, \dots$ sont des puissances de nombres premiers distincts, on reconnaît facilement que les congruences données admettent une solution unique, par rapport à chacun des modules $P, Q, R, \dots$, d'où l'on peut conclure qu'elles en admettent aussi une par rapport au module M.

7. **Multiplication des matrices.** — Soit

$$\| a_{i,k} \| \quad \begin{pmatrix} i = 1, 2, \dots, n \\ k = 1, 2, \dots, m+n \end{pmatrix},$$

ou $\| A \|$ une matrice du type $n \times (m+n)$, $(m \geqq 0)$,

$$\| c_{i,k} \| \quad (i, k = 1, 2, \dots, n),$$

ou $\| C \|$, une matrice du type $n \times n$, nous représenterons par

$$\| C \| \times \| A \| = \| A' \|$$

une matrice du même type que $\| A \|$ et dont les éléments sont

$$a'_{i,k} = c_{i,1}a_{1,k} + c_{i,2}a_{2,k} + \dots + c_{i,n}a_{n,k}$$
$$\begin{pmatrix} i = 1, 2, \dots, n \\ k = 1, 2, \dots, m+n \end{pmatrix}.$$

Lorsque $\| C_1 \|$ est encore du type $n \times n$, nous écrirons

$$\| C_1 \| \times \| A' \| = \| C_1 \| \times \| C \| \times \| A \|,$$

et il est facile de voir que

$$\| C_1 \| \times \| C \| \times \| A \| = \{ \| C_1 \| \times \| C \| \} \times \| A \|.$$

Mais on ne peut pas permuter les deux matrices dans un produit, et si l'on considère un produit de plusieurs facteurs

$$\| C_n \| \times \| C_{n-1} \| \times \dots \times \| C \| \times \| A \|,$$

on suppose toujours que toutes les matrices $\| C_k \|$ sont du type $n \times n$: seule la matrice $\| A \|$ peut être du type $n \times (m+n)$, le produit est toujours du même type que $\| A \|$.

Il est clair que, lorsque

$$\| A' \| = \| C \| \times \| A \|,$$

tout déterminant de $\| A' \|$ est égal au déterminant correspondant de $\| A \|$ multiplié par le déterminant $| C |$. Les déterminants correspondants de $\| A \|$ et $\| A' \|$ seront proportionnels et si, en particulier, le plus grand diviseur de $| A |$ est -1, le plus grand diviseur de $\| A' \|$ sera la valeur absolue de $| C |$.

Dans le cas où le déterminant

$$\begin{vmatrix} c_{1,1} & c_{1,2} & \dots & c_{1,n} \\ c_{2,1} & c_{2,2} & \dots & c_{2,n} \\ \dots & \dots & \dots & \dots \\ c_{n,1} & c_{n,2} & \dots & c_{n,n} \end{vmatrix} = \varepsilon = \pm 1,$$

nous désignerons par $\| C \|^{-1}$ la matrice

$$\begin{matrix} \varepsilon\gamma_{1,1}, & \varepsilon\gamma_{2,1}, & \dots, & \varepsilon\gamma_{n,1}, \\ \varepsilon\gamma_{1,2}, & \varepsilon\gamma_{2,2}, & \dots, & \varepsilon\gamma_{n,2}, \\ \dots, & \dots, & \dots, & \dots, \\ \varepsilon\gamma_{1,n}, & \varepsilon\gamma_{2,n}, & \dots, & \varepsilon\gamma_{n,n}, \end{matrix}$$

$\gamma_{i,k}$ étant le coefficient de $c_{i,k}$ dans le déterminant $| C |$.

On voit que

$$\| C \| \times \| C \|^{-1} = \| C \|^{-1} \times \| C \| = \begin{vmatrix} 1 & 0 & \dots & 0 \\ 0 & 1 & \dots & 0 \\ . & . & \dots & . \\ 0 & . & \dots & 1 \end{vmatrix}.$$

et de la relation

$$\| A' \| = \| C \| \times \| A \|,$$

on peut conclure

$$\| A \| = \| C \|^{-1} \times \| A' \|.$$

8. Soit $\| A \|$ la matrice formée par n solutions indépendantes, $\| B \|$ la matrice formée par un système fondamental de solutions.

Puisque les solutions de $\| A \|$ peuvent se déduire du système fondamental $\| B \|$, cela revient, avec notre nouvelle notation, à dire que

$$\| A \| = \| C \| \times \| B \|.$$

Il est clair que le plus grand diviseur de $\| A \|$ est $= \pm | C |$, et, dans le cas $| C | = \pm 1$, $\| A \|$ est évidemment aussi un système fondamental de solutions, car

$$\| B \| = \| C \|^{-1} \times \| A \|.$$

Si l'on considère plusieurs systèmes de n solutions indépendantes, ou de systèmes fondamentaux, les déterminants correspondants seront toujours proportionnels.

Théorème VI. — Lorsque le plus grand diviseur de la matrice

$$\| B \| \quad \text{du type } n \times (m + n)$$

est $= 1$, et que les déterminants d'une matrice

$$\| A \| \quad \text{du type } n \times (m + n)$$

sont proportionnels aux déterminants correspondants de $\| B \|$, on a toujours

$$\| A \| = \| C \| \times \| B \|$$

et la matrice $\| C \|$ est unique.

En effet, on obtient pour déterminer $c_{i,1}, c_{i,2}, \dots, c_{i,n}$ les équations

$$a_{i,k} = c_{i,1} b_{1,k} + c_{i,2} b_{2,k} + \dots + c_{i,n} b_{n,k},$$
$$k = 1, 2, \dots, (m + n).$$

Un déterminant quelconque de la matrice complétée de ce système, tel que

$$\begin{vmatrix} b_{1,1} & b_{2,1} & \dots & b_{n,1} & a_{i,1} \\ b_{1,2} & b_{2,2} & \dots & b_{n,2} & a_{i,2} \\ \dots & \dots & \dots & \dots & \dots \\ b_{1,n+1} & b_{2,n+1} & \dots & b_{n,n+1} & a_{i,n+1} \end{vmatrix}$$

est nul, car d'après la proportionnalité supposée entre les déterminants de $\|A\|$ et de $\|B\|$, il est permis de remplacer partout $b_{i,k}$ par $a_{i,k}$, à condition de diviser après par un certain nombre entier le facteur de proportionnalité.

Mais on obtient ainsi un déterminant avec deux colonnes identiques. Donc, d'après le théorème IV, il existe un système et un seul de valeurs $c_{i,1}, c_{i,2}, \dots, c_{i,n}$ qui satisfont à la question.

On voit qu'une matrice du type $n \times (m+n)$ dont les déterminants (non tous nuls) sont proportionnels aux déterminants de la matrice $\|B\|$ formée avec un système fondamental (ou avec n solutions indépendantes) est nécessairement composée avec n solutions indépendantes.

Théorème VII. — Les déterminants d'une matrice formée par n solutions indépendantes, du type $n \times (m+n)$, sont proportionnels aux déterminants correspondants de la matrice du type $m \times (m+n)$ du système indéterminé donné (I). En particulier, un déterminant d'un système fondamental de solutions est égal au déterminant correspondant du système (I), divisé par d.

Il suffira de faire voir que le théorème se trouve vérifié pour un système particulier de n solutions indépendantes. Un tel système peut se déduire des considérations du n° 3. Supposons que le déterminant Δ ne soit pas nul, alors on a le système suivant de n solutions indépendantes

$$\begin{array}{llllllll} \Delta_{1,m+1}, & \Delta_{2,m+1}, & \dots, & \Delta_{m,m+1}, & -\Delta, & 0, & 0, & \dots, & 0, \\ \Delta_{1,m+2}, & \Delta_{2,m+2}, & \dots, & \Delta_{m,m+2}, & 0, & -\Delta, & 0, & \dots, & 0, \\ \dots\dots, & \dots\dots, & \dots, & \dots\dots, & ., & \dots, & ., & \dots, & ., \\ \Delta_{1,m+n}, & \Delta_{2,m+n}, & \dots, & \Delta_{m,m+n}, & 0, & 0, & 0, & \dots, & -\Delta. \end{array}$$

En effet, ce sont là bien n solutions, car on a [form. (4) du n° 3]

$$a_{i,1}\,\Delta_{1,m+k} + a_{i,2}\,\Delta_{2,m+k} + \ldots + a_{i,m}\,\Delta_{m,m+k} - a_{i,m+k}\,\Delta = 0.$$

Ces solutions sont indépendantes, car l'un des déterminants est $(-\Delta)^n$.

Et si l'on considère maintenant les déterminants de cette matrice qui correspondent aux $mn+1$ déterminants que nous avons considérés dans le n° 3, on reconnaît immédiatement qu'ils n'en diffèrent que par le facteur $(-1)^n\,\Delta^{n-1}$, et cette proportionnalité s'étend aisément aux autres déterminants.

Plus généralement, on peut obtenir n solutions indépendantes ainsi. Soit

$$D = \begin{vmatrix} a_{1,1} & \ldots & a_{1,m+n} \\ \ldots & \ldots & \ldots\ldots \\ a_{m,1} & \ldots & a_{m,m+n} \\ c_{1,1} & \ldots & c_{1,m+n} \\ \ldots & \ldots & \ldots\ldots \\ c_{n,1} & \ldots & c_{n,m+n} \end{vmatrix}.$$

Puisque tous les déterminants de la matrice donnée ne sont pas nuls, on pourra choisir les nombres $c_{i,k}$, de manière que D ne soit pas nul. Désignant alors par $C_{i,k}$ le coefficient de $c_{i,k}$ dans D, il est clair que l'on a le système suivant de n solutions

$$\begin{array}{lll} C_{1,1}, & \ldots, & C_{1,m+n}, \\ \ldots, & \ldots, & \ldots\ldots, \\ C_{n,1}, & \ldots, & C_{n,m+n}, \end{array}$$

et, d'après un théorème connu, un déterminant quelconque de cette matrice est égal au déterminant correspondant de la matrice $\| a_{i,k} \|$ multiplié par D^{n-1}.

9. Nous allons résoudre maintenant le problème suivant. Étant donnée une matrice

$$\| A \|,$$

du type $n \times (m+n)$, dont d est le plus grand diviseur, trouver toutes les solutions de l'équation

$$\| A \| = \| C \| \times \| B \|,$$

le déterminant $| C |$ étant $\pm d$. Il est clair que le plus grand diviseur de

$\| B \|$ est 1, et si l'on a trouvé une matrice dont les déterminants sont proportionnels à ceux de $\| A \|$ et dont le plus grand diviseur est $= 1$, on pourra la prendre pour $\| B \|$; la matrice $\| C \|$ s'en déduit d'après le théorème VI.

On peut obtenir une telle matrice $\| B \|$ en considérant le système indéterminé dont la matrice est $\| A \|$. On cherchera m solutions indépendantes formant une matrice $\| A' \|$. Ensuite, on cherche un système fondamental de solutions du système indéterminé dont la matrice est $\| A' \|$. La matrice formée par ce système fondamental satisfait evidemment aux conditions.

Mais voici une autre méthode qui sera préférable ordinairement. Divisons d'abord la première ligne horizontale de $\| A \|$ par le plus grand commun diviseur des nombres qu'elle renferme, on aura ainsi la matrice

$$\begin{matrix} b_{1,1}, & b_{1,2}, & \dots, & b_{1,m+n}, \\ a_{2,1}, & a_{2,2}, & \dots, & a_{2,m+n}, \\ \dots, & \dots, & \dots, & \dots\dots, \\ a_{n,1}, & a_{n,2}, & \dots, & a_{n,m+n}. \end{matrix}$$

Soit maintenant d_1 le plus grand commun diviseur de la matrice formée avec les deux premières lignes. Je dis que l'on pourra déterminer un nombre x satisfaisant aux congruences

$$x b_{1,i} \equiv a_{2,i} \quad (\text{mod } d_1),$$
$$i = 1, 2, \dots m + n.$$

C'est ce qui résulte du théorème V. En retranchant donc de la seconde ligne, la première multipliée par x, elle deviendra divisible par d_1 et, après la division, on aura une matrice

$$\begin{matrix} b_{1,1}, & b_{1,2}, & \dots, & b_{1,m+n}, \\ b_{2,1}, & b_{2,2}, & \dots, & b_{2,m+n}, \\ a_{3,1}, & a_{3,2}, & \dots, & a_{3,m+n}, \end{matrix}$$

et le plus grand diviseur de la matrice des deux premières lignes est $= 1$.

Soit d_2 le plus grand diviseur de la matrice des trois premières lignes, les congruences

$$x b_{1,i} + y b_{2,i} \equiv a_{3,i} \quad (\text{mod } d_2),$$
$$(i = 1, 2, \dots, m + n)$$

admettent encore une solution, d'après le théorème V. En retranchant de la troisième ligne la première multipliée par x et la seconde ligne multipliée par y, on pourra diviser par d_2 et, dans la matrice obtenue

$$\begin{matrix} b_{1,1}, & b_{1,2}, & \ldots, & b_{1,m+n}, \\ b_{2,1}, & b_{2,2}, & \ldots, & b_{2,m+n}, \\ b_{3,1}, & b_{3,2}, & \ldots, & b_{3,m+n}, \\ a_{4,1}, & a_{4,2}, & \ldots, & a_{4,m+n}, \end{matrix}$$

le plus grand diviseur de la matrice partielle formée par les trois premières lignes est $=1$. Il est clair que l'on peut continuer ainsi, on finira par trouver une matrice

$$\| b_{i,k} \| = \| B \|$$
$$\begin{pmatrix} i = 1, 2, \ldots, n \\ k = 1, 2, \ldots, n+m \end{pmatrix},$$

dont le plus grand diviseur est $= 1$, et il est clair que ses déterminants seront proportionnels à ceux de $\| A \|$. On peut remarquer que ce procédé donne, dans le cas $m = 0$, une nouvelle méthode pour la construction d'un déterminant $= \pm 1$.

Ayant ainsi obtenu une solution particulière

$$\| A \| = \| C \| \times \| B \|,$$

il est facile de voir que la solution la plus générale sera comprise dans les formules

$$\| A \| = \| C_0 \| \times \| B_0 \|,$$

où

$$\| B_0 \| = \| E \| \times \| B \|,$$
$$\| C_0 \| = \| C \| \times \| E \|^{-1},$$

$\| E \|$ étant une matrice quelconque du type $n \times n$ dont le déterminant est ± 1.

Lorsque $\| A \|$ est la matrice de n solutions indépendantes du système (I), la matrice $\| B \|$ sera composée d'un système fondamental de solutions.

10. On peut obtenir la solution du système

$$(1) \quad \ldots\ldots \quad \begin{cases} a_{i,1} x_1 + a_{i,2} x_2 + \ldots + a_{i,m+n} x_{m+n} = 0, \\ \qquad i = 1, 2, \ldots, m \end{cases}$$

encore par une autre méthode, un peu différente de celle que nous avons exposée dans le n° 4, et qui conduit à un résultat dont nous aurons besoin plus loin.

Nous avons vu, dans le Chapitre II, que par une substitution linéaire de déterminant ± 1, on peut tranformer l'expression

$$a_{1,1}x_1 + a_{1,2}x_2 + \dots + a_{1,m+n}x_{m+n}$$

en $d_1 x_1'$, d_1 étant le plus grand commun diviseur des coefficients $a_{1,1}$, $a_{1,2}, \dots, a_{1,m+n}$.

A l'aide de cette transformation, on déduira de (I) un système équivalent dont la matrice affectera la forme

$$\begin{matrix} d_1 & 0 & \dots & 0 \\ a'_{2,1} & a'_{2,2} & \dots & a'_{2,m+n} \\ \dots & \dots & \dots & \dots\dots \\ a'_{m,1} & a'_{m,2} & \dots & a'_{m,m+n}. \end{matrix}$$

Les coefficients $a'_{2,2}$, $a'_{2,3}$, ..., $a'_{2,m+n}$ ne peuvent pas être tous nuls, car tous les mineurs du second degré des deux premières lignes seraient nuls; la même chose aurait lieu pour la matrice de $a_{i,k}$, ce qui est contre l'hypothèse admise. En opérant donc sur les variables x'_2, x'_3, ..., x'_{m+n}, on pourra transformer encore le système de manière à obtenir un nouveau système dont la matrice affecte la forme

$$\begin{matrix} d_1 & 0 & 0 & \dots & 0 \\ a''_{2,1} & d_2 & 0 & \dots & 0 \\ a''_{3,1} & a''_{3,2} & a''_{3,3} & \dots & a''_{3,m+n} \\ \dots & \dots & \dots & \dots & \dots\dots \\ a''_{m,1} & a''_{m,2} & a''_{m,3} & \dots & a''_{m,m+n} \end{matrix}$$

d_2 étant le p. g. c. d. de $a'_{2,2}$, $a'_{2,3}$, ..., $a'_{2,m+n}$. En continuant ainsi, on sera amené finalement à une matrice de la forme

$$\text{(A)} \quad \dots\dots \quad \left\{ \begin{matrix} d_1 & 0 & \dots & 0 & 0 & \dots & 0 \\ \beta_{2,1} & d_2 & \dots & 0 & 0 & \dots & 0 \\ \beta_{3,1} & \beta_{3,2} & \dots & 0 & 0 & \dots & 0 \\ \dots & \dots & \dots & \dots & \dots & \dots & \dots \\ \beta_{m,1} & \beta_{m,2} & \dots & \beta_{m,m-1} & d_m & \dots & 0 \end{matrix} \right.$$

Il est clair qu'on aura $d = d_1 d_2 d_3 \ldots d_m$, et si les nouvelles inconnues sont $y_1, y_2, \ldots, y_{m+n}$, la solution la plus générale s'obtient en posant

$$y_1 = y_2 = y_3 = \ldots = y_m = 0,$$

tandis que $y_{m+1}, y_{m+2}, \ldots, y_{m+n}$ peuvent prendre toutes les valeurs entières de $-\infty$ à $+\infty$.

On peut simplifier encore le tableau (A). En remplaçant d'abord y_2 par $y_2 - cy_1$, il est clair qu'on peut faire en sorte que le coefficient $\beta_{2,1}$ devient positif, mais inférieur à d_2. En remplaçant ensuite y_3 par $y_3 - cy_2 - c' y_2$, on peut assujettir les coefficients $\beta_{3,1}$, $\beta_{3,2}$ aux limitations

$$0 \leqq \beta_{3,1} < d_3, \qquad 0 \leqq \beta_{3,2} < d_3.$$

On voit, en définitive, qu'il existe toujours une substitution de déterminant ± 1, tel que le système transformé a une matrice de la forme particulière (A), où les coefficients $d_1, d_2, \ldots, d_m$ sont positifs et

$$0 \leqq \beta_{i,k} < d_i \qquad [k = 1, 2, \ldots, (i-1)]$$

(voir Hermite, Journal de Crelle, t. 41, p. 192). On verra facilement que cette forme réduite (A) est unique. La nature invariantive des coefficients du tableau (A) s'aperçoit aisément. D'abord il est clair que d_i est la plus petite valeur (sauf 0) que peut avoir l'expression

$$a_{i,1} x_1 + a_{i,2} x_2 + \ldots + a_{i,m+n} x_{m+n},$$

$x_1, x_2, \ldots, x_{m+n}$ étant liés par les relations

$$a_{k,1} x_1 + a_{k,2} x_2 + \ldots + a_{k,m+n} x_{m+n} = 0,$$
$$k = 1, 2, 3, \ldots, (i-1).$$

Ensuite $\beta_{2,1}$ est la plus petite valeur que peut avoir la fonction linéaire

$$a_{2,1} x_1 + \ldots + a_{2,m+n} x_{m+n},$$

$x_1, x_2, \ldots, x_{m+n}$ étant liés par la relation

$$a_{1,1} x_1 + \ldots + a_{1,m+n} x_{m+n} = d_1.$$

Ensuite $\beta_{3,1}$, $\beta_{3,2}$ sont les plus petites valeurs de

$$a_{3,1} x_1 + \ldots + a_{3,m+n} x_{m+n},$$

$x_1, x_2, \ldots, x_{m+n}$ étant assujettis, dans le premier cas, aux relations

$$a_{1,1} x_1 + \ldots + a_{1,m+n} x_{m+n} = d_1$$
$$a_{2,1} x_1 + \ldots + a_{2,m+n} x_{m+n} = \beta_{2,1}$$

et, dans le second cas, aux relations

$$a_{1,1}x_1 + \ldots + a_{1,m+n}x_{m+n} = 0,$$
$$a_{2,1}x_1 + \ldots + a_{2,m+n}x_{m+n} = d_2,$$

ainsi de suite.

11. Considérons maintenant le système non homogène

$$\text{(III)} \quad \ldots \quad a_{i,1}x_1 + a_{i,2}x_2 + \ldots + a_{i,m+n}x_{m+n} = u_i$$
$$(i = 1, 2, \ldots, m).$$

Soit d le plus grand diviseur de la matrice de ce système, d' le plus grand diviseur de la matrice complétée, il est clair que d' divise d. Mais, en éliminant $m-1$ des inconnues, on reconnaît que tout déterminant de la matrice complétée, qui n'est pas en même temps un déterminant de la matrice non complétée, doit être divisible par d. Pour que le système (III) admette des solutions, il est donc nécessaire que l'on ait $d = d'$. Mais cette condition est aussi suffisante.

Théorème VIII. — Pour que le système (III) admette des solutions, il faut et il suffit que le plus grand diviseur de la matrice du système soit égal au plus grand diviseur de la matrice complétée.

En effet, dire que le système (III) admet une solution, c'est la même chose que de dire que le système homogène

$$u_i x_0 + a_{i,1}x_1 + a_{i,2}x_2 + \ldots + a_{i,m+n}x_{m+n} = 0$$

admet une solution où $x_0 = -1$. Or la solution générale du système homogène est

$$x_i = \beta_{0,i}t_0 + \beta_{1,i}t_1 + \ldots + \beta_{n,i}t_n,$$
$$i = 0, 1, 2, \ldots, (m+n).$$

En supposant $d = d'$ les déterminants de la matrice des $\| \beta_{i,k} \|$ qui renferment les coefficients $\beta_{0,0}, \beta_{1,0}, \ldots, \beta_{n,0}$ sont égaux aux déterminants correspondants de la matrice du système homogène, divisés par d. Mais ces déterminants sont simplement des déterminants du système (III), et en les divisant par d on obtient des nombres dont le p. g. c. d. est $= 1$. Il est clair par là que le p. g. c. d. de $\beta_{0,0}, \beta_{1,0}, \ldots, \beta_{n,0}$ est aussi $= 1$, et, par conséquent, on peut donner à $t_0, t_1, \ldots, t_m$ des valeurs telles que $x_0 = -1$. On reconnaîtrait aussi facilement la vérité de ce théorème à l'aide de la méthode de réduction du n^0 4. On voit, d'après ce théorème, que si l'on considère l'ensemble des solutions du système homogène (I), la plus petite valeur de x_k (sauf 0) est $\frac{d_k}{d}$, d_k étant le plus grand diviseur de la matrice obtenue en supprimant la $k^{\text{ième}}$ colonne. Cette valeur $\frac{d_k}{d}$ est donc, dans tout système fondamental de solutions

$$\beta_{i,1},\ \beta_{i,2},\ \ldots,\ \beta_{i,m+n},$$
$$i = 1, 2, \ldots, n$$

le p. g. c. d. de $\beta_{1,k}, \beta_{2,k}, \ldots, \beta_{n,k}$.

Il est clair que pour obtenir la solution la plus générale du système non homogène (III), il suffit d'ajouter à une solution particulière la solution la plus générale du système homogène (I).

12. Si le système (III) admet une solution pour certaines valeurs de $u_1, u_2, \ldots, u_m$, il en sera de même encore si l'on remplace ces nombres par $v_1, v_2, \ldots, v_m$, où

$$u_i \equiv v_i \pmod{d}, \qquad i = 1, 2, \ldots, m.$$

La possibilité ou l'impossibilité du système ne dépend donc que des résidus de $u_1, u_2, \ldots, u_m$, par rapport à d. Le nombre total de ces systèmes de résidus est de d^m, mais pour d^{m-1} de ces systèmes seulement, les équations (III) admettent une solution. Pour le reconnaître, il suffit de recourir à la transformation du n^0 10, qui donne un système équivalent de la forme

$$\begin{aligned}
u_1 &= d_1 y_1,\\
u_2 &= \beta_{2,1},\ y_1 + d_2 y_2,\\
u_3 &= \beta_{3,1} y_1 + \beta_{3,2} y_2 + d_3 y_3,\\
&\ldots\ldots\ldots\ldots\ldots\ldots,\\
u_m &= \beta_{m,1} y_1 + \beta_{m,2} y_2 + \ldots + \beta_{m,m-1} y_{m-1} + d_m y_m,
\end{aligned}$$
$$d_1 d_2 \ldots d_m = d.$$

Il est clair d'abord que u_1 ne peut avoir que $\frac{d}{d_1}$ valeurs par rapport au module d. A chacune de ces valeurs de u_1 correspond une valeur déterminée de y_1 et ensuite évidemment $\frac{d}{d_2}$ valeurs de u_2 par rapport au module d. A chaque système de valeurs de u_1 et u_2 correspondent ensuite des valeurs déterminées de y_1 et y_2 et ensuite $\frac{d}{d_3}$ valeurs de u_3 par rapport au module d, etc. Le nombre total des systèmes de résidus de $u_1, u_2, \ldots, u_m$, par rapport au module d, est donc

$$\frac{d}{d_1} \times \frac{d}{d_2} \times \ldots \times \frac{d}{d_m} = d^{m-1}. \qquad \text{C. Q. F. D.}$$

Parmi les valeurs admissibles pour u_i figure toujours la valeur $u_i = 0$, et si l'on se donne d'avance

$$u_1 = u_2 = \ldots = u_k = 0,$$

les $u_{k+1}, \ldots, u_m$ ne peuvent plus représenter que d^{m-k} systèmes de résidus par rapport au module d. Mais, en raisonnant comme tout à l'heure, on voit que, parmi ces systèmes, il n'y en a que

$$\frac{d^{m-k}}{d_{k+1}, d_{k+2}, \ldots, d_m} = d_1 d_2 \ldots d_k \times d^{m-k-1},$$

pour lesquels le système (III) admet des solutions. Il est clair que $d_1 d_2 \ldots d_k$ est ici le plus grand diviseur de la matrice des k premières des équations (III).

13. Ces propositions ont lieu encore dans le cas $n = 0$, lorsque le nombre des équations est égal au nombre des inconnues, et nous allons en faire une application dans un cas de cette nature.

Prenons un système de m^2 nombres entiers

$$a_{i,k} \qquad (i, k = 1, 2, \ldots, m),$$

dont le déterminant

$$\Delta = |a_{i,k}|$$

est positif > 0.

Si l'on considère les équations

$$\text{(A)} \quad \ldots \quad \frac{\partial \Delta}{\partial a_{i,1}} x_1 + \frac{\partial \Delta}{\partial a_{i,2}} x_2 + \ldots + \frac{\partial \Delta}{\partial a_{i,m}} x_m = u_i,$$
$$i = 1, 2, \ldots, m,$$

le déterminant est Δ^{m-1}, et, d'après ce qu'on vient de voir, il y a $\Delta^{(m-1)^2}$ systèmes de résidus u_i par rapport au module Δ^{m-1} pour lesquels le système (A) admet une solution entière. Mais la solution de ce système est donnée par les formules

$$\Delta x_i = a_{1,i} u_1 + a_{2,i} u_2 + \ldots + a_{m,i} u_m,$$
$$i = 1, 2, \ldots, m.$$

On voit donc que si le système a une solution entière pour un système de valeurs de $u_1, u_2, \ldots, u_m$, il en aura encore une en remplaçant u_i par $v_i \equiv u_i \pmod{\Delta}$. Soit k le nombre des systèmes de résidus des u_i par rapport au module Δ, pour lesquels les équations (A) admettent une solution, un tel système en engendrera évidemment $\Delta^{m(m-2)}$ par rapport au module Δ^{m-1}; donc

$$k \times \Delta^{m(m-2)} = \Delta^{(m-1)^2},$$
$$k = \Delta.$$

Il est clair, du reste, que ce nombre k est simplement le nombre des solutions des congruences

$$a_{1,i} u_1 + a_{2,i} u_2 + \ldots + a_{m,i} u_m \equiv 0 \pmod{\Delta},$$

et, d'après un théorème que nous rencontrerons plus loin, on peut conclure de là aussi cette valeur $k = \Delta$.

Ce résultat peut s'énoncer ainsi :

Théorème IX. — Il y a exactement Δ systèmes de nombres entiers $x_1, x_2, \ldots, x_m$ qui satisfont aux inégalités

$$0 \leqq \frac{\partial \Delta}{\partial a_{i,1}} x_1 + \frac{\partial \Delta}{\partial a_{i,2}} x_2 + \ldots + \frac{\partial \Delta}{\partial a_{i,m}} x_m < \Delta$$
$$(i = 1, 2, \ldots, m).$$

Dans les cas $m = 2, m = 3$, ce théorème admet une interprétation géométrique très simple. Considérons dans l'espace trois axes rectangulaires OX, OY, OZ et le réseau de tous les points dont les trois coordonnées x, y, z sont des nombres entiers. Soient

$$A(x_1, y_1, z_1), \qquad B(x_2, y_2, z_2), \qquad C(x_3, y_3, z_3)$$

trois points du réseau ; nous supposerons que

$$\Delta = \begin{vmatrix} x_1 & y_1 & z_1 \\ x_2 & y_2 & z_2 \\ x_3 & y_3 & z_3 \end{vmatrix}$$

soit différent de zéro et positif. Alors Δ est le volume d'un parallélépipède dont trois arêtes sont OA, OB, OC. Soient O_1, A_1, B_1, C_1 les sommets du parallélépipède opposés à O, A, B, C.

L'équation de la face OBC est

$$\frac{\partial\Delta}{\partial x_1}X + \frac{\partial\Delta}{\partial y_1}Y + \frac{\partial\Delta}{\partial z_1}Z = 0,$$

et l'équation de la face opposée $O_1B_1C_1$ passant par le sommet O_1 est

$$\frac{\partial\Delta}{\partial x_1}X + \frac{\partial\Delta}{\partial y_1}Y + \frac{\partial\Delta}{\partial z_1}Z = \Delta.$$

Les trois inégalités

$$0 \leqq \frac{\partial\Delta}{\partial x_1}X + \frac{\partial\Delta}{\partial y_1}Y + \frac{\partial\Delta}{\partial z_1}Z < \Delta,$$

$$0 \leqq \frac{\partial\Delta}{\partial x_2}X + \frac{\partial\Delta}{\partial y_2}Y + \frac{\partial\Delta}{\partial z_2}Z < \Delta,$$

$$0 \leqq \frac{\partial\Delta}{\partial x_3}X + \frac{\partial\Delta}{\partial y_3}Y + \frac{\partial\Delta}{\partial z_3}Z < \Delta$$

expriment donc que le point X, Y, Z est à l'intérieur du parallélépipède ou sur l'une des faces passant par O, mais non sur une des faces passant par O_1. Le théorème IX exprime donc qu'il y a exactement Δ points du réseau qui satisfont à ces conditions. Une légère attention suffit pour reconnaître que, dans ce dénombrement, il ne faut compter qu'un des huit sommets de parallélépipède: c'est le sommet O. Quant aux points sur les arêtes (mais qui ne sont pas des sommets), il ne faut compter que les points qui sont sur les trois arêtes passant par O. Enfin, pour les points sur les faces (mais non sur une arête), il ne faut compter que ceux qui sont sur les trois faces passant par O, mais non ceux qui sont sur les trois autres faces.

Il est clair qu'on obtiendrait le même nombre Δ, en comptant tous les points sur les faces, arêtes, sommets, si l'on adopte cette règle de compter un sommet pour $\frac{1}{8}$, un point sur une arête pour $\frac{1}{4}$, un point sur une face pour $\frac{1}{2}$.

Il serait extrêmement facile de démontrer directement ce résultat en prolongeant les arêtes OA, OB, OC jusqu'en A', B', C', de telle manière que

$$OA' = k.OA, \qquad OB' = k.OB, \qquad OC' = k.OC,$$

k étant un entier, et en considérant alors le parallélépipède avec les arêtes OA', OB', OC'. Le rapport des volumes des deux parallélépipèdes est k^3, et l'on reconnaît aussi que le rapport des nombres des points du réseau à l'intérieur des deux parallélépipèdes (comptés d'après la règle indiquée) est aussi exactement k^3. Or, d'après la définition même du volume, le rapport du volume et du nombre des points à l'intérieur du parallélépipède $OA'B'C'$ doit tendre vers 1 pour $k = \infty$. Mais puisque ce rapport ne varie pas, il est toujours $= 1$.

On peut se placer à un point de vue un peu différent. Considérons dans l'espace le réseau des points dont les coordonnées sont des multiples de $\frac{1}{k}$, k étant un nombre entier. Le volume d'une certaine partie de l'espèce peut être défini alors (d'après Lejeune-Dirichlet) comme la limite du rapport

$$M : k^3$$

pour $k = \infty$, M étant le nombre des points du réseau qui appartiennent à la partie de l'espace que l'on considère. Adoptant cette définition de volume, on peut conclure directement du théorème IX que le volume du parallélépipède $OABC$ est exprimé par le déterminant Δ.

On comprendra maintenant que M. Smyth a pu déduire de ces considérations une démonstration arithmétique de la formule de transformation des intégrales multiples.

Solutions de quelques problèmes sur les matrices.

14. Étant donnée une matrice

$$a_1, a_2, \ldots, a_{n+1} \quad \text{ou} \quad \| A \|$$

du type $1 \times (n+1)$, dont d est le plus grand diviseur, nous avons vu (Chap. II, 22) qu'on peut trouver toujours une matrice

$$\| b_{i,k} \| \quad \text{ou} \quad \| B \| \qquad \begin{pmatrix} i = 1, 2, \ldots, n \\ k = 1, 2, \ldots, n+1 \end{pmatrix}$$

du type $n(n+1)$, telle que le déterminant

$$\begin{vmatrix} A \\ B \end{vmatrix} = d.$$

Proposons-nous maintenant de trouver la solution la plus générale de ce problème. Il est clair, en divisant tous les éléments de $\| A \|$ par d, qu'on peut supposer $d = 1$. Cela étant, si l'on a

$$\begin{vmatrix} A \\ B \end{vmatrix} = 1, \qquad \begin{vmatrix} A \\ C \end{vmatrix} = 1,$$

$\| C \|$ étant une solution quelconque, nous savons, par le théorème VI, qu'il existe toujours une matrice $\| E \|$ du type $(n+1) \times (n+1)$ (et une seule), telle que

$$(1) \quad \ldots\ldots\ldots \quad \begin{Vmatrix} A \\ C \end{Vmatrix} = \| E \| \times \begin{Vmatrix} A \\ B \end{Vmatrix},$$

où $\| E \| = \pm 1$. Mais il est clair que la matrice $\| E \|$ doit avoir ici la forme particulière

$$\begin{matrix} 1 & 0 & 0 & \ldots & 0 \\ p_1 & e_{1,1} & e_{1,2} & \ldots & e_{1,n} \\ p_2 & e_{2,1} & e_{2,2} & \ldots & e_{2,n} \\ \ldots & \ldots & \ldots & \ldots & \ldots \\ p_n & e_{n,1} & e_{n,2} & \ldots & e_{n,n} \end{matrix}$$

$p_1, p_2, \ldots, p_n$ étant arbitraires et $| e_{i,k} | = \pm 1$. Avec cette expression de $\| E \|$, la formule (1) renferme donc toutes les solutions du problème et chaque solution une seule fois. On peut mettre cette solution sous une autre forme en remarquant que la matrice $\| E \|$ peut se mettre sous la forme

$$\begin{Vmatrix} 1 & . & \ldots & 0 \\ 0 & e_{1,1} & \ldots & e_{1,n} \\ . & \ldots & \ldots & \ldots \\ 0 & e_{n,1} & \ldots & e_{n,n} \end{Vmatrix} \times \begin{Vmatrix} 1 & 0 & 0 & \ldots & 0 \\ q_1 & 1 & 0 & \ldots & 0 \\ q_2 & 0 & 1 & \ldots & 0 \\ \ldots & . & . & \ldots & . \\ q_n & 0 & 0 & \ldots & 0 \end{Vmatrix},$$

$q_1, q_2, \ldots, q_n$ étant des nombres qui peuvent avoir des valeurs arbitraires. En substituant cette expression dans la formule (1), on obtient sans difficulté la matrice la plus générale $\| C \|$ qui satisfait au problème, sous la forme

$$\| C \| = \| e_{i,k} \| \times \| b_{i,k} + q_i a_k \|,$$

$\| B \| = \| b_{i,k} \|$ étant une solution particulière.

15. Plus généralement, soit

$$\| a_{i,k} \| \quad \text{ou} \quad \| A \| \qquad \begin{bmatrix} i = 1, 2, \ldots, m \\ k = 1, 2, \ldots, (m+n) \end{bmatrix}$$

une matrice donnée du type $m \times (m+n)$, dont d est le plus grand diviseur. Proposons-nous de trouver toutes les matrices

$$\| c_{i,k} \| \quad \text{ou} \quad \| C \| \qquad \begin{bmatrix} i = 1, 2, \ldots, n \\ k = 1, 2, \ldots, (m+n) \end{bmatrix}$$

du type complémentaire $n \times (m+n)$ telles que

$$\begin{vmatrix} A \\ C \end{vmatrix} = \pm d.$$

On peut remarquer d'abord qu'on peut supposer $d = 1$, car nous savons qu'on peut trouver une matrice $\| A' \|$ du même type que $\| A \|$, dont les déterminants sont proportionnels à ceux de $\| A \|$ et dont le plus grand diviseur est $= 1$ (n° 9). Cette matrice $\| A' \|$ étant obtenue, il est clair que les deux conditions

$$\begin{vmatrix} A \\ C \end{vmatrix} = \pm d, \qquad \begin{vmatrix} A' \\ C \end{vmatrix} = \pm 1$$

sont absolument équivalentes. Nous supposerons donc $d = 1$, et de plus qu'on ait obtenu déjà une solution particulière

$$\| b_{i,k} \| \quad \text{ou} \quad \| B \| \qquad \begin{bmatrix} i = 1, 2, \ldots, n \\ k = 1, 2, \ldots, (m+n) \end{bmatrix}.$$

Ayant

$$\begin{vmatrix} A \\ C \end{vmatrix} = \pm 1, \qquad \begin{vmatrix} A \\ B \end{vmatrix} = \pm 1,$$

on en conclut encore par le théorème VI

$$(1) \quad \ldots\ldots\ldots \quad \left\| \begin{matrix} A \\ C \end{matrix} \right\| = \| E \| \times \left\| \begin{matrix} A \\ B \end{matrix} \right\|,$$

$\| E \|$ étant une matrice du type $(m+n) \times (m+n)$ dont le déterminant est $= \pm 1$. Mais il est clair que cette matrice $\| E \|$ doit avoir ici la forme particulière

$$\begin{array}{cccccccc}
1 & 0 & \ldots & 0 & 0 & . & \ldots & 0 \\
0 & 1 & \ldots & 0 & 0 & . & \ldots & 0 \\
. & . & \ldots & . & . & . & \ldots & . \\
0 & 0 & \ldots & 1 & 0 & 0 & \ldots & 0 \\
p_{1,1} & p_{1,2} & \ldots & p_{1,m} & e_{1,1} & e_{1,2} & \ldots & e_{1,n} \\
\ldots & \ldots & \ldots & \ldots & \ldots & \ldots & \ldots & \ldots \\
p_{n,1} & p_{n,2} & \ldots & p_{n,m} & e_{n,1} & e_{n,2} & \ldots & e_{n,n}.
\end{array}$$

Cette formule (1) renferme ainsi déjà la solution la plus générale du problème, mais on peut la mettre encore sous une autre forme en remarquant que la matrice $\| E \|$ peut se mettre sous la forme d'un produit

$$\begin{Vmatrix}
1 & 0 & \ldots & 0 & . & \ldots & 0 \\
0 & 1 & \ldots & . & . & \ldots & 0 \\
. & . & \ldots & . & . & \ldots & . \\
0 & 0 & \ldots & 1 & 0 & \ldots & 0 \\
0 & 0 & \ldots & 0 & e_{1,1} & \ldots & e_{1,n} \\
. & . & \ldots & . & \ldots & \ldots & \ldots \\
0 & 0 & \ldots & 0 & e_{n,1} & \ldots & e_{n,n}
\end{Vmatrix}
\times
\begin{Vmatrix}
1 & . & \ldots & . & . & . & \ldots & 0 \\
0 & 1 & \ldots & 0 & . & . & \ldots & 0 \\
. & . & \ldots & . & . & . & \ldots & . \\
0 & 0 & \ldots & 1 & 0 & 0 & \ldots & 0 \\
q_{1,1} & q_{1,2} & \ldots & q_{1,m} & 1 & . & \ldots & 0 \\
\ldots & \ldots & \ldots & \ldots & . & . & \ldots & . \\
q_{n,1} & q_{n,2} & \ldots & q_{n,m} & 0 & 0 & \ldots & 1
\end{Vmatrix}.$$

où les $q_{i,k}$ peuvent avoir des valeurs quelconques. On obient facilement

$$\| C \| = \begin{Vmatrix} e_{1,1} & \ldots & e_{1,n} \\ \ldots & \ldots & \ldots \\ e_{n,1} & \ldots & e_{n,n} \end{Vmatrix} \times \| b_{i,k} + q_{i,1} a_{1,k} + q_{i,2} a_{2,k} + \cdots + q_{i,m} a_{m,k} \|$$

$$\begin{bmatrix} i = 1, 2, \ldots, n \\ k = 1, 2, \ldots, (m+n) \end{bmatrix},$$

où les $e_{i,k}$ doivent satisfaire à la relation $| e_{i,k} | = \pm 1$.

Pour obtenir la solution particulière $\| B \|$, on prendra d'abord une matrice quelconque $\| m_{i,k} \|$ ou $\| M \|$ du type $n \times (m+n)$, telle que le déterminant de la matrice

$$\begin{Vmatrix} A \\ M \end{Vmatrix}$$

ne soit pas nul. Par le procédé du n° 9 on pourra, sans changer les m premières lignes, en déduire une autre matrice du même type $(m+n) \times (m+n)$ et dont le déterminant est ± 1.

16. Nous avons vu (Chap. II, n° 21) qu'on peut toujours trouver une matrice du type $n \times (n+1)$ dont les déterminants ont des valeurs données, non toutes nulles. On peut se proposer d'obtenir toutes les matrices qui satisfont à ces conditions, mais nous traiterons directement le problème plus général :

Trouver toutes les matrices du type $m \times (m+n)$ dont les déterminants ont des valeurs données.

A cause des relations identiques entre les déterminants, les valeurs données ne peuvent pas être quelconques. Adoptons les notations du n° 3 et supposons que le déterminant Δ ne soit pas nul : on pourra se borner à considérer les $mn+1$ déterminants Δ, $\Delta_{i,m+k}$. Ces déterminants-là ne peuvent pas même être des nombres arbitraires, il faut que les autres déterminants Δ' qu'on en déduit par la formule (5) du n° 3 soient aussi des entiers. Mais, cela étant, nous allons voir que le problème est toujours possible et admet une infinité de solutions.

En effet, prenons d'abord arbitrairement les m premières colonnes avec la seule condition

$$|a_{i,k}| = \Delta \qquad (i, k = 1, 2, \ldots, m),$$

alors on pourra déterminer les autres colonnes comme au n° 3; il est vrai que ces autres éléments

$$a_{i,m+k} = (a_{i,1}\,\Delta_{1,m+k} + a_{i,2}\,\Delta_{2,m+k} + \ldots + a_{i,m}\,\Delta_{m,m+k}) : \Delta$$

ne seront pas des entiers; toujours est-il vrai que la matrice ainsi formée admettra pour déterminants les valeurs données, qui sont toutes entières. En multipliant les lignes horizontales par Δ, on obtiendra une matrice dont les déterminants sont proportionnels aux valeurs données. On peut alors déduire de là (par le procédé du n° 9) une autre matrice dont les déterminants sont encore proportionnels aux valeurs données, mais dont le plus grand diviseur est 1. Soit

$$\|B\|$$

cette matrice, si d est le p. g. c. d. de tous les déterminants de la matrice cherchée, l'expression la plus générale de cette matrice sera

$$\|C\| \times \|B\|,$$

où $\|C\|$ est une matrice quelconque du type $m \times m$, dont le déterminant est $= \pm d$. En prenant en particulier pour les $a_{i,k}$ $(i, k = 1, 2, \ldots, m)$ les valeurs suivantes

$$a_{1,1} = a_{2,2} = \ldots = a_{m-1,m-1} = 1, \qquad a_{m,m} = \Delta,$$
$$a_{i,k} = 0, \qquad i \gtrless k,$$

on trouve que les déterminants de la matrice

$$\begin{matrix} \Delta & 0 & \ldots & 0 & \Delta_{1,m+1} & \Delta_{1,m+2} & \ldots & \Delta_{1,m+n} \\ 0 & \Delta & \ldots & 0 & \Delta_{2,m+1} & \Delta_{2,m+2} & \ldots & \Delta_{2,m+n} \\ . & . & \ldots & . & \ldots\ldots & \ldots\ldots & \ldots & \ldots\ldots, \\ 0 & 0 & \ldots & \Delta & \Delta_{m,m+1} & \Delta_{m,m+2} & \ldots & \Delta_{m,m+n} \end{matrix}$$

sont proportionnels aux déterminants de la matrice cherchée; on pourra donc en déduire la matrice $\| B \|$.

Si l'un des déterminants donnés divise exactement tous les autres, on le prendra pour Δ; dans ce cas, on peut écrire la matrice $\| B \|$ sans aucun calcul.

Une autre méthode pour trouver cette matrice $\| B \|$ est la suivante; considérons le système d'équations linéaires homogènes dont la matrice est

$$\begin{matrix} \Delta_{1,m+1} & \Delta_{2,m+1} & \ldots & \Delta_{m,m+1} & -\Delta & 0 & \ldots & 0 \\ \Delta_{1,m+2} & \Delta_{2,m+2} & \ldots & \Delta_{m,m+2} & 0 & -\Delta & \ldots & 0 \\ \ldots\ldots & \ldots\ldots & \ldots & \ldots\ldots & . & . & \ldots & . \\ \Delta_{1,m+n} & \Delta_{2,m+n} & \ldots & \Delta_{m,m+n} & 0 & 0 & \ldots & -\Delta \end{matrix}$$

La matrice formée par un système fondamental de solutions de ces équations sera une matrice du type $m \times (m+1)$; ses déterminants seront proportionnels aux valeurs données et le plus grand diviseur de cette matrice est $= 1$. C'est ce qui résulte immédiatement des propositions établies précédemment, si l'on se rappelle le théorème VII et sa démonstration.

17. Soit $\| A \| = \| a_{i,k} \|$ une matrice du type $m \times (m+n)$, dont le plus grand diviseur est δ, $\| C \| = \| c_{i,k} \|$ une matrice du type complémentaire $n \times (m+n)$, telle que

$$(1) \quad \ldots\ldots \quad \begin{vmatrix} a_{1,1} & \ldots & a_{1,m+n} \\ \ldots & \ldots & \ldots\ldots \\ a_{m,1} & \ldots & a_{m,m+n} \\ c_{1,1} & \ldots & c_{1,m+n} \\ \ldots & \ldots & \ldots\ldots \\ c_{n,1} & \ldots & c_{n,m+n} \end{vmatrix} = \pm \delta.$$

Nous savons qu'il existe de telles matrices (voir n° 15).

Soit ensuite $\| B \| = \| b_{i,k} \|$ une matrice du type $n \times (m+n)$, formée par un système fondamental de solutions des équations linéaires homogènes

$$a_{i,1} x_1 + \ldots + a_{i,m+n} x_{m+n} = 0$$
$$(i = 1, 2, \ldots, m).$$

Les matrices $\| B \|$ et $\| C \|$ sont du même type; à un déterminant Δ_b de la première on peut faire correspondre un déterminant Δ_c de la seconde, en supposant que deux déterminants correspondants sont formés avec n colonnes de même rang (et prises dans le même ordre) dans les deux matrices. Cela étant, on a

$$\sum \Delta_b \Delta_c = \pm 1,$$

la sommation s'étendant à toutes les paires de déterminants correspondants. Pour le montrer, remarquons que le plus grand diviseur de la matrice $\| B \|$ est l'unité: on peut donc former une matrice $\| D \| = \| d_{i,k} \|$ du type $m \times (m+n)$, telle que

$$(2) \quad \ldots\ldots \quad \begin{vmatrix} d_{1,1} & \ldots & d_{1,m+n} \\ \ldots & \ldots & \ldots\ldots \\ d_{m,1} & \ldots & d_{m,m+n} \\ b_{1,1} & \ldots & b_{1,m+n} \\ \ldots & \ldots & \ldots\ldots \\ b_{n,1} & \ldots & b_{n,m+n} \end{vmatrix} = \pm 1.$$

En multipliant les deux déterminants (1) et (2), il vient

$$\begin{vmatrix} A_{1,1} & \ldots & A_{m,1} & 0 & \ldots & 0 \\ \ldots & \ldots & \ldots & . & \ldots & . \\ A_{1,m} & \ldots & A_{m,m} & 0 & \ldots & 0 \\ u_{1,1} & \ldots & u_{m,1} & v_{1,1} & \ldots & v_{n,1} \\ \ldots & \ldots & \ldots & \ldots & \ldots & \ldots \\ u_{1,n} & \ldots & u_{m,n} & v_{1,n} & \ldots & v_{n,n} \end{vmatrix} = \pm \delta,$$

$$A_{i,k} = a_{k,1} d_{i,1} + a_{k,2} d_{i,2} + \ldots + a_{k,m+n} d_{i,m+n},$$
$$v_{i,k} = b_{i,1} c_{k,1} + b_{i,2} c_{k,2} + \ldots + b_{i,m+n} c_{k,m+n},$$

c'est-à-dire

$$\begin{vmatrix} A_{1,1} & \dots & A_{m,1} \\ \dots & \dots & \dots \\ A_{1,m} & \dots & A_{m,m} \end{vmatrix} \times \begin{vmatrix} v_{1,1} & \dots & v_{n,1} \\ \dots & \dots & \dots \\ v_{1,n} & \dots & v_{n,n} \end{vmatrix} = \pm \delta.$$

Or, Δ_a et Δ_d étant deux déterminants correspondants des matrices $\| A \|$ et $\| D \|$ de même type, on a, d'après une propriété élémentaire des déterminants,

$$\begin{vmatrix} A_{1,1} & \dots & A_{m,1} \\ \dots & \dots & \dots \\ A_{1,m} & \dots & A_{m,m} \end{vmatrix} = \sum \Delta_a \Delta_d.$$

et de même

$$\begin{vmatrix} v_{1,1} & \dots & v_{n,1} \\ \dots & \dots & \dots \\ v_{1,n} & \dots & v_{n,n} \end{vmatrix} = \sum \Delta_b \Delta_c.$$

Mais tous les déterminants Δ_a sont divisibles par δ; on a donc nécessairement

$$\sum \Delta_a \Delta_d = \pm \delta, \qquad \sum \Delta_b \Delta_c = \pm 1, \qquad \text{C. Q. F. D.}$$

18. A l'aide de ce résultat, nous pouvons résoudre facilement le problème suivant : Étant donnée une matrice $\| A \|$ du type $m \times (m+n)$, dont le plus grand diviseur est δ, trouver toutes les matrices $\| D \|$ du même type et telles que

$$\sum \Delta_a \Delta_d = \pm \delta,$$

Δ_a et Δ_d étant deux déterminants correspondants des deux matrices. En effet, déterminons deux matrices $\| B \|$ et $\| C \|$ comme dans le numéro précédent. Si nous déterminons ensuite une matrice $\| D \|$ par la condition

$$\begin{vmatrix} D \\ B \end{vmatrix} = \pm 1,$$

nous savons que cette matrice fournit une solution de notre problème.

Mais je dis qu'on obtient ainsi toutes les solutions du problème. Soit, en effet, $\| D \|$ une solution quelconque, et posons

$$\begin{vmatrix} D \\ B \end{vmatrix} = k.$$

On en conclut

$$\begin{vmatrix} D \\ B \end{vmatrix} \times \begin{vmatrix} A \\ C \end{vmatrix} = \pm k\delta = \left(\sum \Delta_a \Delta_d\right) \times \left(\sum \Delta_b \Delta_c\right);$$

or on a, puisque $\| D \|$ est une solution,

$$\sum \Delta_a \Delta_d = \pm \delta,$$

et, d'après la proposition du n⁰ 17,

$$\sum \Delta_b \Delta_c = \pm 1;$$

donc

$$k = \pm 1.$$

Il est clair par là que le problème proposé est identique avec le suivant que nous avons déjà résolu dans le n⁰ 15: Trouver toutes les matrices $\| D \|$, telles que

$$\begin{vmatrix} D \\ B \end{vmatrix} = \pm 1.$$

On obtient ces résultats aussi en s'appuyant sur le théorème VII, car la relation (1) du n⁰ 17 peut s'écrire

$$\sum \Delta_a \Delta_c = \pm \delta.$$

Or, d'après le théorème cité, le rapport $\Delta_a : \Delta_b$ est constant et égal à $\pm \delta$; donc

$$\sum \Delta_b \Delta_c = \pm 1,$$

et, ensuite, il est évident que les relations

$$\sum \Delta_a \Delta_d = \pm \delta, \qquad \sum \Delta_b \Delta_d = \pm 1,$$

sont équivalentes.

19. Nous terminerons ces considérations par quelques remarques sur le plus grand commun diviseur d'une matrice.

Dans le cas d'une matrice du type $1 \times n$, le plus grand diviseur peut être défini aussi comme la plus petite valeur (sauf 0) que peut prendre la fonction linéaire

$$a_1 x_1 + a_2 x_2 + \ldots + a_n x_n,$$

pour les valeurs entières de $x_1, x_2, \ldots, x_n$. Il existe une proposition analogue pour une matrice $\| a_{i,k} \|$ du type $m \times (m+n)$. Considérons les m fonctions linéaires

$$X_i = a_{i,1} x_1 + a_{i,2} x_2 + \ldots + a_{i,m+n} x_{m+n}$$
$$(i = 1, 2, \ldots, m),$$

et m systèmes de valeurs de ces fonctions

$$A_{i,k} = a_{k,1} d_{i,1} + \ldots + a_{k,m+n} d_{i,m+n}$$
$$(i, k = 1, 2, \ldots, m),$$

le déterminant $| A_{i,k} |$ est toujours divisible par δ, le plus grand diviseur de la matrice $\| a_{i,k} \|$; mais nous savons, par l'analyse précédente, qu'on peut toujours choisir les $d_{i,k}$ de manière que ce déterminant devient égal à $\pm \delta$.

Par conséquent, δ est aussi la plus petite valeur (sauf 0) que peut avoir le déterminant formé par m systèmes de valeurs des m fonctions linéaires X_i.

20. Soient $\| a_{i,k} \|$ ou $\| A \|$ une matrice du type $m \times (m+n)$, $\| A_p \|$ la matrice du type $m \times p$ formée par p colonnes de $\| A \|$. Nous supposons $p < m$. Désignons encore par d_p le plus grand diviseur de $\| A_p \|$, et par D le plus grand commun diviseur de tous les déterminants de $\| A \|$ qui renferment les p colonnes de $\| A_p \|$. Il est clair que D est un multiple de d_p. Nous allons montrer que tous les déterminants de $\| A \|$ sont divisibles par $\frac{D}{d_p}$.

Pour simplifier un peu la démonstration, nous supposerons que $\| A_p \|$ est formée par les p premières colonnes de $\| A \|$. Nous avons à démontrer qu'un déterminant quelconque Δ de $\| A \|$ est divisible par $\frac{D}{d_p}$. Si ce déterminant Δ a un certain nombre r de colonnes communes avec $\| A_p \|$, nous pouvons encore supposer que ce sont les r premières colonnes de $\| A_p \|$. Cela étant, nous désignerons un déterminant quelconque de $\| A \|$ par le symbole

$$[\lambda_1, \lambda_2, \ldots, \lambda_m],$$

où $\lambda_1, \lambda_2, \ldots, \lambda_m$ indiquent les rangs des colonnes de $\| A \|$ qui figurent dans le déterminant.

En ajoutant à la matrice une $(m+1)^{\text{ième}}$ ligne

$$a_{i,1},\quad a_{i,2},\quad \ldots,\quad a_{i,m+n},$$

on obtient une matrice du type $(m+1)\times(m+n)$, dont tous les déterminants sont nuls. En développant un tel déterminant comme fonction linéaire des éléments de la dernière ligne, on aura, par exemple,

$$[2,3,\ldots,p,\lambda_1,\lambda_2,\ldots,\lambda_{m-p+1}]\,a_{i,1}+\ldots+[1,2,\ldots,p-1,\lambda_1,\lambda_2,\ldots,\lambda_{m-p+1}]\,a_{i,p}$$
$$+[1,2,\ldots,p,\lambda_2,\lambda_3,\ldots,\lambda_{m-p+1}]\,a_{i,\lambda_1}+\ldots+[1,2,\ldots,p,\lambda_1,\lambda_2,\ldots,\lambda_{m-p}]\,a_{i,m-p+1}=0.$$

Les indices λ_1, λ_2, ... sont ici et dans la suite toujours $>p$.

D'après notre notation, d_p est le plus grand diviseur de la matrice $\|A_p\|$, formée par les p premières colonnes de $\|A\|$. Il est clair, d'après cela, que ce qu'il faudra entendre par d_{p-1}, d_{p-2}, ..., d_1, ce sont les plus grands diviseurs de matrices que nous pouvons désigner par $\|A_{p-1}\|$, $\|A_{p-2}\|$, ..., $\|A_1\|$. Dans l'identité que nous venons d'écrire, on peut prendre $i=1, 2, \ldots, m$.

Si l'on élimine alors entre p des équations ainsi obtenues les quantités qui multiplient $a_{i,1}$, $a_{i,2}$, ..., $a_{i,p-1}$, il viendra

$$[1,2,\ldots,p-1;\lambda_1,\lambda_2,\ldots,\lambda_{m-p+1}]\,\Delta_p+$$
$$+[1,2,\ldots,p,\lambda_2,\lambda_3,\ldots,\lambda_{m-p+1}]\,\Delta_p^1+\ldots+[1,2,\ldots,p,\lambda_1,\lambda_2,\ldots,\lambda_{m-p}]\,\Delta_p^{m-p+1}=0.$$

Ici Δ_p est un des déterminants de $\|A_p\|$, et il est clair que Δ_p^1, Δ_p^2, ..., Δ_p^{m-p+1} sont tous divisibles par d_{p-1}. Donc

$$[1,2,\ldots,p-1,\lambda_1,\lambda_2,\ldots,\lambda_{m-p+1}]\,\Delta_p$$

est divisible par $D\times d_{p-1}$. Mais Δ_p peut être un déterminant quelconque de $\|A_p\|$; par conséquent,

$$[1,2,\ldots,p-1,\lambda_1,\lambda_2,\ldots,\lambda_{m-p+1}]\,d_p$$

est aussi divisible par $D\times d_{p-1}$, c'est-à-dire

$$[1,2,\ldots,p-1,\lambda_1,\lambda_2,\ldots,\lambda_{m-p+1}]$$

est divisible par $\dfrac{D\times d_{p-1}}{d_p}$.

En laissant de côté maintenant la $p^{\text{ième}}$ colonne de $\|A\|$, on a les identités

$$[2,3,\ldots,p-1,\lambda_1,\lambda_2,\ldots,\lambda_{m-p+2}]\,a_{i,1}+\ldots+[1,2,\ldots,p-2,\lambda_1,\lambda_2,\ldots,\lambda_{m-p+2}]\,a_{i,p-1}+$$
$$+[1,2,\ldots,p-1,\lambda_2,\lambda_3,\ldots,\lambda_{m-p+2}]\,a_{i,\lambda_1}+\ldots+[1,2,\ldots,p-1,\lambda_1,\lambda_2,\ldots,\lambda_{m-p+1}]\,a_{i,\lambda_{m-p+2}}=0,$$
$$i=1,2,\ldots,m.$$

En éliminant entre $p-1$ de ces relations les coefficients de $a_{i,1}$, $a_{i,2}$, ..., $a_{i,p-2}$, il vient

$$[1, 2, \ldots, p-2, \lambda_1, \lambda_2, \ldots, \lambda_{m-p+2}]\Delta_{p-1} +$$
$$+[1,2,\ldots,p-1,\lambda_2,\lambda_3,\ldots,\lambda_{m-p+2}]\Delta^1_{p-1}+\ldots+[1,2,\ldots,p-1,\lambda_1,\lambda_2,\ldots,\lambda_{m-p+1}]\Delta^{m-p+2}_{p-1}=0,$$

où Δ_{p-1} est un des déterminants de $\| A_{p-1} \|$ et où Δ^1_{p-1}, Δ^2_{p-1}, ..., Δ^{m-p+2}_{p-1} sont divisibles par d_{p-2}. On voit donc que

$$[1, 2, \ldots, p-2, \lambda_1, \lambda_2, \ldots, \lambda_{m-p+2}]\Delta_{p-1}$$

est divisible par $\frac{D \times d_{p-1} \times d_{p-2}}{d_p}$, et, puisque Δ_{p-1} peut être un déterminant quelconque de $\| A_{p-1} \|$, on en conclut que

$$[1, 2, \ldots, p-2, \lambda_1, \lambda_2, \ldots, \lambda_{m-p+2}]d_{p-1},$$

doit être aussi divisible par le même nombre, c'est-à-dire

$$[1, 2, \ldots, p-2, \lambda_1, \lambda_2, \ldots, \lambda_{m-p+2}]$$

est divisible par $\frac{D \times d_{p-2}}{d_p}$. En continuant ainsi, on reconnaît que

$$[1, 2, \ldots, r, \lambda_1, \lambda_2, \ldots, \lambda_{m-r}]$$

est divisible par $\frac{D \times d_r}{d_p}$, et enfin que $[\lambda_1, \lambda_2, \ldots, \lambda_m]$ est divisible par $\frac{D}{d_p}$. La proposition énoncée est démontrée.

D'après la démonstration, on voit facilement que, si l'on suppose que tous les déterminants de $\| A \|$ ne sont pas nuls, les déterminants de $\| A \|$ qui renferment les p colonnes de $\| A_p \|$ ne peuvent pas être tous nuls, à moins que tous les déterminants de $\| A_p \|$ ne soient tous nuls. D et d_p sont alors indéterminés tous les deux.

Corollaire I. — Lorsque $d_p = 1$, D est le plus grand diviseur de la matrice $\| A \|$.

Corollaire II. — Lorsque le plus grand diviseur de la matrice $\| A \|$ est $= 1$, on a

$$D = d_p.$$

21. Considérons une matrice

$$\| B \| \quad \text{ou} \quad \| b_{i,k} \|,$$
$$i = 1, 2, \ldots, n,$$
$$k = 1, 2, \ldots, (m+n),$$

formée par un système fondamental de solutions de

$$a_{i,1}x_1 + a_{i,2}x_2 + \ldots + a_{i,m+n}x_{m+n} = 0,$$
$$i = 1, 2, \ldots, m.$$

Soient $\| B_p \|$ une matrice formée par p des colonnes de $\| B \|$, en supposant $p < n$, d_p le plus grand diviseur de $\| B_p \|$. Soient ensuite δ le plus grand diviseur de la matrice des $a_{i,k}$, et δ_p le plus grand diviseur de la matrice obtenue en supprimant, dans la matrice des $a_{i,k}$, les p colonnes qui correspondent aux colonnes de $\| B_p \|$. Alors on peut énoncer le

Théorème X. — Le plus grand diviseur d_p est égal à $\frac{\delta_p}{\delta}$.

En effet, soient Δ, Δ', Δ'', ... les déterminants de $\| B \|$ qui renferment les p colonnes de $\| B_p \|$. Leur plus grand commun diviseur est d_p, d'après le corollaire II du n° 20. Mais on a d'autre part, d'après le théorème VII,

$$\Delta = \mathfrak{D} : \delta, \quad \Delta' = \mathfrak{D}' : \delta, \quad \Delta'' = \mathfrak{D}'' : \delta, \quad \ldots,$$

$\mathfrak{D}$, $\mathfrak{D}'$, $\mathfrak{D}''$, ... étant les déterminants de la matrice des $a_{i,k}$ qui correspondent aux déterminants Δ, Δ', Δ'', ... Mais il est évident que ces déterminants $\mathfrak{D}$, $\mathfrak{D}'$, $\mathfrak{D}''$, ... sont précisément ceux dont le plus grand commun diviseur est δ_p, d'où la relation annoncée.

Il faut remarquer pourtant que tous les déterminants de la matrice $\| B_p \|$ peuvent s'annuler: d_p devient indéterminé alors. Mais il est clair que, dans ce cas, on a aussi

$$\mathfrak{D} = \mathfrak{D}' = \mathfrak{D}'' = \ldots = 0,$$

en sorte que δ_p devient indéterminé en même temps. Réciproquement, si δ_p devient indéterminé, il en est de même de d_p.

Nous avons supposé $p < n$, mais le théorème reste encore vrai dans le cas $p = n$, on retrouve alors un résultat connu (théorème VII).

L'énoncé du théorème se simplifie un peu dans le cas $\delta = 1$, et si l'on se rappelle l'espèce de réciprocité que nous avons signalée dans le n° 5, on verra que, dans ce cas, p peut avoir une valeur quelconque plus petite ou plus grande que n.

Systèmes de congruences linéaires.

22. Étant donné un système de m congruences entre n inconnues

(1) . . . $X_i = a_{i,1}x_1 + a_{i,2}x_2 + \ldots + a_{i,n}x_n \equiv 0 \pmod{M}$,

on peut en déduire un système équivalent, soit en opérant une substitution de déterminant ± 1 sur les inconnues $x_1, x_2, \ldots, x_n$, soit en remplaçant les m congruences données par m combinaisons

(2) . . $X'_i = p_{i,1}X_1 + p_{i,2}X_2 + \ldots + p_{i,m}X_m \equiv 0 \pmod{M}$,
$i = 1, 2, \ldots, m$,

le déterminant des entiers $p_{i,k}$ étant encore ± 1, en sorte qu'on peut exprimer réciproquement les X_i par les X'_i.

En étudiant les équations linéaires indéterminées, nous avons employé exclusivement le premier moyen, la substitution de nouvelles inconnues; mais ce n'est qu'en opérant à la fois par les deux méthodes qu'on peut obtenir la plus grande simplification possible.

En multipliant, dans le système (1), les premiers nombres par $y_1, y_2, \ldots, y_m$ et ajoutant, on obtient la forme bilinéaire

$$F = \sum\sum a_{i,k}\,x_k\,y_i \quad \begin{pmatrix} i = 1, 2, \ldots, m \\ k = 1, 2, \ldots, n \end{pmatrix},$$

Nous dirons que cette forme bilinéaire correspond au système de congruences donné.

Une substitution linéaire sur les x, dans le système (1), conduira à un système transformé (1'), et il est clair que la forme bilinéaire qui correspond à ce système (1') s'obtient simplement en effectuant directement la même substition sur les x, dans la forme F.

D'autre part, si l'on remplace le système (1) par le système (2), on constate que la forme bilinéaire correspondant au système (2) s'obtient simplement en opérant dans la forme F la substitution

$$y_i = p_{1,i}\,y'_1 + p_{2,i}\,y'_2 + \ldots + p_{m,i}\,y'_m$$
$$(i = 1, 2, \ldots, m).$$

On voit par là que nous avons à étudier les différentes formes que peut prendre la forme F en opérant sur les variables x, y des substitutions de déterminants ± 1.

23. On appelle, en général, forme en Arithmétique un polynôme homogène de plusieurs indéterminées $x, y, z, \ldots$ à coefficients entiers. Si une telle forme F prend une certaine valeur m, pour certaines valeurs entières des indéterminées, on dit qu'elle représente le nombre m.

En effectuant dans F la substitution à coefficients entiers

$$\begin{aligned} x &= a_1 x' + b_1 y' + c_1 z' + \ldots, \\ y &= a_2 x' + b_2 y' + c_2 z' + \ldots, \\ z &= a_3 x' + b_3 y' + c_3 z' + \ldots, \\ &\ldots\ldots\ldots\ldots\ldots\ldots, \end{aligned}$$

on obtiendra une nouvelle forme F′, et l'on dit que F renferme F′, ou bien encore F′ est contenue dans F. Il est clair que tout nombre m qui peut être représenté par F′ peut être représenté aussi par F, mais le réciproque n'a pas lieu nécessairement.

Le cas particulier où le déterminant de la substitution que nous venons d'effectuer est égal à ± 1 est le plus important.

On peut alors exprimer réciproquement $x', y', z', \ldots$ comme fonctions linéaires à coefficients entiers de $x, y, z, \ldots$ et F est contenue aussi dans F′; on dit alors que les formes F et F′ sont équivalentes.

Il est évident que deux formes équivalentes représentent les mêmes nombres.

Ce qui caractérise une forme F dans ces considérations, ce sont ses coefficients; la notation des inconnues, au contraire, n'a aucune importance et l'on peut ainsi remplacer dans F′ les lettres $x', y', z', \ldots$ de nouveau par $x, y, z, \ldots$

L'un des problèmes les plus importants qu'on a à résoudre est maintenant le suivant: Étant données deux formes F et F′, décider si elles sont équivalentes ou non. Et, pour compléter la solution, il faudra encore trouver, dans le cas où il y a équivalence, toutes les substitutions qui transforment F en F′.

Plus généralement, on peut demander à reconnaître si F′ est contenue dans F, mais nous nous bornerons ici à ajouter quelques remarques sur les conditions d'équivalence seulement.

Dans certains cas, la solution complète de ce problème se présente sous la forme suivante :

Pour que la forme F soit équivalente à F', il faut et il suffit que l'on ait

$$I_1 = I'_1, \quad I_2 = I'_2, \quad \ldots, \quad I_k = I'_k.$$

Ici $I_1, I_2, \ldots, I_k$ sont certains nombres qui dépendent d'une manière déterminée des coefficients de la forme F, et $I'_1, I'_2, \ldots, I'_k$ dépendent de la même façon des coefficients de F'.

On peut dire alors que $I_1, I_2, \ldots, I_k$ forment un système complet d'invariants de la forme F, et, pour que deux formes soient équivalentes, il faut et il suffit qu'elles aient les mêmes invariants.

On peut étendre facilement ces considérations au cas où la forme F dépend de plusieurs séries d'indéterminées, comme cela a lieu pour la forme bilinéaire du n° 22. Et l'on peut aussi considérer simultanément plusieurs formes F, G, ... qui dépendent des mêmes indéterminées.

24. Pour en donner immédiatement un exemple, considérons m fonctions linéaires

$$X_i = a_{i,1}x_1 + a_{i,2}x_2 + \ldots + a_{i,m+n}x_{m+n}$$
$$(i = 1, 2, \ldots, m),$$

et un second système analogue

$$X'_i = a'_{i,1}x_1 + a'_{i,2}x_2 + \ldots + a'_{i,m+n}x_{m+n}$$
$$(i = 1, 2, \ldots, m).$$

Comment pourra-t-on reconnaître si les deux systèmes sont équivalents ou non, c'est-à-dire s'il est possible oui ou non de les transformer l'un dans l'autre par une substitution de déterminant ± 1? La réponse est ici immédiate d'après les développements du n° 10. En effet, nous savons que, par une substitution de déterminant ± 1, on peut transformer les X_i dans les Y_i

$$\begin{aligned}
Y_1 &= d_1 y_1,\\
Y_2 &= \beta_{2,1} y_1 + d_2 y_2,\\
Y_3 &= \beta_{3,1} y_1 + \beta_{3,2} y_2 + d_3 y_3,\\
&\ldots\ldots\ldots\ldots\ldots\ldots,\\
Y_m &= \beta_{m,1} y_1 + \beta_{m,2} y_2 + \ldots + \beta_{m,m-1} y_{m-1} + d_m y_m,
\end{aligned}$$

où $d_1, d_2, \ldots, d_m$ sont des nombres positifs, et

$$0 \leqq \beta_{i,k} < d_i \qquad [k = 1, 2, \ldots, (i-1)].$$

Ces nombres d_i, $\beta_{i,k}$ forment maintenant un système complet d'invariants, et, pour que deux systèmes soient équivalents, il faut et il suffit qu'ils admettent les mêmes invariants.

En effet, si les deux systèmes sont équivalents, ils représentent les mêmes systèmes de m nombres, et dès lors leurs invariants sont égaux, car nous avons remarqué (n° 10) que ces invariants dépendent uniquement des divers systèmes de nombres représentés par les formes linéaires. Cette condition de l'égalité des invariants est donc nécessaire pour l'équivalence, mais elle est aussi suffisante manifestement.

On voit que la solution a été obtenue ici en transformant les formes linéaires X_i dans les Y_i qui affectent une forme particulièrement simple. Ce système des Y_i pourrait s'appeler un système réduit; il est unique et le même pour tous les systèmes équivalents.

25. Revenons maintenant à la forme bilinéaire

$$F = \sum\sum a_{i,k}\, x_k\, y_i$$
$$\begin{pmatrix} i = 1, 2, \ldots, m \\ k = 1, 2, \ldots, n \end{pmatrix}.$$

En opérant sur les x_k, y_i des substitutions de déterminants ± 1, on obtiendra une forme équivalente

$$F' = \sum\sum a'_{i,k}\, x_k\, y_i.$$

Nous allons montrer que, parmi ces formes équivalentes, il y en a toujours une, parfaitement déterminée, qui affecte la forme très simple

$$e_1 x_1 y_1 + e_2 x_2 y_2 + \ldots + e_p x_p y_p,$$

et que nous appellerons la forme réduite. Ici $e_1, e_2, \ldots, e_p$ sont des entiers positifs, e_{k-1} divise e_k, et p est tout au plus égal au plus petit des nombres m et n. Ensuite on reconnaîtra facilement que la condition nécessaire et suffisante pour l'équivalence de deux formes bilinéaires consiste en ce qu'elles admettent la même forme réduite. On peut donc considérer les nombres $e_1, e_2, \ldots, e_p$ comme un système complet d'invariants de la forme bilinéaire F.

Considérons la matrice

$$\| a_{i,k} \| \quad \text{ou} \quad \| \mathrm{A} \|,$$

formée par les coefficients de F. Nous désignerons par d_1 le plus grand commun diviseur (pris positivement) des coefficients $a_{i,k}$, par d_2 le plus grand commun diviseur des déterminants du second degré tels que

$$\begin{vmatrix} a_{i,k} & a_{i,l} \\ a_{r,k} & a_{r,l} \end{vmatrix},$$

de même, par d_3 le p. g. c. d. des déterminants du troisième degré, etc.

Si tous les déterminants du degré p ne sont pas nuls, mais si tous les déterminants du degré $p+1$ sont nuls, on aura ainsi la suite des p nombres

$$d_1, \quad d_2, \quad \ldots, \quad d_p,$$

et nous supposerons alors $d_{p+k}=0$. Il est clair que d_{k-1} divise d_k et nous posons

$$e_1 = d_1, \quad e_2 = \frac{d_2}{d_1}, \quad \ldots, \quad e_p = \frac{d_p}{d_{p-1}}, \quad e_{p+k} = 0.$$

Ces nombres e sont des entiers, nous les appellerons déjà les invariants de F; nous verrons plus loin que e_{k-1} divise e_k; p est tout au plus égal au plus petit des nombres m et n.

Soit maintenant

$$\| a'_{i,k} \| \quad \text{ou} \quad \| \mathrm{A}' \|$$

la matrice formée par les coefficients de la forme F′ équivalente à la forme F, et d'_k le p. g. c. d. des déterminants de degré k de cette matrice. Il est clair que tout déterminant de degré k de la matrice $\| \mathrm{A}' \|$ est une fonction linéaire et homogène de divers déterminants de degré k de la matrice $\| \mathrm{A} \|$. Donc d'_k est nécessairement divisible par d_k et tous les déterminants de degré $p+1$ de $\| \mathrm{A}' \|$ sont nuls. Mais, pour la même raison, d_k doit être divisible par d'_k; donc

$$d'_k = d_k,$$

et tous les déterminants du degré p de $\| \mathrm{A}' \|$ ne peuvent pas être nuls. On voit par là que les deux formes bilinéaires équivalentes F et F′ ont les mêmes invariants $e_1, e_2, \ldots, e_p$.

L'égalité des invariants est donc une condition nécessaire pour l'équivalence de deux formes; qu'elle est aussi une condition suffisante, cela résulte ensuite immédiatement de la proposition que nous avons énoncée déjà, d'après laquelle la forme F est équivalente à la forme réduite

$$e_1 x_1 y_1 + e_2 x_2 y_2 + \ldots + e_p x_p y_p.$$

En effet, d'après cela deux formes, dont les invariants sont égaux, sont équivalentes à une même forme réduite, et, par conséquent, aussi équivalentes l'une à l'autre.

26. Nous avons à montrer maintenant comment on peut opérer cette réduction de F à la forme réduite. Considérons la matrice

$$\begin{matrix} a_{1,1} & a_{1,2} & a_{1,3} & \ldots & a_{1,n}, \\ a_{2,1} & a_{2,2} & a_{2,3} & \ldots & a_{2,n}, \\ \ldots & \ldots & \ldots & \ldots & \ldots, \\ a_{m,1} & a_{m,2} & a_{m,3} & \ldots & a_{m,n}. \end{matrix}$$

Par une substitution sur les x_k, on peut d'abord réduire la première ligne à

$$\delta_1, \quad 0, \quad 0, \quad \ldots, \quad 0,$$

δ_1 étant le p. g. c. d. de $a_{1,1}, a_{1,2}, \ldots, a_{1,n}$. (Il va sans dire que nous n'employons que des substitutions de déterminants $= \pm 1$.)

Si après cela δ_1 divise tous les autres coefficients de la première colonne, on pourra, en remplaçant y_1 par une expression de la forme

$$y_1 + c_2 y_2 + \ldots + c_m y_m,$$

sans changer $y_2, y_3, \ldots, y_m$, obtenir une matrice transformée de la forme

$$(\mathrm{A}) \quad \ldots\ldots\ldots \quad \left\{ \begin{matrix} \delta_1 & 0 & 0 & \ldots & 0 \\ 0 & b_{2,2} & b_{2,3} & \ldots & b_{2,n} \\ \ldots & \ldots & \ldots & \ldots & \ldots \\ 0 & b_{m,2} & b_{m,3} & \ldots & b_{m,n}. \end{matrix} \right.$$

Mais si δ_1 ne divisait pas les coefficients de la première colonne, on pourrait diminuer ce coefficient δ_1, et le remplacer par δ_2, le p. g. c. d. des coefficients de la première colonne, en opérant une substitution sur les y, et annuler en même temps les autres coefficients de la première colonne. Si δ_2 divise maintenant tous les coefficients de la première ligne, on obtiendra encore une matrice de la forme (A), en remplaçant x_1 par une expression

$$x_1 + c_2 x_2 + \ldots + c_n x_n,$$

sans changer $x_2, x_3, \ldots, x_n$. Au contraire, si δ_2 ne divise pas ces coefficients, on pourra le diminuer encore par une substitution sur les x. Il est clair qu'après un nombre fini d'opérations on obtiendra toujours une forme équivalente, dont la matrice affecte la forme particulière (A); mais on peut simplifier encore et obtenir une matrice (A), dans laquelle δ_1 divise exactement tous les coefficients $b_{i,k}$.

En effet, supposons que δ_1 ne divise pas exactement un des coefficients $b_{i,k}$. Il suffira de remplacer x_k par $x_k + x_1$ pour voir paraître ce coefficient $b_{i,k}$ dans la première colonne avec δ_1. En reprenant alors les opérations de tout à l'heure, on obtiendra un Tableau du type (A), mais dans lequel le coefficient δ_1 a une valeur moindre. On voit donc qu'on peut diminuer ce coefficient tant qu'il ne divise pas tous les $b_{i,k}$, et, après un nombre fini de transformations, on tombera nécessairement sur une forme équivalente à F du type suivant

	x_1	x_2	x_3	$\ldots$	x_n
y_1	e_1	0	0	$\ldots$	0
y_2	0	$b_{2,2}$	$b_{2,3}$	$\ldots$	$b_{2,n}$
y_3	0	$b_{3,2}$	$b_{3,3}$	$\ldots$	$b_{3,n}$
..	.	...	...	...	...
y_m	0	$b_{m,2}$	$b_{m,3}$	$\ldots$	$b_{m,n}$

et dans laquelle le coefficient e_1 divise tous les autres coefficients $b_{i,k}$.

Et il est clair immédiatement que e_1 est le p. g. c. d. des coefficients $a_{i,k}$. Si maintenant les $b_{i,k}$ ne sont pas tous nuls, on pourra continuer la même réduction en opérant seulement sur les variables $x_2, x_3, \ldots, x_n$, $y_2, y_3, \ldots, y_m$. On obtiendra ainsi une forme équivalente

	x_1	x_2	x_3	$\ldots$	x_n
y_1	e_1	0	0	$\ldots$	0
y_2	0	e_2	0	$\ldots$	0
y_3	0	0	$c_{3,3}$	$\ldots$	$c_{3,n}$
..	.	.	...	..	...
y_m	0	0	$c_{m,3}$	$\ldots$	$c_{m,n}$

où e_2 est un multiple de e_1 et divise tous les $c_{i,k}$.

En continuant ainsi, on obtiendra finalement la forme réduite

$$e_1 x_1 y_1 + e_2 x_2 y_2 + \ldots e_p x_p y_p.$$

Puisque e_{k-1} divise e_k, il est immédiatement clair que le p. g. c. d. des déterminants de degré k de la matrice correspondante à cette forme réduite est

$$e_1 e_2 \ldots e_k = d_k,$$

d'où l'on voit que les e_k ont bien les valeurs indiquées précédemment.

27. Dans la pratique, et s'il s'agit seulement de calculer les invariants, on pourra remplacer souvent avec avantage le procédé que nous venons d'indiquer par le suivant. Après avoir obtenu une forme équivalente

	x_1	x_2	x_3	...	x_n
y_1	δ_1	0	0	...	0
y_2	0	$b_{2,2}$	$b_{2,3}$	...	$b_{2,n}$
y_2	0	$b_{3,2}$	$b_{3,3}$	...	$b_{3,n}$
..	.	...	...	...	...
y_m	0	$b_{m,2}$	$b_{m,3}$	...	$b_{m,n}$

dans laquelle δ_1 ne divise pas nécessairement les $b_{i,k}$, on continuera la même transformation sur les indéterminées $x_2, x_3, \ldots, x_n, y_2, y_3, \ldots, y_m$. De cette façon, on finira par obtenir une forme équivalente

$$\delta_1 x_1 y_1 + \delta_2 x_2 y_2 + \ldots + \delta_p x_p y_p,$$

dans laquelle $\delta_1, \delta_2, \ldots, \delta_p$ sont des nombres positifs, et qu'on pourrait appeler une forme normale. Il est clair que le p. g. c. d. des déterminants de degré k de la matrice correspondante, qui doit être égal à d_k, est ici simplement le p. g. c. d. des divers produits k à k des nombres

$$\delta_1, \quad \delta_2, \quad \ldots, \quad \delta_p;$$

d'où l'on conclut, d'après les explications du Chap. I (n°s 8—10), que les invariants $e_1, e_2, \ldots, e_p$ sont simplement les nombres réduits de $\delta_1, \delta_2, \ldots, \delta_p$. Ayant ainsi obtenu une forme normale, on en conclut donc sans difficulté les invariants. On voit aussi que cette forme normale n'est pas unique comme la forme réduite, mais il existe toujours un nombre fini de formes normales équivalentes à une forme donnée F.

On peut montrer facilement, d'une façon directe, que la forme normale est équivalente à la forme réduite. Considérons pour cela une forme

$$F = \delta_1 x_1 y_1 + \delta_2 x_2 y_2,$$

et posons

$$(\delta_1, \delta_2) = d, \quad |\delta_1, \delta_2| = m,$$
$$F' = d x_1' y_1' + m x_2' y_2'.$$

On peut maintenant transformer directement F en F' par les substitutions

$$x_1 = \alpha x_1' + \beta x_2', \quad y_1 = \alpha' y_1' + \beta' y_2',$$
$$x_2 = \gamma x_1' + \delta x_2', \quad y_2 = \gamma' y_1' + \delta' y_2',$$

(1) . . . . $\alpha\delta - \beta\gamma = 1,$

(2) . . . . $\alpha'\delta' - \beta'\gamma' = 1,$

En effet, les conditions du problème sont

(3) . . . . $\delta_1 \alpha\alpha' + \delta_2 \gamma\gamma' = d,$

(4) . . . . $\delta_1 \alpha\beta' + \delta_2 \gamma\delta' = 0,$

(5) . . . . $\delta_1 \beta\alpha' + \delta_2 \delta\gamma' = 0,$

(6) . . . . $\delta_1 \beta\beta' + \delta_2 \delta\delta' = m.$

Pour y satisfaire, on prendra, pour α', γ', deux nombres premiers entre eux, soumis à cette seule restriction que

$$(\delta_1 \alpha', \delta_2 \gamma') = (\delta_1, \delta_2) = d.$$

Cela peut se faire évidemment d'une infinité de manières; le plus simple c'est de prendre $\alpha' = \gamma' = 1$.

On cherchera ensuite deux nombres α et γ qui satisfont à la relation (3), puis on prendra

$$\beta = -\frac{\delta_2 \gamma'}{\delta}, \quad \delta = +\frac{\delta_1 \alpha'}{d},$$

en sorte que la relation (5) se trouve vérifiée et en même temps la relation (1), car

$$\alpha\delta - \beta\gamma = \frac{\delta_1 \alpha\alpha' + \delta_2 \gamma\gamma'}{d} = 1.$$

Par suite de ces valeurs de β et δ, la relation (6) revient à

$$\frac{\delta_1 \delta_2}{d}(\alpha' \delta' - \beta' \gamma') = m,$$

c'est-à-dire elle rentre dans la formule (2), car $\delta_1 \delta_2 = md$. Il suffit donc, pour achever la solution, de déterminer β' et δ' par les relations (2) et (4) qui donnent

$$\beta' = -\frac{\delta_2 \gamma}{d}, \qquad \delta' = +\frac{\delta_1 \alpha}{d}.$$

Il est clair maintenant que, par une application répétée de la transformation que nous venons d'indiquer, on pourra transformer une forme normale

$$\delta_1 x_1 y_1 + \delta_2 x_2 y_2 + \ldots + \delta_p x_p y_p$$

dans la forme réduite

$$e_1 x_1 y_1 + e_2 x_2 y_2 + \ldots + e_p x_p y_p.$$

28. On peut énoncer le résultat principal que nous venons d'obtenir sous une forme un peu différente; mais, pour simplifier, nous supposerons $m = n$ et le déterminant $|a_{i,k}|$ différent de zéro, en sorte que $p = n$.

La forme bilinéaire

$$F = \sum_1^n \sum_1^n a_{i,k} x_k y_i = X_1 y_1 + X_2 y_2 + \ldots + X_n y_n,$$
$$X_i = a_{i,1} x_1 + a_{i,2} x_2 + \ldots + a_{i,n} x_n$$

est réductible à la forme réduite

$$F' = e_1 x'_1 y'_1 + e_2 x'_2 y'_2 + \ldots + e_n x'_n y'_n$$

par les substitutions

$$x_i = \sum_1^n e_{i,k} x'_k, \qquad y_i = \sum_1^n f_{i,k} y'_k.$$

Supposons qu'on ait

$$x'_i = \sum_1^n p_{i,k} x_k, \qquad y'_i = \sum_1^n q_{i,k} y_k.$$

Si l'on substitue ces valeurs des y'_i dans F', le coefficient de y_i est nécessairement égal à X_i: donc

$$X_i = e_1 q_{1,i} x'_1 + e_2 q_{2,i} x'_2 + \ldots + e_n q_{n,i} x'_n$$

ou bien

(I) . . . . $X_i = q_{1,i} t_1 + q_{2,i} t_2 + \ldots + q_{n,i} t_n,$

si l'on pose

(II) . . . . $t_1 = e_1 x'_1, \quad t_2 = e_2 x'_2, \quad \ldots, \quad t_n = e_n x'_n.$

On voit donc que toute substitution

$$X_i = a_{i,1} x_1 + a_{i,2} x_2 + \ldots + a_{i,n} x_n$$
$$(i = 1, 2, \ldots, n)$$

peut être remplacée par trois substitutions successives, la première (I), de déterminant ± 1 introduisant les variables $t_1, t_2, \ldots, t_n$, la seconde affectant la forme particulière (II), tandis que la troisième

(III) . . . . $x'_i = \sum_1^n p_{i,k} x_k$

a encore un déterminant égal à ± 1.

Il est à peine nécessaire de dire que, dans cet énoncé, on pourrait remplacer les invariants $e_1, e_2, \ldots, e_n$ par les coefficients $\delta_1, \delta_2, \ldots, \delta_n$ d'une forme normale équivalente à F. Et le cas $p < n$ n'apporte non plus une modification; on aura seulement alors $e_k = 0$ ou $\delta_k = 0$ pour $k > p$.

Le nombre p que nous avons vu s'introduire dans l'étude de la forme bilinéaire

$$F = \sum\sum a_{i,k} x_k y_i$$
$$\begin{pmatrix} i = 1, 2, \ldots, m \\ k = 1, 2, \ldots, n \end{pmatrix}$$

s'appelle le rang de la forme bilinéaire ou de la matrice des $a_{i,k}$.

Nous dirons quelquefois aussi que $e_1, e_2, \ldots e_p$ sont les invariants de cette matrice.

29. L'invariant e_k a été défini d'abord par le quotient $d_k : d_{k-1}$; M. Smith a obtenu encore une autre expression remarquable de cet invariant.

Considérons un déterminant quelconque du degré k de la matrice. Divisons ce déterminant par le p. g. c. d. de ces propres mineurs, soit E_k enfin le p. g. c. d. de tous les quotients qu'on obtient ainsi; alors le théorème de M. Smith consiste en ce qu'on a

$$E_k = e_k.$$

Pour éviter toute ambiguïté, ajoutons que, lorsqu'un des déterminants de degré k est nul, on doit adopter toujours la valeur zéro pour le quotient obtenu en divisant le déterminant par le p. g. c. d. de ses mineurs, même si ces derniers étaient tous nuls.

Il convient du reste, dans ces considérations, de regarder zéro comme le p. g. c. d. de plusieurs nombres qui sont tous nuls. C'est seulement avec cette convention que le principe du n° 6 (Chap. I) reste applicable au cas où l'on n'exclut pas la valeur zéro pour les nombres $a, b, c, \ldots, l$.

Nous allons démontrer d'abord un cas particulier du théorème de M. Smith. Supposons $n \geqq m$ dans la matrice

$$\begin{Vmatrix} a_{1,1} & \ldots & a_{1,n} \\ a_{m,1} & \ldots & a_{m,n} \end{Vmatrix} = \| A \|,$$

nous ferons voir que $E_m = e_m = d_m : d_{m-1}$. Nous pouvons supposer que d_m n'est pas nul, car on aurait, dans le cas contraire, $E_m = e_m = 0$, et l'on peut écrire (voir n° 9)

$$\| A \| = \| B \| \times \| C \|,$$

$\| B \|$ étant une matrice du type $m \times m$, $\| C \|$ une matrice du même type que $\| A \|$ dont le plus grand diviseur est l'unité. On reconnaît aisément que les matrices $\| A \|$ et $\| B \|$ ont les mêmes invariants, car la forme bilinéaire de $x_1, x_2, \ldots, x_n, y_1, y_2, \ldots, y_m$, dont la matrice est $\| B \|$ complétée par $n - m$ colonnes de zéros, est équivalente à la forme bilinéaire dont la matrice est $\| A \|$. Nous savons de plus qu'on peut écrire

$$\| B \| = \| u \| \times \begin{Vmatrix} e_1 & 0 & 0 & \ldots & 0 \\ 0 & e_2 & 0 & \ldots & 0 \\ . & . & . & \ldots & 0 \\ 0 & 0 & 0 & \ldots & e_m \end{Vmatrix} \times \| v \|,$$

où $|u| = |v| = \pm 1$, donc

$$\|u\|^{-1} \times \|A\| = \begin{Vmatrix} e_1 & 0 & 0 & \dots & 0 \\ 0 & e_2 & . & \dots & 0 \\ . & . & . & \dots & 0 \\ 0 & 0 & 0 & \dots & e_m \end{Vmatrix} \times \|D\|,$$

$\|D\| = \|v\| \times \|C\|$ étant une matrice du type $m \times n$ dont le plus grand diviseur est l'unité.

Si l'on considère les divers déterminants du degré $m - 1$ de $\|A\|$ qui renferment $m - 1$ colonnes données de cette matrice, on constate que le p. g. c. d. de ces déterminants ne change pas si l'on multiple la matrice par $\|u\|^{-1}$. On en conclut que le nombre E_m est le même pour les deux matrices

$$\|A\| \quad \text{et} \quad \|u\|^{-1} \times \|A\|;$$

il suffira donc de prouver l'égalité $E_m = e_m$ dans le cas de la matrice

$$\begin{Vmatrix} e_1 & 0 & 0 & \dots & 0 \\ 0 & e_2 & 0 & \dots & 0 \\ . & . & . & \dots & . \\ 0 & 0 & 0 & \dots & e_m \end{Vmatrix} \times \|D\|,$$

obtenue en multipliant par $e_1, e_2, \dots, e_m$ les m lignes de $\|D\|$.

Soient $\|\Theta_1\|$, $\|\Theta_2\|, \dots$ les diverses matrices du type $m \times m$ contenues dans $\|D\|$; $\Theta_1, \Theta_2, \dots$ leurs déterminants; Ψ_i le p. g. c. d. des mineurs de $\|\Theta_i\|$ qui ne renferment pas la dernière ligne; en sorte que $\frac{\Theta_i}{\Psi_i}$ est entier. Enfin, désignons par ω_i le quotient obtenu en divisant le déterminant de

$$(1) \quad \dots\dots \quad \begin{Vmatrix} e_1 & 0 & 0 & \dots & 0 \\ 0 & e_2 & 0 & \dots & 0 \\ . & . & . & \dots & . \\ 0 & 0 & 0 & \dots & e_m \end{Vmatrix} \times \|\Theta_i\|$$

par le p. g. c. d. de ses mineurs; il s'ensuivra

$$E_m = (\omega_1, \omega_2, \omega_3, \dots).$$

Mais il est clair que le p. g. c. d. des mineurs de (1) est divisible par $e_1 e_2 \dots e_{m-1} = d_{m-1}$, et, d'autre part, ce p. g. c. d. est un diviseur de $d_{m-1} \times \Psi_i$ (car $d_{m-1} \times \Psi_i$ est le p. g. c. d. des mineurs qui ne renferment pas la dernière ligne). Donc, ω_i divise $e_m \Theta_i$ et est divisible par $\frac{e_m \Theta_i}{\Psi_i} = \frac{\omega_i}{a_i}$. On a donc nécessairement

$$\left(\frac{\omega_1}{a_1}, \frac{\omega_2}{a_2}, \ldots\right) = \mathrm{N} \times e_m,$$

et, d'autre part, e_m est le p. g. c. d. des nombres $e_m \Theta_i = \omega_i \beta_i$

$$(\omega_1 \beta_1, \omega_2 \beta_2, \ldots) = e_m.$$

Le nombre $\mathrm{E}_m = (\omega_1, \omega_2, \ldots)$ doit donc être un multiple de $\mathrm{N} \times e_m$ et un diviseur de e_m, ce qui exige

$$\mathrm{N} = 1, \quad \mathrm{E}_m = e_m. \qquad \text{C. Q. F. D.}$$

A l'aide de ce cas particulier, il est facile d'arriver au théorème général.

Si, dans une matrice quelconque du type $m \times n$, on se propose de calculer le nombre E_k, on peut commencer par choisir k colonnes verticales, puis diviser chacun des déterminants du degré k de cette matrice partielle du type $m \times k$ $(m \geqq k)$ par le p. g. c. d. de ses propres mineurs. Soit λ_i le p. g. c. d. des quotients ainsi obtenus; alors, d'après ce que nous venons de voir, λ_i est le $k^{\text{ième}}$ invariant de la matrice partielle. Par conséquent, λ_i ne changera pas en effectuant sur $y_1, y_2, \ldots, y_m$ une substitution de déterminant ± 1. Mais E_k est évidemment le p. g. c d. des divers nombres $\lambda_1, \lambda_2, \ldots$ correspondant aux divers groupes de k colonnes; donc E_k ne change pas par cette substitution de $y_1, y_2, \ldots, y_m$. Par le même raisonnement, on voit que E_k ne change pas en effectuant sur les $x_1, x_2, \ldots, x_n$ une substitution de déterminant ± 1. E_k est donc le même pour toutes les formes équivalentes à F et, en considérant la forme réduite ou une forme normale, on constate que $\mathrm{E}_k = e_k$.

30. La nouvelle expression des invariants conduit à plusieurs conséquences importantes. Soient

$$e_1, \quad e_2, \quad \ldots, \quad e_p$$

les invariants d'une matrice $\| a_{i,k} \|$ ou $\| \mathrm{A} \|$. Supprimons dans $\| \mathrm{A} \|$ une colonne ou une ligne, désignons par $\|A'\|$ la matrice ainsi obtenue, et par

$$e'_1,\quad e'_2,\quad \ldots,\quad e'_q$$

ses invariants. Il est clair que $q \leqq p$ et ensuite e'_k est divisible par e_k.

Si, au lieu de supprimer une colonne, on avait multiplié les éléments de cette colonne par un nombre entier N, les invariants de la nouvelle matrie $\|A''\|$ seraient

$$e''_1,\quad e''_2,\quad \ldots,\quad e''_p.$$

et e''_k est divisible par e_k. Soient en effet P_k le p. g. c. d. des déterminants du degré k de $\|A\|$ qui ne renferment pas la colonne que l'on change, Q_k le p. g. c. d. des déterminants qui renferment cette colonne, on aura

$$d_k = (P_k, Q_k), \qquad d'_k = P_k, \qquad d''_k = (P_k, NQ_k),$$
$$d_{k-1} = (P_{k-1}, Q_{k-1}), \quad d'_{k-1} = P_{k-1}, \quad d''_{k-1} = (P_{k-1}, NQ_{k-1}):$$

donc

$$\frac{d''_k}{d_k} = \frac{(P_k, NQ_k)}{d_k} = \frac{(P_k, NQ_k, NP_k)}{d_k} = \frac{(P_k, Nd_k)}{d_k} = \left(\frac{P_k}{d_k}, N\right);$$

de même

$$\frac{d''_{k-1}}{d_{k-1}} = \left(\frac{P_{k-1}}{d_{k-1}}, N\right).$$

Puisque

$$\frac{P_k}{d_k} : \frac{P_{k-1}}{d_{k-1}} = e'_k : e_k$$

est entier, il en est de même de

$$\frac{d''_k}{d_k} : \frac{d''_{k-1}}{d_{k-1}} = e''_k : e_k. \qquad \text{C. Q. F. D.}$$

Il est facile maintenant d'établir les conditions nécessaires et suffisantes pour qu'une forme bilinéaire

$$G = \sum\sum b_{i,k}\, x'_k\, y'_i$$

soit contenue dans une forme

$$F = \sum\sum a_{i,k}\, x_k\, y_i.$$

En effet, soient

$$x_i = \sum_1^n e_{i,k} x'_k,$$

$$y_i = \sum_1^n f_{i,k} y'_k$$

les deux substitutions qui transforment F en G. On reconnaît d'abord que le rang de G ne peut pas surpasser le rang de F, car un déterminant quelconque de la matrice $\| b_{i,k} \|$ est une fonction linéaire et homogène des déterminants de $\| a_{i,k} \|$. Chacune des substitutions qui transforment F en G peut être remplacée par une suite de trois substitutions comme au n° 28. Les substitutions de déterminants ± 1 ne changent pas les invariants, mais une substitution telle que

$$t_i = e_i x'_i$$

a évidemment pour effet de multiplier les invariants par certains nombres entiers. Les invariants de G sont donc divisibles par les invariants correspondants de F. On reconnaît facilement que cette condition, qui est nécessaire, est aussi suffisante.

Théorème XI. — Pour qu'une forme bilinéaire G soit contenue dans la forme F, il faut et il suffit que le rang de G ne surpasse pas le rang de F, et que les invariants de G soient divisibles par les invariants correspondants de F.

Ce résultat comprend aussi le cas de l'équivalence.

31. Considérons maintenant les systèmes de congruences linéaires

$$(1) \quad \ldots\ldots \quad \left\{ \begin{array}{l} a_{i,1} x_1 + a_{i,2} x_2 + \ldots + a_{i,n} x_n \equiv u_i \pmod{M} \\ (i = 1, 2, \ldots, n). \end{array} \right.$$

Désignons par

$$e_i = \frac{d_i}{d_{i-1}}, \qquad \varepsilon_i = \frac{\delta_i}{\delta_{i-1}} \qquad (i = 1, 2, \ldots, n)$$

les invariants de la matrice du système et ceux de la matrice complétée. Nous supposons que d_n ne soit pas nul.

Posons

$$c_i = (M, e_i), \qquad \gamma_i = (M, \varepsilon_i),$$
$$C = c_1 c_2 \dots c_n, \qquad \Gamma = \gamma_1 \gamma_2 \dots \gamma_n,$$

alors on peut énoncer

Théorème XII. — Pour que le système (1) admette des solutions, il faut et il suffit qu'on ait

$$C = \Gamma.$$

Si cette condition est satisfaite, le nombre des solutions est exactement $= C$.

En effet, d'après le théorème VIII, le système (I) admettra des solutions seulement dans le cas où les plus grands diviseurs des deux matrices

$$\begin{Vmatrix} M & 0 & 0 & \dots & 0 & a_{1,1} & \dots & a_{1,n} \\ 0 & M & 0 & \dots & 0 & a_{2,1} & \dots & a_{2,n} \\ . & .. & . & \dots & . & \dots & \dots & \dots \\ 0 & 0 & 0 & \dots & M & a_{n,1} & \dots & a_{n,n} \end{Vmatrix}$$

et

$$\begin{Vmatrix} M & 0 & 0 & \dots & 0 & a_{1,1} & \dots & a_{1,n} & u_1 \\ 0 & M & 0 & \dots & 0 & a_{2,1} & \dots & a_{2,n} & u_2 \\ . & .. & . & \dots & . & \dots & \dots & \dots & .. \\ 0 & 0 & 0 & \dots & M & a_{n,1} & \dots & a_{n,n} & u_n \end{Vmatrix}$$

sont égaux.

Mais le premier de ces nombres est évidemment égal à

$$\begin{aligned}(M^n, M^{n-1} d_1, M^{n-2} d_2, \dots, M d_{n-1}, d_n) \\ = (M^n, M^{n-1} e_1, M^{n-2} e_1 e_2, \dots M e_1 e_2 \dots e_{n-1}, e_1 e_2 \dots e_n) \\ = (M, e_1) \times (M, e_2) \times \dots \times (M, e_n) = C,\end{aligned}$$

et le second de ces nombres est pour la même raison $= \Gamma$. La première partie du théorème est ainsi démontrée. Pour obtenir le nombre des solutions dans le cas $C = \Gamma$, il suffit de rappeler que, par une substitution de déterminant ± 1

$$x_i = \sum_1^n a_{i,k} v_k,$$

et, en remplaçant les équations (I) par des combinaisons convenables, on peut obtenir un système équivalent de la forme

$$e_i v_i \equiv f_i \pmod{\mathrm{M}}.$$

Or le nombre des solutions de ce dernier système est évidemment

$$(\mathrm{M}, e_1) \times (\mathrm{M}, e_2) \times \ldots \times (\mathrm{M}, e_n) = \mathrm{C}.$$

Il est à remarquer que $\gamma_i = (\mathrm{M}, \varepsilon_i)$ divise $c_i = (\mathrm{M}, e_i)$, car ε_i divise e_i. La condition $\mathrm{C} = \Gamma$ exige donc qu'on ait

$$c_i = \gamma_i \qquad (i = 1, 2, \ldots, n).$$

32. On peut donner au théorème XII une autre forme en supposant décomposé en facteurs premiers le module M.

Soient μ, a_k, α_k les exposants des plus hautes puissances d'un nombre premier p, qui divisent respectivement M, d_k, δ_k. Alors on a

(1) . . . . $a_n - a_{n-1} \geqq a_{n-1} - a_{n-2} \geqq \ldots \geqq a_1 - a_0,$

(2) . . . . $\alpha_n - \alpha_{n-1} \geqq \alpha_{n-1} - \alpha_{n-2} \geqq \ldots \geqq \alpha_1 - \alpha_0,$

(3) . . . . $a_k \geqq \alpha_k,$

(4) . . . . $a_k - a_{k-1} \geqq \alpha_k - \alpha_{k-1},$

car nous savons que les rapports

$$e_{k+1} : e_k, \quad \varepsilon_{k+1} : \varepsilon_k, \quad d_k : \delta_k, \quad e_k : \varepsilon_k$$

sont des entiers.

La condition

$$(d_n, d_{n-1}\mathrm{M}, d_{n-2}\mathrm{M}^2, \ldots, \mathrm{M}^n) = (\delta_n, \delta_{n-1}\mathrm{M}, \delta_{n-2}\mathrm{M}^2, \ldots, \mathrm{M}^n)$$

devient maintenant pour chaque nombre premier p qui divise M

(5) $(p^{a_n}, p^{a_{n-1}+\mu}, p^{a_{n-2}+2\mu}, \ldots, p^{n\mu}) = (p^{\alpha_n}, p^{\alpha_{n-1}+\mu}, p^{\alpha_{n-2}+2\mu}, \ldots, p^{n\mu}).$

Supposons que, dans la série (2), le premier terme plus petit que μ soit $\alpha_\sigma - \alpha_{\sigma-1}$; alors la relation (5), qui exprime la condition nécessaire et suffisante pour que les congruences admettent une solution pour le module p^μ, devient

$$a_\sigma = \alpha_\sigma,$$

et le nombre des solutions est alors $p^{\alpha_\sigma + (n-\sigma)\mu}$. C'est ce que l'on trouvera par une discussion facile en s'aidant des inégalités (1), (2), (3), (4).

D'après cela, si l'on avait $\mu > a_n - \alpha_{n-1}$, la condition devient $\alpha_n = a_n$ et le nombre des solutions est p^{α_n}. Ainsi, dans ce cas, il suffisait de calculer d_n et δ_n.

On voit facilement que si, dans la série

$$a_n - \alpha_n \geqq a_{n-1} - \alpha_{n-1} \geqq \ldots \geqq a_1 - \alpha_1 \geqq 0,$$

$a_k - \alpha_k$ est le premier terme égal à zéro, $p^{\alpha_{k+1} - \alpha_k}$ est la plus haute puissance de p pour laquelle, comme module, le système des congruences admet des solutions.

C'est seulement pour préciser les idées que nous avons supposée au n° 31 que le déterminant d_n du système (I) n'était pas nul.

Et aussi, à proprement parler, ce n'est pas là une restriction, car, en ajoutant des multiples de M aux coefficients, on peut toujours faire en sorte qu'il en soit ainsi.

Mais la plus légère attention suffit pour reconnaître que le théorème XII est général et reste vrai même dans le cas où l'on aurait $d_{p+1} \equiv 0$, à condition seulement de se conformer à notre convention de prendre dans ce cas

$$e_{p+1} = e_{p+2} = \ldots = e_n = 0,$$

et de même pour les invariants de la matrice complétée

33. Considérons maintenant le système

$$a_{i,1} x_1 + a_{i,2} x_2 + \ldots + a_{i,m+n} x_{m+n} \equiv u_i \pmod{M}$$
$$(i = 1, 2, \ldots, n).$$

Désignons comme au n° 31 par

$$e_i = \frac{d_i}{d_{i-1}}, \qquad \varepsilon_i = \frac{\delta_i}{\delta_{i-1}}$$

les invariants de la matrice complétée, puis posons

$$c_i = (\mathrm{M}, e_i), \qquad \gamma_i = (\mathrm{M}, \varepsilon_i),$$
$$\mathrm{C} = c_1 c_2 \ldots c_n,$$
$$\Gamma = \gamma_1 \gamma_2 \ldots \gamma_n.$$

La condition nécessaire et suffisante pour qu'il y ait des solutions est alors encore

$$\mathrm{C} = \Gamma,$$

mais le nombre des solutions est $C \times M^m$. En effet, on obtient un système équivalent

$$e_i v_i \equiv f_i \pmod{M},$$
$$i = 1, 2, \ldots, n$$

et $v_{n+1}, v_{n+2}, \ldots, v_{n+m}$ restent arbitraires.

34. Soit enfin le système

$$a_{i,1} x_1 + a_{i,2} x_2 + \ldots + a_{i,n} x_n \equiv u_i \pmod{M},$$
$$(i = 1, 2, \ldots, n+m),$$

et désignons toujours par

$$e_i = \frac{d_i}{d_{i-1}} \qquad (i = 1, 2, \ldots, n),$$

$$\varepsilon_i = \frac{\delta_i}{\delta_{i-1}} \qquad (i = 1, 2, \ldots, n+1)$$

les invariants de la matrice complétée.

La condition nécessaire et suffisante pour qu'il y ait des solutions s'obtient à l'aide du théorème VIII sous la forme

$$(a) \quad \ldots \quad \begin{cases} (M^{n+m}, M^{n+m-1} d_1, M^{n+m-2} d_2, \ldots, M^m d_n) \\ = (M^{n+m}, M^{n+m-1} \delta_1, M^{n+m-2} \delta_2, \ldots, M^{m-1} \delta_{n+1}) \end{cases}$$

ou, après une réduction facile,

$$(a') \quad \ldots \quad \begin{cases} M \times (M, e_1) \times (M, e_2) \times \ldots \times (M, e_n) \\ = (M, \varepsilon_1) \times (M, \varepsilon_2) \times \ldots \times (M, \varepsilon_{n+1}). \end{cases}$$

Mais puisque (M, ε_k) divise (M, e_k), on a nécessairement

$$(1) \quad \ldots \quad \varepsilon_{n+1} \equiv 0 \pmod{M}.$$

Par conséquent $M^m \delta_n$ divise $M^{m-1} \delta_{n+1}$, et au lieu de (a) on peut écrire

$$(M^{n+m}, M^{n+m-1} d_1, \ldots, M^m d_n)$$
$$= (M^{n+m}, M^{n+m-1} \delta_1, \ldots, M^m \delta_n),$$

ce qui revient encore à

$$(2) \quad \ldots \quad C = \Gamma,$$

si l'on pose comme précédemment

$$C = (M, e_1) \times (M, e_2) \times \ldots \times (M, e_n),$$
$$\Gamma = (M, \varepsilon_1) \times (M, \varepsilon_2) \times \ldots \times (M, \varepsilon_n).$$

Pour qu'il y ait des solutions, les conditions (1) et (2) sont nécessaires et suffisantes. Le nombre des conditions s'obtient sans difficulté; il est égal à C.

35. Les méthodes développées à partir du n° 22 permettent de retrouver avec facilité la plupart des résultats obtenus dans la première Partie de ce Chapitre. Nous nous bornerons à déduire de cette façon le théorème VIII sous une forme plus générale. Considérons donc les équations non homogènes

$$\text{(I)} \quad \ldots \ldots \quad \left\{ \begin{array}{c} a_{i,1}x_1 + a_{i,2}x_2 + \ldots + a_{i,n}x_n + a_{i,n+1} = 0 \\ (i = 1, 2, \ldots, m) \end{array} \right.$$

sans faire aucune hypothèse sur m et n. Soient $\| A \|$ et $\| A' \|$ la matrice du système et la matrice complétée. Si l'on prend k des m équations et que l'on considère tous les déterminants du degré k qu'on peut former avec leurs coefficients, ces déterminants appartiennent en partie à la matrice $\| A' \|$. Mais, si le système (I) admet une solution, on pourra remplacer les $a_{i,n+1}$ par leurs valeurs

$$-(a_{i,1}x_1 + a_{i,2}x_2 + \ldots + a_{i,n}x_n),$$

en sorte que chaque déterminant de $\| A' \|$ s'exprime en fonction linéaire homogène des déterminants de $\| A \|$. Dans tous les k équations, le p. g. c. d. des déterminants de $\| A \|$ est donc égal au p. g. c. d. des déterminants de $\| A' \|$. D'où l'on conclut le p. g. c. d. de tous les déterminants du degré k est le même pour les deux matrices $\| A \|$ et $\| A' \|$. Ce sont là des conditions nécessaires pour que le système (I) admette des solutions. Mais ces conditions ne sont pas toutes indépendantes, comme cela résulte du théorème suivant:

Théorème XIII. — Pour que le système (I) admette une ou plusieurs solutions, il faut et il suffit que le rang p de $\| A \|$ soit égal au rang de $\| A' \|$, et que le p. g. c. d. des déterminants du degré p soit le même pour les matrices $\| A \|$ et $\| A' \|$.

Nous avons à démontrer seulement que ces conditions sont suffisantes. Or, par une substitution

$$x_i = \sum_{1}^{n} a_{i,k} v_k,$$

et en remplaçant les équations (I) par des combinaisons convenables, on peut obtenir un système absolument équivalent

$$\text{(II)} \quad \left\{ \begin{array}{llll} e_1 v_1 + u_1 = 0, & e_2 v_2 + u_2 = 0, & \ldots, & e_p v_p + u_p = 0, \\ u_{p+1} = 0, & u_{p+2} = 0, & \ldots, & u_m = 0. \end{array} \right.$$

Dans cette transformation les rangs de $\| A \|$ et de $\| A' \|$ se conservent, de même que les p. g. c. d. des déterminants du degré k. Puisqu'on suppose que le rang de $\| A' \|$ est $= p$, les déterminants du degré $p + 1$

$$e_1 e_2 \ldots e_p u_{p+1}, \quad e_1 e_2 \ldots e_p u_{p+2}, \quad \ldots, \quad e_1 e_2 \ldots e_p u_m$$

doivent s'annuler; donc

$$u_{p+1} = u_{p+2} = \ldots = u_m = 0,$$

ce qui montre que les équations (II) ne sont pas incompatibles. De plus, les déterminants du degré p de la matrice $\| A' \|$ transformée

$$e_1 e_2 \ldots e_p, \quad u_1 e_2 e_3 \ldots e_p, \quad e_1 u_2 e_3 \ldots e_p, \quad \ldots, \quad e_1 e_2 \ldots e_{p-1} u_p$$

doivent être divisibles par $e_1 e_2 \ldots e_p$. Donc $u_1, u_2, \ldots, u_p$ sont divisibles par $e_1, e_2, \ldots, e_p$ respectivement, en sorte que les équations (II) sont satisfaites par des valeurs entières de $v_1, v_2, \ldots, v_p$. C. Q. F. D.

La plupart des résultats de ce Chapitre sont dus à M. Smith; un seul, le théorème VIII avait été obtenu antérieurement par M. I. Heger. Le même sujet a été repris ensuite par M. Frobenius qui a introduit la forme bilinéaire. Le Mémoire de M. Frobenius contient encore d'autres applications intéressantes à la théorie algébrique des formes bilinéaires.

BIBLIOGRAPHIE.

I. Heger, Mémoires de l'Académie de Vienne, t. XIV.

H. J. S. Smith, On systems of linear indeterminate equations and congruences (Philosophical Transactions, vol. 151; 1861).

H. J. S. Smith, Arithmetical Notes.

I. On the arithmetical invariants of a rectangular matrix, of which the constituents are integral numbers.

II. On systems of linear congruences.

III. On an arithmetical demonstration of a theorem in the integral calculus (Proceedings of the London mathematical Society, vol. IV; 1873).

G. Frobenius, Theorie der linearen Formen mit ganzen Coeffizienten (Journal de Borchardt, t. 86; 1879, et t. 88; 1880.)

Ch. Méray, Solution du problème général de l'Analyse indéterminée du premier degré (Annales scientifiques de l'École Normale supérieure, 2e série, t. XII; 1883).

L. Kronecker, Reduction der Systeme von n^2 ganzzahligen Elementen (Journal de Kronecker, t. CVII; 1890).

LXXVII.

(Q. J. Math., London, 24, 1890, 370—382.)

Sur quelques intégrales définies et leur développement en fractions continues.

1. Je vais considérer d'abord l'intégrale

$$(1) \quad . \quad . \quad . \quad . \int_0^{\infty} (\cos u + a \sin u)^m \sin^n u \, e^{-xu} \, du = f(m, n),$$

m et n étant des entiers $\geqq 0$.

En développant

$$(\cos u + a \sin u)^m \sin^n u,$$

suivant les sinus et cosinus des multiples de u, il faut distinguer deux cas, selon que $m + n$ est pair ou impair.

Dans le premier cas on obtient une expression de la forme

$$\begin{gathered} \alpha + \alpha' \cos 2u + \alpha'' \cos 4u + \ldots + \alpha^{(\lambda)} \cos(m+n)u \\ \beta' \sin 2u + \beta'' \sin 4u + \ldots + \beta^{(\lambda)} \sin(m+n)u, \end{gathered}$$

et dans le second cas une expression de la forme

$$\begin{gathered} \alpha \cos u + \alpha' \cos 3u + \ldots + \alpha^{(\lambda)} \cos(m+n)u, \\ + \beta \sin u + \beta' \sin 3u + \ldots + \beta^{(\lambda)} \sin(m+n)u. \end{gathered}$$

Ayant ensuite

$$\int_0^{\infty} \cos pu \, e^{-xu} \, du = \frac{x}{x^2 + p^2}, \quad \int_0^{\infty} \sin pu \, e^{-xu} \, du = \frac{p}{x^2 + p^2},$$

on reconnaît que $f(m, n)$ est une fonction rationnelle en x, dont le dénominateur est du degré $m+n+1$, et le numérateur d'un degré inférieur à $m+n+1$. Ce dénominateur est pour $m+n$ pair

$$=x(x^2+2^2)(x^2+4^2)\ldots\{x^2+(m+n)^2\},$$

et pour $m+n$ impair

$$=(x^2+1^2)(x^2+3^2)(x^2+5^2)\ldots\{x^2+(m+n)^2\}.$$

On voit par là que $f(m, n)$ est développable en série convergente suivant les puissances descendantes de x, tant que x est suffisamment grand ($x > m+n$). Or pour obtenir directement ce développement, il suffit d'écrire

$$(\cos u + a\sin u)^m \sin^n u = u^n + a_1 u^{n+1} + a_2 u^{n+2} + \ldots,$$

d'où l'on conclut

$$f(m, n) = 1.2.3\ldots n.\left\{\frac{1}{x^{n+1}} + \frac{(n+1)a_1}{x^{n+2}} + \frac{(n+1)(n+2)a_2}{x^{n+3}} + \ldots\right\}.$$

Par conséquent le numérateur de $f(m, n)$ est du degré m et le coefficient de x^m est $1.2\ldots n$. En écrivant

$$(2) \quad \ldots\ldots\ldots \quad f(m, n) = 1.2.3\ldots n.\frac{\mathrm{A}}{\mathrm{B}},$$

où

$$(3) \quad \begin{cases} \mathrm{B} = x(x^2+2^2)(x^2+4^2)\ldots\{x^2+(m+n)^2\} & \text{lorsque } m+n \text{ pair,} \\ \mathrm{B} = \quad (x^2+1^2)(x^2+3^2)\ldots\{x^2+(m+n)^2\} & \text{lorsque } m+n \text{ impair,} \end{cases}$$

le numérateur A est par conséquent un polynôme du degré m en x, le coefficient de x^m étant l'unité.

Voici maintenant ce qui paraît être la manière la plus simple de définir ce polynôme A.

A est le dénominateur de la fraction continue

$$\frac{1}{x+(n-m+2)a+}\;\frac{(m-1)(n+2)(a^2+1)}{x+(n-m+4)a+}\;\frac{(m-2)(n+3)(a^2+1)}{x+(n-m+6)a+}\;\ldots\frac{1.(n+m)(a^2+1)}{x+(n+m)a}.$$

Ainsi pour

$m=0,\quad \mathrm{A}=1,$

$m=1,\quad \mathrm{A}=x+(n+1)a,$

$m=2,\quad \mathrm{A}=(x+na)\{x+(n+2)a\}+(n+2)(a^2+1)$, &c.

2. Pour établir ce résultat, je remarque d'abord que l'intégration par parties donne

$$\int(\cos u + a\sin u)^m \sin^n u\, e^{-xu}\, du = -\frac{e^{-xu}}{x}(\cos u + a\sin u)^m \sin^n u +$$

$$+\frac{1}{x}\int e^{-xu}[n(\cos u + a\sin u)^m \sin^{n-1} u\cos u +$$

$$+ m(\cos u + a\sin u)^{m-1}\sin^n u\,(a\cos u - \sin u)]\, du.$$

La quantité entre [ ] qui multiplie e^{-xu} sous le signe $\int$ dans le second membre peut s'écrire

$$(\cos u + a\sin u)^{m-1}\sin^{n-1} u\,\{n(\cos u + a\sin u)^2 +$$

$$+ a(m-n)\sin u(\cos u + a\sin u) - m(a^2+1)\sin^2 u\},$$

en sorte qu'on obtient

$$(4) \quad \ldots \left\{\begin{aligned} xf(m,n) &= a(m-n)f(m,n) + nf(m+1,n-1) - \\ &\quad - m(a^2+1)f(m-1,n+1), \end{aligned}\right.$$

lorsque $n > 0$, et pour $n = 0$,

$$(5) \quad \ldots \quad xf(m,0) = amf(m,0) + 1 - m(a^2+1)f(m-1,1).$$

On voit que la relation (4) reste encore vraie pour $n = 0$, si l'on adopte cette convention de remplacer alors

$$nf(m+1, n-1)$$

par l'unité; c'est ce que nous ferons désormais. On a ainsi

$$(6) \quad [x + a(n-m)]f(m,n) = nf(m+1,n-1) - m(a^2+1)f(m-1,n+1),$$

et cette relation reste vraie même pour $n = 0$ ou $m = 0$.

Posons

$$\varphi(m,n) = \frac{f(m,n)}{nf(m+1,n-1)},$$

donc

$$\varphi(m-1,n+1) = \frac{f(m-1,n+1)}{(n+1)f(m,n)},$$

$$\varphi(m,0) = f(m,0),$$

$$\varphi(0,n) = \frac{1}{x+na},$$

la relation (6) pourra s'écrire

$$\varphi(m,n) = \frac{1}{x + (n-m)a + m(n+1)(a^2+1)\varphi(m-1,n+1)},$$

d'où l'on conclut pour $m=0$ la valeur explicite de $\varphi(0, n)$ et dans le cas général :

$$(7)\quad \left\{\begin{array}{l}\varphi(m, n)=\dfrac{1}{x+(n-m)a+}\,\dfrac{m(n+1)(a^2+1)}{x+(n-m+2)a+}\\ \dfrac{(m-1)(n+2)(a^2+1)}{x+(n-m+4)a+}\cdots\dfrac{1(n+m)(a^2+1)}{x+(n+m)a}.\end{array}\right.$$

La valeur de $\varphi(m, n)$ est donc de cette forme

$$(8)\quad \varphi(m, n)=\frac{\mathrm{P}(m, n)}{\mathrm{Q}(m, n)},$$

$\mathrm{P}(m, n)=x^m+\ldots$, $\mathrm{Q}(m, n)=x^{m+1}+\ldots$, étant des polynômes des degrés m et $m+1$ respectivement. Lorsque $n=0$, la formule (7) donne directement la valeur de l'intégrale

$$\int_0^\infty (\cos u+a\sin u)^m e^{-xu}\,du$$

sous la forme d'une fraction continue. Mais il est facile maintenant d'obtenir l'expression générale de $f(m, n)$.

En effet ayant

$$f(m, n)=n\varphi(m, n)f(m+1, n-1),$$

on en déduit

$$\begin{aligned}f(m, n)&=1.2.3\ldots n.\varphi(m, n)\varphi(m+1, n-1)\ldots\varphi(m+n-1, 1)f(m+n, 0),\\ &=1.2\ldots\ldots n.\varphi(m, n)\varphi(m+1, n-1)\ldots\varphi(m+n-1, 1)\varphi(m+n, 0),\end{aligned}$$

ou encore

$$f(m, n)=1.2\ldots n.\frac{\mathrm{P}(m, n)}{\mathrm{Q}(m, n)}\times\frac{\mathrm{P}(m+1, n-1)}{\mathrm{Q}(m+1, n-1)}\times\cdots\times\frac{\mathrm{P}(m+n, 0)}{\mathrm{Q}(m+n, 0)}.$$

Mais si l'on écrit les fractions continues, on reconnaît immédiatement que

$$\mathrm{Q}(m, n)=\mathrm{P}(m+1, n-1),$$

en sorte que l'expression précédente se réduit à

$$(9)\quad f(m, n)=1.2\ldots n.\frac{\mathrm{P}(m, n)}{\mathrm{Q}(m+n, 0)}=1.2\ldots n.\frac{\mathrm{Q}(m-1, n+1)}{\mathrm{Q}(m+n, 0)}.$$

C'est là le résultat que nous avons annoncé; il est à peine nécessaire de dire que $\mathrm{Q}(m+n, 0)=\mathrm{B}$.

3. On obtient des résultats analogues en considérant l'intégrale

$$\int_0^\infty (\cosh u + a \sinh u)^m \sinh^n u e^{-xu} \, du = \mathrm{F}(m, n),$$

et il suffira d'indiquer ici les résultats auxquels on est conduit,

$$(10) \quad \left\{ \begin{aligned} \frac{\mathrm{F}(m, n)}{n\mathrm{F}(m+1, n-1)} &= \frac{1}{x + (n-m)a +} \frac{m(n+1)(a^2-1)}{x + (n-m+2)a +} \\ & \frac{(m-1)(n+2)(a^2-1)}{x + (n-m+4)a +} \cdots \frac{1(n+m)(a^2-1)}{x + (n+m)a}, \end{aligned} \right.$$

et si l'on représente cette fraction continue par

$$(11) \quad \ldots\ldots\ldots\ldots \frac{\mathrm{P}(m, n)}{\mathrm{Q}(m, n)},$$

on a

$$(12) \quad \ldots\ldots \mathrm{F}(m, n) = 1.2\ldots n. \frac{\mathrm{Q}(m-1, n+1)}{\mathrm{Q}(m+n, 0)},$$

la valeur de $\mathrm{Q}(m+n, 0)$ étant

$$(13) \quad \ldots\ldots \left\{ \begin{aligned} &= x(x^2-2^2)(x^2-4^2)\ldots\{x^2-(m+n)^2\} \\ &\text{ou} \\ &= (x^2-1^2)(x^2-3^2)\ldots\{x^2-(m+n)^2\} \end{aligned} \right. ,$$

selon que $m+n$ est pair ou impair.

Il est à remarquer toutefois que la condition que m et n sont des entiers, n'est point nécessaire ici, car si l'on suppose $a \geqq -1$, $\cosh u + a \sinh u$, ne s'annule jamais et m peut même être négatif. Ainsi si l'on prend $n = 0$ et qu'on remplace m par $-m$, la formule (10) donnera

$$(14) \quad \ldots \left\{ \begin{aligned} \int_0^\infty \frac{e^{-xu}\,du}{(\cosh u + a \sinh u)^m} &= \frac{1}{x + ma +} \frac{m(1-a^2)}{x + (m+2)a +} \\ & \frac{2(m+1)(1-a^2)}{x + (m+4)a +} \frac{3(m+2)(1-a^2)}{x + (m+6)a +} \cdots \end{aligned} \right.$$

Il serait facile de démontrer que cette fraction continue est convergente si l'on suppose

$$x > 0, \quad m \geqq 0, \quad 1 \geqq a \geqq 0,$$

mais ici nous laisserons de côté systématiquement les questions de convergence, sur lesquelles nous reviendrons dans une autre occasion.

Dans la suite nous aurons besoin d'un cas particulier de la formule (14), posons $a=0$, $m=2$,

$$\int_0^\infty (\text{séch}\, u)^2 e^{-xu}\, du = x\int_0^\infty \text{tgh}\, u\, e^{-xu}\, du = \frac{1}{x+}\, \frac{1.2}{x+}\, \frac{2.3}{x+}\, \frac{3.4}{x+} \cdots,$$

on bien

$$\int_0^\infty \text{tgh}\, u\, e^{-xu}\, du = \frac{1}{x^2+}\, \frac{1.2}{1+}\, \frac{2.3}{x^2+}\, \frac{3.4}{1+} \cdots,$$

ce qui peut s'écrire encore

$$(15) \qquad \int_0^\infty \text{tgh}\, u\, e^{-xu}\, du = \frac{1}{x^2+2-}\, \frac{1.2^2.3}{x^2+2.3^2-}\, \frac{3.4^2.5}{x^2+2.5^2-} \cdots.$$

4. Nous chercherons maintenant le développement en fraction continue de l'intégrale

$$\mathrm{I} = \int_0^\infty c\, \frac{\sinh(au)\sinh(bu)}{\sinh(cu)}\, e^{-xu}\, du.$$

Il est clair d'abord qu'on a

$$c\, \frac{\sinh(au)\sinh(bu)}{\sinh(cu)} = ab\left[u - \frac{a_1}{1.2.3}u^3 + \frac{a_2}{1.2.3.4.5}u^5 - \frac{a_3}{1.2\ldots7}u^7 + \ldots\right],$$

et l'on reconnaît facilement que a_k est un polynôme homogène du degré k en a^2, b^2, c^2. On en déduit

$$(16) \qquad \mathrm{I} = ab\left[\frac{1}{x^2} - \frac{a_1}{x^4} + \frac{a_2}{x^6} - \frac{a_3}{x^8} + \ldots\right],$$

et l'on pourra par conséquent développer I en fraction continue de la manière suivante

$$(17) \qquad \mathrm{I} = \frac{ab}{x^2+\lambda_0-}\, \frac{\mu_1}{x^2+\lambda_1-}\, \frac{\mu_2}{x^2+\lambda_2-} \cdots.$$

C'est ce développement que nous voulons obtenir.

Voici une première observation dont nous aurons besoin. Lorsque a est un multiple exact de c, $a=nc$, on sait que $\dfrac{\sinh(au)}{\sinh(cu)}$ est un polynôme du degré $n-1$ en $\cosh c$, ou encore

$$\frac{\sinh(au)}{\sinh(cu)} = \alpha\cosh(n-1)cu + \alpha'\cosh(n-3)cu + \alpha''\cosh(n-5)cu + \ldots,$$

et il est très facile de conclure qu'en ce cas I est de la forme $\frac{P_n}{Q_n}$, P_n étant un polynôme du degré $n-1$, Q_n un polynôme du degré n en x^2. Ainsi dans ce cas on doit avoir $\mu_n = 0$ et la fraction continue est finie. Il est clair qu'il en est de même lorsque $b = nc$.

D'après la formule (16) il s'agit de réduire en fraction continue la série

$$S = \frac{1}{x^2} - \frac{\alpha_1}{x^4} + \frac{\alpha_2}{x^6} - \frac{\alpha_3}{x^8} + \dots$$

Pour cela on calculera d'abord

$$1 : S = x^2 + \beta_1 - \frac{\beta_2}{x^2} + \frac{\beta_3}{x^4} - \frac{\beta_4}{x^6} + \dots,$$

et d'après ce que nous avons dit des α_k, il est clair qu'aussi β_k sera un polynôme homogène du degré k en a^2, b^2, c^2. Mais nous venons de voir que pour $a^2 = c^2$ ou $b^2 = c^2$, $\beta_2, \beta_3, \beta_4, \dots$ s'annulent. Donc $\beta_2, \beta_3, \beta_4, \dots$ sont tous divisibles par $(c^2 - a^2)(c^2 - b^2)$ et d'ailleurs β_2 ne peut s'en distinguer que par un facteur constant.

En posant donc

$$1 : S = x^2 + \beta_1 - \beta_2 S_1$$

on aura

$$S_1 = \frac{1}{x^2} - \frac{\gamma_1}{x^4} + \frac{\gamma_2}{x^6} - \frac{\gamma_3}{x^8} + \dots,$$

γ_k étant homogène et du degré k en a^2, b^2, c^2. On en déduit

$$1 : S_1 = x^2 + \delta_1 - \frac{\delta_2}{x^2} + \frac{\delta_3}{x^4} - \frac{\delta_4}{x^6} + \dots,$$

δ_k étant encore du degré k en a^2, b^2, c^2. Or d'après ce que nous avons dit $\delta_2, \delta_3, \delta_4, \dots$, doivent s'annuler pour $a^2 = 4c^2$ ou $b^2 = 4c^2$. Ces coefficients sont donc tous divisibles par $(4c^2 - a^2)(4c^2 - b^2)$ et δ_2 ne peut en différer que par un facteur constant. En posant donc

$$1 : S_1 = x^2 + \delta_1 - \delta_2 S_2,$$

on aura

$$S_2 = \frac{1}{x^2} - \frac{\varepsilon_1}{x^4} + \frac{\varepsilon_2}{x^6} - \frac{\varepsilon_3}{x^8} + \dots,$$

ε_k étant encore homogène et du degré k en a^2, b^2, c^2.

Il est clair que l'on peut continuer ce raisonnement, pour arriver à ce résultat que dans la fraction continue (17) on a nécessairement (si l'on fait encore attention à la symétrie par rapport à a et b),

$$\lambda_n = p_n c^2 + q_n (a^2 + b^2), \quad \mu_n = r_n (n^2 c^2 - a^2)(n^2 c^2 - b^2),$$

p_n, q_n, r_n étant des quantités purement numériques. Pour les obtenir je pose d'abord $c = 0$, ce qui donne

$$\int_0^\infty \frac{\sinh(au)\sinh(bu)}{u} e^{-xu}\, du =$$

$$+\frac{ab}{x^2 + q_0(a^2+b^2) -}\,\frac{r_1 a^2 b^2}{x^2 + q_1(a^2+b^2) -}\,\frac{r_2 a^2 b^2}{x^2 + q_2(a^2+b^2) -}\cdots,$$

mais l'intégrale définie est égale à

$$\tfrac{1}{2}\int_0^\infty \frac{\cosh(a+b)u - 1}{u} e^{-xu}\, du - \tfrac{1}{2}\int_0^\infty \frac{\cosh(a-b)u - 1}{u} e^{-xu}\, du,$$

et en développant les cosh suivant les puissances de u on trouve sans difficulté que la valeur de l'intégrale est

$$\tfrac{1}{2}\log\left(\frac{x^2 - a^2 - b^2 + 2ab}{x^2 - a^2 - b^2 - 2ab}\right).$$

Or le développement en fraction continue de ce logarithme se déduit par un simple changement de lettres de celui bien connu de $\log\left(\frac{x+1}{x-1}\right)$ et l'on obtient ainsi

$$\frac{ab}{x^2 - a^2 - b^2 -}\,\frac{\frac{4}{3}a^2 b^2}{x^2 - a^2 - b^2 -}\,\frac{\frac{16}{15}a^2 b^2}{x^2 - a^2 - b^2 -}\cdots,$$

par conséquent

$$q_n = -1, \quad r_n = \frac{4n^2}{4n^2 - 1}.$$

Pour obtenir p_n posons $a = b = 1$, $c = 2$, il viendra

$$\int_0^\infty \operatorname{tgh} u\, e^{-xu}\, du = \frac{1}{x^2 + 4p_0 - 2 -}\,\frac{1.2^2.3}{x^2 + 4p_1 - 2 -}\,\frac{3.4^2.5}{x^2 + 4p_2 - 2 -}\cdots,$$

et la comparaison avec la formule (15) donne

$$4p_n - 2 = 2(2n+1)^2, \text{ donc } p_n = 2n^2 + 2n + 1.$$

Ainsi nous avons

$$(18) \quad \int_0^\infty c\,\frac{\sinh(au)\sinh(bu)}{\sinh(cu)}\,e^{-xu}\,du = \frac{ab}{x^2+\lambda_0-}\;\frac{\mu_1}{x^2+\lambda_1-}\;\frac{\mu_2}{x^2+\lambda_2-}\cdots,$$

$$\lambda_n = (2n^2+2n+1)\,c^2 - a^2 - b^2,$$

$$\mu_n = \frac{4n^2}{4n^2-1}\,(n^2c^2-a^2)\,(n^2c^2-b^2).$$

A ce résultat j'ajouterai le suivant qu'on obtient d'une manière analogue :

$$(19) \quad \int_0^\infty b\,\frac{\sinh(au)}{\sinh(bu)}\,e^{-xu}\,du = \frac{a}{x+}\;\frac{\lambda_1}{x+}\;\frac{\lambda_2}{x+}\;\frac{\lambda_3}{x+}\cdots,$$

$$\lambda_n = \frac{n^2}{4n^2-1}\,(n^2b^2-a^2).$$

Pour $a=1$, $b=2$, on obtient un résultat qu'on déduit aussi comme cas particulier de notre formule (14).

5. L'intégrale (19) peut s'exprimer à l'aide de la fonction

$$\psi(x) = \frac{d}{dx}\,[\log\Gamma(x)],$$

et il en est de même de l'intégrale (18) dans le cas particulier $c=a+b$. Nous allons indiquer les résultats qu'on obtient ainsi, mais pour abréger, nous omettons la déduction qui, du reste, n'offre pas de difficultés.

Considérons d'abord l'intégrale

$$\int_0^\infty \frac{\sinh(2b-1)\,u}{\sinh u}\,e^{-2xu}\,du,$$

elle est égale à

$$\tfrac{1}{2}\,\psi(x+b) - \tfrac{1}{2}\,\psi(x+1-b).$$

Le développement en série suivant les puissances descendantes de x est

$$\frac{b-\frac{1}{2}}{x} + \frac{\varphi_2(b)}{x^3} + \frac{\varphi_4(b)}{x^5} + \frac{\varphi_6(b)}{x^7} + \cdots.$$

On a introduit ici les polynômes de Bernoulli

$$\frac{e^{bx}-1}{e^x-1} = b + \varphi_1(b)\,x + \varphi_2(b)\,\frac{x^2}{1.2} + \varphi_3(b)\,\frac{x^3}{1.2.3} + \cdots.$$

Le développement en fraction continue est

$$(20) \quad . \quad \tfrac{1}{2}\psi(x+b) - \tfrac{1}{2}\psi(x+1-b) = \frac{b-\frac{1}{2}}{x+}\;\frac{\lambda_1}{x+}\;\frac{\lambda_2}{x+}\;\frac{\lambda_3}{x+}\cdots,$$

$$\lambda_n = \frac{n^2(n+1-2b)(n-1+2b)}{4(2n-1)(2n+1)}.$$

En second lieu l'intégrale

$$\int_0^{\infty} \frac{2\sinh(bu)\sinh(1-b)u}{\sinh u}\, e^{-2xu}\, du,$$

est égale à

$$\tfrac{1}{2}[\psi(x+b) + \psi(x+1-b) - \psi(x) - \psi(x+1)].$$

Le développement en série est

$$-\frac{\varphi_1(b)}{x^2} - \frac{\varphi_3(b)}{x^4} - \frac{\varphi_5(b)}{x^6} - \cdots,$$

et le développement en fraction continue

$$(21) \quad . \quad . \quad . \quad . \quad \frac{\frac{1}{2}b(1-b)}{x+}\;\frac{p_1}{1+}\;\frac{q_1}{x^2+}\;\frac{p_2}{1+}\;\frac{q_2}{x^2+}\;\frac{p_3}{1+}\;\frac{q_3}{x^2+}\cdots,$$

$$p_n = \frac{n(n-b)(n-1+b)}{2(2n-1)},$$

$$q_n = \frac{n(n+b)(n+1-b)}{2(2n+1)}.$$

Si, dans la formule (20) on divise par $b-\frac{1}{2}$ et qu'on pose ensuite $b=\frac{1}{2}$, il viendra, en écrivant

$$\psi'(x) = \mathrm{F}(x) = \Sigma_0^{\infty} \frac{1}{(x+n)^2},$$

$$(22) \quad . \quad . \quad . \quad . \quad . \quad \mathrm{F}(x+\tfrac{1}{2}) = \frac{1}{x+}\;\frac{\lambda_1}{x+}\;\frac{\lambda_2}{x+}$$

$$\lambda_n = \frac{n^4}{4(2n-1)(2n+1)},$$

le développement en série est

$$\mathrm{F}(x+\tfrac{1}{2}) = \frac{1}{x} - (1-\tfrac{1}{2})\frac{\mathrm{B}_1}{x^3} + \left(1-\frac{1}{2^3}\right)\frac{\mathrm{B}_2}{x^5} - \left(1-\frac{1}{2^5}\right)\frac{\mathrm{B}_3}{x^7} + \cdots,$$

où $\mathrm{B}_1 = \frac{1}{6}$, $\mathrm{B}_2 = \frac{1}{30}$, ... sont les nombres de Bernoulli.

On peut déduire de la formule (21) d'une façon analogue le résultat

$$(23) \quad . \quad . \quad 4x^3\Sigma_0^\infty \frac{1}{(x+n)^3} - 2x - 2 = \frac{1}{x+}\,\frac{p_1}{x+}\,\frac{q_1}{x+}\,\frac{p_2}{x+}\,\frac{q_2}{x+}\cdots,$$

$$p_n = \frac{n^2(n+1)}{4n+2},$$

$$q_n = \frac{n(n+1)^2}{4n+2},$$

le développement en série étant

$$4x^3\Sigma_0^\infty \frac{1}{(x+n)^3} - 2x - 2 = 2\left[\frac{3B_1}{x} - \frac{5B_2}{x^3} + \frac{7B_3}{x^5} - \frac{9B_4}{x^7} + \dots\right]$$

6. Nous allons considérer encore l'intégrale

$$(24) \quad . \quad f(\alpha, \beta, k) = \int_0^\infty (\sinh u \cosh u)^k \,\mathrm{F}(\alpha, \beta, \gamma, -\sinh^2 u)\, e^{-xu}\, du.$$

Ici

$$\mathrm{F}(\alpha, \beta, \gamma, z) = 1 + \frac{\alpha\beta}{1.\gamma} z + \dots,$$

désigne la série hypergéométrique. Cette série n'est convergente que tant que z est < 1 tandis que dans la formule (24) l'argument de la série hypergéométrique varie de 0 à $-\infty$. Mais on sait que

$$(25) \quad . \quad . \quad . \quad \mathrm{F}(\alpha, \beta, \gamma, -z) = (1+z)^{-\alpha}\,\mathrm{F}\left(\alpha, \gamma-\beta, \gamma, \frac{z}{1+z}\right),$$

et un argument négatif est ainsi ramené à un argument positif et inférieur à l'unité. A la vérité il aurait fallu appliquer cette formule (25) dans l'expression (24), c'est simplement pour abréger l'écriture que nous ne l'avons pas fait.

Enfin dans le premier membre de (24) nous n'avons pas indiqué le paramètre γ puisqu'il faudra supposer toujours

$$(26) \quad . \quad . \quad . \quad . \quad . \quad . \quad . \quad . \quad . \quad \gamma = \tfrac{1}{2}(\alpha + \beta + 1).$$

Une intégration par parties donne

$$(27) \quad . \quad . \quad . \quad . \quad . \quad x f(\alpha, \beta, k) = \int_0^\infty (\sinh u \cosh u)^k \,\mathrm{L}\,.\, e^{-xu}\, du,$$

$$\mathrm{L} = k(\cosh^2 u + \sinh^2 u)\,\mathrm{F}(\alpha, \beta, \gamma) - \frac{2\alpha\beta}{\gamma}\sinh^2 u \cosh^2 u\,\mathrm{F}(\alpha+1, \beta+1, \gamma+1),$$

le quatrième élément dans les séries hypergéométriques étant toujours $-\sinh^2 u$.

On a d'autre part

$$0 = \gamma(\gamma-1)\,F(\alpha-1, \beta-1, \gamma-1) - \gamma[\gamma-1+(\alpha+\beta-1)\sinh^2 u]\,F(\alpha, \beta, \gamma) + \\ + \alpha\beta \sinh^2 u \cosh^2 u\, F(\alpha+1, \beta+1, \gamma+1),$$

ou si l'on introduit la valeur $\gamma = \frac{1}{2}(\alpha+\beta+1)$,

$$(\cosh^2 u + \sinh^2 u)\,F(\alpha, \beta, \gamma) = F(\alpha-1, \beta-1, \gamma-1) + \\ + \frac{\alpha\beta}{\gamma(\gamma-1)} \sinh^2 u \cosh^2 u\, F(\alpha+1, \beta+2, \gamma+1).$$

A l'aide de cette relation on peut éliminer $F(\alpha, \beta, \gamma)$ de l'expression L, et l'on obtient ainsi cette relation

$$(28) \quad \left\{ \begin{aligned} &x f(\alpha, \beta, k) = k f(\alpha-1, \beta-1, k-1) - \\ &\quad - \frac{\alpha\beta(\alpha+\beta-1-k)}{\gamma(\gamma-1)} f(\alpha+1, \beta+1, k+1). \end{aligned} \right.$$

Il faut supposer dans cette formule $k > 0$, elle reste encore exacte pour $k = 0$, à condition de remplacer alors

$$k f(\alpha-1, \beta-1, k-1)$$

par l'unité.

On obtient maintenant sans difficulté le développement en fraction continue

$$(29) \quad \frac{f(\alpha, \beta, k)}{k f(\alpha-1, \beta-1, k-1)} = \frac{1}{x+}\,\frac{\lambda_0}{x+}\,\frac{\lambda_1}{x+}\,\frac{\lambda_2}{x+}\cdots,$$

$$\lambda_n = \frac{(\alpha+n)(\beta+n)(k+n+1)(\alpha+\beta-k+n-1)}{(\gamma+n-1)(\gamma+n)},$$

et en particulier pour $k = 0$,

$$(30) \quad \int_0^\infty F\{\alpha, \beta, \tfrac{1}{2}(\alpha+\beta+1), -\sinh^2 u\}\, e^{-xu}\, du = \frac{1}{x+}\,\frac{\lambda_0}{x+}\,\frac{\lambda_1}{x+}\,\frac{\lambda_2}{x+}\cdots,$$

$$\lambda_n = \frac{4(\alpha+n)(\beta+n)(n+1)(n+\alpha+\beta-1)}{(2n+\alpha+\beta-1)(2n+\alpha+\beta+1)}.$$

On pourra en déduire un grand nombre de formules plus particulières, dont quelques unes ont été obtenues déjà d'une autre façon.

7. Soit en dernier lieu

$$(31)\quad f(\alpha,\beta,\gamma)=\int_0^\infty \sinh^{\gamma-1}u\cosh^{\alpha+\beta-\gamma}u\,\mathrm{F}(\alpha,\beta,\gamma,-\sinh^2 u)\,e^{-xu}\,du,$$

les paramètres α, β, γ étant arbitraires.

Une intégration par parties donne d'abord

$$x\int_0^\infty \sinh^p u\cosh^q u\,\mathrm{F}(\alpha,\beta,\gamma)\,e^{-xu}\,du=\int_0^\infty \sinh^{p-1}u\cosh^{q-1}u\,\mathrm{L}\,e^{-xu}\,du,$$

$$\mathrm{L}=(\cosh^2 u+q\sinh^2 u)\,\mathrm{F}(\alpha,\beta,\gamma)-2\frac{\alpha\beta}{\gamma}\sinh^2 u\cosh^2 u\,\mathrm{F}(\alpha+1,\beta+1,\gamma+1).$$

Mais on a

$$[\gamma-1+(\alpha+\beta-1)\sinh^2 u]\,\mathrm{F}(\alpha,\beta,\gamma,)=(\gamma-1)\,\mathrm{F}(\alpha-1,\beta-1,\gamma-1)+$$
$$+\frac{\alpha\beta}{\gamma}\sinh^2 u\cosh^2 u\,\mathrm{F}(\alpha+1,\beta+1,\gamma+1).$$

Or en introduisant les valeurs

$$p=\gamma-1,\quad q=\alpha+\beta-\gamma$$

on a

$$p\cosh^2 u+q\sinh^2 u=\gamma-1+(\alpha+\beta-1)\sinh^2 u,$$

donc

$$\mathrm{L}=(\gamma-1)\,\mathrm{F}(\alpha-1,\beta-1,\gamma-1)-\frac{\alpha\beta}{\gamma}\sinh^2 u\cosh^2 u\,\mathrm{F}(\alpha+1,\beta+1,\gamma+1),$$

d'où l'on conclut

$$(32)\quad xf(\alpha,\beta,\gamma)=(\gamma-1)f(\alpha-1,\beta-1,\gamma-1)-\frac{\alpha\beta}{\gamma}f(\alpha+1,\beta+1,\gamma+1),$$

et si l'on pose

$$\varphi(\alpha,\beta,\gamma)=\frac{f(\alpha,\beta,\gamma)}{(\gamma-1)f(\alpha-1,\beta-1,\gamma-1)},$$

$$\varphi(\alpha,\beta,\gamma)=\frac{1}{x+\alpha\beta\varphi(\alpha+1,\beta+1,\gamma+1)},$$

en sorte qu'on obtient le développement en fraction continue

$$(33)\quad \frac{f(\alpha,\beta,\gamma)}{(\gamma-1)f(\alpha-1,\beta-1,\gamma-1)}=\frac{1}{x+}\,\frac{\alpha\beta}{x+}\,\frac{(\alpha+1)(\beta+1)}{x+}\,\frac{(\alpha+2)(\beta+2)}{x+}\cdots.$$

Le rapport

$$\frac{f(\alpha,\beta,\gamma)}{(\gamma-1)f(\alpha-1,\beta-1,\gamma-1)}$$

est donc indépendant de γ. Pour obtenir alors la valeur de ce rapport sous une forme plus simple on pourra poser $\gamma = \beta$, ce qui donne

$$F(\alpha, \beta, \gamma, -\sinh^2 u) = \cosh^{-2\alpha} u,$$

et l'on trouve

$$(34) \quad \frac{f(\alpha, \beta, \gamma)}{(\gamma - 1) f(\alpha - 1, \beta - 1, \gamma - 1)} = \frac{\int_0^\infty \sinh^{\beta - 1} u \cosh^{-\alpha} u \, e^{-xu} \, du}{(\beta - 1) \int_0^\infty \sinh^{\beta - 2} u \cosh^{1 - \alpha} u \, e^{-xu} \, du}.$$

Si l'on substitue cette valeur dans la formule (33) on obtient un résultat qui se déduit aussi de la formule (10) en prenant $a = 0$, $m = -\alpha$, $n = \beta - 1$.

LXXVIII.

Note sur quelques fractions continues.

(Q. J. Math., London, 25, 1891, J. 198—200.)

1. M. Hermite obtient dans son Cours de la Sorbonne (4ième Edition, p. 116) ce résultat élégant

$$\frac{1.3.5\ldots(2n-1)}{2.4.6\ldots(2n)} = \frac{1}{\sqrt{\{\pi(n+\varepsilon)\}}}.$$

$$(0 < \varepsilon < \tfrac{1}{2})$$

En posant

$$\frac{1.3.5\ldots(2n-1)}{2.4.6\ldots(2n)} = \frac{1}{\sqrt{\{\pi n\,\varphi(n)\}}},$$

nous trouvons que $\varphi(n)$ peut s'exprimer par une fraction continue convergente d'une loi très simple

$$\varphi(n) = 1 + \cfrac{2}{8n - 1 + \cfrac{1.3}{8n + \cfrac{3.5}{8n + \cfrac{5.7}{8n + \cfrac{7.9}{8n} + \ldots}}}}$$

Pour $n = 1$, $\varphi(1) = \frac{4}{\pi} = 1.27324\ldots$

Réduites.	Corrections.
1	+ 0.27324,
1.28571	— 0.01247,
1.27119	+ 0.00205,
1.27383	— 0.00059,
1.27301	+ 0.00023,
1.27334	— 0.00010,
1.27319	+ 0.00005,
1.27327	— 0.00003.

2. Le résultat que nous venons d'énoncer, se déduit sans difficulté de cette formule

$$(\mathrm{I}) \ldots \left\{ \begin{array}{l} \dfrac{\Gamma(x-\frac{1}{2}a+\frac{1}{4})\,\Gamma(x+\frac{1}{2}a+\frac{3}{4})}{\Gamma(x+\frac{1}{2}a+\frac{1}{4})\,\Gamma(x-\frac{1}{2}a+\frac{3}{4})}= \\ =1+\cfrac{2a}{4x-a+\cfrac{1^2-a^2}{4x+\cfrac{2^2-a^2}{4x+\cfrac{3^2-a^2}{4x+\cfrac{4^2-a^2}{4x+\ldots}}}}} \end{array} \right.$$

En effet pour $a=\frac{1}{2}$,

$$x\left(\frac{\Gamma(x)}{\Gamma(x+\frac{1}{2})}\right)^2=1+\cfrac{2}{8x-1+\cfrac{1\,.\,3}{8x+\cfrac{3\,.\,5}{8x+\ldots}}},$$

d'où l'on conclut l'expression donnée pour $\varphi(n)$

On a encore

$$(\mathrm{II}) \ldots \left\{ \begin{array}{l} \dfrac{\Gamma(x-\frac{1}{2}a+\frac{1}{4})\,\Gamma(x+\frac{1}{2}a+\frac{1}{4})}{\Gamma(x-\frac{1}{2}a+\frac{3}{4})\,\Gamma(x+\frac{1}{2}a+\frac{3}{4})}= \\ =\cfrac{4}{4x+\cfrac{1^2-4a^2}{8x+\cfrac{3^2-4a^2}{8x+\cfrac{5^2-4a^2}{8x+\cfrac{7^2-4a^2}{8x+\ldots}}}}}, \end{array} \right.$$

d'où pour $a=0$,

$$\left(\frac{\Gamma(x+\frac{1}{4})}{\Gamma(x+\frac{3}{4})}\right)^2=\cfrac{4}{4x+\cfrac{1^2}{8x+\cfrac{3^2}{8x+\cfrac{5^2}{8x+\ldots}}}}.$$

3. Nous indiquerons maintenant la déduction de ces formules (I) et (II) Dans notre article Sur quelques intégrales définies et leur développement en fractions continues (ce Journal, t. 24, 1890), nous avons obtenu la formule suivante

$$\frac{\int_0^\infty \sinh^{\beta-1}u\cosh^{-\alpha}u\,.\,e^{-xu}\,du}{(\beta-1)\int_0^\infty \sinh^{\beta-2}u\cosh^{1-\alpha}u\,.\,e^{-xu}\,du}=\cfrac{1}{x+\cfrac{\alpha\beta}{x+\cfrac{(\alpha+1)(\beta+1)}{x+\cfrac{(\alpha+2)(\beta+2)}{x+\ldots}}}}.$$

En remplaçant ici

$$\alpha \text{ par } 1-\alpha,$$
$$\beta \text{ par } 1+\alpha,$$
$$x \text{ par } 4x,$$

on verra facilement par la substitution $e^{-4u}=v$ que les intégrales s'expriment par la fonction Γ et l'on obtiendra après quelques réductions faciles la formule (I).

La formule (II) s'obtient d'une manière analogue, en remplaçant

$$\alpha \text{ par } \tfrac{1}{2}-\alpha,$$
$$\beta \text{ par } \tfrac{1}{2}+\alpha,$$
$$x \text{ par } 4x,$$

et substituant $e^{-4u}=v$. Les calculs n'offrant point de difficulté nous croyons inutile d'insister. La fonction Γ s'introduit toujours par la formule connue

$$\int_0^1 v^{p-1}(1-v)^{q-1}\,dv=\frac{\Gamma(p)\,\Gamma(q)}{\Gamma(p+q)}.$$

LXXIX.

(Paris, C.-R. Acad. Sci., 118, 1894, 1315—1317.)

Sur une application des fractions continues.

(Note, présentée par M. Picard.)

Soit

$$F(z) = c_0 + c_1 z + c_2 z^2 + \ldots,$$

une série à coefficients réels. Admettons que tous les déterminants

$$A_n = \begin{vmatrix} c_0 & c_1 & \ldots & c_{n-1} \\ c_1 & c_2 & \ldots & c_n \\ \ldots & \ldots & \ldots & \ldots \\ c_{n-1} & c_n & \ldots & c_{2n-2} \end{vmatrix}, \qquad B_n = \begin{vmatrix} c_1 & \ldots & c_n \\ \ldots & \ldots & \ldots \\ c_n & \ldots & c_{2n-1} \end{vmatrix},$$

soient positifs. On peut conclure de là :

1°. Que tous les coefficients c_n sont positifs;

2°. Que le rapport

$$\frac{c_{n+1}}{c_n}$$

va toujours en croissant avec n.

Deux cas peuvent se présenter, ou bien ce rapport croît avec n au-delà de toute limite, ou bien ce rapport tend vers une limite finie. Admettons encore que ce soit le second cas qui arrive et que

$$\lim \frac{c_{n+1}}{c_n} = \lambda.$$

La fonction F(z) est alors définie par la série d'abord pour les valeurs

$$z < \frac{1}{\lambda}.$$

Mais cette fonction $F(z)$ existe en réalité dans tout le plan et y est partout régulière. Elle admet seulement comme ligne singulière le segment de l'axe réel entre $x = \frac{1}{\lambda}$ et $x = \infty$.

C'est ce qui résulte de nos recherches sur les fractions continues dont nous avons terminé la rédaction. En effet, on a

$$F(z) = \cfrac{b_0}{1 - \cfrac{b_1 z}{1 - \cfrac{b_2 z}{1 - \cfrac{b_3 z}{1 - \dots}}}},$$

où

$$b_0 = A_1, \qquad b_{2n-1} = \frac{A_{n-1} B_n}{A_n B_{n-1}}, \qquad b_{2n} = \frac{A_{n+1} B_{n-1}}{A_n B_n}.$$

On démontre que cette fraction continue est convergente dans tout le plan et y représente une fonction analytique avec le caractère que nous venons d'indiquer.

En général, c'est à-dire tant qu'on n'introduit pas de nouvelles conditions restrictives relatives aux coefficients c_n, la partie de l'axe réel entre $x = \frac{1}{\lambda}$ et $x = \infty$ est une véritable ligne singulière et l'on ne peut pas continuer analytiquement la fonction $F(z)$ en traversant cette ligne. Mais, dans des cas particuliers, les choses peuvent se simplifier, et c'est précisément sur un cas de cette nature que nous voudrions appeler l'attention ici.

L'étude du beau Mémoire Sur les équations de la Physique mathématique, que M. Poincaré vient de faire paraître (Comptes rendus de la Société mathématique de Palerme, t. VIII), nous a suggéré l'idée de poser cette question : dans quel cas la fonction $F(z)$ est-elle méromorphe dans tout le plan ?

La réponse est d'une simplicité inattendue.

Pour que la fonction $F(z)$ soit méromorphe dans tout le plan, il faut et il suffit que l'on ait, pour $n = \infty$,

$$\lim b_{2n-1} = \lim b_{2n} = 0.$$

Si ces conditions se trouvent vérifiées, on a

$$F(z) = C + \sum_{1}^{\infty} \frac{m_n}{a_n - z}.$$

Les pôles a_n sont naturellement tous réels et $\geqq \frac{1}{\lambda}$, le premier d'entre eux est $a_1 = \frac{1}{\lambda}$. Les coefficients m_n sont positifs, C est une constante positive ou nulle dont la valeur peut s'exprimer ainsi :

$$C = \lim \left(A_{n+1} : \frac{\partial A_{n+1}}{\partial c_0} \right)_{n=\infty}.$$

LXXX.

(Paris, C.-R., Acad. Sci., 118, 1894, 1401—1403).

Recherches sur les fractions continues.

(Mémoire, présenté par M. Hermite.) (Extrait par l'auteur.)

(Renvoi à la Section de Géométrie.)

1. L'objet de ce travail est l'étude de la fraction continue

$$1 : a_1 z + 1 : a_2 + 1 : a_3 z + 1 : a_4 + \ldots,$$

où z est une variable imaginaire et $a_1, a_2, a_3, \ldots$ sont des nombres réels positifs.

Deux cas sont à distinguer selon que la série

$$\text{(S)} \quad \ldots\ldots\ldots \quad a_1 + a_2 + a_3 + a_4 + \ldots$$

est convergente ou divergente.

L'étude du premier cas est de beaucoup la plus simple et conduit aux résultats suivants.

Dans le cas où la série (S) est convergente, les réduites d'ordre pair et les réduites d'ordre impair tendent vers deux limites différentes

$$\frac{p(z)}{q(z)} \quad \text{et} \quad \frac{p_1(z)}{q_1(z)}.$$

Ici $p(z)$, $q(z)$, $p_1(z)$, $q_1(z)$ sont des fonctions holomorphes dans tout le plan, ce sont des fonctions entières de z du genre zéro. Ces fonctions n'admettent que des zéros simples qui sont réels et négatifs, et

$$\frac{p(z)}{q(z)} = \frac{\mu_1}{z+\lambda_1} + \frac{\mu_2}{z+\lambda_2} + \frac{\mu_3}{z+\lambda_3} \ldots,$$

$$\frac{p_1(z)}{q_1(z)} = \frac{\nu_0}{z} + \frac{\nu_1}{z+\theta_1} + \frac{\nu_2}{z+\theta_2} \ldots.$$

2. Avant d'aller plus loin, considérons le développement de la fraction continue suivant les puissances descendantes de z. Ce développement se présente sous la forme

$$(S_1) \quad \ldots \ldots \ldots \quad \frac{c_0}{z} - \frac{c_1}{z^2} + \frac{c_2}{z^3} - \frac{c_3}{z^4} + \ldots,$$

les coefficients c_n étant positifs et le rapport

$$\frac{c_{n+1}}{c_n}$$

croît constamment avec n. Deux cas peuvent se présenter : ou bien ce rapport tend vers une limite finie λ et alors la série (S_1) est convergente pour $|z| > \lambda$, ou bien ce rapport croît au delà de toute limite, et alors la série (S_1) est toujours divergente

Nous trouvons que le premier cas a lieu lorsque les nombres

$$\frac{1}{a_n a_{n+1}}$$
$$(n = 1, 2, 3, \ldots)$$

sont limités supérieurement. Dans le cas contraire, c'est le second cas qui a lieu.

3. Considérons le cas où la série (S) est divergente. Nous trouvons d'abord que les réduites d'ordre pair ou impair tendent vers une même limite $F(z)$, la fraction continue est convergente, et cela pour toutes les valeurs réelles ou imaginaires de z : il faut faire exception seulement pour les valeurs réelles négatives.

La partie négative de l'axe réel est ainsi une ligne singulière.

La fonction $F(z)$ est une fonction analytique holomorphe dans tout le domaine que nous venons d'indiquer.

Pour obtenir ce résultat nous nous appuyons surtout sur un théorème de la théorie des fonctions qu'on peut énoncer ainsi. Soit

$$f_1(z), \quad f_2(z), \quad f_3(z), \ldots, f_n(z), \ldots$$

une suite infinie de fonctions analytiques holomorphes dans un domaine S limité par un contour s. Si le module de la somme

$$f_1(z) + f_2(z) + \ldots + f_n(z)$$

admet une limite supérieure L, indépendante de n, tant que z est dans S ou sur s; si ensuite la série

$$F(z) = \sum_{1}^{\infty} f_n(z)$$

est uniformément convergente dans un cercle quelconque C compris entièrement dans S, alors on peut affirmer que cette même série est uniformément convergente dans tout le domaine S, et F (z) est holomorphe dans le même domaine.

4. Le résultat précédent laisse obscure la nature de la ligne singulière; pour éclaircir ce dernier point nous montrons que la fonction F (z) peut se mettre sous cette nouvelle forme analytique

$$F(z) = \int_0^{\infty} \frac{d\,\Phi(u)}{z+u} = \int_0^{\infty} \frac{\Phi\,u\,(du)}{(z+u)^2}.$$

Ici $\Phi(u)$ est une fonction réelle et croissante

$$\Phi(0) = 0, \qquad \Phi(\infty) = \frac{1}{a_1},$$

mais elle peut avoir des sauts brusques dans tout intervalle, et aussi elle n'est nullement assujettie à être une fonction analytique. Cela suffit pour montrer qu'en général la ligne essentielle met un obstacle infranchissable à la continuation analytique de F (z).

Lorsque le rapport $c_{n+1} : c_n$ tend vers une limite finie λ, la fonction $\Phi(u)$ est constante à partir de $u = \lambda$ et l'expression de F (z) se réduit à

$$F(z) = \int_0^{\lambda} \frac{d\Phi(u)}{z+u},$$

formule dans laquelle $\Phi(u)$ peut être une fonction croissante absolument quelconque.

5. Dans la dernière partie de notre travail, nous faisons quelques applications de la théorie qu'on vient de résumer.

L'étude, au point de vue de la convergence, de la fraction continue qui provient d'une intégrale

$$\int_0^\infty \frac{d\psi(u)}{z+u},$$

$\psi(u)$ étant une fonction croissante quelconque, n'offre plus de difficultés.

Comme résultat particulier, nous montrons qu'il suffit de transformer la série de Stirling

$$J(z) = \frac{B_1}{1.2z} - \frac{B_2}{3.4z^3} + \frac{B_3}{5.6z^5} \cdots$$

en fraction continue

$$1 : a_1 z + 1 : a_2 z + 1 : a_3 z + \ldots,$$

pour avoir une expression convergente qui représente $J(z)$ tant que la partie réelle de z est positive.

LXXXI.

(Ann. Fac. Sci. Toulouse, 8, 1894, J. 1—122, 9, 1895, A. 1—47.)

Recherches sur les fractions continues.

INTRODUCTION.

L'objet de ce travail est l'étude de la fraction continue

$$(1)\quad \ldots \quad \cfrac{1}{a_1 z + \cfrac{1}{a_2 + \cfrac{1}{a_3 z + \ldots + \cfrac{1}{a_{2n} + \cfrac{1}{a_{2n+1} z + \ldots,}}}}}$$

dans laquelle les a_i sont des nombres réels et positifs, tandis que z est une variable qui peut prendre toutes les valeurs réelles ou imaginaires.

En désignant par $\frac{P_n(z)}{Q_n(z)}$ la $n^{\text{ième}}$ réduite qui ne dépend que des n premiers coefficients a_i, nous chercherons dans quels cas cette réduite tend vers une limite pour $n = \infty$ et nous aurons à approfondir la nature de cette limite considérée comme une fonction de z.

Nous allons résumer le résultat le plus essentiel de cette étude. Il y a deux cas à distinguer.

Premier cas. — La série $\sum_1^\infty a_n$ est convergente.

Dans ce cas, on a, pour toute valeur finie de z,

$$\lim P_{2n}(z) = p(z),$$
$$\lim Q_{2n}(z) = q(z),$$
$$\lim P_{2n+1}(z) = p_1(z),$$
$$\lim Q_{2n+1}(z) = q_1(z),$$

$p(z)$, $q(z)$, $p_1(z)$, $q_1(z)$ étant des fonctions holomorphes dans tout le plan qui satisfont à la relation

$$q(z)\,p_1(z) - q_1(z)\,p(z) = +1.$$

Ces fonctions sont du genre zéro et n'admettent que des zéros simples qui sont réels et négatifs.

Les réduites d'ordre pair et les réduites d'ordre impair tendent donc chacune vers une limite, mais ces limites sont différentes et peuvent se mettre aussi sous la forme d'une série de fractions simples

$$\frac{p(z)}{q(z)} = \frac{\mu_1}{z+\lambda_1} + \frac{\mu_2}{z+\lambda_2} + \ldots + \frac{\mu_k}{z+\lambda_k} + \ldots,$$

$$\frac{p_1(z)}{q_1(z)} = \frac{\nu_0}{z} + \frac{\nu_1}{z+\theta_1} + \frac{\nu_2}{z+\theta_2} + \ldots + \frac{\nu_k}{z+\theta_k} + \ldots,$$

μ_k, λ_k, ν_k, θ_k étant des nombres réels et positifs.

Second cas. — La série $\sum_1^\infty a_n$ est divergente.

Dans ce cas, les réduites tendent vers une limite finie quelle que soit la valeur de z; il faut excepter seulement les valeurs réelles et négatives de z, et considérer ainsi la partie négative de l'axe réel comme une coupure. Cette limite est une fonction analytique de z qui peut se mettre sous la forme

$$\int_0^\infty \frac{\Phi(u)\,du}{(z+u)^2} = \int_0^\infty \frac{d\,\Phi(u)}{z+u}.$$

Ici $\Phi(u)$ est une fonction réelle et croissante (non analytique, en général) qui croît de $\Phi(0) = 0$ jusqu'à $\Phi(\infty) = \frac{1}{a_1}$. Cette fonction $\Phi(u)$ peut d'ailleurs présenter des sauts brusques en nombre fini ou infini. La coupure sera ainsi une ligne de singularités essentielles dans le cas où $\Phi(u)$ présente des discontinuités dans tout intervalle (ce qu'il faut considérer comme le cas général) ou même lorsqu'elle est seulement non analytique.

On rencontre souvent sous des formes un peu différentes des fractions continues qui rentrent réellement dans le type (I) et auxquelles on peut ainsi appliquer nos théorèmes. D'abord, en posant

$$b_0 = \frac{1}{a_1}, \qquad b_n = \frac{1}{a_n a_{n+1}},$$

la fraction continue (I) peut s'écrire

$$(\mathrm{I}^a) \quad \cdots\cdots \quad \cfrac{b_0}{z + \cfrac{b_1}{1 + \cfrac{b_2}{z + \cfrac{b_3}{1 + \cfrac{b_4}{z + \ldots}}}}},$$

et pour $tz = 1$

$$(\mathrm{I}^b) \quad \cdots\cdots \quad \cfrac{b_0 t}{1 + \cfrac{b_1 t}{1 + \cfrac{b_2 t}{1 + \cfrac{b_3 t}{1 + \ldots}}}}.$$

A l'aide de l'identité

$$z + \cfrac{b_1}{1 + \cfrac{b_2}{\lambda}} = z + b_1 - \frac{b_1 b_2}{b_2 + \lambda},$$

la fraction continue (I^a) pourra se transformer en (I^c)

$$(\mathrm{I}^c) \quad \cdots \quad \cfrac{b_0}{z + b_1 - \cfrac{b_1 b_2}{z + b_2 + b_3 - \cfrac{b_3 b_4}{z + b_4 + b_5 - \ldots}}};$$

la $n^{\text{ième}}$ réduite de (I^c) est identique avec la $2n^{\text{ième}}$ réduite de (I) ou de (I^a). Cette fraction (I^c) est de la forme

$$(\mathrm{I}^d) \quad \cdots \quad \cfrac{\lambda_0}{z + a_1 - \cfrac{\lambda_1}{z + a_2 - \cfrac{\lambda_2}{z + a_3 - \cfrac{\lambda_3}{z + a_4 - \ldots}}}},$$

avec des valeurs positives des λ_i, a_i. Cette forme (I^d) se rencontre assez souvent; dès lors, il y a de l'intérêt à savoir si elle peut se mettre sous la forme (I^c) avec des valeurs positives des b_i, en sorte que nos théorèmes soient applicables. En identifiant on a

$$\begin{aligned} b_0 &= \lambda_0, & b_1 &= a_1, \\ b_1 b_2 &= \lambda_1, & b_2 + b_3 &= a_2, \\ b_3 b_4 &= \lambda_2, & b_4 + b_5 &= a_3, \\ &\dots\dots, & &\dots\dots\dots, \end{aligned}$$

d'où l'on tire successivement $b_0, b_1, b_2, \ldots$, et généralement

$$b_{2n} = \cfrac{\lambda_n}{a_n - \cfrac{\lambda_{n-1}}{a_{n-1} - \cdots - \cfrac{\lambda_1}{a_1}}},$$

puis $b_{2n-1} = \lambda_n : b_{2n}$.

Cependant, il peut arriver que le calcul de ces b_i devienne compliqué et, puisqu'il s'agit seulement de savoir si ces quantités sont toutes positives ou non, on pourra quelquefois avec avantage se servir de la proposition suivante.

Les quantités b_i sont certainement toutes positives si l'on peut trouver une fonction positive de n, P_n ($P_1 = 0$), telle que

$$P_n < a_n \qquad (n = 1, 2, 3, \ldots),$$

$$\frac{\lambda_n}{a_n - P_n} \leqq P_{n+1}.$$

En effet, $b_2 = \frac{\lambda_1}{a_1}$ est positif et ne surpasse pas $\frac{\lambda_1}{a_1 - P_1} \leqq P_2$. Or, si b_{2n-2} est compris entre 0 et P_n, on en conclura à cause de

$$b_{2n} = \frac{\lambda_n}{a_n - b_{2n-2}},$$

que b_{2n} est positif, plus petit que $\frac{\lambda_n}{a_n - P_n} \leqq P_{n+1}$.

Donc on aura généralement

$$0 < b_{2n} \leqq P_{n+1},$$

et puis $b_{2n-1} = \lambda_n : b_{2n}$ est aussi positif.

En particulier les b_i sont tous positifs dans les deux cas suivants:

1° Lorsque $a_n \geqq 1 + \lambda_n$, puisque la proposition énoncée s'applique alors en prenant $P_n = 1$;

2° Lorsque $a_{n+1} \geqq 1 + \lambda_n$, il suffit alors de prendre $P_n = \lambda_{n-1}$.

Considérons, par exemple, la fraction continue étudiée par Laguerre qui est de la forme (I^d) avec les valeurs suivantes des coefficients

$$\lambda_0 = 1, \qquad \lambda_n = n^2 \qquad (n \geqq 1),$$
$$a_n = 2n - 1.$$

Le calcul des b_i n'offre ici aucune difficulté et l'on trouve

$$b_0 = 1,$$
$$b_{2n-1} = b_{2n} = n \qquad (n \geqq 1),$$

puis

$$\alpha_{2n-1} = 1, \qquad \alpha_{2n} = \frac{1}{n}.$$

Laguerre, en supposant z réel positif, a montré que la fraction continue est convergente et égale à

$$\int_0^{\infty} \frac{e^{-u}\,du}{z+u}.$$

Il résulte maintenant de notre théorie que cette proposition s'étend à toutes les valeurs réelles ou imaginaires de z, en faisant exception pour les valeurs réelles et négatives.

Considérons, en second lieu, la fraction continue que nous avons rencontrée dans ces Annales, t. III, et qui est encore de la forme I^d, abstraction faite du changement de z en z^2. On a

$$\lambda_0 = 1, \qquad \lambda_n = (2n-1)(2n)^2(2n+1)k^2,$$
$$a_n = (2n-1)^2(1+k^2),$$

k^2 étant une quantité positive. Le calcul des b_i se complique ici. Mais si l'on prend

$$P_n = \frac{n-1}{2n-1}a_n, \qquad a_n - P_n = \frac{n}{2n-1}a_n,$$

l'inégalité

$$\frac{\lambda_n}{a_n - P_n} \leqq P_{n+1}$$

se réduit à

$$4k^2 \leqq (1+k^2)^2,$$

et se trouve donc satisfaite. La fraction continue considérée appartient donc encore au type que nous avons étudié.

CHAPITRE I.

ÉTUDE DES POLYNOMES $P_n(z)$, $Q_n(z)$.

1. Considérons une suite de nombres N, N_1, N_2, ..., liés par les relations

$$\begin{aligned} N &= a_1 N_1 + N_2, \\ N_1 &= a_2 N_2 + N_3, \\ &\ldots\ldots, \\ N_{k-1} &= a_k N_k + N_{k+1}. \end{aligned}$$

On pourra exprimer successivement N par N_1 et N_2, par N_2 et N_3, par N_3 et N_4, etc.

$$N = (a_1 a_2 + 1) N_2 + a_1 N_3 = (a_1 a_2 a_3 + a_1 + a_3) N_3 + (a_1 a_2 + 1) N_4 = \ldots$$

Introduisons un symbole

$$[a_1, a_2, \ldots, a_k],$$

déterminé par les relations

$$(1) \quad . \quad . \quad \begin{cases} [a_1] = a_1, \qquad [a_1, a_2] = a_1 a_2 + 1, \\ [a_1, a_2, \ldots, a_k] = [a_1, a_2, \ldots, a_{k-1}] a_k + [a_1, a_2, \ldots, a_{k-2}], \end{cases}$$

on aura

$$(2) \quad . \quad . \quad . \quad N = [a_1, a_2, \ldots, a_k] N_k + [a_1, a_2, \ldots, a_{k-1}] N_{k+1}.$$

Il est clair que N, N_k, N_{k+l} sont liés par une relation linéaire et homogène. Il est facile d'obtenir cette relation. Multiplions (2) par a_{k+1} et remplaçons $a_{k+1} N_{k+1}$ par $N_k - N_{k+2}$, on aura

$$[a_{k+1}] N = [a_1, a_2, \ldots, a_{k+1}] N_k - [a_1, a_2, \ldots, a_{k-1}] N_{k+2};$$

multiplions par a_{k+2} et ajoutons, membre à membre, à (2), il vient

$$[a_{k+1}, a_{k+2}] N = [a_1, a_2, \ldots, a_{k+2}] N_k + [a_1, a_2, \ldots, a_{k-1}] N_{k+3},$$

et il est clair qu'on aura généralement

$$\begin{aligned} (3) \quad . \quad & [a_{k+1}, a_{k+2}, \ldots, a_{k+l-1}] N = \\ & = [a_1, a_2, \ldots, a_{k+l-1}] N_k + (-1)^{l+1} [a_1, a_2, \ldots, a_{k-1}] N_{k+l}. \end{aligned}$$

De là, nous allons déduire une identité dont nous aurons besoin dans la suite. En remplaçant k par α, l par $\beta+\gamma+1$, on a

$$(4) \quad [a_{\alpha+1}, \ldots, a_{\alpha+\beta+\gamma}]\mathrm{N} = \\ = [a_1, \ldots a_{\alpha+\beta+\gamma}]\mathrm{N}_\alpha + (-1)^{\beta+\gamma}[a_1, \ldots, a_{\alpha-1}]\mathrm{N}_{\alpha+\beta+\gamma+1}.$$

D'autre part, en éliminant $\mathrm{N}_{\alpha+\beta+1}$ entre les formules

$$[a_{\alpha+1}, \ldots, a_{\alpha+\beta}]\mathrm{N} = [a_1, \ldots, a_{\alpha+\beta}]\mathrm{N}_\alpha + (-1)^\beta[a_1, \ldots, a_{\alpha-1}]\mathrm{N}_{\alpha+\beta+1},$$

$$[a_{\alpha+\beta+2}, \ldots, a_{\alpha+\beta+\gamma}]\mathrm{N} = [a_1, \ldots, a_{\alpha+\beta+\gamma}]\mathrm{N}_{\alpha+\beta+1} + (-1)^{\gamma+1}[a_1, \ldots, a_{\alpha+\beta}]\mathrm{N}_{\alpha+\beta+\gamma+1}$$

on obtient la relation entre N, N_α, $\mathrm{N}_{\alpha+\beta+\gamma+1}$ sous la forme

$$(5) \quad \Delta\mathrm{N} = [a_1, \ldots, a_{\alpha+\beta}]\{[a_1, \ldots, a_{\alpha+\beta+\gamma}]\mathrm{N}_\alpha + (-1)^{\beta+\gamma}[a_1, \ldots, a_{\alpha-1}]\mathrm{N}_{\alpha+\beta+\gamma+1}\},$$

où

$$\Delta = [a_1, \ldots, a_{\alpha+\beta+\gamma}] \times [a_{\alpha+1}, \ldots, a_{\alpha+\beta}] \\ + (-1)^{\beta+1}[a_1, \ldots, a_{\alpha-1}] \times [a_{\alpha+\beta+2}, \ldots, a_{\alpha+\beta+\gamma}].$$

La comparaison de (4) et (5) montre qu'on a identiquement

$$\Delta = [a_1, \ldots, a_{\alpha+\beta}] \times [a_{\alpha+1}, \ldots, a_{\alpha+\beta+\gamma}].$$

Nous avons donc cette relation

$$(\mathrm{A}) \quad [a_1, \ldots, a_{\alpha+\beta+\gamma}] \times [a_{\alpha+1}, \ldots, a_{\alpha+\beta}] = \\ = [a_1, \ldots, a_{\alpha+\beta}] \times [a_{\alpha+1}, \ldots, a_{\alpha+\beta+\gamma}] \\ + (-1)^\beta[a_1, \ldots, a_{\alpha-1}] \times [a_{\alpha+\beta+2}, \ldots, a_{\alpha+\beta+\gamma}].$$

Il est utile de noter certains cas particuliers. Pour $\beta = 0$, on a

$$(\mathrm{B}) \quad [a_1, \ldots, a_{\alpha+\gamma}] = [a_1, \ldots, a_\alpha] \times \\ \times [a_{\alpha+1}, \ldots, a_{\alpha+\gamma}] + [a_1, \ldots, a_{\alpha-1}] \times [a_{\alpha+2}, \ldots, a_{\alpha+\gamma}],$$

et pour $\alpha = \gamma = 1$,

$$(\mathrm{C}) \quad [a_1, \ldots, a_{\beta+2}] \times [a_2, \ldots, a_{\beta+1}] = [a_1, \ldots, a_{\beta+1}] \times [a_2, \ldots, a_{\beta+2}] + (-1)^\beta.$$

Pour $\gamma = 1$, la relation (B) reproduit la loi de récurrence (1); pour $\alpha = 1$, il vient

$$(6) \quad [a_1, \ldots, a_{\gamma+1}] = a_1[a_2, \ldots, a_{\gamma+1}] + [a_3, \ldots, a_{\gamma+1}].$$

On en conclut facilement

$$\frac{[a_1, \ldots, a_k]}{[a_2, \ldots, a_k]} = a_1 + \cfrac{1}{a_2 + \cfrac{1}{a_3 + \ddots + \cfrac{1}{a_k}}},$$

tandis que, d'après (1),

$$\frac{[a_1, \ldots, a_k]}{[a_1, \ldots, a_{k-1}]} = a_k + \cfrac{1}{a_{k-1} + \cdots + \cfrac{1}{a_1}}.$$

D'après ce qui précède, cette dernière fraction continue est aussi égale à $\frac{[a_k, \ldots, a_1]}{[a_{k-1}, \ldots, a_1]}$, d'où il est facile de conclure

$$(7) \quad \ldots\ldots \quad [a_1, a_2, \ldots, a_k] = [a_k, a_{k-1}, \ldots, a_1].$$

Il est clair que le symbole $[a_1, \ldots, a_k, \ldots, a_n]$ est linéaire par rapport à un quelconque des éléments a_k et, à l'aide de (B), on trouve facilement

$$(8) \quad \ldots \quad [a_1, \ldots, a_n] = [a_1, \ldots, a_{k-1}] \times [a_{k+1}, \ldots, a_n]\, a_k + \mathfrak{R},$$

où $\mathfrak{R}$ est indépendant de a_k et peut se mettre sous les formes

$$\mathfrak{R} = [a_1, \ldots, a_{k-1}, 0, a_{k+1}, \ldots, a_n] = [a_1, \ldots, a_{k-2}, a_{k-1} + a_{k+1}, a_{k+2}, \ldots, a_n].$$

Enfin, on s'assure encore facilement des relations suivantes, où m est un nombre quelconque,

$$(9) \quad \left\{ \begin{aligned} \left[m a_1, \frac{a_2}{m}, m a_3, \frac{a_4}{m}, \ldots, m a_{2n-1}, \frac{a_{2n}}{m}\right] &= [a_1, a_2, \ldots, a_{2n}], \\ \left[m a_1, \frac{a_2}{m}, m a_3, \frac{a_4}{m}, \ldots, m a_{2n-1}, \frac{a_{2n}}{m}, m a_{2n+1}\right] &= m \times [a_1, a_2, \ldots, a_{2n+1}]. \end{aligned} \right.$$

2. Il est clair, d'après ce qui précède, que les numérateurs et les dénominateurs des réduites de notre fraction continue s'expriment de la façon suivante à l'aide du symbole $[a_1, \ldots, a_n]$ que nous avons introduit

$$\begin{aligned} P_{2n}(z) &= [a_2, a_3 z, a_4, \ldots, a_{2n-1} z, a_{2n}], \\ Q_{2n}(z) &= [a_1 z, a_2, a_3 z, \ldots, a_{2n}], \\ P_{2n+1}(z) &= [a_2, a_3 z, a_4, \ldots, a_{2n}, a_{2n+1} z], \\ Q_{2n+1}(z) &= [a_1 z, a_2, \ldots, a_{2n+1} z]. \end{aligned}$$

Nous désignerons par $P_n^k(z)$, $Q_n^k(z)$ ce que deviennent $P_n(z)$, $Q_n(z)$ lorsqu'on remplace partout a_i par a_{i+k}. Les formules du n° 1 donneront ainsi des relations identiques entre ces polynomes en changeant a_i en $a_i z$, lorsque i est impair. On a ainsi les formules

$$\begin{aligned} Q_{2n}(z) &= a_{2n} Q_{2n-1}(z) + Q_{2n-2}(z), \\ Q_{2n+1}(z) &= a_{2n+1} z\, Q_{2n}(z) + Q_{2n-1}(z). \end{aligned}$$

On s'aperçoit facilement qu'on a généralement

$$P_{2n}(z) = \mathfrak{A}_0 + \mathfrak{A}_1 z + \ldots + \mathfrak{A}_{n-1} z^{n-1},$$
$$Q_{2n}(z) = \mathfrak{B}_0 + \mathfrak{B}_1 z + \ldots + \mathfrak{B}_n z^n,$$
$$P_{2n+1}(z) = \mathfrak{C}_0 + \mathfrak{C}_1 z + \ldots + \mathfrak{C}_n z^n,$$
$$Q_{2n+1}(z) = \mathfrak{D}_0 + \mathfrak{D}_1 z + \ldots + \mathfrak{D}_{n+1} z^{n+1},$$

les coefficients étant des polynomes des a_i. La loi générale de ces coefficients est un peu compliquée; elle ne nous serait d'ailleurs d'aucune utilité, mais on reconnaît facilement les quelques expressions suivantes qui nous seront utiles.

$$\mathfrak{A}_0 = a_2 + a_4 + \ldots a_{2n},$$
$$\mathfrak{A}_{n-2} = \mathfrak{A}_{n-1}\left(\frac{1}{a_2 a_3} + \frac{1}{a_3 a_4} + \ldots + \frac{1}{a_{2n-1} a_{2n}}\right),$$
$$\mathfrak{A}_{n-1} = a_2 a_3 \ldots a_{2n},$$
$$\mathfrak{B}_0 = 1,$$
$$\mathfrak{B}_1 = \sum_1^n (a_1 + a_3 + \ldots a_{2k-1}) a_{2k},$$
$$\mathfrak{B}_{n-1} = \mathfrak{B}_n\left(\frac{1}{a_1 a_2} + \frac{1}{a_2 a_3} + \ldots + \frac{1}{a_{2n-1} a_{2n}}\right),$$
$$\mathfrak{B}_n = a_1 a_2 \ldots a_{2n},$$
$$\mathfrak{C}_0 = 1,$$
$$\mathfrak{C}_1 = \sum_1^n (a_2 + a_4 + \ldots + a_{2k}) a_{2k+1},$$
$$\mathfrak{C}_{n-1} = \mathfrak{C}_n\left(\frac{1}{a_2 a_3} + \frac{1}{a_3 a_4} + \ldots + \frac{1}{a_{2n} a_{2n+1}}\right),$$
$$\mathfrak{C}_n = a_2 a_3 \ldots a_{2n+1},$$
$$\mathfrak{D}_0 = 0,$$
$$\mathfrak{D}_1 = a_1 + a_3 + \ldots + a_{2n+1},$$
$$\mathfrak{D}_n = \mathfrak{D}_{n+1}\left(\frac{1}{a_1 a_2} + \frac{1}{a_2 a_3} + \ldots + \frac{1}{a_{2n} a_{2n+1}}\right),$$
$$\mathfrak{D}_{n+1} = a_1 a_2 \ldots a_{2n+1}.$$

A cause de la relation identique

$$Q_{2n}(z) P_{2n+1}(z) - P_{2n}(z) Q_{2n+1}(z) = 1,$$

on a

$$\mathfrak{B}_1 + \mathfrak{C}_1 = \mathfrak{A}_0 \mathfrak{D}_1.$$

3. Nous allons établir maintenant quelques propositions sur les racines des équations qu'on obtient en annulant les polynomes P et Q. Les polynomes P, du reste, ne diffèrent pas essentiellement des polynomes Q, et nous insisterons surtout sur ces derniers. Dans la relation (A) du n° 1, posons

$$\alpha = 2n - 3, \qquad \beta = 1, \qquad \gamma = 2,$$

il viendra, en changeant toujours a_i en $a_i z$ lorsque i est impair,

$$a_{2n-2}\, Q_{2n}(z) = [a_{2n-2}, a_{2n-1} z, a_{2n}]\, Q_{2n-2}(z) - a_{2n}\, Q_{2n-4}(z);$$

on voit que

$$Q_{2n}(z),\ Q_{2n-2}(z),\ Q_{2n-4}(z) \ldots Q_2(z),\ Q_0(z) = 1$$

forment une suite de Sturm. Pour $z = -\infty$, cette suite présente n variations de signe, pour $z = 0$ il n'y a aucune variation. On en conclut que les n racines de

$$Q_{2n}(z) = 0,$$

sont réelles, inégales, négatives et séparées par celles de $Q_{2n-2}(z) = 0$. Lorsque z passe en croissant par une racine de $Q_{2n}(z) = 0$, le rapport $Q_{2n-2}(z) : Q_{2n}(z)$ saute de $= -\infty$ à $+\infty$.

Posons maintenant dans la relation (A),

$$\alpha = 2n - 2, \qquad \beta = 1, \qquad \gamma = 2,$$

on aura

$$a_{2n-1} \frac{Q_{2n+1}(z)}{z} = [a_{2n-1}, a_{2n} z, a_{2n+1}] \frac{Q_{2n-1}(z)}{z} - a_{2n+1} \frac{Q_{2n-3}(z)}{z};$$

donc

$$\frac{Q_{2n+1}(z)}{z},\ \frac{Q_{2n-1}(z)}{z},\ \ldots,\ \frac{Q_1(z)}{z} = a_1$$

forment une suite de Sturm. Les n racines de

$$\frac{Q_{2n+1}(z)}{z} = 0$$

sont réelles, inégales, négatives et séparées par celles de $\dfrac{Q_{2n-1}(z)}{z} = 0$. Le rapport $Q_{2n-1}(z) : Q_{2n+1}(z)$ saute toujours de $-\infty$ à $+\infty$. Prenons maintenant

$$\alpha = 2n - 2, \qquad \beta = 1, \qquad \gamma = 1,$$

on aura

$$a_{2n-1}\,Q_{2n}(z)=[a_{2n-1}z,\,a_{2n}]\,\frac{Q_{2n-1}(z)}{z}-\frac{Q_{2n-3}(z)}{z};$$

donc

$$Q_{2n}(z),\ \frac{Q_{2n-1}(z)}{z},\ \frac{Q_{2n-3}(z)}{z},\ \ldots,\ \frac{Q_1(z)}{z}=a_1$$

forment une suite de Sturm : les racines de $Q_{2n}(z)=0$ sont séparées par celles de $\frac{Q_{2n-1}(z)}{z}=0$. Posons enfin

$$\alpha=2n-1,\qquad \beta=1,\qquad \gamma=1,$$

il viendra

$$a_{2n}\,Q_{2n+1}(z)=[a_{2n},\,a_{2n+1}z]\,Q_{2n}(z)-Q_{2n-2}(z);$$

donc

$$Q_{2n+1}(z),\ Q_{2n}(z),\ Q_{2n-2}(z),\ \ldots,\ Q_2(z),\ Q_0(z)=1$$

forment une suite de Sturm. Les racines de $Q_{2n+1}(z)=0$ sont séparées par celles de $Q_{2n}(z)=0$.

Nous venons de voir que les racines de

$$\frac{Q_{2n-1}(z)}{z}=[a_1,\,a_2z,\,a_3,\,\ldots,\,a_{2n-2}z,\,a_{2n-1}]=0$$

séparent les racines de

$$Q_{2n}(z)=[a_1,\,a_2z,\,a_3,\,\ldots,\,a_{2n-1},\,a_{2n}z]=0.$$

Donc aussi les racines de

$$[a_{2n},\,a_{2n-1}z,\,a_{2n-2},\,\ldots,\,a_3z,\,a_2]=0$$

sépareront les racines de

$$[a_{2n},\,a_{2n-1}z,\,a_{2n-2},\,\ldots,\,a_3z,\,a_2,\,a_1z]=0,$$

ce qui revient à dire que les racines de $P_{2n}(z)=0$ séparent les racines de $Q_{2n}(z)=0$.

De même, on verra que la proposition que les racines de $Q_{2n}(z)=0$ séparent les racines de $Q_{2n+1}(z)=0$ ne diffère pas au fond de celle-ci : les racines de $P_{2n+1}(z)=0$ séparent les racines de $Q_{2n+1}(z)=0$.

Il résulte de là que dans les décompositions en fractions simples

$$\frac{P_{2n}(z)}{Q_{2n}(z)} = \frac{M_1}{z+x_1} + \frac{M_2}{z+x_2} + \dots + \frac{M_n}{z+x_n},$$

$$\frac{P_{2n+1}(z)}{Q_{2n+1}(z)} = \frac{N_0}{z} + \frac{N_1}{z+x_1} + \frac{N_2}{z+x_2} + \dots + \frac{N_n}{z+x_n};$$

les quantités M_i, N_i sont toutes positives. (Il va sans dire que les x_i ne sont pas les mêmes dans les deux formules.)

4. Les racines de l'équation $Q_n(x) = 0$ sont évidemment des fonctions des n premiers nombres a_i. Peut-il arriver cependant qu'une telle racine ne dépende point d'un de ces a_i? C'est ce que nous allons examiner. On a d'après la formule (B) du n⁰ 1, en employant la notation que nous avons expliquée au commencement du n⁰ 2,

$$(1) \quad \dots \quad Q_{2n+2n'}(z) = Q_{2n}(z)\, Q_{2n'}^{2n}(z) + Q_{2n-1}(z)\, P_{2n'}^{2n}(z),$$

$$(2) \quad \dots \quad Q_{2n+2n'+1}(z) = Q_{2n}(z)\, Q_{2n'+1}^{2n}(z) + Q_{2n-1}(z)\, P_{2n'+1}^{2n}(z).$$

Nous savons que les deux polynomes $Q_n(z)$, $P_n(z)$ ne s'annulent jamais pour une même valeur de z, de même $Q_n(z)$ et $Q_{n-1}(z)$. Cela étant, il est facile de conclure de la formule (1):

Si $x = a$ annule deux des fonctions $Q_{2n+2n'}(z)$, $Q_{2n}(z)$, $P_{2n'}^{2n}(z)$, cette valeur $x = a$ annulera aussi la troisième de ces fonctions.

Si $x = a$ annule deux des fonctions $Q_{2n+2n'}(z)$, $Q_{2n-1}(z)$, $Q_{2n'}^{2n}(z)$ cette valeur $x = a$ annulera aussi la troisième de ces fonctions.

Dans le second membre de (1), c'est le polynome $Q_{2n'}^{2n}(z)$ seul qui dépend de a_{2n+1}; en mettant en évidence ce coefficient, il vient

$$(3) \quad \dots \quad Q_{2n+2n'}(z) = a_{2n+1}\, z\, Q_{2n}(z)\, P_{2n'}^{2n}(z) + R(z),$$

où $R(z)$ est un polynome qui ne dépend point de a_{2n+1}. Il est clair maintenant que les racines de $Q_{2n+2n'}(z) = 0$ qui ne dépendent point de a_{2n+1} doivent satisfaire aux équations

$$Q_{2n}(z)\, P_{2n'}^{2n}(z) = 0,$$
$$R(z) = 0.$$

Une telle racine doit donc annuler l'un des deux polynomes $Q_{2n}(z)$, $P_{2n'}^{2n}(z)$, mais, d'après ce qu'on vient de voir, elle annule alors aussi l'autre. Réciproquement, une valeur $z = a$ qui annule $Q_{2n}(z)$ et $P_{2n'}^{2n}(z)$

annulera aussi $Q_{2n+2n'}(z)$ d'après la formule (1), puis aussi $R(z)$ d'après la formule (3), et sera par conséquent une racine de $Q_{2n+2n'}(z) = 0$ qui est indépendante de a_{2n+1}. Ainsi les racines de $Q_{2n+2n'}(z) = 0$ qui sont indépendantes de a_{2n+1} coïncident avec les racines communes des deux équations

$$Q_{2n}(z) = 0, \qquad P_{2n'}^{2n}(z) = 0.$$

Et il est clair que ces équations peuvent, en effet, avoir des racines communes, car la première ne dépend que des paramètres $a_1, a_2, \ldots, a_{2n}$, la seconde des paramètres $a_{2n+2}, a_{2n+3}, \ldots, a_{2n+2n'}$. Mais on voit aussi qu'en général, c'est-à-dire lorsque les a_i ne satisfont pas à certaines conditions particulières, ces racines n'existent pas.

On établira de la même façon que les racines de $Q_{2n+2n'}(z) = 0$ qui sont indépendantes de a_{2n} coïncident avec les racines communes des deux équations

$$Q_{2n-1}(z) = 0, \qquad Q_{2n'}^{2n}(z) = 0.$$

La formule (2) donne lieu à des conclusions analogues qu'il suffira d'énoncer.

Les racines de $Q_{2n+2n'+1}(z) = 0$ qui sont indépendantes de a_{2n} coïncident avec les racines communes des deux équations

$$Q_{2n-1}(z) = 0, \qquad Q_{2n'+1}^{2n}(z) = 0.$$

Les racines de $Q_{2n+2n'+1}(z) = 0$ qui sont indépendantes de a_{2n+1} coïncident avec les racines communes des deux équations

$$Q_{2n}(z) = 0, \qquad P_{2n'+1}^{2n}(z) = 0.$$

5. Nous allons établir maintenant les propositions suivantes qui complètent celles obtenues au n° 3.

Les racines de $Q_{2n+2n'}(z) = 0$ sont séparées par celles de

$$Q_{2n}(z)\, P_{2n'}^{2n}(z) = 0,$$

et également par celles de

$$Q_{2n-1}(z)\, Q_{2n'}^{2n}(z) : z = 0.$$

Les racines de $Q_{2n+2n'+1}(z) : z = 0$ sont séparées par celles de

$$Q_{2n-1}(z)\, Q^{2n}_{2n'+1}(z) : z^2 = 0.$$

Les racines de $Q_{2n+2n'+1}(z) = 0$ sont séparées par celles de

$$Q_{2n}(z)\, P^{2n}_{2n'+1}(z) = 0.$$

Pour $n' = 0$ ou $= 1$ on retrouve les propositions du n° 3.

Il suffira de développer la démonstration de la première proposition

Reprenons la relation

$$Q_{2n+2n'}(z) = Q_{2n}(z)\, Q^{2n}_{2n'}(z) + Q_{2n-1}(z)\, P^{2n}_{2n'}(z),$$

et désignons les racines de $Q_{2n}(z) = 0$ rangées par ordre de grandeur croissante par

$$\alpha < \alpha' < \alpha'' < \alpha''' < \ldots;$$

de même les racines de $P^{2n}_{2n'}(z) = 0$ par

$$\beta < \beta' < \beta'' \ldots$$

et l'ensemble des racines α et β par

$$x_1 < x_2 < x_3 < \ldots < x_{n+n'-1}.$$

Cela étant, la proposition énoncée revient à ceci: la suite des quantités

$$Q_{2n+2n'}(x_i) \qquad (i = 0, 1, 2, 3, \ldots, n+n'),$$

où $x_0 = -\infty$ et $x_{n+n'} = 0$, ne présente que des variations de signe.

D'abord $Q_{2n+2n'}(x_0)$ a le signe de $(-1)^{n+n'}$; quant à $Q_{2n+2n'}(x_1)$ deux cas sont à distinguer selon qu'on a $x_1 = \alpha$ ou $x_1 = \beta$.

Dans le premier cas,

$$Q_{2n+2n'}(x_1) = Q_{2n-1}(\alpha)\, P^{2n}_{2n'}(\alpha);$$

dans le second cas,

$$Q_{2n+2n'}(x_1) = Q_{2n}(\beta)\, Q^{2n}_{2n'}(\beta).$$

Or, on voit facilement que dans le premier cas $Q_{2n-1}(\alpha)$ a le signe de $(-1)^n$ et $P^{2n}_{2n'}(\alpha)$ le signe de $(-1)^{n'+1}$, car α est plus petit que la plus petite racine de $Q_{2n-1}(z) = 0$ et aussi plus petit que β.

Dans le second cas, on voit de même que $Q_{2n}(\beta)$ a le signe de $(-1)^n$, $Q^{2n}_{2n'}(\beta)$ le signe de $(-1)^{n'+1}$, car β est compris dans l'intervalle des deux plus petites racines de $Q_{2n'}^{2n}(z) = 0$. On voit que, dans tous les cas, $Q_{2n+2n'}(x_1)$ a le signe de $(-1)^{n+n'+1}$; ainsi $Q_{2n+2n'}(x_0)$, $Q_{2n+2n'}(x_1)$ présentent une variation.

Supposons maintenant que, dans la suite des x_i, deux racines consécutives x_k et x_{k+1} soient des racines α. On aura

$$Q_{2n+2n'}(x_k) = Q_{2n-1}(\alpha)\, P_{2n'}^{2n}(\alpha),$$
$$Q_{2n+2n'}(x_{k+1}) = Q_{2n-1}(\alpha')\, P_{2n'}^{2n}(\alpha').$$

Or, α et α' étant deux racines consécutives de $Q_{2n}(z) = 0$ comprennent une racine et une seule de $Q_{2n-1}(z) = 0$: donc $Q_{2n-1}(\alpha)$ et $Q_{2n-1}(\alpha')$ ont des signes contraires.

D'autre part, entre α et α' il n'y a par hypothèse aucune racine β de $P_{2n'}^{2n}(z) = 0$. Donc $P_{2n'}^{2n}(\alpha)$ et $P_{2n'}^{2n}(\alpha')$ ont même signe, et il s'ensuit que $Q_{2n+2n'}(x_k)$ et $Q_{2n+2n'}(x_{k+1})$ présentent encore une variation Dans le cas où $x_k = \beta$, $x_{k+1} = \beta'$, on aura

$$Q_{2n+2n'}(x_k) = Q_{2n}(\beta)\, Q_{2n'}^{2n}(\beta),$$
$$Q_{2n+2n'}(x_{k+1}) = Q_{2n}(\beta')\, Q_{2n'}^{2n}(\beta').$$

$Q_{2n}(\beta')$ et $Q_{2n}(\beta')$ ont même signe, $Q_{2n'}^{2n}(\beta)$ et $Q_{2n'}^{2n}(\beta')$ ont des signes contraires; $Q_{2n+2n'}(x_k)$ et $Q_{2n+2n'}(x_{k+1})$ présentent encore une variation.

On arrive à la même conclusion dans les deux cas qui restent à discuter, $x_k = \alpha$, $x_{k+1} = \beta$ et $x_k = \beta$, $x_{k+1} = \alpha$; dans le premier cas

$$Q_{2n+2n'}(x_k) = Q_{2n-1}(\alpha)\, P_{2n'}^{2n}(\alpha),$$
$$Q_{2n+2n'}(x_{k+1}) = Q_{2n}(\beta)\quad Q_{2n'}^{2n}(\beta).$$

$Q_{2n-1}(z) : z$ a par rapport à $Q_{2n}(z)$ les propriétés de la dérivée $Q'_{2n}(z)$; ensuite $Q_{2n}(\beta)$ a le signe de $Q_{2n}(\alpha + \varepsilon)$, $Q_{2n-1}(\alpha)$ le signe de $Q_{2n-1}(\alpha + \varepsilon)$ (ε positif très petit).

On en conclut aisément que le rapport $Q_{2n-1}(\alpha) : Q_{2n}(\beta)$ est négatif. Ensuite $P_{2n'}^{2n}(z)$ a par rapport à $Q_{2n'}^{2n}(z)$ les propriétés de la dérivée; $P_{2n'}^{2n}(\alpha)$ a le signe de $P_{2n'}^{2n}(\beta - \varepsilon)$; $Q_{2n'}^{2n}(\beta)$ le signe de $Q_{2n'}^{2n}(\beta - \varepsilon)$. Le rapport $P_{2n'}^{2n}(\alpha) : Q_{2n'}^{2n}(\beta)$ a donc le signe de

$$P_{2n'}^{2n}(\beta - \varepsilon) : Q_{2n'}^{2n}(\beta - \varepsilon),$$

et ce signe est $+$, si l'on remarque que β est une racine de $P_{2n'}^{2n}(z)=0$ qui est comprise entre deux racines consécutives de $Q_{2n'}^{2n}(z)=0$. Ainsi $Q_{2n+2n'}(x_k)$, $Q_{2n+2n'}(x_{k+1})$ présentent encore une variation.

Enfin, si l'on a

$$\begin{aligned} Q_{2n+2n'}(x_k) &= Q_{2n}(\beta) \quad Q_{2n'}^{2n}(\beta), \\ Q_{2n+2n'}(x_{k+1}) &= Q_{2n-1}(\alpha)\, P_{2n'}^{2n}(\alpha), \end{aligned}$$

on constate que $Q_{2n}(\beta):Q_{2n-1}(\alpha)$ est positif, puis $Q_{2n'}^{2n}(\beta):P_{2n'}^{2n}(\alpha)$ est négatif.

Les $n+n'$ premiers termes de la suite

$$Q_{2n+2n'}(x_i) \qquad (i=0,1,2,\ldots,n+n')$$

ne présentent donc que des variations et l'avant-dernier terme est donc négatif, tandis que le dernier terme est positif. La proposition énoncée se trouve ainsi établie.

Nous avons supposé dans ce raisonnement qu'aucune racine α n'est égale à une racine β. C'est ce qui arrive en général, mais la nature même de la proposition montre qu'il peut en être autrement dans des cas exceptionnels. En effet, d'après notre proposition, chacun des $n+n'-1$ intervalles formés par les racines de

$$Q_{2n+2n'}(z)=0,$$

renferme une racine α ou bien une racine β. Mais on ne saurait dire a priori quels sont les intervalles qui renferment une racine α et quels sont ceux qui contiennent une racine β. En effet, cette distribution des racines α et β dans les différents intervalles varie d'un cas à l'autre selon les valeurs des a_i.

Les coefficients a_i variant d'une façon continue (tout en restant positifs), il doit donc arriver des cas exceptionnels, au moment où la distribution des racines α et β dans les intervalles subit un changement. Et il est clair que cela ne peut arriver que de la façon suivante: deux intervalles consécutifs renfermant le premier une racine α, le second une racine β, la racine α peut passer dans le second intervalle, tandis qu'en même temps la racine β entre dans le premier intervalle. Au moment critique, les racines α et β sont confondues avec une racine de

$$Q_{2n+2n'}(z) = 0.$$

C'est, on le voit, le cas exceptionnel étudié au nº 4.

6. Nous pouvons établir maintenant, très facilement, la proposition suivante. Soit x_k une racine de

$$Q_n(z) = 0.$$

x_k peut être considérée comme une fonction de a_i et la dérivée partielle

$$\frac{\partial x_k}{\partial a_i}$$

ne peut jamais être négative.

Pour la démonstration, il faut distinguer quatre cas selon la parité de n et de i: il suffira de développer le raisonnement dans un seul cas. Supposons

$$Q_{2n+2n'}(x_k) = a_{2n+1}\, x_k\, Q_{2n}(x_k)\, P_{2n'}^{2n}(x_k) + R(x_k) = 0,$$

d'où

$$\frac{\partial x_k}{\partial a_{2n+1}} = -\frac{x_k\, Q_{2n}(x_k)\, P_{2n'}^{2n}(x_k)}{Q'_{2n+2n'}(x_k)}.$$

Or, nous avons démontré que $Q_{2n}(z) P_{2n'}^{2n}(z)$ a par rapport à $Q_{2n+2n'}(z)$ les propriétés de la dérivée; donc

$$\frac{Q_{2n}(x_k)\, P_{2n'}^{2n}(x_k)}{Q'_{2n+2n'}(x_k)}$$

est positif et, puisque x_k n'est pas positif, la propriété énoncée se trouve démontrée dans le cas de n pair, i impair. Exceptionnellement, la dérivée peut être nulle.

CHAPITRE II.

LE DÉVELOPPEMENT SUIVANT LES PUISSANCES DESCENDANTES DE z.

7. La formule

$$\frac{P_{n+1}(z)}{Q_{n+1}(z)} - \frac{P_n(z)}{Q_n(z)} = \frac{(-1)^n}{Q_n(z)\,Q_{n+1}(z)},$$

où $Q_n(z)\,Q_{n+1}(z)$ est un polynome du degré $n+1$, montre qu'en développant les réduites

$$\frac{P_n(z)}{Q_n(z)}, \qquad \frac{P_{n+1}(z)}{Q_{n+1}(z)},$$

suivant les puissances descendantes de z, les n premiers termes de ces développements sont les mêmes. En écrivant

$$\frac{P_n(z)}{Q_n(z)} = \frac{c_0}{z} - \frac{c_1}{z^2} + \frac{c_2}{z^3} - \ldots + (-1)^{n-1}\frac{c_{n-1}}{z^n} + (-1)^n \frac{a_n^n}{z^{n+1}} + (-1)^{n+1}\frac{a_{n+1}^n}{z^{n+2}} + \ldots,$$

on définira donc une suite de quantités

$$c_0, \quad c_1, \quad c_2, \quad c_3, \quad \ldots$$

qui sont parfaitement déterminées et qu'on pourra prolonger aussi loin que l'on voudra. Les c_i sont évidemment des fonctions rationnelles des a_i, et, si l'on introduit les b_i (voir l'Introduction), les c_i sont des polynomes à coefficients entiers et positifs des b_i.

La manière la plus élégante pour obtenir les expressions des c_i par les b_i nous paraît être la suivante, que nous avons obtenue dans le Mémoire publié dans le tome III de ces Annales.

On calcule d'abord les quantités $\alpha_{i,k}$, $\beta_{i,k}$ par les formules

$$\alpha_{0,0} = 1, \qquad \alpha_{i,0} = 0 \quad \text{lorsque } i > 0;$$

$$\begin{aligned}
\beta_{0,k} &= \alpha_{0,k} + b_2\,\alpha_{1,k},\\
\beta_{1,k} &= \alpha_{1,k} + b_4\,\alpha_{2,k},\\
\beta_{2,k} &= \alpha_{2,k} + b_6\,\alpha_{3,k},\\
&\ldots\ldots\ldots\ldots,\\
\beta_{i,k} &= \alpha_{i,k} + b_{2i+2}\,\alpha_{i+1,k};
\end{aligned}$$

$$\begin{aligned}
\alpha_{0,k+1} &= b_1 \beta_{0,k}, \\
\alpha_{1,k+1} &= b_3 \beta_{1,k} + \beta_{0,k}, \\
\alpha_{2,k+1} &= b_5 \beta_{2,k} + \beta_{1,k}, \\
&\cdots\cdots\cdots, \\
\alpha_{i,k+1} &= b_{2i+1} \beta_{i,k} + \beta_{i-1,k}.
\end{aligned}$$

Il en résulte qu'on a $\alpha_{i,k} = \beta_{i,k} = 0$ lorsque $i > k$.

Les expressions $\alpha_{i,k}$, $\beta_{i,k}$ obtenues, on peut calculer un coefficient c_n quelconque de plusieurs manières par l'une ou l'autre des formules

$$\begin{aligned}
c_{i+k} &= b_0 \alpha_{0,i} \alpha_{0,k} + b_0 b_1 b_2 \alpha_{1,i} \alpha_{1,k} + b_0 b_1 b_2 b_3 b_4 \alpha_{2,i} \alpha_{2,k} + \ldots, \\
c_{i+k+1} &= b_0 b_1 \beta_{0,i} \beta_{0,k} + b_0 b_1 b_2 b_3 \beta_{1,i} \beta_{1,k} + b_0 b_1 b_2 b_3 b_4 b_5 \beta_{2,i} \beta_{2,k} + \ldots.
\end{aligned}$$

Les coefficients c_n étant définis, nous considérons la série infinie

$$\frac{c_0}{z} - \frac{c_1}{z^2} + \frac{c_2}{z^3} - \frac{c_3}{z^4} + \ldots.$$

et nous dirons que c'est là le développement de la fraction continue suivant les puissances descendantes de z. C'est une définition purement formelle; nous verrons bientôt que la série est souvent divergente quelle que soit la valeur de z: aussi ne faut-il l'envisager pour le moment que sous le point de vue purement formel.

Les c_n sont des fonctions rationnelles des a_n; nous donnerons un peu plus loin les formules qui expriment réciproquement les a_n au moyen des c_n. A l'aide de ces formules, on pourra donc réduire formellement une série procédant suivant les puissances descendantes de z en une fraction continue.

8. On a

$$\frac{P_n(z)}{Q_n(z)} = \frac{1}{Q_0(z)\,Q_1(z)} - \frac{1}{Q_1(z)\,Q_2(z)} + \ldots + \frac{(-1)^{n-1}}{Q_{n-1}(z)\,Q_n(z)},$$

et, en développant suivant les puissances descendantes de z les termes du second membre:

$$\begin{aligned}
\frac{1}{Q_0(z)Q_1(z)} &= \frac{\varepsilon_1^1}{z},\\
-\frac{1}{Q_1(z)Q_2(z)} &= -\frac{\varepsilon_2^2}{z^2}+\frac{\varepsilon_3^2}{z^3}-\frac{\varepsilon_4^2}{z^4}+\frac{\varepsilon_5^2}{z^5}-\ldots,\\
+\frac{1}{Q_2(z)Q_3(z)} &= +\frac{\varepsilon_3^3}{z^3}-\frac{\varepsilon_4^3}{z^4}+\frac{\varepsilon_5^3}{z^5}-\ldots,\\
-\frac{1}{Q_3(z)Q_4(z)} &= -\frac{\varepsilon_4^4}{z^4}+\frac{\varepsilon_5^4}{z^5}-\ldots,\\
+\frac{1}{Q_4(z)Q_5(z)} &= +\frac{\varepsilon_5^5}{z^5}-\ldots,\\
&\ldots\ldots\ldots\ldots\ldots\ldots
\end{aligned}$$

En ajoutant les n premières séries, on obtient le développement de $\frac{P_n(z)}{Q_n(z)}$. Or, si l'on remarque que

$$Q_{n-1}(z)\,Q_n(z) = c\,z\,(z+x_1)(z+x_2)\ldots(z+x_{n-1}),$$

où $c, x_1, x_2, \ldots, x_{n-1}$ sont des nombres positifs, on voit facilement que tous les coefficients ε_k^i sont positifs, et l'on en conclut que, dans le développement (1) de

$$\frac{P_n(z)}{Q_n(z)},$$

les n premiers coefficients $c_0, c_1, \ldots, c_{n-1}$ sont positifs, et que les coefficients suivants $a_n^n, a_{n+1}^n, a_{n+2}^n, \ldots$ sont plus petits que $c_n, c_{n+1}, c_{n+2}, \ldots$ respectivement.

On peut obtenir le développement d'une réduite en la décomposant d'abord en fractions simples. Posons, comme au n° 3,

$$\frac{P_{2n}(z)}{Q_{2n}(z)} = \frac{M_1}{z+x_1}+\frac{M_2}{z+x_2}+\ldots+\frac{M_n}{z+x_n},$$

on en conclura

$$c_k = \sum_1^n M_i x_i^k \qquad [k=0, 1, 2, \ldots (2n-1)].$$

Ensuite, en considérant une réduite d'ordre impair

$$\frac{P_{2n+1}(z)}{Q_{2n+1}(z)} = \frac{N_0}{z}+\frac{N_1}{z+x_1}+\frac{N_2}{z+x_2}+\ldots+\frac{N_n}{z+x_n},$$

d'où

$$c_k = \sum_0^n \mathrm{N}_i x_i^k \qquad (k=0,1,2,\ldots,2n)(x_0=0),$$

ces expressions donnent lieu à la conséquence suivante:

La forme quadratique

$$\sum_0^{m-1}\sum_0^{m-1} c_{p+i+k}\mathrm{X}_i\mathrm{X}_k$$

est une forme définie et positive, en sorte que le déterminant

$$\begin{vmatrix} c_p & c_{p+1} & c_{p+2} & \ldots & c_{p+m-1} \\ c_{p+1} & c_{p+2} & c_{p+3} & \ldots & c_{p+m} \\ \ldots & \ldots & \ldots & \ldots & \ldots \\ c_{p+m-1} & \ldots & \ldots & \ldots & c_{p+2m-2} \end{vmatrix}$$

est positif.

En effet, si nous prenons un nombre n tel que

$$p+2m-2 \leqq 2n-1,$$

il est clair que la forme quadratique considérée peut s'écrire

$$\sum_1^n \mathrm{M}_i x_i^p (\mathrm{N}_0 + \mathrm{X}_1 x_i + \mathrm{X}_2 x_i^2 + \ldots + \mathrm{X}_{m-1} x_i^{m-1})^2.$$

9. D'après ce qu'on vient de voir, on a

$$\frac{c_{n+1}}{c_n} < \frac{c_{n+2}}{c_{n+1}},$$

c'est-à-dire le rapport $c_{n+1} : c_n$ croît avec n. Deux cas peuvent donc se présenter: ou bien ce rapport croît au delà de toute limite, et alors la série

$$\frac{c_0}{z} - \frac{c_1}{z^2} + \frac{c_2}{z^3} - \ldots$$

est toujours divergente; ou bien ce rapport tend vers une limite finie λ, et alors la série est convergente pour $|z| > \lambda$.

D'autre part, nous savons que la plus grande racine de

$$\mathrm{Q}_n(-z) = 0$$

croît aussi avec n. Nous allons montrer que, dans le premier cas, cette racine croît aussi au delà de toute limite, et, dans le second cas, elle tend vers la limite λ.

Posons, sans distinguer les valeurs paires ou impaires de n

$$\frac{P_n(z)}{Q_n(z)}=\sum_1^{n'}\frac{m_i}{z+x_i},$$

$n'=\frac{n}{2}$ ou $\frac{n+1}{2}$ et $x_{n'}$ étant la plus grande racine, on aura

$$\frac{c_{n-1}}{c_{n-2}}=\frac{\sum_1^{n'} m_i x_i^{n-1}}{\sum_1^{n'} m_i x_i^{n-2}}<x_{n'}.$$

Donc, si $\frac{c_{n+1}}{c_n}$ croît au delà de toute limite, il en sera de même de $x_{n'}$ Mais supposons

$$\lim\frac{c_{n+1}}{c_n}=\lambda;$$

la limite de $x_{n'}$ ne pourra pas être $<\lambda$: je dis qu'elle est égale à λ. Pour cela, il suffira de montrer que $x_{n'}$ ne peut pas devenir plus grand que λ. Supposons en effet $x_{n'}=\lambda+\varepsilon$, ε étant positif, et considérons les deux séries

$$(1)\quad\ldots\ldots\ldots\quad \frac{c_0}{z}-\frac{c_1}{z^2}+\frac{c_2}{z^3}-\ldots,$$

$$(2)\quad \frac{P_n(z)}{Q_n(z)}=\frac{c_0}{z}-\frac{c_1}{z^2}+\ldots+(-1)^{n-1}\frac{c_{n-1}}{z^n}+(-1)^n\frac{a_n^n}{z^{n+1}}+(-1)^{n+1}\frac{a_{n+1}^n}{z^{n+2}}+\ldots$$

Nous savons que la série (2) est convergente pour $|z|>x_{n'}=\lambda+\varepsilon$, mais divergente pour $|z|<x_{n'}$, et donc en particulier pour

$$\lambda<|z|<\lambda+\varepsilon.$$

Or, puisque $\lim\frac{c_{n+1}}{c_n}=\lambda$, la série (1) est convergente pour $|z|>\lambda$ et, puisqu'on a $a_n^n<c_n$, $a_{n+1}^n<c_{n+1}, \ldots$, la série (2) sera aussi convergente pour les mêmes valeurs de z et, en particulier, pour

$$\lambda<|z|<\lambda+\varepsilon.$$

La même série (2) serait donc en même temps convergente et divergente pour $\lambda < |z| < \lambda + \varepsilon$. Cette contradiction montre que la supposition que $x_{n'}$ peut croître au delà de λ est inadmissible et l'on a bien

$$\lim x_{n'} = \lambda \qquad \text{C. Q. F. D.}$$

10. Mais la fraction continue étant donnée, comment peut-on reconnaître si $c_{n+1} : c_n$ croît au delà de toute limite ou tend vers une limite finie? La réponse est très simple. Considérons les nombres

$$\frac{1}{a_n a_{n+1}} = b_n, \qquad (n = 1, 2, 3, \ldots).$$

si ces nombres ne sont pas limités supérieurement, $c_{n+1} : c_n$ croîtra au delà de toute limite. Mais, si ces nombres ont une limite supérieure l, le rapport $c_{n+1} : c_n$ tendra vers une limite finie qui ne peut pas surpasser $4l$.

Les nombres b_n n'ayant pas de limite supérieure, cela veut dire, quelque grand que soit un nombre M, on pourra trouver toujours un entier m tel que

$$b_m = \frac{1}{a_m a_{m+1}} > \mathrm{M}.$$

Posons, selon le cas, $m = 2n$ ou $m = 2n + 1$, et rangeons par ordre de grandeur croissante les racines des équations

$$\mathrm{Q}_{2n}(-z) = 0, \qquad \mathrm{Q}_{2n+2}(-z) = 0,$$

en les désignant par

$$\begin{array}{llll} \alpha_1, & \alpha_2, & \ldots & \alpha_n, \\ \beta_1, & \beta_2, & \ldots & \beta_{n+1}, \end{array}$$

ou aura, d'après le n° 2,

$$\begin{aligned} \alpha_1 + \alpha_2 + \ldots + \alpha_n \quad &= b_1 + b_2 + \ldots + b_{2n-1}, \\ \beta_1 + \beta_2 + \ldots + \beta_{n+1} &= b_1 + b_2 + \ldots + b_{2n+1}, \end{aligned}$$

d'où l'on conclut

$$\beta_{n+1} - (\alpha_n - \beta_n) - (\alpha_{n-1} - \beta_{n-1}) - \ldots - (\alpha_1 - \beta_1) = b_{2n} + b_{2n+1}.$$

Les différences $\alpha_1 - \beta_1, \ldots, \alpha_n - \beta_n$ étant positives, il est clair que

$$\beta_{n+1} > b_{2n} + b_{2n+1} > \mathrm{M}.$$

On voit donc que la plus grande racine de $Q_{2n}(-z)=0$, et, par conséquent, aussi le rapport $c_{n+1}:c_n$, croît au delà de toute limite.

Si les nombres $b_1, b_2, b_3, \ldots$ ont une limite supérieure l, choisissons un nombre C tel que $Cl > b_0$ et considérons la fraction continue

$$\cfrac{Cl}{z+\cfrac{l}{1+\cfrac{l}{z+\cfrac{l}{1+\ldots}}}}$$

Les c_n étant des polynomes à coefficients positifs des b_n, il est clair que si l'on réduit en série cette fraction continue, les coefficients seront plus grands que les coefficients correspondants de la série

$$\frac{c_0}{z}-\frac{c_1}{z^2}+\frac{c_2}{z^3}-\ldots.$$

Or, on s'assure facilement que la série obtenue est identique à celle qu'on obtient en développant la fonction algébrique

$$\frac{C}{2}\left\{\sqrt{1+\frac{4l}{z}}-1\right\},$$

qui est convergente pour $|z|>4l$. Donc le développement

$$\frac{c_0}{z}-\frac{c_1}{z^2}+\frac{c_2}{z^3}-\ldots$$

sera aussi convergent pour $|z|>4l$, d'où l'on conclut que le rapport $c_{n+1}:c_n$ tend vers une limite finie qui ne peut pas surpasser $4l$.

11. Le développement

$$\frac{c_0}{z}-\frac{c_1}{z^2}+\frac{c_2}{z^3}-\ldots,$$

et celui de $\dfrac{P_n(z)}{Q_n(z)}$ ne diffèrent que par les termes en

$$\frac{1}{z^{n+1}},\quad \frac{1}{z^{n+2}},\quad \ldots.$$

On en conclut que le développement de

$$Q_n(z)\left(\frac{c_0}{z}-\frac{c_1}{z^2}+\frac{c_2}{z^3}-\ldots\right)$$

ne diffère de $P_n(z)$ que par des termes en

$$\frac{1}{z^{n-n'+1}}, \quad \frac{1}{z^{n-n'+2}}, \quad \ldots,$$

n' étant le degré de $Q_n(z)$. Par conséquent, dans le produit

$$Q_n(z)\left(\frac{c_0}{z} - \frac{c_1}{z^2} + \frac{c_2}{z^3} - \ldots\right),$$

les termes en

$$\frac{1}{z}, \quad \frac{1}{z^2}, \quad \ldots, \quad \frac{1}{z^{n-n'}}$$

manquent. Cette condition détermine $Q_n(z)$, à un facteur constant près. Supposons d'abord n pair et posons

$$Q_{2n}(-z) = a_0 + a_1 z + a_2 z^2 + \ldots + a_n z^n;$$

en écrivant que les termes en

$$\frac{1}{z}, \quad \ldots, \quad \frac{1}{z^n}$$

manquent dans le produit de $Q_{2n}(-z)$ par

$$\frac{c_0}{z} + \frac{c_1}{z^2} + \frac{c_2}{z^3} + \ldots,$$

il vient

$$(1) \quad \ldots \quad a_0 c_k + a_1 c_{k+1} + \ldots + a_n c_{k+n} = 0 \qquad (k = 0, 1, 2, \ldots n-1),$$

et, si l'on remarque que $Q_{2n}(0) = 1$, on obtient

$$(2)\quad Q_{2n}(-z) = \begin{vmatrix} 1 & z & z^2 & \ldots & z^n \\ c_0 & c_1 & c_2 & \ldots & c_n \\ c_1 & c_2 & c_3 & \ldots & c_{n+1} \\ \ldots & \ldots & \ldots & \ldots & \ldots \\ c_{n-1} & c_n & c_{n+1} & \ldots & c_{2n-1} \end{vmatrix} : \begin{vmatrix} c_1 & c_2 & \ldots & c_n \\ c_2 & c_3 & \ldots & c_{n+1} \\ \ldots & \ldots & \ldots & \ldots \\ c_n & c_{n+1} & \ldots & c_{2n-1} \end{vmatrix}.$$

Pour exprimer plus simplement les formules (1), nous introduirons un symbole $\mathrm{S}f(u)$ dont voici la définition : $f(u)$ étant un polynome, $\mathrm{S}f(u)$ sera le résultat obtenu en remplaçant dans $f(u)$ les diverses puissances de u, u^0, u^1, $u^2, \ldots$ par c_0, c_1, $c_2, \ldots$ respectivement. On aura donc

$$(3) \quad \ldots\ldots\ldots \quad \mathrm{S}\{u^k Q_{2n}(-u)\} = 0 \qquad (k = 0, 1, 2, \ldots, n-1).$$

Dans le cas de n impair, soit

$$Q_{2n+1}(-z) = \beta_1 z + \beta_2 z^2 + \ldots + \beta_{n+1} z^{n+1},$$

il viendra

$$(4) \quad \ldots\ldots\ldots \quad S\{u_k Q_{2n+1}(-u)\} = 0 \qquad (k=0, 1, 2, \ldots, n-1).$$

Le terme constant dans le produit de $Q_{2n+1}(-z)$ par

$$\frac{c_0}{z} + \frac{c_1}{z^2} + \frac{c_2}{z^3} + \ldots$$

est égal au terme constant de $-P_{2n+1}(-z)$, c'est-à-dire $= -1$, donc

$$(5) \quad \ldots\ldots\ldots \quad S\left\{\frac{Q_{2n+1}(-u)}{u}\right\} = -1.$$

Cette relation détermine le facteur constant que les formules (4) laissaient indéterminé et

$$(6) \quad . \quad Q_{2n+1}(-z) = -\begin{vmatrix} z & z^2 & \ldots & z^{n+1} \\ c_1 & c_2 & \ldots & c_{n+1} \\ c_2 & c_3 & \ldots & c_{n+2} \\ \cdot\cdot & \cdot\cdot & \ldots & \ldots \\ c_n & c_{n+1} & \ldots & c_{2n} \end{vmatrix} : \begin{vmatrix} c_0 & c_1 & \ldots & c_n \\ c_1 & c_2 & \ldots & c_{n+1} \\ \cdot\cdot & \cdot\cdot & \ldots & \ldots \\ c_n & c_{n+1} & \ldots & c_{2n} \end{vmatrix}.$$

Les coefficients des plus hautes puissances de z dans $Q_{2n}(z)$, $Q_{2n+1}(z)$ sont connus d'après les formules du n° 2.

La comparaison avec (2) et (6) donne dès lors

$$a_1 a_2 \ldots a_{2n} = A_n : B_n,$$
$$a_1 a_2 \ldots a_{2n+1} = B_n : A_{n+1};$$

si nous introduisons les notations

$$A_n = \begin{vmatrix} c_0 & c_1 & \ldots & c_{n-1} \\ c_1 & c_2 & \ldots & c_n \\ \cdot\cdot & \cdot\cdot & \ldots & \cdot\cdot \\ c_{n-1} & c_n & \ldots & c_{2n-2} \end{vmatrix}, \quad B_n = \begin{vmatrix} c_1 & c_2 & \ldots & c_n \\ c_2 & c_3 & \ldots & c_{n+1} \\ \cdot\cdot & \cdot\cdot & \ldots & \ldots \\ c_n & c_{n+1} & \ldots & c_{2n-1} \end{vmatrix} \quad (A_0 = B_0 = 1),$$

on en conclut

$$(7) \quad \ldots\ldots \quad a_{2n} = \frac{A_n^2}{B_n B_{n-1}}, \qquad a_{2n+1} = \frac{B_n^2}{A_n A_{n+1}}.$$

Ce sont les formules qui expriment les a_i par les c_i.

Le coefficient de z dans $Q_{2n+1}(z)$ étant $a_1+a_3+\ldots+a_{2n+1}$ (voir n° 2), il vient, d'après la formule (6),

$$(8) \quad \ldots\ldots\ldots \quad a_1+a_3+\ldots+a_{2n+1}=\frac{C_n}{A_{n+1}},$$

en posant

$$C_n=\begin{vmatrix} c_2 & c_3 & \ldots & c_{n+1} \\ c_3 & c_4 & \ldots & c_{n+2} \\ \ldots & \ldots & \ldots & \ldots \\ c_{n+1} & c_{n+2} & \ldots & c_{2n} \end{vmatrix} \qquad C_0=1.$$

12. Les expressions des numérateurs $P_{2n}(z)$, $P_{2n+1}(z)$ sont un peu plus compliquées, mais s'obtiennent encore aisément par cette remarque que la partie entière de

$$f(z)\left\{\frac{c_0}{z}+\frac{c_1}{z^2}+\frac{c_2}{z^3}+\ldots\right\}$$

s'exprime par

$$S\left\{\frac{f(z)-f(u)}{z-u}\right\}.$$

Il suffit de vérifier cela dans le cas $f(z)=z^k$.

On aura ainsi

$$P_n(-z)=-S\left\{\frac{Q_n(-z)-Q_n(-u)}{z-u}\right\}.$$

Des formules (2) et (6) on déduit alors facilement les expressions suivantes. Posons

$$\begin{aligned} R_0 &= c_0, \\ R_1 &= c_0 z + c_1, \\ R_2 &= c_0 z^2 + c_1 z + c_2, \\ &\ldots\ldots\ldots\ldots\ldots, \\ R_k &= c_0 z^k + c_1 z^{k-1} + \ldots + c_k, \end{aligned}$$

on aura

$$(9) \quad \ldots\ldots \quad P_{2n}(-z)=-\begin{vmatrix} 0 & R_0 & R_1 & \ldots & R_{n-1} \\ c_0 & c_1 & c_2 & \ldots & c_n \\ c_1 & c_2 & c_3 & \ldots & c_{n+1} \\ \ldots & \ldots & \ldots & \ldots & \ldots \\ c_{n-1} & c_n & \ldots & \ldots & c_{2n-1} \end{vmatrix} : B_n,$$

$$(10) \quad . \quad . \quad . \quad P_{2n+1}(-z) = \begin{vmatrix} R_0 & R_1 & \dots & R_n \\ c_1 & c_2 & \dots & c_{n+1} \\ c_2 & c_3 & \dots & c_{n+2} \\ \dots & \dots & \dots & \dots \\ c_n & c_{n+1} & \dots & c_{2n} \end{vmatrix} : A_{n+1}.$$

Pour $z=0$, on conclut de la formule (9)

$$(11) \quad . \quad . \quad a_2 + a_4 + \dots + a_{2n} = - \begin{vmatrix} 0 & c_0 & \dots & c_{n-1} \\ c_0 & c_1 & \dots & c_n \\ \dots & \dots & \dots & \dots \\ c_{n-1} & c_n & \dots & c_{2n-1} \end{vmatrix} : B_n.$$

A l'égard du symbole S, nous ferons cette remarque à peu près évidente que, $V_n(u)$ étant un polynome du degré n, la valeur de

$$S\{V_n(u)\}$$

est égale au coefficient de $\frac{1}{u}$ dans le développement de

$$V_n(-u)\frac{P_m(u)}{Q_m(u)},$$

en supposant $m \geqq n+1$, ce que nous écrivons

$$S\{V_n(u\} = \text{Rés.}\left\{V_n(-u)\frac{P_m(u)}{Q_m(u)}\right\}.$$

D'après cela, on a, par exemple,

$$\begin{aligned} S\{Q_{2n}^2(-u)\} &= \text{Rés.}\left\{Q_{2n}^2(u)\frac{P_{2n+1}(u)}{Q_{2n+1}(u)}\right\} \\ &= \text{Rés.}\left\{Q_{2n}(u)\frac{1+P_{2n}(u)Q_{2n+1}(u)}{Q_{2n+1}(u)}\right\} \\ &= \text{Rés.}\left\{\frac{Q_{2n}(u)}{Q_{2n+1}(u)}\right\} = \frac{1}{a_{2n+1}}. \end{aligned}$$

Nous rassemblons ici quelques formules de ce genre

$$S\{Q_{2n}^2(-u)\} = \frac{1}{a_{2n+1}},$$

$$S\{uQ_{2n}^2(-u)\} = \frac{1}{a_{2n+1}}\left(\frac{1}{a_{2n}a_{2n+1}} + \frac{1}{a_{2n+1}a_{2n+2}}\right),$$

$$S\left\{\frac{1}{u}Q_{2n+1}^2(-u)\right\} = \frac{1}{a_{2n+2}},$$

$$S\left\{\frac{1}{u^2}Q_{2n+1}^2(-u)\right\} = a_1 + a_3 + \ldots + a_{2n+1},$$

$$S\left\{\frac{[Q_{2n}(-u)-1]^2}{u}\right\} = -S\left\{\frac{Q_{2n}(-u)-1}{u}\right\} = a_2 + a_4 + \ldots + a_{2n}.$$

Voici enfin une dernière remarque: supposons

$$\frac{P_{2n}(z)}{Q_{2n}(z)} = \sum_1^n \frac{M_i}{z+x_i},$$

on aura

$$S\{V_n(u)\} = \sum_1^n M_i V_n(x_i),$$

d'où l'on voit que, si le polynome $V_n(u)$ ne devient pas négatif pour $u > 0$, la valeur du symbole

$$S\{V_n(u)\}$$

est toujours positive.

CHAPITRE III.

OSCILLATION ET CONVERGENCE D'UNE FRACTION CONTINUE. CAS OU LA PARTIE RÉELLE DE z EST POSITIVE.

13. Supposons $z=1$ et écrivons P_n, Q_n au lieu de $P_n(1)$, $Q_n(1)$. Les relations

$$P_n = a_n P_{n-1} + P_{n-2},$$
$$Q_n = a_n Q_{n-1} + Q_{n-2}$$

montrent que l'on a

$$P_1 < P_3 < P_5 < \ldots,$$
$$P_0 < P_2 < P_4 < \ldots,$$
$$Q_1 < Q_3 < Q_5 < \ldots,$$
$$Q_0 < Q_2 < Q_4 < \ldots,$$

en sorte que dans le second membre de

$$\frac{P_n}{Q_n} = \frac{1}{Q_0 Q_1} - \frac{1}{Q_1 Q_2} + \frac{1}{Q_2 Q_3} - \ldots + \frac{(-1)^{n-1}}{Q_{n-1} Q_n},$$

les termes vont en diminuant.

On en conclut que les réduites d'ordre impair vont en diminuant, sans devenir jamais plus petites qu'une réduite quelconque d'ordre pair. Les réduites d'ordre pair vont en augmentant sans surpasser jamais une réduite quelconque d'ordre impair. Ainsi les réduites d'ordre impair tendront toujours vers une limite finie, et il en est de même des réduites d'ordre pair.

$$\lim \frac{P_{2n+1}}{Q_{2n+1}} = L_1,$$

$$\lim \frac{P_{2n}}{Q_{2n}} = L,$$

et

$$L_1 \geqq L.$$

Si la quantité croissante $Q_{n-1} Q_n$ croît au delà de toute limite, on aura

$$L_1 = L;$$

si, au contraire, $Q_{n-1}Q_n$ tend vers une limite λ, on aura

$$L_1 = L + \frac{1}{\lambda}.$$

Or on voit facilement que $Q_{2n} > 1$, donc

$$Q_{2n+1} = a_{2n+1}Q_{2n} + Q_{2n-1} > Q_{2n-1} + a_{2n+1},$$

d'où

$$Q_{2n+1} > a_1 + a_3 + \ldots + a_{2n+1}.$$

Ensuite on conclura

$$Q_{2n} = a_{2n}Q_{2n-1} + Q_{2n-2} > Q_{2n-2} + a_1 a_{2n},$$

d'où

$$Q_{2n} > a_1(a_2 + a_4 + \ldots + a_{2n}).$$

Donc, si la série

$$\sum_1^\infty a_n$$

est divergente, l'une au moins des quantités Q_{2n}, Q_{2n+1} croîtra au delà de toute limite et

$$L_1 = L.$$

Nous dirons, dans ce cas, que la fraction continue est convergente.

D'antre part, ayant

$$Q_n = a_n Q_{n-1} + Q_{n-2},$$

on en conclut

$$Q_{n-1} + Q_n = (1 + a_n)Q_{n-1} + Q_{n-2} < (1 + a_n)(Q_{n-2} + Q_{n-1}),$$

donc

$$Q_{n-1} + Q_n < (1 + a_1)(1 + a_2)\ldots(1 + a_n).$$

Or, si la série

$$\sum_1^\infty a_n$$

est convergente, le produit

$$(1 + a_1)(1 + a_2)(1 + a_3)\ldots$$

l'est aussi et ne croît pas au delà d'une limite finie.

Dans ce cas donc, Q_{2n} et Q_{2n+1} tendront aussi vers des limites finies et l'on aura

$$L_1 > L.$$

La fraction continue, dans ce cas, est oscillante. Si l'on pose, dans ce cas,

$$s = \sum_1^\infty a_n,$$

on aura

$$Q_{n-1} + Q_n < e^s, \qquad Q_{n-1} Q_n > \tfrac{1}{4} e^{2s},$$
$$L_1 - L > 4 e^{-2s}.$$

Les propositions sur la convergence et l'oscillation de la fraction continue ont été obtenues depuis longtemps par M. Stern (Journal de Crelle, t. 37).

Dans le cas d'oscillation nous venons de voir que Q_{2n} et Q_{2n+1} tendent vers des limites finies; il est clair qu'il en est de même de P_{2n} et P_{2n+1}.

14. Supposons maintenant $z = x$ réel et positif. On aura, d'après ce qui précède,

$$\lim \frac{P_{2n+1}(x)}{Q_{2n+1}(x)} = F_1(x),$$
$$\lim \frac{P_{2n}(x)}{Q_{2n}(x)} = F(x),$$
$$F_1(x) \geqq F(x).$$

Il y aura oscillation ou convergence selon que la série

$$a_1 x + a_2 + a_3 x + a_4 + \ldots$$

est convergente ou divergente. Mais il est clair que cela ne dépend en aucune façon de la valeur particulière de x, et l'on arrive à cette conclusion : si la série

$$\sum_1^\infty a_n$$

est convergente, la fraction continue est oscillante pour toute valeur positive de x, et l'on a

$$F_1(x) > F(x);$$

si au contraire la série est divergente, la fraction continue est convergente, et l'on a

$$F_1(x) = F(x) = \lim \frac{P_n(x)}{Q_n(x)}.$$

15. Passons aux valeurs imaginaires de z. Pour étudier séparément les réduites d'ordre pair et celles d'ordre impair, nous remarquerons que

$$\frac{P_{2n}(z)}{Q_{2n}(z)} = \frac{a_2}{Q_0(z)\,Q_2(z)} + \frac{a_4}{Q_2(z)\,Q_4(z)} + \ldots + \frac{a_{2n}}{Q_{2n-2}(z)\,Q_{2n}(z)},$$

$$\frac{P_{2n+1}(z)}{Q_{2n+1}(z)} = \frac{1}{a_1 z} - \frac{a_3 z}{Q_1(z)\,Q_3(z)} - \frac{a_5 z}{Q_3(z)\,Q_5(z)} - \ldots - \frac{a_{2n+1} z}{Q_{2n-1}(z)\,Q_{2n+1}(z)}.$$

Il s'agit donc de l'étude de la convergence des séries

$$(1) \quad \ldots\ldots\ldots \quad \sum_1^\infty \frac{a_{2k}}{Q_{2k-2}(z)\,Q_{2k}(z)},$$

$$(2) \quad \ldots\ldots\ldots \quad \frac{1}{a_1 z} - \sum_1^\infty \frac{a_{2k+1} z}{Q_{2k-1}(z)\,Q_{2k+1}(z)}.$$

Supposons $z = x + yi$, la partie réelle de z étant positive, et considérons un domaine quelconque S dans lequel x admet une limite inférieure λ qui soit positive. Je dis que dans ce domaine la série (1) est uniformément convergente; en effet

$$\left| \sum_n^{n+n'} \frac{a_{2k}}{Q_{2k-2}(z)\,Q_{2k}(z)} \right| < \sum_n^{n+n'} \frac{a_{2k}}{|Q_{2k-2}(z)\,Q_{2k}(z)|}.$$

Or il est clair que

$$Q_{2k-2}(z)\,Q_{2k}(z) = C(z+\alpha_1)(z+\alpha_2)\ldots(z+\alpha_{2k-1}),$$

C et $\alpha_1, \alpha_2, \ldots, \alpha_{2k-1}$ étant des constantes positives. Pour $z = x + yi$, x étant positif, on a évidemment

$$|z+\alpha_i| > x + \alpha_i,$$

donc

$$|Q_{2k-2}(z)\,Q_{2k}(z)| > Q_{2k-2}(x)\,Q_{2k}(x),$$

et puisque $x \geqq \lambda$, à plus forte raison

$$|Q_{2k-2}(z)\,Q_{2k}(z)| > Q_{2k-2}(\lambda)\,Q_{2k}(\lambda);$$

donc

$$\left| \sum_n^{n+n'} \frac{a_{2k}}{Q_{2k-2}(z)\,Q_{2k}(z)} \right| < \sum_n^{n+n'} \frac{a_{2k}}{Q_{2k-2}(\lambda)\,Q_{2k}(\lambda)}.$$

Or la série

$$\sum_1^\infty \frac{a_{2k}}{Q_{2k-2}(\lambda)\,Q_{2k}(\lambda)} = F(\lambda) = \lim \frac{P_{2n}(\lambda)}{Q_{2n}(\lambda)},$$

est convergente; par conséquent on peut déterminer un nombre ν tel que pour $n \geqq \nu$

$$\sum_{n}^{n+n'} \frac{a_{2k}}{Q_{2k-2}(\lambda)\,Q_{2k}(\lambda)} < \varepsilon,$$

quel que soit n', ε étant aussi petit qu'on le voudra.

Pour les mêmes valeurs de n on aura donc aussi

$$\left| \sum_{n}^{n+n'} \frac{a_{2k}}{Q_{2k-2}(z)\,Q_{2k}(z)} \right| < \varepsilon,$$

et puisque z est un point quelconque du domaine S, cela montre que la série (1) est uniformément convergente dans S. Comme, d'autre part, les termes de cette série sont holomorphes dans S, il s'ensuit, d'après un théorème connu, que

$$F(z) = \sum_{1}^{\infty} \frac{a_{2k}}{Q_{2k-2}(z)\,Q_{2k}(z)} = \lim \frac{P_{2n}(z)}{Q_{2n}(z)}$$

est aussi holomorphe dans S.

On voit facilement que les mêmes raisonnements s'appliquent presque sans modification à la série (2), et il suffira d'énoncer le résultat suivant. La série

$$F_1(z) = \frac{1}{a_1 z} - \sum_{1}^{\infty} \frac{a_{2k+1}\,z}{Q_{2k-1}(z)\,Q_{2k+1}(z)} = \lim \frac{P_{2n+1}(z)}{Q_{2n+1}(z)}$$

est uniformément convergente dans S et $F_1(z)$ est holomorphe dans ce même domaine.

Ainsi, dans toute la partie du plan où la partie réelle de z est positive, on a

$$\lim \frac{P_{2n}(z)}{Q_{2n}(z)} = F(z), \qquad \lim \frac{P_{2n+1}(z)}{Q_{2n+1}(z)} = F_1(z),$$

$F(z)$, $F_1(z)$ étant des fonctions holomorphes. Ces fonctions ne sont pas identiques dans le cas où la série

$$\sum_{1}^{\infty} a_n$$

est convergente; elles sont identiques dans le cas où cette série est divergente. Supposons $z = x$ réel positif, et faisons tendre x vers zéro, on conclut aisément des expressions de $F(x)$, $F_1(x)$ par les séries

$$\lim_{x=0} F(x) = a_2 + a_4 + a_6 + \ldots,$$
$$\lim_{x=0} x F_1(x) = 1 : (a_1 + a_3 + a_5 + \ldots).$$

Si la série

$$\Sigma a_{2n}$$

est divergente, $F(x)$ croît au delà de toute limite. Si la série

$$\Sigma a_{2n-1}$$

est divergente, $x F_1(x)$ tend vers zéro.

Remarquons que

$$\frac{P_{2n}(x)}{Q_{2n}(x)} = \sum_1^n \frac{M_k}{x + x_k}$$
$$= \sum_1^n \left\{ \frac{M_k}{x} - \frac{M_k x_k}{x^2} + \ldots + (-1)^{p-1} \frac{M_k x_k^{p-1}}{x^p} + (-1)^p \frac{M_k x_k^p}{x^p(x+x_k)} \right\},$$

$$\frac{P_{2n}(x)}{Q_{2n}(x)} = \frac{c_0}{x} - \frac{c_1}{x^2} + \ldots + (-1)^{p-1} \frac{c_{p-1}}{x^p} + (-1)^p \frac{\xi c_p}{x^{p+1}};$$
$$(0 < \xi < 1)$$

on aura donc aussi

$$F(x) = \frac{c_0}{x} - \frac{c_1}{x^2} + \ldots + (-1)^{p-1} \frac{c_{p-1}}{x^p} + (-1)^p \frac{\xi c_p}{x^{p+1}},$$
$$(0 < \xi < 1)$$

et de même

$$F_1(x) = \frac{c_0}{x} - \frac{c_1}{x^2} + \ldots + (-1)^{p-1} \frac{c_{p-1}}{x^p} + (-1)^p \frac{\xi' c_p}{x^{p+1}}.$$
$$(0 < \xi' < 1)$$

16. Il faut étendre maintenant ces résultats au cas où la partie réelle de z est négative. On y arrive facilement à l'aide d'une proposition de la théorie des fonctions que nous établirons plus loin. Mais, avant d'aborder cette étude, nous allons examiner le cas où la série

$$\sum_1^\infty a_n$$

est convergente. On peut traiter ce cas par une méthode particulière, grâce à cette circonstance que les polynomes

$$P_{2n}(x), \quad Q_{2n}(x), \quad P_{2n+1}(x), \quad Q_{2n+1}(x)$$

tendent vers des limites finies.

CHAPITRE IV.

ÉTUDE DU CAS OU LA SÉRIE Σa_n EST CONVERGENTE.

17. On a identiquement

$$P_{2n}(z) = \sum_1^n a_{2k} P_{2k-1}(z),$$

$$Q_{2n}(z) = 1 + \sum_1^n a_{2k} Q_{2k-1}(z),$$

$$P_{2n+1}(z) = 1 + \sum_1^n a_{2k+1} z P_{2k}(z),$$

$$Q_{2n+1}(z) = \sum_0^n a_{2k+1} z Q_{2k}(z).$$

Par conséquent, en supposant que la série

$$\sum_1^\infty a_n$$

soit convergente, les séries

$$\sum_1^\infty a_{2k} P_{2k-1}(z),$$

$$1 + \sum_1^\infty a_{2k} Q_{2k-1}(z),$$

$$1 + \sum_1^\infty a_{2k+1} z P_{2k}(z),$$

$$\sum_0^\infty a_{2k+1} z Q_{2k}(z),$$

sont convergentes lorsque z est réel et positif.

Considérons un domaine quelconque S dans lequel le module de z admet une limite supérieure λ qui soit finie. Je dis que les séries précédentes sont uniformément convergentes dans S, et puisque leurs termes sont holomorphes dans S, il s'ensuit qu'elles représentent dans S des fonctions holomorphes. Il suffira de considérer la première série. On a

$$\left|\sum_{n}^{n+n'} a_{2k} P_{2k-1}(z)\right| < \sum_{n}^{n+n'} a_{2k} |P_{2k-1}(z)|.$$

Or $P_{2k-1}(z)$ est un polynome à coefficients positifs ; donc

$$|P_{2k-1}(z)| < P_{2k-1}(|z|) \leqq P_{2k-1}(\lambda),$$

puisque

$$|z| \leqq \lambda,$$

donc

$$\left|\sum_{n}^{n+n'} a_{2k} P_{2k-1}(z)\right| < \sum_{n}^{n+n'} a_{2k} P_{2k-1}(\lambda).$$

Or, la série

$$\sum_{1}^{\infty} a_{2k} P_{2k-1}(\lambda)$$

étant convergente, on peut déterminer un nombre ν tel que, pour $n \geqq \nu$,

$$\sum_{n}^{n+n'} a_{2k} P_{2k-1}(\lambda) < \varepsilon,$$

quel que soit n', ε étant aussi petit qu'on le voudra. Pour les mêmes valeurs de n, on aura donc aussi

$$\left|\sum_{n}^{n+n'} a_{2k} P_{2k-1}(z)\right| < \varepsilon,$$

et, puisque z est un point quelconque du domaine S, cela montre que la série considérée est uniformément convergente dans S.

D'après cela, nous avons

$$p(z) = \sum_{1}^{\infty} a_{2k} P_{2k-1}(z) = \lim P_{2n}(z),$$

$$q(z) = 1 + \sum_{1}^{\infty} a_{2k} Q_{2k-1}(z) = \lim Q_{2n}(z),$$

$$p_1(z) = 1 + \sum_{1}^{\infty} a_{2k+1} z P_{2k}(z) = \lim P_{2n+1}(z),$$

$$q_1(z) = \sum_{0}^{\infty} a_{2k+1} z Q_{2k}(z) = \lim Q_{2n+1}(z),$$

les quatre fonctions $p(z)$, $q(z)$, $p_1(z)$, $q_1(z)$ étant holomorphes dans tout le plan. Elles sont liées évidemment par la relation

$$p_1(z)\,q(z) - p(z)\,q_1(z) = +1.$$

18. Il est clair, d'après ce qui précède, que la série

$$\sum_1^\infty a_{2k}\,\mathrm{P}_{2k-1}(z)$$

est absolument convergente, et même que la nouvelle série, obtenue en remplaçant $\mathrm{P}_{2k-1}(z)$ par son expression comme polynome de z, est absolument convergente. Dès lors, dans la nouvelle série, il est permis d'ordonner suivant les puissances de z, ce qui donnera

$$p(z) = \sum_0^\infty a_k\,z^k$$

et le coefficient a_k sera la limite du coefficient $\mathfrak{a}_k$ de z^k dans $\mathrm{P}_{2n}(z)$ (n° 2). Les mêmes conclusions s'appliquent évidemment à $q(z)$, $p_1(z)$, $q_1(z)$.

Nous venons de voir que $\mathrm{P}_{2n}(z)$ tend uniformément vers $p(z)$, et il est clair que $p(z)$ est une fonction continue de z. On peut en conclure que,

$$z_1,\quad z_2,\quad z_3,\quad \ldots$$

étant une suite infinie de nombres et $\lim z_n = \mathrm{Z}$ (pour $n=\infty$), on aura aussi

$$\lim_{n=\infty} \mathrm{P}_{2n}(z_n) = p(\mathrm{Z}).$$

En effet, entourons le point limite Z (supposé fini) par un cercle C. A partir de $n \geqq \nu$, z_n sera à l'intérieur du cercle et, à cause de la convergence uniforme, on aura

$$|\,\mathrm{P}_{2n}(z) - p(z)\,| < \varepsilon,$$

pour $n \geqq \nu'$, z étant un point quelconque situé à l'intérieur de C. D'autre part, z_n tendant vers Z, on aura aussi

$$|\,p(z_n) - p(\mathrm{Z})\,| < \varepsilon,$$

à partir de $n \geqq \nu''$. Or,

$$|\,\mathrm{P}_{2n}(z_n) - p(\mathrm{Z})\,| < |\,\mathrm{P}_{2n}(z_n) - p(z_n)\,| + |\,p(z_n) - p(\mathrm{Z})\,|,$$

et dans la première formule il est permis de remplacer z par z_n; dès lors, on conclut

$$|P_{2n}(z_n) - p(Z)| < 2\varepsilon,$$

pour $n \geqq N$, N étant le plus grand des nombres ν, ν', ν''. Enfin on trouvera facilement, par la considération de la série

$$p(z+h) = \sum_1^\infty a_{2k} P_{2k-1}(z+h),$$

qu'il est permis d'ordonner le second membre suivant les puissances de h, et d'en tirer la conclusion qu'il est permis de différentier autant de fois qu'on le voudra la série

$$p(z) = \sum_1^\infty a_{2k} P_{2k-1}(z);$$

on a donc

$$p'(z) = \lim P'_{2n}(z),$$

et la convergence de $P'_{2n}(z)$ vers $p'(z)$ est uniforme dans tout domaine S où $|z|$ est limité. Supposant $\lim z_n = Z$, on aura aussi

$$\lim P'_{2n}(z_n) = p'(Z).$$

19. Nous allons obtenir maintenant les fonctions $p(z)$, etc., sous forme de produits infinis, en nous bornant à développer le raisonnement dans le cas de

$$q(z) = \lim Q_{2n}(z).$$

Les polynomes P ne diffèrent pas au fond des polynomes Q, on a remarqué déjà (n° 3, à la fin) que

$$P_{2n}(z) = \frac{1}{z} Q^1_{2n-1}(z),$$

$$P_{2n+1}(z) = Q^1_{2n}(z),$$

et dès lors il sera facile d'étendre le résultat que nous allons établir pour $q(z)$ aux fonctions $p(z)$, $p_1(z)$, $q_1(z)$. On a

$$Q_{2n}(z) = \left(1 + \frac{z}{x_1}\right)\left(1 + \frac{z}{x_2}\right)\cdots\left(1 + \frac{z}{x_n}\right).$$

Nous supposerons les x_k rangés par ordre de grandeur croissante,

$$\frac{1}{x_1}+\frac{1}{x_2}+\ldots+\frac{1}{x_n}=\mathfrak{B}_1<\beta_1,$$

β_1 étant le coefficient de z dans le développement

$$q(z)=\sum_0^\infty \beta_k z^k.$$

Lorsqu'on remplace n par $n+1$, nous avons que $x_1, x_2, \ldots, x_k$ décroissent, mais il est clair qu'on aura toujours

$$x_k>\frac{1}{\beta_1}.$$

Par conséquent, pour $n=\infty$, x_k tendra vers une limite positive que nous désignerons par λ_k, et

$$\lambda_1 \leqq \lambda_2 \leqq \lambda_3 \leqq \lambda_4 \ldots$$

Je dis d'abord que la série

$$\frac{1}{\lambda_1}+\frac{1}{\lambda_2}+\frac{1}{\lambda_3}+\ldots$$

est convergente. En effet, soit k un nombre fini quelconque, en prenant $n>k$, on aura

$$\frac{1}{\lambda_1}+\frac{1}{\lambda_2}+\ldots+\frac{1}{\lambda_k}>\frac{1}{x_1}+\frac{1}{x_2}+\ldots+\frac{1}{x_k},$$

puisque x_i tend vers λ_i en diminuant toujours. Mais, d'autre part, λ_i étant la limite de x_i, on peut supposer n assez grand pour que la différence

$$\left(\frac{1}{\lambda_1}+\ldots+\frac{1}{\lambda_k}\right)-\left(\frac{1}{x_1}+\ldots+\frac{1}{x_k}\right)$$

soit inférieure à ε, et alors

$$\frac{1}{\lambda_1}+\ldots+\frac{1}{\lambda_k}<\frac{1}{x_1}+\ldots+\frac{1}{x_k}+\varepsilon<\frac{1}{x_1}+\ldots+\frac{1}{x_n}+\varepsilon,$$

$$\frac{1}{\lambda_1}+\frac{1}{\lambda_2}+\ldots+\frac{1}{\lambda_k}<\beta_1+\varepsilon.$$

Ceci prouve que la série $\sum_1^\infty \frac{1}{\lambda_k}$ est convergente et que la somme de cette série ne saurait surpasser β_1.

Puisque x_k tend vers λ_k, on a

$$\lim_{n=\infty} Q_{2n}(-x_k) = 0 = q(-\lambda_k);$$

les λ_k sont des zéros de la fonction $q(-z)$.

20. Peut-il arriver que plusieurs λ soient égaux, qu'on ait par exemple

$$\lambda_{k+1} = \lambda_{k+2}, \ldots = \lambda_{k+i},$$

λ_k étant $< \lambda_{k+1}$, $\lambda_{k+i+1} > \lambda_{k+1}$? Il faut d'abord remarquer que i sera nécessairement fini puisque la série

$$\sum_1^\infty \frac{1}{\lambda_k}$$

est convergente. Ensuite, nous pouvons prendre n assez grand pour que

$$x_1, \ldots, x_k, \quad x_{k+1}, \ldots, x_{k+i}, \quad x_{k+i+1}$$

diffèrent aussi peu qu'on le voudra de leurs limites

$$\lambda_1, \ldots, \lambda_k, \quad \lambda_{k+1}, \ldots, \lambda_{k+i}, \quad \lambda_{k+i+1}.$$

Nous pouvons donc supposer que

$$x_{k+1}, \quad x_{k+2}, \quad \ldots, \quad x_{k+i}$$

soient tous dans l'intervalle $(\lambda_{k+1}, \lambda_{k+i+1})$.

Ensuite, nous pourrons trouver un nombre n' tel que les racines

$$x'_{k+1}, \quad x'_{k+2}, \quad \ldots, \quad x'_{k+i}$$

de

$$Q_{2n+2n'}(-z) = 0$$

se trouvent toutes dans l'intervalle

$$(\lambda_{k+1}, \quad x_{k+1}),$$

x'_{k+i+1} restant toujours supérieur à λ_{k+i+1}.

De cette façon, on voit que l'intervalle

$$(x'_{k+i}, \quad x'_{k+i+1})$$

de deux racines consécutives de $Q_{2n+2n'}(-z) = 0$ renferme les racines

$$x_{k+1}, \quad x_{k+2}, \quad \ldots, \quad x_{k+i}$$

de $Q_{2n}(-z) = 0$. Or nous avons vu (n° 5) que, dans l'intervalle de deux racines consécutives de

$$Q_{2n+2n'}(-z) = 0,$$

il se trouve soit une racine de $Q_{2n}(-z) = 0$, soit une racine de $P_{2n'}^{2n}(-z) = 0$. On a donc nécessairement $i = 1$, c'est-à-dire parmi les nombres

$$\lambda_1, \lambda_2, \lambda_3, \ldots,$$

il n'y en a point qui soient égaux.

21. Soit ε un nombre positif aussi petit qu'on le voudra; le produit

$$(1) \quad \ldots\ldots\ldots\ldots \quad \mathcal{S} = \prod_1^\infty \left(1 + \frac{z}{\lambda_k}\right)$$

étant convergent pour toute valeur finie de z, il est possible de déterminer un nombre m tel que

$$\left| \prod_{m+1}^\infty \left(1 + \frac{|z|}{\lambda_k}\right) - 1 \right| < \varepsilon.$$

Nous supposons ici que z ait quelque valeur finie fixe. Soit

$$M = \prod_1^\infty \left(1 + \frac{|z|}{\lambda_k}\right),$$

il est clair que

$$\left| \prod_{m \mp 1}^m \left(1 + \frac{z}{\lambda_k}\right) \right| < M,$$

et puis aussi

$$\left| \prod_{m+1}^\infty \left(1 + \frac{z}{\lambda_k}\right) - 1 \right| < \varepsilon.$$

A cause de

$$\mathcal{S} = \prod_{1}^{m}\left(1+\frac{z}{\lambda_k}\right) \times \prod_{m+1}^{\infty}\left(1+\frac{z}{\lambda_k}\right),$$

on en conclut facilement

$$(2) \quad \ldots\ldots\ldots \quad \mathcal{S} = \prod_{1}^{m}\left(1+\frac{z}{\lambda_k}\right) + \mathrm{M}\,\varepsilon',$$

le module de ε' étant inférieur à ε.

Considérons, d'autre part, pour $n > m$ l'expression

$$\mathrm{Q}_{2n}(z) = \prod_{1}^{m}\left(1+\frac{z}{x_k}\right) \times \prod_{m+1}^{n}\left(1+\frac{z}{x_k}\right),$$

il est clair qu'on aura encore

$$\left|\prod_{1}^{m}\left(1+\frac{z}{x_k}\right)\right| < \mathrm{M},$$

$$\left|\prod_{m+1}^{n}\left(1+\frac{z}{x_k}\right) - 1\right| < \varepsilon,$$

d'où l'on conclut

$$(3) \quad \ldots\ldots\ldots \quad \mathrm{Q}_{2n}(z) = \prod_{1}^{m}\left(1+\frac{z}{x_k}\right) + \mathrm{M}\,\varepsilon'',$$

le module de ε'' étant inférieur à ε.

En faisant croître n indéfiniment,

$$\prod_{1}^{m}\left(1+\frac{z}{x_k}\right)$$

tendra vers

$$\prod_{1}^{m}\left(1+\frac{z}{\lambda_k}\right).$$

Dès lors la comparaison des formules (2) et (3) montre que l'on a

$$\lim \mathrm{Q}_{2n}(z) = \mathcal{S},$$

c'est-à-dire la fonction holomorphe $q(z)$ peut se mettre sous la forme

$$\prod_{1}^{\infty}\left(1+\frac{z}{\lambda_k}\right).$$

Ainsi, la fonction $q(z)$ est du genre zéro, elle n'admet point d'autres zéros que les $-\lambda_k$ qui sont des zéros simples. On arrive pour $p(z)$, $p_1(z)$, $q_1(z)$ à des conclusions toutes semblables.

22. Pour toute valeur de z qui n'annule pas $q(z)$ ou $q_1(z)$, on a

$$\lim \frac{P_{2n}(z)}{Q_{2n}(z)} = \frac{p(z)}{q(z)},$$

$$\lim \frac{P_{2n+1}(z)}{Q_{2n+1}(z)} = \frac{p_1(z)}{q_1(z)}.$$

Nous allons obtenir ces limites encore sous la forme d'une série de fractions simples. Pour cela, considérons la décomposition en fractions simples

$$\frac{P_{2n}(z)}{Q_{2n}(z)} = \frac{M_1}{z+x_1} + \frac{M_2}{z+x_2} + \ldots + \frac{M_n}{z+x_n},$$

$$M_k = \frac{P_{2n}(-x_k)}{Q'_{2n}(-x_k)}.$$

Pour $n=\infty$, x_k tend vers λ_k, il s'ensuit que M_k tendra aussi vers une limite finie $\mu_k \geqq 0$,

$$\mu_k = \frac{p(-\lambda_k)}{q'(-\lambda_k)}.$$

Il est clair que μ_k est positif, car, à cause de la relation

$$p_1(z)\,q(z) - p(z)\,q_1(z) = +1,$$

les fonctions $p(z)$ et $q(z)$ ne peuvent pas s'annuler pour une même valeur $z=-\lambda_k$.

La série

$$\mu_1 + \mu_2 + \mu_3 + \ldots$$

est convergente En effet, prenant n suffisamment grand,

$$\mu_1 + \mu_2 + \ldots + \mu_k$$

différera aussi peu qu'on le voudra de

$$M_1 + M_2 + \ldots + M_k;$$

donc

$$\mu_1 + \ldots + \mu_k < M_1 + M_2 + \ldots + M_k + \varepsilon,$$

$$\mu_1 + \ldots + \mu_k < M_1 + \ldots\ldots\ldots + M_n + \varepsilon = \frac{1}{a_1} + \varepsilon.$$

Il s'ensuit que la série

$$\sum_1^\infty \mu_k$$

est convergente et que la somme de cette série ne saurait surpasser $\frac{1}{a_1}$.

Cela étant, et puisque les nombres

$$\lambda_1, \quad \lambda_2, \quad \lambda_3, \quad \ldots$$

croissent au delà de toute limite, il est clair que la série

$$S = \sum_1^\infty \frac{\mu_k}{z+\lambda_k}$$

définit une fonction méromorphe dans tout le plan.

Soit ε un nombre positif aussi petit qu'on le voudra, puisque λ_k croît au delà de toute limite, on pourra trouver un entier m tel que

$$\lambda_{m+1} - |z| > \frac{1}{\varepsilon},$$

et l'on aura alors, à plus forte raison,

$$\lambda_{m+i} - |z| > \frac{1}{\varepsilon} \qquad (i=1, 2, 3, \ldots),$$

d'où l'on conclut

$$|\lambda_{m+i}+z| > \lambda_{m+i} - |z| > \frac{1}{\varepsilon}, \quad \frac{1}{|\lambda_{m+i}+z|} < \varepsilon \qquad (i=1, 2, 3, \ldots).$$

En écrivant

$$S = \sum_1^m \frac{\mu_k}{z+\lambda_k} + \sum_{m+1}^\infty \frac{\mu_k}{z+\lambda_k},$$

on aura

$$\left| \sum_{m+1}^\infty \frac{\mu_k}{z+\lambda_k} \right| < \sum_{m+1}^\infty \frac{\mu_k}{|z+\lambda_k|} < \varepsilon \sum_{m+1}^\infty \mu_k < \frac{\varepsilon}{a_1},$$

donc

$$(4) \quad \ldots\ldots\ldots\ldots \quad S = \sum_1^m \frac{\mu_k}{z+\lambda_k} + \frac{\varepsilon'}{a_1},$$

le module de ε' étant inférieur à ε.

D'autre part,

$$\frac{P_{2n}(z)}{Q_{2n}(z)} = \sum_{1}^{m} \frac{M_k}{z + x_k} + \sum_{m+1}^{n} \frac{M_k}{z + x_k},$$

et, si l'on se souvient que $x_k > \lambda_k$, on conclut

$$\left| \sum_{m+1}^{n} \frac{M_k}{z + x_k} \right| < \sum_{m+1}^{n} \frac{M_k}{|z + x_k|} < \varepsilon \sum_{m+1}^{n} M_k < \frac{\varepsilon}{a_1},$$

donc

$$(5) \quad \ldots\ldots\ldots \quad \frac{P_{2n}(z)}{Q_{2n}(z)} = \sum_{1}^{m} \frac{M_k}{z + x_k} + \frac{\varepsilon''}{a_1},$$

le module de ε'' étant inférieur à ε.

Or, pour $n = \infty$, on a

$$\lim \sum_{1}^{m} \frac{M_k}{z + x_k} = \sum_{1}^{m} \frac{\mu_k}{z + \lambda_k},$$

et dès lors la comparaison des formules (4) et (5) montre qu'on a

$$\lim \frac{P_{2n}(z)}{Q_{2n}(z)} = \frac{p(z)}{q(z)} = \mathcal{S}, \qquad \text{C. Q. F. D.}$$

23. Nous venons de voir que la série

$$\sum_{1}^{\infty} \mu_k$$

est convergente; plus généralement, on a

$$\sum_{1}^{\infty} \mu_k \lambda_k^i = c_i \qquad (i = 0, 1, 2, 3, \ldots).$$

D'abord la série considérée est bien convergente, car la somme

$$\mu_1 \lambda_1^i + \mu_2 \lambda_2^i + \ldots + \mu_k \lambda_k^i$$

diffère aussi peu qu'on le voudra de

$$M_1 x_1^i + M_2 x_2^i + \ldots + M_k x_k^i;$$

par conséquent, elle séra inférieure à

$$M_1 x_1^i + \ldots + M_k x_k^i + \varepsilon,$$

et, à plus forte raison, inférieure à $c_i+\varepsilon$, puisque

$$c_i=\sum_1^n \mathrm{M}_k x_k^i.$$

Soit donc

$$\sigma=\sum_1^\infty \mu_k \lambda_k^i$$

on aura $\sigma \leqq c_i$. Déterminons un nombre m tel que

$$\frac{c_{i+1}}{\lambda_{m+1}}<\varepsilon,$$

ε étant un nombre positif aussi petit qu'on voudra, on aura

$$(6) \quad \sigma=\sum_1^m \mu_k \lambda_k^i+\varepsilon',$$

ε' étant plus petit que ε. En effet,

$$\sum_{m+1}^\infty \mu_k \lambda_k^i < \frac{1}{\lambda_{m+1}}\sum_{m+1}^\infty \mu_k \lambda_k^{i+1} < \frac{1}{\lambda_{m+1}}\sum_1^\infty \mu_k \lambda_k^{i+1} \leqq \frac{c_{i+1}}{\lambda_{m+1}} < \varepsilon.$$

D'autre part, on a

$$c_i=\sum_1^m \mathrm{M}_k x_k^i+\sum_{m+1}^n \mathrm{M}_k x_k^i,$$

et il est clair que

$$\sum_{m+1}^n \mathrm{M}_k x_k^i < \frac{1}{\lambda_{m+1}}\sum_{m+1}^n \mathrm{M}_k x_k^{i+1} < \frac{c_{i+1}}{\lambda_{m+1}} < \varepsilon,$$

donc

$$(7) \quad c_i=\sum_1^m \mathrm{M}_k x_k^i+\varepsilon'',$$

ε'' étant plus petit que ε.

Or, pour $n=\infty$, on a

$$\lim \sum_1^m \mathrm{M}_k x_k^i=\sum_1^m \mu_k \lambda_k^i;$$

dès lors la comparaison des formules (6) et (7) montre qu'on a

$$\sigma=c_i$$

C. Q. F. D.

24. Il suffira d'énoncer les conclusions analogues résultant de l'étude de la formule

$$\frac{P_{2n+1}(z)}{Q_{2n+1}(z)} = \frac{N_0}{z} + \frac{N_1}{z+x_1} + \ldots + \frac{N_n}{z+x_n},$$

en cherchant ce qu'elle devient pour $n = \infty$. On aura

$$\nu_k = \lim N_k \qquad (k=0, 1, 2, 3, \ldots),$$

$$\theta_k = \lim x_k \qquad (k=1, 2, 3, \ldots),$$

$$\lim \frac{P_{2n+1}(z)}{Q_{2n+1}(z)} = \frac{p_1(z)}{q_1(z)} = \frac{\nu_0}{z} + \sum_1^\infty \frac{\nu_k}{z+\theta_k},$$

$$c_0 = \sum_0^\infty \nu_k,$$

$$c_i = \sum_1^\infty \nu_k \theta_k^i \qquad (i = 1, 2, 3, \ldots).$$

Considérons sur une droite infinie OX... une distribution de masse (positive), la masse m_i se trouvant concentrée à la distance ξ_i de l'origine O. La somme

$$\Sigma\, m_i \xi_i^k$$

peut être appelée le moment d'ordre k de la masse par rapport à l'origine.

Il résulte alors des formules précédentes que le système des masses

$$(\mu_i,\ \lambda_i) \qquad (i = 1, 2, 3, \ldots)$$

a pour moment d'ordre k la valeur c_k $(k = 0, 1, 2, 3, \ldots)$.

De même, le système des masses

$$(\nu_i,\ \theta_i) \qquad (i = 0, 1, 2, 3, \ldots),$$

où $\theta_0 = 0$, aura les mêmes moments c_k.

Nous appellerons problème des moments le problème suivant:

Trouver une distribution de masse positive sur une droite $(0\,\infty)$, *les moments d'ordre* k $(k = 0, 1, 2, 3, \ldots)$ *étant donnés.*

Désignons ces moments par c_k, et remarquons d'abord que ces données de la question doivent satisfaire à certaines inégalités.

En effet, nous supposons qu'il soit possible de trouver des m_i, ξ_i, tels que

$$c_k = \Sigma m_i \xi_i^k,$$

il s'ensuit (voir la fin du n° 8) que tous les déterminants

$$\begin{vmatrix} c_p & c_{p+1} & \ldots & c_{p+m-1} \\ c_{p+1} & c_{p+2} & \ldots & c_{p+m} \\ \ldots & \ldots & \ldots & \ldots \\ c_{p+m-1} & c_{p+m} & \ldots & c_{p+2m-2} \end{vmatrix}$$

doivent être positifs et, en particulier, les déterminants A_n, B_n du n° 11.

On en conclut que, si l'on réduit en fraction continue la série

$$\frac{c_0}{z} - \frac{c_1}{z^2} + \frac{c_2}{z^3} - \ldots,$$

on doit obtenir une fraction continue du type que nous étudions avec des valeurs positives des a_i.

Cela étant, nous distinguerons deux cas dans le problème des moments le cas déterminé et le cas indéterminé.

Le cas indéterminé a lieu lorsque les données c_k sont telles que la série

$$\sum_1^\infty a_n$$

est convergente.

Il est facile de justifier cette dénomination : en effet, nous venons de voir que dans ce cas le problème admet au moins deux solutions, soit par le système des masses (μ_i, λ_i), soit par le système des masses (ν_i, θ_i), et, dès lors, il est facile de voir qu'il y a une infinité de solutions. Nous montrerons plus loin qu'il y a même toujours une infinité de solutions dans lesquelles la masse est distribuée sur l'axe d'une façon continue avec une densité finie en chaque point.

Le cas déterminé a lieu lorsque la série

$$\sum_1^\infty a_n$$

est divergente. Nous montrerons en effet que, dans ce cas, le problème des moments admet toujours une solution et une seule.

CHAPITRE V.

SUR QUELQUES THÉORÈMES DE LA THÉORIE DES FONCTIONS, ET LEUR APPLICATION A LA THÉORIE DE NOTRE FRACTION CONTINUE.

---

25. Soit

$$f_1(z), \quad f_2(z), \quad f_3(z), \quad \ldots$$

une suite infinie de fonctions analytiques, toutes holomorphes dans un cercle C tracé autour de l'origine avec un rayon R.

On aura donc

$$f_k(z) = \sum_0^\infty A_i^k z^i,$$

ces séries étant convergentes tant que $|z| < R$.

Considérons la série

$$\sum_1^\infty f_k(z),$$

nous la supposerons uniformément convergente pour $|z| \leqq R_1$, c'est-à-dire à l'intérieur et sur le contour d'un cercle C_1 tracé autour de l'origine avec un rayon R_1 plus petit que R.

Soit encore R' un nombre plus petit que R, mais pouvant différer de R aussi peu qu'on le voudra. Nous supposerons encore que le module de la somme

$$f_1(z) + f_2(z) + \ldots + f_n(z)$$

admet une limite supérieure L, quel que soit n et quelle que soit la valeur de z à l'intérieur ou sur le contour du cercle C', tracé autour de l'origine avec le rayon R'. Il peut arriver, du reste, que ce nombre fini L croisse au delà de toute limite lorsque R' tend vers R.

Dans ces conditions, nous allons démontrer le théorème suivant:

La série

$$\sum_1^\infty f_k(z)$$

est uniformément convergente pour $|z| \leqq R'$.

Et l'on peut ajouter, d'après un théorème connu de M. Weierstrass, que nous avons appliqué déjà plus d'une fois (nos 15, 17), que cette série représente nne fonction holomorphe dans le cercle C. C'est du reste ce qui résultera aussi de notre démonstration.

26. Rappelons d'abord ce lemme :

Si la série

$$f(z) = \sum_{0}^{\infty} a_i z^i$$

est uniformément convergente pour $|z| = \mathrm{R}$, on aura

$$|a_i| < \frac{\mathrm{M}}{\mathrm{R}^i},$$

M étant le maximum du module de $f(z)$ pour $|z| = \mathrm{R}$.

Et l'on sait que l'uniformité de convergence de la série pour $|z| = \mathrm{R}$ est assurée, lorsque le rayon de convergence de la série surpasse R.

On aurait pu considérer une série

$$f(z) = \sum_{-\infty}^{\infty} a_i z^i;$$

la limitation

$$|a_i| < \frac{\mathrm{M}}{\mathrm{R}^i}$$

aura lieu alors pour les valeurs positives et négatives de i.

La série

$$\sum_{1}^{\infty} f_k(z)$$

étant uniformément convergente pour $|z| \leqq \mathrm{R}_1$, cela veut dire qu'étant donné un nombre ε aussi petit qu'on le voudra, il est possible de trouver un entier n tel que

$$\left| \sum_{n}^{n+n'} f_k(z) \right| < \varepsilon,$$

quel que soit n', et cela pour toutes les valeurs de z dont le module ne surpasse pas R_1.

Cette somme

$$\sum_n^{n+n'} f_k(z)$$

est une somme d'un nombre fini de séries

$$\sum_0^\infty A_i^k z^i$$

toutes convergentes dans le cercle C. Elle pourra donc se mettre aussi sous la forme d'une telle série

$$\sum_n^{n+n'} f_k(z) = \sum_0^\infty z^i \left(\sum_n^{n+n'} A_i^k\right).$$

En appliquant à cette série le lemme rappelé plus haut, en posant $|z| = R_1$, il vient

$$\left|\sum_n^{n+n'} A_i^k\right| < \frac{\varepsilon}{R_1^i}.$$

Cette limitation montre que la série

$$\sum_1^\infty A_i^k$$

est convergente ; nous posons

$$c_i = \sum_1^\infty A_i^k.$$

27. A l'intérieur, ou sur le contour du cercle C′, on a

$$|f_1(z) + f_2(z) + \ldots + f_n(z)| < L,$$

mais cette somme

$$f_1(z) + f_2(z) + \ldots + f_n(z)$$

peut se mettre encore sous la forme d'une série

$$\sum_0^\infty z^i \left(\sum_1^n A_i^k\right),$$

convergente dans le cercle C. En appliquant le lemme pour $|z| = R$, on conclut

$$\left|\sum_1^n A_i^k\right| < \frac{L}{R'^i}.$$

Cette limitation a lieu quel que soit n. Or nous savons déjà qu'en faisant croître indéfiniment n,

$$\sum_1^n A_i^k$$

tend vers une limite finie c_i. On en conclut

$$|c_i| \leqq \frac{L}{R'^i},$$

et l'on voit par là que la série

$$F(z) = \sum_0^\infty c_i z^i$$

est convergente dans le cercle C, puisqu'elle l'est dans le cercle C′ qui diffère aussi peu qu'on le veut de C.

28. Soit ε un nombre aussi petit qu'on le voudra; nous avons vu qu'on peut déterminer un nombre n tel que

$$\left|\sum_n^{n+n'} A_i^k\right| < \frac{\varepsilon}{R_1^i},$$

donc aussi

$$\left|\sum_n^\infty A_i^k\right| \leqq \frac{\varepsilon}{R_1^i},$$

et puisque

$$\sum_{n+n'+1}^\infty A_i^k = \sum_n^\infty A_i^k - \sum_n^{n+n'} A_i^k,$$

on aura

$$\left|\sum_{n+n'+1}^\infty A_i^k\right| < \frac{2\varepsilon}{R_1^i}.$$

Nous obtenons une autre limitation, pour la même expression, par le raisonnement suivant. D'après l'hypothèse admise on a

$$\left|\sum_{n+n'+1}^{n+n'+n''} f_k(z)\right| < 2\mathrm{L},$$

tant que $|z| \leqq \mathrm{R}'$. Or

$$\sum_{n+n'+1}^{n+n'+n''} f_k(z) = \sum_0^{\infty} z^i \left(\sum_{n+n'+1}^{n+n'+n''} \mathrm{A}_i^k\right).$$

En appliquant le lemme pour $|z| = \mathrm{R}'$, il viendra

$$\left|\sum_{n+n'+1}^{n+n'+n''} \mathrm{A}_i^k\right| < \frac{2\mathrm{L}}{\mathrm{R}'^i};$$

donc, en faisant croître indéfiniment n'',

$$\left|\sum_{n+n'+1}^{\infty} \mathrm{A}_i^k\right| \leqq \frac{2\mathrm{L}}{\mathrm{R}'^i}.$$

29. Nous allons démontrer maintenant le théorème énoncé, en faisant voir en même temps que la somme de la série est $\mathrm{F}(z)$.

Pour cela considérons l'expression

$$\mathrm{F}(z) - \sum_1^{n+n'} f_k(z),$$

et soit R'' un nombre un peu inférieur à R', la différence $\mathrm{R}' - \mathrm{R}''$ étant d'ailleurs aussi petite qu'on le voudra.

Soit ε un nombre aussi petit qu'on le voudra ; nous allons faire voir qu'on peut trouver toujours un entier n tel que

$$\left|\mathrm{F}(z) - \sum_1^{n+n'} f_k(z)\right| < \varepsilon,$$

quel que soit n' et quelle que soit la valeur de z dont le module seulement ne doit pas surpasser R''.

Voici en effet comment on obtiendra ce nombre n. Déterminons d'abord un entier p tel que

$$2\mathrm{L}\left(\frac{\mathrm{R}''}{\mathrm{R}'}\right)^{p+1} \times \frac{1}{1 - \frac{\mathrm{R}''}{\mathrm{R}'}} < \frac{1}{2}\varepsilon.$$

Cela est possible puisque $R'' < R'$. Soit ensuite

$$M = 1 + \frac{R''}{R_1} + \left(\frac{R''}{R_1}\right)^2 + \ldots + \left(\frac{R''}{R_1}\right)^p,$$

et choisissons un nombre positif ε' tel que

$$2 M \varepsilon' < \frac{1}{2} \varepsilon.$$

Ce nombre ε' obtenu, on détermine enfin n par la condition

$$\left| \sum_n^{n+n'} f_k(z) \right| < \varepsilon',$$

tant que $|z| \leqq R_1$. Cette détermination est encore possible parce qu'on suppose que la série

$$\sum_1^{\infty} f_k(z)$$

est uniformément convergente pour $|z| \leqq R_1$.

D'après les nos 26 et 28 on peut en conclure

$$\left| \sum_{n+n'+1}^{\infty} A_i^k \right| < \frac{2\varepsilon'}{R_1^i},$$

$$\left| \sum_{n+n'+1}^{\infty} A_i^k \right| \leqq \frac{2L}{R'^i}.$$

Or on a

$$F(z) - \sum_1^{n+n'} f_k(z) = \sum_0^{\infty} z^i \left(c_i - \sum_1^{n+n'} A_i^k \right),$$

c'est-à-dire, si l'on se rappelle la définition de c_i,

$$F(z) - \sum_1^{n+n'} f_k(z) = \sum_0^{\infty} z^i \left(\sum_{n+n'+1}^{\infty} A_i^k \right).$$

On en conclut, tant que $|z| \leqq R''$,

$$\left| F(z) - \sum_1^{n+n'} f_k(z) \right| < \sum_0^{\infty} R''^i \left| \sum_{n+n'+1}^{\infty} A_i^k \right|.$$

Cette limite supérieure est égale à

$$\sum_0^p R''^i \left| \sum_{n+n'+1}^{\infty} A_i^k \right| + \sum_{p+1}^{\infty} R''^i \left| \sum_{n+n'+1}^{\infty} A_i^k \right|,$$

et, par conséquent, inférieure à

$$\sum_0^p R''^i \frac{2\varepsilon'}{R_1^i} + \sum_{p+1}^{\infty} R''^i \frac{2L}{R'^i},$$

c'est-à-dire inférieure à

$$2M\varepsilon' + 2L\left(\frac{R''}{R'}\right)^{p+1} \times \frac{1}{1-\frac{R''}{R'}},$$

c'est-à-dire enfin inférieure à ε.

Notre théorème se trouve ainsi démontré, car la substitution de R'' au lieu de R' n'a aucune importance.

30. Considérons maintenant une suite infinie de fonctions

$$f_1(z), \quad f_2(z), \quad f_3(z), \quad \ldots,$$

holomorphes dans une aire quelconque S, dont nous désignerons le contour par s. Nous supposerons que la série

$$\sum_1^{\infty} f_k(z)$$

soit uniformément convergente à l'intérieur et sur le contour d'un cercle C_1 décrit autour d'un point z_0 de S comme centre avec un rayon R_1, ce domaine de convergence n'ayant aucun point commun avec s.

Nous supposerons ensuite que le module de la somme

$$f_1(z) + f_2(z) + \ldots + f_n(z)$$

admet une limite supérieure indépendante de n dans toute aire S′ intérieure à S et sans point commun avec s.

La série

$$F(z) = \sum_1^{\infty} f_k(z)$$

est uniformément convergente dans S′ et représente une fonction holomorphe dans S.

Il est aisé de déduire ce théorème de celui qu'on vient de démontrer. Décrivons autour de z_0, comme centre, un cercle C avec le plus grand rayon possible qui ne déborde point en dehors de S. Soient $R > R_1$ le rayon de ce cercle, $R' < R$ le rayon d'un cercle concentrique C' qui ne déborde pas en dehors de S'. Il est clair alors que nous pouvons appliquer le théorème démontré et conclure que la série considérée est uniformément convergente dans C', et représente une fonction holomorphe dans C. De cette façon on a étendu le domaine de convergence de la série du cercle C_1 au cercle C'. Soit maintenant z'_0 un point quelconque à l'intérieur de C', décrivons autour de ce point un cercle C'_1 avec un rayon R'_1 qui soit entièrement à l'intérieur de C'. Alors on voit que la série est uniformément convergente pour $|z - z'_0| \leqq R'_1$. On pourra donc répéter le même raisonnement que nous avons fait pour le point z_0 et le cercle C_1, et, en continuant de cette façon, il est clair qu'on finira par reconnaître que la série

$$F(z) = \sum_1^\infty f_k(z)$$

est uniformément convergente dans toute aire S'' intérieure à S' et sans point commun avec le contour de S'. En même temps il est évident que $F(z)$ est holomorphe. C'est là le théorème énoncé, la substitution de S'' au lieu de S' étant sans conséquence.

On sait que le maximum du module de $f_1(z) + \ldots + f_n(z)$ dans S' a toujours lieu sur le contour de S'. Dans l'énoncé de notre théorème on aurait donc pu exiger seulement que le module $f_1(z) + \ldots + f_n(z)$ sur le contour de S' reste inférieur à un nombre fixe.

Enfin, il serait facile de généraliser notre théorème au cas où il s'agit d'une série dont les termes sont des fonctions de deux variables imaginaires.

31. On peut donner à notre premier théorème une forme un peu plus générale en considérant une suite de fonctions

$$f_1(z), \quad f_2(z), \quad f_3(z), \quad \ldots$$

holomorphes pour $r < |z| < R$ et par conséquent développables en séries

$$f_k(z) = \sum_{-\infty}^{+\infty} A_i^k z^i,$$

convergentes pour

$$r < |z| < R.$$

Quoique les raisonnements soient absolument analogues à ceux que nous avons exposés, nous devons cependant les indiquer rapidement, parce qu'ils donnent lieu à une remarque qui nous sera indispensable dans la suite.

Nous supposerons que la série

$$\sum_1^\infty f_k(z)$$

soit uniformément convergente pour $r_1 \leqq |z| \leqq R_1$

$$r < r_1 < R_1 < R,$$

et ensuite si r' est un nombre quelconque surpassant r, R' un nombre quelconque inférieur à R,

$$r < r' < r_1 < R_1 < R' < R,$$

nous supposerons que pour $r' \leqq |z| \leqq R'$ le module de la somme

$$f_1(z) + f_2(z) + \ldots + f_n(z)$$

admet une limite supérieure indépendante de n. Cela étant, on peut affirmer que la série

$$F(z) = \sum_1^\infty f_k(z)$$

est uniformément convergente pour $r' \leqq |z| \leqq R'$.

En même temps $F(z)$ est holomorphe pour $r < |z| < R$. On peut d'abord déterminer un nombre n tel que

$$\left| \sum_n^{n+n'} f_k(z) \right| < \varepsilon,$$

pour $r_1 \leqq |z| \leqq R_1$. On en conclut

$$\left| \sum_n^{n+n'} A_i^k \right| < \frac{\varepsilon}{R_1^i} \quad \text{et} \quad \left| \sum_n^{n+n'} A_i^k \right| < \frac{\varepsilon}{r_1^i},$$

d'où l'on voit que la série

$$c_i = \sum_1^\infty A_i^k$$

est convergente.

Pour $r' \leqq |z| \leqq R'$, on a

$$\left| \sum_1^n f_k(z) \right| < L,$$

d'où

$$\left| \sum_1^n A_i^k \right| < \frac{L}{R'^i} \quad \text{et} \quad \left| \sum_1^n A_i^k \right| < \frac{L}{r'^i}$$

et ensuite

$$|c_i| < \frac{L}{R'^i} \quad \text{et} \quad |c_i| < \frac{L}{r'^i}.$$

On voit par là que la série

$$F(z) = \sum_{-\infty}^{+\infty} c_i z^i$$

est convergente pour $r < |z| < R$ puisqu'elle est convergente pour $r' < |z| < R'$.

Ensuite il est facile de voir que, ε étant un nombre aussi petit qu'on le voudra, on aura

$$\left| \sum_{n+n'+1}^\infty A_i^k \right| < \frac{2\varepsilon}{R_1^i} \quad \text{et} \quad \left| \sum_{n+n'+1}^\infty A_i^k \right| < \frac{2\varepsilon}{r_1^i},$$

puis aussi

$$\left| \sum_{n+n'+1}^\infty A_i^k \right| < \frac{2L}{R'^i} \quad \text{et} \quad \left| \sum_{n+n'+1}^\infty A_i^k \right| < \frac{2L}{r'^i}.$$

32. On pourra maintenant, par un choix convenable de n et pour $r'' \leqq |z| \leqq R''$ $(r' < r'', R'' < R')$, rendre

$$F(z) - \sum_n^{n+n'} f_k(z) < \varepsilon.$$

Pour cela on déterminera d'abord les entiers p et q par les conditions

$$2\,\mathrm{L}\left(\frac{\mathrm{R}''}{\mathrm{R}'}\right)^{p+1} \times \frac{1}{1-\dfrac{\mathrm{R}''}{\mathrm{R}'}} < \frac{1}{4}\,\varepsilon,$$

$$2\,\mathrm{L}\left(\frac{r'}{r''}\right)^{q+1} \times \frac{1}{1-\dfrac{r'}{r''}} < \frac{1}{4}\,\varepsilon.$$

Soit ensuite M le plus grand des deux nombres

$$1+\frac{\mathrm{R}''}{\mathrm{R}_1}+\left(\frac{\mathrm{R}''}{\mathrm{R}_1}\right)^2+\ldots+\left(\frac{\mathrm{R}''}{\mathrm{R}_1}\right)^p,$$

$$\frac{r_1}{r''}+\left(\frac{r_1}{r''}\right)^2+\ldots+\left(\frac{r_1}{r''}\right)^q,$$

et choisissons un nombre positif ε' tel que

$$2\,\mathrm{M}\,\varepsilon' < \frac{1}{4}\,\varepsilon.$$

Ce nombre ε' obtenu, on détermine enfin n par la condition

$$\left|\sum_{n}^{n+n'} f_k(z)\right| < \varepsilon',$$

tant que $r_1 \leqq z \leqq \mathrm{R}_1$.

Pour faire voir que ce choix de n satisfait, en effet, à la condition énoncée, remarquons d'abord qu'on aura

$$\left|\sum_{n+n'+1}^{\infty} \mathrm{A}_i^k\right| < \frac{2\,\varepsilon'}{\mathrm{R}_1^i} \quad \text{et} \quad \left|\sum_{n+n'+1}^{\infty} \mathrm{A}_i^k\right| < \frac{2\,\varepsilon'}{r_1^i},$$

puis aussi

$$\left|\sum_{n+n'+1}^{\infty} \mathrm{A}_i^k\right| < \frac{2\,\mathrm{L}}{\mathrm{R}'^i} \quad \text{et} \quad \left|\sum_{n+n'+1}^{\infty} \mathrm{A}_i^k\right| < \frac{2\,\mathrm{L}}{r'^i}.$$

Ensuite il vient

$$\mathrm{F}(z) - \sum_{1}^{n+n'} f_k(z) = \sum_{-\infty}^{+\infty} z^i \left(\sum_{n+n'+1}^{\infty} \mathrm{A}_i^k\right).$$

Pour $r'' \leqq |z| \leqq R''$, on aura donc

$$\left| F(z) - \sum_1^{n+n'} f_k(z) \right| < \sum_0^{\infty} R''^i \left| \sum_{n+n'+1}^{\infty} A_i^k \right| + \sum_{-1}^{-\infty} r''^i \left| \sum_{n+n'+1}^{\infty} A_i^k \right|.$$

Cette limite supérieure est égale à

$$\sum_0^{p} R''^i \left| \sum_{n+n'+1}^{\infty} A_i^k \right| + \sum_{p+1}^{\infty} R''^i \left| \sum_{n+n'+1}^{\infty} A_i^k \right| +$$
$$+ \sum_{-1}^{-q} r''^i \left| \sum_{n+n'+1}^{\infty} A_i^k \right| + \sum_{-(q+1)}^{-\infty} r''^i \left| \sum_{n+n'+1}^{\infty} A_i^k \right|,$$

et, par conséquent, inférieure à

$$\sum_1^{p} R''^i \frac{2\varepsilon'}{R_1^i} + \sum_{p+1}^{\infty} R''^i \frac{2L}{R'^i} + \sum_{-1}^{-q} r''^i \frac{2\varepsilon'}{r_1^i} + \sum_{-(q+1)}^{-\infty} r''^i \frac{2L}{r'^i},$$

c'est-à-dire inférieure à

$$2M\varepsilon' + 2L\left(\frac{R''}{R'}\right)^{p+1} \times \frac{1}{1 - \frac{R''}{R'}} + 2M\varepsilon' + 2L\left(\frac{r'}{r''}\right)^{q+1} \times \frac{1}{1 - \frac{r'}{r''}},$$

c'est-à-dire inférieure à ε.

Il résulte de cette démonstration que dans le développement

$$F(z) = \sum_{-\infty}^{+\infty} c_i z^i,$$

le coefficient c_i est la limite du coefficient de z^i dans le développement de

$$\sum_1^{n} f_k(z),$$

pour $n = \infty$. Cette remarque nous sera utile plus tard.

33. Nous avons vu (n° 15) que, tant que la partie réelle de z est positive, la réduite

$$\frac{P_{2n}(z)}{Q_{2n}(z)} = \sum_1^{n} \frac{a_{2k}}{Q_{2k-2}(z)\,Q_{2k}(z)}$$

tend pour $n = \infty$ vers une limite $F(z)$ qui est une fonction holomorphe de z. La série

$$\sum_{1}^{\infty} \frac{a_{2k}}{Q_{2k-2}(z)\, Q_{2k}(z)}$$

est uniformément convergente dans tout domaine S dans lequel la partie réelle de z admet une limite inférieure qui soit positive.

Posons

$$f_k(z) = \frac{a_{2k}}{Q_{2k-2}(z)\, Q_{2k}(z)},$$

on aura

$$\frac{P_{2n}(z)}{Q_{2n}(z)} = \sum_{1}^{n} f_k(z),$$

c'est-à-dire

$$\sum_{1}^{n} f_k(z) = \sum_{1}^{n} \frac{M_i}{z + x_i}.$$

Admettons que z ait une valeur quelconque non sur la coupure, on aura

$$\left| \sum_{1}^{n} f_k(z) \right| < \sum_{1}^{n} \frac{M_i}{|z + x_i|}.$$

Je désigne par (z) le minimum du module de $z + u$ lorque u varie de 0 à ∞ en passant par toutes les valeurs réelles et positives Il est clair que, lorsque la partie réelle de z est positive ou nulle, on aura

$$(z) = |z|,$$

mais si, dans $z = \alpha + \beta i$, α est négatif, on aura

$$(z) = |\beta|.$$

On voit que (z) est positif, non nul tant que le point z n'est pas sur la coupure. Puisque, par définition, on a

$$|z + x_i| \geqq (z),$$

il viendra

$$\left| \sum_{1}^{n} f_k(z) \right| < \frac{1}{(z)} \sum_{1}^{n} M_i,$$

c'est-à-dire

$$\left| \sum_{1}^{n} f_k(z) \right| < \frac{1}{a_1\,(z)}.$$

Considérons maintenant un domaine quelconque S qui reste à distance finie de la coupure; dans ce domaine (z) aura une limite inférieure λ qui sera positive. Dans tout le domaine S on aura alors

$$\left|\sum_1^n f_k(z)\right| < \frac{1}{a_1 \lambda},$$

et cette limite supérieure est indépendante de n.

Soit maintenant a un point quelconque du plan non sur la coupure; nous allons montrer que la série

$$\sum_1^\infty f_k(z)$$

est convergente pour $z = a$, et que la convergence est uniforme dans le voisinage de a, c'est-à-dire dans un cercle C décrit autour de a avec un rayon assez petit pour n'avoir pas de point commun avec la coupure.

Prenons arbitrairement un point z_0 et un cercle C_1 dont z_0 est le centre et qui soit tout entier dans la partie du plan où la partie réelle de z est positive.

Nous pouvons alors construire encore d'une infinité de manières un domaine S englobant les cercles C et C_1 et qui reste à distance finie de la coupure. Dans ce domaine S le module de la somme

$$\sum_1^n f_k(z)$$

admet une limite supérieure indépendante de n, comme on vient de le voir. D'autre part, nous savons que dans le cercle C_1 la série

$$F(z) = \sum_1^\infty f_k(z)$$

est uniformément convergente. Nous pouvons donc appliquer le théorème du n^0 30 et affirmer que cette série est uniformément convergente dans S et partant dans C_1. Et, en même temps, nous savons que $F(z)$ est holomorphe dans S.

Cela revient donc à dire que les réduites

$$\frac{P_{2n}(z)}{Q_{2n}(z)} = \sum_1^n f_k(z)$$

tendent vers une fonction holomorphe $F(z)$, tant que z n'est pas sur la coupure.

34. L'étude des réduites d'ordre impair

$$\frac{P_{2n+1}(z)}{Q_{2n+1}(z)} = \frac{1}{a_1 z} - \sum_1^n \frac{a_{2k+1} z}{Q_{2k-1}(z)\, Q_{2k+1}(z)}$$

se fait de la même manière et conduit au même résultat. Nous savons que la série

$$F_1(z) = \frac{1}{a_1 z} - \sum_1^\infty \frac{a_{2k+1} z}{Q_{2k-1}(z)\, Q_{2k+1}(z)}$$

est uniformément convergente dans tout domaine S où la partie réelle de z admet une limite inférieure positive. Or, à l'aide du théorème du n° 30, on peut conclure que la série est convergente dans tout le plan hors de la coupure, et représente une fonction holomorphe. Ce théorème, en effet, s'applique grâce à la limitation

$$\left| \frac{P_{2n+1}(z)}{Q_{2n+1}(z)} \right| < \frac{1}{a_1 z},$$

qu'on obtient sans difficulté.

Dans tout ce qui précède, nous n'avons pas eu à distinguer les deux cas où la série

$$\sum_1^\infty a_n$$

est convergente ou divergente. Dans le premier cas, les fonctions $F(z)$ et $F_1(z)$ sont distinctes, mais nous n'apprenons rien de nouveau, ce cas ayant été déjà étudié d'une manière plus approfondie.

Mais, dans le second cas, les fonctions $F(z)$ et $F_1(z)$ sont évidemmment identiques et l'on peut écrire pour un point quelconque du plan non sur la coupure

$$\lim \frac{P_n(z)}{Q_n(z)} = F(z),$$

la convergence étant uniforme dans le voisinage du point considéré.

La nature de la fonction $F(z)$ se trouve ainsi mise en lumière; le seul point obscur qui reste à éclaircir, c'est la nature de la coupure.

Pour cela, nous allons obtenir pour cette fonction $F(z)$ une autre expression analytique, plus explicite que la série par laquelle nous l'avons définie jusqu'ici. Mais cette recherche rencontre encore de sérieuses difficultés et exige des considérations assez délicates.

35. Étudions d'abord un cas particulier dans lequel un segment de la coupure ne présente aucune espèce de singularité pour la fonction $F(z)$.

Soit

$$\nu_1, \quad \nu_2, \quad \nu_3, \quad \ldots, \quad \nu_k$$

une suite infinie de nombres entiers, positifs, croissants. On aura évidemment, n parcourant la suite de ces nombres,

$$\lim \frac{P_{2n}(z)}{Q_{2n}(z)} = F(z),$$

et la convergence sera encore uniforme dans le voisinage du point z. Soient a et $b\,(a < b)$ deux nombres positifs, nous supposons que pour $n = \nu_k$ l'équation

$$Q_{2n}(z) = 0$$

n'admet jamais une racine comprise entre $-b$ et $-a$.

Considérons un cercle C dont le centre est le point $-\frac{a+b}{2}$ et dont le rayon R est un peu inférieur à $\frac{b-a}{2}\cdot$ On constate facilement que pour tous les points à l'intérieur ou sur le contour de ce cercle, on aura

$$\left|\frac{P_{2n}(z)}{Q_{2n}(z)}\right| < \frac{1}{a_1\left(\frac{b-a}{2} - R\right)},$$

en supposant toujours $n = \nu_k$. Il est aisé d'en conclure, d'après notre théorème, que si l'on pose $(n = \nu_k)$

$$\frac{P_{2n}(z)}{Q_{2n}(z)} = f_1(z) + f_2(z) + \ldots + f_k(z),$$

la série

$$\sum_1^\infty f_k(z)$$

est uniformément convergente dans tout le cercle C et représente une fonction holomorphe. Donc la fonction $F(z)$ est holomorphe dans ce cas, même dans un domaine qui comprend à son intérieur une partie de la coupure, et sur le segment de la coupure entre $-b$ et $-a$ la fonction $F(z)$ n'a point de singularités. Cependant il faut remarquer que, dans ce cas, si z est sur la coupure entre $-b$ et $-a$, la relation

$$\lim \frac{P_{2n}(z)}{Q_{2n}(z)} = F(z)$$

n'a lieu que tant que n parcourt les nombres ν_k.

Soient r_1, R_1 $(r_1 < R_1)$ deux nombres compris entre a et b. Les fonctions $f_k(z)$ sont toutes holomorphes pour

$$a < |z| < b;$$

ensuite pour $r_1 \leqq |z| \leqq R_1$ la série

$$\sum_1^\infty f_k(z)$$

est uniformément convergente, comme cela résulte aisément de ce qui vient d'être dit et de ce que nous avons démontré déjà antérieurement.

Dès lors il est facile de voir que nous sommes dans les conditions exigées par le théorème du n° 31, et nous pouvons conclure: la série

$$F(z) = \sum_1^\infty f_k(z)$$

représente pour $a < |z| < b$ une fonction holomorphe qui peut se mettre sous la forme

$$F(z) = \sum_{-\infty}^{+\infty} c_i z^i,$$

et, d'après la remarque à la fin du n° 32, le coefficient c_i est la limite du coefficient de z^i dans le développement de

$$\frac{P_{2n}(z)}{Q_{2n}(z)} \qquad (n = \nu_k).$$

La valeur de c_{-1} est donc la limite du coefficient de z^{-1} dans le développement de

$$\frac{P_{2n}(z)}{Q_{2n}(z)} = \frac{M_1}{z + x_1} + \frac{M_2}{z + x_2} + \dots + \frac{M_n}{z + x_n}.$$

Si l'on suppose $x_p \leqq a$, $x_{p+1} \geqq b$, ce coefficient est évidemment

$$M_1 + M_2 + \ldots + M_p,$$

car on a pour $a < |z| < b$

$$\frac{P_{2n}(z)}{Q_{2n}(z)} = \sum_1^p M_k \left(\frac{1}{z} - \frac{x_k}{z^2} + \frac{x_k^2}{z^3} \cdots\right)$$
$$+ \sum_{p+1}^n M_k \left(\frac{1}{x_k} - \frac{z}{x_k^2} + \frac{z^2}{x_k^3} \cdots\right).$$

36. Nous allons exprimer ce résultat un peu autrement en introduisant une fonction croissante, discontinue $\varphi_n(u)$ qui jouera un rôle important dans la suite de nos raisonnements.

Ayant posé

$$\frac{P_{2n}(z)}{Q_{2n}(z)} = \sum_1^n \frac{M_k}{z + x_k},$$

nous définissons la fonction $\varphi_n(u)$ de la manière suivante

$$\begin{array}{ll}
\varphi_n(u) = 0, & 0 \leqq u < x_1, \\
\varphi_n(u) = M_1, & x_1 \leqq u < x_2, \\
\varphi_n(u) = M_1 + M_2, & x_2 \leqq u < x_3, \\
\varphi_n(u) = M_1 + M_2 + M_3, & x_3 \leqq u < x_4, \\
\ldots\ldots\ldots\ldots, & \ldots\ldots, \\
\varphi_n(u) = M_1 + M_2 + \ldots + M_{n-1}, & x_{n-1} \leqq u < x_n, \\
\varphi_n(u) = M_1 + M_2 + \ldots + M_n, & x_n \leqq u < \infty.
\end{array}$$

Soit c un nombre compris entre a et b, on aura

$$M_1 + M_2 + \ldots + M_p = \varphi_n(c).$$

Ainsi dans le cas particulier que nous considérons on a

$$F(z) = \sum_{-\infty}^{+\infty} c_i z^i,$$

tant que $a < |z| < b$ et la valeur de c_{-1} s'exprime par

$$c_{-1} = \lim \varphi_n(c),$$

n parcourant toujours les nombres ν_k.

CHAPITRE VI.

REMARQUES SUR LES FONCTIONS CROISSANTES ET LES INTÉGRALES DÉFINIES.

37. Le problème des moments que nous avons posé au n° 24 nous conduira à considérer une distribution de masse quelconque sur une droite Ox. Une telle distribution sera parfaitement déterminée si l'on sait calculer la masse totale, répandue sur le segment Ox. Ce sera évidemment une fonction croissante de x, et réciproquement, étant donnée une fonction croissante de x, on pourra toujours imaginer quelle représente, de la manière indiquée, une distribution de masse. Ceci nous amène à faire quelques remarques sur les fonctions croissantes. Soit donc $\varphi(x)$ une fonction croissante définie dans l'intervalle (a, b),

$$\varepsilon_1, \quad \varepsilon_2, \quad \varepsilon_3, \quad \ldots$$

une suite infinie de nombres positifs décroissants, tendant vers zéro.

Les nombres

$$\varphi(x+\varepsilon_n) \qquad (n=1, 2, 3, \ldots)$$

seront aussi décroissants, mais ils resteront $\geqq \varphi(x)$. Ces nombres tendent donc vers une limite déterminée A. Soit

$$\varepsilon'_1, \quad \varepsilon'_2, \quad \varepsilon'_3, \quad \ldots$$

une autre suite infinie de nombres positifs décroissants, tendant vers zéro, on aura encore

$$\lim \varphi(x+\varepsilon'_n) = \mathrm{B} \qquad (n=1, 2, 3, \ldots).$$

Mais il est facile de voir que $\mathrm{A}=\mathrm{B}$, et nous pourrons dire que $\varphi(x+\varepsilon)$ tend vers une limite déterminée, dès que la quantité positive ε tend vers zéro, d'une façon quelconque. Nous écrirons

$$\lim \varphi(x+\varepsilon) = \overset{+}{\varphi}(x),$$

et il est clair que de même $\varphi(x-\varepsilon)$ tend vers une limite que nous désignerons par $\overset{-}{\varphi}(x)$. On a évidemment

$$\overset{-}{\varphi}(x) \leqq \varphi(x) \leqq \overset{+}{\varphi}(x).$$

Lorsque $\overset{+}{\varphi}(x) = \overset{-}{\varphi}(x)$, nous dirons que x est un point de continuité; lorsque $\overset{+}{\varphi}(x) > \overset{-}{\varphi}(x)$, x est un point de discontinuité, et $\overset{+}{\varphi}(x) - \overset{-}{\varphi}(x)$ est la mesure de la discontinuité.

Dans tout intervalle (α, β), il y a des points de continuité.

En effet, soit

$$\lambda = \varphi(\beta) - \varphi(\alpha),$$

et choisissons quatre nombres p, q, r, s, de façon que

$$\alpha < p < q < r < s < \beta;$$

il est clair que l'une au moins des deux différences

$$\varphi(q) - \varphi(p), \quad \varphi(s) - \varphi(r)$$

sera $< \frac{\lambda}{2}$. Supposons, par exemple, que ce soit la première de ces différences qui soit plus petite que $\frac{\lambda}{2}$.

Écrivons $p = \alpha'$, $q = \beta'$, nous aurons maintenant un intervalle (α', β'), tel que

$$\varphi(\beta') - \varphi(\alpha') < \frac{\lambda}{2}$$

et

$$\alpha < \alpha' < \beta' < \beta.$$

De même, en partant de l'intervalle (α', β'), on pourra trouver un intervalle (α'', β''), tel que

$$\varphi(\beta'') - \varphi(\alpha'') < \frac{\lambda}{4},$$

$$\alpha' < \alpha'' < \beta'' < \beta'.$$

En continuant ainsi, on obtient une infinité d'intervalles

$$(\alpha, \beta), \quad (\alpha', \beta'), \quad (\alpha'', \beta''), \quad \ldots, \quad (\alpha^{(n)}, \beta^{(n)}), \quad \ldots,$$

tels que

$$\varphi(\beta^{(n)}) - \varphi(\alpha^{(n)}) < \frac{\lambda}{2^n}.$$

On pourra faire en sorte que

$$\lim \alpha^{(n)} = \lim \beta^{(n)} = \gamma \qquad \text{pour} \qquad n = \infty.$$

Or il est clair que γ sera nécessairement un point de continuité, car

$$\overset{+}{\varphi}(\gamma) - \overset{-}{\varphi}(\gamma)$$

ne peut pas être plus grand que $\varphi(\beta^{(n)}) - \varphi(\alpha^{(n)})$, quel que soit n: cette différence est donc nulle. Il est à peu près évident que la somme des discontinuités que peut présenter $\varphi(x)$ à l'intérieur de l'intervalle (a, b) ne peut jamais surpasser $\varphi(b) - \varphi(a)$. Donc le nombre des discontinuités qui surpassent un nombre donné est fini, et il est clair par là qu'on peut ranger les discontinuités par ordre de grandeur décroissante.

Les points de discontinuité de l'intervalle (a, b) peuvent donc être rangés dans une suite simplement infinie à indices entiers positifs

$$x_1, \quad x_2, \quad x_3, \quad x_4, \quad \ldots.$$

Cela est vrai même lorsque l'intervalle considéré s'étend à l'infini; on le divisera en intervalles

$$(a, b), \quad (b, c), \quad (c, d), \quad (d, e), \quad \ldots.$$

On trouvera une suite infinie de discontinuités pour chaque intervalle; l'ensemble des discontinuités constituera une suite à double entrée, qu'on sait ranger comme une suite simple. De là on peut conclure de nouveau, d'après un théorème de M. Cantor, qu'il y a des points de continuité dans tout intervalle. A la vérité, ce théorème se trouve démontré par les considérations précédentes.

38. Si maintenant, à cette notion d'une fonction croissante, on veut associer l'image d'une distribution de masse, on sera conduit à dire qu'en un point de discontinuité il y a une condensation d'une masse finie. Un tel point est un point matériel de masse $\overset{+}{\varphi}(x) - \overset{-}{\varphi}(x)$; et, superposé à ces masses condensées dans des points, il y aura une distribution continue de masse. Il convient de regarder toujours $\varphi(b) - \varphi(a)$ comme la masse comprise dans l'intervalle (a, b). L'intervalle $(0, x)$ contient alors la masse $\varphi(x) - \varphi(0)$ ou $\varphi(x)$ simplement, si l'on suppose $\varphi(0) = 0$. On voit alors que $\varphi(x) - \overset{-}{\varphi}(x)$ est la partie de la masse concentrée au point x, qui est censée faire partie de l'intervalle $(0, x)$, tandis que la masse $\overset{+}{\varphi}(x) - \varphi(x)$ est censée faire partie de l'intervalle (x, x'), $(x' > x)$. En changeant donc la valeur de $\varphi(x)$ dans un point de discontinuité $\left[\text{naturellement il faut qu'on ait toujours } \overset{-}{\varphi}(x) \leqq \varphi(x) \leqq \overset{+}{\varphi}(x)\right]$, on ne change en rien la distribution de masse, on fait seulement une nouvelle convention, relative à la façon de compter

une masse concentrée en x, comme appartenant aux intervalles $(0, x)$ et (x, x').

Considérons maintenant le moment d'une telle distribution de masse par rapport à l'origine. Posons $a = x_0$, $b = x_n$, et intercalons entre x_0 et x_n, $n-1$ valeurs

$$x_0 < x_1 < x_2 < \ldots < x_{n-1} < x_n.$$

Ensuite prenons n nombres $\xi_1, \xi_2, \ldots, \xi_n$, tels que

$$x_{k-1} \leqq \xi_k \leqq x_k.$$

La limite de la somme

$$\xi_1 [\varphi(x_1) - \varphi(x_0)] + \xi_2 [\varphi(x_2) - \varphi(x_1)] + \ldots + \xi_n [\varphi(x_n) - \varphi(x_{n-1})]$$

sera le moment, par définition. Considérons plus généralement la somme

$$\text{(A)} \quad f(\xi_1)[\varphi(x_1) - \varphi(x_0)] + f(\xi_2)[\varphi(x_2) - \varphi(x_1)] + \ldots + f(\xi_n)[\varphi(x_n) - \varphi(x_{n-1})],$$

elle aura encore une limite que nous désignerons par

$$\int_a^b f(u)\, d\varphi(u).$$

Nous aurons à considérer seulement quelques cas très simples comme $f(u) = u^k$, $f(u) = \frac{1}{z+u}$, et il n'y a pas intérêt à donner toute sa généralité à la fonction $f(u)$. Ainsi il suffira, par exemple, de supposer la fonction $f(u)$ continue, et alors la démonstration ne présente aucune difficulté, et nous n'avons pas besoin de la développer, puisqu'elle se fait comme dans le cas ordinaire d'une intégrale définie.

La valeur d'une telle intégrale ne change pas, si l'on change la valeur de $\varphi(x)$ aux points de discontinuité qui se trouvent a l'intérieur de l'intervalle (a, b). Et, en effet, puisqu'il y a des points de continuité dans tout intervalle, rien n'empêche de supposer que $x_1, x_2, \ldots, x_{n-1}$ soient toujours des points de continuité. Il faut remarquer seulement que a et b aussi pourront être des points de discontinuité, mais un changement de valeur de $\varphi(x)$ dans ces points-là affecte la valeur de l'intégrale, puisque $\varphi(a)$ et $\varphi(b)$ figurent explicitement dans la définition de l'intégrale comme limite de l'expression (A).

Posons $a = \xi_0$, $b = \xi_{n+1}$, l'expression (A) peut s'écrire

$$\begin{aligned} f(b)\varphi(b) - f(a)\varphi(a) - \varphi(x_0)\,[f(\xi_1) - f(\xi_0)] \\ - \varphi(x_1)\,[f(\xi_2) - f(\xi_1)] \\ \cdots\cdots\cdots\cdots\cdots \\ - \varphi(x_n)\,[f(\xi_{n+1}) - f(\xi_n)], \end{aligned}$$

et l'on a

$$\xi_k \leqq x_k \leqq \xi_{k+1}.$$

En passant à la limite, on a donc

$$\int_a^b f(u)\,d\varphi(u) = f(b)\varphi(b) - f(a)\varphi(a) - \int_a^b \varphi(u)\,df(u).$$

Dans le cas $f(u) = \dfrac{1}{u+x}$, $a = 0 = \varphi(0)$,

$$\int_0^b \frac{d\varphi(u)}{u+x} = \frac{\varphi(b)}{b+x} + \int_0^b \frac{\varphi(u)\,du}{(u+x)^2}.$$

Faisons croître b indéfiniment, en supposant que $\varphi(b)$ reste finie, on aura

$$\int_0^\infty \frac{d\varphi(u)}{u+x} = \int_0^\infty \frac{\varphi(u)\,du}{(u+x)^2}.$$

Il importait de ne laisser subsister aucun doute sur la légitimé de l'intégration par parties dans les circonstances actuelles.

39. Soit toujours $\varphi(u)$ unc fonction croissante

$$\varphi(0) = 0, \qquad \varphi(\infty) = c,$$

et posons

$$F(z) = \int_0^\infty \frac{d\varphi(u)}{z+u}.$$

On définit ainsi une fonction holomorphe dans tout le plan, excepté la coupure, qui se compose de la partie négative de l'axe réel. Cette fonction $\varphi(u)$ caractérise une certaine distribution de la masse totale c sur une droite OX.

Soit $\varphi_1(u)$ une fonction de même nature que $\varphi(u)$,

$$\varphi_1(0) = 0, \qquad \varphi_1(\infty) = c_1,$$

et posons

$$F_1(z) = \int_0^\infty \frac{d\varphi_1(u)}{z+u}.$$

Nous allons montrer que, si les fonctions $F(z)$ et $F_1(z)$ sont identiques, on peut en conclure que les fonctions $\varphi(u)$ et $\varphi_1(u)$ caractérisent la même distribution de masse; ces fonctions ne peuvent différer qu'aux points de discontinuité, et peuvent être considérées comme identiques si l'on n'a en vue que la distribution de masse.

Il est aisé d'abord de voir qu'on peut écrire

$$F(z) = \int_0^\infty \frac{\varphi(u)\,du}{(z+u)^2},$$

puisque $F(z) = \Phi'(z)$ si l'on pose

$$\Phi(z) = \int_0^\infty \left(\frac{1}{a+u} - \frac{1}{z+u}\right)\varphi(u)\,du.$$

Soient maintenant x un nombre positif, ε un nombre positif que nous allons faire tendre vers zéro; considérons, d'après l'exemple de M. Hermite, la différence

$$\Phi(-x+\varepsilon i) - \Phi(-x-\varepsilon i) = \int_0^\infty \frac{2\varepsilon i\varphi(u)\,du}{(u-x)^2+\varepsilon^2}.$$

Nous allons voir que, pour $\lim \varepsilon = 0$, cette expression a une limite finie. Décomposons l'intégrale en deux

$$\int_0^x \frac{2\varepsilon i\varphi(u)\,du}{(u-x)^2+\varepsilon^2} + \int_x^\infty \frac{2\varepsilon i\varphi(u)\,du}{(u-x)^2+\varepsilon^2}.$$

Je dis qu'on aura

$$\lim_{\varepsilon=0} \int_0^x \frac{2\varepsilon i\varphi(u)\,du}{(u-x)^2+\varepsilon^2} = \pi i \overset{-}{\varphi}(x),$$

$$\lim_{\varepsilon=0} \int_x^\infty \frac{2\varepsilon i\varphi(u)\,du}{(u-x)^2+\varepsilon^2} = \pi i \overset{+}{\varphi}(x).$$

En effet, écrivons

$$\int_0^x \frac{\varepsilon\varphi(u)\,du}{(u-x)^2+\varepsilon^2} = \int_0^{x-\sqrt{\varepsilon}} \frac{\varepsilon\varphi(u)\,du}{(u-x)^2+\varepsilon^2} + \int_{x-\sqrt{\varepsilon}}^x \frac{\varepsilon\varphi(u)\,du}{(u-x)^2+\varepsilon^2},$$

on aura

$$\int_0^{x-\sqrt{\varepsilon}} \frac{\varepsilon\varphi(u)\,du}{(u-x)^2+\varepsilon^2} < c\int_0^{x-\sqrt{\varepsilon}} \frac{\varepsilon\,du}{(u-x)^2+\varepsilon^2} = c\left(\operatorname{arc\,tang}\frac{x}{\varepsilon} - \operatorname{arc\,tang}\frac{1}{\sqrt{\varepsilon}}\right),$$

donc

$$\lim\int_0^{x-\sqrt{\varepsilon}} \frac{\varepsilon\varphi(u)\,du}{(u-x)^2+\varepsilon^2} = 0.$$

D'autre part, dans l'intégrale

$$\int_{x-\sqrt{\varepsilon}}^{x} \frac{\varepsilon\varphi(u)\,du}{(u-x)^2+\varepsilon^2},$$

la fonction $\varphi(u)$ pour $x-\sqrt{\varepsilon} \leqq u < x$ prend des valeurs qui sont infiniment voisines de $\bar{\varphi}(x)$. Il est vrai que la valeur de $\varphi(x)$ peut surpasser $\bar{\varphi}(x)$ d'une quantité finie, mais cette valeur de $\varphi(x)$ n'a aucune influence sur la valeur de l'intégrale. Il est aisé de voir alors que cette valeur diffère infiniment peu de

$$\bar{\varphi}(x)\int_{x-\sqrt{\varepsilon}}^{x} \frac{\varepsilon\,du}{(u-x)^2+\varepsilon^2} = \bar{\varphi}(x)\operatorname{arc\,tang}\frac{1}{\sqrt{\varepsilon}},$$

donc

$$\lim\int_{x-\sqrt{\varepsilon}}^{x} \frac{\varepsilon\varphi(u)\,du}{(u-x)^2+\varepsilon^2} = \frac{\pi}{2}\bar{\varphi}(x) = \lim\int_0^{x} \frac{\varepsilon\varphi(u)\,du}{(u-x)^2+\varepsilon^2}.$$

On trouvera de même sans difficulté

$$\lim\int_x^{\infty} \frac{\varepsilon\varphi(u)\,du}{(u-x)^2+\varepsilon^2} = \frac{\pi}{2}\overset{+}{\varphi}(x),$$

et nous aurons donc

$$\lim_{\varepsilon=0}[\Phi(-x+\varepsilon i) - \Phi(-x-\varepsilon i)] = \pi i[\bar{\varphi}(x) + \overset{+}{\varphi}(x)].$$

Posons maintenant

$$\Phi_1(z) = \int_0^{\infty}\left(\frac{1}{a+u} - \frac{1}{z+u}\right)\varphi_1(u)\,du,$$

on aura $F_1(z) = \Phi_1'(z)$, et, puisque nous supposons $F(z) = F_1(z)$, les fonctions $\Phi(z)$ et $\Phi_1(z)$ ne pourront différer que par une constante. On aura donc

$$\Phi(-x+\varepsilon i)-\Phi(-x-\varepsilon i)=\Phi_1(-x+\varepsilon i)-\Phi_1(-x-\varepsilon i),$$

et, faisant tendre ε vers zéro, on en conclut

$$\overset{-}{\varphi}(x)+\overset{+}{\varphi}(x)=\overset{-}{\varphi_1}(x)+\overset{+}{\varphi_1}(x).$$

Cette relation a lieu pour toute valeur positive de x tandis que nous supposons $\varphi(0)=\varphi_1(0)=0$. On peut en conclure que les fonctions $\varphi(u)$ et $\varphi_1(u)$ caractérisent la même distribution de masse. En effet, tant qu'il ne s'agit que de caractériser une distribution de masse, on peut prendre arbitrairement les valeurs de $\varphi(u)$, $\varphi_1(u)$ aux points de discontinuité. Rien n'empêche donc de prendre toujours

$$\varphi(x)=\frac{\overset{-}{\varphi}(x)+\overset{+}{\varphi}(x)}{2}, \qquad \varphi_1(x)=\frac{\overset{-}{\varphi_1}(x)+\overset{+}{\varphi_1}(x)}{2}.$$

De cette façon, on voit qu'on a pour toute valeur positive de x

$$\varphi(x)=\varphi_1(x),$$

et, puisque $\varphi(0)=\varphi_1(0)=0$, les deux fonctions sont identiques.

CHAPITRE VII.

DÉMONSTRATION DU THÉORÈME FONDAMENTAL.

40. Soit

$$u_1, \quad u_2, \quad u_3, \quad \ldots$$

une suite infinie de nombres; nous supposerons que ces nombres sont limités supérieurement et inférieurement.

Il en sera de même alors des nombres

$$u_n, \quad u_{n+1}, \quad u_{n+2}, \quad u_{n+3}, \quad \ldots,$$

et ces nombres admettent donc un maximum, ou limite supérieure L_n, et également un minimum, ou limite inférieure l_n. Ce nombre L_n jouira alors des propriétés suivantes:

1° Aucun des nombres

$$u_n, \quad u_{n+1}, \quad u_{n+2}, \quad \ldots$$

ne peut être plus grand que L_n.

2° Au moins un de ces nombres est égal à L_n, ou, si cela n'a pas lieu, on pourra en trouver au moins un qui surpasse $L_n - \varepsilon$, ε étant un nombre positif quelconque. Lorsque n augmente, L_n ne peut que diminuer, de même l_n ne peut qu'augmenter. Dès lors il est clair que, pour $n = \infty$, on aura

$$\lim L_n = L,$$
$$\lim l_n = l,$$
$$L \geqq l.$$

Voici maintenant les propriétés du nombre L:

I. Les nombres

$$u_1, \quad u_2, \quad u_3, \quad \ldots,$$

à partir d'un certain rang, sont tous inférieurs à $L + \varepsilon$, ε étant un nombre positif quelconque.

En effet, puisque L_n tend vers L en diminuant, on peut toujours déterminer n de façon que L_n soit plus petit que $L + \varepsilon$; or aucun des nombres

$$u_n, \quad u_{n+1}, \quad u_{n+2}, \quad \ldots$$

ne surpasse L_n, ils sont donc aussi tous $< L + \varepsilon$.

Parmi les nombres

$$u_1, \quad u_2, \quad u_3, \quad \ldots$$

il y en a toujours un qui est, soit $= L_1$, soit $> L_1 - \varepsilon$. Soit u_k ce nombre, il est visiblement plus grand que $L - \varepsilon$ puisque $L_1 \geqq L$.

Ensuite, parmi les nombres

$$u_{k+1}, \quad u_{k+2}, \quad u_{k+3}, \quad \ldots$$

il y en aura un qui est, soit $= L_{k+1}$, soit $> L_{k+1} - \varepsilon$.

Soit u_l ce nombre, il sera encore plus grand que $L - \varepsilon$.

De même, parmi les nombres

$$u_{l+1}, \quad u_{l+2}, \quad u_{l+3}, \quad \ldots$$

il y en aura toujours un u_m, qui est plus grand que $L_{l+1} - \varepsilon$, et, par conséquent, aussi plus grand que $L - \varepsilon$.

En continuant ainsi, il est clair que, dans la suite

$$u_1, \quad u_2, \quad u_3, \quad \ldots,$$

on peut trouver une infinité de nombres

$$u_k, \quad u_l, \quad u_m, \quad \ldots$$

qui sont tous plus grands que $L - \varepsilon$. Les indices $k, l, m, \ldots$ vont en augmentant; or nous savons déjà que tous les nombres de la suite

$$u_1, \quad u_2, \quad u_3, \quad \ldots,$$

à partir d'un certain rang, sont inférieurs à $L + \varepsilon$.

Il en sera de même pour la suite

$$u_k, \quad u_l, \quad u_m, \quad \ldots,$$

et nous arrivons à ce résultat:

II. Dans la suite

$$u_1, \quad u_2, \quad u_3, \quad \ldots,$$

il existe toujours une infinité de nombres qui sont compris entre $L - \varepsilon$ et $L + \varepsilon$, ε étant un nombre positif quelconque.

On verra de la même façon

I°. Les nombres

$$u_1, \quad u_2, \quad u_3, \quad \ldots,$$

à partir d'un certain rang, sont tous supérieurs à $l - \varepsilon$.

II°. Dans la suite

$$u_1, \quad u_2, \quad u_3, \quad \ldots,$$

il existe toujours une infinité de nombres qui sont compris entre $l - \varepsilon$ et $l + \varepsilon$.

La considération de ces nombres L et l est due à M. du Bois-Reymond, qui l'a exposé dans un livre paru en 1882 et qui a été traduit en français par MM. Milhaud et Girot. M. du Bois-Reymond appelle L et l les limites d'indétermination des nombres u_n; on voit en effet que, pour n infini, u_n finit par osciller entre ces limites. Et il est évident aussi que les nombres u_n ne tendent vers une limite déterminée que lorsqu'on a $\mathrm{L} = l$.

La première application qu'on a faite de cette considération nous paraît due à M. Hadamard qui a remarqué que, dans le cas

$$u_n = \sqrt[n]{|c_n|},$$

le rayon de convergence de la série

$$\sum_0^\infty c_n z^n$$

est égal à $1 : \mathrm{L}$.

41. Je reviens maintenant à la fonction $\varphi_n(u)$ défini au n° 36. C'est une fonction croissante qui est bien déterminée, même aux points de discontinuité.

Elle ne varie qu'entre les limites

$$\varphi_n(0) = 0, \qquad \varphi_n(\infty) = \frac{1}{a_1}.$$

Soit maintenant u un nombre fixe, positif ou nul, et considérons la suite infinie

$$\varphi_1(u), \quad \varphi_2(u), \quad \varphi_3(u), \quad \ldots,$$

Ces nombres sont limités; je désignerai les limites correspondantes L et l par

$$L = \psi(u),$$
$$l = \chi(u),$$

en sorte qu'on aura

$$\psi(u) \geqq \chi(u).$$

Il est clair du reste que $\psi(0) = \chi(0) = 0$, et si pour quelque valeur particulière de u on a

$$\psi(u) = \chi(u),$$

nous pourrons en conclure, d'après ce qui précède, que, pour $n = \infty$,

$$\lim \varphi_n(u) = \psi(u) = \chi(u).$$

La fonction $\varphi_n(u)$ étant croissante, on reconnaît immédiatement que les fonctions $\psi(u)$ et $\chi(u)$ sont aussi croissantes.

Ainsi, sous la condition $a < b$, on aura

(1) . . . . $\psi(a) \leqq \psi(b)$,

(2) . . . . $\chi(a) \leqq \chi(b)$.

A ces inégalités, nous allons en ajouter une autre d'une très grande importance: c'est celle-ci

(3) . . . . $\psi(a) \leqq \chi(b)$.

Mais la démonstration de cette inégalité exige quelques préparatifs

42. Calculons d'abord l'intégrale

$$\int_0^\infty \left[\frac{1}{a_1} - \varphi_n(u)\right] u^k \, du.$$

Sa valeur est évidemment

$$\begin{aligned}
&\frac{1}{k+1}(M_1 + M_2 + M_3 + \ldots + M_n)\, x_1^{k+1} \\
&\quad + \frac{1}{k+1}(M_2 + M_3 + \ldots + M_n)(x_2^{k+1} - x_1^{k+1}) \\
&\quad\quad + \frac{1}{k+1}(M_3 + \ldots + M_n)(x_3^{k+1} - x_2^{k+1}) \\
&\quad\quad\quad + \ldots\ldots\ldots\ldots\ldots\ldots \\
&\quad\quad\quad\quad + \frac{1}{k+1} M_n (x_n^{k+1} - x_{n-1}^{k+1}),
\end{aligned}$$

c'est-à-dire égale à

$$\frac{1}{k+1}(M_1 x_1^{k+1} + M_2 x_2^{k+1} + M_3 x_3^{k+1} + \ldots + M_n x_n^{k+1});$$

ainsi

$$\int_0^\infty \left[\frac{1}{a_1} - \varphi_n(u)\right] u^k\, du = \frac{c_{k+1}}{k+1} \qquad (k=0, 1, 2, 3, \ldots, 2n-2).$$

On aura de même

$$\int_0^\infty \left[\frac{1}{a_1} - \varphi_{n+n'}(u)\right] u^k\, du = \frac{c_{k+1}}{k+1} \qquad (k=0, 1, 2, 3, \ldots, 2n+2n'-2)$$

et, par suite,

$$\int_0^\infty [\varphi_n(u) - \varphi_{n+n'}(u)]\, u^k\, du = 0 \qquad (k=0, 1, 2, 3, \ldots, 2n-2).$$

D'après un raisonnement bien connu, dû à Legendre, on en conclut que la fonction

$$\varphi_n(u) - \varphi_{n+n'}(u)$$

doit changer de signe au moins $2n-1$ fois. Or, $\varphi_n(u)$ et $\varphi_{n+n'}(u)$ sont des fonctions croissantes l'une et l'autre, puis $\varphi_n(u)$ est constant dans chacun des intervalles

$$(x_1, x_2), \quad (x_2, x_3), \quad \ldots, \quad (x_{n-1}, x_n).$$

Dans chacun de ces intervalles, $\varphi_n(u) - \varphi_{n+n'}(u)$ peut changer de signe une fois au plus. Ensuite, il peut y avoir un changement de signe pour les points de discontinuité $x_1, x_2, \ldots, x_n$, cela donne au plus n changements de signe; en tout on en a ainsi $2n-1$ au plus. Mais, à cause de

$$\varphi_n(0) = \varphi_{n+n'}(0) = 0,$$
$$\varphi_n(\infty) = \varphi_{n+n'}(\infty) = \frac{1}{a_1},$$

on reconnaît immédiatement qu'il ne peut pas y avoir d'autres changements de signe. Donc, effectivement, il doit y avoir un changement de signe dans chaque intervalle

$$(x_1, x_2), \quad \ldots, \quad (x_{n-1}, x_n),$$

et un changement de signe pour

$$u = x_k \qquad (k = 1, 2, \ldots, n).$$

Pour une valeur $u = x_k$, il faut donc que l'on ait

$$\varphi_n(\overset{-}{x_k}) < \varphi_{n+n'}(x_k) < \varphi_n(\overset{+}{x_k}),$$

et même dans le cas où la fonction $\varphi_{n+n'}(u)$ aurait aussi une discontinuité pour $u = x_k$ (ce qui peut arriver exceptionnellement lorsque les équations

$$Q_{2n}(z) = 0, \qquad Q_{2n+2n'}(z) = 0$$

ont des racines communes), on aurait

$$\varphi_n(\overset{-}{x_k}) < \varphi_{n+n'}(\overset{-}{x_k}) < \varphi_{n+n'}(\overset{+}{x_k}) < \varphi_n(\overset{+}{x_k}).$$

Remarquons ensuite que, puisque

$$\varphi_n(u) - \varphi_{n+n}(u)$$

doit changer de signe dans l'intervalle (x_k, x_{k+1}) et que $\varphi_n(u)$ est constant dans cet intervalle, $\varphi_{n+n'}(u)$ doit effectivement croître dans cet intervalle. Or, cette fonction ne croît que par sauts brusques, les points de discontinuité étant les racines de

$$Q_{2n+2n'}(-z) = 0.$$

On en conclut que, dans l'intervalle (x_k, x_{k+1}), il doit y avoir au moins une racine de cette équation.

On retrouve ainsi une proposition que nous avons déjà obtenue d'une façon plus complète (voir n° 5).

43. Pour démontrer maintenant l'inégalité (3), plaçons-nous dans l'hypothèse contraire; supposons qu'on ait

$$\psi(a) > \chi(b),$$

on pourra trouver un nombre positif ε tel que

$$\psi(a) - \varepsilon > \chi(b) + \varepsilon.$$

Cela étant, d'après les propriétés des limites d'indétermination, nous savons qu'il existe une infinité d'indices croissants

$$\nu_1, \quad \nu_2, \quad \nu_3, \quad \ldots, \quad \nu_k, \quad \ldots$$

tels que $\varphi_n(a)$ pour $n = \nu_k$ est toujours $> \psi(a) - \varepsilon$. Et il existera aussi une seconde suite d'indices croissants

$$\nu'_1, \quad \nu'_2, \quad \nu'_3, \quad \ldots, \quad \nu'_k, \quad \ldots$$

tels que $\varphi_n(b)$ pour $n = \nu'_k$ est toujours $< \chi(b) + \varepsilon$.

Je dis maintenant que, pour $n=\nu_k$ et aussi pour $n=\nu'_k$, l'équation

$$Q_{2n}(-z)=0$$

ne pourra jamais avoir une racine comprise entre a et b. En effet, supposons que pour $n=\nu_k$ cette équation ait une racine c comprise entre a et b. Alors la fonction $\varphi_n(u)$ aura encore une discontinuité pour $u=c$, et, puisque $\varphi_n(a)$ est déjà supérieur à $\psi(a)-\varepsilon$, on aura

$$\varphi_n(\overset{-}{c}) > \psi(a)-\varepsilon,$$
$$\varphi_n(\overset{+}{c}) > \psi(a)-\varepsilon.$$

Or, dans la suite

$$\nu'_1,\quad \nu'_2,\quad \ldots,\quad \nu'_k,\quad \ldots,$$

nous pourrons toujours trouver un nombre $\nu'_k=n'$ supérieur à $n=\nu_k$. Dès lors, on devrait avoir

$$\varphi_n(\overset{-}{c}) < \varphi_{n'}(c) < \varphi_n(\overset{+}{c}).$$

Mais c'est là évidemment une absurdité, car

$$\varphi_{n'}(c) \leqq \varphi_{n'}(b) < \chi(b)+\varepsilon,$$

tandis que

$$\varphi_n(\overset{-}{c}) > \psi(a)-\varepsilon > \chi(b)+\varepsilon.$$

Il est ainsi prouvé que l'équation

$$Q_{2n}(-z)=0$$

ne peut avoir aucune racine entre a et b lorsque $n=\nu_k$, et l'on verra de la même façon que cela est vrai encore pour $n=\nu'_k$.

Puisque donc, pour une infinité de valeurs $n=\nu_k$, l'équation

$$Q_{2n}(-z)=0$$

n'admet aucune racine entre a et b, nous savons (voir n°s 35, 36) que la fonction $F(z)$ admet un développement

$$\sum_{-\infty}^{+\infty} c_i z^i$$

convergent pour $a<|z|<b$, et la valeur de c_{-1} est la limite de $\varphi_n(c)$, c étant un nombre fixe entre a et b, n parcourant les valeurs

$$\nu_1,\quad \nu_2,\quad \nu_3,\quad \ldots.$$

Mais on peut appliquer le même raisonnement en faisant parcourir à n les valeurs

$$\nu'_1, \quad \nu'_2, \quad \nu'_3, \quad \ldots,$$

et puisque, dans les deux cas, la fonction F (z) est la même, on devrait avoir

$$c_{-1} = \lim \varphi_{\nu_k}(c) = \lim \varphi_{\nu'_k}(c).$$

Or cela est une absurdité évidente, car tous les nombres $\varphi_{\nu_k}(c)$ surpassant $\psi(a) - \varepsilon$ et tous les nombres $\varphi_{\nu'_k}(c)$ sont inférieurs à

$$\chi(b) + \varepsilon < \psi(a) - \varepsilon.$$

La contradiction qui se manifeste ici montre que l'hypothèse d'où on l'a déduite, et qui consistait à admettre que

$$\psi(a) > \chi(b),$$

doit être rejetée. L'inégalité (3) se trouve démontrée.

44. Ce point important établi, nous pourrons introduire une fonction qui joue le rôle principal dans notre théorème fondamental. Posons

$$\Phi(u) = \frac{\psi(u) + \chi(u)}{2},$$

il résulte immédiatement des inégalités (1), (2), que c'est là une fonction croissante; on a d'ailleurs $\Phi(0) = 0$, et la fonction ne peut pas croître au delà de $\frac{1}{a_1}$ comme $\psi(u)$ et $\chi(u)$. Il est clair que

$$\Phi(u + \varepsilon) \geqq \chi(u + \varepsilon) \geqq \psi(u),$$

donc

$$\Phi(\overset{+}{u}) \geqq \psi(u).$$

De même

$$\Phi(\overset{-}{u}) \leqq \chi(u).$$

Ainsi, lorsqu'on a $\psi(u) > \chi(u)$, $\Phi(u)$ est discontinue et la mesure de la discontinuité n'est pas moindre que $\psi(u) - \chi(u)$, mais elle peut être plus grande. Aussi $\Phi(u)$ peut être discontinue même en des points pour lesquels $\psi(u) = \chi(u)$. Mais, $\Phi(u)$ étant une fonction croissante, nous savons qu'elle a des points de continuité dans tout intervalle.

Or, si l'on a

$$\Phi(\overset{+}{u}) = \Phi(\overset{-}{u}),$$

on conclut $\psi(u) = \chi(u) = \lim \varphi_n(u)$ pour $n = \infty$. Donc, dans tout intervalle, il y a des points u tels que $\varphi_n(u)$ tend vers une limite finie pour $n = \infty$.

Voici maintenant une propriété de la fonction $\Phi(u)$ qui nous sera très utile. Considérons la fonction $\varphi_n(u)$; elle est discontinue pour $u = x_k$ et pour $n' > n$ on a

$$\varphi_n(\overset{-}{x_k}) < \varphi_{n'}(x_k) < \varphi_n(\overset{+}{x_k}).$$

Il s'ensuit évidemment que $\psi(x_k)$ et $\chi(x_k)$, les limites d'indétermination des $\varphi_{n'}(x_k)$ pour $n' = \infty$, sont aussi comprises entre $\varphi_n(\overset{-}{x_k})$ et $\varphi_n(\overset{+}{x_k})$: donc

$$\varphi_n(\overset{-}{x_k}) \leqq \Phi(x_k) \leqq \varphi_n(\overset{+}{x_k}).$$

45. Considérons maintenant les équations

$$Q_{2n}(-z) = 0, \qquad (n = 1, 2, 3, \ldots),$$

et un intervalle quelconque (a, b),

$$0 \leqq a < b.$$

Deux cas peuvent se présenter:

Ou bien les équations

$$Q_{2n}(-z) = 0,$$

pour lesquelles il n'y a aucune racine entre a et b, sont en nombre fini; ou bien ces équations sont en nombre infini.

Dans le premier cas, nous dirons que l'intervalle (a, b) est de première espèce; dans le second cas, il est de seconde espèce.

Lorsque l'intervalle (a, b) est de première espèce, il existe un nombre ν, tel que pour $n > \nu$ l'équation

$$Q_{2n}(-z) = 0$$

a toujours au moins une racine entre a et b, et cette propriété est évidemment caractéristique pour un intervalle de première espèce. Ainsi, lorsque, pour une valeur particulière de n, l'équation a deux racines entre a et b, l'intervalle est toujours de première espèce, car les équa tions suivantes de degrés supérieurs auront toujours au moins une racine entre ces deux racines-là.

Supposons que l'intervalle (a, b) soit de seconde espèce et, en outre, que les points a et b soient des points de continuité de $\Phi(u)$ et de toutes les fonctions $\varphi_n(u)$. Il résulte de cette dernière hypothèse que:

$$\Phi(a) = \lim_{n=\infty} \varphi_n(a),$$
$$\Phi(b) = \lim_{n=\infty} \varphi_n(b).$$

Je dis qu'on a nécessairement $\Phi(a) = \Phi(b)$. En effet, supposons

$$\Phi(a) < \Phi(b),$$

on pourra déterminer un nombre positif ε tel que

$$\Phi(a) + \varepsilon < \Phi(b) - \varepsilon.$$

D'autre part, pour toutes les valeurs de n au-dessus d'une certaine limite $n > \nu$, on a

$$|\varphi_n(a) - \Phi(a)| < \varepsilon,$$
$$|\varphi_n(b) - \Phi(b)| < \varepsilon.$$

Il s'ensuit que, pour ces mêmes valeurs de n, on a

$$\varphi_n(a) < \varphi_n(b).$$

La fonction $\varphi_n(u)$ doit donc augmenter effectivement lorsque u croît de a jusqu'à b. Cela n'est possible que si l'équation

$$Q_{2n}(-z) = 0$$

a au moins une racine entre a et b. Comme cela doit arriver pour toutes les valeurs de n qui surpassent ν, on en conclut que l'intervalle (a, b) est de première espèce, contrairement à l'hypothèse admise. On a donc bien

$$\Phi(a) = \Phi(b).$$

Pour $n > \nu$, on aura toujours

$$|\varphi_n(a) - \Phi(a)| < \varepsilon,$$
$$|\varphi_n(b) - \Phi(b)| < \varepsilon;$$

mais, puisque $\Phi(a) = \Phi(b)$, il est évident qu'il s'ensuit

$$|\varphi_n(u) - \Phi(u)| < \varepsilon,$$

pour toutes les valeurs

$$a \leqq u \leqq b.$$

C'est là un résultat important; il suppose que l'intervalle (a, b) soit de seconde espèce et que a et b soient des points de continuité de $\Phi(u)$ et de toutes les fonctions $\varphi_n(u)$. Dans le cas $a = 0$, l'intervalle $(0, b)$ peut être de seconde espèce, mais voici dans quelles circonstances seulement. L'équation

$$Q_{2n}(-z) = 0$$

ne doit jamais avoir une racine égale ou plus petite que b; car, si cela arrive, l'équation

$$Q_{2n'}(-z) = 0$$

a toujours pour $n' > n$ une racine dans l'intervalle $(0, b)$, qui serait ainsi de première espèce. Donc, si l'intervalle $(0, b)$ est de seconde espèce, on a toujours

$$\varphi_n(b) = 0,$$

et par conséquent $\Phi(b) = 0$. Les fonctions $\varphi_n(u)$ et $\Phi(u)$ sont identiquement nulles dans tout l'intervalle

$$0 \leqq u \leqq b.$$

46. Soit L un nombre positif quelconque et considérons l'intégrale

$$\int_0^L |\varphi_n(u) - \Phi(u)|\, du.$$

Entre 0 et L, j'intercale $k - 1$ nombres $u_1, u_2, \ldots, u_{k-1}$

$$u_0 = 0 < u_1 < u_2 < \ldots < u_{k-1} < u_k = L,$$

d'une façon quelconque. Je désigne par ε l'étendue du plus grand des intervalles (u_{i-1}, u_i), $(i = 1, 2, \ldots, k)$.

Pour simplifier un peu les raisonnements, je supposerai qu'aucun point u_i $(i = 1, 2, \ldots, k)$ ne soit racine d'une équation

$$Q_{2n}(-z) = 0,$$

ou un point de discontinuité de $\Phi(u)$. Puisque l'ensemble des racines et des points de discontinuité de $\Phi(u)$ peut se ranger sous la forme d'une suite infinie, il existe de tels points u_i dans tout intervalle. Le point $u_0 = 0$ n'est pas une racine, mais il peut être un point de discontinuité pour $\Phi(u)$. Cependant, cela ne peut jamais arriver lorsque l'intervalle (u_0, u_1) est de seconde espèce, car alors $\Phi(u)$ est nulle dans tout l'intervalle.

A chaque intervalle (u_{i-1}, u_i) j'associe maintenant un nombre entier ν_i de la façon suivante. Si l'intervalle est de première espèce, je suppose que le nombre ν_i est tel que, pour $n > \nu_i$, l'équation

$$Q_{2n}(-z) = 0$$

a au moins une racine dans l'intervalle.

Si l'intervalle est de seconde espèce, je suppose que, pour $n > \nu_i$ et

$$u_{i-1} \leqq u \leqq u_i,$$

on ait

$$|\varphi_n(u) - \Phi(u)| < \varepsilon',$$

ε' étant un nombre positif arbitraire, le même pour tous les intervalles de seconde espèce.

Cela étant, soit N le plus grand des nombres

$$\nu_1, \quad \nu_2, \quad \ldots, \quad \nu_k,$$

je supposerai désormais $n > N$, et je cherche une limite supérieure de l'intégrale

$$\int_0^L |\varphi_n(u) - \Phi(u)|\, du.$$

Pour cela, je la décompose dans une somme de k intégrales

$$\sum_1^k \int_{u_{i-1}}^{u_i} |\varphi_n(u) - \Phi(u)|\, du.$$

Si l'intervalle (u_{i-1}, u_i) est de première espèce, la fonction $\varphi_n(u)$ aura au moins un saut brusque dans l'intervalle pour $u = c$ et

$$\varphi_n(\overset{-}{c}) \leqq \Phi(c) \leqq \varphi_n(\overset{+}{c}).$$

Les deux intervalles

$$[\varphi_n(u_{i-1}), \varphi_n(u_i)] \qquad \text{et} \qquad [\Phi(u_{i-1}), \Phi(u_i)]$$

auront donc au moins un point de commun, par conséquent

$$\varphi_n(u_i) \geqq \Phi(u_{i-1}),$$
$$\Phi(u_i) \geqq \varphi_n(u_{i-1}).$$

Dans tout l'intervalle, on a évidemment

$$\varphi_n(u_{i-1}) - \Phi(u_i) \leqq \varphi_n(u) - \Phi(u) \leqq \varphi_n(u_i) - \Phi(u_{i-1}),$$

et à plus forte raison

$$\varphi_n(u) - \Phi(u) \leqq \varphi_n(u_i) - \varphi_n(u_{i-1}) + \Phi(u_i) - \Phi(u_{i-1}),$$
$$\varphi_n(u) - \Phi(u) \geqq \varphi_n(u_{i-1}) - \varphi_n(u_i) + \Phi(u_{i-1}) - \Phi(u_i),$$

c'est-à-dire

$$|\varphi_n(u) - \Phi(u)| \leqq \varphi_n(u_i) - \varphi_n(u_{i-1}) + \Phi(u_i) - \Phi(u_{i-1}).$$

On en conclut

$$\int_{u_{i-1}}^{u_i} |\varphi_n(u) - \Phi(u)|\, du \leqq \varepsilon \{\varphi_n(u_i) - \varphi_n(u_{i-1}) + \Phi(u_i) - \Phi(u_{i-1})\}.$$

Le facteur qui multiplie ε est la somme des variations de fonctions $\varphi_n(u)$ et $\Phi(u)$ dans l'intervalle (u_{i-1}, u_i). La somme de toutes les intégrales

$$\int_{u_{i-1}}^{u_i} |\varphi_n(u) - \Phi(u)|\, du,$$

pour lesquelles (u_{i-1}, u_i) est un intervalle de première espèce, a donc pour limite supérieure

$$\varepsilon(\sigma_1 + \sigma_2),$$

σ_1 étant la somme des variations de $\varphi_n(u)$ dans ces intervalles, σ_2 la somme des variations de $\Phi(u)$. Il est clair que σ_1 est inférieur à la variation totale de $\varphi_n(u)$, c'est-à-dire à

$$\varphi_n(\infty) - \varphi_n(0) = \frac{1}{a_1}.$$

De même σ_2 est inférieure à la variation totale de $\Phi(u)$ qui, elle aussi, ne peut pas surpasser $\frac{1}{a_1}$. On peut donc adopter pour limite supérieure de la somme considérée l'expression $\frac{2\varepsilon}{a_1}$.

Si l'intervalle (u_{i-1}, u_i) est de seconde espèce, on aura dans tout l'intervalle, à cause de la valeur de $n > \mathrm{N} \geqq \nu_i$,

$$|\varphi_n(u) - \Phi(u)| < \varepsilon',$$
$$\int_{u_{i-1}}^{u_i} |\varphi_n(u) - \Phi(u)|\, du < \varepsilon'(u_i - u_{i-1}).$$

La somme de toutes les intégrales de cette espèce sera donc inférieure à $L\varepsilon'$, puisque la somme des intervalles est évidemment inférieure à L.

D'après cela, il est clair que nous pouvons énoncer la proposition suivante:

$L, \varepsilon, \varepsilon'$ étant des nombres positifs arbitraires, il existe un nombre entier N tel que, pour $n > N$,

$$\int_0^L |\varphi_n(u) - \Phi(u)|\, du < \frac{2\varepsilon}{a_1} + L\varepsilon'.$$

47. Il est évident que

$$\frac{P_{2n}(z)}{Q_{2n}(z)} = \int_0^\infty \frac{d\varphi_n(u)}{z+u} = \int_0^\infty \frac{\varphi_n(u)\, du}{(z+u)^2},$$

$$\frac{P_{2n}(z)}{Q_{2n}(z)} - \int_0^\infty \frac{\Phi(u)\, du}{(z+u)^2} = \int_0^\infty \frac{\varphi_n(u) - \Phi(u)}{(z+u)^2}\, du,$$

z étant un point quelconque non sur la coupure. On en conclut

$$\left| \frac{P_{2n}(z)}{Q_{2n}(z)} - \int_0^\infty \frac{\Phi(u)\, du}{(z+u)^2} \right| < \int_0^\infty \frac{|\varphi_n(u) - \Phi(u)|}{|z+u|^2}\, du.$$

La limite supérieure peut s'écrire

$$\int_0^L \frac{|\varphi_n(u) - \Phi(u)|}{|z+u|^2}\, du + \int_L^\infty \frac{|\varphi_n(u) - \Phi(u)|}{|z+u|^2}\, du.$$

Adoptons deux nombres positifs $\varepsilon, \varepsilon'$ et déterminons N comme dans le n° 46, on aura, pour $n > N$,

$$\int_0^L \frac{|\varphi_n(u) - \Phi(u)|}{|z+u|^2}\, du < \frac{1}{(z)^2}\left(\frac{2\varepsilon}{a_1} + L\varepsilon'\right),$$

(z) étant, comme au n° 33, le minimum de $|z+u|$, lorsque u varie de 0 à ∞.

Pour l'intégrale entre limites L et ∞, j'observe que

$$|\varphi_n(u) - \Phi(u)| < \frac{1}{a_1},$$

et pour $z = \alpha + \beta i$,

$$|z+u|^2 = (u+\alpha)^2 + \beta^2 \geqq (u+\alpha)^2,$$

donc

$$\int_L^\infty \frac{|\varphi_n(u) - \Phi(u)|}{|z+u|^2}\,du < \frac{1}{a_1}\int_L^\infty \frac{du}{(u+a)^2} = \frac{1}{a_1(L+a)},$$

en supposant que $L + a$ soit positif.

Il vient donc

$$\left|\frac{P_{2n}(z)}{Q_{2n}(z)} - \int_0^\infty \frac{\Phi(u)\,du}{(z+u)^2}\right| < \frac{1}{(z)^2}\left(\frac{2\varepsilon}{a_1} + L\varepsilon'\right) + \frac{1}{a_1(L+a)}.$$

Or les nombres L, ε, ε' étant arbitraires (ou à peu près), il est clair que la limite supérieure peut être rendue aussi petite qu'on le voudra.

Il est ainsi démontré que pour tout point z non sur la coupure, on a

$$\lim_{n=\infty} \frac{P_{2n}(z)}{Q_{2n}(z)} = \int_0^\infty \frac{\Phi(u)\,du}{(z+u)^2} = \int_0^\infty \frac{d\,\Phi(u)}{z+u}.$$

Nous savions déjà que

$$\frac{P_{2n}(z)}{Q_{2n}(z)}$$

tend vers une fonction holomorphe $F(z)$; nous voyons maintenant que cette fonction peut se mettre sous la forme

$$F(z) = \int_0^\infty \frac{d\,\Phi(u)}{z+u}.$$

Quant à l'uniformité de la convergence, il résulte de la limitation obtenue que la convergence est uniforme dans tout domaine S où la partie réelle de $-z$ et $\frac{1}{(z)}$ est limitée supérieurement. Un tel domaine peut s'étendre à l'infini.

48. De la même façon que nous avons étudié les réduites d'ordre pair, on peut étudier les réduites d'ordre impair, et l'on trouvera

$$\lim \frac{P_{2n+1}(z)}{Q_{2n+1}(z)} = F_1(z) = \int_0^\infty \frac{d\,\Phi_1(u)}{z+u},$$

$\Phi_1(u)$ étant encore une fonction croissante qui caractérise une certaine distribution de masse sur un axe OX.

Mais il est à peine nécessaire de faire cette recherche, car le seul cas qui nous intéresse est celui où la série

$$\sum_1^\infty a_n$$

est divergente; mais alors nous savons que $F(z) = F_1(z)$, et il devient inutile de faire une recherche spéciale pour obtenir une forme analytique plus explicite de $F_1(z)$. Les fonctions $\Phi(u)$ et $\Phi_1(u)$ caractérisent alors nécessairement la même distribution d'après le théorème du n° 39.

Dans le cas où la série

$$\sum_1^\infty a_n$$

est convergente, il est clair que les distributions de masse caractérisées par les fonctions $\Phi(u)$ et $\Phi_1(u)$ sont celles données par les systèmes

$$(\mu_i, \lambda_i), \qquad i = 1, 2, 3, \ldots,$$
$$(\nu_i, \theta_i), \qquad i = 0, 1, 2, 3, \ldots$$

considérées au n° 24. Les intégrales

$$\int_0^\infty \frac{d\,\Phi(u)}{z+u}, \qquad \int_0^\infty \frac{d\,\Phi_1(u)}{z+u}.$$

se réduisent alors aux séries

$$\sum_1^\infty \frac{\mu_i}{z+\lambda_i}, \qquad \sum_0^\infty \frac{\nu_i}{z+\theta_i}.$$

Nous avons vu (n° 15) que x étant réel positif, on a

$$(1) \quad . \quad F(x) = \frac{c_0}{x} - \frac{c_1}{x^2} + \ldots + (-1)^{n-1}\frac{c_{n-1}}{x^n} + (-1)^n \frac{\xi c_n}{x^{n+1}} \qquad (0 < \xi < 1);$$

or, on a

$$x\,F(x) = \int_0^\infty \frac{x}{x+u}\, d\,\Phi(u).$$

Il est aisé de voir que, pour $x = +\infty$, le second membre a pour limite

$$\int_0^\infty d\,\Phi(u) = \Phi(\infty).$$

En effet, cette intégrale ayant une valeur finie, on peut choisir un nombre L de façon que

$$\int_{L}^{\infty} d\,\Phi(u) = \varepsilon_1,$$

ε_1 étant plus petit qu'un nombre arbitraire ε. On aura alors

$$\int_{L}^{\infty} \frac{x}{x+u}\, d\,\Phi(u) = \varepsilon_1',$$

ε_1' étant plus petit que ε. Ensuite il est clair qu'on peut prendre x assez grand pour que

$$\int_{0}^{L} \frac{x}{x+u}\, d\,\Phi(u) = \int_{0}^{L} d\,\Phi(u) - \varepsilon_1'',$$

ε_1'' étant plus petit que ε. On aura donc

$$\int_{0}^{\infty} \frac{x}{x+u}\, d\,\Phi(u) = \int_{0}^{L} d\,\Phi(u) + \varepsilon_1' - \varepsilon_1'' = \int_{0}^{\infty} d\,\Phi(u) - \varepsilon_1 + \varepsilon_1' - \varepsilon_1'';$$

or, d'après la formule (1), on a

$$\lim_{x=\infty} x\,\mathrm{F}(x) = c_0 = \frac{1}{a_1},$$

donc

$$\int_{0}^{\infty} d\,\Phi(u = c_0.$$

Ce point établi, nous pouvons écrire

$$\mathrm{F}(x) = \int_{0}^{\infty} \left[\frac{1}{x} - \frac{u}{x(x+u)}\right] d\,\Phi(u) = \frac{c_0}{x} - \frac{1}{x}\int_{0}^{\infty} \frac{u}{x+u}\, d\,\Phi(u),$$

$$(2) \quad \ldots\ldots \quad x^2\left[\mathrm{F}(x) - \frac{c_0}{x}\right] = -\int_{0}^{\infty} \frac{x}{x+u}\, u\, d\,\Phi(u).$$

Nous savons que, pour $x = \infty$,

$$\lim x^2\left[\mathrm{F}(x) - \frac{c_0}{x}\right] = -c_1.$$

On peut en conclure que l'intégrale

$$(3) \quad \ldots\ldots\ldots\ldots \quad \int_{0}^{\infty} u\, d\,\Phi(u)$$

a une valeur finie et que cette valeur est c_1. En effet, si

$$\int_0^L u\, d\,\Phi(u)$$

croît au delà de toute limite avec L, le second membre de (2) croîtrait aussi au delà de toute limite pour $x = \infty$, ce qui ne doit pas avoir lieu. L'intégrale (3) a donc une valeur finie, et pour obtenir cette valeur il suffit de faire croître x indéfiniment dans la formule (2). En continuant ces raisonnements, on voit que généralement

$$\int_0^\infty u^k\, d\,\Phi(u) = c_k.$$

La distribution de masse caractérisée par la fonction $\Phi(u)$ constitue donc une solution du problème des moments.

Dans le cas où la série

$$\sum_0^\infty a_n$$

est divergente, nous n'obtenons ainsi qu'une solution de ce problème, et, en effet, nous démontrerons bientôt que ce problème n'en admet pas d'autres dans ce cas.

Nous avons vu (n^0 42) que

$$\int_0^\infty \left[\frac{1}{a_1} - \varphi_n(u)\right] u^k\, du = \frac{c_{k+1}}{k+1} \qquad [k = 0, 1, 2, \ldots, (2n-2)],$$

et du résultat que nous venons d'obtenir on conclut aisément

$$\int_0^\infty \left[\frac{1}{a_1} - \Phi(u)\right] u^k\, du = \frac{c_{k+1}}{k+1} \qquad (k = 0, 1, 2, 3, \ldots);$$

on en conclut que

$$\varphi_n(u) - \Phi(u)$$

doit changer de signe au moins $2n-1$ fois. Soit x_k un point de discontinuité de $\varphi_n(u)$; il est facile de conclure

$$\overset{-}{\varphi}_n(x_k) < \overset{-}{\Phi}(x_k) \leqq \overset{+}{\Phi}(x_k) < \overset{+}{\varphi}_n(x_k).$$

Ce résultat précise celui obtenu à la fin du n^0 44.

Il est clair aussi que, dans un intervalle où la fonction $\Phi(u)$ est constante, l'équation

$$Q_{2n}(-z)=0$$

ne peut avoir plus d'une racine.

49. Je reviens à la proposition du n° 46; pour $n > N$ on a

$$\int_0^L |\varphi_n(u) - \Phi(u)|\, du < \frac{2\varepsilon}{a_1} + L\varepsilon'.$$

Nous venons de voir que $\Phi(\infty) = \varphi_n(\infty) = c_0$, par conséquent

$$c_0 - \varphi_n(u) \quad \text{et} \quad c_0 - \Phi(u)$$

ne sont jamais négatifs, et à cause de

$$\varphi_n(u) - \Phi(u) = c_0 - \Phi(u) - [c_0 - \varphi_n(u)],$$

on aura

$$|\varphi_n(u) - \Phi(u)| \leqq |c_0 - \Phi(u)| + |c_0 - \varphi_n(u)|;$$

or il est facile de voir que

$$|c_0 - \varphi_n(u)| < \frac{c_2}{u^2},$$

$$|c_0 - \Phi(u)| < \frac{c_2}{u^2}.$$

En effet, considérons la distribution de masse caractérisée par $\Phi(u)$ [ou $\varphi_n(u)$]. Le moment du second ordre est c_2, la masse totale comprise dans le segment de u à ∞ est $c_0 - \Phi(u)$, le moment du second ordre de cette masse est inférieur à c_2; si l'on concentre cette masse au point u, on diminue encore le moment du second ordre; donc

$$u^2 |c_0 - \Phi(u)| < c_2.$$

Il vient donc

$$|\varphi_n(u) - \Phi(u)| < \frac{2c_2}{u^2}$$

et

$$\int_L^\infty |\varphi_n(u) - \Phi(u)|\, du < \frac{2c_2}{L},$$

puis

$$\int_0^\infty |\varphi_n(u) - \Phi(u)|\, du < \frac{2\varepsilon}{a_1} + L\varepsilon' + \frac{2c_2}{L}.$$

Par un choix convenable de L, ε, ε' on peut rendre la limite supérieure plus petite qu'un nombre donné, par conséquent

$$\lim_{n=\infty}\int_0^\infty |\varphi_n(u) - \Phi(u)|\,du = 0.$$

50. Voici comment on peut interpréter ce résultat.

Désignons par les symboles D_n et D les distributions de masse caractérisées par les fonctions $\varphi_n(u)$ et $\Phi(u)$. On peut passer de la distribution D_n à la distribution D par un certain transport de masses. Convenons de dire que le transport d'une masse m sur une longueur l exige un travail mesuré par ml. Alors on voit, sans difficulté, que le travail total minimum nécessaire pour passer de D_n à D (ou réciproquement) est mesuré par

$$\int_0^\infty |\varphi_n(u) - \Phi(u)|\,du.$$

Nous désignerons ce travail minimum aussi par $\{D_n, D\}$, et il semble naturel de dire que la distribution D_n diffère infiniment peu de D lorsque $\{D_n, D\}$ est infiniment petit.

Ainsi D peut être considérée comme la limite de D_n.

En général, lorsqu'on a une suite infinie de distributions

$$D_1, \quad D_2, \quad D_3, \quad \ldots,$$

et qu'il existe une distribution D telle que

$$\{D_n, D\}$$

devienne inférieure à ε dès que n surpasse une certaine limite, on dira que D est la limite de D_n.

On peut reprocher à cette définition de faire intervenir la limite D elle-même, et puisque

$$\{D_n, D_{n+n'}\} \leqq \{D_n, D\} + \{D, D_{n+n'}\} < 2\varepsilon,$$

on serait porté à adopter la définition suivante: la suite

$$D_1, \quad D_2, \quad D_3, \quad \ldots$$

tend vers une limite s'il existe un nombre n tel que

$$\{D_n, D_{n+n'}\} < \varepsilon,$$

ε étant un nombre positif arbitraire.

Mais il est clair que cette définition manque de sens précis, tant qu'on n'aura pas démontré qu'il existe effectivement une distribution D telle que $\{D_n, D\}$ devienne infiniment petit. Nous avons voulu indiquer seulement cette question, que nous n'examinerons pas ici.

Puisque

$$\frac{P_{2n}(z)}{Q_{2n}(z)} = \sum_{1}^{n} \frac{M_i}{z + x_i},$$

on voit qu'on peut considérer cette réduite elle-même comme une espèce de moment paramétrique (dépendant du paramètre z) de la distribution D_n. Et le résultat principal de nos recherches revient donc à ce que le moment paramétrique de D_n a pour limite le moment paramétrique de D.

Or, si l'on considère l'intégrale définie par laquelle s'exprime le moment paramétrique de D, et si l'on se rappelle la définition d'une intégrale définie comme limite d'une certaine somme, on verra que, pour cette somme, on peut justement prendre le moment paramétrique de D_n, c'est-à-dire la $2n^{\text{ième}}$ réduite de la fraction continue. On peut donc dire que la fraction continue est une transformation identique de l'intégrale définie. Cette singulière réduction l'une à l'autre de deux expressions analytiques si différentes, une intégrale définie et une fraction continue, nous l'avons remarquée pour la prémière fois dans le cas particulier où $Q_{2n}(z)$ est un polynome X_n de Legendre. (Voir Comptes rendus, t. XCIX, p. 508; 1884).

C'est le désir de généraliser ce résultat qui nous a fait entreprendre les recherches que nous exposons ici.

CHAPITRE VIII.

ÉTUDE DE L'INTÉGRALE $\int_0^\infty \frac{d\psi(u)}{z+u}$.

51. Soit $\psi(u)$ une fonction croissante quelconque $[\psi(0)=0]$, nous supposerons seulement que la distribution de masse quelle représente a des moments finis d'ordre quelconque, et nous poserons

$$c_k = \int_0^\infty u^k \, d\psi(u).$$

Considérons maintenant l'intégrale

$$\int_0^\infty \frac{d\psi(u)}{z+u},$$

qui représente une fonction holomorphe dans tout le plan, excepté la coupure. Si la fonction $\psi(u)$ est constante à partir de $u=a$, l'intégrale se réduit à

$$\int_0^a \frac{d\psi(n)}{z+u}$$

et la coupure ne s'étend que de $u=0$ jusqu'à $u=-a$. Tous les moments sont alors finis dès que cela est le cas pour $c_0=\psi(a)$. L'intégrale admet évidemment un développement asymptotique

$$\frac{c_0}{z} - \frac{c_1}{z^2} + \frac{c_2}{z^3} - \dots,$$

qui est divergent en général et convergent pour $|z|>a$ dans le cas particulier que nous venons de mentionner.

Mais on a toujours, lorsque $z=x$ est réel positif,

$$\int_0^\infty \frac{d\psi(u)}{x+u} = \frac{c_0}{x} - \frac{c_1}{x^2} + \dots + (-1)^{n-1}\frac{c_{n-1}}{x^n} + (-1)^n \frac{\xi c_n}{x^{n+1}} \quad (0<\xi<1).$$

Le développement en fraction continue de cette intégrale, ou, à proprement parler, de son développement asymptotique, a fait l'objet des recherches de Tchebicheff, Heine, Darboux.

Nous allons reprendre ici cette étude, en nous attachant surtout à la question de la convergence, qui n'a guère été considérée dans les travaux antérieurs que nous venons de rappeler, et dans lesquels on a pris toujours la fraction continue sous la forme (I^d) (voir l'Introduction).

Pour réduire la série en fraction continue, on n'a qu'à appliquer les formules du n° 11, les déterminants A_n et B_n seront positifs comme déterminants des formes quadratiques positives

$$\int_0^\infty (X_0 + uX_1 + u^2X_2 + \ldots + u^{n-1}X_{n-1})^2\,d\psi(u),$$

$$\int_0^\infty u(X_0 + uX_1 + u^2X_2 + \ldots + u^{n-1}X_{n-1})^2\,d\psi(u).$$

On trouvera donc une fraction continue du type que nous avons étudié, les a_i étant positifs.

Dès lors, nous pouvons appliquer les résultats obtenus par l'étude directe de la fraction continue.

Deux cas sont à distinguer :

1° La série $\sum_1^\infty a_n$ est convergente.

Dans ce cas on a

$$\lim \frac{P_{2n}(z)}{Q_{2n}(z)} = F(z) = \frac{p(z)}{q(z)} = \sum_0^\infty \frac{\mu_i}{z+\lambda_i} = \int_0^\infty \frac{d\Phi(u)}{z+u},$$

$$\lim \frac{P_{2n+1}(z)}{Q_{2n+1}(z)} = F_1(z) = \frac{p_1(z)}{q_1(z)} = \sum_0^\infty \frac{\nu_i}{z+\theta_i} = \int_0^\infty \frac{d\Phi_1(u)}{z+u}.$$

2° La série $\sum_1^\infty a_n$ est divergente.

Dans ce cas, on a

$$\lim \frac{P_n(z)}{Q_n(z)} = F(z) = \int_0^\infty \frac{d\Phi(u)}{z+u}.$$

Mais quels rapports ont ces limites avec l'intégrale $\int_0^\infty \frac{d\psi(u)}{z+u}$ qui a été l'origine de la fraction continue?

52. Pour répondre à cette question, supposons d'abord $z = x$ réel et positif. On a alors ce théorème (voir Comptes rendus, t. CVIII p. 1297; 1889):

Le minimum de l'expression

$$\int_0^\infty \frac{d\,\psi(u)}{x+u}[1 + X_1(x+u) + X_2(x+u)^2 + \ldots + X_n(x+u)^n]^2$$

est égal à

$$\int_0^\infty \frac{d\,\psi(u)}{x+u} - \frac{P_{2n}(x)}{Q_{2n}(x)}$$

et l'on a donc nécessairement

$$\int_0^\infty \frac{d\,\psi(u)}{x+u} > \frac{P_{2n}(x)}{Q_{2n}(x)}.$$

La vérification est facile; posons

$$\mathfrak{L} = 1 + X_1(x+u) + X_2(x+u)^2 + \ldots + X_n(x+u)^u;$$

les conditions du minimum sont

$$(1) \quad \ldots\ldots\ldots \int_0^\infty (x+u)^k\, \mathfrak{L}\, d\,\psi(u) = 0 \qquad [k = 0, 1, 2, \ldots, (n-1)].$$

Ces relations sont visiblement équivalentes à celles-ci

$$\int_0^\infty u^k\, \mathfrak{L}\, d\,\psi(u) = 0 \qquad [k = 0, 1, 2, \ldots, (n-1)],$$

ou bien, si l'on se souvient le symbole S introduit au n^0 11,

$$\mathrm{S}\,\{u^k\,\mathfrak{L}\} = 0 \qquad [k = 0, 1, 2, \ldots, (n-1)].$$

D'après la formule (3) du n^0 11, le polynome $\mathfrak{L}$ dans le cas de minimum, ne diffère donc que par un facteur constant de $Q_{2n}(-u)$, et, puisque $\mathfrak{L}$ se réduit à l'unité pour $u = -x$, on aura

$$\mathfrak{L} = \frac{Q_{2n}(-u)}{Q_{2n}(x)}.$$

Le minimum est

$$\int_0^\infty \frac{d\,\psi(u)}{x+u}\mathfrak{L}^2 = \int_0^\infty \frac{d\,\psi(u)}{x+u}\mathfrak{L}[1 + X_1(x+u) + \ldots + X_n(x+u)^n],$$

ce qui, à cause des formules (1), se réduit à

$$\int_0^\infty \frac{d\,\psi(u)}{x+u}\,\mathfrak{L} = \int_0^\infty \frac{d\,\psi(u)}{x+u} - \frac{1}{Q_{2n}(x)}\int_0^\infty \frac{Q_{2n}(x)-Q_{2n}(-u)}{x+u}\,d\,\psi(u).$$

La dernière intégrale est évidemment égale à

$$S\left[\frac{Q_{2n}(x)-Q_{2n}(-u)}{x+u}\right] = P_{2n}(x),$$

ce qui achève la démonstration.

On vérifiera aussi aisément ce second théorème:

Le minimum de l'expression

$$\int_0^\infty \frac{u\,d\,\psi(u)}{x(x+u)}\left[1+X_1(x+u)+X_2(x+u)^2+\ldots+X_n(x+u)^n\right]^2$$

est égal à

$$\frac{P_{2n+1}(x)}{Q_{2n+1}(x)} - \int_0^\infty \frac{d\,\psi(u)}{x+u}$$

et l'on a donc nécessairement

$$\frac{P_{2n+1}(x)}{Q_{2n+1}(x)} > \int_0^\infty \frac{d\,\psi(u)}{x+u}.$$

A ces théorèmes, j'ajouterai la remarque suivante:

Dans le cas du premier théorème, $\mathfrak{L}$ est le polynome en u le plus général qui se réduit à l'unité pour $u = -x$. Or $\left(\frac{-u}{x}\right)^n$ est aussi un tel polynome; on aura donc

$$\int_0^\infty \frac{d\,\psi(u)}{x+u} - \frac{P_{2n}(x)}{Q_{2n}(x)} < \int_0^\infty \frac{u^{2n}\,d\,\psi(u)}{x^{2n}(x+u)},$$

c'est-à-dire

$$\frac{P_{2n}(x)}{Q_{2n}(x)} > \frac{c_0}{x} - \frac{c_1}{x^2} + \frac{c_2}{x^3} - \ldots - \frac{c_{2n-1}}{x^{2n}},$$

et l'on trouvera de même

$$\frac{P_{2n+1}(x)}{Q_{2n+1}(x)} < \frac{c_0}{x} - \frac{c_1}{x^2} + \ldots + \frac{c_{2n}}{x^{2n+1}}.$$

Ces inégalités, nous les avions obtenues déjà (n^0 15), mais rapprochons-les maintenant de celles-ci

$$\frac{P_{2n}(x)}{Q_{2n}(x)} < \int_0^\infty \frac{d\,\psi(u)}{x+u} < \frac{P_{2n+1}(x)}{Q_{2n+1}(x)}.$$

Pour calculer numériquement l'intégrale

$$\int_0^\infty \frac{d\,\psi(u)}{x+u},$$

on peut se servir de la série (même divergente)

$$\frac{c_0}{x} - \frac{c_1}{x^2} + \frac{c_2}{x^3} - \ldots;$$

la somme d'un nombre pair de termes donnera toujours une limite inférieure, la somme d'un nombre impair de termes une limite supérieure.

Mais on peut aussi réduire la série en fraction continue: les réduites successives donneront encore alternativement des limites supérieures et inférieures.

Nous voyons maintenant qu'il y a toujours avantage à réduire la série en fraction continue: les limites données par les réduites sont plus rapprochées que celles données par la série.

La limite de l'approximation que peut donner la fraction continue est caractérisée par ces inégalités

$$F(x) \leqq \int_0^\infty \frac{d\,\psi(u)}{x+u} \leqq F_1(x).$$

53. Il est facile maintenant de répondre à la question posée à la fin du n^0 51.

Dans le premier cas, lorsque la série

$$\sum_1^\infty a_n$$

est convergente, nous savons que le problème des moments est indéterminé (n^0 24). C'est dire qu'il existe une infinité d'intégrales

$$\int_0^\infty \frac{d\,\psi(u)}{z+u}, \quad \int_0^\infty \frac{d\,\psi_1(u)}{z+u}, \quad \int_0^\infty \frac{d\,\psi_2(u)}{z+u}, \quad \ldots,$$

qui sont des fonctions holomorphes distinctes de z, qui donnent le même développement asymptotique

$$\frac{c_0}{z} - \frac{c_1}{z^2} + \frac{c_2}{z^3} - \dots$$

et, par conséquent, aussi la même fraction continue.

Le calcul des réduites de cette fraction continue conduit à deux limites

$$\int_0^\infty \frac{d\Phi(u)}{z+u} = \frac{p(z)}{q(z)} = \sum_1^\infty \frac{\mu_i}{z+\lambda_i},$$

$$\int_0^\infty \frac{d\Phi_1(u)}{z+u} = \frac{p_1(z)}{q_1(z)} = \sum_0^\infty \frac{\nu_i}{z+\theta_i};$$

mais on ne peut établir évidemment aucun lien précis entre ces deux fonctions parfaitement déterminées et une intégrale telle que

$$\int_0^\infty \frac{d\psi(u)}{z+u}$$

puisque cette fonction est susceptible de varier.

La seule chose qu'on peut affirmer c'est que, pour $z = x$, on aura toujours

$$\frac{p(x)}{q(x)} \leqq \int_0^\infty \frac{d\psi(u)}{x+u} \leqq \frac{p_1(x)}{q_1(x)}.$$

Les fonctions $\Phi(u)$ et $\Phi_1(u)$ figurent d'ailleurs aussi parmi les déterminations possibles de $\psi(u)$.

On ne peut pas avoir, pour une valeur particulière $x = x_0$,

$$\frac{p(x_0)}{q(x_0)} = \int_0^\infty \frac{d\psi(u)}{x_0+u},$$

sans qu'on ait identiquement dans tout le plan

$$\frac{p(z)}{q(z)} = \int_0^\infty \frac{d\psi(u)}{z+u} = \int_0^\infty \frac{d\Phi(u)}{z+u},$$

et les fonctions $\psi(u)$, $\Phi(u)$ peuvent être considérées comme identiques, puisqu'elles caractérisent la même distribution de masse.

En effet nous avons vu que

$$\int_0^\infty \frac{d\psi(u)}{x_0+u} - \frac{P_{2n}(x_0)}{Q_{2n}(x_0)} = \int_0^\infty \frac{d\psi(u)}{x_0+u}\left[\frac{Q_{2n}(-u)}{Q_{2n}(x_0)}\right]^2.$$

Or, si le second membre tend vers zéro pour $n=\infty$, comme nous le supposons ici, cela aura lieu à plus forte raison lorsqu'on remplace x_0 par un nombre plus grand. Par conséquent, on aura

$$\frac{p(z)}{q(z)}=\int_0^\infty \frac{d\psi(u)}{z+u},$$

dès que z est réel, positif, plus grand que x_0.

Mais alors cette égalité aura lieu dans tout le plan.

On verra de même que l'égalité

$$\frac{p_1(x_0)}{q_1(x_0)}=\int_0^\infty \frac{d\psi(u)}{x_0+u}$$

entraîne l'identité

$$\frac{p_1(z)}{q_1(z)}=\int_0^\infty \frac{d\psi(u)}{z+u}.$$

Tant que la distribution de masse, caractérisée par $\psi(u)$ n'est pas identique à une de celles représentées par $\Phi(u)$ et $\Phi_1(u)$, on aura

$$\frac{p(x)}{q(x)}<\int_0^\infty \frac{d\psi(u)}{x+u}<\frac{p_1(x)}{q_1(x)},$$

l'égalité étant exclue.

54. Dans le second cas, la fraction continue est convergente et l'on aura, pour $z=x$,

$$\int_0^\infty \frac{d\psi(u)}{x+u}=\lim\frac{P_n(x)}{Q_n(x)}=\int_0^\infty \frac{d\Phi(u)}{x+u};$$

car, dans ce cas, $F(x)=F_1(x)$. Il s'ensuit que l'on a

$$\int_0^\infty \frac{d\psi(u)}{z+u}=\int_0^\infty \frac{d\Phi(u)}{z+u};$$

car cette égalité ne peut avoir lieu pour $z=x$ sans avoir lieu dans tout le plan. Les fonctions $\psi(u)$ et $\Phi(u)$ seront identiques ou elles représenteront au moins la même distribution de masse.

On voit aussi que le problème des moments est déterminé dans le cas actuel, et qu'il n'admet pas d'autre solution que celle caractérisée par la fonction $\Phi(u)$ ou $\psi(u)$. En effet, si le problème avait une autre solution caractérisée par $\psi_1(u)$, l'intégrale

$$\int_0^\infty \frac{d\,\psi_1(u)}{z+u}$$

donnerait toujours la même fraction continue, et il s'ensuivrait

$$\int_0^\infty \frac{d\,\psi_1(u)}{z+u} = \int_0^\infty \frac{d\,\psi(u)}{z+u} = \int_0^\infty \frac{d\,\Phi(u)}{z+u}.$$

Il est à remarquer que ce second cas peut arriver, même lorsque le développement

$$\frac{c_0}{z} - \frac{c_1}{z^2} + \frac{c_2}{z^3} - \dots$$

est toujours divergent. En effet, la série est dans ce cas lorsque

$$\frac{c_{n+1}}{c_n}$$

croît au delà de toute limite. Nous savons que, pour cela, il faut et il suffit que les nombres

$$\frac{1}{a_n a_{n+1}} \qquad (n = 1, 2, 3, \dots)$$

ne soient pas limités supérieurement. Or, il est clair que cela n'empêche nullement la série

$$a_1 + a_2 + a_3 + \dots$$

d'être divergente. On pourrait, par exemple, prendre arbitrairement tous les a_i, exceptés ceux d'une certaine suite infinie

$$a_p, \quad a_q, \quad a_r, \quad a_s, \quad \dots,$$

et déterminer ensuite ceux-ci de façon que les nombres

$$\frac{1}{a_p a_{p+1}}, \qquad \frac{1}{a_q a_{q+1}}, \qquad \frac{1}{a_r a_{r+1}}, \qquad \dots$$

croissent au delà de toute limite.

55. Pour donner un exemple de la théorie que nous venons d'exposer, considerons l'intégrale

$$\int_0^\infty \frac{[1 + \lambda \sin(\sqrt[4]{u})]\, e^{-\sqrt[4]{u}}}{z+u}\, du$$

où $-1 \leqq \lambda \leqq 1$. Puisque

$$d\psi(u) = \left[1 + \lambda \sin(\sqrt[4]{u})\right] e^{-\sqrt[4]{u}}\, du,$$

nous avons affaire ici à une distribution de masse à densité finie. Cette distribution varie d'ailleurs avec le paramètre λ. Mais, si l'on calcule les moments, on trouve

$$c_k = \int_0^\infty u^k e^{-\sqrt[4]{u}}\, du \qquad (k = 0, 1, 2, 3, \ldots);$$

ils ne dépendent pas du paramètre λ; en effet, on vérifie sans peine que les intégrales

$$\int_0^\infty u^k \sin(\sqrt[4]{u})\, e^{-\sqrt[4]{u}}\, du = 4\int_0^\infty u^{4k+3} \sin u\, e^{-u}\, du \qquad (k = 0, 1, 2, 3, \ldots)$$

sont toutes nulles. Le problème des moments a donc manifestement une infinité de solutions; nous sommes dans le cas indéterminé, et il est certain que des valeurs des a_i seront telles que la série

$$\sum_1^\infty a_n$$

est convergente. La fraction continue donnera deux limites

$$\frac{p(z)}{q(z)} = \sum_1^\infty \frac{\mu_i}{z + \lambda_i}, \qquad \frac{p_1(z)}{q_1(z)} = \sum_0^\infty \frac{\nu_i}{z + \theta_i},$$

et les distributions de masse (μ_i, λ_i), (ν_i, θ_i) constitueront encore deux solutions particulières du problème des moments. Mais on ne peut établir aucun lien précis entre la valeur de l'intégrale et les limites fournies par la fraction continue. Toutefois, lorsque $z = x$ est réel positif, on pourra toujours obtenir des limites supérieures et inférieures de l'intégrale en calculant les réduites. Mais, puisque les c_k et les a_k ne dépendent point de λ, on voit qu'on ne tient aucun compte de la partie

$$\lambda \int_0^\infty \frac{\sin(\sqrt[4]{u})\, e^{-\sqrt[4]{u}}}{x + u}\, du = \pi \lambda e^{-\sqrt[4]{4x}}.$$

Puisque λ peut varier de -1 à $+1$, on en conclut nécessairement

$$\frac{p_1(x)}{q_1(x)} - \frac{p(x)}{q(x)} > 2\pi e^{-\sqrt[4]{4x}}.$$

La fraction continue ne peut donner qu'une approximation limitée, comme c'est le cas aussi du développement en série. En calculant a_1, a_2, ..., on voit que ces nombres suivent une loi très compliquée, en sorte qu'on ne peut pas vérifier directement la convergence de la série

$$\sum_1^\infty a_n.$$

56. Je donnerai encore un autre exemple dans lequel cette vérification peut se faire.

Soit $f(u)$ une fonction impaire et périodique de u,

$$f(u+\tfrac{1}{2}) = \pm f(u),$$

alors l'intégrale

$$\int_0^\infty u^k u^{-\log u} f(\log u)\, du,$$

où k est un entier quelconque, positif, nul ou négatif, est toujours nulle.

Pour le voir, il suffit de remarquer que

$$\int_{-\infty}^{+\infty} e^{-v^2} f(v)\, dv = 0$$

et de faire la substitution

$$v = -\frac{k+1}{2} + \log u.$$

Ainsi, dans le cas $f(u) = \sin(2\pi u)$,

$$\int_0^\infty u^k u^{-\log u} \sin(2\pi \log u)\, du = 0.$$

Je considère maintenant l'intégrale

$$\frac{1}{\sqrt{\pi}} \int_0^\infty \frac{1+\lambda \sin(2\pi \log u)}{z+u} u^{-\log u} du,$$

où

$$-1 \leqq \lambda \leqq +1.$$

On voit que les choses se passent comme dans l'exemple précédent; la valeur de

$$c_k = \frac{1}{\sqrt{\pi}} \int_0^\infty u^k u^{-\log u} du = \frac{1}{\sqrt{\pi}} \int_{-\infty}^{+\infty} e^{-u^2+(k+1)u} du = e^{\frac{1}{4}(k+1)^2}$$

est indépendante du paramètre λ.

La fraction continue doit donc être oscillante; cela se vérifie ici directement, puisqu'on a

$$a_{2n} = \left(1 - e^{-\frac{1}{2}}\right)(1 - e^{-1})\left(1 - e^{-\frac{3}{2}}\right)\cdots\left(1 - e^{-\frac{n-1}{2}}\right) e^{-\frac{n}{2}},$$

$$a_{2n+1} = \frac{e^{-\frac{2n+1}{4}}}{\left(1 - e^{-\frac{1}{2}}\right)(1 - e^{-1})\left(1 - e^{-\frac{3}{2}}\right)\cdots\left(1 - e^{-\frac{n}{2}}\right)}.$$

A cause de $e > 1$, la convergence des séries

$$\sum a_{2n}, \quad \sum a_{2n+1}$$

est manifeste. Pour abréger, je supprime le calcul qui donne les valeurs des a_n (et qui reste valable sans qu'on ait besoin de supposer que e ait la valeur particulière 2,71828...).

Dans le cas actuel, la différence

$$\frac{p_1(x)}{q_1(x)} - \frac{p(x)}{q(x)}$$

doit surpasser nécessairement

$$\frac{2}{\sqrt{\pi}} \int_0^\infty \frac{\sin(2\pi \log u)}{x+u} u^{-\log u} du = 2 e^{-\pi^2} \sqrt{\pi}\, x^{-\log x}.$$

57. Comme exemple du cas déterminé, je rappellerai d'abord la fraction continue étudiée par Laguerre, dont nous avons parlé dans l'Introduction. Puisque, dans ce cas,

$$a_{2n-1} = 1, \qquad a_{2n} = \frac{1}{n},$$

la fraction continue est convergente et représente dans tout le plan, excepté sur la coupure, l'intégrale

$$\int_0^\infty \frac{e^{-u} du}{z+u}.$$

La masse s'étend ici à l'infini, et, en effet, les nombres $b_n = \frac{1}{a_n a_{n+1}}$ ne sont pas limités supérieurement.

Dans le cas où la masse ne s'étend pas à l'infini, la fraction continue est naturellement toujours convergente, car le développement en série est alors même convergent pour des valeurs suffisamment grandes de z.

Comme exemple de ce cas, considérons une fraction continue périodique telle que

$$b_{2n} = p, \qquad b_{2n-1} = q.$$

On connaît, dans ce cas, immédiatement la fonction $F(z)$

$$F(z) = \frac{\sqrt{z^2 + 2(p+q)z + (p-q)^2} - z + p - q}{2z}$$

et

$$a_{2n} = \left(\frac{p}{q}\right)^n, \qquad a_{2n+1} = \frac{1}{p}\left(\frac{q}{p}\right)^n;$$

l'une des deux séries

$$\sum_1^\infty a_{2k}, \quad \sum_0^\infty a_{2k+1}$$

sera toujours divergente. Mais la fonction $F(z)$ doit pouvoir se mettre sous la forme

$$\int_0^\infty \frac{d\Phi(u)}{z+u},$$

et l'on a vu, dans le n° 89, comment on peut mettre $F(z)$ sous cette forme, si l'expression explicite de $F(z)$ est connue.

Ce calcul conduit ici aux résultats suivants. Deux cas sont à distinguer selon que $p \gtrless q$.

Premier cas : $p > q$.

Posons

$$\alpha = (\sqrt{p} - \sqrt{q})^2,$$
$$\beta = (\sqrt{p} + \sqrt{q})^2,$$

on aura

$$F(z) = \frac{\sqrt{\alpha\beta}}{z} + \frac{1}{2\pi}\int_\alpha^\beta \frac{\sqrt{(u-\alpha)(\beta-u)}}{u} \frac{du}{z+u}.$$

Ainsi il y a, à l'origine, une concentration de masse égale à $\sqrt{\alpha\beta} = p - q$, puis une distribution continue de masse dans l'intervalle (α, β).

Second cas: $p < q$.

On trouve simplement

$$F(z) = \frac{1}{2\pi}\int_{\alpha}^{\beta} \frac{\sqrt{(u-\alpha)(\beta-u)}}{u}\,\frac{du}{z+u};$$

la masse concentrée à l'origine du premier cas a disparu. Dans le cas particulier: $p = q$, on a $\alpha = 0$, et l'on peut appliquer l'une ou l'autre des formules trouvées. Il n'y a pas de masse concentrée à l'origine, mais la densité y devient infinie.

Dans le premier cas, la série

$$\sum_{0}^{\infty} a_{2k+1}$$

est convergente, et sa somme est $1 : (p-q)$.

58. Nous allons montrer que, toujours dans le cas déterminé, la masse concentrée à l'origine est

$$1 : \sum_{0}^{\infty} a_{2k+1};$$

elle est nulle lorsque la série est divergente.

Dans le cas indéterminé,

$$1 : \sum_{0}^{\infty} a_{2k+1}$$

est le maximum de la masse qui peut être concentrée à l'origine; elle s'y trouve, en effet, dans la distribution

$$(\nu_i,\ \theta_i),$$

puisque

$$\theta_0 = 0, \qquad \nu_0 = 1 : \sum_{0}^{\infty} a_{2k+1};$$

mais, dans toute autre distribution, la masse concentrée à l'origine est moindre.

Je rappelle la limitation

$$\int_{0}^{\infty} \frac{d\psi(u)}{x+u} \leqq F_1(x),$$

nous savons (n° 15) que

$$\lim_{x=0} x\,F_1(x) = 1 : \sum_0^\infty a_{2k+1}.$$

Nous allons montrer que

$$\lim_{x=0} \int_0^\infty \frac{x\,d\,\psi(u)}{x+u} = \lim_{\varepsilon=0} \psi(\varepsilon) = \mu.$$

en désignant par μ la masse concentrée à l'origine.

En effet,

$$\int_0^\infty \frac{x\,d\,\psi(u)}{x+u} = \int_0^{x^2} \frac{x\,d\,\psi(u)}{x+u} + \int_{x^2}^{\sqrt{x}} \frac{x\,d\,\psi(u)}{x+u} + \int_{\sqrt{x}}^\infty \frac{x\,d\,\psi(u)}{x+u},$$

et il est évident que

$$\int_0^{x^2} \frac{x\,d\,\psi(u)}{x+u} = \frac{\psi(x^2)}{1+\xi x} \qquad (0 < \xi < 1)$$

$$\int_{x^2}^{\sqrt{x}} \frac{x\,d\,\psi(u)}{x+u} < \psi(\sqrt{x}) - \psi(x^2),$$

$$\int_{\sqrt{x}}^\infty \frac{x\,d\,\psi(u)}{x+u} < \frac{\sqrt{x}}{1+\sqrt{x}}\left[\psi(\infty) - \psi(\sqrt{x})\right];$$

la première intégrale tend vers μ, les deux autres vers zéro. Dans le cas déterminé, on a

$$\int_0^\infty \frac{d\,\psi(u)}{x+u} = F_1(x);$$

il vient donc

$$\mu = 1 : \sum_0^\infty a_{2k+1}.$$

Dans le cas indéterminé, on peut conclure seulement

$$\mu \leqq 1 : \sum_0^\infty a_{2k+1},$$

et cela pour toutes les distributions équivalentes qui donnent les mêmes moments et la même fraction continue.

Nous savons d'ailleurs que, pour la distribution caractérisée par $\Phi_1(u)$, on a

$$\mu = \nu_0 = 1 : \sum_0^\infty a_{2k+1}.$$

Je dis maintenant que, pour toute autre solution du problème des moments, on a

$$\mu < 1 : \sum_0^\infty a_{2k+1}.$$

En effet, admettons que, pour $\Phi_1(u)$ et $\Psi(u)$, on ait

$$\mu = 1 : \sum_0^\infty a_{2k+1}.$$

Si, dans chacune de ces deux distributions (supposées différentes), on enlève la masse μ concentrée à l'origine, il restera deux systèmes de masses donnant encore les mêmes moments, c'est-à-dire équivalentes. Il existe alors une troisième distribution de masse, équivalente à ces deux-là et qui a, à l'origine, une masse finie μ'. Cette distribution est caractérisée par une fonction $\Phi_1'(u)$ analogue à $\Phi_1(u)$. En rétablissant maintenant la masse μ, on aurait une solution du problème des moments primitifs, avec une masse $\mu + \mu'$ à l'origine qui serait supérieure à

$$1 : \sum_0^\infty a_{2k+1}.$$

Cela est impossible, d'où la proposition énoncée.

59. Dans le cas où la série

$$\sum_1^\infty a_k$$

est divergente, nous avons vu que la fraction continue est convergente et que la limite des réduites est

$$F(z) = \int_0^\infty \frac{d\,\Phi(u)}{z+u}.$$

Il est clair maintenant que la fonction $\Phi(u)$ qui figure ici n'est assujettie dans un intervalle quelconque (a, b), à aucune autre condition restrictive que celle d'être croissante. Il s'ensuit qu'en général la coupure est bien une ligne singulière à travers laquelle il est impossible de continuer analytiquement la fonction $F(z)$. En effet, pour que cette continuation analytique soit possible à travers l'intervalle $(-a, -b)$ de la coupure, il faut que la fonction $\Phi(u)$ soit une fonction analytique de u dans l'intervalle (a, b). Or c'est là une condition très restrictive qui ne sera point satisfaite en général.

Mais, si l'on veut donner des exemples particuliers, on ne peut guère commencer par se donner les a_k, ou cela n'est possible que dans des cas très restreints. Il faudra bien se résigner à prendre pour $\Phi(u)$ quelque fonction analytique, ainsi s'explique qu'en réalité nous n'avons pu donner aucun exemple du cas général dans lequel la coupure est une ligne singulière. Dans tous nos exemples, la coupure est seulement une coupure artificielle.

60. La fonction $\psi(u)$ étant donnée, ou la distribution de masse qu'elle représente, comment peut-on savoir si la fraction continue pour

$$\int_0^\infty \frac{d\,\psi(u)}{z+u}$$

est convergente ou divergente? C'est là un problème qui présente quelques analogies avec celui qui consiste à décider de la convergence ou de la divergence d'une série donnée. On n'en peut guère donner une solution générale; tout ce qu'on peut faire, c'est donner quelques règles qui permettent de répondre à cette question dans un certain nombre de cas particuliers. Lorsque a fraction continue est convergente, le problème des moments n'admet qu'une seule solution; nous dirons aussi, dans ce cas, que la distribution de masse représentée par $\psi(u)$ est déterminée. On ne peut guère faire varier cette distribution, sans introduire des masses négatives, si l'on veut conserver les moments. Or les masses négatives seront toujours exclues. La distribution de masse est indéterminée, au contraire, lorsque la fraction continue n'est pas convergente, mais oscillante.

Voici d'abord quelques remarques qui sont à peu près évidentes. Si, à une distribution de masse indéterminée, on ajoute de nouvelles masses, on restera toujours dans le cas indéterminé. Si, à une distribution déterminée on enlève une partie de la masse (toujours sans introduire des masses négatives), on restera dans le cas déterminé.

Dès qu'on trouve deux distributions équivalentes qui ne sont pas identiques, on est certainement dans le cas indéterminé.

Qu'on veuille bien se reporter maintenant aux formules (8) et (11) des n°s 11, 12, par lesquelles les sommes

$$a_1 + a_3 + \ldots + a_{2n+1},$$
$$a_2 + a_4 + \ldots + a_{2n}$$

s'expriment au moyen des c_k.

On trouve facilement que,

$$\sum_0^n \sum_0^n \mathrm{C}_{i,k}\,\mathrm{X}_i\,\mathrm{X}_k = \mathfrak{F}(\mathrm{X}_0, \mathrm{X}_1, \mathrm{X}_2, \ldots, \mathrm{X}_n)$$

étant une forme quadratique définie et positive, le minimum de

$$\mathfrak{F}(1, \mathrm{X}_1, \mathrm{X}_2, \ldots, \mathrm{X}_n)$$

s'exprime par

$$\begin{vmatrix} \mathrm{C}_{0,0} & \mathrm{C}_{0,1} & \ldots & \mathrm{C}_{0,n} \\ \mathrm{C}_{1,0} & \mathrm{C}_{1,1} & \ldots & \mathrm{C}_{1,n} \\ \ldots & \ldots & \ldots & \ldots \\ \mathrm{C}_{n,0} & \mathrm{C}_{n,1} & \ldots & \mathrm{C}_{n,n} \end{vmatrix} : \begin{vmatrix} \mathrm{C}_{1,1} & \ldots & \mathrm{C}_{1,n} \\ \ldots & \ldots & \ldots \\ \mathrm{C}_{n,1} & \ldots & \mathrm{C}_{n,n} \end{vmatrix}.$$

Dès lors, on reconnaît que le minimum de

$$\int_0^\infty (1 + \mathrm{X}_1 u + \ldots + \mathrm{X}_n u^n)^2\, d\psi(u)$$

est égal à

$$1 : (a_1 + a_3 + \ldots + a_{2n+1}),$$

et le maximum de

$$\int_0^\infty [1 - (1 + \mathrm{X}_1 u + \mathrm{X}_2 u^2 + \ldots + \mathrm{X}_n u^n)^2]\, \frac{d\psi(u)}{u}$$

est égal à

$$a_2 + a_4 + \ldots + a_{2n}.$$

On trouve, du reste, facilement que, dans le premier cas, on a

$$1 + X_1 u + \ldots + X_n u^n = \frac{Q_{2n+1}(-u)}{-u\,Q'_{2n+1}(0)}$$

et, dans le second,

$$1 + X_1 u + \ldots + X_n u^n = Q_{2n}(-u).$$

Pour abréger, nous écrivons le premier résultat ainsi

$$\{d\psi(u)\}_n = 1 : (a_1 + a_3 + \ldots + a_{2n+1}).$$

Remarquons que l'intégrale, dont $\{d\psi(u)\}_n$ est le minimum, a pour $u = 0$, un élément égal à la masse μ concentrée à l'origine; on a donc

$$\mu < \{d\psi(u)\}_n,$$

en sorte qu'on retrouve, de cette façon, la limitation

$$\mu \leqq 1 : \sum_0^\infty a_{2k+1}.$$

Lorsque n augmente, $\{d\psi(u)\}_n$ ne peut que diminuer; pour $n = \infty$, cette expression tend vers une limite positive ou nulle que nous représenterons par

$$\{d\psi(u)\}_\infty = 1 : \sum_0^\infty a_{2k+1}.$$

61. Considérons d'abord le cas où il n'y a point de masse concentrée à l'origine. Nous savons que, dans le cas déterminé, la masse concentrée à l'origine est égale à

$$1 : \sum_0^\infty a_{2k+1},$$

donc

$$\{d\psi(u)\}_\infty = 0.$$

Mais, dans le cas indéterminé, la série

$$\sum_0^\infty a_{2k+1}$$

est convergente et par conséquent

$$\{d\psi(u)\}_\infty > 0.$$

Ainsi, s'il n'y a point de concentration de masse à l'origine, la fraction continue sera convergente ou oscillante selon que

$$\{d\,\psi(u)\}_\infty$$

est nul ou positif.

Si la distribution $\mathfrak{D}$ représentée par $\psi(u)$ a, à l'origine, une masse μ, enlevons cette masse et soit $\mathfrak{D}'$ la distribution ainsi modifiée. Supposons que, d'une manière ou d'autre (par exemple, à l'aide de la proposition précédente), on sache si la distribution $\mathfrak{D}'$ est déterminée ou indéterminée, qu'est ce qu'on en peut conclure pour $\mathfrak{D}$?

Si la distribution $\mathfrak{D}'$ est indéterminée, $\mathfrak{D}$ est aussi indéterminée. Si, au contraire, $\mathfrak{D}'$ est déterminée, je dis que $\mathfrak{D}$ est aussi déterminée, en général; il faut faire exception seulement pour un cas singulier que nous indiquerons. En effet, voici comment on peut conclure dans le cas où $\mathfrak{D}$ serait indéterminée, $\mathfrak{D}'$ déterminée. Soit $\mathfrak{D}_1$ la distribution équivalente à $\mathfrak{D}$, mais qui a, à l'origine, la plus grande concentration de masse possible, cette masse étant μ_1. Elle est donnée par une fonction Φ_1

$$\int_0^\infty \frac{d\,\Phi_1(u)}{z+u} = \frac{p_1(z)}{q_1(z)} = \sum_0^\infty \frac{\nu_i}{z+\theta_i},$$

et $\nu_0 = \mu_1$. Tant que $\mathfrak{D}$ n'est pas identique à $\mathfrak{D}_1$, on a

$$\mu_1 > \mu.$$

Enlevons à $\mathfrak{D}_1$ la masse μ (ce qui peut se faire sans introduire une masse négative), on aura une distribution $\mathfrak{D}_1'$ équivalente à $\mathfrak{D}'$. Donc, si $\mathfrak{D}'$ est déterminée, $\mathfrak{D}_1'$ et $\mathfrak{D}'$ doivent être identiques, et, par exemple, aussi $\mathfrak{D}$ et $\mathfrak{D}_1$.

On peut donc dire, si $\mathfrak{D}'$ est déterminée, $\mathfrak{D}$ l'est aussi en général; il y a exception seulement lorsque $\mathfrak{D}$ est une distribution du type (ν_i, θ_i)

62. Je vais supposer maintenant, comme cela arrive dans les exemples particuliers qu'on peut traiter,

$$d\,\psi(u) = f(u)\,du,$$

$f(u)$ étant une fonction positive et généralement continue. On a ici

$$\{f(u)\,du\}_n = \text{minimum de} \int_0^\infty f(u)\,\{1 + X_1 u + \ldots + X_n u^n\}^2\,du.$$

D'abord, dans certains cas particuliers, on sait calculer ce minimum, ou obtenir la fraction continue. Ainsi, par exemple, dans le cas

$$\frac{b^a}{\Gamma(a)}\int_0^\infty \frac{u^{a-1}e^{-bu}}{z+u}\,du,$$

on trouve

$$a_1 = 1, \qquad a_{2n+1} = \frac{a(a+1)\ldots(a+n-1)}{1.2\ldots n},$$

$$a_2 = \frac{b}{a}, \qquad a_{2n} = \frac{1.2.3\ldots(n-1)b}{a(a+1)\ldots(a+n-1)},$$

$$a_1 + a_3 + \ldots + a_{2n+1} = \frac{(a+1)(a+2)\ldots(a+n)}{1.2\ldots n}.$$

Puisque $a > 0$, on voit que la série $\sum\limits_0^\infty a_{2k+1}$ est divergente, donc

$$\{u^{a-1}e^{-bu}\,du\}_\infty = 0.$$

Il est clair que, c étant une constante positive, on a

$$\{f(cu)\,du\}_n = \frac{1}{c}\{f(u)\,du\}_n,$$

$$\{f(cu)\,du\}_\infty = \frac{1}{c}\{f(u)\,du\}_\infty.$$

D'autre part, si

$$f_1(u) : f(u)$$

reste inférieur à un nombre fixe, on aura

$$\{f_1(u)\,du\}_\infty = 0,$$

dès qu'on sait que

$$\{f(u)\,du\}_\infty = 0.$$

Si, au contraire, le rapport

$$f_1(u) : f(u)$$

est constamment supérieur à un nombre positif, on aura certainement

$$\{f_1(u)\,du\}_\infty > 0,$$

dès qu'on sait que

$$\{f(u)\,du\}_\infty > 0.$$

63. On peut aller plus loin dans cette voie, et nous démontrerons cette proposition.

Supposons que

$$\}f(u)\,du\{_\infty = 0,$$

et que le rapport $f_1(u) : f(u)$ a un maximum fini M_α dans l'intervalle (α, ∞) (ce nombre M_α pouvant d'ailleurs croître indéfiniment lorsque α tend vers zéro), alors, je dis qu'on aura aussi

$$\}f_1(u)\,du\{_\infty = 0.$$

Pour le démontrer, soit ε un nombre positif aussi petit qu'on le voudra. Je détermine d'abord un nombre positif α par cette condition

$$\int_0^\alpha f_1(u)\,du > \frac{1}{2}\varepsilon.$$

Soit ensuite $f(\bar{u})$ une fonction qui est nulle dans l'intervalle $(0, \alpha)$ et égale à $f(u)$ pour $u > \alpha$.

On aura

$$\}f(\bar{u})\,du\{_n = \int_0^\infty f(\bar{u})\;\mathfrak{L}(\bar{u})^2\,du = \int_\alpha^\infty f(u)\;\mathfrak{L}(\bar{u})^2\,du,$$

$\mathfrak{L}(\bar{u})$ étant un certain polynome du degré n en u et qui se réduit à l'unité pour $u = 0$.

D'autre part, si l'on a

$$\}f(u)\,du\{_n = \int_0^\infty f(u)\;\mathfrak{L}(u)^2\,du,$$

on aura

$$\}f(\bar{u})\,du\{_n = \int_0^\infty f(\bar{u})\;\mathfrak{L}(\bar{u})^2\,du = \int_\alpha^\infty f(u)\;\mathfrak{L}(u)^2\,du < \}f(u)\,du\{_n.$$

Donc, puisque nous supposons

$$\}f(u)\,du\{_\infty = 0,$$

on aura aussi

$$\}f(\bar{u})\,du\{_\infty = 0.$$

J'observe ensuite que

$$\}f_1(u)du\{_n < \int_0^\infty f_1(u)\,\mathfrak{L}(\bar{u})^2\,du = \int_0^\alpha f_1(u)\;\mathfrak{L}(\bar{u})^2\,du + \int_\alpha^\infty f_1(u)\;\mathfrak{L}(\bar{u})^2\,du.$$

Or, le polynome $\mathfrak{L}(\bar{u})$ est déterminé à un facteur près par les conditions

$$\int_0^\infty f(\bar{u})\,\mathfrak{L}(\bar{u})\,u^k\,du = 0 \qquad (k = 1, 2, \ldots, n),$$

ou

$$\int_a^\infty f(u)\,\mathfrak{L}(\bar{u})\,u^k\,du = 0.$$

Il s'ensuit que toutes les racines de

$$\mathfrak{L}(\bar{u}) = 0$$

sont positives, plus grandes que a. Et puisque $\mathfrak{L}(\bar{0}) = 1$, on voit que, dans l'intervalle $(0, a)$, on a

$$0 < \mathfrak{L}(\bar{u}) \leqq 1,$$

et, par conséquent,

$$\int_0^a f_1(u)\,\mathfrak{L}(\bar{u})^2\,du < \int_0^a f_1(u)\,du < \tfrac{1}{2}\varepsilon.$$

Ensuite

$$\int_a^\infty f_1(u)\,\mathfrak{L}(\bar{u})^2\,du < \mathrm{M}_a \int_a^\infty f(u)\,\mathfrak{L}(\bar{u})^2\,du = \mathrm{M}_a\,\{f(\bar{u})\,du\}_n,$$

donc

$$\{f_1(u)\,du\}_n < \tfrac{1}{2}\varepsilon + \mathrm{M}_a\,\{f(\bar{u})\,du\}_n.$$

Or, il existe un nombre ν tel que, pour $n > \nu$, on a

$$\mathrm{M}_a\,\{f(\bar{u})\,du\}_n < \tfrac{1}{2}\varepsilon,$$

et il est clair d'après cela qu'on a

$$\{f_1(u)\,du\}_\infty = 0. \qquad \text{C. Q. F. D.}$$

Dans le cas

$$f(u) = \frac{4}{e^{2\pi\sqrt{u}} - e^{-2\pi\sqrt{u}}}$$

la fraction continue (voir plus loin n^0 86) s'obtient avec des valeurs simples des a_k

$$a_k = \frac{4}{k},$$

par conséquent

$$\left\{\frac{4\,du}{e^{2\pi\sqrt{u}}-e^{-2\pi\sqrt{u}}}\right\}_{\infty}=0,$$

et aussi, c étant une constante positive

$$\left\{\frac{du}{e^{c\sqrt{u}}-e^{-c\sqrt{u}}}\right\}_{\infty}=0.$$

Cela étant, posons

$$f_1(u)=u^{a-1}e^{-bu^{\lambda}}\mathcal{G}(u),$$

$$f(u)=\frac{1}{e^{c\sqrt{u}}-e^{-c\sqrt{u}}},$$

où $a>0$, $b>0$, $\lambda\geqq\frac{1}{2}$, tandis que nous supposons $c<b$. Ensuite $\mathcal{G}(u)$ sera une fonction positive de u, qui dans tout intervalle (α,∞) reste inférieur à un nombre fixe. On a

$$f_1(u):f(u)=u^{a-1}\mathcal{G}(u)\,e^{-bu^{\lambda}+c\sqrt{u}}\left(1-e^{-2c\sqrt{u}}\right),$$

et l'on voit que ce rapport tend vers zéro pour $u=\infty$.

Nous pouvons appliquer la proposition démontrée et conclure

$$\{u^{a-1}e^{-bu^{\lambda}}\mathcal{G}(u)\}_{\infty}=0.$$

Ainsi l'intégrale

$$\int_0^{\infty}\frac{u^{a-1}e^{-bu^{\lambda}}\mathcal{G}(u)}{z+u}\,du$$

donne une fraction continue convergente, tant que $\lambda\geqq\frac{1}{2}$. Supposons $\mathcal{G}(u)=1$, la fraction continue sera oscillante pour $\lambda<\frac{1}{2}$; pour abréger, je supprime la démonstration.

64. Appliquons ce résultat à la série de Stirling.

On sait qu'en posant

$$\log\Gamma(z)=\left(z-\frac{1}{2}\right)\log z-z+\frac{1}{2}\log(2\pi)+J(z),$$

on a

$$J(z)=\frac{1}{\pi}\int_0^{\infty}\frac{z\,du}{z^2+u^2}\log\left(\frac{1}{1-e^{-2\pi u}}\right)$$

ou

$$J(z)=\frac{1}{2\pi}\int_0^{\infty}\frac{zu^{-\frac{1}{2}}\,du}{z^2+u}\log\left(\frac{1}{1-e^{-2\pi\sqrt{u}}}\right).$$

C'est là une intégrale telle que nous l'avons étudiée; on a seulement remplacé z par z^2 et multiplié par z. Le développement en série prend ainsi la forme

$$\text{(A)} \quad \frac{B_1}{1.2.z} - \frac{B_2}{3.4.z^3} + \frac{B_3}{5.6.z^5} - \ldots,$$

et la fraction continue devient

$$\text{(B)} \quad \cfrac{1}{a_1 z + \cfrac{1}{a_2 z + \cfrac{1}{a_3 z + \ldots}}}$$

On a ici

$$f(u) = \frac{1}{2\pi} u^{-\frac{1}{2}} \log\left(\frac{1}{1 - e^{-2\pi\sqrt{u}}}\right) = \frac{1}{2\pi} u^{-\frac{1}{2}} e^{-2\pi\sqrt{u}} \mathcal{G}(u),$$

$$\mathcal{G}(u) = e^{2\pi\sqrt{u}} \log\left(\frac{1}{1 - e^{-2\pi\sqrt{u}}}\right);$$

$\mathcal{G}(u)$ tend ici vers l'unité pour $u = \infty$ et satisfait ainsi à la condition imposée à cette fonction dans notre énoncé. Il suffit donc de transformer la série de Stirling (A) dans la fraction continue (B), pour avoir une expression convergente qui représente J(z) tant que la partie réelle de z est positive.

La fraction continue change de signe avec z comme l'intégrale de Binet; dont elle est une transformation identique; mais, lorsqu'on change ainsi le signe de z, ces expressions donnent $-$J(z), mais pas J$(-z)$; l'axe imaginaire est une coupure, aussi bien pour l'intégrale que pour la fraction continue.

Le calcul des a_k est très pénible; on trouve

$$a_1 = 12, \quad a_2 = \frac{5}{2}, \quad a_3 = \frac{84}{53}, \quad a_4 = \frac{2809}{2340}, \quad a_5 = \frac{1003860}{1218947}, \quad \ldots;$$

la loi de ces nombres paraît extrêmement compliquée.

65. Nous terminons ici cette étude de l'intégrale

$$\int_0^\infty \frac{d\psi(u)}{z+u}$$

par l'énoncé des propositions suivantes, dont la démonstration se déduit aisément des formules que nous donnerons plus loin (nos 76, 77, 78).

I. Si l'intégrale

$$\int_0^\infty \frac{d\,\psi(u)}{z+u}$$

donne une fraction continue convergente, on aura de même une fraction continue convergente pour

$$\frac{\mu}{z} + \int_0^\infty \frac{d\,\psi(u)}{z+u},$$

μ étant une constante positive, excepté dans un cas singulier. Ce cas singulier se présente lorsque la distribution de masse caractérisée par $\psi(u)$ est identique à celle donnée par une fonction $\Phi_1(u)$

$$(\nu_i,\ \theta_i)$$

à laquelle on aurait enlevé la masse ν_0 concentrée à l'origine.

II. Si l'intégrale

$$\int_0^\infty \frac{d\,\psi(u)}{z+u}$$

donne une fraction continue convergente, l'intégrale

$$\int_0^\infty \frac{u\,d\,\psi(u)}{z+u}$$

donnera aussi une fraction continue convergente, excepté dans un cas singulier.

Le cas singulier exceptionnel est le même que pour la proposition (1).

III. Si l'intégrale

$$\int_0^\infty \frac{d\,\psi(u)}{z+u}$$

donne une fraction continue convergente, l'intégrale

$$\int_0^\infty \frac{d\,\psi(u-\lambda)}{z+u},$$

où λ est une constante positive, donnera aussi une fraction continue convergente, excepté dans un cas singulier.

Ce cas singulier a lieu lorsque la distribution de masse caractérisée par $\psi(u)$ est celle ci

$$(\mu_i, \lambda_i - \lambda_1) \qquad (i = 1, 2, 3, \ldots),$$

c'est-à-dire si cette distribution s'obtient en rapprochant de la quantité λ_1, de l'origine, les masses d'une distribution (μ_i, λ_i) provenant d'une fonction $\Phi(u)$

$$\frac{p(z)}{q(z)} = \sum_{1}^{\infty} \frac{\mu_i}{z + \lambda_i}.$$

CHAPITRE IX.

ÉTUDE DES TROIS CAS PARTICULIERS. SUR LE PROBLÈME DES MOMENTS DANS LE CAS INDÉTERMINÉ.

66. Le résultat auquel nous sommes arrivé dans le n° 47 est parfaitement général et embrasse tous les cas possibles. Cependant, il peut arriver que la fonction $\Phi(u)$ prenne une forme particulière: c'est ce qui arrive déjà dans le cas où la fraction continue est oscillante. Nous allons étudier ici quelques nouveaux cas de ce genre.

Supposons $z = x$ réel positif; dans quels cas $P_{2n}(x)$ et $Q_{2n}(x)$ tendent-ils vers une limite finie pour $n = \infty$? Puisque

$$Q_{2n}(x) = \mathfrak{B}_0 + \mathfrak{B}_1 x + \ldots + \mathfrak{B}_n x^n,$$

$$\mathfrak{B}_0 = 1,$$

$$\mathfrak{B}_1 = \sum_1^n (a_1 + a_3 + \ldots + a_{2k-1}) a_{2k},$$

il faut certainement que $\mathfrak{B}_1$ reste fini: la série

$$\sigma = \sum_1^\infty (a_1 + a_3 + \ldots + a_{2k-1}) a_{2k},$$

doit être convergente. Mais cette condition nécessaire est aussi suffisante, car, puisque les racines de $Q_{2n}(z) = 0$ sont réelles et négatives, on a

$$Q_{2n}(x) < \left(1 + \frac{\mathfrak{B}_1 x}{n}\right)^n < e^{\mathfrak{B}_1 x} < e^{\sigma x}.$$

La série σ étant convergente, il s'ensuit que la série

$$\sum_1^\infty a_{2k}$$

est aussi convergente. Quant à la série

$$\sum_1^\infty a_{2k-1}$$

elle peut être aussi bien convergente que divergente.

Mais, dans le premier cas, on retombe sur le cas déjà examiné, où aussi

$$P_{2n+1}(x), \quad Q_{2n+1}(x)$$

restent finis Nous aurons un cas nouveau en supposant:

1° La série

$$\sum_1^\infty a_{2k-1}$$

est divergente;

2° La série

$$\sum_1^\infty (a_1 + a_3 + \ldots + a_{2k-1}) a_{2k}$$

est convergente.

Par des raisonnements absolument analogues à ceux développés dans le Chapitre IV, on arrivera aux conclusions suivantes.

Dans tout le plan on a

$$\lim P_{2n}(z) = \mathcal{P}(z),$$
$$\lim Q_{2n}(z) = \mathcal{Q}(z),$$

$\mathcal{P}(z)$ et $\mathcal{Q}(z)$ étant des fonctions holomorphes. Ces fonctions sont du genre zéro et n'ont que des zéros simples, qui sont réels négatifs. On a par exemple

$$\mathcal{Q}(z) - \left(1 + \frac{z}{\alpha_1}\right)\left(1 + \frac{z}{\alpha_2}\right)\left(1 + \frac{z}{\alpha_3}\right)\ldots,$$

où α_k est limite de la $k^{\text{ième}}$ racine de

$$Q_{2n}(-z) = 0,$$

pour $n = \infty$.

La fraction continue converge vers

$$\frac{\mathcal{P}(z)}{\mathcal{Q}(z)} = \sum_1^\infty \frac{\gamma_k}{z + \alpha_k},$$

et la distribution (γ_k, α_k) est la solution du problème des moments qui est déterminé et n'en admet point d'autres. Puisque

$$\frac{Q_{2n+1}(z)}{a_1 + a_3 + \ldots + a_{2n+1}} = \frac{a_1 z Q_0(z) + a_3 z Q_2(z) + \ldots + a_{2n+1} z Q_{2n}(z)}{a_1 + a_3 + \ldots + a_{2n+1}},$$

et que $Q_{2n}(z)$ tend vers $\mathfrak{Q}(z)$ tandis que la série

$$\sum_1^\infty a_{2k-1}$$

est divergente, on voit facilement que

$$\lim_{n=\infty} \frac{Q_{2n+1}(z)}{a_1 + a_3 + \ldots + a_{2n+1}} = z\,\mathfrak{Q}(z),$$

de même

$$\lim_{n=\infty} \frac{P_{2n+1}(z)}{a_1 + a_3 + \ldots + a_{2n+1}} = z\,\mathfrak{P}(z).$$

Ainsi se vérifie donc la convergence de la fraction continue, puisqu'on a aussi

$$\lim_{n=\infty} \frac{P_{2n+1}(z)}{Q_{2n+1}(z)} = \frac{\mathfrak{P}(z)}{\mathfrak{Q}(z)}.$$

67. Voyons maintenant dans quel cas $P_{2n+1}(x)$ et $Q_{2n+1}(z)$ tendent vers des limites finies. Puisque

$$P_{2n+1}(x) = \mathfrak{D}_0 + \mathfrak{D}_1 x + \ldots + \mathfrak{D}_n x^n,$$

$$\mathfrak{D}_0 = 1,$$

$$\mathfrak{D}_1 = \sum_1^n (a_2 + a_4 + \ldots + a_{2k})\, a_{2k+1},$$

il faut certainement que la série

$$\sigma' = \sum_1^\infty (a_2 + a_4 + \ldots + a_{2k})\, a_{2k+1}$$

soit convergente. Mais cette condition est aussi suffisante.

La convergence de σ' entraîne celle de

$$\sum_0^\infty a_{2k+1};$$

quant à la série

$$\sum_1^\infty a_{2k},$$

elle peut être convergente ou divergente; mais, dans le premier cas, on retombe sur un cas déjà étudié.

En supposant au contraire:

1° La série

$$\sum_1^\infty a_{2k}$$

est divergente;

2° La série

$$\sum_1^\infty (a_2 + a_4 + \ldots + a_{2k}) a_{2k+1}$$

est convergente.

On a un cas particulier nouveau, qui conduit aux résultats suivants

Dans tout le plan on a

$$\lim P_{2n+1}(z) = \mathfrak{P}_1(z),$$
$$\lim Q_{2u+1}(z) = \mathfrak{Q}_1(z),$$

$\mathfrak{P}_1(z)$ et $\mathfrak{Q}_1(z)$ étant holomorphes dans tout le plan.

Ces fonctions sont du genre zéro et n'ont que des zéros simples qui sont réels négatifs. On a par exemple

$$\mathfrak{Q}_1(z) = C z\left(1 + \frac{z}{\beta_1}\right)\left(1 + \frac{z}{\beta_2}\right)\left(1 + \frac{z}{\beta_3}\right)\cdots,$$

où β_k est la limite de la $k^{\text{ième}}$ racine de

$$Q_{2n+1}(-z) : z = 0,$$

pour $n = \infty$.

La fraction continue tend vers

$$\frac{\mathfrak{P}_1(z)}{\mathfrak{Q}_1(z)} = \frac{\delta_0}{z} + \frac{\delta_1}{z + \beta_1} + \frac{\delta_2}{z + \beta_2} + \cdots,$$

et la distribution (δ_k, β_k) $(\beta_0 = 0)$ est la solution du problème des moments.

On a ensuite

$$\lim \frac{P_{2n}(z)}{a_2 + a_4 + \ldots + a_{2n}} = \mathfrak{P}_1(z),$$
$$\lim \frac{Q_{2n}(z)}{a_2 + a_4 + \ldots + a_{2n}} = \mathfrak{Q}_1(z),$$

ce qui met en évidence la convergence de la fraction continue.

68. Je reprends les formules du n° 2, mais pour ordonner maintenant les polynomes P_n, Q_n suivant des puissances descendantes de la variable

$$\begin{aligned}
P_{2n}(z) &= z^{n-1}(1 + \alpha z^{-1} + \alpha' z^{-2} + \ldots) \times a_2 a_3 \ldots a_{2n},\\
Q_{2n}(z) &= z^{n} \quad (1 + \beta z^{-1} + \beta' z^{-2} + \ldots) \times a_1 a_2 \ldots a_{2n},\\
P_{2n+1}(z) &= z^{n} \quad (1 + \gamma z^{-1} + \gamma' z^{-2} + \ldots) \times a_2 a_3 \ldots a_{2n+1},\\
Q_{2n+1}(z) &= z^{n+1}(1 + \delta z^{-1} + \delta' z^{-2} + \ldots) \times a_1 a_2 \ldots a_{2n+1};
\end{aligned}$$

on aura, en introduisant les b_k,

$$\begin{aligned}
\alpha &= b_2 + b_3 + \ldots + b_{2n-1},\\
\beta &= b_1 + b_2 + \ldots + b_{2n-1},\\
\gamma &= b_2 + b_3 + \ldots + b_{2n},\\
\delta &= b_1 + b_2 + \ldots + b_{2n}.
\end{aligned}$$

Posons aussi $tz = 1$, puis

$$\begin{aligned}
U_{2n} &= 1 + \alpha t + \alpha' t^2 + \ldots + \alpha^{(n-2)} t^{n-1},\\
V_{2n} &= 1 + \beta t + \beta' t^2 + \ldots + \beta^{(n-1)} t^{n},\\
U_{2n+1} &= 1 + \gamma t + \gamma' t^2 + \ldots + \gamma^{(n-1)} t^{n},\\
V_{2n+1} &= 1 + \delta t + \delta' t^2 + \ldots + \delta^{(n-1)} t^{n};
\end{aligned}$$

on aura

$$\frac{P_{2n}(z)}{Q_{2n}(z)} = b_0 t \frac{U_{2n}}{V_{2n}}, \qquad \frac{P_{2n+1}(z)}{Q_{2n+1}(z)} = b_0 t \frac{U_{2n+1}}{V_{2n+1}},$$

et il est clair que les $U_n : V_n$ sont les réduites de la fraction continue

$$\cfrac{1}{1 + \cfrac{b_1 t}{1 + \cfrac{b_2 t}{1 + \cfrac{b_3 t}{1 + \ldots}}}},$$

en sorte qu'on a

$$\begin{aligned}
U_{n+1} &= U_n + b_n t\, U_{n-1},\\
V_{n+1} &= V_n + b_n t\, V_{n-1}.
\end{aligned}$$

En supposant donc d'abord t positif, les U_n et V_n vont en augmentant. Pour qu'ils tendent vers des limites finies, il faut évidemment que les quantités $\alpha, \beta, \gamma, \delta$ restent finies. Cette condition revient évidemment à celle-ci : la série

$$\sum_1^{\infty} b_k$$

doit être convergente. Ensuite on reconnaît facilement que cette condition nécessaire est aussi suffisante, et qu'elle conduit à cette conséquence : pour toute valeur réelle ou imaginaire de t, on a

$$\lim_{n=\infty} \mathrm{U}_n = u(t),$$
$$\lim_{n=\infty} \mathrm{V}_n = v(t),$$

$u(t)$ et $v(t)$ étant deux fonctions holomorphes.

On a donc

$$\lim \frac{\mathrm{P}_{2n}(z)}{\mathrm{Q}_{2n}(z)} = \lim \frac{\mathrm{P}_{2n+1}(z)}{\mathrm{Q}_{2n+1}(z)} = \frac{1}{a_1 z} \frac{u\left(\frac{1}{z}\right)}{v\left(\frac{1}{z}\right)}.$$

La fraction continue est donc convergente, et en effet il est clair que la série

$$\sum_1^\infty a_k$$

doit être divergente, puisque nous supposons que la série

$$\sum_1^\infty \frac{1}{a_k a_{k+1}}$$

est convergente.

69. Posons $n = 2m$ ou $n = 2m + 1$ selon que n est pair ou impair, on aura

$$\mathrm{V}_n = (1 + x_1 t)(1 + x_2 t)\ldots(1 + x_m t),$$

où nous supposerons

$$x_1 > x_2 > x_3 > \ldots > x_m;$$

ce sont là les racines de

$$\mathrm{Q}_{2n}(-z) = 0 \qquad \text{ou de} \qquad \mathrm{Q}_{2n+1}(-z) : z = 0,$$

rangées par ordre décroissant. Lorsque n croît, une racine x_k de rang déterminé k croît aussi, et elle tend pour $k = \infty$ vers une limite déterminée. Et, en effet, elle ne saurait croître indéfiniment puisque la somme de toutes les racines reste finie.

Si nous posons

$$\lim_{n=\infty} x_k = r_k,$$

on aura

$$r_1 > r_1 > r_3 > r_4 > \ldots,$$

et deux r_k ne peuvent pas être égaux (voir le raisonnement du n⁰ 20). La série

$$\sum_1^\infty r_k$$

est convergente et l'on a

$$v(t) = (1 + r_1 t)(1 + r_2 t)(1 + r_3 t)\ldots.$$

Considérons la décomposition en fractions simples

$$\frac{U_n}{V_n} = C_n + \frac{\mathfrak{M}_1}{1 + x_1 t} + \frac{\mathfrak{M}_2}{1 + x_2 t} + \ldots + \frac{\mathfrak{M}_m}{1 + x_m t},$$

où $C_n = 0$ lorsque n est pair, $C_{2m+1} > 0$

$$C_n + \mathfrak{M}_1 + \mathfrak{M}_2 + \ldots + \mathfrak{M}_n = 1,$$

$$\frac{U_n}{V_n} = 1 - \sum_1^n \frac{\mathfrak{M}_k x_k t}{1 + x_k t}.$$

Pour $n = \infty$, la constante positive $\mathfrak{M}_k$ tend vers une limite s_k et l'on démontre aisément, en passant à la limite pour $n = \infty$,

$$\frac{u(t)}{v(t)} = 1 - \sum_1^\infty \frac{r_k s_k t}{1 + r_k t},$$

ou encore

$$\frac{u(t)}{v(t)} = 1 - \sum_1^\infty s_k + \sum_1^\infty \frac{s_k}{1 + r_k t},$$

en sorte qu'il vient finalement

$$\lim \frac{P_n(z)}{Q_n(z)} = \frac{1 - \sum_1^\infty s_k}{a_1 z} + \frac{1}{a_1} \sum_1^\infty \frac{s_k}{z + r_k}.$$

On voit donc qu'il y a une masse égale à

$$\left(1-\sum_1^\infty s_k\right):a_1,$$

concentrée à l'origine; on a donc nécessairement

$$\left(1-\sum_1^\infty s_k\right):a_1=1:\sum_1^\infty a_{2k-1}.$$

Cette masse sera nulle ou positive selon que la série

$$\sum_1^\infty a_{2k-1}$$

est divergente ou convergente. Il est à remarquer que ce second cas est en effet possible; il exige seulement que les a_{2k} croissent rapidement afin que la série

$$\sum_1^\infty \frac{1}{a_k a_{k+1}}$$

puisse être convergente.

Ensuite il y a les masses $\dfrac{s_k}{a_1}$ concentrées aux points r_k, qui pour $k=\infty$ se rapprochent indéfiniment de l'origine, la série

$$\sum_1^\infty r_k$$

étant convergente. On voit donc que la fonction

$$F(z)=\lim\frac{P_n(z)}{Q_n(z)}$$

a une infinité de pôles dans le voisinage de $z=0$, et ce point $z=0$ peut être un pôle ou non selon les cas.

70. L'une des premières fractions continues que l'on ait considérée en Analyse fournit un exemple du cas que nous venons d'étudier. C'est

la fraction continue de Lambert

$$\frac{e^z - e^{-z}}{e^z + e^{-z}} = \cfrac{z}{1 + \cfrac{z^2}{3 + \cfrac{z^2}{5 + \cfrac{z^2}{7 + \dots}}}},$$

$$\frac{e^z - e^{-z}}{e^z + e^{-z}} = \sum_1^\infty \frac{8z}{4z^2 + (2k-1)^2\pi^2}.$$

Pour la ramener à notre type, nous écrirons

$$\frac{1}{\sqrt{z}} \frac{e^{\frac{1}{\sqrt{z}}} - e^{-\frac{1}{\sqrt{z}}}}{e^{\frac{1}{\sqrt{z}}} + e^{-\frac{1}{\sqrt{z}}}} = \sum_1^\infty \frac{s_k}{z + r_k} = \cfrac{z}{z + \cfrac{1}{3 + \cfrac{1}{5z + \cfrac{1}{7 + \dots}}}},$$

$$r_k = 4 : (2k-1)^2\pi^2,$$
$$s_k = 8 : (2k-1)^2\pi^2.$$

On a ici

$$a_k = 2k - 1,$$

et la série $\sum_1^\infty \frac{1}{a_k a_{k+1}}$ est bien convergente; en même temps la série

$$\sum_1^\infty a_{2k-1}$$

est divergente, il n'y a point de masse concentrée à l'origine. Ensuite on a

$$u(t) = \frac{1}{2\sqrt{t}} (e^{\sqrt{t}} - e^{-\sqrt{t}}),$$

$$v(t) = \frac{1}{2} (e^{\sqrt{t}} + e^{-\sqrt{t}}).$$

Des formules que nous donnerons plus loin (n° 76) permettent de réduire en fraction continue

$$\frac{\mu}{z} + \frac{1}{\sqrt{z}} \frac{e^{\frac{1}{\sqrt{z}}} - e^{-\frac{1}{\sqrt{z}}}}{e^{\frac{1}{\sqrt{z}}} + e^{-\frac{1}{\sqrt{z}}}}.$$

μ étant une constante positive. On aurait ainsi un exemple du cas où l'origine est un pôle; il s'y trouve concentrée la masse μ.

71. Nous allons revenir maintenant au cas où la série

$$\sum_{1}^{\infty} a_k$$

est convergente, pour faire une étude plus complète du problème des moments qui est indéterminé.

Soit t un paramètre positif; je considère la fraction continue

$$\cfrac{1}{a_1 z + \cfrac{1}{a_2 + \cfrac{1}{a_3 z + \ddots + \cfrac{1}{a_{2n+1} z + \cfrac{1}{t}}}}}$$

qui est évidemment égale à

$$\frac{P_{2n}(z) + t P_{2n+1}(z)}{Q_{2n}(z) + t Q_{2n+1}(z)}.$$

En développant suivant les puissances descendantes de z, on a évidemment

$$\frac{c_0}{z} - \frac{c_1}{z^2} + \ldots + \frac{c_{2n}}{z^{2n+1}} - \frac{\varepsilon}{z^{2n+2}} + \ldots,$$

ε étant le premier coefficient qui dépend de t. Posons

$$\mathcal{K}_n(z) = Q_{2n}(z) + t Q_{2n+1}(z) = [a_1 z, a_2, \ldots a_{2n+1} z, t],$$

les racines de

$$\mathcal{K}_n(z) = 0$$

seront réelles, inégales et négatives; en effet, $\mathcal{K}_n(z)$ est simplement ce que devient $Q_{2n+2}(z)$ pour $a_{2n+2} = t$. Comparons maintenant les racines de

$$\mathcal{K}_n(z) = 0 \qquad \text{à celles de} \qquad \mathcal{K}_{n+1}(z) = 0.$$

On a

$$\mathcal{K}_{n+1}(z) = [a_1 z, a_2, \ldots, a_{2n+1} z, a_{2n+2}, a_{2n+3} z, t].$$

Or, il est facile de voir que si l'on pose

$$a_{2n+2} = 0, \qquad a_{2n+3} = 0,$$

le second membre se réduit à $\mathcal{K}_n(z)$. Les racines de

$$\mathcal{K}_{n+1}(z) = 0$$

sont au nombre de $n+2$; si maintenant on fait décroître a_{2n+2}, a_{2n+3} de leurs valeurs actuelles jusqu'à zéro, ces racines ne peuvent que décroître, d'après la proposition du n° 6. Une de ces racines deviendra $-\infty$, les autres vont coïncider avec les racines de

$$\mathcal{K}_n(z)=0.$$

Ce résultat peut s'exprimer ainsi : si l'on range par ordre de grandeur croissante les racines positives de

$$\mathcal{K}_n(-z)=0, \qquad x_1 < x_2 < x_3, \ldots < x_{n+1},$$

une racine de rang déterminé x_k décroît lorsqu'on change n en $n+1$.

Pour $n=\infty$ on a

$$\lim \mathcal{K}_n(z)=q(z)+t q_1(z),$$

x_k tend vers une limite finie ξ_k et

$$q(z)+t q_1(z)=\left(1+\frac{z}{\xi_1}\right)\left(1+\frac{z}{\xi_2}\right)\left(1+\frac{z}{\xi_3}\right)\cdots.$$

En effet, on peut répéter tous les raisonnements des n°s 19 et 21. Il est clair que les ξ_k vont en croissant, mais peut-il arriver que $\xi_k=\xi_{k+1}$? Le raisonnement du n° 20 ne peut pas s'appliquer ici; mais on peut procéder ainsi. Si l'on avait $\xi_k=\xi_{k+1}$, on aurait, pour une même valeur finie et réelle de z,

$$q(z)+t q_1(z)=0,$$
$$q'(z)+t q_1'(z)=0,$$

donc

$$q(z)\, q_1'(z)-q_1(z)\, q'(z)=0.$$

L'expression

$$Q_{2n}(z)\, Q'_{2n+1}(z)-Q_{2n+1}(z)\, Q'_{2n}(z)$$

devrait donc s'annuler pour $n=\infty$, ce qui est manifestement impossible puisqu'elle est égale à

$$\sum_0^n a_{2k+1}\, Q_{2k}^2(z).$$

La transformation que nous venons d'indiquer résulte de l'identité bien connue

$$\frac{Q_{2n}(u)\,Q_{2n+1}(z) - Q_{2n}(z)\,Q_{2n+1}(u)}{z-u} = \sum_{0}^{n} a_{2k+1}\,Q_{2k}(z)\,Q_{2k}(u).$$

On a donc bien $\xi_k < \xi_{k+1}$.

Les nombres ξ_k sont des fonctions décroissantes du paramètre t; en effet ξ_k est la limite de x_k qui, elle même est une fonction décroissante de t. Nous avons

$$q(z) = \left(1+\frac{z}{\lambda_1}\right)\left(1+\frac{z}{\lambda_2}\right)\left(1+\frac{z}{\lambda_3}\right)\cdots,$$

$$q_1(z) = cz\left(1+\frac{z}{\theta_1}\right)\left(1+\frac{z}{\theta_2}\right)\left(1+\frac{z}{\theta_3}\right)\cdots,$$

où

$$c = \sum_{1}^{\infty} a_{2k-1}.$$

Pour $t=0$, ξ_k devient égal à λ_k et l'on a ainsi

$$\xi_k \leqq \lambda_k.$$

Pour $t=\infty$, on doit évidemment avoir

$$\lim t\xi_1 = \frac{1}{c}, \qquad \xi_{k+1} = \theta_k,$$

donc

$$\xi_k \geqq \theta_{k-1},$$

et θ_k est compris entre λ_k et λ_{k+1}.

En définitive, si l'on considère les quantités croissantes

$$0,\ \lambda_1,\ \theta_1,\ \lambda_2,\ \theta_2,\ \lambda_3,\ \theta_3,\ \ldots,$$

on voit que les ξ_k sont compris dans les intervalles

(P) . . . . $(0, \lambda_1), (\theta_1, \lambda_2), (\theta_2, \lambda_3), \ldots;$

on n'en trouve aucun dans les intervalles

(Q) . . . . $(\lambda_1, \theta_1), (\lambda_2, \theta_2), (\lambda_3, \theta_3), \ldots.$

On trouvera facilement

$$\frac{p(z)+tp_1(z)}{q(z)+tq_1(z)} = \sum_{1}^{\infty} \frac{\eta_k}{z+\xi_k},$$

et la distribution des masses

$$(\eta_k, \xi_k), \qquad (k = 1, 2, 3, \ldots)$$

est encore une solution du problème des moments, dépendante cette fois du paramètre t.

72. La considération de la fraction continue

$$\frac{P_{2n-1}(z) + tzP_{2n}(z)}{Q_{2n-1}(z) + tzQ_{2n}(z)} = \cfrac{1}{a_1 z + \cfrac{1}{a_2 + \cdots + \cfrac{1}{a_{2n} + \cfrac{1}{tz}}}}$$

conduit à des résultats analogues, que nous nous contenterons d'énoncer

$$q_1(z) + tzq(z) = [c+t]\,z\left(1 + \frac{z}{\xi'_1}\right)\left(1 + \frac{z}{\xi'_2}\right)\left(1 + \frac{z}{\xi'_3}\right)\cdots,$$

$$\frac{p_1(z) + tzp(z)}{q_1(z) + tzq(z)} = \frac{\eta'_0}{z} + \sum_1^\infty \frac{\eta'_k}{z + \xi'}.$$

On a ici $\xi'_0 = 0$ et

$$\lambda_k \leqq \xi'_k \leqq \theta_k.$$

Les ξ'_k sont encore des fonctions décroissantes de t; pour $t = 0$, $\xi'_k = \theta$; pour $t = \infty$, $\xi'_k = \lambda_k$, les η'_k sont positifs, $\eta'_0 = 1 : c + t$ s'annule pour $t = \infty$. La distribution des masses

$$(\eta'_k, \xi'_k) : \qquad (k = 0, 1, 2, 3, \ldots)$$

donne encore une solution du problème des moments; cette fois-ci, les ξ sont dans les intervalles

$$(\lambda_1, \theta_1), (\lambda_2, \theta_2), (\lambda_3, \theta_3).$$

On voit donc que le problème des moments a toujours une solution dans laquelle il y a une concentration de masse finie en un point donné arbitrairement. En effet, les résultats précédents font connaître toujours une solution tant que le point donné n'est pas à l'origine. Dans ce dernier cas, nous avons une infinité de solutions par les systèmes

$$(\nu_k, \theta_k) \qquad \text{et} \qquad (\eta'_k, \xi'_k);$$

le premier système donne la masse maxima qui peut être concentrée à l'origine

$$\nu_0 = \frac{1}{c} > \eta'_0 = \frac{1}{c+t}.$$

73. Nous allons montrer maintenant qu'un système tel que

$$(\eta_k, \xi_k)$$

est celui où la masse η_k concentrée au point ξ_k est un maximum. De même dans le système (η'_k, ξ'_k), la masse η'_k concentrée au point ξ'_k est un maximum pour $k = 1, 2, 3, \ldots$. Nous venons de remarquer que cela n'est plus vrai pour $k = 0$, le système (ν_k, θ_k) donnant alors la concentration maxima à l'origine.

Soit a un nombre positif quelconque; pour chercher une limite supérieure de la masse qui peut être concentrée dans ce point dans une solution quelconque du problème des moments, je vais considérer les intégrales

$$\int_0^\infty [1 + X_1(u-a) + X_2(u-a)^2 + \ldots + X_n(u-a)^n]^2 \, d\psi(u),$$

$$\int_0^\infty [1 + X_1(u-a) + X_2(u-a)^2 + \ldots + X_n(u-a)^n]^2 \, \frac{u}{a} \, d\psi(u).$$

Ces intégrales ne changent point de valeur si l'on remplace la fonction $\psi(u)$, qui caractérise une distribution de masse qui satisfait au problème des moments, par une autre fonction de même nature. On peut donc supposer que la fonction $\psi(u)$ caractérise la distribution qui, au point a, admet la plus grande concentration de masse possible. D'autre part, ces intégrales ont pour $u = a$ un élément égal à cette masse concentrée au point a. Les intégrales sont donc des limites supérieures du maximum cherché. Pour avoir les limites les plus proches possibles, nous allons calculer le minimum de ces intégrales considérées comme des fonctions de $X_1, X_2, \ldots, X_n$, et ensuite nous poserons $n = \infty$.

Posons, dans le cas de la première intégrale,

$$\mathfrak{L} = 1 + X_1(u-a) + \ldots + X_n(u-a)^n;$$

les conditions du minimum sont

$$\int_0^\infty \mathfrak{L}(u-a)^k d\psi(u)=0 \qquad (k=1, 2, \ldots, n)$$

ou

$$\int_0^\infty \mathfrak{L}(u-a)u^k d\psi(u)=0 \quad [k=0, 1, 2, \ldots, (n-1)].$$

On en conclut facilement

$$(u-a)\,\mathfrak{L}=\alpha\, Q_{2n+1}(-u)+\beta\, Q_{2n}(-u),$$

et, pour déterminer les constantes α et β,

$$0=\alpha\, Q_{2n+1}(-a)+\beta\, Q_{2n}(-a),$$
$$-1=\alpha\, Q'_{2n+1}(-a)+\beta\, Q'_{2n}(-a).$$

Soit, pour abréger,

$$\Delta=Q_{2n}(-a)\,Q'_{2n+1}(-a)-Q_{2n+1}(-a)\,Q'_{2n}(-a);$$

on aura

$$\mathfrak{L}=\frac{Q_{2n}(-u)\,Q_{2n+1}(-a)-Q_{2n+1}(-u)\,Q_{2n}(-a)}{(u-a)\,\Delta}$$

ou

$$\mathfrak{L}=\frac{1}{\Delta}\sum_0^n a_{2k+1}\,Q_{2k}(-u)\,Q_{2k}(-a).$$

La valeur du minimum est

$$\int_0^\infty \mathfrak{L}^2 d\psi(u)=\int_0^\infty \mathfrak{L}\, d\psi(u)=\frac{1}{\Delta}\sum_0^n a_{2k+1}Q_{2k}(-a)\int_0^\infty Q_{2k}(-u)\,d\psi(u);$$

dans le second membre tous les termes s'annulent, excepté celui qui répond à $k=0$; le minimum se trouve ainsi égal à

$$\frac{1}{\Delta}\,a_1\int_0^\infty d\psi(u)=\frac{1}{\Delta},$$

et, puisque $\mathfrak{L}=1$ pour $u=a$,

$$\Delta=\sum_0^n a_{2k+1}\,Q_{2k}^2(-a).$$

En faisant croître n indéfiniment, on obtient donc, comme une limite supérieure de la masse pouvant être concentrée au point a, l'expression

$$1 : [q(-a)\, q_1'(-a) - q_1(-a)\, q'(-a)].$$

Soit Δ_1 ce que devient Δ lorsqu'on remplace c_k par c_{k+1}; le minimum de la seconde intégrale sera

$$\frac{1}{a\,\Delta_1}.$$

Or, par ce changement de c_k en c_{k+1},

$$a_{2k+1} \quad \text{devient} \quad (a_1 + a_2 + \ldots + a_{2k+1})^2\, a_{2k+2},$$

$$Q_{2k}(z) \quad \text{devient} \quad \frac{Q_{2k+1}(z)}{(a_1 + a_3 + \ldots + a_{2k+1})^2},$$

comme on le verra plus loin n° 77.

On a donc

$$\Delta_1 = \sum_0^n a_{2k+2} \left[\frac{Q_{2k+1}(-a)}{a}\right]^2,$$

et l'on voit facilement que

$$a\,\Delta_1 = \Delta + \frac{1}{a}\, Q_{2n+1}(-a)\, Q_{2n+2}(-a).$$

En faisant croître n indéfiniment, on en déduit cette limite supérieure de la masse pouvant être concentrée au point a

$$1 : \left[q(-a)\, q_1'(-a) - q_1(-a)\, q'(-a) + \frac{1}{a}\, q(-a)\, q_1(-a)\right].$$

Or, lorsque a est dans l'un des intervalles

$$(0, \lambda_1), \quad (\theta_1, \lambda_2), \quad (\theta_2, \lambda_3), \quad \ldots,$$

le produit $q(-a)\, q_1(-a)$ est négatif; on adoptera donc comme limite supérieure

$$1 : [q(-a)\, q_1'(-a) - q_1(-a)\, q'(-a)];$$

mais, si a est dans l'un des intervalles

$$(\lambda_1, \theta_1), \quad (\lambda_2, \theta_2), \quad (\lambda_3, \theta_3), \quad \ldots,$$

$q(-a)\, q_1(-a)$ est positif; la limite supérieure la moins élevée sera

$$1 : \left[q(-a)\, q_1'(-a) - q_1(-a)\, q'(-a) + \frac{1}{a}\, q(-a)\, q_1(-a)\right].$$

74. Il est très facile maintenant de voir que les systèmes

$$(\eta_k, \xi_k) \quad \text{et} \quad (\eta'_k, \xi'_k)$$

sont ceux qui possèdent les concentrations maxima aux points ξ_k, ξ'_k. En effet, si a est dans l'un des intervalles

$$(0, \lambda_1), \quad (\theta_1, \lambda_2), \quad (\theta_2, \lambda_3), \quad \ldots,$$

on aura $a = \xi_k$ pour une valeur convenable de t. Cette valeur de t se déterminera par la condition

$$q(-a) + tq_1(-a) = 0;$$

elle est positive. La valeur correspondante de η_k est

$$\frac{p(-a) + tp_1(-a)}{q'(-a) + tq'_1(-a)},$$

et un calcul facile montre que cette valeur est précisément égale à

$$1 : [q(-a)q'_1(-a) - q_1(-a)q'(-a)],$$

qui est la limite supérieure obtenue plus haut. Si, en second lieu, a est dans un des intervalles

$$(\lambda_1, \theta_1), \quad (\lambda_2, \theta_2), \quad (\lambda_3, \theta_3), \quad \ldots,$$

on aura $a = \xi'_k$ en déterminant t par la condition

$$q_1(-a) - atq(-a) = 0,$$

et la valeur correspondante de η'_k est

$$\frac{p_1(-a) - atp(-a)}{q'_1(-a) - atq'(-a) + tq(-a)},$$

ce qui est égal à la limite supérieure

$$1 : \left[q(-a)q'_1(-a) - q_1(-a)q'(-a) + \frac{1}{a}q(-a)q_1(-a)\right].$$

75. Considérons une distribution dans laquelle la masse μ concentrée au point a est maxima. Supprimons cette masse μ; je dis que le nouveau système qui reste après cette suppression est un système déterminé. En effet, s'il était indéterminé, on pourrait toujours trouver un système équivalent ayant en a une concentration de masse finie. En rétablissant μ, on aurait donc en a une concentration de masse supérieure à μ, ce qui est impossible. On voit aussi qu'il n'y a pas

deux distributions différentes qui donnent le maximum de masse dans un point donné.

Nous avons vu que le système

$$(\nu_k, \theta_k),$$

correspondant à la limite $\frac{p_1(z)}{q_1(z)}$, est celui où la masse ν_0 concentrée à l'origine est maxima. On peut caractériser d'une façon analogue la distribution

$$(\mu_k, \lambda_k)$$

correspondant à la limite $\frac{p(z)}{q(z)}$, en disant que c'est la distribution pour laquelle l'intervalle $(0, \lambda_1)$, qui ne contient point de masse, est le plus grand possible. On peut dire aussi que c'est la distribution pour laquelle le moment d'ordre -1

$$\sum_1^\infty \frac{\mu_k}{\lambda_k}$$

est minimum. Cela se déduit aisément de certaines formules que nous donnerons plus loin (n°s 77, 78). Si l'on a plusieurs solutions du problème des moments, on peut en déduire une nouvelle en multipliant ces solutions par des facteurs positifs dont la somme est 1, et en les superposant ensuite. En partant des solutions

$$(\eta_k, \xi_k), \quad (\eta'_k, \xi'_k)$$

qui dépendent du paramètre t, on pourra obtenir ainsi des solutions dans lesquelles la masse est répandue d'une manière continue sur l'axe. Nous croyons inutile d'écrire les formules explicites qui renferment évidemment des intégrales.

CHAPITRE X.

SUR QUELQUES TRANSFORMATIONS DE LA FRACTION CONTINUE.

76. Supposons qu'à une distribution de masse donnant les moments

$$c_0, \quad c_1, \quad c_2, \quad \ldots, \quad c_k, \quad \ldots$$

on ajoute une masse μ concentrée à l'origine. Il est clair que c_0 se changera en $c_0+\mu$; les autres moments ne changent pas. Pour voir ce que devient la fraction continue après cette modification, il suffit de se reporter aux formules des n°s 11 et 12. On voit alors que le déterminant A_n devient $A_n+\mu C_{n-1}$, les déterminants B_n, C_n ne changent pas. Il s'ensuit que

$$a_{2n}=\frac{A_n^2}{B_n B_{n-1}}$$

deviendra

$$\frac{(A_n+\mu C_{n-1})^2}{B_n B_{n-1}}=\frac{A_n^2}{B_n B_{n-1}}\left(1+\mu\frac{C_{n-1}}{A_n}\right)^2;$$

or

$$\frac{C_{n-1}}{A_n}=a_1+a_3+\ldots+a_{2n-1};$$

donc a_{2n} se changera en

$$[1+\mu(a_1+a_3+\ldots+a_{2n-1})]^2 a_{2n}=a'_{2n}.$$

Ensuite, on voit par un calcul analogue que a_{2n+1} devient

$$a_{2n+1}:[1+\mu(a_1+a_3+\ldots+a_{2n-1})]\times[1+\mu(a_1+a_3+\ldots+a_{2n+1})]=a'_{2n+1}.$$

Ces relations, on peut les écrire aussi

$$\frac{1}{a'_1+a'_3+\ldots+a'_{2k+1}}=\mu+\frac{1}{a_1+a_3+\ldots+a_{2k+1}},$$

$$(a'_1+a'_3+\ldots+a'_{2k-1})^2 a'_{2k}=(a_1+a_3+\ldots+a_{2k-1})^2 a_{2k}.$$

Sous cette forme, elles sont presque évidentes, puisque

$$(a_1+a_3+\ldots+a_{2k-1})^2 a_{2k}=\frac{C_{k-1}^2}{B_k B_{k-1}}.$$

Si le problème des moments est indéterminé dans le cas des données

$$c_0,\quad c_1,\quad c_2,\quad c_3,\quad \ldots.$$

il séra évidemment aussi indéterminé dans le cas des moments

$$c_0+\mu,\quad c_1,\quad c_2,\quad c_3,\quad \ldots.$$

Mais si l'on est d'abord dans le cas déterminé, pourra t-il arriver qu'on soit dans le cas indéterminé après avoir ajouté le masse μ à l'origine? Nous avons déjà annoncé (n⁰ 65) que cela ne peut arriver que dans un cas exceptionnel.

En effet, on suppose la série

$$\sum_1^\infty a_k$$

divergente et les séries

$$\sum_1^\infty a'_{2k-1},\quad \sum_1^\infty a'_{2k}$$

convergentes l'une et l'autre. La première série est toujours convergente mais, pour que

$$\sum_1^\infty a'_{2n}$$

soit convergente, il faut et il suffit que

$$\sum_1^\infty (a_1+a_3+\ldots+a_{2k-1})^2\, a_{2k}$$

soit convergente. Il s'ensuit que la série

$$\sum_1^\infty a_{2k}$$

est convergente aussi; donc

$$\sum_1^\infty a_{2k-1}$$

sera divergente, tandis que

$$\sum_1^\infty (a_1+a_3+\ldots+a_{2k-1})\, a_{2k}$$

sera convergente évidemment. On est donc dans le cas particulier étudié au n° 66, et la solution du problème des moments est donnée par le système

$$(\gamma_k, \alpha_k) \qquad (k = 1, 2, 3, \ldots).$$

Mais, en ajoutant la masse μ à l'origine, on obtient un système indéterminé. Mais je dis que la solution formée par les masses μ et (γ_k, α_k) est la solution qui donne la plus grande concentration à l'origine et est, par conséquent, du type

$$(\nu_k, \theta_k) \qquad (\theta_0 = 0, \nu_0 = \mu).$$

En effet, il y aurait autrement une solution avec une masse $\mu + \mu'$ à l'origine, et, en ôtant la masse μ, on aurait un système équivalent au système (γ_k, α_k), mais qui ne serait pas identique avec ce système déterminé, ce qui est impossible.

77. Supposons maintenant que l'on remplace c_k par c_{k+1}. De chaque solution (m_i, x_i) du problème des moments $(c_0, c_1, c_2, \ldots)$ on déduira évidemment la solution $(m_i x_i, x_i)$ pour le cas des moments $(c_1, c_2, c_3, \ldots)$. Ainsi, si l'on est d'abord dans le cas indéterminé, on restera toujours dans ce cas indéterminé. Mais nous avons annoncé déjà (n° 65) que, lorsqu'on est d'abord dans le cas déterminé, il pourra arriver, dans un cas exceptionnel, que le second problème soit indéterminé.

C'est ce qu'on déduira sans difficulté des formules que nous allons donner.

Il est clair que, par le changement de c_k en c_{k+1}, A_n deviendra B_n, B_n deviendra C_n.

Donc, si a_k se change en a'_k, on aura

$$a'_{2n} = \frac{B_n^2}{C_n C_{n-1}} = a_{2n+1} : (a_1 + a_3 + \ldots + a_{2n-1})(a_1 + a_3 + \ldots + a_{2n+1}),$$

$$a'_{2n-1} = \frac{C_{n-1}^2}{B_n B_{n-1}} = a_{2n}(a_1 + a_3 + \ldots + a_{2n-1})^2.$$

Ensuite, on voit facilement que $Q_{2n}(z)$ devient

$$\frac{Q_{2n+1}(z)}{z\, Q'_{2n+1}(0)}.$$

Voici maintenant les formules pour la transformation inverse. En réduisant la série

$$\frac{m}{z} - \frac{c_0}{z^2} + \frac{c_1}{z^3} - \frac{c_2}{z^4} + \dots$$

en fraction continue

$$\cfrac{1}{a'_1 z + \cfrac{1}{a'_2 + \cfrac{1}{a'_3 z + \dots}}},$$

on aura

$$a'_1 = \frac{1}{m},$$

$$a'_{2n+1} = a_{2n} : (m - a_2 - a_4 - \dots - a_{2n-2})(m - a_2 - a_4 - \dots - a_{2n}),$$

$$a'_{2n} = a_{2n-1}(m - a_2 - a_4 - \dots - a_{2n-2})^2.$$

78. En dernier lieu étudions l'effet d'une translation sur un système de masses. Cela revient à développer, suivant les puissances descendantes de z, l'expression

$$\frac{c_0}{z+\lambda} - \frac{c_1}{(z+\lambda)^2} + \frac{c_2}{(z+\lambda)^3} - \dots.$$

En supposant qu'on obtienne

$$\frac{c'_0}{z} - \frac{c'_1}{z^2} + \frac{c'_2}{z^3} - \dots;$$

on aura

$$c'_k = c_k + \frac{k}{1}\lambda c_{k-1} + \frac{k(k-1)}{1.2}\lambda^2 c_{k-2} + \dots + \lambda^k c_0.$$

Un calcul facile montre qu'en remplaçant c_k par c'_k le déterminant A_n ne change point, le déterminant B_n devient $B_n Q_{2n}(\lambda)$, d'où l'on déduit

$$a'_{2n+1} = a_{2n+1} Q^2_{2n}(\lambda),$$

$$a'_{2n} = a_{2n} : Q_{2n-2}(\lambda) Q_{2n}(\lambda).$$

Si $\lambda > 0$, un système indéterminé restera toujours indéterminé, mais un système déterminé peut se changer en système indéterminé dans un cas singulier, comme cela à été déjà énoncé au n° 65.

CHAPITRE XI.

EXEMPLES PARTICULIERS.

79. Je vais donner maintenant quelques exemples: dans tous les cas la fraction continue sera convergente.

Pour abréger, je supprime toujours les artifices qu'il faut employer pour obtenir la transformation de l'intégrale définie en fraction continue.

Soit λ un paramètre positif, je considère d'abord la fraction continue

$$F(z,\lambda)=\cfrac{1}{z+\cfrac{1}{1+\cfrac{\lambda}{z+\cfrac{2}{1+\cfrac{2\lambda}{z+\cfrac{3}{1+\cfrac{3\lambda}{z+\dots}}}}}}}$$

On a ici

$$a_{2k+1}=\frac{1}{\lambda^k},\qquad a_{2k}=\frac{\lambda^{k-1}}{k},$$

l'une des deux séries

$$\sum_0^\infty a_{2k+1},\qquad \sum_1^\infty a_{2k}$$

sera donc toujours divergente, et pour $\lambda=1$ elles le sont toutes les deux; la fraction continue est toujours convergente. Mais il y a lieu de distinguer les cas $\lambda<1$, $\lambda>1$. Lorsque $\lambda<1$, on a

$$F(z,\lambda)=\sum_1^\infty \frac{(1-\lambda)\lambda^{n-1}}{z+n(1-\lambda)}.$$

L'intégrale

$$\int_0^\infty \frac{d\,\Phi(u)}{z+u}$$

se réduit ainsi à une série; il y a sur l'axe une infinité de points matériels

$$[(1-\lambda)\lambda^{n-1},\ n(1-\lambda)].$$

Pour $\lambda > 1$, on a

$$F(z, \lambda) = \sum_{1}^{\infty} \frac{\lambda - 1}{\lambda^n [z + (n-1)(\lambda - 1)]}.$$

L'intégrale définie se décompose encore en série ; la distribution de masse est

$$\left[\frac{\lambda - 1}{\lambda^n},\ (n-1)(\lambda - 1)\right].$$

On voit que, lorsque λ diffère infiniment peu de l'unité, les masses sont infiniment petites et infiniment rapprochées. Pour $\lambda = 1$, on a une distribution continue de masse, car on retrouve alors la fraction continue de Laguerre

$$F(z, 1) = \int_0^{\infty} \frac{e^{-u}\, du}{z + u}.$$

La distribution de masse doit être regardée comme variant d'une façon continue avec λ.

On a encore cette expression analytique

$$F(z, \lambda) = \int_0^{\infty} \frac{(1 - \lambda)\, e^{-zu}}{e^{(1-\lambda)u} - \lambda}\, du,$$

d'où l'on déduit en effet, lorsque $\lambda < 1$,

$$F(z, \lambda) = \int_0^{\infty} (1 - \lambda)\, e^{-zu} \sum_{1}^{\infty} e^{-n(1-\lambda)u} \lambda^{n-1}\, du = \sum_{1}^{\infty} \frac{(1 - \lambda)\lambda^{n-1}}{z + n(1 - \lambda)},$$

et, lorsque $\lambda > 1$,

$$F(z, \lambda) = \int_0^{\infty} (\lambda - 1)\, e^{-zu} \sum_{1}^{\infty} \lambda^{-n} e^{-(n-1)(\lambda-1)u}\, du = \sum_{1}^{\infty} \frac{(\lambda - 1)\lambda^{-n}}{z + (n-1)(\lambda - 1)}.$$

80. On peut rattacher à l'exemple précédent la réduction en fraction continue de la série

$$\varphi(w, \mu) = 1 + \frac{w}{1 + \mu} + \frac{w^2}{1 + 2\mu} + \frac{w^3}{1 + 3\mu} + \dots$$

considérée par M. Poincaré (Les Méthodes nouvelles de la Mécanique céleste, t. II, p. 3).

Si, dans le cas $\lambda < 1$, on pose

$$w = \lambda, \qquad \mu = \frac{1-\lambda}{z},$$

il vient

$$\varphi(w, \mu) = 1 + \frac{w}{\mu} F(z, \lambda).$$

Dans le cas $\lambda > 1$, on posera

$$w = 1 : \lambda, \qquad \mu = \frac{\lambda - 1}{z} \qquad \text{et} \qquad \varphi(w, \mu) = \frac{1}{w\mu} F(z, \lambda).$$

On obtient ainsi les fractions continues

$$\varphi(w, \mu) = 1 + \cfrac{w}{1 - w + \cfrac{\mu}{1 + \cfrac{w\mu}{1 - w + \cfrac{2\mu}{1 + \cfrac{2w\mu}{1 - w + \cfrac{3\mu}{1 + \dots}}}}}},$$

$$\varphi(w, \mu) = \cfrac{1}{1 - w + \cfrac{w\mu}{1 + \cfrac{\mu}{1 - w + \cfrac{2w\mu}{1 + \cfrac{2\mu}{1 - w + \cfrac{3w\mu}{1 + \dots}}}}}}.$$

En supposant $0 < w < 1$, elles sont convergentes pour toute valeur réelle ou imaginaire de μ, à l'exception des valeurs $\mu = -\frac{1}{n}$; on s'assure facilement qu'il y a encore convergence pour toute autre valeur négative de μ.

81. On peut généraliser l'exemple précédent en introduisant deux nouveaux paramètres. Ainsi soit

$$F(z, \lambda, a, b) = \int_0^\infty \left(\frac{1-\lambda}{e^{u(1-\lambda)} - \lambda^b}\right)^a e^{-zu}\, du,$$

on aura

$$F(z, 1, a, b) = \int_0^\infty \frac{e^{-zu}}{(u+b)^a}\, du = \frac{1}{\Gamma(a)} \int_0^\infty \frac{u^{a-1} e^{-bu}}{z+u}\, du;$$

pour $\lambda < 1$,

$$F(z, \lambda, a, b) = \sum_{0}^{\infty} \frac{a(a+1)\ldots(a+n-1)}{1.2.3\ldots n} \frac{(1-\lambda)^a \lambda^{bn}}{z+(n+a)(1-\lambda)};$$

pour $\lambda > 1$,

$$F(z, \lambda, a, b) = \sum_{0}^{\infty} \frac{a(a+1)\ldots(a+n-1)}{1.2.3\ldots n} \frac{(\lambda-1)^a \lambda^{-b(n+a)}}{z+n(\lambda-1)},$$

tandis que la fraction continue est

$$\cfrac{m^a}{z+\cfrac{am}{1+\cfrac{m\lambda^b}{z+\cfrac{(a+1)m}{1+\cfrac{2m\lambda^b}{z+\cfrac{(a+2)m}{1+\cfrac{3m\lambda^b}{z+\ldots}}}}}}},$$

où l'on a posé

$$m = \frac{1-\lambda}{1-\lambda^b}.$$

82. Je vais étudier maintenant, au point de vue de leur convergence, les fractions continues qu'on obtient pour les intégrales

$$F_1(z, k) = \int_0^{\infty} \mathrm{cn}(u, k) e^{-zu} du,$$

$$F_2(z, k) = \int_0^{\infty} \mathrm{dn}(u, k) e^{-zu} du,$$

$$F_3(z, k) = \int_0^{\infty} \mathrm{sn}(u, k) e^{-zu} du,$$

$$F_4(z, k) = \int_0^{\infty} \mathrm{sn}^2(u, k) e^{-zu} du.$$

En substituant pour les fonctions elliptiques leurs développements suivant les puissances de u, on obtient les développements suivant les puissances descendantes de z. Ces développements sont de la forme

$$\frac{c_0}{z} - \frac{c_1}{z^3} + \frac{c_2}{z^5} - \frac{c_3}{z^7} + \ldots$$

dans le cas de $F_1(z, k)$ et $F_2(z, k)$; de la forme

$$\frac{c_0}{z^2} - \frac{c_1}{z^4} + \frac{c_2}{z^6} - \frac{c_3}{z^8} + \ldots$$

dans le cas de $F_3(z, k)$ et $F_4(z, k)$. Dans tous les cas les coefficients c_ν sont des polynomes en k à coefficients positifs.

Voici maintenant les fractions continues qui sont de la forme

$$\cfrac{1}{a_1 z + \cfrac{1}{a_2 + \cfrac{1}{a_3 z + \ldots}}}$$

ou de la forme

$$\cfrac{1}{a_1 z^2 + \cfrac{1}{a_2 + \cfrac{1}{a_3 z^2 + \ldots}}},$$

selon les deux formes du développement suivant les puissances descendantes de z. Dans le cas du second développement les valeurs des a_n sont très compliquées; mais, en se bornant à considérer les réduites d'ordre pair [voir la forme (I^d) de l'Introduction], on a une fraction continue de la forme

$$\cfrac{\lambda_0}{z^2 + \alpha_1 - \cfrac{\lambda_1}{z^2 + \alpha_2 - \cfrac{\lambda_2}{z^2 + \alpha_3 - \ldots}}},$$

avec des valeurs simples des λ_n, α_n.

Dans le cas de $F_1(z, k)$, on a

$$b_0 = 1, \qquad b_{2n-1} = (2n-1)^2, \qquad b_{2n} = (2nk)^2,$$

d'où

$$a_1 = 1, \qquad a_2 = 1,$$

$$a^{2n+1} = \left[\frac{1 \cdot 3 \ldots (2n-1)}{2 \cdot 4, \ldots (2n)}\right]^2 \frac{1}{k^{2n}}$$

$$a_{2n} = \left[\frac{2 \cdot 4 \ldots (2n-2)}{3 \cdot 5 \ldots (2n-1)}\right]^2 \lambda^{2n-2}.$$

Dans le cas de $F_2(z, k)$, on a

$$b_0 = 1, \qquad b_{2n-1} = (2n-1)^2 k^2, \qquad b_{2n} = (2n)^2,$$

d'où

$$a_1 = 1, \qquad a_2 = \frac{1}{k^2},$$

$$a_{2n+1} = \left[\frac{1.3\ldots(2n-1)}{2.4\ldots(2n)}\right]^2 k^{2n},$$

$$a_{2n} \;\; = \left[\frac{2.4\ldots(2n-2)}{3.5\ldots(2n-1)}\right]^2 \frac{1}{k^{2n}}.$$

Dans le cas de $F_3(z, k)$, on a

$$\lambda_0 = 1, \qquad \lambda_n = (2n-1)(2n)^2(2n+1)k^2, \qquad a_n = (2n-1)^2(1+k^2).$$

Dans le cas de $F_4(z, k)$, on a

$$\lambda_0 = 2, \qquad \lambda_n = 2n(2n+1)^2(2n+2)k^2, \qquad a_n = (2n)^2(1+k^2).$$

La démonstration de ces formules, au point de vue purement formel se trouve dans un Mémoire que j'ai publié dans le tome III de ces Annales. J'ai ajouté ici seulement la réduction en fraction continue de $F_4(z, k)$.

83. Les fractions continues pour $F_1(z, k)$, $F_2(z, k)$ sont convergentes pour toute valeur positive de k^2. Dès lors elles doivent se mettre sous la forme

$$\int_0^\infty \frac{z\,d\Phi(u)}{z^2+u};$$

mais nous allons voir que cette intégrale définie se réduit encore à une série. Substituons en effet, aux fonctions elliptiques, leurs développements en séries périodiques, on trouve sans peine

$$F_1(z, k) = \frac{2\pi}{kK}\sum_0^\infty \frac{q^{n+\frac{1}{2}}}{1+q^{2n+1}}\,\frac{z}{z^2+\left[\frac{(2n+1)\pi}{2K}\right]^2},$$

$$F_2(z, k) = \frac{\pi}{2K}\left[\frac{1}{z} + \sum_1^\infty \frac{4q^n}{1+q^{2n}}\,\frac{z}{z^2+\left(\frac{n\pi}{K}\right)^2}\right],$$

$$F_3(z, k) = \frac{\pi^2}{kK^2}\sum_0^\infty \frac{(2n+1)q^{n+\frac{1}{2}}}{1-q^{2n+1}}\,\frac{1}{z^2+\left[\frac{(2n+1)\pi}{2K}\right]^2},$$

$$F_4(z, k) = \frac{2\pi^4}{k^2K^4}\sum_1^\infty \frac{n^3q^n}{1-q^{2n}}\,\frac{1}{z^2+\left(\frac{n\pi}{K}\right)^2}.$$

On reconnaît ainsi que les fractions continues pour $F_3(z, k)$ et $F_4(z, k)$ sont aussi du type que nous avons étudié. C'est ce que nous avons déjà vérifié d'une autre façon dans l'Introduction pour $F_3(z, k)$.

Mais les reduites des fractions continues pour $F_3(z, k)$, $F_4(z, k)$ tendent-elles vers les expressions de ces fonctions que nous venons de donner? Pour répondre affirmativement, il faudrait savoir qu'on est dans le cas déterminé du problème des moments.

84. Supposons $k < 1$, $q < 1$, l'expression de $F_1(z, k)$ montre qu'en posant

$$m_n = \frac{q^{n+\frac{1}{2}}}{1+q^{2n+1}}, \qquad x_n = \left[\frac{(2n+1)\pi}{2K}\right]^2,$$

le système des masses

$$(m_n,\ x_n) \qquad (n = 0.\ 1, 2.3, \ldots)$$

est un système déterminé. Ensuite le système

$$(m_n x_n,\ x_n)$$

sera aussi déterminé; car, pour qu'il en fût autrement, il faudrait que la série

$$\sum_1^\infty a'_{2n-1} = \sum_0^\infty a_{2n}(a_1 + a_3 + \ldots + a_{2n-1})^2$$

soit convergente (voir n°. 77); or, on constate que la série

$$\sum_1^\infty a_{2n} a_{2n-1}^2$$

est déjà divergente.

On en conclut que, M étant une constante quelconque, le système des masses

$$m_n = \frac{(2n+1)^2 q^{n+\frac{1}{2}}}{1+q^{2n+1}} M, \qquad x_n = \left[\frac{(2n+1)\pi}{2K}\right]^2 \qquad n = 0, 1, 2, 3, \ldots)$$

est un système déterminé. Or, si l'on prend

$$M > \frac{1}{2n+1}\,\frac{1+q^{2n+1}}{1-q^{2n+1}} \qquad (n = 0, 1, 2, \ldots)$$

on reconnaît immédiatement que le système

$$m = \frac{(2n+1)\,q^{n+\frac{1}{2}}}{1-q^{2n+1}}, \qquad x_n = \left[\frac{(2n+1)\pi}{2K}\right]^2$$

sera aussi détérminé. Cela prouve que la fraction continue pour $F_3(z, k)$ est bien dans le cas déterminé; la limite est bien égale à $F_3(z, k)$.

Considérons la fraction continue pour $F_2(z, k)$. La série

$$\sum_1^\infty a_{2n-1} = \sigma$$

est convergente (il y a une concentration de masse à l'origine). Si l'on remplace c_k par c_{k+1}, on aura (n°. 77)

$$a'_{2n} > \frac{a_{2n+1}}{\sigma^2},$$

$$a'_{2n-1} > a_1^2\, a_{2n}.$$

En changeant de nouveau c_k en c_{k+1}, on aura

$$a''_{2n-1} = a'_{2n}(a'_1 + a'_3 + \ldots + a'_{2n-1})^2,$$

donc

$$a''_{2n-1} > a'_{2n}\, a'^2_{2n-1} > \frac{a_1^4}{\sigma^2}\, a_{2n+1}\, a_{2n}^2.$$

Or la série

$$\Sigma\, a_{2n+1}\, a_{2n}^2$$

est manifestement divergente; il en est de même de la série

$$\Sigma\, a''_{2n-1},$$

ce qui prouve que le système des masses

$$m_n = \frac{n^4 q^n}{1+q^{2n}}\,\mathrm{M}, \qquad x_n = \left(\frac{n\pi}{K}\right)^2$$

est un système déterminé. En prenant

$$\mathrm{M} > \frac{1}{n}\,\frac{1+q^{2n}}{1-q^{2n}},$$

on reconnaît que le système

$$m_n = \frac{n^3 q^n}{1-q^{2n}}, \qquad x_n = \left(\frac{n\pi}{K}\right)^2$$

est également déterminé, c'est-à-dire la fraction continue pour $F_4(z, k)$ tend bien vers $F_4(z, k)$.

Nous avons supposé $k < 1$, mais on voit facilement que

$$F_1\left(z, \frac{1}{k}\right) = k\ F_2(kz, k),$$

$$F_2\left(z, \frac{1}{k}\right) = k\ F_1(kz, k),$$

$$F_3\left(z, \frac{1}{k}\right) = k^2 F_3(kz, k),$$

$$F_4\left(z, \frac{1}{k}\right) = k^2 F_4(kz, k),$$

ce qui montre que cette restriction est inutile.

85. Les distributions de masses correspondant aux fonctions $F(z, k)$ présentent toutes cette particularité que, lorsque k tend vers l'unité, les masses deviennent infiniment petites, mais aussi infiniment rapprochées.

Pour $k = 1$ on obtient, comme limite, une distribution continue de masse sur l'axe. C'est le même phénomène que nous avons rencontré déjà (n° 79).

Il ne semble pas sans intérêt d'obtenir directement la distribution correspondant à $k = 1$, comme limite de celle qui correspond à $k = 1 - \varepsilon$, ε étant infiniment petit. Faisons le calcul pour $F_1(z, k)$. Posons

$$\delta = \frac{\pi^2}{\log\left(\frac{8}{\varepsilon}\right)},$$

δ sera infiniment petit, et l'on aura $q = e^{-\delta}$ avec une approximation suffisante. Ensuite

$$\frac{2\pi}{kK} = \frac{4\delta}{\pi},$$

et la masse $\Phi(u)$ comprise dans l'intervalle $(0, u)$ sera

$$\frac{4\delta}{\pi}\left(\frac{e^{-\frac{1}{2}\delta}}{1 + e^{-\delta}} + \frac{e^{-\frac{3}{2}\delta}}{1 + e^{-3\delta}} + \ldots + \frac{e^{-\frac{2n+1}{2}\delta}}{1 + e^{-(2n+1)\delta}}\right),$$

si l'on suppose que l'entier n est déterminé par la condition qu'on doit avoir sensiblement

$$u = \left[\frac{(2n + 1)\pi}{2K}\right]^2,$$

en sorte que

$$(2n+1)\,\delta = \pi\sqrt{u}.$$

A la limite, ε et δ tendant vers zéro, on aura

$$\Phi(u) = \frac{2}{\pi}\int_0^{\pi\sqrt{u}} \frac{e^{-\frac{1}{2}v}}{1+e^{-v}}\,dv,$$

$$d\,\Phi(u) = \frac{du}{\sqrt{u}\left(e^{\frac{1}{2}\pi\sqrt{u}} + e^{-\frac{1}{2}\pi\sqrt{u}}\right)},$$

$$\mathrm{F}_1(z,1) = \int_0^\infty \frac{z\,d\,\Phi(u)}{z^2+u} = \int_0^\infty \frac{z\,du}{z^2+u^2}\left(\frac{2}{e^{\frac{1}{2}\pi u} + e^{-\frac{1}{2}\pi u}}\right).$$

Remarquons que, dans le cas $k=1$, les fractions continues pour $\mathrm{F}_3(z,k)$, $\mathrm{F}_4(z,k)$, qui sont de la forme (I^d), se ramènent facilement à la forme (I^a), ou (I), et l'on reconnaît alors qu'elles sont encore convergentes dans ce cas.

86. Je vais donner maintenant la fraction continue dans quelques cas où les moments c_n s'expriment très simplement par les polynomes de Bernoulli, définis par la relation

$$\frac{e^{\lambda z}-1}{e^{z}-1} - \frac{1}{2} = \varphi_0(\lambda) + \varphi_1(\lambda)\,z + \varphi_2(\lambda)\,\frac{z^2}{1.2} + \varphi_3(\lambda)\,\frac{z^3}{1.2.3} + \ldots,$$

en sorte que $\varphi_0(\lambda) = \lambda - \frac{1}{2}$. On supposera dans ce qui suit $0 < \lambda < 1$.

Considérons d'abord la série

$$-\frac{\varphi_1(\lambda)}{z^2} - \frac{\varphi_3(\lambda)}{z^4} - \frac{\varphi_5(\lambda)}{z^6} - \frac{\varphi_7(\lambda)}{z^8} + \ldots,$$

elle donne la fraction continue

$$\cfrac{b_0}{z^2 + \cfrac{b_1}{1 + \cfrac{b_2}{z^2 + \ldots,}}}$$

où

$$b_0 = \tfrac{1}{2}\,\lambda(1-\lambda),$$

$$b_{2n-1} = \frac{n(n-\lambda)(n-1+\lambda)}{2(2n-1)},$$

$$b_{2n} = \frac{n(n+\lambda)(n+1-\lambda)}{2(2n+1)},$$

ou bien

$$a_{2n} = \frac{1}{n}, \qquad a_{2n+1} = \frac{2(2n+1)}{(n+\lambda)(n+1-\lambda)}.$$

Comme on le voit, la fraction continue est convergente, et elle représente, tant que la partie réelle de z est positive, l'intégrale

$$4\sin^2(\lambda\pi)\int_0^\infty \frac{u\,du}{z^2+u^2}\left(\frac{e^{\pi u}+e^{-\pi u}}{e^{\pi u}-e^{-\pi u}}\right)\frac{1}{e^{2\pi u}+e^{-2\pi u}-2\cos(2\lambda\pi)},$$

qui s'exprime aussi par

$$\tfrac{1}{2}[\psi(z+\lambda)+\psi(z+1-\lambda)-\psi(z)-\psi(z+1)],$$

$\psi(z)$ étant la dérivée de $\log\Gamma(z)$.

Une autre expression de cette fraction est celle-ci

$$\int_0^\infty \frac{\operatorname{sh}\left(\frac{\lambda u}{2}\right)\operatorname{sh}\left[\frac{(1-\lambda)u}{2}\right]}{\operatorname{sh}\left(\frac{u}{2}\right)} e^{-zu}\,du,$$

où $\operatorname{sh} u = \frac{e^u - e^{-u}}{2}$.

On trouvera la démonstration de ces formules dans le Quarterly Journal of Mathematics, vol. XXIV, p. 370; 1890.

Pour $\lambda = \frac{1}{2}$, on retrouvera facilement la fraction continue qui nous a servi au n°. 63.

Considérons en second lieu la série

$$\frac{\varphi_0(\lambda)}{z}+\frac{\varphi_2(\lambda)}{z^3}+\frac{\varphi_4(\lambda)}{z^5}+\frac{\varphi_6(\lambda)}{z^7}+\ldots;$$

elle donne la fraction continue

$$\cfrac{b_0}{z+\cfrac{b_1}{z+\cfrac{b_2}{z+\ldots}}},$$

où

$$b_0 = \lambda - \tfrac{1}{2}, \qquad b_n = \frac{n^2(n-1+2\lambda)(n+1-2\lambda)}{4(2n-1)(2n+1)}.$$

Les valeurs des a_{2n}, a_{2n+1} sont un peu compliquées, mais on voit encore facilement que les séries

$$\Sigma a_{2n}, \quad \Sigma a_{2n+1}$$

sont divergentes l'une et l'autre.

Tant que la partie réelle de z est positive, les réduites tendent vers

$$\int_0^\infty \frac{-2z\,du}{z^2+u^2}\left[\frac{\sin(2\lambda\pi)}{e^{2\pi u}+e^{-2\pi u}-2\cos(2\lambda\pi)}\right].$$

Cette limite s'exprime aussi par

$$\tfrac{1}{2}\psi(z+\lambda)-\tfrac{1}{2}\psi(z+1-\lambda)$$

et par l'intégrale

$$\frac{1}{2}\int_0^\infty \frac{\operatorname{sh}(\lambda-\frac{1}{2})u}{\operatorname{sh}\frac{1}{2}u}e^{-zu}\,du.$$

87. On obtient des formules analogues si l'on considère une nouvelle suite de polynomes, définis par la relation

$$\frac{2e^{\lambda z}}{e^z+1}=\chi_0(\lambda)+\chi_1(\lambda)z+\ldots+\chi_n(\lambda)\frac{z^n}{1.2.3\ldots n}+\ldots.$$

La série

$$\frac{\chi_0(\lambda)}{z}+\frac{\chi_2(\lambda)}{z^3}+\frac{\chi_4(\lambda)}{z^5}+\ldots$$

donne la fraction continue

$$\cfrac{b_0}{z+\cfrac{b_1}{z+\cfrac{b_2}{z+\ldots}}},$$

où

$$b_0=1, \qquad b_{2n}=n^2, \qquad b_{2n+1}=(n+\lambda)(n+1-\lambda).$$

La fraction continue est convergente, et, puisque

$$b_{2n+1}=n(n+1)+\lambda(1-\lambda),$$

on voit que $(-1)^n\chi_{2n}(\lambda)$ est un polynome du degré n à coefficients entiers et positifs en $\lambda(1-\lambda)$. Ainsi, ce polynome est constamment positif et croissant de $\lambda=0$ à $\lambda=\frac{1}{2}$.

La limite de la fraction continue s'exprime ainsi

$$4\sin(\lambda\pi)\int_0^\infty \frac{z\,du}{z^2+u^2}\left[\frac{e^{\pi u}+e^{-\pi u}}{(e^{\pi u}+c^{-\pi u})^2-4\cos^2(\lambda\pi)}\right],$$

ou encore

$$\int_0^\infty \frac{\operatorname{ch}(\lambda-\frac{1}{2})u}{\operatorname{ch}\frac{1}{2}u}e^{-zu}\,du=\tfrac{1}{2}\left[\psi\left(\frac{z+1+\lambda}{2}\right)+\psi\left(\frac{z+2-\lambda}{2}\right)\right.$$
$$\left.-\psi\left(\frac{z+\lambda}{2}\right)-\psi\left(\frac{z+1-\lambda}{2}\right)\right].$$

Nous avons posé ici

$$\operatorname{ch}(u)=\cos(iu)=\frac{e^u+e^{-u}}{2}.$$

La série

$$\frac{\chi_1(\lambda)}{z^2}+\frac{\chi_3(\lambda)}{z^4}+\frac{\chi_5(\lambda)}{z^6}+\ldots$$

enfin donne la fraction continue

$$\cfrac{\lambda_0}{z^2+a_1-\cfrac{\lambda_1}{z^2+a_2-\cfrac{\lambda_2}{z^2+a_3-\ldots}}},$$

où

$$\lambda_0=\lambda-\tfrac{1}{2},$$
$$\lambda_n=n^2\left(\frac{2n-1}{2}+\lambda\right)\left(\frac{2n+1}{2}-\lambda\right),$$
$$a_n+\lambda-\lambda^2+\tfrac{1}{2}(2n-1)^2.$$

La limite de la fraction continue s'exprime par

$$-4\cos(\lambda\pi)\int_0^\infty \frac{u\,du}{z^2+u^2}\left[\frac{e^{\pi u}-e^{-\pi u}}{(e^{\pi u}+e^{-\pi u})^2-4\cos^2(\lambda\pi)}\right],$$

ou encore par

$$\int^\infty \frac{\operatorname{sh}(\lambda-\frac{1}{2})u}{\operatorname{ch}\frac{1}{2}u}e^{-zu}\,du=\tfrac{1}{2}\left[\psi\left(\frac{z+\lambda}{2}\right)+\psi\left(\frac{z+2-\lambda}{2}\right)\right.$$
$$\left.-\psi\left(\frac{z+1-\lambda}{2}\right)-\psi\left(\frac{z+1+\lambda}{2}\right)\right],$$

on a

$$\chi_{2n-1}(\lambda) = \frac{1}{2n}\frac{d}{d\lambda}[\chi_{2n}(\lambda)];$$

par conséquent $(-1)^n \chi_{2n-1}(\lambda)$ est positif dans l'intervalle $(0, \frac{1}{2})$, négatif dans l'intervalle $(\frac{1}{2}, 1)$.

88. On connaît le rôle que les polynomes de Bernoulli jouent dans la théorie de la formule sommatoire d'Euler et de Maclaurin. Les polynomes $\chi_n(\lambda)$ jouent un rôle analogue dans la formule de Boole (Treatise on differential equations, Chap. IV, p. 13; 1859):

$$\begin{aligned} f(x+h)-f(x) = {} & \frac{2(2^2-1)B_1}{1.2}[f'(x+h)+f'(x)]h \\ & - \frac{2(2^4-1)B_2}{1.2.3.4}[f'''(x+h)+f'''(x)]h^3 \\ & + \dots \\ & + (-1)^{n-1}\frac{2(2^{2n}-1)B_n}{1.2.3\ldots(2n)}[f^{(2n-1)}(x+h)+f^{(2n-1)}(x)]h^{2n-1} \\ & + \mathfrak{R}_n, \end{aligned}$$

$$\mathfrak{R}_n = \frac{h^{2n+1}}{1.2.3\ldots(2n)}\int^{\infty} \chi_{2n}(u) f^{(2n+1)}(x+hu)\,du,$$

$$\mathfrak{R}_n = \frac{(-1)^n h^{2n+1}}{1.2.3\ldots(2n+2)} 4(2^{2n+2}-1)B_{n+1} f^{(2n+1)}(x+\xi h), \quad 0<\xi<1.$$

NOTE.

1. Nous avons vu (n°s 68—70) que, lorsque la série

$$b_1 + b_2 + b_3 + \ldots$$

est convergente, la fonction $F(z)$ est égale au quotient de deux fonctions entières de $t = 1 : z$.

Nous nous proposons actuellement de trouver tous les cas dans lesquels $F(z)$ est une fonction de t qui est méromorphe dans tout le plan.

Puisque

$$F(z) = \int_0^\infty \frac{d\,\Phi(u)}{z+u} = \int_0^\infty \frac{t\,d\,\Phi(u)}{1+ut},$$

il est clair que, pour cela, il faut et il suffit que la distribution de masse représentée par $\Phi(u)$ se réduise à une concentration de masses

$$(m_i, \xi_i) \qquad (i = 1, 2, 3, \ldots)$$

en des points

$$\xi_1 > \xi_2 > \xi_3 > \xi_4 > \ldots > \lim \xi_n = 0,$$

se rapprochant indéfiniment de l'origine, à laquelle peut s'ajouter encore une masse finie C placée à l'origine. Les m_i sont seulement assujettis à la condition que la série

$$\sum_1^\infty m_i$$

doit être convergente.

Nous avons remarqué (n^0. 48) que, lorsqu'un intervalle (a, b) ne contient point de masse dans la distribution représentée par $\Phi(u)$, l'équation

$$Q_{2n}(-z) = 0$$

ne peut jamais avoir deux racines dans cet intervalle: le nombre des racines dans cet intervalle ne peut être que 0 ou 1. Il s'ensuit que, dans le cas actuel, le nombre des racines plus grandes qu'un nombre quelconque positif l reste toujours fini et ne peut pas surpasser le nombre fini des nombres

$$\xi_1, \quad \xi_2, \quad \xi_3, \quad \ldots$$

qui surpassent l.

2. Avant d'aller plus loin, faisons quelques remarques sur la manière dont se comportent les racines

$$x_1, \quad x_2, \quad x_3, \quad \ldots, \quad x_n$$

de l'équation

$$Q_{2n}(-z) = 0,$$

et cela dans le cas général. Nous supposons ces racines rangées par ordre de grandeur décroissante: x_1 sera la plus grande racine, et $x_1, x_2, \ldots$ croissent avec n.

Il peut arriver que x_1 croît au delà de toute limite, mais alors $x_2, x_3, \ldots, x_k$ croissent aussi au delà de toute limite nécessairement.

En effet, supposons d'abord

$$\lim x_1 = \infty, \qquad \lim x_2 = \lambda,$$

λ étant un nombre fini. Il est clair d'abord que la masse M_1 correspondant à la racine x_1 tendra vers zéro, car

$$M_1 x_1 < c_1.$$

D'autre part, $x_2, x_3, \ldots$ restent toujours inférieurs à λ: on aurait donc

$$\varphi_n(\lambda) = \frac{1}{a_1} - M_1$$

et

$$\lim \varphi_n(\lambda) = \Phi(\lambda) = \frac{1}{a_1}.$$

La fonction $\Phi(u)$ serait donc constante dans tout l'intervalle (λ, ∞), mais alors aucune racine de

$$Q_{2n}(-z) = 0$$

ne peut être plus grande que λ. Cette contradiction montre qu'il n'est pas possible que x_1 seule croisse au delà de toute limite. Et, de la même façon, on verra qu'il est impossible qu'un nombre fini de racines croisse au delà de toute limite, en sorte qu'on aurait

$$\lim x_1 = \lim x_2 = \ldots = \lim x_k = \infty.$$

$$\lim x_{k+1} = \lambda.$$

Nous pouvons donc dire que le nombre des racines qui croissent au delà de toute limite ne peut être que 0 ou ∞.

Supposons maintenant

$$\lim x_1 = \lambda,$$

λ étant un nombre fini. Il peut arriver que x_1 soit la seule racine qui tende vers λ, en sorte que

$$\lim x_2 = \lambda' < \lambda.$$

Mais nous allons montrer que, lorsque

$$\lim x_2 = \lambda,$$

alors nécessairement $x_3, x_4, x_5, \ldots$, tendent aussi vers λ. Autrement, le nombre des racines qui tendent vers λ ne peut être que 1 ou ∞.

Supposons en effet

$$\lim x_1 = \lim x_2 = \ldots = \lim x_k = \lambda,$$

$$\lim x_{k+1} = \lambda' < \lambda.$$

On peut prendre d'abord n assez grand pour que les k plus grandes racines de

$$Q_{2n}(-z) = 0$$

soient toutes comprises entre λ' et λ. Ensuite on pourra prendre n' assez grand pour que les k plus grandes racines de

$$Q_{2n+2n'}(-z) = 0$$

soient comprises entre la plus grande racine de

$$Q_{2n}(-z) = 0,$$

et λ. Mais il est clair qu'alors les k plus grandes racines de

$$Q_{2n}(-z) = 0$$

seraient toutes comprises dans l'intervalle de deux racines consécutives de

$$Q_{2n+2n'}(-z) = 0.$$

Or nous savons que cela est impossible, à moins qu'on n'ait $k = 1$.

Si x_1 est la seule racine qui tend vers λ, on aura

$$\lim x_2 = \lambda' < \lambda,$$

et l'on verra de la même façon que le nombre des racines qui tendent vers λ' ne peut être que 1 ou ∞. Dans le premier cas, on aura

$$\lim x_3 = \lambda'' < \lambda',$$

et l'on voit encore que le nombre des racines qui tendent vers λ'' ne peut être que 1 ou ∞, et ainsi de suite.

3. Revenons maintenant au cas du n°. 1, c'est-à-dire supposons que la fonction $\Phi(u)$ affecte la forme particulière que nous avons indiquée. Nous allons montrer qu'on a alors nécessairement

$$\lim b_{2n-1} = \lim b_{2n} = 0.$$

Soit, en effet, ε un nombre positif aussi petit qu'on voudra. Parmi les nombres

$$\xi_1, \quad \xi_2, \quad \xi_3, \quad \ldots,$$

il y en a seulement un nombre fini k qui soient plus grands que ε. Parmi les racines de

$$Q_{2n}(-z) = 0,$$

$x_1, x_2, \ldots, x_k$ seules peuvent surpasser ε, mais x_{k+1} est certainement inférieur à $\xi_{k+1} < \varepsilon$. Ensuite ces racines $x_1, x_2, \ldots, x_k$ en nombre fini tendent certainement pour $n = \infty$ vers des limites finies. Désignons maintenant par $x'_1, x'_2, \ldots, x'_{n+1}$ les racines de

$$Q_{2n+2}(-z) = 0,$$

on aura

$$\begin{aligned} x'_1 + x'_2 + \ldots + x'_{n+1} &= b_1 + b_2 + \ldots + b_{2n+1}, \\ x_1 + x_2 + \ldots + x_n \quad &= b_1 + b_2 + \ldots + b_{2n-1}, \end{aligned}$$

donc

$$\sum_1^k (x'_r - x_r) + \sum_{k+1}^n (x'_r - x_r) + x'_{n+1} = b_{2n} + b_{2n+1}.$$

Or, si l'on se rappelle que les racines x'_k sont séparées par les racines x_k, il est clair que

$$\sum_{k+1}^n (x'_r - x_r) + x'_{n+1} < \varepsilon,$$

car

$$\sum_{k+1}^n (x'_r - x_r) + \sum_{k+1}^n (x_r - x'_{r+1}) + x'_{n+1} = x'_{k+1} < \varepsilon,$$

et $x_r - x'_{r+1}$ est positif. D'autre part, la somme

$$\sum_1^k (x'_r - x_r)$$

peut être rendue aussi petite qu'on voudra, par exemple inférieure à ε, en prenant n suffisamment grand; il vient donc

$$b_{2n} + b_{2n+1} < 2\varepsilon,$$

et les quantités b_n tendent vers zéro.

Ainsi, pour que la fonction $F(z)$ soit méromorphe en $t = \frac{1}{z}$, il faut certainement que b_n tende vers zéro.

4. Nous allons montrer maintenant que cette condition est aussi suffisante et que, toutes les fois qu'on a

$$\lim b_{2n-1} = \lim b_{2n} = 0,$$

$F(z)$ est bien méromorphe en z^{-1}.

Pour cela, nous allons faire voir d'abord que ces conditions entraînent cette conséquence :

Le nombre des racines de

$$Q_{2n}(-z) = 0,$$

qui surpassent un nombre positif quelconque l, ne croît pas au delà de toute limite, mais reste invariable dès que n surpasse une certaine limite.

Considérons la suite des fonctions

$$(\alpha) \qquad Q_0(z), \quad Q_2(z), \quad Q_4(z), \quad \ldots, \quad Q_{2n}(z), \quad \ldots,$$

il s'agit de faire voir que le nombre des racines d'une équation

$$Q_{2n}(z) = 0,$$

qui sont comprises entre $-l$ et $-\infty$, finit par être constant.

Or, ce nombre est égal au nombre des variations perdues, en posant, dans la suite,

$$Q_0(z), \quad Q_2(z), \quad \ldots, \quad Q_{2n}(z),$$

d'abord $z = -\infty$, ensuite $z = -l$. Mais, pour $z = -\infty$, on n'a que des variations; tout revient donc à montrer que, pour $z = -l$, la suite (α) n'a qu'un nombre fini de permanences, c'est-à-dire qu'on ne rencontre que des variations dès que n surpasse une certaine limite.

Pour cela, revenons à la relation entre trois fonctions consécutives; on peut l'écrire

$$b_{2n-1} Q_{2n}(z) = (z + b_{2n-2} + b_{2n-1}) Q_{2n-2}(z) - b_{2n-2} Q_{2n-4}(z).$$

Posons

$$\lambda_n = -\frac{Q_{2n-2}(-l)}{Q_{2n}(-l)},$$

il viendra

$$\frac{1}{\lambda_n} + 1 = \frac{l - (1 + \lambda_{n-1}) b_{2n-2}}{b_{2n-1}}.$$

D'après l'hypothèse, on a

$$\lim b_{2n-2} = \lim b_{2n-1} = 0;$$

donc, dès que n surpasse un certain nombre ν, on aura certainement

$$\frac{l - 2b_{2n-2}}{b_{2n-1}} > 2,$$

parce que le nombre positif l n'est pas nul. Nous supposerons maintenant $n > \nu$.

On voit alors que si $\lambda_{n-1} \leqq 1$ certainement λ_n sera positif et compris entre 0 et 1, c'est-à-dire qu'on aura aussi $\lambda_n < 1$, et, par suite, tous les nombres

$$\lambda_n, \quad \lambda_{n+1}, \quad \lambda_{n+2}, \quad \ldots$$

seront positifs, plus petits que l'unité.

Mais supposons la valeur de λ_{n-1} quelconque et calculons la suite des quantités

$$\lambda_{n-1}, \quad \lambda_n, \quad \lambda_{n+1}, \quad \lambda_{n+2}, \quad \ldots.$$

Nous distinguons divers cas qui épuisent tous les cas possibles.

L'un des nombres λ_k est infini, $\lambda_m = \infty$, alors $\lambda_{m+1} = 0 < 1$, et, par eonséquent tous les nombres

$$\lambda_{m+2}, \quad \lambda_{m+3}, \quad \lambda_{m+4}, \quad \ldots$$

sont positifs, plus petits que l'unité.

Si aucun des nombres λ_k n'est infini, ils seront tous finis, et ils seront:

Ou bien tous > 1; alors il est évident qu'ils sont aussi tous positifs.

Ou bien on en trouvera un $\lambda_m \leqq 1$, et alors nous avons vu que

$$\lambda_{m+1}, \quad \lambda_{m+2}, \quad \lambda_{m+3}, \quad \ldots$$

sont tous positifs, plus petits que l'unité.

Ainsi, dans tous les cas, les nombres λ_k sont constamment positifs dès que k surpasse une certaine limite. Il est évident, d'après ce qui précède, que nous avons établi ainsi la proposition que le nombre des racines de

$$Q_{2n}(-z) = 0,$$

qui surpassent un nombre positif quelconque l, ne croît pas au delà de toute limite, mais reste invariable dès que n surpasse une certaine limite.

5. Il est facile maintenant d'achever la démonstration. La racine x_1 tendra vers une limite finie ξ_1, et c'est la seule racine qui tend vers cette limite, car le nombre des racines qui tendent vers ξ_1 est 1 ou ∞, mais il ne peut être ∞, parce que nous savons que le nombre des racines qui surpassent un nombre l est fini. Ensuite x_2 tendra vers une limite $\xi_2 < \xi_1$, et ce sera la seule racine qui tend vers ξ_2, et ainsi de suite. Généralement, on a

$$\lim x_k = \xi_k$$

et

$$\xi_k > \xi_{k+1}.$$

La masse M_1 correspondante à x_1 tendra vers une limite $m_1 \geqq 0$ en diminuant toujours, mais il est facile de voir qu'on ne peut pas avoir $m_1 = 0$.

En effet, on voit facilement que, dans ce cas, la fonction $\Phi(u)$ serait constante à partir de $u = \xi_2 < \xi_1$, mais alors aucune racine ne surpasserait ξ_2, et la racine qui tend vers ξ_1 n'existerait pas. De même, la masse M_2 correspondante à x_2 tendra vers une limite m_2 qui n'est pas nulle. En effet, nous savons que $M_1 + M_2$ diminue toujours; cette somme tend donc vers une limite, et il en est donc de même de M_2. On ne peut pas avoir $m_2 = 0$, car, alors, il est aisé de voir que la fonction $\Phi(u)$ serait constante dans tout l'intervalle (ξ_3, ξ_1), et cet intervalle ne pourrait pas renfermer les deux racines x_1 et x_2 qui tendent respectivement vers ξ_1 et ξ_2, et ainsi de suite.

Il est clair que $\varphi_n(u)$ tend toujours vers une limite finie pour $n = \infty$ et cette limite est dès lors $= \Phi(u)$. Et cette fonction $\Phi(u)$ affecte bien la forme particulière indiquée plus haut (n° 1), en sorte que $F\left(\frac{1}{t}\right)$ est une fonction méromorphe de t.

Ainsi, pour que $F\left(\frac{1}{z}\right)$ soit une fonction méromorphe dans tout le plan, il faut et il suffit qu'on ait

$$\lim b_{2n-1} = \lim b_{2n} = 0.$$

LXXXII.

(Article rédigé d'après un manuscrit inédit.)

Sur la loi de réciprocité de Legendre.

1. Supposons que p et q sont des nombres positifs, impairs et premiers entre eux. D'après le lemme de Gauss on sait que

$$\left(\frac{q}{p}\right) = (-1)^k$$

où k désigne le nombre des restes, compris entre les limites $-\frac{p-1}{2}$ et $\frac{p-1}{2}$, qui sont négatifs, de la série

$$q,\ 2q,\ 3q,\ \ldots,\ \frac{p-1}{2}q.$$

D'après cela k indique aussi combien parmi les quantités

$$\frac{q}{p},\ \frac{2q}{p},\ \frac{3q}{p},\ \ldots,\ \frac{(p-1)q}{2p}$$

il y en a dont la partie fractionnaire surpasse $\frac{1}{2}$.

Or, en introduisant le symbole $\mathrm{E}(a)$ pour assigner le plus grand entier qui ne surpasse pas a, on aura

$$\mathrm{E}\left(a + \frac{1}{2}\right) - \mathrm{E}(a) = 1$$

quand la partie fractionnaire de a est supérieure à $\frac{1}{2}$. On en conclut

$$k = \sum \left\{ \mathrm{E}\left(\frac{yq}{p} + \frac{1}{2}\right) - \mathrm{E}\left(\frac{yq}{p}\right) \right\} \quad \left(y = 1, 2, 3, \ldots, \frac{p-1}{2}\right).$$

En considérant de la même manière

$$\left(\frac{p}{q}\right)=(-1)^{k'}$$

on aura

$$k'=\sum\left\{E\left(\frac{xp}{q}+\frac{1}{2}\right)-E\left(\frac{xp}{q}\right)\right\}\quad\left(x=1,2,3,\ldots,\frac{q-1}{2}\right).$$

Posons maintenant

$$A=\sum E\left(\frac{yq}{p}\right),\qquad A'=\sum E\left(\frac{xp}{q}\right)$$

$$B=\sum E\left(\frac{yq}{p}+\frac{1}{2}\right),\quad B'=\sum E\left(\frac{xp}{q}+\frac{1}{2}\right)$$

alors on a

$$k=B-A$$

$$k'=B'-A'$$

et il s'agit de démontrer la congruence

$$B+B'-A-A'\equiv\frac{p-1}{2}\cdot\frac{q-1}{2}\pmod 2$$

pour obtenir la loi de réciprocité

$$\left(\frac{q}{p}\right)\left(\frac{p}{q}\right)=(-1)^{\frac{p-1}{2}\cdot\frac{q-1}{2}}.$$

Pour y arriver nous démontrerons d'abord

$$B+B'\equiv 0\pmod 2$$

et ensuite

$$A+A'=\frac{p-1}{2}\cdot\frac{q-1}{2}.$$

Pour établir le premier point on peut démontrer que B est un nombre pair. C'est ce que fait Gauss. Voici la démonstration de M. Kronecker d'après les leçons de Dirichlet (Dedekind, 2ième Édition, p. 97). Soit

$$p\,E\left(\frac{yq}{p}+\frac{1}{2}\right)-yq=r_y\quad\left(y=1,2,3,\ldots,\frac{p-1}{2}\right)$$

il est évident que r_y sera compris entre $\pm\frac{p}{2}$, car $E\left(\frac{yq}{p}+\frac{1}{2}\right)$ est le nombre entier qui diffère le moins de $\frac{yq}{p}$. Les nombres r_y sont tous différents et la somme de deux d'entre eux ne peut être nulle Donc dans leur ensemble ces nombres r_y sont

$$1, 2, 3, \ldots, \frac{p-1}{2}$$

quelques uns étant affectés du signe $+$, les autres du signe $-$. Or, on a

$$\mathrm{E}\left(\frac{yq}{p}+\frac{1}{2}\right) \equiv y - r_y \pmod 2$$

donc

$$\mathrm{B} \equiv \sum (y - r_y) \equiv 0 \pmod 2.$$

2. Mais on peut se dispenser de démontrer que B est pair, car on a $\mathrm{B} = \mathrm{B}'$. Cette remarque avait échappé aux premiers chercheurs. En effet $\mathrm{E}(a)$ exprime combien il y a de termes positifs dans la série

$$a-1,\ a-2,\ a-3,\ a-4,\ \ldots$$

à condition de pousser assez loin cette série. D'où l'on conclut que B indique combien il y a de nombres positifs dans le groupe des $\frac{p-1}{2} \cdot \frac{q-1}{2}$ nombres

$$\frac{yq}{p}+\frac{1}{2}-x \quad \text{ou} \quad 2yq-(2x-1)p \qquad \left(\begin{array}{l} x=1, 2, 3, \ldots, \frac{q-1}{2} \\ y=1, 2, 3, \ldots, \frac{p-1}{2} \end{array}\right).$$

En remplaçant x par $\frac{q+1}{2}-x$ on voit que ces nombres résultent aussi de l'expression

$$2px+2qy-pq \qquad \left(\begin{array}{l} x=1, 2, 3, \ldots, \frac{q-1}{2} \\ y=1, 2, 3, \ldots, \frac{p-1}{2} \end{array}\right).$$

La symétrie de cette expression met en évidence la relation $\mathrm{B} = \mathrm{B}'$. Voici comment on peut interpréter géométriquement ce résultat. Sur deux axes OX et OY prenons $\mathrm{OA} = \frac{q}{2}$, $\mathrm{OB} = \frac{p}{2}$ et complétons le rectangle OABC. Considérons en même temps le réseau des points x, y dont les coordonnées sont

$$x=1, 2, 3, \ldots, \frac{q-1}{2}$$
$$y=1, 2, 3, \ldots, \frac{p-1}{2}$$

et qui sont à l'intérieur du rectangle. L'équation de la diagonale AB étant $2px + 2qy - pq = 0$, il est clair que $B = B'$ est le nombre des points du réseau qui se trouvent à l'intérieur du triangle ABC, ce que nous indiquerons ainsi

$$B = B' = (ABC).$$

Cette démonstration de l'égalité $B = B'$ est indépendante de l'hypothèse que p et q sont premiers entre eux.

Traçons la seconde diagonale OC, qui rencontre en D la première. On reconnait de la même façon

$$A = (OBC), \quad A' = (OAC)$$

d'où résulte immédiatement la relation

$$A + A' = \frac{p-1}{2} \cdot \frac{q-1}{2}$$

et ainsi la loi de réciprocité.

3. Le nombre B étant pair on a

$$k \equiv \sum E\left(\frac{yq}{p}\right) \quad \text{(mod 2)}.$$

Supposons que parmi les nombres $E\left(\frac{yq}{p}\right)$ il y en ait l qui sont impairs, k et l seront de même parité. Mais il y a plus, car on a $k = l$, ainsi:

Si l'on divise les nombres

$$q, 2q, 3q, \ldots, \frac{p-1}{2} q$$

par p, on trouvera autant de quotients impairs que de restes qui surpassent $\frac{p}{2}$.

Pour le faire voir, je remarque d'abord que

$$E(a) + E(q - a) = q - 1$$

par suite les quotients de mq et $(p - m)q$ par p sont toujours de même parité, car leur somme est $q - 1$. Il en résulte que si je considère les deux groupes de nombres

(α) . . . . $2q, 4q, 6q, \ldots, (p-1)q$

(β) . . . . $q, 3q, 5q, \ldots, (p-2)q$

et si je divise tous ces nombres par p, le groupe (α) donnera autant (k) de quotients impairs que le groupe (β). Le groupe

$$q,\ 2q,\ 3q,\ \ldots,\ (p-1)q$$

donnera par conséquent $2k$ quotients impairs, et par suite chacun des groupes

$$(\gamma)\ \ldots\ldots\ldots\ q,\ 2q,\ 3q,\ \ldots,\ \frac{p-1}{2}q$$

$$(\delta)\ \ldots\ldots\ \frac{p+1}{2}q,\ \frac{p+3}{2}q,\ \frac{p+5}{2}q,\ \ldots,\ (p-1)q$$

en donnera k.

Donc les groupes (γ) et (δ) ou

$$yq \quad \text{et} \quad 2yq \qquad \left(y = 1,\ 2,\ 3,\ \ldots,\ \frac{p-1}{2}\right)$$

donnent le même nombre de quotients impairs. Maîs il est clair qu'en divisant $2yq$ par p le quotient sera pair ou impair selon que le reste obtenu en divisant yq par p sera inférieur ou supérieur à $\frac{p}{2}$, d'où la proposition énoncée.

4. Posons

$$(\mathrm{I}) = (\mathrm{A\,O\,D}), \quad (\mathrm{II}) = (\mathrm{B\,O\,D})$$
$$(\mathrm{III}) = (\mathrm{B\,C\,D}), \quad (\mathrm{IV}) = (\mathrm{A\,C\,D})$$

en sorte qu'on a

$$\mathrm{A} = (\mathrm{II}) + (\mathrm{III}), \quad \mathrm{A}' = (\mathrm{I}) + (\mathrm{IV}),$$
$$\mathrm{B} = \mathrm{B}' = (\mathrm{III}) + (\mathrm{IV}),$$
$$k = (\mathrm{IV}) - (\mathrm{II}), \quad k' = (\mathrm{III}) - (\mathrm{I}).$$

Il existe entre ces nombres la relation intéressante

$$(\mathrm{III}) = (\mathrm{IV}).$$

Pour la démontrer je cherche une expression du nombre (IV) qui indique combien il y a des points du réseau satisfaisant aux conditions

$$2px + 2qy - pq > 0,$$
$$px - qy > 0.$$

Pour une valeur donnée de y on doit avoir

$$x > \frac{q(p-2y)}{2p}, \quad x > \frac{qy}{p}.$$

Tant que $y < \frac{p}{4}$ on n'a qu'à faire attention à la première limitation, et pour $y > \frac{p}{4}$ c'est la seconde limitation qu'il faut seulement envisager.

Pour $y < \frac{p}{4}$ on aura donc

$$\frac{q-1}{2} - \mathrm{E}\left(\frac{q(p-2y)}{2p}\right) = \mathrm{E}\left(\frac{2yq}{2p} + \frac{1}{2}\right)$$

valeurs de x, et pour $y > \frac{p}{4}$ ce nombre sera

$$\frac{q-1}{2} - \mathrm{E}\left(\frac{qy}{p}\right) = \mathrm{E}\left(\frac{(p-2y)q}{2p} + \frac{1}{2}\right).$$

On a donc

$$(\mathrm{IV}) = \sum \mathrm{E}\left(\frac{2yq}{2p} + \frac{1}{2}\right) + \sum \mathrm{E}\left(\frac{(p-2y)q}{2p} + \frac{1}{2}\right).$$

Or, dans la première somme $2y$ parcourt les nombres pairs inférieurs à $\frac{p}{2}$, dans la seconde $p-2y$ parcourt les nombres impairs inférieurs à $\frac{p}{2}$; on peut donc écrire simplement

$$(\mathrm{IV}) = \sum \mathrm{E}\left(\frac{yq}{2p} + \frac{1}{2}\right) \qquad \left(y = 1, 2, 3, \ldots, \frac{p-1}{2}\right)$$

et l'on trouvera de la même façon

$$(\mathrm{II}) = \sum \mathrm{E}\left(\frac{yq}{2p}\right).$$

A cause de

$$\mathrm{E}(a) + \mathrm{E}\left(a + \frac{1}{2}\right) = \mathrm{E}(2a)$$

on en conclut

$$(\mathrm{II}) + (\mathrm{IV}) = \sum \mathrm{E}\left(\frac{yq}{p}\right) = \mathrm{A} = (\mathrm{II}) + (\mathrm{III})$$

donc

$$(\mathrm{III}) = (\mathrm{IV}).$$

Il se confirme ici de nouveau que $\mathrm{B} = (\mathrm{III}) + (\mathrm{IV})$ est pair.

Ensuite on obtient cette nouvelle expression de k

$$k = \sum \left\{ \mathrm{E}\left(\frac{yq}{p} + \frac{1}{2}\right) - \mathrm{E}\left(\frac{yq}{p}\right) \right\}$$

c.-à-d. en divisant les nombres yq par $2p$, il arrive k fois que le reste obtenu surpasse p, ou bien, ce qui est la même chose, en divisant les nombres yq par p il arrive k fois que le quotient $\mathrm{E}\left(\frac{yq}{p}\right)$ obtenu est impair. On retrouve ainsi la proposition de tout à l'heure.

5. On obtient une expression de k qui conduit rapidement à la loi de réciprocité par le raisonnement suivant Pour que la partie fractionnaire de $\frac{yq}{p}$ soit supérieure à $\frac{1}{2}$ il faut et il suffit qu'on ait

$$x-\tfrac{1}{2}<\frac{yq}{p}<x \quad \text{ou} \quad \frac{(x-\frac{1}{2})p}{q}<y<\frac{xp}{q}.$$

Pour une valeur donnée de x on obtient ainsi

$$\mathrm{E}\left(\frac{xp}{q}\right)-\mathrm{E}\frac{(x-\frac{1}{2})p}{q}$$

valeurs de y, d'où l'on conclut

$$k=\sum\left\{\mathrm{E}\left(\frac{xp}{q}\right)-\mathrm{E}\left(\frac{(x-\frac{1}{2})p}{q}\right)\right\}$$

et l'on s'assure facilement qu'il faut prendre $x=1, 2, 3, \ldots, \frac{q-1}{2}$.

En écrivant dans la seconde somme $\frac{q+1}{2}-x$ au lieu de x on trouve

$$k=\sum\left\{\mathrm{E}\left(\frac{xp}{q}\right)-\mathrm{E}\left(\frac{p}{2}-\frac{xp}{q}\right)\right\}$$

donc

$$k\equiv\sum\left\{\mathrm{E}\left(\frac{xp}{q}\right)+\mathrm{E}\left(\frac{p}{2}-\frac{xp}{q}\right)\right\} \pmod 2.$$

Mais il est clair que

$$\mathrm{E}\left(\frac{xp}{q}\right)+\mathrm{E}\left(\frac{p}{2}-\frac{xp}{q}\right)$$

est égal à $\frac{p-1}{2}$ ou à $\frac{p-1}{2}-1$ selon que la partie fractionnaire de $\frac{xp}{q}$ est inférieure ou supérieure à $\frac{1}{2}$, donc

$$k\equiv\frac{p-1}{2}\cdot\frac{q-1}{2}-k' \pmod 2.$$

On voit en même temps que la somme

$$\sum\mathrm{E}\left(\frac{(x-\frac{1}{2})p}{q}\right)=\sum\mathrm{E}\left(\frac{(y-\frac{1}{2})q}{p}\right)$$

qui se présente ici est le nombre

$$(\mathrm{AOB})=(\mathrm{I})+(\mathrm{II}).$$

LXXXIII.

(Article rédigé d'après un manuscrit inédit.)

Étude sur l'intégrale $\int_0^a x^{k-1} e^x \, dx$.

DÉFINITION, PREMIER DÉVELOPPEMENT.

1. Soit

$$F(a) = \int_0^a x^{k-1} e^x \, dx \tag{1}$$

où nous supposons

$$0 \leqq a < +\infty, \qquad 0 < k < 1.$$

En développant l'exponentielle on obtient

$$F(a) = \frac{a^k}{k} + \frac{a^{k+1}}{k+1} + \frac{a^{k+2}}{1.2.k+2} + \frac{a^{k+3}}{1.2.3.k+3} + \dots \tag{2}$$

Cette formule permet de calculer $F(a)$ avec une approximation indéfinie pour toute valeur de a. Mais dès que a est un peu grand ce calcul devient impraticable à cause des longueurs du calcul, et dans ce cas on devra préférer souvent d'autres formules, même si elles ne permettraient pas d'obtenir $F(a)$ avec une approximation indéfinie.

On obtient un premier développement de ce genre par l'intégration par parties qui donne

$$\left\{\begin{aligned} F(a) &= a^{k-1} e^a \left[1 + \frac{1-k}{a} + \frac{(1-k)(2-k)}{a^2} + \dots + \frac{(1-k)(2-k)\dots(n-1-k)}{a^{n-1}}\right] + R_n \\ &= T_1 + T_2 + \dots + T_n + R_n, \end{aligned}\right. \tag{3}$$

$$R_n = (1-k)(2-k)\dots(n-k) \int_{c_n}^a x^{k-n-1} e^x \, dx. \tag{4}$$

c_n étant une constante indépendante de a.

En effet les deux membres de l'équation (3) ont même dérivée par rapport à a, par conséquent ils seront égaux si l'on peut déterminer c_n de manière que l'équation soit exacte pour une valeur particulière de a. Or si l'on prend a positif mais assez petit pour que

$$F(a) < T_1 + T_2 + \dots + T_n,$$

il est clair que l'équation (3) détermine une valeur unique de c_n qui sera supérieure à cette valeur particulière de a.

On a évidemment

$$\int_{c_n}^{a} x^{k-n-1} e^x \, dx = a^{k-n-1} e^a + (n+1-k) \int_{c_{n+1}}^{a} x^{k-n-2} e^x \, dx,$$

d'où l'on voit, en posant $a = c_{n+1}$, que les constantes positives

$$c_1, \; c_2, \; c_3, \; \dots, \; c_n \dots$$

vont toujours en augmentant. On peut ajouter que c_n croît au delà de toute limite. En effet dans le cas contraire on aurait $c_n < b$ pour toute valeur de n, b étant un nombre fini. Il en résulterait d'après (3)

$$F(b) > b^{k-1} e^b \left[1 + \frac{1-k}{b} + \dots + \frac{(1-k)(2-k)\dots(n-1-k)}{b^{n-1}} \right]$$

quel que soit n, ce qui est évidemment impossible.

2. Il est clair que si l'on connaissait la série des constantes

$$c_1, \; c_2, \; c_3, \; \dots, \; c_n, \dots$$

rien ne s'opposerait à un usage légitime du développement (3). Supposons que la valeur de a tombe entre c_{n-1} et c_n, on aura

$$F(a) > T_1 + T_2 + \dots + T_{n-1},$$
$$F(a) < T_1 + T_2 + \dots + T_n.$$

Mais il reste ici la difficulté qu'il faudrait connaître les constantes $c_1, c_2, c_3, \dots$ au moins d'une manière assez approchée pour déterminer l'entier n.

Nous reviendrons tout-à-l'heure sur cette question, mais remarquons d'abord que lorsque a est grand les termes de la série

$$T_1 + T_2 + T_3 + \dots$$

vont en diminuant d'abord pour croître ensuite indéfiniment.

L'indice du plus petit terme T_n se trouve égal à

$$(5) \quad \ldots\ldots\ldots \quad n = a + k + \Theta, \qquad 0 \leqq \Theta < 1,$$

Θ étant déterminé par la condition que n doit être entier. Dans le cas $\Theta = 0$, il y a deux termes consécutifs égaux, plus petits que tous les autres, $n = \quad + k$ est alors l'indice du premier de ces deux termes.

En supposant a grand, on obtient facilement une valeur approchée de ce plus petit terme T_n, en effet

$$T_n = \frac{(1-k)(2-k)\ldots(n-1-k)}{a^{n-k}} e^a = \frac{\Gamma(n-k)}{\Gamma(1-k)} \cdot \frac{e^a}{a^{n-k}} = \frac{\Gamma(a+\Theta)}{\Gamma(1-k)} \cdot \frac{e^a}{a^{a+\Theta}}.$$

Or on a, ε et ε' désignant des quantités qui tendent vers zéro avec $\frac{1}{a}$

$$\Gamma(a+\Theta) = (a+\Theta)^{a+\Theta} e^{-a-\Theta} \sqrt{\frac{2\pi}{a+\Theta}}\,(1+\varepsilon'),$$

donc

$$T_n = \frac{1}{\Gamma(1-k)} \left(1 + \frac{\Theta}{a}\right)^{a+\Theta-\frac{1}{2}} e^{-\Theta} \sqrt{\frac{2\pi}{a}}\,(1+\varepsilon'),$$

ou plus simplement

$$(6) \quad \ldots\ldots\ldots \quad T_n = \frac{1}{\Gamma(1-k)} \sqrt{\frac{2\pi}{a}}\,(1+\varepsilon).$$

3. Examinons maintenant la détermination des constantes $c_1, c_2, c_3, \ldots$ Il est évident d'abord que c_n est la seule racine positive de l'équation transcendante

$$(7) \quad F(t) - t^{k-1} e^t \left[1 + \frac{1-k}{t} + \ldots + \frac{(1-k)(2-k)\ldots(n-1-k)}{t^{n-1}}\right] = 0,$$

mais le calcul de c_n de cette manière est toujours laborieux et devient tout-à-fait impraticable dès que n est un peu grand, ce qui est justement le cas le plus important. En effet pour résoudre l'équation (7) il faudra calculer $F(t)$ par la formule (2) et il est clair que, si l'on ne trouve pas un autre moyen pour calculer c_n, il vaudrait mieux renoncer à l'emploi du développement (3) et s'en tenir à la formule (2).

On peut mettre l'équation (7) sous une autre forme qui permet de voir plus clairement de quelle manière c_n dépend de n et de k. Développons les deux membres de (3) suivant les puissances de a, comme il n'y a pas de terme sans a dans le premier membre il doit en être de même dans le second membre. On en conclut d'abord que c_n est une racine de l'équation transcendante

$$(8) \quad . \quad . \quad \psi(t) = \frac{t^{k-n}}{k-n} + \frac{t^{k-n+1}}{1 . k-n+1} + \frac{t^{k-n+2}}{1 . 2 . k-n+2} + \ldots = 0$$

et ensuite qu'on a identiquement

$$(9) \quad \left\{ \begin{aligned} F(a) = a^{k-1} e^{a} \left[1 + \frac{1-k}{a} + \ldots + \frac{(1-k)(2-k) \ldots (n-1-k)}{a^{n-1}} \right] + \\ + (1-k)(2-k) \ldots (n-k) \psi(a). \end{aligned} \right.$$

Il est clair que l'équation (8) n'admet qu'une seule racine positive $= c_n$ car les termes ne présentent qu'une seule variation de signe.

L'équation (8) ne renfermant que le seul paramètre $k-n$, il est naturel de considérer c_n comme fonction de ce paramètre, mais nous préférons poser

$$(10) \quad . \quad . \quad . \quad . \quad . \quad . \quad . \quad . \quad . \quad . \quad m = n + 1 - k$$

$$(11) \quad . \quad . \quad . \quad . \quad . \quad . \quad . \quad . \quad . \quad . \quad c_n = \chi(m)$$

en sorte que $t = \chi(m)$ est racine de

$$(12) \quad \psi(t) = \frac{t^{1-m}}{1-m} + \frac{t^{2-m}}{2-m} + \frac{t^{3-m}}{1 . 2 . (3-m)} + \frac{t^{4-m}}{1 . 2 . 3 . (4-m)} + \ldots = 0.$$

Le nombre n pouvant avoir les valeurs 1, 2, 3, . . et k étant compris entre 0 et 1, nous n'avons qu'à considérer les valeurs de m qui sont supérieures à 1 sans être entières. On constate d'abord que la fonction $\chi(m)$ est constamment décroissante, en effet on a

$$\psi = 0, \qquad \frac{\partial \psi}{\partial t} dt + \frac{\partial \psi}{\partial m} dm = 0,$$

$$\frac{\partial \psi}{\partial t} = t^{-m} e^{t},$$

$$\frac{\partial \psi}{\partial m} = -\log(t) . \psi + \frac{t^{1-m}}{(1-m)^2} + \frac{t^{2-m}}{(2-m)^2} + \frac{t^{3-m}}{1 . 2 . (3-m)^2} + \ldots$$

et à cause de $\psi = 0$, on voit que $\frac{\partial \psi}{\partial t}$ et $\frac{\partial \psi}{\partial m}$ sont positifs tous les deux, donc $\frac{dt}{dm} = \frac{d\chi(m)}{dm}$ négatif.

Mais d'autre part nous avons vu que les constantes

$$c_n, \ c_{n+1}, \ c_{n+2}, \ \dots \qquad \text{c. a. d.}$$
$$\chi(m), \ \chi(m+1), \ \chi(m+2), \ \dots$$

vont toujours en augmentant. L'explication de cette contradiction apparente se trouve dans ce fait que la fonction $\chi(m)$ est discontinue dans le voisinage des valeurs entières de la variable. Une discussion facile montre qu'en désignant par ε une quantité positive et infiniment petite, on a

$$\chi(n+\varepsilon) = +\infty, \qquad n = 1, 2, 3, \dots$$
$$\chi(n-\varepsilon) = 0, \qquad n = 2, 3, \dots$$

La nature si compliquée de la fonction $\chi(m) = c_n$ qui vient de se montrer ici, ne semble guère permettre d'obtenir d'une manière simple et commode une valeur suffisamment approchée de c_n comme l'exigerait l'emploi du développement (3). Il faut en conclure que ce développement n'a aucune valeur au point de vue du calcul numérique.

NOUVELLE EXPRESSION DE LA FONCTION F (a).

4. Nous allons considérer maintenant une fonction G (a) définie de la manière suivante

$$\mathrm{G}(a) = \frac{1}{\Gamma(1-k)} \ \text{v. p.} \int_0^\infty \frac{x^{-k} e^{a(1-x)}}{1-x} dx.$$

$$0 \leqq a < \infty, \qquad 0 < k < 1.$$

L'intégrale définie

$$\int_0^\infty \frac{x^{-k} e^{a(1-x)}}{1-x} dx$$

n'a pas de sens à cause de la discontinuité pour $x = 1$, mais dans la définition de G (a) figure la valeur principale de cette intégrale d'après la définition de Cauchy

$$\text{v. p.} \int_0^\infty = \lim \left\{ \int_0^{1-\varepsilon} + \int_{1+\varepsilon}^\infty \right\}_{\varepsilon=0}.$$

D'après cette définition, il vient

$$\frac{G(a+h)-G(a)}{h}=\frac{1}{\Gamma(1-k)}\int_0^\infty \frac{x^{-k}e^{a(1-x)}}{1-x}\cdot\frac{e^{h(1-x)}-1}{h}\,dx.$$

Dans le second membre on a pu omettre ici l'indication v. p. car la fonction sous la signe $\int$ reste finie pour $x=1$.

Mais on a

$$\frac{e^{h(1-x)}-1}{h}=(1-x)\,e^{\xi(1-x)},\qquad 0<\xi<h$$

donc

$$\frac{G(a+h)-G(a)}{h}=\frac{1}{\Gamma(1-k)}\int_0^\infty x^{-k}e^{(a+\xi)(1-x)}\,dx.$$

Ici ξ est une fonction inconnue de x mais qui reste toujours comprise entre 0 et h.

Par des raisonnements qui sont trop faciles pour qu'il soit nécessaire de les développer, on conclut de là

$$\lim\frac{G(a+h)-G(a)}{h}=G'(a)=\frac{1}{\Gamma(1-k)}\int_0^\infty x^{-k}e^{a(1-x)}\,dx$$

h tendant vers zéro, soit par des valeurs positives, soit par des valeurs négatives. Mais cela suppose essentiellement $a>0$, et comme on a

$$\int_0^\infty x^{-k}e^{a(1-x)}\,dx=\Gamma(1-k)\,a^{k-1}e^a$$

on arrive à cette conclusion:

la fonction $G(a)$ est continue tant que a est positif et elle admet pour ces valeurs de a une dérivée $G'(a)=a^{k-1}e^a$.

5. Mais il faut encore une recherche particulière pour savoir si la fonction $G(a)$ est continue dans le voisinage de $a=0$.

Pour cela, remarquons que

$$G(\varepsilon)-G(0)=\frac{1}{\Gamma(1-k)}\int_0^\infty x^{-k}\frac{e^{\varepsilon(1-x)}-1}{1-x}\,dx$$

où ε est une quantité positive que nous ferons tendre vers 0.

Décomposons l'intégrale en deux parties

$$\int_0^\infty = \int_0^l + \int_l^\infty$$

où $l = \varepsilon^{-1}$ croîtra au delà de toute limite.

Ayant

$$\frac{e^{\varepsilon(1-x)} - 1}{1-x} = \varepsilon e^{\varepsilon'(1-x)} < \varepsilon e^\varepsilon, \qquad 0 < \varepsilon' < \varepsilon$$

il est clair que

$$\int_0^l x^{-k} \frac{e^{\varepsilon(1-x)} - 1}{1-x} dx < \varepsilon e^\varepsilon \int_0^l x^{-k} dx = \frac{\varepsilon . l^{1-k}}{1-k} . e^\varepsilon = \frac{\varepsilon^k . e^\varepsilon}{1-k}$$

donc

$$\lim \int_0 x^{-k} \frac{e^{\varepsilon(1-x)} - 1}{1-x} dx = 0.$$

Quant à la seconde intégrale il est clair qu'on aura à partir du moment où l est devenu supérieur à l'unité

$$\int_l^\infty x^{-k} \frac{e^{\varepsilon(1-x)} - 1}{1-x} dx < \int_l^\infty x^{-k} \frac{dx}{x-1} < \int_l^\infty \frac{dx}{(x-1)^{k+1}} = \frac{1}{k(l-1)^k}$$

donc

$$\lim \int_l^\infty x^{-k} \frac{e^{\varepsilon(1-x)} - 1}{1-x} dx = 0.$$

On conclut

$$\lim G(\varepsilon) = G(0).$$

La fonction $G(a)$ est donc continue même pour $a = 0$, et nous pouvons écrire

$$G(a) = G(0) + \int_0^a x^{k-1} e^x dx.$$

La valeur de $G(0)$ est facile à trouver

$$G(0) = \frac{1}{\Gamma(1-k)} \text{ v. p.} \int_0^\infty \frac{x^{-k}}{1-x} dx = \frac{-\pi \operatorname{cotg} k\pi}{\Gamma(1-k)} = -\Gamma(k) \cos k\pi$$

(v. Briot et Bouquet, Fonctions elliptiques, pag. 145) et comme résultat de cette analyse nous pouvons donc écrire cette nouvelle expression de la fonction $F(a)$

$$(13) \quad . \; . \quad F(a) = \Gamma(k) \cos k\pi + \frac{1}{\Gamma(1-k)} \text{ v. p.} \int_0^\infty \frac{x^{-k} e^{a(1-x)}}{1-x} dx.$$

AUTRE DÉVELOPPEMENT DE $F(a)$.

6. La nouvelle expression de $F(a)$ que nous venons d'obtenir donne facilement un nouveau développement en série. En effet à l'aide de l'identité

$$\frac{1}{1-x} = 1 + x + x^2 + \ldots + x^{n-1} + \frac{x^n}{1-x}$$

on obtient aussitôt le résultat suivant

$$(14)\; F(a) = \Gamma(k) \cos k\pi + a^{k-1} e^a \left[1 + \frac{1-k}{a} + \ldots + \frac{(1-k)(2-k)(n-1-k)}{a^{n-1}}\right] + S_n,$$

$$(15) \quad . \; . \; . \; . \quad S_n = \frac{1}{\Gamma(1-k)} \text{ v. p.} \int_0^\infty \frac{x^{n-k} e^{a(1-x)}}{1-x} dx.$$

On voit, ce développement se distingue de notre premier développement (3) seulement par le terme $\Gamma(k) \cos k\pi$ et un changement correspondant du terme complémentaire. Il est clair que

$$(16) \quad . \; . \; . \; . \; . \; . \; . \; . \quad S_n + \Gamma(k) \cos k\pi = R_n,$$

d'où il suit que

$$\frac{dS_n}{da} = \frac{dR_n}{da} = (1-k)(2-k)\ldots(n-k)\, a^{k-n-1} e^a.$$

S_n est donc une fonction croissante de a, or il est clair que pour a positif, très petit S_n est négatif. Par conséquent S_n s'annule pour une seule valeur positive de a que nous désignerons par a_n et alors

$$(17) \quad . \; . \; . \quad S_n = (1-k)(2-k)\ldots(n-k) \int_{a_n}^a x^{k-n-1} e^x \, dx.$$

Les constantes

$$a_1, \; a_2, \; a_3, \; \ldots, \; a_n \ldots$$

que nous venons d'introduire, vont continuellement en augmentant et finissent par dépasser toute limite fixe, c'est ce qu'on voit exactement de la même manière que dans le cas des constantes $c_1, c_2, \ldots, c_n, \ldots$

Supposons que a tombe entre a_{n-1} et a_n, on aura

$$F(a) > \Gamma(k)\cos k\pi + T_1 + T_2 + \ldots + T_{n-1},$$
$$F(a) < \Gamma(k)\cos k\pi + T_1 + T_2 + \ldots + T_n.$$

Mais tandis qu'il n'est pas possible d'avoir aisément une valeur approchée de c_n, nous verrons dans la suite qu'on obtient facilement une valeur très approchée de a_n à l'aide du développement

$$a_n = m - \frac{2}{3} + \frac{8}{405}\,\frac{1}{m} + \frac{64}{5103}\,\frac{1}{m^2}\ldots$$
$$(m = n + 1 - k)$$

dont nous aurons à nous occuper dans la suite.

La comparaison des formules (9) et (16) donne encore cette expression de S_n

$$S_n = (1-k)(2-k)\ldots(n-k)\,\psi(a) - \Gamma(k)\cos k\pi.$$

En remarquant que

$$\Gamma(k) = (k-1)(k-2)\ldots(k-n)\,\Gamma(k-n)$$
$$\cos k\pi = (-1)^n \cos(k-n)\pi$$

il vient, en introduisant le nombre $m = n + 1 - k$

(18) . . $S_n = (1-k)(2-k)\ldots(n-k)[\psi(a) + \Gamma(1-m)\cos m\pi].$

7. On peut ici déjà se rendre compte de l'avantage qu'il y a à substituer les constantes a_n aux constantes c_n.

En effet les formules (15), (18) montrent que a_n s'obtient comme racine d'une équation transcendante qu'on peut écrire

(19) . . $\psi(t) + \Gamma(1-m)\cos m\pi = \dfrac{1}{\Gamma(m)}\,\text{v. p.}\displaystyle\int_0^\infty \frac{x^{m-1}e^{t(1-x)}}{1-x}\,dx = 0$

tandis que $c_n = \chi(m)$ était racine de

$$\psi(t) = \frac{t^{1-m}}{1-m} + \frac{t^{2-m}}{1.2-m} + \frac{t^{3-m}}{1.2.3-m} + \ldots = 0.$$

Comme on le voit on peut considérer aussi a_n comme fonction de m simplement et nous écrirons $a_n = \chi_1(m)$.

Les discontinuités de $\chi(m)$ avaient leur origine dans ce fait que $\psi(t)$

est une fonction discontinue de m. Ici au contraire on constate directement que

$$\psi(t) + \Gamma(1-m)\cos m\pi$$

considérée comme fonction de m, ne présente aucune discontinuité, c'est même une fonction holomorphe dans tout le plan, les discontinuités polaires de $\psi(t)$ et de $\Gamma(1-m)\cos m\pi$ se détruisant.

Pour mettre ce fait dans son vrai jour, posons pour simplifier $t=1$, et écrivons a au lieu de $1-m$, la formule (19) donnera

$$\text{(20)}\quad \Gamma(a)\cos a\pi = \frac{1}{a} + \frac{1}{1.a+1} + \frac{1}{1.2.a+2} + \frac{1}{1.2.3.a+3} + \ldots + G(a)$$

$$\text{(21)}\quad \ldots\ldots\quad G(a) = -\frac{1}{\Gamma(1-a)}\text{ v. p.}\int_0^\infty \frac{x^{-a}e^{1-x}}{1-x}dx.$$

Il y a lieu de rapprocher ce résultat du suivant qui est bien connu et qu'on doit à M. Prym

$$\Gamma(a) = \frac{1}{a} - \frac{1}{1.a+1} + \frac{1}{1.2.a+2} - \frac{1}{1.2.3.a+3} + \ldots + Q(a),$$

$$Q(a) = \int_1^\infty x^{a-1}e^{-x}dx.$$

La formule (21) ne définit la fonction $G(a)$ que tant que la partie réelle de a est inférieure à 1, mais à l'aide de l'identité $\frac{1}{1-x} = 1 + \frac{x}{1-x}$ on trouve aussitôt

$$\text{(22)}\quad \ldots\ldots\quad G(a) = -e + (1-a)\,G(a-1).$$

Cette relation permet de calculer $G(a)$ lorsqu'on connaît $G(a-1)$ et l'on peut continuer ainsi la fonction $G(a)$ dans tout le plan, c'est une fonction qui est holomorphe dans tout le plan, comme la fonction $Q(a)$ de M. Prym. Du reste ce résultat était évident à priori, par le théorème de M. Mittag-Leffler.

8. Posons

$$L = \text{v. p.}\int_0^\infty \frac{x^{m-1}e^{t(1-x)}}{1-x}dx$$

l'équation $L=0$ déterminera la valeur de $a_n=\chi_1(m)$. Or on trouve

$$\frac{\partial L}{\partial m}dm+\frac{\partial L}{\partial t}dt=0,$$

$$\frac{\partial L}{\partial m}=\int_0^\infty x^{m-1}e^{t(1-x)}\frac{\log x}{1-x}dx,$$

$$\frac{\partial L}{\partial t}=\int_0^\infty x^{m-1}e^{t(1-x)}dx.$$

On voit que $\frac{\partial L}{\partial m}$ est négatif, $\frac{\partial L}{\partial t}$ positif donc

$$\frac{dt}{dm}=\frac{d\chi_1(m)}{dm}>0.$$

La fonction $\chi_1(m)$ est donc constamment croissante, elle ne présente aucune espèce de discontinuité.

Il nous reste à faire voir comment on peut évaluer avec une grande approximation cette fonction $\chi_1(m)$. Pour cela il est nécessaire d'établir une expression asymptotique de S_n.

EXPRESSION ASYMPTOTIQUE DE S_n. CALCUL DE a_n.

9. Notre point de départ sera la formule (15) où nous posons

$$n-k=m-1=\mu \quad \text{et} \quad a=\mu+\eta$$

en sorte que

$$S_n=\frac{e^{\mu+\eta}}{\Gamma(1-k)}\text{ v. p.}\int_v^\infty \frac{v^\mu e^{-(\mu+\eta)v}}{1-v}dv$$

ou

$$S_n=\frac{e^{\mu+\eta}}{\Gamma(1-k)}\left[\int_0^{1-\varepsilon}\frac{(ve^{-v})^\mu}{1-v}e^{-\eta v}dv+\int_{1+\varepsilon}^\infty\frac{(ve^{-v})^\mu}{1-v}e^{-\eta v}dv\right]$$

en désignant par ε une quantité positive et infiniment petite.

D'après les résultats obtenus p. 14, n⁰ XLIX on a immédiatement cette expression asymptotique

$$S_n = \frac{1}{\Gamma(1-k)} \sqrt{\frac{2\pi}{\mu}} \left[\eta - \frac{1}{3} + \left(\frac{1}{6}\eta^3 - \frac{1}{2}\eta^2 + \frac{1}{12}\eta + \frac{1}{540}\right)\frac{1}{\mu} + \right.$$
$$\left. + \left(\frac{1}{40}\eta^5 - \frac{5}{24}\eta^4 + \frac{25}{72}\eta^3 - \frac{1}{24}\eta^2 + \frac{1}{288}\eta + \frac{25}{6048}\right)\frac{1}{\mu^2} + \dots\right].$$

On en conclut que la valeur de η qui donne $S_n = 0$, est susceptible d'un développement

$$\eta = \beta_0 + \frac{\beta_1}{\mu} + \frac{\beta_2}{\mu} + \dots$$

dont on détermine les coefficients en substituant dans l'expression précédente et en égalant à zéro les coefficients des diverses puissances de $\frac{1}{\mu}$. Nous avons posé $a = \mu + \eta$, la racine a_n de l'équation $S_n = 0$ est donc égale à

$$a_n = \mu + \beta_0 + \frac{\beta_1}{\mu} + \frac{\beta_2}{\mu^2} + \dots$$

$$\beta_0 = \frac{1}{3}$$

$$\beta_1 = \frac{8}{405}$$

$$\beta_2 = -\frac{184}{25515}$$

ou, en remplaçant μ par $m-1$

$$a_n = m - 1 + \beta_0 + \frac{\beta_1}{m-1} + \frac{\beta_2}{(m-1)^2} + \dots$$

Or, m étant un nombre très grand on obtient le développement cherché

$$a_n = m - (1 - \beta_0) + \frac{\beta_1}{m} + \frac{\beta_1 + \beta_2}{m^2} + \dots$$

ou

$$a_n = m - \frac{2}{3} + \frac{8}{405}\,\frac{1}{m} + \frac{64}{5103}\,\frac{1}{m^2} + \dots$$

LXXXIV.

(Article rédigé d'après un manuscrit inédit.)

Sur certaines inégalités dues à M. P. Tchebychef.

1. Dans le Journal de Liouville (2e Série, t. 19, 1847) dans un mémoire „Sur les valeurs limites des intégrales" M. Tchebychef a énoncé sans démonstration la proposition suivante

„Si $\frac{\varphi(z)}{\psi(z)}$ est une des fractions convergentes de $\int_a^b \frac{f(x)}{z-x}dx$, que l'on trouve en développant cette expression en fraction continue

$$\cfrac{1}{\alpha z+\beta+\cfrac{1}{\alpha_1 z+\beta_1+\cfrac{1}{\alpha_2 z+\beta_2+\dots}}}$$

et que

$$z_1,\ z_2,\dots,\ z_l,\ z_{l+1},\dots,\ z_{n-1},\ z_n,\dots,\ z_m$$

soient les racines de l'équation

$$\psi(z)=0,$$

rangées suivant leur grandeur: toutes les fois que $f(x)$ reste positive entre les limites $z=a$, $z=b$, la valeur de l'intégrale

$$\int_{z_l}^{z_n} f(z)\,dz$$

surpasse la somme

$$\frac{\varphi(z_{l+1})}{\psi'(z_{l+1})}+\frac{\varphi(z_{l+2})}{\psi'(z_{l+2})}+\dots+\frac{\varphi(z_{n-2})}{\psi'(z_{n-2})}+\frac{\varphi(z_{n-1})}{\psi'(z_{n-1})}$$

et reste au-dessous de celle-ci

$$\frac{\varphi(z_l)}{\psi'(z_l)}+\frac{\varphi(z_{l+1})}{\psi'(z_{l+1})}+\dots+\frac{\varphi(z_{n-1})}{\psi'(z_{n-1})}+\frac{\varphi(z_n)}{\psi'(z_n)}."$$

M. Markoff a publié le premier une démonstration de ce théorème dans le mémoire „Sur certaines inégalités de M. Tchebychef" (Mathematische Annalen, t. 24. 1884).

Ayant retrouvé de mon côté et indépendamment ce théorème, j'en ai donné aussi la démonstration dans un mémoire „Quelques recherches sur la théorie des quadratures dites mécaniques." (Annales de l'École normale, 3e Série, t. 1. 1884). Cette démonstration ne diffère pas de celle donnée par M. Markoff, je me propose maintenant d'en présenter une autre.

2. Le principal fondement de la nouvelle démonstration est le lemme suivant, qui certainement n'est pas nouveau, mais dont les développements suivants montreront mieux toute l'utilité.

Lemme. „Si la fonction $F(x)$ satisfait aux m relations

$$\int_a^b x^k F(x)\,dx = 0, \qquad k = 0, 1, 2, \ldots, m-1$$

alors la fonction $F(x)$, si elle n'est pas constamment égale à zéro dans l'intervalle (a, b), change de signe au moins m fois dans cet intervalle."

Il est clair que $F(x)$ change au moins une fois de signe dans l'intervalle (a, b). Supposons que le nombre total l de ces changements de signe soit plus petit que m, donc

$$1 \leqq l \leqq m-1$$

il faut montrer que cela n'est pas possible. En effet soient

$$x_1, x_2, \ldots, x_l$$

les valeurs de x pour lesquelles $F(x)$ change de signe, et posons

$$f(x) = (x - x_1)(x - x_2)\ldots(x - x_l).$$

Il est clair alors que

$$f(x)\,F(x)$$

conserve constamment le même signe dans l'intervalle (a, b). Or $f(x)$ étant un polynôme du degré $m-1$ au plus, on devrait avoir d'après les conditions imposées à la fonction $F(x)$

$$\int_a^b f(x)\,F(x)\,dx = 0$$

ce qui est impossible. La supposition $l < m$ est donc inadmissible et le lemme est démontré.

Ce lemme se trouve déjà en germe dans une démonstration donnée par Legendre relative aux racines de l'équation $X_n = 0$.

On sait que

$$\int_{-1}^{+1} x^k X_n \, dx = 0, \qquad k = 0, 1, 2, \ldots, n-1$$

donc X_n doit changer de signe au moins n fois dans l'intervalle $(-1, +1)$. Mais X_n étant un polynôme du degré n, on en conclut que les racines de $X_n = 0$ sont réelles, inégales et comprises entre -1 et $+1$.

Cette démonstration ne diffère pas au fond de celle de Legendre, mais en la présentant de cette manière, on met plus en évidence le véritable nerf du raisonnement [1]).

Mais ce lemme, nous allons le voir, conduit encore de la manière la plus simple aux inégalités de M. Tchebychef, ou plutôt aux suivantes

$$(A) \quad \ldots\ldots \quad \begin{cases} \dfrac{\varphi(x_1)}{\psi'(x_1)} + \ldots + \dfrac{\varphi(x_k)}{\psi'(x_k)} > \displaystyle\int_a^{x_k} f(z)\,dz \\[2ex] \dfrac{\varphi(x_1)}{\psi'(x_1)} + \ldots + \dfrac{\varphi(x_{k-1})}{\psi'(x_{k-1})} < \displaystyle\int_a^{x_k} f(z)\,dz \end{cases}$$

dont le théorème de M. Tchebychef est une conséquence directe.

3. Pour simplifier l'énoncé de ces inégalités (A) nous introduisons deux fonctions $F(x)$, $G(x)$ de la manière suivante.

Soit d'abord

$$F(x) = \int_a^x f(z)\,dz. \qquad a \leqq x \leqq b$$

Écrivons pour simplifier

$$A_i = \frac{\varphi(x_i)}{\psi'(x_i)} \qquad i = 1, 2, \ldots, m$$

---

1) Soit

$$F(x) = c_0 X_0 + c_1 X_1 + c_2 X_2 + \ldots$$
$$-1 \leqq x \leqq +1$$

le développement d'une fonction quelconque suivant les polynômes X_n, alors la différence

$$F(x) - (c_0 X_0 + c_1 X_1 + \ldots + c_{n-1} X_{n-1})$$

change de signe au moins n fois dans l'intervalle $(-1, +1)$.

et définissons maintenant la fonction $G(x)$ dans l'intervalle (a, b) de la façon suivante:

$$
\begin{array}{lll}
G(x) = 0 & \text{de } x = a & \text{jusqu'à } x = x_1, \\
G(x) = A_1 & \text{de } x = x_1 & \text{jusqu'à } x = x_2, \\
G(x) = A_1 + A_2 & \text{de } x = x_2 & \text{jusqu'à } x = x_3, \\
\ldots & \ldots & \ldots, \\
G(x) = A_1 + A_2 + \ldots + A_{m-1} & \text{de } x = x_{m-1} & \text{jusqu'à } x = x_m, \\
G(x) = A_1 + A_2 + \ldots + A_m & \text{de } x = x_m & \text{jusqu'à } x = b.
\end{array}
$$

Il est clair qu'au lieu de (A) on peut écrire plus simplement

$$(A') \quad \ldots\ldots \quad G(x_k + \varepsilon) > F(x_k) > G(x_k - \varepsilon) \qquad k = 1, 2, \ldots, m$$

ε étant une quantité positive et suffisamment petite

$F(x)$ est une fonction croissante ou mieux non décroissante car c'est ainsi qu'on doit l'entendre toujours dans la suite. De même $G(x)$ est une fonction croissante mais ses accroissements se font par des sauts brusques. Les valeurs extrêmes de $F(x)$, $G(x)$ sont les mêmes, en effet

$$F(a) = 0, \quad F(b) = \int_a^b f(z)\, dz = a_0$$

si l'on pose

$$(1) \quad \ldots\ldots\ldots\ldots \quad a_k = \int_a^b z^k f(z)\, dz,$$

et

$$G(a) = 0, \quad G(b) = A_1 + A_2 + \ldots + A_m = a_0$$

car on a comme l'on sait

$$(2) \quad \ldots \quad A_1 x_1^k + A_2 x_2^k + \ldots + A_m x_m^k = a_k \text{ pour } k = 0, 1, 2, \ldots, 2m - 1.$$

4. Considérons maintenant la fonction

$$F(x) - G(x)$$

et portons notre attention sur les changements de signe qu'elle peut avoir dans l'intervalle (a, b).

Un changement de signe peut se produire soit pour une valeur de x

pour laquelle $G(x)$ est discontinue; soit à l'intérieur d'un des $m+1$ intervalles

$$\begin{aligned}&(a,\ x_1-\varepsilon),\\&(x_1+\varepsilon,\ x_2-\varepsilon),\\&(x_2+\varepsilon,\ x_3-\varepsilon),\\&\ldots\ldots\ldots,\\&(x_{m-1}+\varepsilon,\ x_m-\varepsilon),\\&(x_m+\varepsilon,\ b).\end{aligned}$$

Il est clair que dans le premier cas, qui peut se présenter m fois au plus, le signe de $F(x)-G(x)$ se change de $+$ en $-$, car $G(x)$ augmente brusquement d'une quantité finie. (Nous supposons qu'on fait croître x de a à b).

Au contraire, dans le second cas $G(x)$ reste constant, tandis que $F(x)$ croît toujours. Le signe $-$ se change donc en $+$, et dans chacun des $m+1$ intervalles un tel changement de signe ne peut avoir lieu qu'une fois au plus. Mais on constate que dans le premier intervalle $(a,\ x_1-\varepsilon)$

$$F(x)-G(x) \geqq 0$$

et dans le dernier $(x_m+\varepsilon,\ b)$

$$F(x)-G(x) \leqq 0.$$

Ces deux intervalles ne fournissent donc pas des changements de signe, et le second cas peut se présenter au plus $m-1$ fois.

Le nombre total des changements de signe dans l'intervalle $(a,\ b)$ est donc $2m-1$ au plus, et il est toujours impair car vers la fin de l'intervalle $(a,\ x_1-\varepsilon)$ $F(x)-G(x)$ est positif, et au commencement de l'intervalle $(x_m+\varepsilon,\ b)$ $F(x)-G(x)$ est négatif

Pour que le nombre des variations de signe soit égal à $2m-1$ il est nécessaire d'après ce qui précède qu'il se produise un changement de signe pour chacune des valeurs $x_1, x_2, \ldots, x_m$, c'est dire qu'on ait

$$(A') \quad \ldots\ldots\ldots\ G(x_k+\varepsilon) > F(x_k) > G(x_k-\varepsilon) \qquad k=1,2,\ldots,m$$

et cette condition est aussi suffisante, car entre deux changements de signe de $+$ en $-$ il y a nécessairement un changement de signe de $-$ en $+$.

5. Dans ce qui précède nous avons supposé implicitement que la fonction $F(x)$ est continue, comme cela arrivera en général. Mais, comme cas limite, on pourrait discuter le cas que $F(x)$ aussi comme $G(x)$, présente des sauts brusques. On se convaincra facilement que les conclusions auxquelles nous sommes arrivés relatives au nombre des changements de signe de $F(x) - G(x)$ restent encore vraies dans ce cas.

6. Considérons maintenant les intégrales

$$\int_a^b x^k [F(x) - G(x)]\, dx.$$

Une intégration par parties donnant

$$\int x^k F(x)\, dx = \frac{1}{k+1} x^{k+1} F(x) - \frac{1}{k+1} \int x^k f(x)\, dx$$

il vient, en introduisant les quantités a_k définies par la formule (1)

$$(3) \quad \ldots\ldots \int_a^b x^k F(x)\, dx = \frac{a_0 b^{k+1} - a_{k+1}}{k+1}.$$

Ensuite d'après la définition même de $G(x)$

$$\begin{aligned}\int_a^b x^k G(x)\, dx = {} & A_1 \frac{x_2^{k+1} - x_1^{k+1}}{k+1} \\ & + (A_1 + A_2) \frac{x_3^{k+1} - x_2^{k+1}}{k+1} \\ & + \ldots\ldots\ldots\ldots \\ & + (A_1 + A_2 + \ldots + A_{m-1}) \frac{x_m^{k+1} - x_{m-1}^{k+1}}{k+1} \\ & + (A_1 + A_2 + \ldots + A_m) \frac{b^{k+1} - x_m^{k+1}}{k+1}\end{aligned}$$

ou bien

$$\int_a^b x^k G(x)\, dx = A_1 \frac{b^{k+1} - x_1^{k+1}}{k+1} + A_2 \frac{b^{k+1} - x_2^{k+1}}{k+1} + \ldots + A_m \frac{b^{k+1} - x_m^{k+1}}{k+1}$$

et définitivement en ayant égard aux formules (2)

$$(4) \quad \ldots \int_a^b x^k G(x)\, dx = \frac{a_0 b^{k+1} - a_{k+1}}{k+1}. \qquad k = 0, 1, 2, \ldots, 2m-2.$$

Les équations (3) et (4) montrent que

$$\int_a^b x^k [F(x) - G(x)]\, dx = 0. \qquad k = 0, 1, 2, \ldots, 2m-2$$

On en conclut que le nombre des changements de signe de $F(x) - G(x)$ dans l'intervalle (a, b) est au moins égal à $2m-1$.

Mais nous venons de voir que ce nombre est $2m-1$ ou plus; il est donc exactement égal à $2m-1$, et de là on conclut les inégalités (A'), qui sont équivalentes aux inégalités (A).

7. Les quantités A_i et la fonction $G(x)$ dépendent encore du nombre entier m. Pour mettre en évidence cette dépendance nous écrirons maintenant A_i^m et $G^m(x)$ au lieu de A_i et $G(x)$.

D'après cela la signification de

$$A_i^{m+1} \qquad i = 1, 2, \ldots, m+1$$

et de

$$G^{m+1}(x)$$

est claire. Quant aux quantités qui doivent remplacer

$$x_1, x_2, \ldots, x_m$$

en changeant m en $m+1$, nous les désignerons par

$$x'_1, x'_2, \ldots, x'_{m+1}.$$

On sait alors que

$$(5) \quad \ldots\ldots \quad a < x'_1 < x_1 < x'_2 < x_2 \ldots < x_m < x'_{m+1} < b.$$

Au lieu des équations (4) nous aurons

$$\int_a^b x^k G^m(x)\, dx = \frac{a_0 b^{k+1} - a_{k+1}}{k+1} \qquad k = 0, 1, 2, \ldots 2m-2,$$

$$\int_a^b x^k G^{m+1}(x)\, dx = \frac{a_0 b^{k+1} - a_{k+1}}{k+1} \qquad k = 0, 1, 2, \ldots, 2m.$$

On en conclut que

$$G^{m+1}(x) - G^m(x)$$

doit présenter au moins $2m-1$ changements de signe dans l intervalle (a, b) et ensuite, exactement de la même manière que tout à l'heure

$$G^m(x_k + \varepsilon) > G^{m-1}(x_k) > G^m(x_k - \varepsilon)$$

ou bien

$$A_1^m + A_2^m + \ldots + A_k^m \quad > A_1^{m+1} + A_2^{m+1} + \ldots + A_k^{m+1}$$
$$A_1^m + A_2^m + \ldots + A_{k-1}^m < A_1^{m+1} + A_2^{m+1} + \ldots + A_k^{m+1}.$$

Ce sont les inégalités que j'ai données sans démonstration dans les Annales de l'École normale (3e Série, t. 2 pag. 184).

On remarquera sans peine que, dans ce raisonnement, il n'est pas nécessaire de s'appuyer sur les inégalités (5). Au contraire, le raisonnement fournit une nouvelle démonstration de ces inégalités.

8. Dans le mémoire „Sur les valeurs limites des intégrales" M. Tchebychef a proposé une question intéressante relative à certains maxima et minima.

Plus tard il a exposé plus complètement les résultats qu'il a obtenus dans un mémoire publié en russe dans l'appendice au tome 51 des Annales de l'académie des sciences de St. Pétersbourg (1885). On doit une traduction française de ce mémoire à Mme Kowalevski. (Acta mathematica t. 9. 1886).

De son côté M. Markoff s'est occupé de la même question en la généralisant encore, à la suite de son travail sur les inégalités de M. Tchebychef. Son mémoire „Sur quelques applications des fractions continues algébriques" (1884) a été publié en russe.

Plus récemment M. Markoff a encore donné à sa solution plus de généralité dans les Acta mathematica t. 9 (1886). (Sur une question de maximum et de minimum proposée par M. Tchebychef.)

Pour compléter les renseignements bibliographiques sur cette question, nous devons citer encore:

le livre de M. C. Possé „Sur quelques applications des fractions continues", St. Pétersbourg 1886 (en français), où l'auteur a reproduit, quant aux traits principaux, la solution donnée par M. Markoff dans son premier mémoire russe,

et enfin l'„Extrait d'une lettre adressée à M. Hermite par M. Markoff." (Annales de l'École normale 3e Série t. 3. 1886).

NOTES.

I.

M. E. F. van de Sande Bakhuyzen nous a signalé que ce Mémoire, dont les résultats avaient été obtenus dès 1875, fut publié en 1876, par le père de Stieltjes et à l'insu de ce dernier (C).

II.

Pour un autre exemple, on peut consulter Tannery, Introduction à la théorie des fonctions d'une variable, p. 285. Dans son cours à la Faculté des Sciences de Toulouse, Stieltjes traitait l'exemple simple, consistant à déterminer $\int_a^b x^m \, dx$, en intercalant entre a et b des moyens formant constamment une progression géometrique (C).

Note de l'auteur.

Des formules (12) et (14) on déduit encore

$$\psi(x + \tfrac{1}{2}, p) - \psi(x \,.\, p) = \frac{1}{\Gamma(p)} \int_0^\infty \frac{e^{-xu} \, u^{p-1}}{1 + e^{-\frac{u}{2}}} \, du$$

et

$$\operatorname{Lim} \psi(x \,.\, p)_{p=0} = x - \tfrac{3}{2}.$$

III.

Pour plus de développements voir N⁰. VIII.

IV.

Ch. Hermite, Sur la formule d'interpolation de Lagrange (J. Math. Berlin, 84, 1878, 70) (C).

Rapport sur ce mémoire par M.M. Grinwis et Schols (Amsterdam, Versl. K. Akad. Wet., Sér. 2, 17, 1882, 206).

Lettres 2, 3, 4, 5.

VI.

G. Frobenius, Ueber die Leibnitzsche Reihe (J. Math. Berlin, 89, 1880, 262—264) (C).

VIII.

Voir Bul. Sci. math., Paris, Sér. 2, 5, 1re part. 1881, 157, 181 (C).

Les manuscrits de Stieltjes, contiennent une suite de calculs sur différentes algorithmes, p. e.

$$a_1 = \sqrt{\frac{a^2+b^2}{2}} \qquad b_1 = \sqrt{a\,b}$$

$$a_2 = \sqrt{\frac{a_1^2+b_1^2}{2}} \qquad b_2 = \sqrt{a_1\,b_1}$$

. . . .

$$a_1 = \frac{a+b}{2} \qquad b_1 = \frac{a^2+b^2}{a+b}$$

$$a_2 = \frac{a_1+b_1}{2} \qquad b_2 = \frac{a_1^2+b_1^2}{a_1+b_1}$$

. . . .

$$a_1 = \sqrt{a\,b} \qquad b_1 = \frac{a_1+b}{2}$$

$$a_2 = \sqrt{a_1\,b_1} \qquad b_2 = \frac{a_2+b_1}{2}$$

. . . .

Lettre 323.

X.

Lebesgue, Suite des recherches sur les nombres p. 51, 52, Remarque 1⁰ (J. Math. Paris, 4, 1839) (C).

Rapport sur ce mémoire par M.M. Bierens de Haan et Grinwis (Amsterdam, Versl. K. Akad. Wet., Sér. 2, 17, 1882, 331).

XI.

Pour plus de développements voir N⁰. LXIV.

La démonstration de Stieltjes a été reproduite par Tisserand dans son Traité de Mécanique Céleste t. I p. 448. Voir aussi Poincaré, Leçons de Mécanique Céleste T. 2. 1re Partie p. 81.

Lettres 1, 6.

XII.

Lettres 6, 7, 9.

XV.

Extrait d'une lettre adressée à M. E. F. van de Sande Bakhuyzen par Stieltjes. (Traduction).

Paris 10 Dec. 1885.

Si je ne me trompe Jordan's Taschenbuch der praktischen Géometrie est en votre possession. C'est pourquoi je vous prie de vouloir m'informer si dans ce livre, en traitant du problème de Pothenot on a déjà donné un critère pour la possibilité de ce problème. Il parait que Gauss a remarqué le premier que le problème n'est pas toujours possible; mais quoiqu'il en parle dans sa correspondance avec Schumacher III p. 46—50, il ne donne point de critère. Dans son Handbuch der Vermessungskunde I p 321 2ième Ed. Jordan, en traitant de cette question donne un critère bien simple. Malheureusement ce critère est inexact. Pour s'en convaincre on n'a qu'a considérer l'exemple suivant. Soit $P_1 P_2 P_3$ un triangle équilatéral, $\alpha = 1^\circ$, $\beta = 170^\circ$; dans ce cas $\gamma = 60^\circ$ et $\alpha + \beta + \gamma < 360^\circ$ et pourtant le problème est impossible. En effet d'aprés la valeur de α, P serait situé sur une circonférence C de rayon très grand et d'après la valeur de β sur une circonférence C_1.

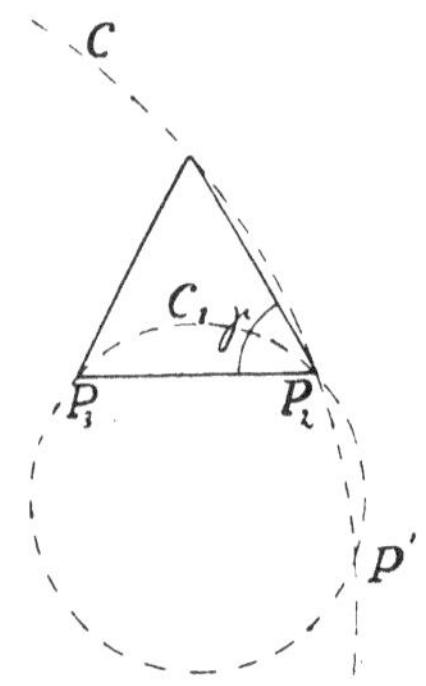

Ces circonférences ne se couperont à l'exception du point P_2 qu'en un point P' qui ne convient pas, mais qui correspond avec la direction PP_3' opposée à la direction donnée PP_3. Je n'ai pu trouver nullepart le critère exact; et s'il n'est pas connu je voudrais bien le donner dans une communication à l'Académie des Sciences.

XVI.

Lebesgue, Suite des recherches sur les nombres p. 51, 52, Remarque 1° (J. Math., Paris, 4, 1839) (C).

Lettre 9.

XVII.

Voir une note de M. E. Cesaro. Sur un théorème de M. Stieltjes (Paris, C.-R. Acad. Sci., 96, 1883, 1029—1031).

Lettres 10, 11.

XVIII.

Cette note dépassant la limite réglémentaire de trois pages d'impression a été divisée en deux parties, de sorte que cette note n'est que la première partie et le N°. XIX la seconde partie de la note originale.

Lettre 19.

XIX.

Lettres 13, 14.

XX.

Lettres 19—25.

XXI.

Lettres 14—17, 27, 28.

XXII.

Lettres 33, 35—39.

XXIII.

Lettre 41.

XXIV.

A. Hurwitz, Sur la décomposition des nombres en cinq carrés (Paris, C.-R. Acad. Sci., 98, 1884, 504) (C).

Lettre 41.

XXV.

G. Oltramare, Sur la transformation des formes linéaires des nombres premiers en formes quadratiques (Paris, C.-R. Acad. Sci., 87, 1878, 734) (C).

p. 339. Cette autre démonstration a été donnée par l'auteur N⁰ X p. 274 de ce recueil.

XXVI.

Ici l'auteur rencontre un théorème d'Algèbre qu'il a développé dans le N⁰ XXXVIII.

XXVII.

La note de M. Hurwitz se trouve aux C.-R. Acad. Sci. 98, 1884, 504 et l'article de M. Liouville dans le J. Math. Paris, Sér. 2, 4, 1859.

Lettres 8, 42, 47.

XXVIII.

Voir E. Borel et J. Drach, Introduction à l'étude de la théorie des nombres et de l'Algèbre supérieure, p. 85 et suivantes (C).

XXIX.

F. Lindemann, Ueber die Differentialgleichung der Functionen des elliptischen Cylinders (Math. Ann., Leipzig, 22, 1883, 117) (C).

XXXI.

Tchebychef, Sur les valeurs limites des intégrales (J. Math. Paris, Sér. 2, 19, 1874, 137) (C).

A. Markoff, Démonstration de certaines inégalités de M. Tchebychef (Math. Ann., Leipzig, 24, 1884, 172) (C).

Voir plus loin la Note à l'occasion de la réclamation de M. Markoff (N⁰ XXXVII) (C).

Lettres 48—53.

XXXII.

Le lecteur pourra se reporter à la fin de la page 497 du Mémoire: Recherches sur les fractions continues (N⁰ LXXXI) (C).

Les inégalités (1) se déduisent des équations (4) du N⁰ XXXI p. 388 de ce recueil.

XXXIV.

Ce travail a un rapport intime avec les recherches de M. A. Markoff, Sur une question de maximum et de minimum proposée par M. Tchebychef (Acta Math., Stockholm, 9, 1886, 57) (C).

On trouvera dans le Traité de Mécanique céleste de M. Tisserand (t. II, p. 227 et suivantes) une démonstration due à M. Radau, de quelques-uns des résultats de Stieltjes (C).

Rapport sur ce Mémoire par M.M. Kamerlingh Onnes et D. J. Korteweg (Amsterdam, Versl. K. Akad. Wet., Sér. 3, 1, 1884, 268—271).

XXXVIII.

E. Netto, Ueber orthogonale Substitutionen (Acta Math., Stockholm, 9, 1887, 295—300). Zur Theorie der orthogonalen Determinanten (Acta Math., Stockholm, 19, 1895, 105—114) (C).

H. Taber. On a Twofold Generalization of Stieltjes' Theorem (London, Proc. Math. Soc., 27, 1896, 613—621).

Lettres 61—63.

XXXIX.

F. Klein, Ueber Lamé'sche Functionen (Math. Ann. Leipzig, 18, 1881, 237).

Heine, Traité des fonctions sphériques 2e édition, t. I, p. 472 et suivantes (C).

G. Polya. Sur un théorème de Stieltjes (Paris, C.-R. Acad. Sci. 155, 1912, 767).

E. B. van Vleck. On the polynomials of Stieltjes (New York, Bul. Amer. Math. Soc., Sér. 2, 4, 1898, 426—438).

Lettres 64—66, 347.

XL.

Les polynômes U_n sont ceux que Hermite a rencontrés en cherchant la derivée $n^{\text{ième}}$ de la fonction $e^{-\frac{x^2}{2}}$ (Paris, C.-R. Acad. Sci. 58, 1864, 93, 266).

Lettre 66.

XLI.

Lettre 67.

XLII.

G. Darboux, Sur la série de Laplace (Paris C.-R. Acad. Sci., 68, 1869, 324) (C).

Note de l'auteur.

Soit $f(X) = A_0 + A_1 \frac{X-x}{\varphi(X)} + A_2 \left(\frac{X-x}{\varphi(X)}\right)^2 + \ldots$

Multipliez par $\varphi^m(X)$, différentiez m fois par rapport à X, puis posez $X = x$. Il vient ainsi

$$(1) \ldots \left\{ \begin{aligned} & D_x^m f(x)\,\varphi^m(x) = A_0 D_x^m \varphi^m(x) + m A_1 D_x^{m-1} \varphi^{m-1}(x) + \\ & + m(m-1) A_2 D_x^{m-2} \varphi^{m-2}(x) + \ldots + m(m-1)\ldots 2 \,.\, 1\, A_m. \end{aligned} \right.$$

Multipliez par $m\varphi^{m-1}(X)\,\varphi'(X)$, différentiez $m-1$ fois par rapport à X, puis posez $X=x$, il vient

$$D_x^{m-1} m\varphi^{m-1}(x)\varphi'(x)f(x) = A_0 m D_x^{m-1}\varphi^{m-1}\varphi' + A_1 m(m-1) D_x^{m-2}\varphi^{m-2}\varphi' +$$
$$+ A_2 m(m-1)(m-2) D_x^{m-3}\varphi^{m-3}\varphi' + \ldots + A_{m-1} m(m-1)\ldots 2.1\,\varphi'$$

ou

$$(2)\ldots \left\{\begin{array}{l} D_x^{m-1} m\varphi^{m-1}(x)\,\varphi'(x)\,f(x) = A_0 D_x^m \varphi^m + mA_1 D_x^{m-1}\varphi^{m-1} + \\ + m(m-1) A_2 D_x^{m-2}\varphi^{m-2} + \ldots + m(m-1)\ldots 2A_{m-1} D_x\varphi. \end{array}\right.$$

En retranchant les deux équations (1) et (2) on obtient

$$1.2.3\ldots m A_m = D_x^m f(x)\,\varphi^m(x) - D_x^{m-1} m\varphi^{m-1}(x)\,\varphi'(x)\,f(x)$$

ou

$$1.2.3\ldots m A_m = D_x^{m-1} f'(x)\,\varphi^m(x).$$

XLIII.

Au sujet de l'origine de cette intégrale, on pourra lire par exemple, dans le Bulletin astronomique (t. II, p. 573 et suivantes), l'analyse, faite par M. Radau, d'un Mémoire de M. Schols. (C).

XLIV.

Ch. Hermite. Note au sujet de la communication de M. Stieltjes „Sur une fonction uniforme". (Paris, C.-R., Acad. Sci. 101, 1885, 112—115) (C).

Dans son raisonnement sur la convergence de la série $1:\zeta(s) = \sum_1^\infty \frac{f(n)}{n^s}$ pour $s > \frac{1}{2}$ Stieltjes admet sans démonstration, d'après la lettre 79, que $\frac{g(n)}{\sqrt{n}} = \frac{f(1)+f(2)+\ldots+f(n)}{\sqrt{n}}$ reste comprise entre deux limites fixes. On trouve dans les papiers laissés par Stieltjes un table de $g(n)$ pour les valeurs 1 jusqu'à 1200, 2000 jusqu'à 2100 et 6000 jusqu'à 6100. Apparemment l'hypothèse de Stieltjes s'est fondée sur l'examen de cette table.

Voir aussi R. Daublebsky von Sterneck Empirische Untersuchung über den Verlauf der zahlentheoretischen Function $\sigma(n)$ (Wien Sitz. Ber. Ak. Wiss. 106 & 110).

XLV.

E. Cahen. Sur un théorème de M. Stieltjes (Paris, C.-R. Acad. Sci., 116, 1893, 490).

Pour le théorème II on peut consulter le N⁰ LIV.

Le résultat cité de Dirichlet contient un signe fautif; en effet

$$\frac{f(1)+f(2)+\ldots+f(n) - n\log n - (2C-1)n}{\sqrt{n}}$$

reste comprise entre deux limites finies (Dirichlet, Abh. Berl. Ak. 1849, 73).

XLVI.

Pour plus de développements on peut consulter la lettre 86 où la première formule (γ') de III est démontrée au moyen des propriétés fondamentales de la fonction Θ et des sommes de Gauss.

Voir aussi Appendice, lettre 3.

XLVII.

La communication de Septembre 1885 est reproduite dans le N⁰ XLVI de la présente édition.

Lettre 84, ou l'on voit comment l'auteur obtient les formules (C) et (D).

Lettres 85, 86.

Voir aussi Appendice, lettre 3.

XLVIII.

Lettres 93, 94.

XLIX.

Thèse de doctorat.

Lettres 88—90, 92.

L.

La thèse de doctorat, citée par l'auteur p. 64 est le N⁰ XLIX de ce recueil.

LI.

Lettre 99.

LII.

H. Bruns, Zur Theorie der Kugelfunctionen (J. Math., Berlin, 90, 1881, 322) (C).

A. Markoff, Sur les racines de certaines équations (Math. Ann., Leipzig, 27, 1886, 177) (C).

Lettres 104, 106.

LIII.

Lettres 101, 102.

LIV.

D'après l'Encyclopädie der mathematischen Wissenschaften I. 1. p. 96 ce théorème a été démontré antérieurement par F. Mertens (J. Math., Berlin, 79, 1875, 182) et par W. V. Jensen (Nouv. Corr. math., 1879, 430).

LVI.

Voir N⁰ XLVIII de ce recueil.

LVII.

H. A. Schwarz, Verallgemeinerung eines analytischen Fundamentalsatzes (Ann. mat., Milano, Sér. 2, 10, 1881, 129) (C).

LIX.

La proposition de cette note se relie à des recherches précédentes (N^0 XVIII, XIX, XXXI) (C).

LX.

Richelot, Einige Bemerkungen zum Eulerschen Additionstheorem der elliptischen Integrale (J. Math , Berlin, 44, 1852, 277) (C).

Voir N^0 LXI, LXII, LXIII de ce recueil.

Lettre 130.

LXIII.

Ch. Hermite, Sur la théorie des fonctions homogènes à deux indéterminées (J. Math., Berlin, 52, 1856, 1—38) (C).

Lettres 120—125.

LXIV.

Lettres 133, 171.

LXV.

Lettres 177, 184.

LXVI.

Lettres 222, 223.

LXVII.

Lettres 180, 194, 196—198.

LXVIII.

Lettres 185, 187.

LXIX.

Lettres 200.

LXX.

Note de l'auteur.

$$\frac{\varphi_{2n+1}(\frac{1}{2}+ai)}{2n+1}=\frac{(-1)^{n+1}}{2\pi}\int_0^\infty u^{2n}\log\frac{[1+e^{-2\pi(u-a)}][1+e^{-2\pi(u+a)}]}{(1-c^{-2\pi u})^2}\,du$$

$$\frac{\varphi_{2n}(\frac{1}{2}+ai)}{2n}=\frac{(-1)^n i}{2\pi}\int_0^\infty u^{2n-1}\log\left[\frac{1+e^{-2\pi(u-a)}}{1+e^{-2\pi(u+a)}}\right]du$$

$$\varphi_{2n}(b)=(-1)^{n-1}2\frac{(\Gamma 2n+1)}{(2\pi)^{2n+1}}\left\{\frac{\sin(2\pi b)}{1}+\frac{\sin(4\pi b)}{2^{2n+1}}+\frac{\sin(6\pi b)}{3^{2n+1}}+\dots\right\}$$

$$\varphi_{2n+1}(b)=(-1)^{n-1}2\frac{\Gamma(2n+1)}{(2\pi)^{2n+2}}\left\{\frac{1-\cos(2\pi b)}{1}+\frac{1-\cos(4\pi b)}{2^{2n+1}}+\frac{1-\cos(6\pi b)}{3^{2n+2}}+\dots\right\}$$

$$0\leqq b\leqq 1.$$

Dans les manuscrits de Stieltjes se trouve encore une autre application des formules (40) et (41). En posant $f(z)=\int_0^\infty \frac{\sin t}{z+t}\,dt$ et $f(z)=\int_0^\infty \frac{\cos t}{z+t}\,dt$, il obtient respectivement

$$f(a)=\int_0^\infty \frac{e^{-au}\,du}{1+u^2} \text{ et } f(a)=\int_0^\infty \frac{u e^{-au}\,du}{1+u^2}$$

que l'on rencontre dans la lettre 157.

On trouve dans ce mémoire l'origine de quelques fractions continues insérées dans le mémoire LXXXI.

LXXI.

Ch. Hermite, Sur la fonction exponentielle (Paris, C.-R. Acad. Sci. 77, 1873, 18, 74, 226, 285) (C).

Lettre 238.

LXXII.

Pour plus de développements on peut consulter N⁰ LXXIII.

Lettres 55, 56, 250, 251, 254, 255.

LXXIII.

G. Darboux, Mémoire sur l'approximation des fonctions de très grands nombres et sur une classe étendue de développements en série (J. Math., Paris, Sér. 3, 4, 1878, 5) (C).

Lettres 257—262.

LXXIV.

Ch. Hermite, Sur les racines de la fonction sphérique de seconde espèce (Ann. Fac. Sci., Toulouse, 4, 1890, I, 1) (C).

Lettres 272—274.

LXXV.

Ch. Méray, Valeur de l'intégrale défini $\int_0^\infty e^{-x^2}\,dx$ déduite de la formule de Wallis (Bul. Sci. Math., Paris, Sér. 2, 12, 1888, Ire Part. 174) (C).

LXXVI.

Ce mémoire a été édité à part sous le titre: Essai sur la Théorie des Nombres; premiers éléments; sur la divisibilité des nombres. Des congruences. Équations linéaires indéterminées. Systèmes de congruences linéaires (Paris, Gauthier—Villars et fils, 1895).

M. J. Perott a donné une analyse du premier chapitre (Bul. Amer. Math. Soc., 1, 1895, 217—232).

LXXVIII.

Ch. Hermite, Cours de la Faculté des Sciences de Paris. p. 116, 4ième édition, 1891 (C).

Voir N⁰ LXXXI p. 556.

Lettre 297.

LXXIX.

Pour plus de développements voir N⁰ LXXXI.

LXXX.

Cette note est un extrait du mémoire N⁰ LXXXI par l'auteur.

LXXXI.

Rapport sur ce mémoire par M. H. Poincaré (Paris, C.-R. Acad. Sci. 119, 1894, 630—632).

Ce mémoire a été inséré dans le Recueil des Savants étrangers T. 32 N⁰ 2.

H. Lebesgue, Sur intégrale de Stieltjes et sur les opérations fonctionnelles linéaires (Paris, C.-R. Acad. Sci. 150, 1910, 86—88).

H. Padé, Sur la fraction continue de Stieltjes (Paris, C.-R. Acad. Sci. 132, 1901, 911—912).

A. Adamow, Beweis eines Satzes von Stieltjes (Kazanĭ, Izv. fiz.-mat. Obĭč, Sér. 2. 11, N⁰ 1, 1901, 1—12).

Lettres 172, 173, 178, 194, 196—198, 325, 329, 349, 351—353, 385, 387—389, 396, 399, 400, 422, 426.

LXXXII.

Lettres 130, 221.

LXXXIII.

Lettre 286.

LXXXIV.

Voir le N⁰ XXXVII de ce recueil.

ERRATA.

T. I p. 319 Lisez $f(2\,.\,1)+f(2\,.\,5)+\ldots+f(2\,.\,n)$
au lieu de $f(2\,.\,1)+f(2\,.\,5)+\ldots+(2\,.\,n)$

p. 395 Lisez $\Omega=\cfrac{2}{z-\cfrac{\frac{1\,.\,1}{1\,.\,3}}{z-\cfrac{\frac{2\,.\,2}{3\,.\,5}}{z-\cfrac{\frac{3\,.\,3}{5\,.\,7}}{z-}}}}$ au lieu de $\Omega=\cfrac{2}{z-\cfrac{\frac{1\,.\,1}{1\,.\,3}}{z-\cfrac{\frac{3\,.\,3}{5\,.\,7}}{z-}}}$

p. 437 Lisez $\frac{a_0}{x_k-a_0}+\frac{a_1}{x_k-a_1}+\ldots\frac{a_p}{x_k-a_p}=\frac{B(x_k)}{A(x_k)}$

et

$$\left(\frac{y''}{2y'}\right)_{x=x_k}=\frac{1}{x_k-x_1}+\ldots+\frac{1}{x_k-x_{k-1}}+\frac{1}{x_k-x_{k+1}}+\ldots+\frac{1}{x_k-x_n}$$

au lieu de

$$\frac{a_0}{x_k-a_0}+\frac{a_1}{x_k-a_1}+\ldots\frac{a_p}{x_k-a_p}=\frac{B(x_k)}{A(x_k)}$$

et

$$\left(\frac{y''}{2y}\right)_{x=x_k}=\frac{1}{x_k-x_1}+\ldots+\frac{1}{x_k-x_{k-1}}+\frac{1}{x_k-x_{k+1}}+\ldots+\frac{1}{x_k-x_n}$$